中国银杏志

中国银杏志

曹福亮/主编　沈国舫/主审

中国林业出版社

图书在版编目(CIP)数据

中国银杏志/曹福亮主编. —北京：中国林业出版社，2007.6
ISBN 978-7-5038-4805-6

Ⅰ. 中… Ⅱ. 曹… Ⅲ. 银杏—植物志—中国 Ⅳ. Q949.640.8

中国版本图书馆 CIP 数据核字（2007）第 078695 号

策　　划 陈　利
责任编辑 李　敏

出版 中国林业出版社(100009 北京西城区德内大街刘海胡同 7 号)
E-mail: cfphz@public.bta.net.cn 电话:(010)66188353
网址:www.cfph.com.cn
发行 新华书店北京发行所
印刷 中国科学院印刷厂
版次 2007 年 11 月第 1 版
印次 2007 年 11 月第 1 次
开本 210mm×260mm 1/16
印张 20
彩插 32 面
印数 1~4000 册
字数 550 千字

定价 98.00 元

《中国银杏志》编委会

主　　编：曹福亮

副 主 编：林　协　邢世岩　史继孔　汪贵斌

编写人员：（按姓氏笔画为序）

邓荫伟　史继孔　邢世岩　朱克恭　孙晓东

杨小菊　李开生　李　群　吴家胜　汪贵斌

张永瑞　张往祥　张清发　陈有金　林　协

林思祖　罗义金　周志炎　郑德明　赵仁东

赵洪亮　宫玉臣　费本华　桂仁意　钱范俊

曹福亮　彭方仁　游庆方　褚生华　戴文圣

主　　审：沈国舫

主 编 简 介

曹福亮 江苏姜堰人，1957 年 11 月生，先后获南京林学院农学学士(林学专业)、南京林业大学农学硕士(森林培育学专业)、加拿大不列颠哥伦比亚大学(UBC)博士(森林生态学专业)学位。自1982 年留校任教以来，曾担任南京林业大学森林资源与环境学院、风景园林学院副院长、院长，现任南京林业大学副校长，兼任南京林业大学经济植物研究所所长、中国林学会银杏分会主任委员等职。现为南京林业大学森林培育学和经济林栽培学教授、博士生导师，主要从事经济林栽培及经济植物资源开发利用等方面的教学和科研工作。近年来，以银杏研究为特色，在银杏分子生物学、遗传和进化、良种选育、抗性、种间种内竞争、培育机理和综合开发利用等方面开展了全面和系统的研究，主持多项国家、省部级攻关课题和项目，获得多项国家级和省部级科技奖励。先后出版了《中国银杏》、《银杏》(画册)、《Ecological Basis for Ginkgo Agroforestry》和《Forest Ecology》等专著和教材。

序一

银杏，是人类利用的植物中，既古老又年轻的树种，是原产中国的特有树种，被誉称为“金色的活化石”。在中国，银杏有很悠久的栽培利用历史，由于其用途和经济价值远非其他树种可比，因而拥有中华树木之“国宝”的美名。

近十多年来，随着银杏资源多用途的开发，生产栽培和利用的快速发展，对银杏的学术和技术研究也得到了全面和深入的发展，取得了丰硕的成果。而这些研究成果，又极大地推动了银杏的栽培和利用向产业化发展。众多的林业科研人员，围绕着银杏资源的开发利用，结合传统和现代的研究方法和技术，从形态学、细胞学、生态学、遗传学、营养学、分类学、生理和生物化学、植物病理和昆虫学等多学科方向，对银杏进行了全面、系统地深入研究，并从栽培生产和资源利用的经济价值和用途，进行了产业化的开发研究，推动了银杏资源的产业化发展，从科研和生产两个方面都取得了可喜的成绩。南京林业大学曹福亮教授为了满足林业发展的需要，组织协调了有关专家和学者，在近十多年的时间里，专心于中国银杏的研究，在全国范围开展了科研和生产的合作和攻关。经过十多年的辛勤劳动和不懈努力，终有所成，编成《中国银杏志》，令人十分欣慰。

《中国银杏志》的编辑出版，目的是全方位地反映中国银杏种质资源及其利用的面貌，以及有关的科学研究成果，为科研、生产以及产业化开发利用服务。银杏在我国分布广，地域自然条件差异大，种质资源异常丰富，银杏资源开发利用的研究还有待进一步深入和扩展。因此，本书是全国银杏资源研究的阶段性总结，是我国有关银杏综合研究的重要科学论著之一。

中国有丰富的林木资源有待我们的学者们去研究、去开发，进而造福于人类社会。中国银杏的开发利用有今天的成就，就得益于我们林业战线上一大批科研和技术人员的努力和奉献，我由衷地为献身于中国银杏研究的学者们所取得的成就感到欣慰。当此书付梓之际，作为该书的主审，由感而发，并借此表示对他们工作的赞赏和支持，是为序。

中国工程院院士、中国工程院原副院长、北京林业大学教授

沈国舫

2007年6月

序二

银杏起源于2.7亿年前，是与恐龙同时代的古老裸子植物。在北半球，第三纪末及第四纪初经历了巨大冰川之后，生长于中国长江流域群山之中的银杏，幸免于难，保存下来，并繁衍至今，成为了孑遗植物“活化石”，也成为中国特有之树，国宝之树。郭沫若在《银杏》诗中云：“银杏，我喜欢你，你是真应该称为中国的国树呀，我是喜欢你，我特别的喜欢你。”

银杏树形高大挺拔，秀美，雅若天仙。银杏是千年老寿星，浙江天目山现存2000年古银杏，生机盎然，果实累累，人们视为“神树”。银杏在中国名观古刹周边广为栽培。

银杏广布华夏大地，传栽世界各地，她是“东方圣者”，带去了中华古老灿烂的文化，让世人知道，银杏沉淀了博大精深的中华文化。银杏，她是文化使者。

银杏全身是宝，果叶集食用、保健、药用于一身，是摇钱树。银杏美化环境，洁净空气，令人赏心悦目，身心健康，是平安吉祥之树，银杏是建设社会主义新农村的支柱产业，推进建设全面小康社会。银杏是城市森林主干树种，她蕴藏的中华文化，养润着人们的心身，融入构建社会主义和谐社会之中。

2004年11月，在中国林业出版社的组织下，作为《中国银杏志》初稿评审专家组组长，我有幸先睹了书稿，甚感欣慰，是具有创新性的一本好书。近20多年来，广大科研工作者对银杏开展了全面的研究，取得了丰硕的研究成果，推动了银杏生产、科研、教学的发展。该书展示了当今银杏科研的最新理论成果和生产技术。本书也集中地反映了主编曹福亮教授的新观点、新成果和新技术。

该书内容科学全面，涵盖了银杏概述，银杏类的起源、演化和分类，银杏的栽培和利用历史，银杏的自然种群与栽培区域，银杏的生物学性状及生态学特征，银杏栽培技术，银杏资源的综合开发利用，银杏遗传与育种，银杏品种、优系或优株，全国重要银杏产区产业发展概况以及银杏文化等。该书全面汇集国内外银杏资料，内容论证科学、系统完整、结构严谨、表述清楚，是一部权威著作。

当今，现代林业产业化建设兴起，银杏产业需要大力发展之时的大好形势中，出版《中国银杏志》是适时的。该书的出版，是主编曹福亮教授和参编者们心血的结晶，是对中国银杏事业的重大贡献。该书可供生产、科研、教学科技工作者及银杏爱好者阅读，将会使人们进一步了解银杏、进一步发展银杏产业，对广大科技工作者进一步研究银杏必将产生极大的影响。有感于此，是为序。

中南林业科技大学教授、博士生导师

何 方

2007年7月

前 言

银杏，是现存裸子植物中与恐龙同时代的最古老的孑遗植物，被公认为“活化石”，是中国特有的多用途珍稀树种。在第四纪冰川以前，银杏在全球均有分布，第四纪冰川以后，仅在中国保存下来，现已经直接或间接引种到世界各地，中国银杏资源总量占世界总量的90%以上。由于银杏特有的生态价值、经济价值、药用价值、观赏价值和科研价值，深受人们喜爱，目前已经成为中国部分省、市、县的省树、市树和县树。民意调查表明，90%以上的投票者赞成将银杏作为中国的国树。

近二十多年来，我国银杏业在中央和地方各级人民政府的关心和支持下，得到了蓬勃的发展，银杏栽培面积日益扩大，栽培类型向多样化发展，栽培技术水平不断提高，银杏业已经成为我国部分地区农业的支柱产业，对于农村脱贫致富奔小康发挥越来越重要的作用。银杏科研工作也取得了较大的进展，科研人员在国家级、省部级及横向科研课题的大力支持下，开展了多方面的研究工作，取得了大量的研究成果，如南京林业大学先后承担了国家科技支撑项目“银杏等特种工业原料林培育技术”、国家林业局重点项目“银杏种质基因库的建立和良种选育”和“银杏区域化试验”、江苏省科学技术厅项目“银杏遗传分析和药用良种选育”、江苏省三项工程项目“银杏种质资源引进”和“银杏综合开发利用技术配套组装集成”等，在这些项目的支撑下，对银杏生物生态特性、遗传育种、苗木培育、资源培育和资源加工等方面进行了广泛而深入的研究，为银杏业的发展作出了积极的贡献，获得多项科技奖励，其中“银杏、杨树和落羽杉抗性机理”项目获得了国家科学技术进步二等奖，“高效优质银杏栽培技术研究及推广”项目获得江苏省科学技术进步三等奖、“叶用银杏规范化栽培技术的示范推广”获得江苏省农业技术推广二等奖，“银杏资源高效利用”项目获得“梁希”林业科学技术一等奖。

为了适应银杏生产、科研及科普的需要，及时总结银杏生产和科研的成果、经验，促进银杏业进一步发展，受中国林业出版社委托，南京林业大学于2002年8月24日，组织了全国银杏科研和生产的相关学者专家，在南京组织召开了《中国银杏志》第一次编写工作会议，参会人员包括了中国科学院院士周志炎、中国工程院院士王明庥和张齐生，以及其他著名的银杏专家。参会人员对本书的编写内容及任务进行了热烈的讨论，进行了编写分工。在初稿完成的基础上，中国林业出版社于2004年11月30日组织了主要编写人员及有关专家对初稿进行了审定，作为《中国银杏志》初稿评审专家组组长、中南林业科技大学何方教授以及其他专家均充分肯定了本书的成果，同时对初稿提出了修改意见。根据专家的意见，编写人员对初稿进行了认真的修改，2006年5月，本书的主编和副主编再次在南京对书稿进行了审阅，并于2007年3月确定了本书的基本内容体系。

本书的主要内容包括概述，银杏类的起源、演化和分类，银杏的栽培和利用历史，银杏的自然种群与栽培区域，银杏的生物学特性，银杏栽培技术，银杏资源的综合开发利用，银杏种质资源与遗传育种，银杏品种、优系或优株，全国银杏重点产区产业发展概况以及银杏文化等，基本上概括了有关银杏生产和科研的主要及最新成果和成功的经验。

全书由曹福亮全面组织协调，各位编委分工编写。林协编写第1章中的“银杏名称释义”、第3章和第4章，周志炎和杨小菊编写第2章，林思祖编写第5章中的“营养器官”，史继孔编写第5章中的“生殖器官”，张往祥和曹福亮编写第5章中的“生态”和“光合生理”，汪贵斌和曹福亮编写第5章中的“抗逆性”，彭方仁编写第6章中的“苗木培育”和“银杏经营类型及配套技术”，朱克恭编写第6章中的“病害”，钱范俊编写第6章中的“虫害”，汪贵斌和曹福亮编写第7章中的“银杏叶的开发利用”、“银杏种仁的开发利用”、“银杏花粉的开发利用”、“银杏外种皮的开发利用”，费本华编写第7章中的“银杏木材性质和利用”，曹福亮和桂仁意编写第8章，邢世岩编写第9章，曹福亮和汪贵斌编写第10章，赵仁东编写第11章，其他编写人员分别提供了编写材料。林协和邢世岩分别对全书书稿进行了审阅。全书由曹福亮统稿，最终定稿。另外，第6章中“病虫害防治”的黑白线条图由田恒德绘制；彩版中，海洋乡的图片由海洋乡乡政府提供，其他图片的摄影者除注明外，均由曹福亮拍摄。

本书的出版得到了国家林业局、中国林学会、江苏省林业局、广西桂林市林业局、江苏省泰兴市林业局、江苏省邳州市多种经营管理局、湖北安陆市林业局、山东郯城县林业局等单位的大力协助，在此对以上单位及其他关心和支持本书出版的单位表示诚挚的感谢！

本书在编写过程中，得到了中国工程院院士王明庥、张齐生和中国科学院院士周志炎，以及南京林业大学校长余世袁教授的关心和鼓励，在此表示诚挚的谢意！

中国工程院原副院长、中国林学会原理事长、北京林业大学教授、著名的林学及生态学专家沈国舫院士抽出大量时间审阅了书稿，提出了宝贵的意见和建议，并为本书作序；同时，中南林业科技大学教授、博士生导师何方也为本书作序。特在此表示衷心的感谢！

本书还得到了江苏省林业局局长夏春胜和副局长葛明宏，广西桂林市人大副主任陈路旺，广西桂林市林业局原局长李开生，江苏省泰兴市人大副主任徐先，江苏省泰兴市农业局原局长鞠章网，江苏省泰兴市林业局局长张宏章，江苏省邳州市人大常委会原主任汤扬中和原副主任沙维春，中共邳州市委常委，副市长李建忠，邳州市多种经营管理局局长李文雅，湖北安陆市原副书记郑德明和安陆市原副市长陈有金，山东郯城县林业局副局长官玉臣、南京林业大学教授黄宝龙等的支持和帮助，在此，一并表示衷心的感谢！

希望该书的出版能为中国银杏业的发展做一点有益的贡献，但由于编者水平有限，难免有不足和错误之处，敬请同行和读者批评指正。

编者
2007年6月

目录

第 1 章 概述

银杏（*Ginkgo biloba* L.）原产我国，是我国的重要经济树种。银杏属裸子植物门（Gymnospemae）银杏科（Ginkgoaceae）银杏属（*Ginkgo* L.），单属单种。由于其独特的形态特征、系统进化和分类地位，备受学术界的重视。自古以来，银杏是传统的滋补食品，是出口美国、加拿大、日本、韩国和东南亚各国的重要干果。自 20 世纪 60 年代以来，由于发现其叶片的提取物具有治疗心脑血管等疾病的作用，我国和许多国家都在深入地研究和大规模地种植银杏。

1.1 银杏名称释义

1.1.1 我国银杏名称

先秦之后，因历史、地域和习俗之不同，银杏在中国有 10 余个别称。

枰：根据古籍记载，中国最早称银杏为枰。距今 2000 多年的西汉辞赋家司马相如（公元前179～118）在其《上林赋》中列举汉代皇家园林内栽植的数十种树木，内有“华枫枰栌”的记述。1979 年上海辞书出版社出版的《辞海》中《汉书·司马相如传（上）》也有“华枫枰栌”的记载，颜师古注：“枰，平仲木也”。

平仲：西晋左思《吴都赋》一书中有“平仲捃梃，松梓古度”的记述。唐代李善编撰的《文选》一书中记载“平仲之木，其实如银”，肯定了平仲木就是银杏树。明代方以智在其所撰《通雅》四十三卷写道：“平仲，银杏也。一名木辟，一名火槖木。白果，叶如鸭脚，宋初始入贡”。

公孙树：明代周文华编著《汝南圃史》一书第四卷（木果部）始有“公植而孙得食”的记述，因称银杏为公孙树。中国多数植物学家从史书中找到根据，认为公孙树即银杏树。《史记·五帝本纪》载：“黄帝者，少典之子，姓公孙，名轩辕”。黄帝以公孙为姓，这是至高无上的象征，且只有把“公孙”当作“图腾”才会有此殊荣。加之，银杏树的寿命可与中国有文字记载的历史相比，因而，称银杏树为公孙树。

鸭脚：北宋阮阅撰写的《诗话总龟》中首次记述：“京师旧无鸭脚，驸马都尉李文和自南方来，移植于私第，因而着子，自后稍稍蕃多，不复以南方为贵”。南宋陈景沂编撰《全芳备祖》一书中提及，因百姓将鸭脚入贡，皇帝品尝后大加赞扬。惟鸭脚、白果名称不雅，改呼银杏。明代王象晋撰《群芳谱》(图 1-1)，书中果部记述有“银杏，一名白果，一名鸭脚子，处处皆有，以宣城为盛”的记述。

元代王祯编撰《农书》(1313 年)中有“银杏之得名，以其实之白”、“鸭脚取其叶之似”、“其子至秋而熟……果如绿李，积而腐之，唯取其核，

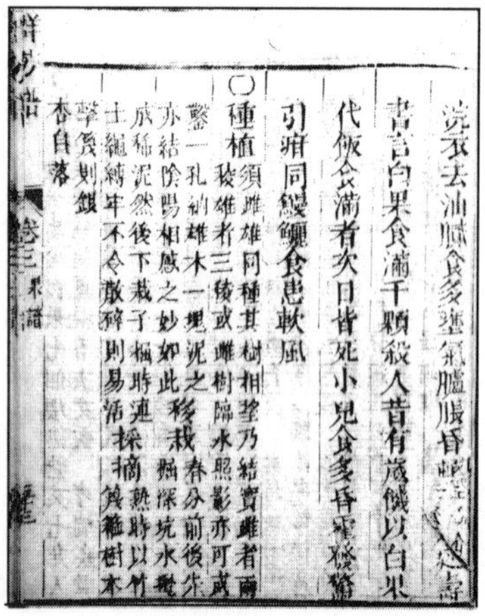

图 1-1 《群芳谱》对银杏的记载

图 1-2 《本草纲目》对银杏的记载

即银杏也”。

灵眼：元代李杲编撰的《食物本草》中有“银杏又名灵眼”的记载。清代张宗法编撰的《三农经》，全书十卷，第十卷果属中有“北人呼白果，南人名为灵眼”的记述。

白果：始见于 14 世纪吴瑞所著《日用本草》一书。明代李时珍（1578 年）在其《本草纲目》中释名白果，“原生江南，叶似鸭掌，因名鸭脚，宋初始入贡，改呼银杏，因其形似小杏而核色白也，今名白果”（图 1-2）。

圣果：我国历代僧人视银杏为神圣的象征，精心栽培与呵护，故将银杏树称圣树，果称圣果。又谓杭州城南圣果寺植有银杏树，因而得名。中国唐代（618 ~ 907 年）银杏树作为圣果开始东渡日本，栽植在日本一些寺院里。

佛指甲：《浙江通志》始见此名。主要是指长子类和佛指类种核形似佛指甲而称之，但不普遍。

飞蛾树：江西农村一些农民以银杏扇形叶酷似飞翔的蛾蝶，故称飞蛾树。《中国经济植物志》和《全国中草药汇编》也将飞蛾树作为银杏树的俗名编入。

“菩提树”：中国温带和北方广大地区，菩提树难以越冬而无法种植。僧人为了表达对佛祖的虔诚和敬仰，喜欢在寺庙中栽植银杏树。因其树干挺拔、枝繁叶茂、叶片扇形、洁净素雅，让人肃然起敬，有不受凡尘世俗干扰的超然意境，故银杏又有中国“菩提树”的美称。

中国古籍中或有的地方民间称银杏树为佛手柑、鸭脚子、鸭掌树等，均依种核形状和叶形相称。

在中国的树木中，像银杏如此多名的情况实在少见。无论是雅号或俗称，都反映了银杏在一定历史时期或地域的文化内涵。

随着科学技术的进步、国际交往的频繁，银杏的潜在价值逐渐为人们所认识。银杏的名称又赋予现代内容，如摇钱树、福利树、养老树、公益树、友谊树等。

1.1.2 国外银杏名称

银杏从我国直接或间接传到国外以后，在国外也形成了不同的名称，如：

拉丁语：*Ginkgo biloba* L.

日语：イチヨウ

英语：Ginkgo, Maidenhair tree, Kew tree, Fossil tree, Temple tree

荷兰语：Ginkgo, Tempelboom, Waaierboom, Japanse notenboom

德语：Ginkgobaum, Goethebaum, Ginko, Entenfussbaum, Fächerblattbaum, Mädchenhaarbaum, Maidenhair tree, Weisse Frucht, Beseeltes Ei, Tausend Taler, Bajm, Elefantenohrbaum, Goldfruchtbaum，Silberaprikose，Tempelbaum，Japanbaum，Japanischer Nussbaum，Grossvater - Enkel - Baum，Goethe tree

法语：Noyer du Japon，Arbre aux quarante écus，Arbre des pagodes，Arbre à noix，Ginkgo biloba

西班牙语：Arbol sagrado

葡萄牙语：Nogueira - do - Japão

新加坡语：Pakgor Su，white fruit

意大利语：Ginko

瑞典语：Ginkgo，Tempelträd

冰岛语：Musteristré（Temple tree），Musterisviður（Temple wood）

芬兰语：Neidonhiuspuu（neidon = maiden's，hiuspuu = hairtree），Temppelipuu，Ginkgo

匈牙利语：Páfrányfenyõ

捷克斯洛伐克语：Jinan dvoulaloèný，Ginkgo biloba

1.2 银杏的价值

1.2.1 经济价值

1.2.1.1 种核

（1）食用价值　银杏的种核又称白果，其种仁营养丰富、清新香糯、味道鲜美，是上好的保健食品，食用历史逾千年。银杏种仁含总淀粉75.84%，其中，直链淀粉16.62%、支链淀粉59.22%、总糖4.20%、还原糖0.904%、蛋白质11.32%、脂肪3.69%、维生素C（Vc）21.65mg/100g、维生素E（Ve）2.33mg/100g。此外，银杏种仁还含Ca、P、Fe、K等矿质元素、16种氨基酸以及白果多糖（*Ginkgo biloba* seed polysaccharide，GBSP）等（史继孔等，1996；朱奕庆，2000）。用白果制成的菜肴受到世界各国消费者的欢迎，鲁菜中的"诗礼银杏"、"蜜汁白果"，四川、贵州、云南的"白果炖鸡"等佳肴是其代表作。近年来，一些地方用机械脱去白果硬壳，真空包装成脱壳白果，大大方便了消费者。休闲食品——白果开心果、白果脆片、白果汁、白果挂面和白果点心等的开发，丰富了白果产品系列。

（2）药用价值　银杏种核是一味传统的中药。明代李时珍的《本草纲目》就记载银杏的药用功能："入肺经，益脾气，定喘咳，缩小便；生食降痰，消毒杀虫。"清代张璐的《本草逢源》记述银杏有"降痰、消毒、杀虫之功效"。现代医学研究证明，银杏对于多种类型的葡萄球菌、链球菌、白喉杆菌、炭疽杆菌、枯草杆菌、大肠杆菌、伤寒杆菌等都有不同程度的抑制作用，将新鲜白果捣烂，调成浆乳状，涂抹患处，可治酒刺、头面癣疮等，总结民间用银杏治疗疾病的土方、验方不胜枚举。

近年来，各地临床试验证明，经常食用白果，可治高血压、咳嗽发热、皮肤病、牙痛等疾病，还有清热抑菌、温肺益气、扩张血管、增加血流量、定痰喘、去皱纹、防衰老、润音喉、止白带、健身美容、延年益寿等功效。

1.2.1.2 花粉

花粉在欧美被称为完全营养库。银杏花粉富含人体必需的氨基酸、多种不饱和脂肪酸及多种矿质元素和Ve等，具有抗衰老、保护血管、防治贫血、美容保健的作用（曹福亮等，2005）。

1.2.1.3 叶

银杏叶入药，我国袭用已久。《中华人民共和国药典》2000版记载：银杏叶，甘、苦、涩、平；归心肺经；敛肺，平喘，活血化瘀，止痛；用于肺虚咳喘、冠心病、心绞痛、高血脂。但发现银杏叶片对心脑血管疾病有重要药用价值还是20世纪60年代的事。1965年，德国Willmar Schwabe医生将银杏叶提取物（EGb761）引入医学临床（Teris A. van Beek，2000），随后众多的研究发现，银杏叶的提取物能改善脑功能，促进脑循环、神经细胞代谢及M胆碱系统功能，改善血液流变、微灌注和清除自由基等活性（朱奕庆，2000），用于治疗中风、脑梗塞、耳鸣。银杏叶提取物中含有的黄酮类化合物能清除自由基、扩张冠状动脉、解除冠状动脉痉挛、增加冠状动脉血流量。银杏叶提取物中含有的银杏萜内酯类化合物具有抗血小板活化因子的作用，用来治疗冠心病、心绞痛。银杏叶提取物还有降低血液黏稠度、降血脂的作用。以银杏叶提取物制成的药品已在欧洲、亚洲临床医学上广泛应用。另外，银杏叶的提取物也被用来做洗涤、护发、美容的日用化工产品，受到消费者的欢迎。

1.2.1.4　外种皮

近年的研究表明，银杏外种皮含有多种化学成分：黄酮、内酯、酚酸（白果酸、氢化白果酸、氢化白果亚酸、白果酚、银杏酚、白果醇、漆树酸、腰果酚）、银杏黄素、异银杏黄素、胡萝卜苷、儿茶酚、原儿茶酚等。此外，银杏外种皮还含有多糖、淀粉、蛋白质、脂肪、纤维素以及多种氨基酸。银杏酚酸具有较强抑真菌效果，易降解，不污染环境，有望在不久的将来开发成为环保农药，用以防治农作物的病虫害。银杏外种皮多糖有提高机体免疫力、治疗癌症、抗过敏、抗炎的作用（许爱华等，2002；赵肃清等，2000）。

1.2.1.5　木材

自古以来，银杏就是优良的用材树种。由于银杏木材结构匀称、纹理致密、不劈裂、不反翘、胀缩性小、耐腐蚀性强、硬度适中、光洁度高、加工容易，银杏木材多用于雕刻工艺品，制作印染机滚筒、绘图板、乐器、高级家具、高级建筑和室内装饰等。

另外，银杏是制作观叶、观果盆景的优质材料，用银杏树奶制作的银杏盆景更是一绝，具有很高的观赏价值和经济价值。

1.2.2　生态价值

银杏树体高大挺拔，其叶形似扇面，雅致，春夏翠绿，深秋满树金黄，成为秋天园林中的一道亮丽风景线；银杏的树冠硕大，叶片浓密，夏天有较好的降温效果。

银杏树萌蘖能力强，又能形成“树奶”，有利于以无性繁殖的方式延续生命，寿命长。上千年的古银杏树在贵州、湖北、山东、湖南、江苏、安徽、江西、四川、云南、陕西等省多有发现（图 1-3）。

图 1-3　陕西西安“老子手植银杏”

图 1-4　日本遭受原子弹袭击的银杏

银杏树的根系发达、生命力顽强。几百年上千年的银杏树，即使主枝断了可抽更新枝重新形成树冠；即使主干内部腐朽，遭火烧危害，银杏又可发出不定芽，抽出新梢。

银杏病虫害少。银杏对烟尘、有害气体（如 SO_2、NH_3 等）的耐受力较强，抗辐射能力强，是大中城市绿化的优良树种，也是化工厂和军事仓库的重要绿化树种。日本在第二次世界大战期间，遭受原子弹袭击，当时遭受原子弹袭击的银杏树枯死，萌蘖后现在却依然生机勃勃，显示了银杏强大的生命力（图1-4）。

银杏耐旱、耐瘠薄。根系分布深，有较强固定土壤的能力，同时银杏又能生产白果、叶和木材，故银杏有良好的经济效益，是西部退耕还林的优良树种之一。银杏常与粮食和蔬菜作物套作，能保护农田、改善生态环境，可使粮食产量提高10% ~ 15%，比单种蔬菜经济效益提高3 ~5 倍。银杏也可作为农田防护树种植。

1.2.3 社会价值

银杏集果用、材用、花用、绿化和观赏于一体，它除了具有经济价值和生态价值外，还具有一定的社会价值。

由于银杏的经济效益和生态效益十分明显，自20世纪90年代起，我国许多地方都把发展银杏产业作为调整农村产业结构、提升地方经济、引导农民脱贫致富的好路子。

银杏是江苏省农村区域支柱产业之一。江苏省泰兴市地处江苏中部，西临长江，人口127万人。全市有银杏嫁接树429万株，常年产银杏果4000t，其优质的白果销往香港、澳门，出口东南亚等国家。20世纪90年代以来，累计创汇8000多万美元，农民每年果和叶的收入达到1.5亿元左右。1998年全市10多家银杏果、叶加工企业，产值达7000万元，生产银杏饮料、药物及中间体、保健品、化妆品、工艺品5大类20多个品牌的产品。江苏省邳州市到2000年已有银杏采叶圃6600 hm^2，

图1-5 恐龙时代的银杏

年产银杏干叶 15 000t，形成了设计年生产银杏叶干浸膏250t 的能力，全市银杏系列产品的年综合效益超过 8 亿元。

山东省郯城县已定植叶用和果用银杏 8000 hm^2、1400 万株。2001 年，该县胜利乡赵楼村农民银杏收入人均超过 20 000 元。

广西壮族自治区桂林市银杏面积已经超过 32 000 hm^2，年产白果 4000t。在主产区 200 ~ 300 年树仍然结果累累，株产达到 100 ~ 200kg。

银杏树还是佛教、道教的“物”，中国文化历史的信证。中国领导人曾以银杏树赠送外国友人，以示两国人民的友谊长存。

历尽沧桑的古银杏，高擎苍天，遥溯古今，给人以神秘莫测之感，许多地方把银杏树作为村寨的风水树，受到村民的认真保护，这也是许多银杏大树、古树能很好保存下来的重要原因。

1.2.4 文化价值

银杏在中华大地沃土上，千年不老，结果累累。或屹立崖悬峭壁，或守护古刹名寺，或树畔屋前宅后，与中华民族同呼吸、共命运。正如古诗所云：“大树龙盘会诸侯，烟云如盖笼浮丘。形分瓣瓣莲花座，质比层层螺髻头。”银杏之神圣，在于其神圣不可侵犯，冰川把地球上生物一扫而光，而它却能生存发展；强暴面前，永不低头；斗争面前，常胜将军；生命之强，绝处逢生，决无尽头。在抗日烽火年代，郭沫若先生尊银杏为“东方圣者”，唯“东方圣者”，率我中华民族，把侵略者赶出去，还我河山，维护国土完整；神圣国土不可侵犯。

银杏历经地壳变动、火山爆发、气候骤变、冰川侵袭，同代恐龙成化石（图 1-5），而它却能绝处逢生，屹立在中华大地上数千年，书写着中华民族数千年文明史。既写过中华民族的血泪史，也写过中华民族创业史、文明史、辉煌史，更写以血肉筑成新的长城悍卫神圣国土完整的壮烈史，再谱“庆港澳回归雪国耻，盼两岸统一梦团圆”新篇章。银杏本身就是一本“圣经”、“佛经”，银杏就似严师，不进则成“化石”；教育人心向善；达到“忘我”境界；银杏是本教科书，让人们认识自然，理解自然；银杏是“上帝”，把人类从现代生活的误区中拯救出来，步入绿色世界，步入大自然，热爱大自然，与大自然和睦相处、协调发展；银杏种种美德就似一股股清泉，渗入荒漠，变为绿洲。

中国传统家庭的凝聚力之强是世界独有，尊老爱幼，世代同堂，银杏却能“五代同堂”，超过了人类的“四代同堂”。令人惊奇者为此银杏大树并非立于平川沃土，而是根入万丈深渊、悬崖峭壁上了。在此巅峰之上竟能千年不衰，“五代同堂”。如浙江西天目山自然保护区内开山老殿下方海拔 1020m 处悬崖峭壁石缝里“崩”出一株干基根部萌发不同年代枝干，形成老、壮、青、少、幼 5 级相互依偎、树冠横展、枝叶层层延伸于峭壁上，立于海拔千米巅峰之上，恰似一个尊老爱幼、牢不可破“五代同堂”大家庭的古银杏树。

银杏扇形对称的叶子，由于其叶子边缘分裂为二而叶柄处又合并为一的奇特形状，又被视作“调和的象征”，喻意“一和二”、“阴和阳”、“生和死”、“春和秋”等等万事万物对立统一的和谐特质。银杏叶子也可以看作心形，所以又可以看成爱情的象征，寄予两个相爱的人最后结合为一的祝福。德国的伟大诗人歌德（Johann Wolfgang von Goethe）深深地被银杏的特质所触动，于 1815 年 9 月 15 日凭诗寄意，写下了题为“银杏”的短诗（图 1-6）。

我国历史上著名文学家苏东坡、欧阳修、梅尧臣等人均以银杏为题材，或咏诗赞树，或记录银杏引种栽植，或描绘银杏的内在精神和风貌。

1.2.5 科研价值

银杏由于它独特的形态、解剖特征，在植物系统发生、生物进化中具有重要的地位。银杏的起源和演化，银杏及其近缘的化石、孢粉学一直受学术界重视。银杏的长寿，银杏树乳的发生原因、发生特点、树乳的结构以及它与保留下来众多的古树的关系，也是植物学家研究其起源、进化的重要内容。

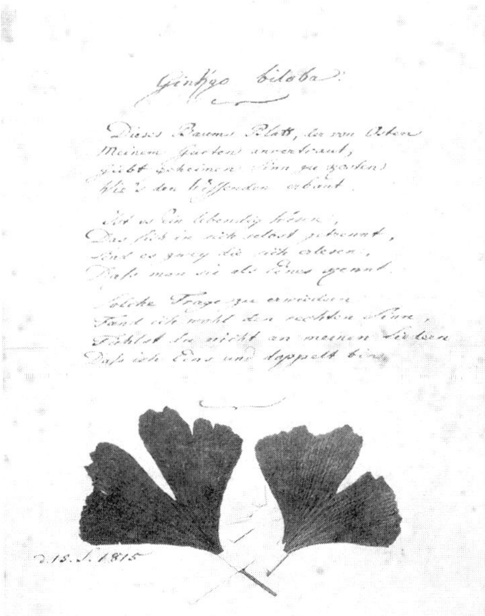

二裂银杏叶（译文）

生着这种叶子的树木，
从东方移进我的园庭；
它给你一个秘密启示，
耐人寻味，令识者振奋。

它是一个有生命的物体，
在自己体内一分为二？
还是两个生命合在一起，
被我们看成了一体？

也许我已找到正确答案，
来回答这样一个问题：
你难道不感觉在我诗中，
我既是我，又是你和我？

图1-6 德国诗人歌德（Johann Wolfgang von Goethe）描述银杏的诗

银杏的大小孢子的形态、发生、特征一直是植物学家关注的问题。自日本学者平濑作五郎（Hirase）1896年发现银杏的游动精子后，一直有学者研究银杏的大小孢子的发生和受精生物学。

银杏是典型的雌雄异株的树种，研究自然状态下的性别比例，鉴别结实以前的性别，从形态学、酶学乃至从分子生物学的角度去研究银杏的雌雄异株对幼苗学、性别分化都有一定的学术意义。

银杏作为为数不多的裸子植物果树，它的“花芽”分化、开花、授粉、受精以及种实的发育具有特殊的地方，也是果树栽培、森林培育学者关注的热点之一。

自20世纪60年代发现银杏叶片提取物的药用价值以来，许多研究工作者都在研究银杏叶片及其提取物的成分、结构、构效关系、药理作用、生理作用以及临床应用，改进药物的结构以及改进结构以后的类似物的构效关系，对研制新的药物有积极的意义。

银杏是重要的生态经济型树种。近几十年来，国内外许多学者都十分重视银杏形态、解剖特征、系统发生、生物进化、分子生物学、基因工程、良种选育、逆境生理生态、各种原料林的培育技术和花、果、叶、材加工利用等方面的研究。

1.3 银杏的科研、发展现状和前景

1.3.1 科学研究

银杏原产于中国，现在世界上种植的银杏皆源自中国（De Feudis，1998），银杏种质资源的研究，中国也进行得很早。1935年，曾勉教授发表了研究论文“浙江诸暨之银杏”。文中根据银杏的种实与种核特征，将银杏划分为佛手、梅核和马铃三大类，并描述、记载了10个品种，这是我国首次对银杏的分类和品种资源进行科学的研究。1957年，何凤仁、赵有为发表了江苏泰兴银杏品种的报告，记载了泰兴的5个品种，指出以佛指为多。20世纪50年代以来，《果树栽培学》、《中国果树栽培学》、《中国植物志》（第7卷）都记载描述了银杏的品种。进入20世纪80年代以后，各银杏产区都对当地的银杏种质资源进行了调查研究，江苏、山东、广西等银杏产区对银杏品种资源进行了重新调查、认证、鉴定和评审，相继推出一系列各地区的农家品种、优系或优株。《中国

果树志·银杏卷》采用了何凤仁提出的将银杏分为长子、佛指、马铃、梅核和圆子五大类的分类方法，记载了46个品种（优系）。

银杏资源调查、品种选育研究有了较快的发展。江苏泰兴的地方良种大佛指获得了国家原产地认证；邳州选育的宇香、亚甜2个品种通过了省级作物品种委员会的认证。山东的大金果及岭南两品种也通过了省级认定（2004）。湖北、广西、河南、浙江、贵州都选出了自己的优良品种和优系。

中国有无野生的银杏，一直是中外植物学家、林学家、园艺学家关注的问题。胡先骕、李惠林、郑万钧、何凤仁、林协等认为中国有银杏野生种或野生的银杏，主要以浙江的西天目山的银杏群落为代表。而陈嵘、曾勉、裴鉴、王伏雄、李正理等认为中国没有野生银杏。近年来，向应海等人在贵州考察了务川、贵阳高坡、贵州302国道沿线以及浙江西天目山、四川金佛山的银杏群落后，认为西天目山双清溪的银杏群落参与了天然林演替和历史发展的全过程，因此，它们应该是野生的。重庆金佛山和贵州的一些地方存在自然状态下野生性银杏种群（向应海等，1998、2000；向准等，2001）。葛永奇等（2003）对银杏群体遗传多样性的ISSR分析表明，贵州务川的银杏群体很可能为野生自然群体。曹福亮（2006）对5个银杏群体遗传多样性分析表明，浙江西天目山（TM）、贵州务川（WC）、湖北大洪山区（DH）、四川重庆金佛山区（JF）、福建武夷山区（WY）等5个群体遗传多样性较高，其中浙江西天目山、贵州务川、湖北大洪山区有可能是野生银杏冰川期的避难所。

1989年，何凤仁撰写的《银杏的栽培》一书问世。它以作者多年对银杏的亲身观察和研究，结合从事银杏生产实践的丰富经验，系统地阐述了银杏生物学特性和栽培技术，对以后银杏的生产和研究提供了可以借鉴的宝贵资料。

1991年在湖北省安陆市、1992年在浙江省诸暨市召开的银杏学术研讨会上，来自全国各地的专家、学者和科技人员交流了银杏资源、种植、管理和利用方面的成果和经验。

1993年9月，中国林学会经济林分会银杏研究会在江苏省泰兴市成立。到2006年8月，先后召开了15次学术研讨会，出版了13集论文集，对推动我国银杏研究工作和产业的发展起了积极的作用。

1997年11月，中国农村科技开发中心、法国博福—益普生制药集团和德国施瓦伯制药公司联合在北京召开了“′97银杏国际研讨会”，来自法国、德国、美国、瑞士、荷兰和中国从事银杏研究、生产和管理的近150位代表参加了此次会议，会后以中、英文出版了会议论文集。

南京林业大学自20世纪90年代以来，对银杏种质资源收集和种质基因库建立、良种选育、抗性生理、光合生理、速生优质丰产栽培机理及技术、复合经营、产品加工等方面进行了系统的研究，取得了一系列的成果，并先后出版了《中国银杏》、《银杏》（画册）、《Ecological Basis for Ginkgo Agroforestry System》和《银杏培育机理及综合开发利用》等专著和论文集。

20世纪80年代至90年代，银杏早实丰产在我国山东郯城、广西植物研究所、江苏农学院和邳州获得成功。在试验地上进行矮化密植，实现了3年见花、4年结实、5年有产量的目标。成果在广西桂林产区得到了大面积的推广应用，2003年经有关部门验收，建立了7年生银杏园866.7hm^2，平均每公顷产1200kg。

20世纪90年代，山东郯城、江苏邳州与法国合作，建起了连片集中的6666.7hm^2的银杏采叶园，并引进了国外的大型烘干设备，所生产的银杏干叶一部分向法国出口，同时解决了国内企业的优质原料问题。

南京林业大学、扬州大学、北京林业大学、山东农业大学、中南林业大学、贵州大学、仲恺农学院、广西大学、浙江林学院等在银杏栽培基础理论，诸如银杏生长发育规律、结实生理、形态解剖、抗性生理、矿质元素、光合机理、花芽分化、种子营养成分及转化规律等方面进行了大量的研究工作。

北京大学、中国科学院植物研究所的研究人员对银杏的授粉受精生物学、胚胎发育、大小孢子发生、颈卵器、授粉腔的发生、形态进行了深入系统的研究，取得了可喜的成果（王伏雄，1983；Li Dahui，2003）。

中山大学、南开大学、浙江大学、南京林业大学、中南林业大学、北京大学药学院应用现代分子生物学手段对银杏进行了系统进化、种质资源系统分类、雌雄株鉴别的研究。

中国科学院上海药物研究所、中国林业科学研究院林产化工研究院、贵州大学、山东农业大学、北京医科大学、华中农业大学等高等院校及研究机构对与其相关的银杏黄酮、内酯、聚异戊烯醇等有效成分的研究工作正在深入地进行中。

中国医学科学院药物研究所、中国科学院上海药物研究所、中国药科大学、沈阳药科大学、华中科技大学对银杏叶提取物的药理、毒理及临床应用进行了大量的研究。

扬州大学、广西医科大学、广西植物研究所、华东理工大学、华中农业大学等对银杏外种皮的化学成分，如银杏酚酸、银杏黄酮、银杏内酯、银杏外种皮多糖进行了研究，发现这些成分具有药用功能，银杏外种皮的提取物有杀虫、抑菌功能。类似的研究也证明，银杏外种皮可以杀灭血吸虫的中间寄主钉螺。

南京林业大学先后开展了银杏基因库建立，杂交育种，叶用园、花粉园和用材林培育技术，花粉、活性炭、银杏叶生物饲料添加剂和刨花板加工技术等方面的研究。

山东师范大学从银杏种核中提取、纯化并分析了与银杏叶多糖、银杏外种皮多糖结构不同的银杏白果多糖，为白果的药理研究提供了基础资料。

中国农业大学资源与环境学院的“银杏外种皮在草坪花卉专用控释肥中的应用”研究为银杏外种皮的利用开辟了另一途径，使银杏外种皮有可能变废为宝，得到合理利用。

2006年4月，邢世岩在山东泰山发现我国第一株叶生小孢子囊雄株。该树树龄约300年，树高19.35m，胸径0.68m，枝下高5m，冠幅9m×8m。与叶籽银杏相同，叶生小孢子囊雄株的小孢子囊有正常小孢子囊和叶生小孢子囊两种。正常小孢子囊占98%，叶生小孢子囊占2%。具有叶生小孢子囊的花枝上，叶生小孢子囊短枝占8.33%，具有叶生小孢子囊的短枝，产生叶生小孢子囊的叶子占19.9%。与正常小孢子囊相同，叶生小孢子囊银杏的小孢子囊具有正常花粉并有发芽能力。

我国有关高等院校、科学研究单位进行的有关银杏生物学、生理学、分子生物学、药物学、临床医学、栽培学、育种学的研究，提供了大量有价值的基础理论和应用研究的资料，为不断提升我国银杏产业的科技和现代化的水平作出了贡献。

国外对银杏研究也有悠久的历史，法国、德国、美国、瑞士、荷兰、日本等对银杏也有较深入的研究。

1.3.2 发展现状

1.3.2.1 栽培现状

（1）*面积不断扩大，产量迅速提高* 千年以上的古银杏在我国许多省份均有分布。有历史记载的银杏古树树龄已有3000年，商、周之间（大约公元前11世纪）即有种植，当时局限于寺庙和庵观四周。三国时期的江南就已有较多的银杏。黄河中下游的银杏栽植，大约在11世纪，从浙江、安徽传入。江苏的泰兴、邳州，山东郯城，广西桂林，贵州盘县大面积种植银杏，始于明朝。苏州的大量种植，则是清代同治年间（郭善基，1993）。

江苏邳州、山东郯城到抗日战争以前，具备了一定的银杏种植规模。郯城有10万株，产量达到500t；邳州有4万株，产白果1250t。1988年邳州全县银杏达35万株，白果产量达500t，1984年郯城的银杏树恢复到1.7万株，产白果535t。

20世纪80年代以后，随着农村产业化政策的调整，银杏发展的速度明显加快。1997年，郯城银杏种植面积达到了6000hm^2，产白果2000t，产银杏干叶5000t。2006年，邳州银杏种植面积达30 000hm^2，白果产量1200t，干叶产量20 000t，银杏叶干浸膏生产能力达250t（董步生，2002）。2006年，泰兴种植面积达21 000hm^2，白果产量6000t以上，干叶产量2000t。2006年，广西桂林面积达28 000hm^2，白果产量5000t以上，干叶产量3000t。湖北省近年发展也很快，全省种植面积已达30 000hm^2，仅恩施土家族自治州就达21 300hm^2。

20世纪80年代，山东、广西、江苏的早实、丰产银杏园试验成功，给全国新建的银杏园提供了一种新的理念，一个新的栽培模式。80年代，地方的良种筛选，给全国的新建园提供了优质种源基础。因此，90年代新建的银杏果用园大多采用嫁接苗繁殖，按照早结、优质、高产技术实施，接穗选用当地和引进的良种穗条，这些果用园已经开始投产。

（2）*银杏叶用园基地的建立* 20世纪90年代，国内开始生产、出口银杏叶提取的黄酮干浸膏，由于当时其效益可观，因此拉动了我国叶用银杏园的高速增长。到90年代末期，叶用园、果叶兼用园已达到了50 000hm^2。

2001年，国家医药管理局提出中药种现代化种植技术规程（GAP）试行草案，2002年国家医药管理局正式发布了这一规程。此后，各地开始按GAP标准建设、改造银杏叶用园。许多银杏采叶园制定了“标准操作规程”（SOP），以规范采叶园的种源、育苗、建园、管理、采收，保证了银杏叶片的质量。

（3）*园林绿化的重要树种* 随着城市绿化的步伐加快，银杏树以其优美的树姿，良好的生态适应性，较强的抗污染能力，被越来越多的城市用作森林公园（图1-7）、行道树及街头绿化小区的风景树，北京、上海、南京、西安等几条大道以银杏为行道树，显得非常壮丽、美观（图1-8）。各地发展的小巧玲珑、形态各异的银杏盆景，成了盆景艺术宝库中的佳品。

1.3.2.2 开发利用现状

国内外市场上银杏制品种类繁多，已成为最畅销的植物药产品之一。市场上的银杏制剂多种多样，主要有胶囊、片剂、提取液、冲剂、袋泡茶等剂型（图1-9）。

银杏的种实（白果），香糯细软，味道鲜美，具有较高的营养价值，被越来越多的人所接受。江苏、山东银杏产区研制出了白果剥壳机，加上真空包装，冷库贮藏，给顾客食用白果带来很大的方便。20世纪70年代山东试制生产了清水白果罐头，江苏在80年代试制生产了银杏汁。近年江苏的苏州、连云港市试制出银杏开心果和松脆银杏果，大大丰富了银杏食品市场。有保健功能的纯天然白果酒、银杏啤酒已供应市场。

不少企业顺应回归大自然的潮流，开发出的银杏系列减肥、美容、化妆品不少于50种，有的还打入国际市场。1993年，江苏泰兴开始生产银杏洗发香波、护发素、护肤霜、洗面奶等产品，深圳市君祥日用化工有限公司用银杏叶提取物配方研制出美容、洗发、护肤等系列产品。

图1-7 江苏邳州市银杏森林公园

图1-8 江苏扬州市街头银杏绿化

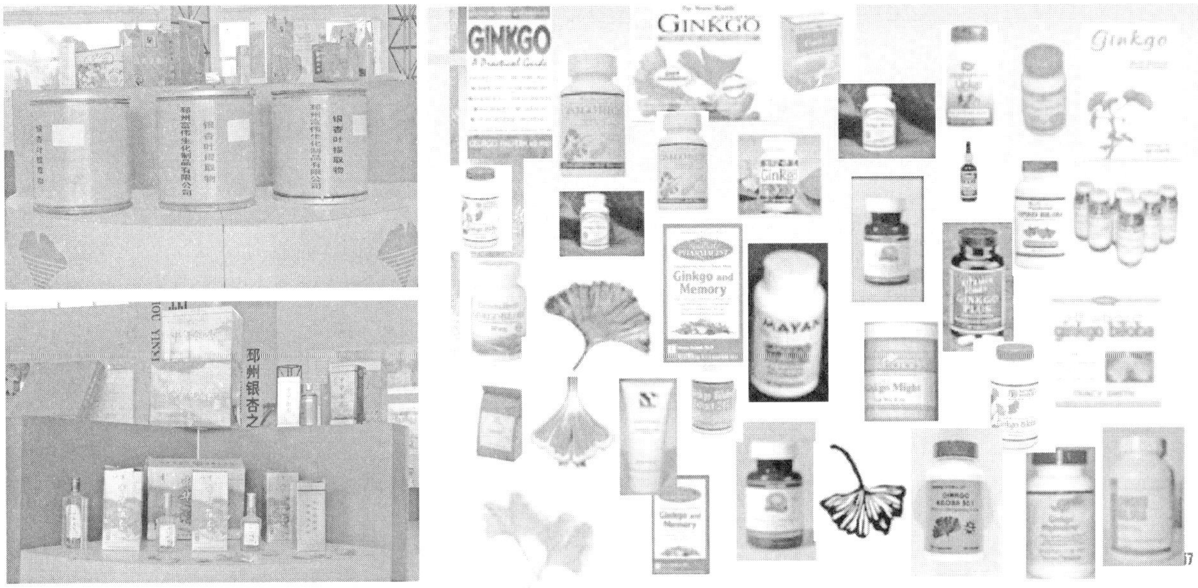

图 1-9 银杏制品

银杏叶是我国传统医学的配方药材。银杏叶过去大多是靠太阳晒干，品质受天气影响。1996年，山东郯城和江苏邳州与德、法合建了3条现代化的银杏叶烘干、自动打包生产线，随后国内研制、开发成功大型、自动化程度较高的烘干机，建起了多家烘干厂，鲜叶通过大型机械烘干提高了产品质量和保质期。

我国科技工作者以乙醇浸提，大孔树脂分离法为基础生产银杏叶黄酮干浸膏，节约溶剂，生产安全，为我国以银杏黄酮干浸膏为原料的临床药物的开发提供了物质基础。仅江苏邳州市就有银杏黄酮干浸膏提取生产线9条，年生产能力达250t。20世纪90年代陆续有浙江康恩贝制药股份有限公司、贵州信邦制药股份有限公司、江苏扬子江制药股份有限公司等16家制药厂以银杏叶提取物生产银杏叶片片剂或胶囊供应市场。2000年，上海生产的银杏酮酯片、杏灵颗粒上市，同时获准进入美国进行临床试验。我国医药市场上，以前只有德国和法国生产的银杏叶提取物制造的针剂。进入21世纪以来，贵州大学等单位生产出了低酸水溶性银杏叶提取物，2003年贵州益伯制药股份有限公司生产的“银杏达莫注射液”正式投入市场（国药准字H52020032，国药准字H52020031）。银杏叶冻干粉针剂、银杏内酯及银喘片、银杏叶提取物缓释微丸、银杏叶滴丸等新药获得临床公告。2005年，世界市场上银杏叶制品的年销售额达50亿美元，已成为植物药制剂的全球冠军品种。我国银杏叶制剂年销售额从2000年的6亿元发展到2004年的17亿元，目前，已成为心脑血管系统植物药领先品种。零售市场上可监测到的植物药类心血管用药有300多种，银杏类制剂产品占据了近30%的市场份额。

在韩国，每年至少有10余家大财团争相投入巨额的财力、物力和人力，对银杏制剂进行系统化、科学化的研究和开发。据了解，银杏制剂作为一种优良的治疗心血管疾病药物，每年将为韩国医药工业创造了大约6.34亿美元的产值和高达30%以上的利润。韩国制药工业联合会已号令国内各公司要进一步加强横向联合，其目的就在于加速韩国银杏制剂的开发、生产和出口。韩国每年至少生产数千吨用银杏加工精制的各种药物。韩国每年销售与银杏叶相关的保健食品的销售额高达1.3亿美元。在韩国，银杏叶被政府列为继高丽参之后的第二大保健食品绿色宝藏资源，并且由国家牵头成立了银杏树研究机构，每年指导农户新植银杏树200余万株。

最近美国在食品和化妆品的应用上又推出了银杏卷、银杏香液、洗面乳、头发保湿剂等日常用品。另外，市场上大部分银杏制品是作为保健食品登记，也有少数作为非处方药注册。其中制品剂型中胶囊和片剂最受欢迎，其次是提取液。

在法国，银杏叶中间体制成的药品年销售额为6000万美元，银杏保健品年销售额为1.9亿美元。在日本，银杏商品市场更为活跃。日本开发银杏叶精制的各类产品起步很晚，但目前，银杏系列产品年销售额扶摇直上，系列产品包括药品、饮料、生发剂、茶叶包、果冻等。

1.3.3 发展前景

银杏是多功能经济生态型树种，特别是现代人体保健及医药的需要，发展银杏有广阔前景。

1.3.3.1 我国及世界银杏市场前景广阔

我国现有40年以上的成龄银杏树约28万株，产量16 000t。今后随着各地新植银杏树投产，预计到2020年，银杏的产量可能达到350 000 t。由于银杏干果味道香糯鲜美，有较高的营养价值，加之其加工的食品日趋多样，社会消费量逐渐增长，按年均每户消费1kg计算，全国就需330 000t，加上出口的增长，市场前景仍十分广阔。

1.3.3.2 叶用银杏园实现中药现代化规范种植

据不完全统计，全国现有银杏叶用园30 000～50 000hm^2，由于银杏叶的主要用途是提取药物中间体——银杏黄酮干浸膏，其次作配方饮片，对其产品的质量要求日趋严格，中药原料及饮片生产逐步实行许可证制度。由于银杏黄酮干浸膏，主要是制药和作食品添加剂，需求量在一定时期内相对稳定，因此叶用银杏园的面积也会相对稳定。严格按照中药现代化种植规范经营是银杏采叶园今后生存和发展的关键。

1.3.3.3 银杏木材市场兴旺有道

银杏木材结构匀称、纹理致密，不裂不翘、耐腐蚀性强，是工艺雕刻、精美家具、豪华建筑及室内装修的优良材料，且一向奇缺价昂。银杏用材林虽然收效较迟，但经济效益十分可观。据浙江试验，1956～1983年一个轮伐期约30年，平均年效益银杏为60 000元/hm^2，杉木为4500元/ hm^2，银杏的年收入是杉木的13倍多。若选择土壤深厚、肥沃、疏松和排水容易的地方，营造专用的银杏用材林，也能达到速生、高效。江苏射阳园艺场在中性砂壤土上采用实生苗造银杏林，株行距3m × 4m，面积0.41hm^2，2年生的银杏平均树高11.8m，最高16.8m，平均胸径23.8cm，最大48cm，平均材积0.247m^3，每公顷产木材207.312m^3，经济效益可观。

1.3.3.4 绿化祖国山河，改善生态环境，银杏大有可为

银杏树适应性强，树姿美丽，耐污染和烟尘，能改善生态环境，我国各地广为栽植（图1-10）。北京、丹东、贵阳、大连、泰州、邳州、都江堰、随州等地用银杏作行道树。我国众多寺庙园林、名山大川、风景名胜区，多有高大挺拔的古银杏。

我国部分沿海地区、南方丘陵山地、中西部干旱地区、西部退耕还林区，都可将银杏作为主要的造林树种之一加以推广（图1-11）。

图 1-10　江苏邳州市果用园基地

图 1-11　江苏东台市海堤银杏基地

第 2 章

银杏类的起源、演化和分类

银杏在植物分类学上属于银杏纲银杏目银杏科银杏属，且是银杏纲植物现代残存的、惟一的种，仅在我国有自然生长的植株（He Shan an *et al.*，1997），但在地质历史时期银杏类植物却曾经繁盛一时，种类繁多（Jongmans WJ *et al.*，1971 ~ 1973；斯行健等，1963），在地球表面的植被中曾扮演过重要角色。

关于银杏类植物的祖先、起源的时间以及起源的地点等问题，在学术界至今还没有找到确凿的证据和得出公认的结论。从植物生殖生物学的角度来看，现代银杏的生殖方式和胚胎发育比较原始，和苏铁类较为接近（王伏雄 等，1983；Hori T *et al.*，1997）；从植物形态解剖学上来看，它的次生木质部为密木型，生殖短枝腋生，叶片和叶脉两歧分叉，这些形态特征都曾出现在古松柏类和科达类中。它们很可能共同起源于距今约 3.6 亿年前的泥盆纪的前裸子植物（Progymnosperms）（Crane PR，1985；Doyle JA *et al.*，1986、1987；Florin R，1949；Crane PR，1988；Zhou ZY，1991）。也有可能银杏类是单独的或经由华丽木目（Callistophytales）自前裸子植物演化而来（Stewart WN 等，1993；Taylor TN *et al.*，1993；Archangelsky SA *et al.*，1990）。这些推测都有待于发现关键性的化石来验证。近些年来，在分子系统学方面进行的研究表明，银杏的某些细胞器（叶绿体和线粒体）基因 *rbcL*（ribulose - 1，5 - bisphosphate carboxylase）序列和核糖体核酸 rRNA 序列同苏铁类近似的程度超过同松柏类和买麻藤类（Hasebe M，1997），但有的研究仍支持它和松柏类等有较密切关系（Chase MW *et al.*，1993；Doyle JA *et al.*，1994；Donoghue MJ，1994）。银杏类自种子蕨植物起源也是一种一度流行的假说（Meyen SV，1984、1987），但因存在种种问题，一直未得到学术界广泛的支持（Beck CB，1985；Stewart WN *et al.*，1993）。

2.1 地质时期的银杏类

银杏类植物的起源可以追溯到晚古生代。目前，公认的、可靠的银杏类植物化石出现于距今约 2.7 亿年前的早二叠世。二叠纪末的地球环境剧变使银杏类濒临灭绝，早、中三叠世逐渐恢复，到中、晚三叠世开始急剧发展，至侏罗纪和早白垩世一直是银杏类植物的鼎盛时期。当时银杏类种类繁多，形态上有了很大的分异。到晚白垩世以后，银杏类急剧衰落，只剩银杏科少数代表。

2.1.1 古生代的银杏类

毛状叶科 Trichopityaceae

毛状叶属（*Trichopitys* Saporta 1875，Emend. Florin，1949）

异形毛状叶（*Trichopitys heteromorpha* Saporta）（图2-1）

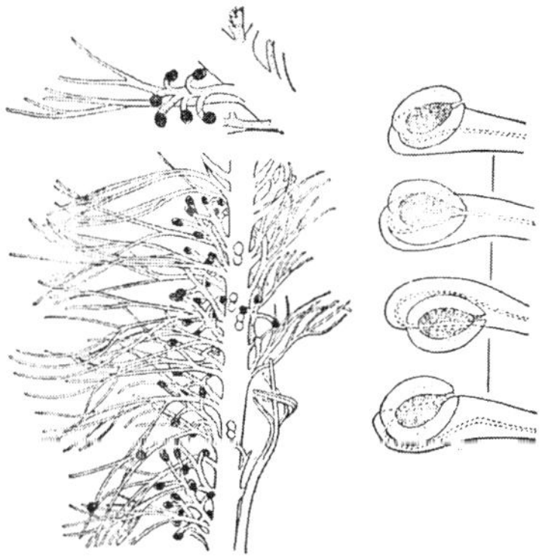

图2-1 异形毛状叶（Florin R，1949）

营养叶（和苞片同形）螺旋状着生于长枝上，无柄，在中、上部两歧分叉1～3次；裂片细狭，可能只具单脉并尚未完全扁化。雌性短枝自叶的腋部伸出，其上螺旋状着生3～20个具珠柄的直生而向内面（近轴面）弯转的胚珠，胚珠较小，4～6mm×3～4mm×2.5mm。产于法国南部下二叠统（Florin R，1949）。

楔拜拉属（*Sphenobaiera* Florin，1936）（图2-7g）

本属为银杏类营养叶化石的一个形态属，自晚二叠世开始出现，但大多数见于中生代。叶片扁化但不具有叶柄，楔形、狭三角形、舌形或线形，向基部渐渐地收缩，向上或多或少地深裂为2～5个主要的裂片。这些裂片可继续分裂1到多次。叶脉为扇状脉，裂片所含的叶脉一般多于4条。我国北方上二叠统已有产出（Halle TG，1927）。

2.1.2 鼎盛时期的银杏类

银杏类植物自晚二叠世开始出现后经历了一个缓慢的发展过程，大约自晚三叠世(2.3亿年前)开始进入繁盛时期，这一时期持续了10亿多年至早白垩世末结束。当时不仅有银杏科、银杏属，还生存着至少3～5个已灭绝的科级演化支系（Zhou ZY，1997；周志炎，2003）。

2.1.2.1 已知最古老的银杏属植物化石

晚三叠世以后所发现的、形态近似现生银杏的叶部化石以往多被归入似银杏属（*Ginkgoites*）或直接归入银杏属（*Ginkgo*）（Florin R，1936；Tralau H，1968）。然而，令人困惑的是，尽管中生代时银杏类叶化石不少，却很少发现和现生银杏相似的繁殖器官化石。事实证明仅仅依据营养叶形态来进行银杏类植物的分类是不可靠的，因为形态相似的叶不一定具有相同的繁殖器官。1965年卡肯果（*Karkenia*）的发现（Archangelsky SA，1965）就充分地说明了这一点。此种繁殖器官虽然和银杏型的叶（Ginkgoites）和短枝等保存在一起，其形态构造却和银杏有很大的区别。直至1988年后章伯乐等在我国河南义马煤矿中侏罗统地层中找到了众多保存完美的银杏（义马银杏，图2-19）的胚珠器官化石，还有大量的叶、长短枝和花粉，才确证银杏属植物在侏罗纪就已存在了（周志炎等，1988；Zhou ZY *et al.*，1988、1989）。这是目前所知研究程度最高的银杏类化石之一，对了解银杏属及其系统发育和演化趋向等问题的探讨都有重要意义（周志炎，1990、1994、2003；Zhou ZY，1991、1997；Friis LM，1989），有关成果发表后得到学术界的广泛认同并被国内外古植物学教科书采用（杨关秀，1994；Taylor TN *et al.*，1993）。

2.1.2.2 义马果属（*Yimaia* Zhou et Zhang，1988）

义马果属的模式种 *Yimaia hallei*（图2-9）也产于我国河南义马中侏罗统（周志炎等，1988；Zhou ZY *et al.*，1992）。它代表着不同于银杏的一个独立的演化支系。它的发现和研究是中生代银杏类的又一重要的进展（Zhou ZY，1991、1997；Kenrick P *et al.*，1995），也为研究同类化石提供了有价值的依据和参证（Kirchner M，1992）。

2.1.2.3 其他一些已灭绝的重要银杏类植物

自20世纪60年代以来，在国外也发现若干重要的银杏类植物化石，主要包括以下几类：

（1）卡肯果属（*Karkenia* Archangelsky，1965）（图2-2） 其模式种内弯卡肯果（*Karkenia incurva* Archangelsky）发现于阿根廷早白垩世地层中。这种雌性繁殖器官的总柄上着生多达百个、细小并具有

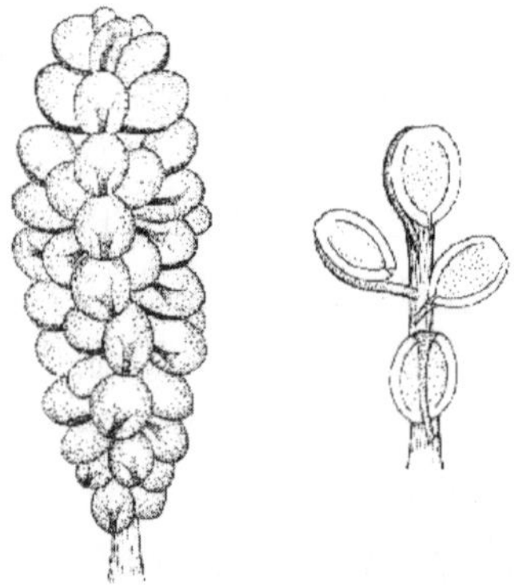

图 2-2 内弯卡肯果(Archangelsky SA, 1965)

短珠柄的胚珠。它们不具珠托，直生或内弯，内部结构与银杏的相似，其珠被中也含树脂体，但珠心和珠被分离。共同保存的叶基本上是银杏型的，但年代较老的种，如晚侏罗世的西伯利亚卡肯果(*Karkenia sibirica*)(Krassilov PR, 1972)具有楔拜拉型的叶。已知的短枝和银杏的外观相同。

(2)托勒兹果属(*Toretzia* Stanislavsky , 1973)(图 2-3) 其模式种狭叶托勒兹果(*Toretzia angustifolia* Stanislavsky)发现于乌克兰顿涅茨盆地晚三叠世地层中，具长、短枝，枝上着生鳞片包裹的芽和螺旋状排列的、具两条平行脉的带状叶，其胚珠器官可能自叶腋伸出，由一个总柄和单独顶生的、倒转的胚珠构成(Zhou ZY, 1991)。

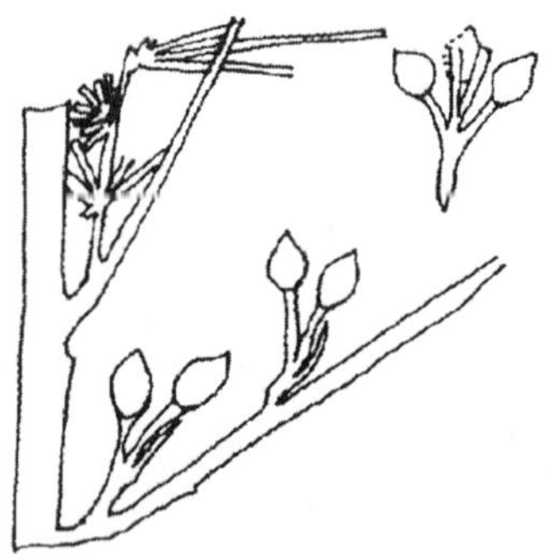

图 2-3 狭叶托勒兹果(Stanislavsky FA, 1973)

(3)乌马托鳞片属(*Umaltolepis* Krassilov, 1972)(图 2-4) 其模式种瓦赫拉梅耶夫乌马托鳞片(*Umaltolepis vachrameevii* Krassilov)产于西伯利亚布列亚河流域晚侏罗世地层中。这种雌性繁殖器官由一个短柄和顶生的苞片组成。柄的基部具鳞片。种子据推测可能单独着生在苞片的远极面，和苞片贴生。共同保存的叶为线形、披针形、长舌形或镰刀形，不具明显的叶柄。叶片中也发现了树脂体。

图 2-4 瓦赫拉梅耶夫乌马托鳞片

(Krassilov VA, 1972)

(4)施迈斯内果属(*Schmeissneria* Kirchner et van Konijnenburg - van Cittert, 1994)(图 2-5) 其模式种小穗施迈斯内果[(*Schmeissneria microstachys* (Presl) Kirchner et van Konijnenburg-van Cittert]产于德国早侏罗世沉积中(Kirchner M *et al.* , 1994)。雌性繁殖器官由 1 个主轴和若干螺旋状排列的、有时具柄的珠托组成。每个珠托中含 1 枚成熟后具翅的种子。叶带状或舌形，不具叶柄。

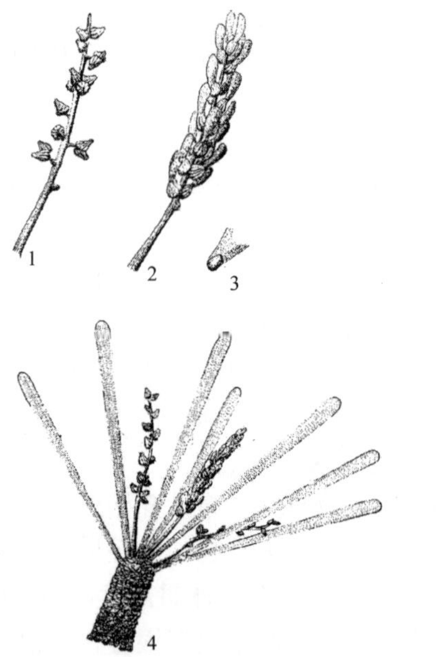

图 2-5 小穗施迈斯内果

(Kirchner M *et al.* , 1994)

1. 未成熟的胚珠器官 2. 成熟的胚珠器官 3. 翅籽
4. 短枝的复原图，短枝上具叶痕，叶簇生，
3 个胚珠器官中有 1 个已成熟

(5)格雷纳果属(*Grenana* Samylina, 1990)(图2-6) 其模式种安格仁格雷纳果(*Grenana angrenica* Samylina)发现在中亚侏罗系。叶不具柄，两歧分叉；裂片细狭。胚珠着生在成对的珠托中。

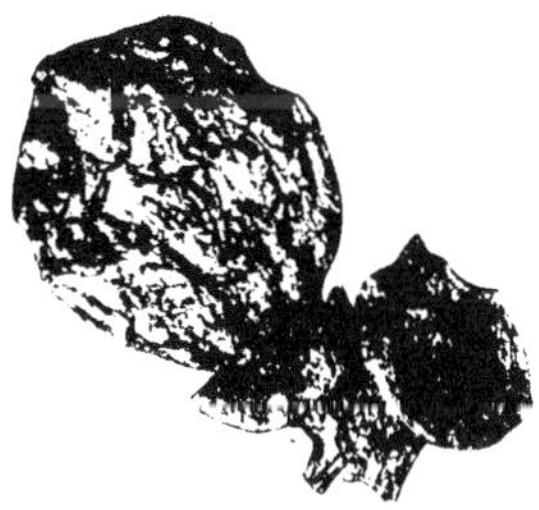

图 2-6 安格仁格雷纳果(Samylina VA, 1990)

(6)内维兹黛果(*Nehvizdyella* Kvaček J *et al.*, 2005) 胚珠器官近似银杏，营养叶为桨叶状。模式种 *N. bipartita* 产于捷克波希米亚晚白垩世早期地层中(Kvaček J *et al.*, 2005)。

2.1.2.4 中生代银杏类营养器官基本类型(形态属)

中生代所发现的大量叶部化石，在缺少生殖器官化石的情况下，难以了解它们的自然分类位置，一般只能根据外部形态特征来区别。在这样基础之上所建立的分类单元，虽然并不显示它们的亲缘关系，在地层对比和时代确定方面却有实用价值。因此，形态属的存在仍有其必要性。

(1)拜拉属(*Baiera* Braun, 1843; Emend. Florin, 1936)[图2-7(2)] 叶扇形至半圆形，具明显叶柄。叶片常深裂为许多狭窄的线形或近于线形的裂片，裂片常左右对称，其任何部分所含的平行叶脉一般为2~4条。

(2)桨叶属(*Eretmophyllum* Thomas, 1913; Emend. Harris *et al.*, 1974)[图2-7(1)] 叶片革质，全缘，呈线形至狭舌形，或多或少地弯曲，不分裂；其最大宽度在叶片中部或更高处，具一宽圆的顶端，向基部慢慢狭缩，但很少呈狭柄状；基部本身略扩张，并为适当数目的和主要在基部两歧分叉的叶脉所贯穿。外形与假托勒利叶很相似，但叶片较大，叶脉较粗，并有较明显的叶柄。

(3)准银杏属(*Ginkgodium* Yokoyama, 1889)[图2-7(4)] 叶呈竖琴状，叶片分裂成2~8个裂片，叶脉密，只在侧边分叉，上部不再分叉。叶片前缘部分的叶脉可达每厘米内20条或更多。

(4)似银杏属(*Ginkgoites* Seward, 1919; Emend. Watson *et al.*, 1999)[图2-7(5、6)] 叶的形态和叶脉类型与银杏属基本一致，只是其表皮构造或其

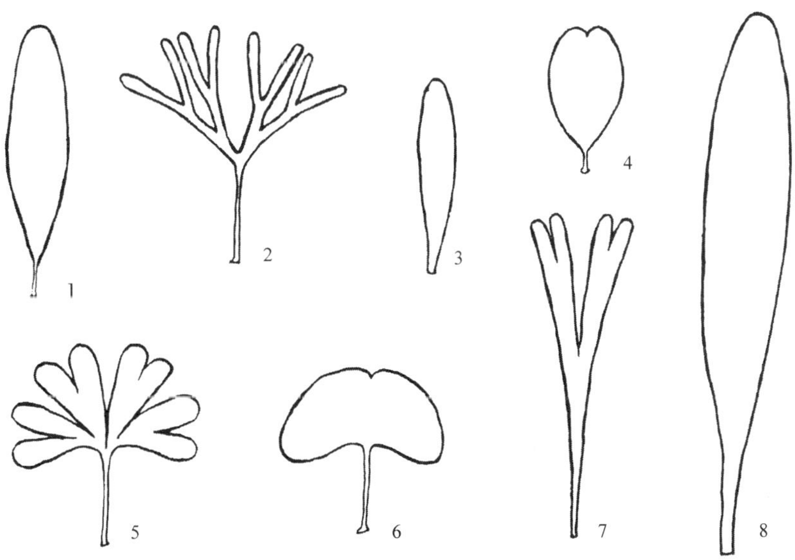

图 2-7 银杏类营养器官化石的基本类型(周志炎, 2003)

1. 桨叶 2. 拜拉 3. 假托勒利叶 4. 准银杏 5、6. 似银杏 7. 楔拜拉 8. 舌叶

他解剖构造不明，或者是具有其他不同于现代银杏特征者。

(5)银杏枝属(*Ginkgoitocladus* Krassilov, 1972) 银杏类枝条化石，形态与现生银杏的枝条基本一致，分长枝和短枝，短枝被鳞叶及叶痕覆盖。叶痕为卵圆形或长卵形，其上具双叶迹，在分泌道出露的地方有一些较小的穴。鳞叶具少量气孔，靠近基部下延，具有很多分泌道。

(6)舌叶属(*Glossophyllum* Kräusel, 1943)[图2-7(8)] 叶螺旋状排列；叶片革质，全缘，或多或少呈舌形，直或弯成镰刀形，其最宽处在叶中部，顶端钝圆，向下缓缓变细，最后几乎成狭细的柄状；基部微凸，有2条维管束；叶脉在叶片下半部分叉后继续分叉，成为很多的平行脉。

(7)假托勒利叶属(*Pseudotorellia* Florin, 1936)[图2-7(3)] 叶革质，全缘，呈线形至狭舌形，或多或少地弯曲，从不分裂，最宽处在中部或更高处，顶端宽圆，向基部慢慢狭缩，但很少呈狭柄状；基部略扩张，叶脉在基部做两歧分叉，向上近平行。

(8)楔拜拉属(*Sphenobaiera* Florin, 1936)[图2-7(7)] 叶片扁化但不具有清楚叶柄，楔形，狭三角形，舌形或线形，向基部渐渐地收缩，向上或多或少地深裂为2~5个主要的裂片；这些裂片排列为两部分，每一主要裂片可继续分裂1到多次。叶脉为扇状脉，裂片所含的叶脉一般多于4条。

2.1.3 银杏类地理分布的演变和衰落

银杏类植物自早二叠世(距今约2.7亿年左右)在欧洲出现(Florin R, 1949)，种属和地理分布都相当局限。从三叠纪末开始，直至侏罗纪和早白垩世银杏类植物处于辐射、演化分异和繁荣的阶段，这一时期，银杏类植物的分布区域迅速扩张，占据了地球上的绝大部分地区：北起东格陵兰以及整个北半球，南到澳大利亚、阿根廷和南非，都有其踪迹，分布几乎遍布全球(Tralau H, 1967、1968; Holmes WBK, 1995)。

同许多其他裸子植物一样，当被子植物于早白垩世晚期在世界范围内迅速崛起时，银杏类急剧衰落。这以后，银杏类的化石明显地减少，同时，银杏属的分布面积也逐渐缩小并限制于温带森林之内。晚白垩世以后除了个别记录以外已经没有银杏科以外的种类存在，而且晚白垩世以后所发现的多种银杏叶和少量繁殖器官化石都已在不同程度上和现生的银杏相似(Rothwell GW *et al.*, 1997; Samylina VA, 1967; Crane PR *et al.*, 1990)。晚白垩世和新生代早期(古近纪)银杏在欧亚大陆和北美高纬度地区呈环北极分布，渐新世之后直到现在银杏处于不断的绝灭的过程中。中新世末(约1000万年前)，银杏已完全不见于北美的森林中。银杏在欧洲一直延续到上新世末(约170万年前)，不过，分布范围日益缩小，每况愈下(Tralau H, 1967、1968; Samylina VA, 1967; Wolf JA, 1987; Kovar-Eder J *et al.*, 1994)。东亚是银杏类植物的最后栖息地，在东瀛邻国日本直至上新世，甚至更新世早期沉积中都有银杏叶化石发现(Uemura K, 1997)，有的和现生银杏叶十分相似，但无繁殖器官的记载。我国目前尚无始新世以后的银杏大化石记录(中国科学院北京植物研究所、南京地质古生物研究所，1978；李星学等，1995)。人们推测现今仅在我国生存的银杏可能是由于始新世以后在某种避难所里躲过了旱热或冰期的严酷环境得以幸存的，也有人相信银杏在古近纪之末已在中国大陆绝迹，现生种是到第四纪才从日本重新迁入的。总之，这是一个饶有科学兴味的、尚待解决的问题。

2.2 银杏目的分类和演化趋向

地层中虽然保存了大量的银杏类植物化石(Jongmans WJ *et al.*, 1971~1973)，但由于化石记录极不完整，加上生殖器官化石罕见，营养器官分类价值不高(Zhou ZY, 1997)，人们对这一类植物在地质历史时期的兴衰和演化过程至今所知仍相当有限。

2.2.1 银杏目的分类

近30多年来，特别是近10余年来，在我国、中亚和欧洲地区陆续发现了一些有价值的银杏类化石。根据这些化石尽管在目前还远远不足以描绘出完整的银杏类演化的图景，但这些材料使我们对银杏类的认识有了很大的改观。依据现有材料，周志炎(Zhou ZY，1991、1997)对银杏类做了系统发育分析，并在此基础之上提出了新的银杏目分类方案：

银杏目 Ginkgoales

毛状叶科 Trichopityaceae

营养叶，苞片和腋生的胚珠器官(二级短枝)疏松螺旋状着生在长枝上；胚珠小，具珠柄，向内弯转；叶未扁化且不具明显的叶柄。

成员及其分布：仅毛状叶属，分布在法国早二叠世沉积中。

卡肯果科 Karkeniaceae

繁殖短枝(二级)上胚珠小而多，多向内弯转，具珠柄，紧密排列。珠被角质层和大孢子膜薄。叶呈 *Ginkgoites*，*Sphenobaiera* 或 *Eretmophyllum* 型。

成员及其分布：卡肯果属分布在阿根廷和蒙古下白垩统，西伯利亚上侏罗统，伊朗、德国及我国的侏罗系。

乌马托鳞片科 Umaltolepidiaceae

一级短枝之上仅有1个或少数几个(2～3个)胚珠，生在已强烈退缩的苞片腋部或与之相贴生(叶全缘、无柄，部分呈 *Pseudotorellia* 型)。

成员及其分布：乌马托鳞片属发现在西伯利亚上侏罗统和下白垩统、伊朗下侏罗统以及我国华北、东北下白垩统和河南中侏罗统。托勒兹果属除原产于乌克兰上三叠统外，可能在我国东北下白垩统也有产出。

施迈斯内果科 Schmeissneriaceae

繁殖枝(二级)上螺旋状着生多个单生或成对的胚珠；胚珠具翅，基部为珠托包围。雄性繁殖器官为 *Stachyopitys* 型(叶全缘、无柄)。

成员及其分布：施迈斯内果属产于德国下侏罗统。

义马果科 Yimaiaceae

多个大型的胚珠直接簇生在总柄(二级短枝)的顶端。未成熟的胚珠器官具很短的珠柄(叶深裂，*Baiera* 型或偶呈 *Ginkgoites* 型)。

成员及其分布：仅义马果属，见于英国、德国及我国下侏罗统和中侏罗统。

银杏科 Ginkgoaceae

成员及其分布：银杏属在北半球早侏罗世起有可靠记录。格雷纳果属的叶呈 *Sphenobaiera* 或 *Baiera* 型，仅见于中亚侏罗系；捷克上白垩统新发现的 *Nehvizdyella*，叶为桨叶型（Kvaček J *et al.*，2005）。

附录：

①银杏目的形态属或器官属

拜拉（*Baiera* Braun，1843），桨叶（*Eretmophyllum* Thomas，1913），准银杏（*Ginkgodium* Yokoyama，1889），似银杏（*Ginkgoites* Seward，1919），银杏枝（*Ginkgoitocladus* Karssilov，1972），舌叶（*Glossophyllum* Kräusel，1943a），假托勒利叶（*Pseudotorellia* Florin，1936），楔拜拉（*Sphenobaiera* Florin，1936），穗花（*Stachyopitys* Schenk，1867），蒜形籽（部分）（*Allicospermum* Harris proparte）（Harris，1935），石花（部分）(*Antholithus*，*Antholithes* Brongniart pro parte)（*Brongniart*，1822），托勒利叶（*Torellia* Heer，1870）。

②了解、研究不够的或和已建立的分类单元不易分清的银杏类分子

Baierella Potonie（1933），*Baicrophyllites* Jain et Delevoryas（1967），*Eretmoglossa* Barale（1981），*Euryspatha* Prynada（Takhtanjan *et al.*，1963），*Furcifolium* Kräusel（1943b），*Kalantarium* Dobruskina（1980），*Kirjamkenia* Prynada（1970），*Leptotoma* Kiritchkova et Samylina（1979），*Nehvizdya* Hluštík（1977），*Sphenobaierocladus* Yang（杨贤河，1986），*Sphenobaieroanthus* Yang（杨贤河，1986）。

2.2.2 银杏目的演化趋向

地质历史时期的银杏类化石记录虽然极不完全，却提供了十分有价值的有关演化过程的信息。银杏类的营养器官(叶)，在近3亿年的时间里从毛状叶属的细弱的立体顶枝系统演化到现代银杏的具柄、叶片近全缘或微具缺刻的宽扇形完全叶，经历了一系列的改变。雌性繁殖器官也从具有多个胚珠的顶枝系统(胚枝簇)演变为银杏的成熟时通常只有单个、具珠托的大型种子的繁殖短枝(Zhou，1997；周志炎，2003)。在已知保存较完整的银杏类化石中，最古老的毛状叶所具有的性状，除了雄性繁殖器官不明外，都显示出原始性。在估量银杏

类演化趋向时可以把它作为一个"原型"或其近似物来看待(周志炎，1990；Zhou ZY，1991、1997)。尽管目前还没有找到它和中生代成员之间有直接联系的证据，但我们可以推测，那些地质年代较新的、形形色色的银杏类(目)成员都可能是从这样一个原型朝着不同的方向辐射出来的。

Florin 等(1949)曾注意到毛状叶的繁殖器官和现生银杏幼年期或不育的和畸形的胚珠器官酷似。我国近年发现的侏罗纪义马银杏(*Ginkgo yimaensis*)和早白垩世的无柄银杏(*Ginkgo apodes*)在形态上界于两者之间，而更接近于后者。这一发现提供了银杏类胚珠器官的珠柄退缩和最终消失、胚珠体积不断增加和数目相应减少这一演变过程的实证(Zhou Z *et al.*，2003)。这样的过程属于异时发育(heterochrony)中的超越形成(peramorphosis)(周志炎，1994；McKinney ML，1986)。银杏叶的演变同样可能经历了超越形成的过程(图 2-8)。具有双维管束的银杏叶，其解剖构造和个体发育过程(Hara N，1997；Critchfield WB，1970)和已经证实的银杏植物的叶在系统发育过程中融合、蹼化的过程全然吻合。

银杏类植物营养器官演化的总趋向是退缩。细弱的顶枝系统向不完全叶演变，最终达到有叶片和叶柄分化的完全叶；叶片融合、蹼化和扁平化；部分长枝退缩为一级短枝。这一过程可能发生在二叠纪和三叠纪之交或最迟在晚三叠世瑞替期以前。繁殖短枝也是趋向退缩。二级繁殖短枝不断退缩，最终导致珠柄消失，胚珠数目减少，但体积增大，只在卡肯果科中有所例外。不论营养器官还是繁殖器官，上述演化趋向在不同的支系中大体上呈现出平行性。

2.3 中国的银杏目化石

中国幅员辽阔，陆相地层非常发育，保存了大量的银杏类植物化石，目前已发现了不下数十种银杏类叶化石，尤其是近 10 余年来在我国中生代地层中发现了几种重要的银杏类生殖器官化石，为研究银杏类的起源、演化，特别是生殖器官在地质历史时期的进化提供了极有价值的材料。

2.3.1 银杏目的重要繁殖器官化石

2.3.1.1 义马果科 Yimaiaceae

义马果属(*Yimaia* Zhou et Zhang，1988)

赫勒义马果[*Yimaia hallei* (Sze) Zhou et Zhang](图 2-9)胚珠较大，一般有 8～9 个，无珠柄，密生在总柄顶端，直生，不具珠托，但多数向外面(远轴面)下弯；珠被外角质层和大孢子膜厚，珠心和珠被内角质层薄，且仅在上部彼此分离，珠

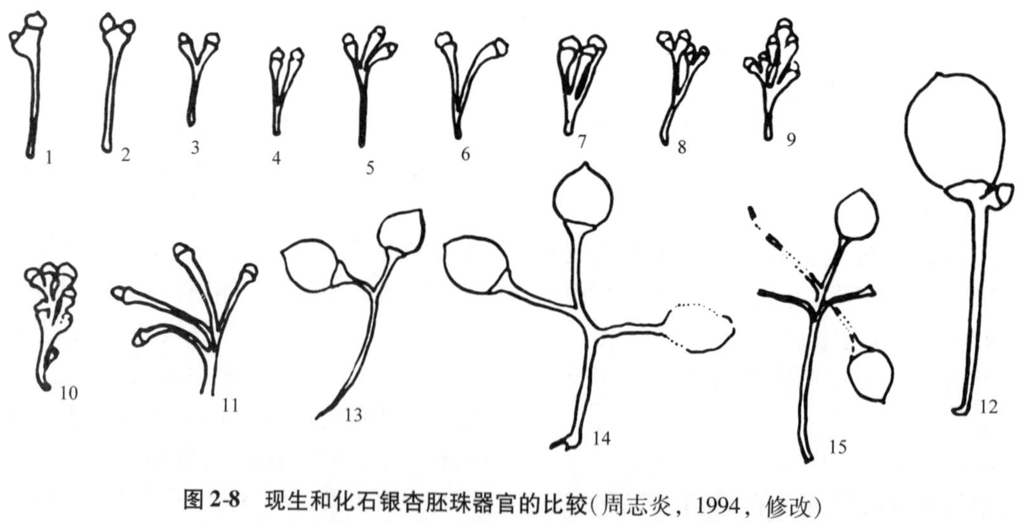

图 2-8 现生和化石银杏胚珠器官的比较(周志炎，1994，修改)

1～11. 现生银杏未成熟的、不育的和畸形的胚珠器官 12. 正常发育的成熟胚珠器官 13～15. 义马银杏的胚珠器官，有 2～3(4)个胚珠器官生在长的珠柄上，与现生银杏未成熟的胚珠器官 3～8 相似

图 2-9 赫勒义马果(*Yimaia hallei*)
复原图(Zhou ZY *et al.*, 1992)

被内含细小的树脂体；密切伴生的有一级短枝，其营养叶 *Baiera* 型，具叶柄，有很大的变异性，和银杏型的叶相似，但叶片深裂，裂片细狭，一般只含2～3条脉。

产地与层位：河南义马，中侏罗统。

2.3.1.2 卡肯果科 Karkeniaceae

卡肯果属(*Karkenia* Archangelsky，1965)

河南卡肯果(*Karkenia henanensis* Zhou，Zhang，Wang et Guignard)(图2-10)

图 2-10 河南卡肯果(Zhou Z *et al.*，2002)

孢子叶穗长椭圆形或披针形，长40mm或更长，宽约13mm。穗轴细狭，中部宽约0.7mm；胚珠数目众多，达100枚以上，具2mm长的珠柄；胚珠排列紧密，多向内弯转，珠孔端向轴，卵形或椭圆形，基部较圆，大多数长2～3.5mm，宽1～1.5mm，最大可长5.5mm，宽2.5mm。珠心与珠被似乎是分离的，珠被角质层和大孢子膜都不超过2.2μm厚。与其密切伴生的营养叶呈楔拜拉(*Sphenobaiera*)型。

产地与层位：河南义马，中侏罗统。

2.3.2 银杏目的重要叶部化石

2.3.2.1 楔拜拉属(*Sphenobaiera* Florin，1936)

刺楔拜拉[*Sphenobaiera spinosa*(Halle) Florin](图2-11)

叶无柄，很少分裂或仅分裂1次，长至少10cm，基部宽7～8mm。裂片近线形，上部宽达1cm以上。叶腹面边缘有一条宽1～2mm的狭带，带中不规则地分布着锥形小刺。叶脉粗而不规则，在裂片前端每厘米有20～30条。

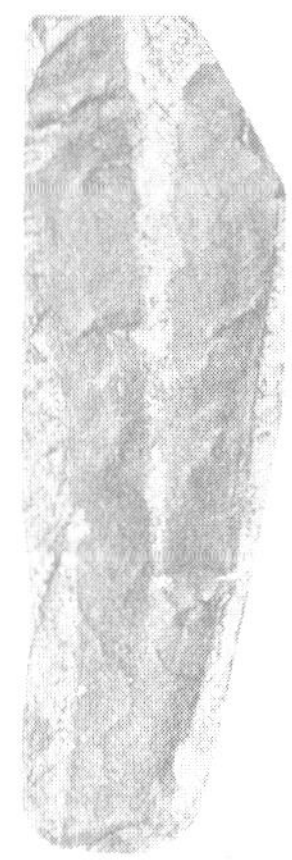

图 2-11 刺楔拜拉(Halle TG，1927)

产地与层位：山西太原，上二叠统。

细脉楔拜拉[*Sphenobaiera tenuistriata*(Halle) Florin](图2-12)

叶大，无柄，多次二歧式分裂成许多线形的裂片；中部的裂片宽约1.5cm；末次裂片宽约2mm。叶脉密，在叶中部每厘米有50～60条。

产地与层位：山西太原，上二叠统。

黄氏楔拜拉[*Sphenobaiera huangii*(Sze) Hsü](图2-13)

图 2-12 细脉拜拉（Halle TG，1927）

叶不具明显的柄，长楔形。叶片分裂为两个几乎相等的带状裂片，分叉角度很小，约 8° ~ 30°，缺裂很深，裂片宽 1 ~ 2cm，长可达 12cm 以上。叶脉较稀疏，每一裂片的中部含近于平行的叶脉12 ~ 21 条。

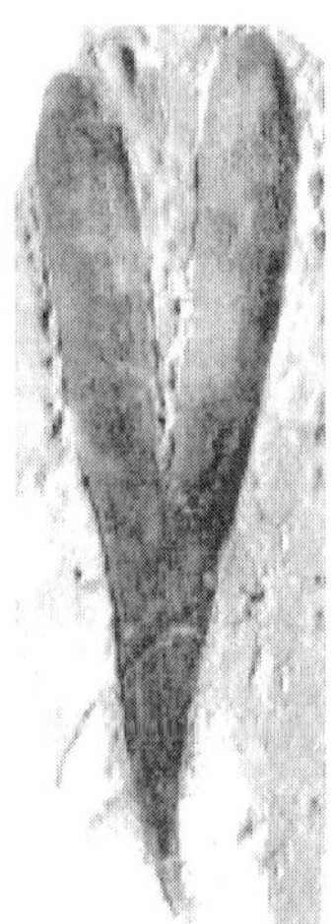

图 2-13 黄氏楔拜拉（Wang YD *et al.*，2005）

表皮角质层较厚，上表皮气孔器稀疏，为3 ~ 9 个/mm^2，下表皮为 11 ~ 17 个/mm^2。上表皮脉路宽，细胞长矩形，排列整齐；脉间带较窄，细胞为等径的多边形，壁直，表面有时有角质增厚或乳突。气孔器分散排列。下表皮脉路细胞长方形，壁直，平周壁有角质增厚或乳突；普通表皮细胞为等径的多边形。气孔器单环式，成纵行排列于脉间区；孔缝纵向或不规则；保卫细胞下陷，副卫细胞 5 ~ 7 个。

产地与层位：湖北秭归，下、中侏罗统。

2.3.2.2 拜拉属（*Baiera* Braun；Emend. Florin，1936）

最小拜拉（*Baiera minima* Yabe et Oishi）（图 2-14）（据 Zhao LM *et al.*，1993，此种可能属东北银杏）

图 2-14 最小拜拉（Yabe H *et al.*，1933）

叶小；叶片半圆形，长约 1.5 ~ 2cm，先深裂至基部分为几组几乎相等的裂片。每一组的裂片又分叉 2 ~ 3 次，最后分裂成 18 枚裂片。最后裂片的侧边几乎平行，顶端钝圆或圆；叶脉平行，分叉；每一裂片通常含有 4 ~ 5 条叶脉，叶柄不明显；最外裂片的左右展开角度约 180°或更大。

上表皮的角质层稍薄；脉路处的细胞呈伸长的矩形，排列成不明显的纵行。脉路之间的细胞多为方形或正方形，顶端部分多为多边形，每一细胞中间有一乳突，细胞壁很薄并强烈弯曲，只在裂片顶部分布有少数气孔器。下表皮细胞的乳突明显，脉路处的细胞也呈伸长的矩形；脉路的宽度比上表皮的略窄，细胞壁较厚而且直；气孔器不规则地散布于叶脉之间并排成不明显的纵行；保卫细胞所成的孔缝稍下陷；副卫细胞 4 ~ 6 个，壁稍加厚，较直，略覆于保卫细胞上。裂片中部下表皮的气孔数目，一般为 25 ~ 30/mm^2。

产地与层位：辽宁，下白垩统。

2.3.2.3 舌叶属（*Glossophyllum* Kräusel，1943）

陕西舌叶（*Glossophyllum shensiense* Sze）（图 2-15）

叶的长度为 5 ~ 28cm，最宽处在叶的前半部，

图2-15 陕西舌叶(斯行健, 1956)

此处的宽度1.1～4cm，向下慢慢狭缩，最后成一狭柄，顶端阔圆。脉细而密，自基部分叉后又继续分叉数次，各支脉大致互相平行，到达顶部略聚敛。每厘米有大约14条脉。枝干部化石宽约1cm，上有螺旋状排列的椭圆形叶痕，大小长约0.5mm，宽约3～4mm，两侧角尖锐。叶痕的宽度和叶的基部宽度大致相同。

产地与层位：陕西、辽宁、吉林，上三叠统。

2.3.2.4 似银杏属(*Ginkgoites* Seward, 1919; emend. Watson等, 1999)

大峡口似银杏(*Ginkgoites tasiakouensis* Wu et Li)(图2-16)

叶具细长的柄；叶片扇形、半圆形，叶最外侧两裂片左右展开角度大多在180°。叶片中间深裂为两半，每半又分裂为4枚裂片，共8枚裂片，外侧的两枚裂片发育较强，宽短；裂片桨形或接近线形，其最宽处靠近裂片顶部，顶端钝圆并常具一微小的缺刻；内侧的裂片呈细长的楔形，顶端钝圆，分裂不深；外侧裂片通常短于中间裂片0.5～1.0cm。叶脉细弱不明显，每一裂片有3～5条叶脉。

上下表皮角质层略有不同。上表皮脉路不明

图2-16 大峡口似银杏(吴舜卿等, 1980)

显；表皮细胞多边形，其垂周壁微弯曲或不规则增厚，平周壁不规则或近圆形增厚。气孔器散生；保卫细胞下陷；5～6个副卫细胞排列成环状，其垂周壁及平周壁均强烈角质增厚，有的形成乳头状突起。下表皮脉路清楚，由6～7行长方形细胞组成。脉间细胞呈等径的多边形，其平周壁增厚不明显，垂周壁微弯曲或不规则角质增厚。气孔器散布于脉间细胞之间，孔缝多平行于脉路，偶有不定向，其构造与上表皮相同。

产地与层位：湖北兴山、秭归，下、中侏罗统。

2.3.2.5 桨叶属(*Eretmophyllum* Thomas, 1913)

宽叶桨叶(*Eretmophyllum latum* Duan)(图2-17)

叶片匙形或倒披针形，顶端钝圆；裂片长40～75mm，基部宽1mm，最宽处在裂片上部2/3

图2-17 宽叶桨叶(Duan SY *et al.*, 1991)

处，宽 12 ~ 13mm。叶片很厚，叶脉不明显，但氧化后叶脉和树脂体非常清楚，树脂体纺锤形，1 ~ 2.5mm 长，1mm 宽。叶片基部发出两条叶脉，二歧分叉数次，在叶片最宽处有 15 条脉，基本平行，到达顶端后略聚敛。

表皮上下面都有气孔。下表皮略薄些，气孔器与上表皮一样多或略多些。表皮细胞长方形，或在叶缘处和中央成为长的多边形，60 ~ 80μm × 20 ~ 40μm，在叶片中部为 20 ~ 50μm 的等径细胞。垂周壁直或略呈波浪状，部分增厚。气孔器散生，圆形或椭圆形，70 ~ 110μm 长，60 ~ 100μm 宽；保卫细胞长 35μm，宽 25μm，周围有 5 ~ 6 个（少数 8 个）副卫细胞，有些副卫细胞上有乳突。

产地与层位：内蒙古，下白垩统。

2.3.3 银杏属的重要种

2.3.3.1 奥勃鲁契夫银杏（*Ginkgo obrutschewii* Seward）（图 2-18）

叶具细柄；叶片深裂为两半，每一半还可同样再分一次。裂片呈长的倒卵形，基部慢慢狭缩，顶端钝圆，不作截形；叶脉除基部附近外，很少分叉，间距约为 1mm，并有不规则的细纹横贯于叶脉之间。同时，还可以看到一些和现代银杏叶片上的分泌道非常相似的纵向的短线。

图 2-18 奥勃鲁契夫银杏（Seward AC，1911）

上、下表皮的脉路细胞都为伸长的细胞，普通表皮细胞一般较短，为等径或略伸长的多边形，细胞壁平直。气孔器只见于下表皮，副卫细胞 5 ~ 6 个，宽三角形，具乳突，内壁加厚。

产地与层位：新疆准噶尔盆地，下、中侏罗统。

2.3.3.2 义马银杏（*Ginkgo yimaensis* Zhou et Zhang）（图 2-19）

具长、短枝。叶柄长 14 ~ 55mm，宽约 1 ~ 3.5mm；叶最外侧两裂片左右展开角度一般 180°左右；叶片小者宽 40mm，宽者可达 130mm，多深裂为 4 ~ 8 个倒卵形至倒披针形的、长 33 ~ 80mm 的裂片，最宽处在裂片中部或偏上，6.5 ~ 29mm，裂片顶端钝圆或稍尖，未成熟叶片顶端往往具一浅的缺刻。叶脉二歧分叉，最宽处每厘米可达 7 ~ 18 条叶脉，叶脉基本平行，到顶部略聚敛；脉之间有树脂体，长椭圆形或梭形，大小一般在 210 ~ 250 ~ 300 μm × 180 ~ 200（300）μm。

气孔器下生式。表皮细胞缺乏乳突和毛。上表皮由 6 ~ 11 列伸长的脉路细胞和等径的多边形细胞组成，规则排列，平周壁粗糙，垂周壁直，偶有气孔器，但副卫细胞上不具乳突。下表皮比上表皮略薄，非气孔带由 10 ~ 17 行伸长的细胞组成；气孔带上的普通表皮细胞一般为等径的多边形或略伸长。气孔器圆形或椭圆形，在下表皮上稀疏排列成不规则的气孔行，单唇式，单环或不完全双环，有

图 2-19 义马银杏复原图（Zhou ZY *et al.*，1989）

6～7个副卫细胞，副卫细胞上具伸向孔缝的乳突。保卫细胞下陷，孔缝方向不规则。

胚珠器官的总柄长达45mm，其顶部二歧式或交互地分出2～3(4)个长(6～)8～12(－15)mm的珠柄。胚珠直立，单生在珠柄顶端的珠托中，胚珠数目多为2个，少为3个，偶见4个，形体较小，10～15mm×8～12.5mm(厚度不明)。

产地与层位：河南义马，中侏罗统。

2.3.3.3 革质银杏(*Ginkgo coreacea* Florin)(图2-20)

叶片半圆形、扇形，叶柄长约1～2.2cm、宽约1.0～2.2mm；叶最外侧两裂片左右展开角度大多在150°～180°之间，少数100°～130°。叶片长2.0～4.4cm，宽3.8～8.0cm，或深或浅裂成4片，每一裂片向基部略收缩并再分裂1～2次，顶端圆形、截形或有缺裂。叶脉纤细不明显，通常每厘米内有15～20条，少数叶片为每厘米内12～15条。叶脉之间分布有99～132μm宽，1.0～1.1mm长的纺锤形、卵形的树脂体。

上表皮的普通细胞为等径的，或多边形，大小约30～40μm×25μm，被脉路细胞隔开。脉路细胞3～4行，多角形，约65μm×15μm。平周壁角质化，每一细胞外有一圆形的、20μm×20～25μm大小的乳突，少数细胞外无乳突。垂周壁除少数是弯曲的，大多是平直的。

图2-20 革质银杏(Sun G，1993)

下表皮分为气孔带和非气孔带。气孔带宽410～443μm，有2～3行不规则排列的气孔行。气孔器椭圆形，单唇式，单环或不完全双环。副卫细胞乳突化，这些乳突往往伸向气孔甚至覆盖了气孔。气孔带内的普通细胞多边形，平周壁上有乳突。非气孔带由3～5列长方形细胞组成。气孔密度为24/mm^2。

产地与层位：内蒙古、黑龙江，下白垩统。

2.3.3.4 无柄银杏(*Ginkgo apodes* Zheng et Zhou)(图2-21)

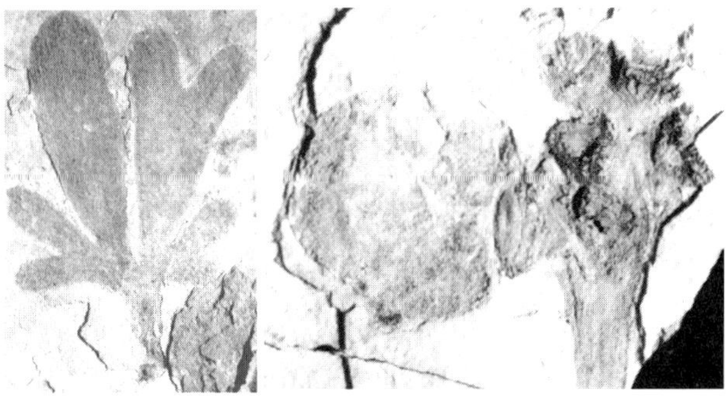

图2-21 无柄银杏(Zhou Z *et al.*，2003；Zheng SL *et al.*，2004)

胚珠器官具长32～43mm，宽1～3mm的总柄，柄上有细的纵纹。至少有6枚胚珠簇生在柄的顶端。未成熟胚珠器官的胚珠具长2～3mm、宽2mm的珠柄；珠柄顶端膨大成直径约3～3.5mm的珠托，其中的1～3个胚珠发育成种子，其余的败育。成熟的胚珠器官上不具珠柄。种子圆形，约7.3～8.8mm长、6～8mm宽，表面光滑。与胚珠器官伴生的银杏型叶较小；叶柄长16.5mm，宽1.5mm；叶片扇形或半圆形，长达23mm，宽约30.5～31mm；叶片最外侧两裂片左右展开的角度大约为110°～180°，分裂2～3次；裂片楔形至倒披针形，宽约2～3mm或宽2～5mm，顶端钝圆或截形，裂片内有3～6条平行脉，不明显或明显，至顶端略聚敛，叶脉之间有纺锤形的树脂体。

产地与层位：辽宁义县，下白垩统。

2.3.3.5 铁线蕨型银杏[*Ginkgo adiantoides* (Unger) Heer](图2-22)

叶片扇形至半圆型，3～4cm长，3～5cm宽。叶基楔形、宽楔形或近于截形，叶片全缘或自中央浅裂成两个裂片，或每个裂片再浅裂1～2次。叶柄细长，最长可达6cm。叶脉自叶基部作放射状伸出，多两歧分叉，直达叶缘。国外发现此种胚珠2个直接着生在总柄上，其中1个呈败育状。

产地与层位：黑龙江嘉荫，古新统；辽宁抚顺，始新统。

图2-22 铁线蕨型银杏
（中国新生代植物，1978）

2.3.4 可能属于银杏属的重要种

2.3.4.1 密脉似银杏（相似种）(*Ginkgoites myrioneurus* Yang)(图2-23)

叶片扇形至半圆形，柄细长，长度可超过3.5cm，宽约2mm，表面具细纵纹；叶片大者高可达5cm，小者不足2cm，以3cm左右高度的叶片居多。叶片中央先深裂一次至基部，成约略对称的两部分，每一部分又深裂或浅裂2～4次，形成宽窄不一的8～17枚最后裂片；裂片呈倒披针形，中部宽度一般在4～5mm，顶端钝圆或钝尖，含有8～16条近于平行的叶脉，至顶端时稍聚拢(略似弧形脉)；叶脉细密，每厘米内有20条以上，最多可达30条；叶最外侧两裂片左右展开角度大多在180°左右，个别可达270°。

下表皮角质层较厚；脉路明显，由4～6列狭长的矩形或梭形细胞组成，其平周壁不平整。脉间区的宽度约为脉路的1.5～2倍，外表面有大量的乳头状突起，大小在15μm左右，每个表皮细胞有一个乳突，球状或圆锥状。气孔器不规则分布于脉间区，一般2～3行，较稀，偶尔可见两个气孔器排列在一起，彼此之间无普通表皮细胞隔开，以副卫细胞相接，但不共有副卫细胞。气孔器为单唇型，单环式；副卫细胞数目可有4～6个。

产地与层位：黑龙江鸡西，下白垩统。

图2-23 多脉似银杏(相似种)
（杨小菊，2003；Yang XJ，2003）

2.3.4.2 东北似银杏[*Ginkgoites manchurica* (Yabe et Oishi) Meng et Chen](图2-24)

据邓胜徽等，2004，共同产出的胚珠器官为银杏型。

叶柄长1～4.5cm，宽1～2mm。叶片宽楔形，最外裂片的左右展开角度在90°以上，但不超过

图 2-24　东北似银杏(Zhao LM *et al.*, 1993)

180°。叶片长 2 ~ 7cm，中央先深裂一次至叶柄成两半，每半再规则分裂 2 ~ 5 次(多为 3 次)，形成 10 ~ 20 个以上的最后裂片。裂片呈倒披针形，顶端圆或钝尖。叶脉一般不明显。

上下表皮角质层近等厚，或上面的略薄些。上表皮脉路由 4 行左右矩形细胞组成。脉间区细胞多边形，排列不规则，壁微弯曲，具点状加厚。细胞表面中央具乳突，但脉路上无或较少。气孔在上表皮上分布不规则，或分布较密，或只出现于叶缘部分，或无。孔缝方向不规则。下表皮脉路明显，由 5 ~ 10 行伸长的细胞组成；侧壁不均匀角质加厚，表面具乳突或无。脉间区细胞表面中央具有一个中空的乳头状突起。气孔器分布于脉间区，一般 2 ~ 3 行，较稀疏；孔缝方向多平行于叶脉。气孔器单唇式，单环或复环式，在上表皮多为复环式。保卫细胞下陷；副卫细胞 5 ~ 8 个，近孔缝的一侧角质增厚，形成大的乳突，覆于保卫细胞上。

产地与层位：辽宁、内蒙古，下白垩统。

第 3 章

银杏的栽培和利用历史

银杏集食品、饮料、药材、木材、化妆品等原料和环境美化、绿化于一体，其叶、花、果、材都可以被人类加以利用，具有悠久的栽培和利用历史。银杏在 6 世纪传到国外后，大多数国家才有栽培。近年来，随着科学技术的发展，人们对银杏叶、花、果、材的化学成分越来越深入，其营养价值和医疗保健作用越来越引起人们的重视。当前，对于银杏果和银杏叶开发利用的研究已经取得了阶段性的成果，并且生产出多种银杏产品投入市场。但在银杏花、材、外种皮开发利用方面的研究尚处于起步阶段。

3.1 银杏在中国的利用和栽培历史

3.1.1 利用

3.1.1.1 在园林上的应用

银杏在中国的应用最早始于园林。西汉时期司马相如在其《上林赋》中，对汉武帝上林苑内的园林树种做了叙述："沙棠栎槠，华枫枰栌"。枰即平仲。晋代左思撰《吴都赋》曰："平仲捃梃，松梓古度，楠榴之木，相思之树"。唐代李善编撰的《文选》中引证刘成释"平仲，即平仲木，其实如银"。后人多以此为银杏，成为银杏最早的文献记载。由此可知，秦汉时期银杏就被应用于早期古典园林中，其栽培目的主要在于观赏。在江苏徐州出土的墓碑汉化石像中，17 幅有银杏的图案(图 3-1)。

图 3-1　江苏徐州出土的墓碑汉化石像

古代画家根据三国时曹植的《洛神赋》创作的《洛神赋图》巨幅绢本着色画卷，在反映皇家园林上以银杏为全景进行布置，共绘出了大小银杏 200 株左右(图 3-2)。1962 年在南京东善桥发掘的东晋古墓中，就有两幅描绘竹林七贤之一的阮咸，"任达不拘"地在一株银杏树下抱阮轻弹的砖画像，充分反映古代艺术家对银杏观赏价值的认可(图 3-3)。1968 年，在江苏丹阳胡桥吴家村和建山金村发掘两座南朝墓葬，墓内有《竹林七贤及荣启期》砖画 3 幅，由 200 多块砖拼制烧成。以银杏、青松、翠竹、垂柳和山石作背景，画幅上银杏树浓荫如盖。其后，《竹林七贤及荣启期》砖画在南京西善桥亦有发现，同样，一派自然景象，绚丽非凡。

清代浙江《长兴县志》载："南朝陈武帝陈霸先

图 3-2　曹植创作的《洛神赋图》

图 3-3　《砖印壁画》竹林七贤地为牢

(503～559年)于故宅广惠(今长兴下箬寺)手植银杏一株在圣井旁，其大以抱计，须四人接臂方尽，高可十尋(寻)，望若缨幢，秋晚微霜染树，与红墙掩映夕阳间，自成一幅画稿。已而叶落被迳人行其下,宛若布地黄金矣”。对孤植银杏之美,赞颂之极。

魏晋南北朝时期，银杏不仅广泛应用于古典园林，而且也普遍栽植于寺庙园林中。始建于南北朝的山东莒县浮来山定林寺内，有一株号称“天下第一银杏树”，高26m，胸径4m(图3-4)。清代顺治甲午年间，莒州太守陈全国立碑记载并赋诗曰：“大树龙盘会诸侯，烟云如盖笼浮丘。形分瓣瓣莲花座，质比层层螺鬓头，史载皇王已廿代，人经仙释几多流。看来古今皆成幻，独子长生伴客游”。数千年来，这株古银杏不仅成为历史沧桑的见证，而且是中华民族古老文明的象征。

北朝元魏正光年间(520～524年)，山东郯城县新村乡官竹寺(原名广福庵)、四户镇白马寺僧人手植银杏树，各存一株，其中官竹寺一株为我国北方最大的一株雄树。

唐初，道教盛行，道观林立。因银杏长寿而遍植各地。《新唐书 · 文艺传》记载，一些官吏和名士也仿效皇室竞建园林，写意山水园林由此形成。著名诗人王维晚年隐居陕西蓝田辋川，著《辋川别业》，构筑山水园林二十景，其手植的一株银杏至今犹存。

唐代佛教渐盛，僧人视银杏为“圣树”，在寺庙园林开始广为栽植。陕西长安县白塔寺为唐时兰阶教创始人信行和尚传经修炼之处，烟云缭绕，香火鼎盛，寺内一株古银杏，相传尉迟敬德每次来白塔寺参拜，总将大马拴在银杏上。为铭记敬德为唐朝创下的功绩，李渊赐名“敬德拴马银杏”（图3-5)，成为隋唐文化的一个见证。浙江桐乡市乌镇乌将军庙遗址、江西九江刘家垅宝积庵、江西修水云居山真如寺、四川德阳白马乡罗真观、安徽寿县

图 3-4 山东莒县浮来山“天下第一银杏树”

图 3-5 陕西长安县白塔寺“敬德拴马银杏”

极恩寺(今博物馆)、上海松江区佘山镇凤凰山三里庙(现凤凰小学)等保存的古银杏，都是唐代建寺时和建寺后栽植的，使人有忘我境界和赏心悦目的艺术效果。

宋代文献中记载，银杏由江南引种到宋都汴京(开封)后，“不复以南方为贵”，并且在中原大地从无到有，从少到多，由宫廷王侯种植观赏乃至民间广泛栽培。

明代《群芳谱》引《昆山县志》中记宋时一则传说：“龚猗，汴人，殿中侍御史，扈从高崇南渡，道径昆山真义里折银杏一枝。插地，祝曰：‘若虫枝得活，我于是居，凡七十余株’。祖传为其子孙嗣世之数。时人异之，称为龚遇仙树，子孙遂为昆山人。”由此看出，银杏树在宋代私人庭院亦被引栽。

元代以后，银杏除作为果树被广为种植，在园林造园中作为重要景观树种应用。明代《长物志》中记载银杏在苏州园林中种植情况曰：“新绿时最可爱，吴中刹岸及旧家名园，大有合抱者”。元代耶律楚材后代阿利杏明初舍宅为碧云寺，寺内有银杏树栽植。

清代孙承泽《天府广记》名胜一节载：“屏前竹一方区，细如橡皮，黄金数千百枝落落，鸟嗤嗤者，竹前古银杏阴蔽区等于竹”。赞颂树竹配置，相得益彰。

清代南京著名私家园林“随园”选有银杏古树作景点。袁枚族孙袁起《随园图说》载：“园内有银杏三，皆千年余物，而此树最高，翠干拂天，清荫匝地，筑室其下，取申屠蟠故事，撰额曰：‘因树为屋’”。清蒋恭《逸园记》载：苏州园林西碛山逸园中以银杏古树为园中一景。清扬州园林甘泉行窠里园主，也以银杏筑土为禅，禅北筑其为堂。清乾隆年间扬州园林贺氏东园得树厅有银杏两株，大可合抱，枝柯相交。八怪之一金冬心诗云：“精庐净于水，双绿缥初”，并建银杏山房，在崇高田园野趣，追求自然的同时，在有限的空间中构筑最大限度的艺术布局，使人仿佛置身于美妙的艺术世界。

明清时期，农家盛行栽植银杏，既获丰饶物产，又达观赏目的。清光绪辛历年(1901 年)江苏邳州庠生张敬(1874～1927 年)在《中秋既望观园》一诗中描述了沂、武两河沿岸的银杏园景观。诗曰：

出门无所见，满目白果园。
屈指难尽数，何止株万千！
根蟠黄泉下，冠盖峙云天。
干粗几合抱，猿猱愁攀缘。
下流遮高树，林荫苔成斑。
蹼叶和风舞，累粒压枝弯。
虫豸怯神奇，蝮蝾岂敢霑。
沧海时多易，古木麻彭年。
天物假造化，沂矣有奇观。

把以银杏为主构成的田园自然风光，描述得淋漓尽致。

3.1.1.2 木材利用

北宋金銮殿内的皇帝坐椅，元朝大臣朝见皇上时手执的笏板，即是用银杏木制成。抗倭名将岳飞率兵驻扎江苏泰兴时，亲笔题写的延佑观匾额，也是银杏木。建于北宋天宝6年的开封相国寺罗汉堂内，供奉一尊四面相同的千手千眼佛，系清乾隆年间用一株银杏木精工雕刻而成。杭州天工艺苑名人画厅内的一块长约 2m，宽约 0.5m 的长方形匾额，上面有 1935 年段祺瑞题写的“乾坤正气”4 个字，这是段氏最后一件遗墨刻于匾额上，该匾额为一整块银杏木。

江南百年国药老店——杭州胡庆余堂正厅和墙壁上，悬挂的 36 块宣传中药的木质条匾(广告牌)，用的都是银杏木。1988 年，江苏苏州市盘门城楼底层陈列一幅“伍员筑城图”的大型落地屏刻，高 2.82m，宽 4.4m，除底座外，全部用银杏木板拼合刻制而成。惟银杏木材质优价昂，又属国家保护树种，故不见于市场。河南西峡有一村庄，房屋全用银杏木材建成。

3.1.2 栽培历史

原始社会，中国的先民不但迷信日月等自然崇拜，而且把银杏的季相变化与太阳光联系起来，认为是神的力量。到了奴隶社会由原始自发宗教发展为“人为宗教”后，“寺”成了朝廷机关的代名词，其时及以后中国各地寺庙前普遍栽植银杏，不仅是神灵崇拜的一种形式，也是王权的一个象征，可谓古代利用银杏的开端。山东莒县浮来山定林寺的“天下第一银杏树”，陕西周至楼观台宗圣宫遗址的古银杏，胸径都超过 4m，树龄当在 2000～3000 年以上，正是我国最早栽培银杏的一个例证。安徽宿州市最早栽培银杏的是春秋鲁人、孔子弟子闵损，他手植于该市曹村镇闵祠村的闵祠院内的银杏树，距今也有 2500 多年的历史。

银杏栽培追溯到 4000 多年前的商代，当无疑义。三国时代，银杏盛植于江南，唐代扩及中原，到了宋代，银杏栽培已相当普遍。其时，有关农书、医书对银杏栽培技术和食用白果始有记述，如南宋吴怿编著的《种艺必用》、陈景沂编撰的《全芳备祖》等。陈元靓编撰的《博闻录》有“(银杏)雄者三棱，雌者二棱，合二者种植或在池边能对子而茂”的记载。棱的多少虽不能肯定其为雌雄，但说明 800 多年前我国就知道银杏为雌雄异株。至元代 10 年，由司农司官修编纂的《农桑辑要》一书中，对银杏的造林时间和栽植方法等讲述得较为详尽(图 3-6)，如“春分前后移栽，先挖深坑，下水成稀泥，然后下栽子，连土封用草或麻绳缚之，则不致碎破土封”。

明代药物学家李时珍在其编著的《本草纲目》中写道“(银杏)须雌雄同种，其树相望，乃结实”，告诫人们保证银杏的授粉与受精才能结实丰盛。此外，还对银杏的形态、种实特征、嫁接方法及中草药利用价值等方面做了较为详细的阐述。明·王象晋的《群芳谱》(1621 年) 是 17 世纪初的一部植物学兼农学巨著，在国内外植物学界有很大影响。《群芳谱》也有“(银杏)须雌雄同种其树相望乃结实” 的阐述。

清代《授时通考》一书对银杏的形态、习性、分布、用途和栽培法做了介绍，并且博采了前人的

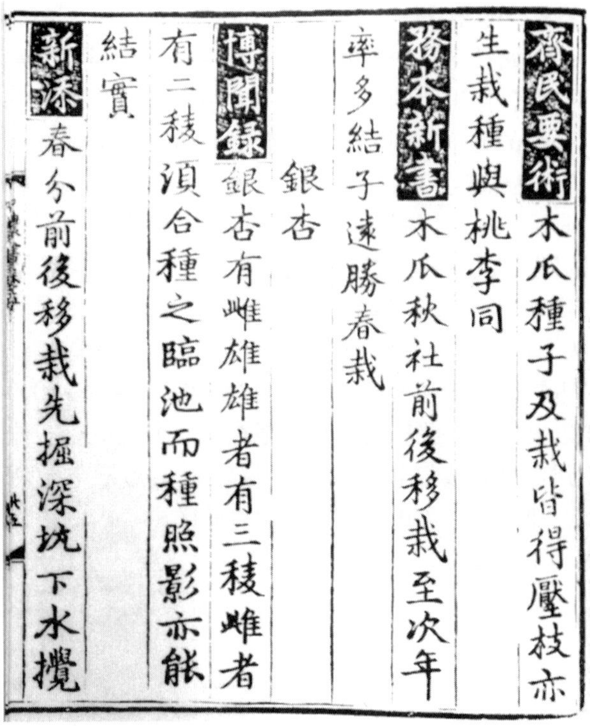

齊民要術 木瓜種子及栽皆得壓枝亦生栽種與桃李同

務本新書 木瓜秋社前後移栽至次年率多結子速勝春栽

銀杏

博聞録 銀杏有雌雄雄者有三稜雌者有二稜須合種之臨池而種照影亦能結實

新添 春分前後移栽先掘深坑下水攪

图 3-6 《农桑辑要》对银杏栽植技术的描述

有关资料，每一种类都有形态图。

数千年来，中国的先民为维护健康，在长期与疾病作斗争的过程中，利用银杏叶煎汁熏治眼疾、止咳喘、治妇女白带过多等，均积累了丰富的经验。还有用外种皮去除面部雀斑，及干后点燃于室中，驱蚊效果极佳。由此，在农林作物病虫害防治中也得到广泛应用，并且没有残毒与污染。

新中国成立以后，随着科学技术进步和人们对银杏非凡的经济价值认识不断提高。20 世纪 80 年代开始，中国的银杏种植业十分火热。有的省、自治区把开发银杏列为振兴地方经济的支柱产业（图 3-7 和图 3-8）。山东省规划全省银杏要发展到 10 亿株，河南省提出“用千秋银杏装点万古河山”的号召，安徽省要求各级领导“把发展银杏作为林业第二次创业和带领农民致富奔小康的一件实事，认真抓紧、抓好、抓出成效”，广西把开发银杏作为 2010 年扶贫工程的重要内容，江西省把发展银杏列为“在山上再造一个江西”的一项跨世纪宏伟工程；辽宁省规划建立北方最大的银杏生产基地，湖北恩施自治州规划建立“中国银杏第一州”。配合西部大开发战略，银杏被列为“建设秀美山川，改善生态环境”的重要树种。全国银杏栽培面积不断扩大，每年以 15% 左右递增。全国面积达到 3333. 3hm^2 的银杏基地 6 个，666. 7hm^2 的银杏基地 12 个，不仅实现资源基地化和规模化的要求，而且创造出与开发相适应的栽培新模式。重点产区在

图 3-7 湖南东安县果用园基地

图 3-8 江苏宜兴市果用园基地

图 3-9 江苏东台市银杏复合经营基地

图3-10 山东永春堂生物科技公司叶用园基地

发展果用银杏方面积累了丰富的经验，因地制宜推广银杏与粮食作物、银杏与果树(短期果树)、银杏与苗木、银杏与茶叶、银杏与桑树、银杏与药材(紫苏、何首乌、木耳等)、银杏与蔬菜等间作套种，实行以短养长、长短结合的立体经营模式。使我国的银杏栽培由传统、零星的果用栽培，发展为果用、叶用、花用和材用相结合和多元开发的新兴产业。

山东、上海、江苏等地根据当地制药企业对原料的需求，建立大面积的银杏采叶园(图3-9、图3-10)，同时，学习国外先进技术经验，采取苗叶结合或幼树密植，实行电子喷灌、配方施肥、机械化采叶和截干更新等技术，并积极探索选用有效成分高含量叶用种质资源、最佳采叶期和先进的干燥技术，从而保证干叶质量和有效成分的稳定性。

根据可持续发展战略，为充分挖掘开发潜力，努力使资源优势转化为产品优势和经济优势，我国银杏产业已进入国际开发的快车道，开发的产品涉及药品、食品、饲料添加剂、保健饮料、化妆品和生物农药。

1991年5月，在北京举办了“首届中国国际盆景展览”，展出了一些银杏盆景，成为银杏栽培和多元开发的一个新亮点。1994年8月，湖北安陆市举办首次银杏盆景展览，展出80多盆形态各异的银杏盆景。江苏邳州市有盆景专业户100多户，每年销售盆景10万盆以上，该市还开设银杏盆景园，为市民提供休闲、观赏好去处。

江苏东台市新农镇联边村银杏盆景专业户叶正开，利用银杏老根，分别嫁接培育了多根型、刻画型、多头弯曲型、倒接型、爬地型等多种造型的银杏盆景。江苏邳州赵化友从事银杏盆景多年，均创造了巨大的经济效益。

随着旅游业的蓬勃发展，银杏丰富的历史文化内涵逐渐被开发。2002年10月，四川都江堰市人民政府与中国林学会经济林分会银杏研究会达成“关于联合建立银杏文化遗产开发研究基地”的协议，共同谋求银杏文化服务于旅游业的地方经济建设。以南京林业大学作为技术支撑单位，江苏省邳州市于2002年建成“国家级银杏博览园”，江苏泰兴于2003年建立了“江苏省泰兴省级古银杏群落森林公园”，桂林市政府正在筹建“中国银杏博览园”。

2003年3月1日起，中国首次颁布绿色饭店国家行业标准，就是以银杏叶为标志，最高级别的绿色饭店标志为5张银杏叶片。

1983年，银杏被定为成都市市树，2006年，银杏被定为江苏省省树。江苏省扬州、泰州、徐州和连云港，山东临沂，浙江临安、平湖，辽宁丹东、锦州，四川达州等把银杏定为市树。历史上以银杏或白果命名的全国乡镇共有500多个，以银杏或白果命名的村、庄、沟、坝、坪、坳、岗、湾、桥就有1000多个。仅湖北省恩施土家族苗族自治州所辖8个市县，以银杏或白果命名的乡、村、坝、槽、街、路就有400多个。城市里的银杏大厦、银杏宾馆、银杏酒家、银杏酒楼、银杏饭店、银杏广场、银杏公园、银杏街、银杏路、银杏大道、银杏社区、银杏苑等更是不胜枚举。

北京市东西长安街、王府井步行街、三里河路以及怀柔区青年大道，南京市龙蟠路、南京长江二桥江心洲段，扬州市银杏街，杭州市西湖大道、古翠路、天目山路、上圹路，合肥市胜利路、骆岗路，贵阳市遵义路，山东日照荟阳路，四川都江堰市迎宾路、观景路等主要街道，都新植和改种银杏树。银杏在中国城市绿化中必将唱主角。上海市虹桥花园环绕主景区，建造长800m、宽10m的环园银杏大道，形成了上海园林中少有的大树屏障林带，不仅为城市增添新绿，并且成为上海市亮丽的风景。

3.2 银杏扩及世界的历史

3.2.1 扩及世界的历史

中国是世界银杏的发源地。中国银杏传播到国外有两条途径：一是南北朝至隋唐时期(大约在6世纪)，我国银杏从陆路传到朝鲜半岛，以后又由朝鲜半岛经海路传到日本；另一条途径是唐朝盛世，日本遣唐使和学问僧，从我国引进银杏，经海路传入日本。18世纪，欧洲人又从日本引进银杏。后来，美国人又从欧洲将其引入美洲。

我国银杏最早传入朝鲜半岛，现在朝鲜和韩国已普遍种植。韩国近年来在开发利用银杏叶的研究方面处于世界前列，1968年成立了“银杏研究院”，银杏产业成为仅次于高丽参，成为全国最重要的产业之一。

银杏东渡日本大约在7世纪至8世纪中叶。根据历史资料，自唐贞观4年(630年)，日本即遣使臣来华，其后官吏、学者、僧人、商贾不断来往，中国和日本的文化和物产交流十分频繁，日本学习唐文化达260年之久。关于银杏方面的记载虽然无可查证，但在这一时期内，银杏作为“圣果”、“圣树”引入日本有很大的可能性。日本长野县有2000年生左右的银杏，年龄虽不可靠，但足见引进时间

图3-11 日本现存最老的银杏

之早(图3-11)。关于银杏传入日本，Yoshihiko Tsumra等在《同工酶的遗传多样性及古代日本银杏的可能传播方式》进行了研究和论述。该研究的目的是利用分析等位酶变化来阐明日本古老银杏树的遗传多样性并推算出从中国到日本及在日本境内的可能传播路线。该研究用银杏大配子体组织对编码12个酶系的同工酶进行遗传分析，用10个酶系的12个位点分析日本神庙和寺庙附近98株古树的等位酶变异，阐明了遗传多样性和从中国引入及在日本境内的传播路径，指出银杏是在不同时期以种子形式引入并种于庙宇和神庙附近。

第一个知道银杏的西方人Kaempfer于1690年在日本发现了银杏，在他所著的《可爱的外来植物》(Amoenitatum Exoticarum，1712)一书中，根据所采的标本对银杏作了比较详细的陈述。《植物界的发展和演化》(李星学，1981)一书中记载：“在270多年前(1712)，一个荷兰东印度公司的医生把它(银杏)引种到欧洲之后，给那里的植物学家带去了许多难解之谜”。文中的这名医生就是欧洲人中最早知道银杏的Kaempfer。他在1730年由日本引入欧洲荷兰乌德勒支植物园。

早期引进到欧洲的银杏树以雄株居多，直至1814年瑞士植物学家德堪多(De Candol)才在日内瓦发现了第一株雌性银杏。据推测，当时欧洲自日本引进的银杏苗木大多为实生播种苗。欧洲现存的

图 3-12 欧洲现存最老的银杏
[荷兰乌得勒支(Utrecht)植物园]

最老的银杏生长于荷兰的乌得勒支(Utrecht)植物园，系1730年引自日本，比肯普弗发表银杏的时间晚了18年(图3-12)。20世纪中期，由于乌得勒支市扩展市区，植物园需要迁址，此株银杏留于原地未动，目前，坐落于该市植物环保科研所的实验室旁。第2株银杏生长于荷兰的莱登(Leiden)植物园，约于1734年由日本引入。此株银杏的立地条件良好，管理细致，因而银杏生长十分健壮，枝繁叶茂，姿态雄伟。其他如英国的皇家植物园(邱园)(Royal Botanical Garden 或 Kew Garden)的第一株银杏为1754年所栽，意大利北部的帕都瓦(Padua)(英文是 Padova)大学植物园的银杏树系1750以前所栽。

1784年，银杏由英国引入美国，栽植在宾夕法尼亚的费城 Hamilton 私人庄园内。最初引种的两株银杏树龄已有210年，雄株高20.7m，胸径76.2cm，雌株高18.3m，胸径81.3cm。银杏在美国中西部地区和东部的湿润地带生长良好，在加拿大沿圣劳伦斯河一带生长也十分旺盛。根据1978年6月美国伊里诺斯州银杏协会的调查，直径超过80cm的银杏大树有47株。美国最大且最美丽的银杏树是在纽约海德公园内，由 Hosack 在100年前栽植的，目前，树高28.9m，胸径168.1cm。在从华盛顿到波士顿的东海岸，还分布有许多银杏大树。费城的银杏更多。19世纪末和20世纪初，由于在华盛顿和肯塔基两州引种的银杏相继结实，因此银杏很快在东海岸的苗圃内及街道上普遍栽植。现在，在东海岸从波士顿到纽约，从纽约到华盛顿直到南卡罗来纳州，在西海岸的加利福尼亚州，在中部的伊利诺斯和肯塔基等20多个州均有银杏栽培或研究。1978年，伊利诺斯州成立了金色化石树协会，1984年扩大成国际金色化石树协会(International Golden Fossil Tree Society)。在美国东海岸除欧洲山毛榉外，还没有发现引种栽培时间超过银杏的树木。1841年，美国园艺学家和育苗专家 Downing 第一个提倡将银杏作为观赏树种在街道旁、庭院、公园内栽植。直到20世纪80年代以前，四旁及城乡绿化是美国银杏栽植的主要目的。80年代后，叶用栽培成为美国银杏培育的热点问题。

3.2.2 世界银杏资源

日本1988年栽培面积仅500hm^2，有1000年生以上的大树161株。福岗县杷木镇栽植3万余株，300年以上大树150余株。全日本白果产量100万kg(低于山东省总产量)，福岗县3万kg左右(木村荚佳，1983)。韩国有500万株银杏树，其中500年生以上大树200株。韩国于20世纪70年代后，大力发展果用栽培，嫁接5~6年后结果。目前已形成叶用和核用两大栽培基地。韩国年产优质干叶200t左右，产白果10万kg，朝鲜年产白果5万kg。日本、朝鲜及韩国均有千年以上大树，并年年结实。新加坡也有银杏大树。20世纪90年代中期，南京林业大学在澳大利亚培芝寺(Perth)推广银杏叶用园培育技术，为该地区培育了大量的园林绿化和叶用园苗木，建立了叶用园示范基地。

欧洲荷兰的乌德勒支(Utrecht)一株276年生的树为除亚洲之外最古老的银杏树，此外，比利时的 Geetbets 也有古老的大树。美国的华盛顿、纽约、波士顿、得克萨斯、南卡罗莱纳、俄亥俄、加州、新泽西、宾夕法尼亚、伊利诺斯等20余个州均有银杏。此外、加拿大、墨西哥、哥伦比亚、巴西、智利、阿根廷、澳大利亚、新西兰、捷克、丹麦、爱沙尼亚、芬兰、法国、德国、意大利、荷兰、挪威、波兰、瑞士、瑞典等国家均有银杏栽培。这些国家均呈零星分布，且大多栽植在植物园、校园、路边、小区等地(表3-1)。

表3-1 世界银杏资源简表

国家	最大树					分布的州(省)数
	树龄(年)	树高(m)	围径(m)	性别	地点	
奥地利	232	—	—	♂、♀	维也纳大学植物园	维也纳及北部州
比利时	272	—	1.59	♀	Geetbets	布鲁塞尔等34个州,围径大于1m的有18株
保加利亚	10	4.5	—	♂、♀	索非亚大学植物园	索非亚等2个州(市)6株
捷克共和国	—	15.0	—	♂	Letenske Sady公园	布拉格等3处,2株
丹麦	100	—	1.34	—	OAF教育中心	哥本哈根等2处,2株
爱沙尼亚	122	11.8	0.17	—	Tallinn	主要在Tallinn,为世界最北部银杏
芬兰	—	4.0	—	—	植物园	赫尔辛基等3处
法国	145	30.0	1.24	—	Park de La Tete d'Or	巴黎等40余处
德国	—	—	1.22	—	梅克伦堡湾	柏林等20余处,围径大于1m的有2株
匈牙利	—	—	—	—	植物园	佩奇3株
意大利	208	—	—	—	Padua	罗马、米兰等11处,100余株大树
拉脱维亚	122	—	—	—	拉脱维亚大学	里加
卢森堡	—	—	—	—	自然历史博物馆	卢森堡等3处
荷兰	276	—	1.31	♀	乌得勒支植物园	乌得勒支等36处。共714株大树围径大于1m以上
挪威	132	—	—	—	植物园	奥斯陆等2处
波兰	102	—	—	—	Giulini街	科拉科夫等6处
西班牙	100	—	—	—	M·Cristina公园	巴塞罗纳等7处
瑞典	—	10.0	—	—	Vasa学校	卡马尔、马德堡等9处
瑞士	100	—	—	—	巴塞尔火车站	日内瓦等6处,100余株
英国	240	30.0	—	—	Rew植物园	肯特、伦敦等20余处
	200	20.0	1.19	—	白金汉宫	围径大于1m 3株以上
美国	218	—	—	♂	宾夕法尼亚	华盛顿、纽约等29个州仅华盛顿特区有5000株
加拿大	Montreal	最古老一株			圣母大学	安大略等9个省
墨西哥	—	—	—	—	莫雷洛斯	34株,24株雌树
哥伦比亚	—	—	—	—	公园、街道	拉普拉塔等4处
智利	100	—	—	—	Mnseo等	伊莎贝拉等10处,100年树2株
巴西	67	—	—	♀	佩洛塔斯	圣保罗区等2处
阿根廷	—	—	—	—	花园、人行道	布宜诺斯艾利斯省等2处
中国	3500	—	—	♀	山东莒县浮来山	山东、浙江、四川等23省
印度	—	—	—	—	北印度	政府大厦等2处
日本	1300	36	3.82	♀	富士山	广岛、福冈等37处500年以上20余株
韩国	2200	—	—	—	Gyeonggido	汉城等7处有栽培
澳大利亚	143	—	—	♀	吉朗	墨尔本等5处很多树
新西兰	150	—	—	—	政府大厦花园	惠灵顿等3处许多树

注:仅按Kwant 2002年材料,确切数量、生长指标、年龄需进一步考证。

第 4 章 银杏的自然种群与栽培区域

银杏在中国的栽培面积不断扩大，全国 32 个省(自治区、直辖市)都有栽培和引种，而自然分布范围却逐渐缩小。银杏是中国特有的植物活化石，然而自然界究竟有没有野生种，20 世纪，众多专家学者为此从各自的专业角度进行了大胆的探索，并取得了可喜的进展。近年来，各地报道现存的 15 处银杏自然种群受到学术界的普遍关注，研究正逐步深入。

4.1 自然种群

中国幅员广阔，地形复杂，气候多样，受纬度、海拔、山脉走向及冰川侵袭程度等因素影响，银杏的自然分布具有明显的地带性特点，即东西部分布距离长，而随着纬度的增加或减少，在北方分布趋于近海地区，西南则趋于高原山地，造成银杏这种分布逆向偏移的主要原因是随着纬度的增加，年平均气温逐渐降低，银杏的分布趋向于温凉湿润的沿海；而随着纬度的降低，年平均气温逐渐增高，银杏趋向温凉湿润的西南山区。银杏的这种分布状况客观地反映了银杏对气候条件的要求。

在分布范围内，从海拔 4 ~ 5m 的冲积平原到 2700m 的山地，除重盐碱地外，不论酸性、中性或微碱性的各类土壤，银杏不仅生长良好，而且结实旺盛。然而在此范围内，由于地形、土壤、小气候及水热等条件的差异，并非处处为其适生区，往往在一个省、自治区内的几个市县，或一个市县内的几个乡镇分布集中，形成我国银杏主产区呈点状、块状或片状分布的格局。

4.1.1 浙江天目山银杏种群

天目山位于浙江西北部，与安徽黄山市交界。天目山银杏种群包括毗邻的淳安县山区。天目山国家级自然保护区内海拔 300 ~ 1100m 沟谷两旁及山坡丛林中，有 300 年以上的银杏古树 200 多株，其中胸径 1m 以上的 7 株。最老的银杏根际直径 2.73m。这些银杏古树多为实生银杏根基萌发的“多代同堂”树，即复干银杏，是野生银杏在自然界多代繁衍的后裔，为国内外学者所关注。天目山银杏原生种群有如下 4 个特点：①银杏古树数量多，分布广；②树龄大于建庙史；③与众多的第三纪孑遗树种伴生；④种实性状差异性显著，显示了遗传的多样性。

天目山余脉的淳安县境内有 300 年以上的银杏古树 32 株，有的属人工栽培，有的则是野生银杏的直接后裔，系种子天然更新而成，古树周围没有人类干预的痕迹(图 4-1)。

4.1.2 湖北大洪山银杏种群

湖北安陆市、随州市曾都区及京山县部分辖区，位于大洪山腹地，尤以云雾山、太平山、大安

图 4-1 浙江天目山"五代同堂"银杏

山为银杏种群的密集区，除部分为人工栽培外，其余的银杏具有 2 个明显的特点：

4. 1. 2. 1 天然更新形成的散生点片状

多成点成片混生于杂木林内，或散生于山谷、溪边、岩隙间。根据起源可分为两种情况：一是原生古树枯衰，由根基萌蘖形成次生主干而长成的大树，多代繁衍，绵延不断；二是种实经白果狸等动物食后，种核随粪便排出，落入石隙间或经水流冲到适宜的地方萌发成苗，长成大树(图 4-2)。

4. 1. 2. 2 半天然更新的多带状群落

依地形、地势及山坡、谷地的村旁、路旁与池边。有 3 种情况：一是移民挖取银杏野生苗在宅基附近定植的；二是野生实生银杏苗经人工移栽繁殖的；三是根蘖苗自然繁殖或人工移栽的。

4. 1. 3 湖北神农架银杏种群

神农架位于长江中游，山岭起伏，地势险峻，是大陆未遭冰川侵袭的地区之一，加之交通闭塞，人烟稀少，20 世纪 70 年代尚处于封闭状态，混生于阔叶林内的银杏树生存繁衍，至今保持着天然的、原生种群。

4. 1. 4 湖北西南山区银杏种群

主要包括恩施土家族苗族自治州所辖的恩施、利川、巴东、建始、宣恩、咸丰、来凤和鹤峰等 8 个市县，山地面积广阔，生物资源丰富，因属中亚热带季风性山地湿润气候，雨热同期，雾多湿重，雨量充沛，独特的地理环境使这里免遭冰川侵袭，因而成为水杉、珙桐 、银杏等国家一级保护植物的避难所、残存地。银杏在该地区分布之广，数量之多，树龄之古，树体之大，长势之好为全国罕见。

图 4-2 湖北安陆市云雾山下古银杏种群

4.1.5 重庆金佛山银杏种群

以金佛山顶峰为核心的金佛山北部、东北部、东南部和西南部，保存着弧形的银杏天然种群分布区，是一个物候型、年龄级比较齐全的银杏种群，是古银杏天然种群的直接后裔。

4.1.6 四川西部邛崃山区银杏种群

在四川西部邛崃的天台山与南宝山、崇蝦山之间，山势陡峭，交通闭塞，从该市油榨乡至高何镇的20km山谷地带，被称为“千年银杏谷”，这里的银杏古树群和散生银杏古树，由于保护不力，虽屡遭砍伐和破坏，至今保存着胸径2～3m的大树，已引起国内一些科学工作者的关注。

4.1.7 贵州东北部银杏种群

包括大娄山东麓的务川、道真、正安3县，在海拔800～1200m的偏僻山区，初步调查结果，胸径1m以上的银杏165株，其中胸径2.5m以上的就有3株。这些银杏古树多分布在远离县城的深山区残存古森林群落中，沟谷两旁或村寨附近，保持着次生原始状态。20世纪90年代，贵州省有关单位曾对这里的银杏种群作专项调查。2002年，中美植物学家合作开展了调查研究。

4.1.8 贵州西南部银杏种群

乌蒙山脉南端的盘县处于贵州高原向云南高原过渡的斜坡上，海拔1400m左右地带是贵州省银杏最为集中的地方(图4-3)。该县乐民镇的蔡家营和石桥镇妥乐村的银杏，不仅资源丰富，而且树龄古老，全村掩映在银杏密林之中。从村内被砍银杏大树的粗大根桩可以推断，当初这里可能有银杏天然群落。

另据报道，贯穿贵州省境内的320国道昌明至景阳段及其邻近地区，有一个树龄极大已处于濒死阶段的古银杏群体，该群体至少出现于2000～3000年前的西周(原始农业初期)至三国时代，推测该古银杏群体是野生的。

4.1.9 湖南西部武陵山区银杏种群

主要包括张家界、桑植、沅陵及石门等市县，这里地处华中腹地，拥有我国众多的、特有的孑遗植物，银杏散生古树众多而奇特，且均为多代萌生的实生树，至今保持着原生状态，目前是有关银杏种群研究的一个空白区。

4.1.10 福建武夷山银杏种群

武夷山蜿蜒于福建、江西边境，由于地势起伏，谷地和山地区气候垂直变化明显。在浦城庆桥、圩坞、永安洪田、大田广坪等地海拔1000m的山地常绿阔叶林中有散生银杏和片林，最大的胸径在2m以上，颇似天然生长。武夷山市厅下村，南平市迪口乡以及尤溪县均有银杏片林(图4-4)。

图4-3 贵州盘县银杏种群

图4-4 福建武夷山市厅下村银杏种群

4.1.11 河南伏牛山区银杏种群

地处伏牛山区腹地的嵩县、西峡、南召、鲁山、卢氏等县，银杏资源丰富而集中。嵩县白河乡沿上寺村至下寺村的沟谷地带，银杏种群呈条带状分布，形成独特的自然景观。据调查，在村民迁居于此之前，银杏就已生存繁衍，其遗传多样性为国内别处银杏种群所不及。

4.1.12 河南南部、安徽西部大别山银杏种群

河南南部大别山和桐柏山区的新县、信阳、光山、罗山等县，是河南省银杏重点产区，银杏古树屡见不鲜，成为中州珍贵的活文物。安徽六安皖西学院关传友调查后认为，“安徽省是中国银杏的天然起源地之一，安徽西部山区和境内大别山区至今仍有天然银杏林的分布”。刘秀梅在《安徽植物志》中写道：“在黄山桃花峰天然次生林中，海拔850m，发现有银杏分布，一株高17m，胸径95cm，另一株高20m，胸径106cm，混生于落叶阔叶林中”。20世纪50年代初，原台湾大学李惠林教授在其“A Horticultural and Botanical History of Ginkgo”一文中提及“在东南部可能仍有野生的银杏，而这种活化石最后定居地是沿着浙江西北部和安徽东南部一带山区”，不无道理。

4.1.13 广东北部银杏种群

主要指大庾岭南麓的南雄市及毗邻的江西南部地区，这里处于冰川区域的边缘，冰川对南雄古银杏影响较弱，以该市坪田为中心及其周边地区的古银杏，均具有丛生群长和树皮坚厚的特点，无论从起源和种群生态学角度，我国最南部的这一银杏种群，都具有深入研究的价值(图4-5)。

图4-5 广州南雄市坪田银杏种群

4.1.14 云南东北部银杏种群

在金沙江畔的永善县及五莲峰山脉的大关，彝良一带海拔2700m的深山冷岙里，是我国银杏垂直分布的最高点，而且多呈零星野生状态，至今无人调查研究。

4.1.15 甘肃三大河流及甘肃南部银杏种群

康县、成县、西和县大桥一带，以及徽县的榆树、银杏树、游龙、李家寺、谈家庄、田家河等地，至今保存着较为集中、树龄古老的银杏种群(图4-6)。在严坪林区的天然林中，有60多株100年以上的银杏大树，颇似天然生长，最大的一株树龄在1000年以上，高约40m，亟宜开展深入调查研究。

图4-6 甘肃陇南市徽县嘉陵镇田家河村银杏种群

4.2　栽培区域

自20世纪70年代以来，银杏栽培区域和面积不断扩大，全国32个省(自治区、直辖市)都有银杏栽培和引种。北自黑龙江黑河市(50°10′N)及新疆克拉玛依市(46°30′N)，南迄广东顺德市(22°51′N)，西起新疆阿克苏、和田(79°30′E)，东至吉林临江(127°E)及台湾台北(121°30′E)一线，跨纬度27°40′，经度47°30′。在如此广阔范围内，根据银杏生长状况及经济效益的差异，可分为适生栽培区、一般栽培区和引种栽培区。

4.2.1　适生栽培区

淮河以南的长江中下游地区及南岭山地北缘的广大地区，约居中亚热带的东部和中部地区，是银杏种核和干叶生产的重要基地。该地区年平均气温在12～20℃，极端最低气温不超过－20℃，极端最高气温不超过40℃。在海拔0～1000m的范围内，银杏已由零星栽植逐步发展为规模经营。浙江长兴县小浦镇八都岕的10km银杏长廊，湖北恩施假马齿镇的6666.7hm^2银杏长廊，以及江苏东台银杏沿海防护林，成为适生栽培区的绿色亮点。江苏泰兴、广西桂林、山东郯城等地果用林面积不断扩大(图4-7)，上海崇明、江苏邳州、山东郯城还建立了大面积的银杏采叶园，而且逐步推广果用、果材兼用、叶用、花用等多种栽培模式(图4-8)。

图4-7　广西桂林银杏果用园

图4-8　山东郯城银杏果材两用园

该区栽培历史悠久，种质资源丰富，良种普及率高。银杏种核年产量占全国总产量的75%左右，其中江苏、广西、山东3省(自治区)的种核产量约占全国总产量的一半(表4－1)。

表4-1　银杏种核年产500t以上的省(自治区)及主要市县(截至2003年止)

省地	种核年产量(t)	主要产地
江苏	4500	泰兴、邳州、姜堰、吴县、东台
广西	3600	灵川、兴安、全州、阳朔
山东	3000	郯城、海阳、文登、平度、临沂
湖北	2400	安陆、随州、恩施、巴东、南漳、京山
河南	2100	新县、光山、信阳、嵩县、西峡
浙江	2000	长兴、诸暨、临安、富阳、安吉
湖南	1600	东安、洞口、新化、石门、桑植
四川	1500	都江堰、彭州、邛崃、安县
广东	1400	南雄、和平
安徽	1300	金寨、霍山、利辛、歙县、宁国、宣州
江西	1200	婺源、德兴、上饶、宜黄、遂川
贵州	1100	盘县、务川、正安
福建	1000	浦城、建瓯、武夷山、尤溪、长汀
陕西	700	洋县、城固、白河、旬阳
甘肃	600	康县、徽县、成县、西和
河北	500	遵化、易县

4.2.2　一般栽培区

该区包括辽宁、山西、河北西部、山东西部、安徽北部、贵州西南部、云南东北部及广西中部、广东西部等地。该地区年平均气温7～13℃，极端最低气温－30～－20℃，极端最高气温37～41℃，年降水量500～1000mm左右，海拔高度相差较大，从50～2700m，大体居亚热带南缘，北亚热带、南温带及温带部分地区。银杏大多为零星栽植，规模经营的少见。有的市县近年来也积极发展果用林和绿化观赏大苗培育基地，山西南部及辽宁南部和沿海地区，以及京津所辖区县，年产白果200t以下，约占全国白果总产量的1/10，且以销售国内为主。

一般栽培区的城镇绿化选用银杏的比重有逐年增加的趋势。为绿化美化北京，1999年北京怀柔区公开向全国银杏重点产区招标，以引进技术和资金，有效地推进绿化美化北京工程的实施。共青团四川省委、四川省青少年工作委员会及四川省青少年研究中心等单位，联合在革命老区邛崃县高何镇建立占地70hm^2，栽植银杏10万株的"四川青少年绿色科技园"，对每位中小学生认养和命名的银杏树，发证挂牌，统一管理，为一般栽培区发展银杏提供好经验。山东平度市麻兰镇在总长360km的机耕路两旁全部栽植银杏树，也是发展银杏的一个新举措。

4.2.3 引种区域

银杏在地史上经历了多变气候的考验，具有较强的适应潜力，从历史生态学的观点和银杏被引种到一些高纬度国家之后表现较好的事实，表明在现代银杏分布区边缘的一些地区试种，有可能获得成功。

20世纪70年代以来，银杏边缘分布区的一些植物、林业、园林部门，就曾零星引种银杏。80年代开始，黑龙江（哈尔滨、大庆、黑河）、吉林（南部、中部）、辽宁（南部、中部和东部沿海）、陕西（北部）、甘肃（北部）、云南（中部、东北部）、广东（北部、西部）以及新疆、宁夏、内蒙古等地，不仅零星引种，有的已小有规模。由于引种栽培区的自然条件较差，银杏表现不一，北方因气候严寒，南方则因高温炎热，西部干旱少雨，水分严重不足，成为影响银杏引种成活与生长的重要因子（表4-2）。

新疆：地域辽阔，占中国土地总面积的1/6。天山横亘境内，南北气候差异明显。北疆气候严寒，但水湿条件较南疆为优。自1985年以来，自治区林业科学研究院六道湾试验站苗圃培育了一批

表4-2 银杏引种栽培区地理坐标及主要气象因子

引种地点	经纬度	海拔(m)	年均气温(℃)	极端高温(℃)	极端低温(℃)	年均降水量(mm)
黑龙江省森林植物园	126°38′E，45°31′N	140	3.6	36.4	－38.1	650.9
长春森林植物园	125°21′E，43°52′N	230	4.8	28.3	－36.5	645.3
沈阳市树木园	123°25′E，41°47′N	41.6	7.8	38.3	－33.1	755.4
呼和浩特树木园	111°41′E，40°48′N	1056	5.6	37.3	－22.8	426.0
银川植物园	107°22′E，38°28′N	1340	8.5	32.6	－27.9	135.0
陕西榆林黑龙江潭山地树木园	110°07′E，37°50′N	837～1014	8.1	38.0	－29.0	400.0
延安树木园	109°31′E，36°36′N	971～1176	12.0	39.7	－25.4	701.0
甘肃省天水市麦积山树木园	106°E，34°20′N	1400～2199	8.0	29.0	－13.4	860.0
甘肃民勤沙生植物园	102°58′E，38°34′N	1340	7.4	39.5	－27.3	110.0
西宁植物园	101°46′E，36°37′N	2300	5.7	33.5	－26.6	369.0
乌鲁木齐植物园	89°11′E，40°51′N	715	6.4	40.9	－41.5	195.0
台北植物园	121°31′E，25°02′N	9	22.3	35.0	－2.0	2047.5
深圳仙湖植物园	114°10′E，22°34′N	26～605	22.0	38.7	0.2	1933.0

又一批银杏大苗供市区绿化。自治区林业科学研究院办公楼前、市植物园内栽植的银杏树生长良好。银杏研究会会员、安徽宁国市仙霞镇东安村专业户李农根赠送的3万株3年生银杏实生苗，2001年春栽植在该州阜康市滋泥泉子镇平地上，成活率在70%以上。霍城县惠远镇林则徐旧居有两株较大的银杏树，已成为"林庐"珍贵的"活文物"。克拉玛依市与黑龙江黑河同为我国银杏栽培的最北界。克拉玛依市独山子中心广场栽植的100多株银杏，高3m以上，地径5~6cm。奎屯已成片种植银杏。该市朝阳公园内7株银杏树，高4m多，地径6~8cm，因施行人工喷灌，新梢年均生长量50~60cm。南疆气温高于北疆，但常年干旱少雨，在靠近河流的一些地方，仍有银杏引种，并且生长良好。阿克苏地区林业科学研究所引种的18株银杏，胸径5~6cm。该所苗圃培育的1万多株银杏实生大苗，生长良好。1年生苗有2万多株。是新疆银杏引种育苗数量最多，且获得成功的单位。木札提河流经境内的库车县，县苗圃培育的3000株银杏苗，高1~1.5m，生长良好。和田河及喀拉喀什河流经境内的和田市及洛甫县，是我国银杏引种栽培的最西界。和田地委大院内早年栽植的两株银杏树，高达6m，胸径12cm。洛甫县沿315国道2km路段行道树皆为银杏，高近5m，地径4~6cm。伊宁市1999年从山东郯城引种的银杏建成的果用园，银杏生长旺盛，个别单株已于2005年开始挂果（图4-9）。

图4-9 新疆伊宁市银杏果用园

宁夏：20世纪80年代，银南吴忠市开始从杭州引入银杏种子育苗，苗木供当地城镇绿化。其中栽植于吴忠市街心公园的6株银杏树生长良好。在银川中山公园、银川植物园和西吉树木园等地，也有零星引种。1998年春，银川从山东郯城、莱州引进1年生银杏实生苗110万株，2年生实生苗1万株，3年生实生苗0.5万株，嫁接苗1566株（雌1515株，雄51株）。在年降水量只有年蒸发量1/10的包兰铁路平吉堡东侧栽植，历时6年。据观察，土壤水分不足和空气干燥，是影响银杏成活率的关键。山东临沂市人民政府赠送银川市1000余株银杏实生苗，在该市城西营造以银杏为主的"临沂林"。银川人民广场还有两株百年银杏。

黑龙江：哈尔滨市公园及黑龙江森林植物园内有零星栽植。大庆市机关大院和招待所开始零星栽植，并计划用银杏大苗栽为行道树。

吉林：长春森林植物园及长春市园林部门在斯大林大街栽植的银杏行道树生长良好。四平市市区有400株胸径40~50cm的银杏树。吉林南部的浑江市临江林业局1983年从沈阳引入的15株3年生银杏树苗，栽植于林业局大院内，现已高过7m，长势良好。集安市也有少量引种。

辽宁：南部及沿海，银杏生长发育普遍良好。丹东市区九纬、六纬、四纬、十纬、七经等街路以及青年人街，20世纪30年代就栽植银杏为行道树，生长很好。近年来，用作城市绿化的行道树，每年就栽植银杏5000~6000株。大连市一区四县的主要街道，旅顺区的学校、公园及街道，均普遍栽植银杏。鞍山市有一两条街道全为银杏树。有辽宁寒极之称的抚顺市，极端低温达-40℃，在背风向阳的地方生长正常。本溪市有胸径12~15cm左右的银杏行道树近1000株。凤城市近年已栽植银杏数千株。

甘肃：甘肃北部有少量引种，但因风沙和干旱，生长不良。位于北纬38°34′，东经102°58′，海拔1340m，年平均气温7.4℃，极端最低气温-27.3℃，极端最高气温39.5℃，年降水量110mm的民勤沙生植物园，曾从南京引入少量银杏种子育苗，年生长量仅3~5cm。

内蒙古：包头及巴彦淖尔盟有少量引种，生长不良，难以达到结实和形成产量的目的。

青海：海拔 2261 ~ 2325m，年平均气温 5.7℃，年降水量 369mm，极端最高气温 47.6℃，极端最低气温 -28℃的西宁市公园及市植物园内有零星引种，生长不良。

西藏：20 世纪 90 年代来，曾由南京引种，在林芝西藏大学农牧学院育苗。1989 年，又从南京引入少量银杏种子，在西藏大学农学院（原农牧学院）育苗，现存幼树 13 株。2006 年调查，最大一株基径 4cm，高 3.2m（图 4-10）。

图 4-10 西藏农牧学院引种的银杏

海南：1994 年年底，曾从广西桂林引入银杏实生苗 1 万株，在该省琼海市大路镇的华侨农场栽植，因气温高，生长期枯萎落叶现象严重，此后即停止引种。

台湾：20 世纪 20 年代初从日本引入银杏种子育苗，1922 年在南投县台湾大学实验林场溪头林区营造共 137 株的小片人工林，现尚存 110 株。此外，阿里山慈云寺及森林铁路神木至阿里山站之间路旁栽植两行银杏，计 10 余株，胸径约 10cm。台北、新竹、高雄、苗栗等县也有零星栽植。

4.3 古树资源

银杏古树名木是大自然赋予人类的珍贵遗产，不仅是独特的自然和历史景观，而且有丰富的文化内涵，也是人类历史社会发展的佐证，对探索自然地理环境变迁、植物区系发生和发展规律，以及监测人类活动对自然环境的影响，都具有十分重要的意义，对研究人类历史文化也具有重要价值。

4.3.1 中国银杏古树资源

据不完全统计，全国 24 省（自治区、直辖市）有银杏古树分布，其中以湖北、四川、陕西、湖南、浙江、贵州、北京（包括所辖区县）银杏古树数量较多，树龄古老。

在国家林业局主持下，全国各省（自治区、直辖市）组织了史无前例的古树名木调查，基本摸清了全国银杏古树资源的家底，并建立档案，有的还列题研究。现在各地陆续出版了《古树志》、《古树名木》、《古树奇观》等专著，为银杏古树资源保护及开发文化内涵提供了珍贵材料。

现将 20 多个省（自治区、直辖市）银杏古树资源与分布情况分述如下：

4.3.1.1 辽宁省

辽宁省为银杏古树分布的北界，大连市甘井子区营城子镇永兴寺相传为唐贞观年间（627 ~ 649 年）尉迟敬德元帅建造，与寺同时代遗物一株银杏古树，有 1400 多年，至今苍劲挺拔，有“东北树王”之称。

东港市大孤山独特的地理环境及受海洋气候的影响，上庙下庙一雌一雄古银杏树，据传树龄均有1400多年。

辽北开原市黄旗寨乡大寨村南庙沟（42°19′N，124°18′E）有百年以上的银杏古树4株，3雄1雌，相邻栽植，雌树高12m，胸径60cm，连年结实。树龄虽不算大，毕竟是东北地区仅次于大连市甘井子区营城子镇永兴寺和东港市大孤山寺庙内的银杏古树之后，是辽宁省也是我国最北的银杏古树。

图4-11　河北三河市大掠马村古银杏

4.3.1.2　河北省

河北是华夏文明的发祥地之一。燕赵大地上丰富的银杏古树，再现了历史的画卷。全省银杏古树计28株，其中胸径2m以上的6株(图4-11)。主要分布在唐山以南各地庙宇和地镇。唐山以北的遵化市侯家寨乡禅林寺旧址及附近保存一银杏古树群，共13株，7雌1雄，最大1株为雄树，高26.4m，胸径1.42m(河北林学会,1998)(附表1)。

4.3.1.3　山东省

山东省为齐鲁之邦，孔孟之乡，历史上就有重农桑，善果林，好园艺的优良传统。泰山古树名木群中、曲阜古树名木群中及沂蒙古树名木群中，银杏均居显要地位。但多为零星散生，且多在黄河以南的寺庙、村庄及历史文化胜地。全省共有银杏古树400多株，胸径1m以上的30多株，其中3m以上的4株。黄河以北齐河县赵庄镇有一株高22m，胸径1.8m的银杏古树(山东树木奇观，1998)(附表2和图4-12)。

图4-12　山东曲阜市孔庙银杏

4.3.1.4　山西省

三晋大地是华夏民族祖祖辈辈劳动、生息、繁衍的摇篮，是中华民族古文化的发祥地之一。境内山川交错，丘陵起伏，沟壑纵横，全省现存多株银杏古树，全部为人工栽植，最大的一株胸径3.05m。山西银杏古树主要分布在太原以南的寺庙内和村镇附近，它们既是远古时代森林树木的子孙，又是当代年幼树木的先辈，是人类生产生活史的缩影(附表3)。

4.3.1.5　河南省

河南位于黄河中下游，是中国古代文明的发祥地。许多富有文化科学价值的古树是极其珍贵的自然遗产。全省银杏古树计195株，胸径2m以上的19株，胸径1～2m的168株。地处伏牛山腹地的嵩县白河乡沿上寺村至下寺村的沟谷两旁，形成条带状分布的银杏古树群，都是实生树根基萌蘖形成的多代同堂（根）树，其中 9 株为雄性。这里素有"银杏之乡"的美称。另据报道，西峡县二郎坪乡（栗坪、白果树、中坪 3 个村）有银杏树 68 株，其中树高 30m 以上的 40 株。栗坪村 1 株雌树高 35m，胸径 1.97m（河南古树志，1988）（附表 4）。

4.3.1.6 安徽省

安徽省地跨中亚热带、暖温带和温带的季风型气候类型，具有明显的过渡性特征。历史上虽遭受第四纪冰川影响，但不及华北、东北那样严重。皖南山区和皖西大别山区，由于地形优势，包括银杏在内的一些孑遗植物幸免于难，成为该省宝贵的资源财富。

全省百年以上的古银杏 1000 多株，其中六安地区 500 多株，尤以金寨县银杏古树资源最多。皖南黄山市 180 多株，宣州市 120 多株，安庆市 50 多株，池州地区、滁州市及宿州市各 30 多株（徽州古树，1986；关传友，2000）（附表 5）。

4.3.1.7 江苏省

1981～2003 年，先后组织过 3 次城市古树名木普查，全省银杏古树 300 多株，胸径 1m 以下的居多，其次为 1～2m 的。就分布而言，以苏南地区及"三泰"地区（即泰州、泰兴、泰县——今姜堰）较多，且多为人工零星栽植于村前屋后、寺院庙宇、城镇公园及机关学校内，没有发现野生状态的银杏古树群（附表 6 和图 4-13）。

图 4-13 江苏姜堰市古银杏

4.3.1.8 浙江省

浙江素有我国"东南植物宝库"之称，加之历史源远流长，人文荟萃，植物起源古老，南北兼容的古树，灿若繁星，熠熠生辉。据调查，全省古树名木共 8.7 万株，其中银杏古树近 5000 株。

西天目山及其毗邻的淳安山区，至今保存着罕见的银杏古树群，与众多的第三纪孑遗植物伴生，为国内外专家学者所关注。天目山自然保护区就有银杏古树 224 株。淳安县 300 年以上银杏古树有 320 株。临安、诸暨、临海、长兴等市县银杏古树资源丰富。长兴全县 300～500 年的银杏古树共 420 株，500 年以上的 39 株，其中千年以上的 5 株（图 4-14）。台州市银杏古树 76 株，其中临海市 24 株，胸径 1m 以上的 11 株。附表 7 内所列浙江部分银杏古树，足以窥见其辉煌之一斑（浙江古树名木，2001）（附表 7）。

图 4-14 浙江长兴县银杏古树群

4.3.1.9 江西省

江西为内陆省份，全省“盆地式”红层山地、丘陵的破碎地貌为其特征，保存着新生代第三纪孑遗植物，包括银杏、水松在内的古老物种。千年以上的银杏古树有20余处，共200多株，其中2~3m的23株，3m以上的2株，并以赣东北分布较多（江西古树，1988）（附表8和图4-15）。

图4-15 江西庐山三宝树银杏

4.3.1.10 福建省

福建省地处东南沿海，跨中亚热带和南亚热带两个气候类型区，武夷山横亘于闽赣边境，成为截阻冰川和寒流的天然屏障。银杏古树呈小片状分布于闽北山区村旁和山坡丛林中，或零星栽植于寺院庙宇内。全省胸径2m以上的近10株，其中3m的2株（附表9）。闽南漳平市古树较多，尚有百年以上银杏古树36株。

4.3.1.11 湖北省

鄂东大洪山区的安陆、京山、孝感、大悟及随州市、广水，鄂西南巫山山脉与清江上游的恩施土家族苗族自治州所辖恩施、利川、宣恩、巴东、建始、咸丰、鹤峰、来凤等市县，银杏资源丰富，胸径1m以上或树龄100年以上的银杏古树比比皆是。安陆市百年以上的银杏古树就有4670多株，其中千年以上的有59株。随州市曾都区洛阳镇银杏古树分布集中，该镇中坪村、刘家桥村及万和镇贾店村，胸径2m以上的银杏古树有数十株。恩施自治州境内千年以上的银杏古树345株，该州巴东县清太坪镇和野三关镇有一条长30km、宽2.5km的古银杏群，蔚为壮观（附表10）。

4.3.1.12 湖南省

湖南省是我国银杏原产地之一，分布广，古树多，以湘西北山区较为集中。多生长于海拔300~800m地带。分布最高处为石门自然保护区的南坪乡，海拔1500m。

全省100年以上银杏古树1413株，胸径1m或树龄300年以上的古银杏古树265株。500年以上的60多株，其中19株在千年以上。张家界市有300年以上银杏古树28株。湖南省东安县南镇乡有一株树龄2500年的古银杏，桑植八大公山刘家坪有一株树龄为1800多年的古银杏树（附表11）。

4.3.1.13 四川省

四川以巴山蜀水、天府之国名闻天下。独特的自然地理环境，使丰富的孑遗物种在这块土地上世代繁衍，生生不息，散生在全省各地的银杏古树，显示出四川森林的原始性与古老性。全省共有百年以上的银杏古树近2000株，其中胸径3m以上的近13株（图4-16和附表12）。

4.3.1.14 重庆市

重庆市地处三峡库区上游，北有大巴山，南有大娄山，地势险峻。全市及辖区、县、市有不

图 4-16 四川都江堰古银杏

少银杏古树，其中南川市胸径 1m 以上的银杏古树有 102 株，大有镇 27 株，德隆镇 21 株，金山镇 7 株，合溪镇 5 株，庆元乡的白果村就有 9 株。最大的一株高 26m，胸径 3.69m，树龄在 2500 年（附表 13）。

4.3.1.15 贵州省

贵州地处于云南高原向湖南低山丘陵过渡的大斜坡地带，第四纪冰川影响轻微，在黔东北，黔西南的深山沟里，还残存着天然银杏种群以及银杏与银杉混生的群落。但银杏古树年龄最大的却散生在黔中地区，与银杏作为风景树栽植不无关系。

全省银杏古树共 400 多株，其中胸径 2m 以上的 308 株，2～3m 的 29 株，3～4m 的 8 株，4m 以

图 4-17 贵州务川县银杏种群

上的 4 株。近年来，国内外植物学家对务川天然银杏种群作了较为深入的考察，成果散见于有关刊物中（附表 14 和图 4-17）。

4.3.1.16 陕西省

陕西省地处黄河中游，是中华民族重要的发祥地，在丰富的三秦文化宝库中，古树名木深藏于生命之林。全省银杏古树 90 株，按树龄分，2000 年以上的 2 株，1500～2000 年的 2 株，1000～1500 年的 19 株，500～1000 年的 26 株，300～500 年的 17 株，100 年以上的 24 株。据历史文献记载，名医扁鹊，诗人王维、李白手植的银杏树，既见证历史的沧桑，更反映银杏的古老与神奇。位于秦岭南坡的洋县茅坪乡新华村和八里关乡银杏坝村，胸径 1m 以上的古银杏就有几十株（陕西树木奇观，2001；三秦访古，2000）（附表 15）。

4.3.1.17 甘肃省

甘肃省陇南山区为秦巴山地的西延部分，居嘉陵江上游，为亚热带及暖温带过渡地带，属西部银杏适生区。以康县、徽县、文县、成县及西和等县分布较多。康县 28 个乡镇，24 个乡镇有银杏分布。其中树高 20m 以上，胸径 2m 以上的银杏古树有 8 株。树龄 300～500 年的有 3000 多株。

徽县 12 个乡镇有银杏分布，该县嘉陵镇的田家河村，千年以上的银杏古树有 65 株。其中最大的一株高 50m，胸径 2.1m。此外，徽县、伏镇、

西和县有成片的银杏群落。天水市小陇山严坪林区有60多株天然生长的银杏树，最大的一株高40m，胸径6.5m(甘肃古树奇观，1999)(附表16)。

4.3.1.18　广西壮族自治区

广西地处中亚热带和南亚热带两个气候带，境内多为石灰岩发育的土壤，银杏主要在桂北山区广泛分布。全区胸径1m以上的银杏古树共300多株,其中兴安县200多株,灵川县100多株,全州、资源两县有少量分布,桂中、桂南则少见(附表17)。

4.3.1.19　广东省

除广东北部的韶关市外，属南亚热带和热带区域。全省古树名木共23 179株，其中银杏古树80多株，为全省古树名木的1/30，且集中分布于广东北部地区，南雄、连县保存胸径2m以上的银杏古树3株(附表18)。

位于广州市以南的顺德市大良镇清晖园，原为明代万历年间状元、礼部尚书黄士俊的旧居，后归清代进士龙迁槐所有，园中当年引种栽植的一株银杏雌树，至今树高不及10m，胸径70cm，无法与其他省地雄伟高龄的银杏古树相比，但毕竟是中国最南的一株银杏古树。

4.3.1.20　北京市

北京市及所辖区县均有银杏古树分布，而且是所有古树名木中年龄最老的。据不完全统计，胸径1m以上的有1220多株，其中胸径2m以上的至少有10余株。按古树生长地点,大体可分为4类:

①寺庙内外被视为神树、圣树、帝王树或“菩提树”栽植的(图4-18)；

②公园零星栽植作观赏的；

③街路两边栽为行道树的；

④历史文化名人住宅和私人庭院零星栽植的。

所有银杏古树得到很好的保护，成为弘扬民族历史文化及开展旅游业的一项珍贵资源(附表19)。

图4-18　北京市银杏古树

4.3.1.21　上海市

上海市(包括市区辖县)的古树名木中，数量最多、树龄最老的就算樟树和银杏。全市百年以上的银杏古树共60多株(不包括从外移栽进城的银杏大树)，胸径1~2m的约12株，2m以上的1株，为上海建设现代文明大都市增添绚丽的光彩(附表20)。

4.3.1.22　云南省

云南省零星分布着古银杏，其中在中缅交界处的保山市腾冲县界头乡白果村，有两株古银杏相邻,2m以下树干已呈空洞,但仍果实累累(图4-19)。

4.3.2　银杏古树保护

保护残存古森林中的银杏天然种群和散生银

图 4-19 云南腾冲县界头乡古银杏

杏古树，是一项长期而紧迫的任务。因环境恶化、管理粗放、违规滥伐、自然衰老、雷击火烧、封建迷信、病虫危害，以及城乡基建工程等因素的影响，加重了银杏古树的损害和死亡。国家有关部门和地方政府，以及古树所在地的群众，采取了一些行之有效的措施，积极保护银杏古树。

4. 3. 2. 1 制订政策法规

除加强保护银杏古树宣传和提高人们的生态环境意识外，1992 年 10 月 7 日，中华人民共和国林业部发出了《关于保护珍贵树种的通知》。《关于保护珍贵树种的通知》附件一"国家珍贵树种名录(第一批)"共 132 种，其中一级 37 种，二级 95 种，银杏(原生种)列为一级保护。1999 年 9 月 9 日，国家林业局、农业部联合发出第 4 号令，发布国务院于 1999 年 8 月 4 日批准的《国家重点保护野生植物名录(第一批)》，银杏列为一级保护。

各级地方政府相继制订了操作性更强的法规和条例。北京市政府颁布《古树名木管理暂行办法》，不久，市人大又通过了《古树名木保护管理条例》。上海市颁布关于加强、古树名木保护规定中"破坏古树名木最高可处以 30 万元罚款"。2003 年通过实施的《杭州西湖风景名胜区管理条例》规定：砍伐损毁古树名木，最高将被罚款 10 万元。

4. 3. 2. 2 改善生长环境

在神州大地，不论生长于山地丛林中或栽植于城市、乡镇的银杏古树，有的因生长环境恶化导致长势不良、倾倒和濒临死亡，须采取特殊的养护和复壮措施。有的因城市地下水位高或根部附近雨后积水，在古树根际开挖宽30～50cm的盲沟，沟深视根系分布情况而决定。沟内先垫入大小不同的各种石块，再填入较大的卵石和碎土，最后填粗砂并覆土。对古树距离建筑物太近，或树池太小，根系被水泥地面封实，首要的是改善根系透气。辽宁省丹东市园林管理局采用钻机对距建筑物不到6～8m的银杏树周围加钻透气孔，或铺上带孔砖，以改善根部透气状况。

有的在银杏古树冠投影范围内，挖去根际周围的土壤，换上好土，挖土深度0.5m，并将裸露的根系及时用浸湿的草袋或塑料薄膜盖上，将原来的土壤与砂土腐殖质土、堆肥、锯屑及少量化肥，混合均匀后填埋。

城市商业网点增多，污水影响古树生长，视具体情况要设沟排水。

4.3.2.3　加强培育管理

对树干倾斜，枝条下垂，有折断、劈裂危险的银杏树，视具体情况予以支撑和固定。刚性支撑用铁箍与金属、木质物、水泥预制物等组成支柱或棚架来支撑树干、树枝，防止树干倾倒和枝杈劈裂；弹性支撑用棕绳或尼龙绳将树干吊紧。绳索和树皮接触处垫上泡沫塑料或橡皮等柔软物。

为防止游人和香客对银杏古树根际地面的践踏，北京潭柘寺的“帝王树”，山东莒县浮来山定林寺的“天下第一银杏树”，杭州五云山真际寺的“唐代银杏”，南昌梅岭太平村的南北朝时代的古银杏，山东黄河以北惟一的齐河古银杏等，都专门设置了护栏，值得各地仿效。

对主干已朽腐蛀空的古树，先将洞内腐木虫粪等彻底清除，用利刀刮去洞口边缘死组织后，喷洒1:5硫酸铜溶液或石硫合剂原液消毒孔内外，再用碎砖块或石砾与水泥，以1:3混合填充，外表用白灰，乳胶颜色粉面。树洞位置较低的古树，填好之后，在洞前配置山石遮挡，以增添美观。

有的单位、树主或承包户，在古树树冠投影的根际范围内，挖深0.3m、宽0.7m、长2m或深0.7m、宽1m、长2m的沟，沟内施腐熟的堆肥或拌以细土粪肥，以提高土壤肥力。

夏秋干旱季节，适时灌水防旱，也是一项必要的培育管理措施。城市里的银杏古树，由于空气污染和浮尘，影响光合作用和观赏效果，可采取喷水冲洗。

4.3.2.4　严防火烧雷击

银杏古树因树龄古老，树干臃肿，树冠庞大，容易招致雷击。有的银杏古树已遭数次雷击，对30m以上高大的银杏古树，安装避雷针，能确保安全生长。已遭受雷击的，应立即将伤口刮平，涂上保护剂，并堵好树洞。

香客、游人，特别是佛门弟子，视银杏为神灵，往往在银杏古树下烧香点烛拜佛，轻者，使古树受到火炙烟熏，重者引起火灾，烧伤或烧死树干。农村小孩在树下玩火，不慎烧伤、烧死古树者屡有发生。陕西周至县楼观台宗圣宫的银杏古树，就是1972年秋，小孩玩火引起火灾，周围又没有水源，整整烧了三天三夜，使绿色活文物一下子成为枯死挺立的光干，虽然到1980年才萌发生机，但损失已无法挽回。古树防火，势必纳入国家消防安全管理之列。

上海市古树名木保护工程办公室根据上海是我国雷暴较多的地区之一，为古树意外伤亡的一个重要因素，在清浦区采用银河2型提前放电接闪导体(避雷针)，收到防止银杏遭受雷击的很好效果，有效地保护了“活文物”。

4.3.2.5　防治病虫危害

银杏古树因生长衰老，容易遭受病虫危害，加速引起死亡，主要是白蚁、天牛、银杏大蚕蛾、银杏超小卷叶蛾、茶黄蓟马及叶斑病等危害。有关防治方法，本书第6章6.3已作详细介绍，故不赘述。

4.3.2.6　发动群众认养

全民义务植树，实施群众认养，早已蔚然成风，古树认养势在必行。2002年8月，浙江天目山国家级自然保护区管理局率先颁布了《天目山古树认养办法》，推出在保护区范围内树龄500年以上的银杏、柳杉等古树，供认养者选择。并规定单位认养的，认养费起价为每年每株5000元；个人捐助200元，可认养一株古树10年，在此基础上，认养金每年增加100元；增加认养期10年，认养金达500元的作永久认养。

生产银杏叶胶囊等产品的杭州太和健康食品有限公司率先与天目山国家级自然保护区管理局签订了为期10年的认养合同，认养一株名为“五代同堂”的野银杏。公司每年向自然保护区管理局支付认养金5000元，期满可延长认养年限。此举引起了国内外一些单位和知名人士的兴趣。美籍华裔学者、美国摩里森大学董事长、中国民办硅湖大学、青岛国际外国语学校、苏州国际外国语学校董事长梁顺才先生随即与夫人史宝凤联名认养了天目山“五代同堂”古银杏等4株古树。上海市对古树名木冠名权实行拍卖。第一号古树——“上海银杏王”嘉定马路的1200年的古银杏冠名权，被上海市绿地集团以40万元的价格买下。

第 5 章

银杏的生物学特性

植物的生物学特性，泛指植物生存生长所表现出来的各种特性。这些特性一般可分为两大部分，即生物学特性和生态学特性。前者指植物本身在个体生长发育中所表现出的一般规律，后者指植物的栽培分布与外界环境条件之间所表现出来的相关关系。银杏个体生长发育规律，除受遗传因子决定外，还受周围环境的影响。银杏作为孑遗植物，生存历史近 2 亿年，期间经历了各种气候环境条件的变迁，形成了其独特的生物学特性。

5.1 营养器官

营养器官是维持植物个体生存的器官，是构成植物体的基本器官，与植物进行吸收、同化、运输、贮藏等有关营养的生理活动有关。银杏营养器官具有多型性和异质性，如营养叶形态变异主要和植株的年龄、枝条的性质、生长发育的顺序以及环境的差异有关(周志炎，2003)。

5.1.1 芽

芽是枝、叶、花等器官的原始体(图 5-1)。银杏芽按其性质可分为叶芽和混合芽，按其部位又可分为顶芽和腋芽。在树体营养生长阶段，芽通常发育成枝和叶，这类芽称为叶芽。着生在长枝或短枝顶端的芽称为顶芽，叶腋处着生的芽叫腋芽。在生殖生长阶段，雌雄株顶端的顶芽通常分化出雌混合芽或雄混合芽。

图 5-1 银杏芽的形态

5.1.2 枝

一般情况下银杏的 1 年生枝呈淡黄褐色，老枝灰色。银杏枝条萌芽率高，而成枝率低，1 年内可发 3 ~ 4 个分枝。新梢 1 年生长 1 次，长江以南也有 1 年生长 2 次的现象，但生长期较短，停止生长也早。银杏的枝条根据其形态和生长速度等的差异，可分为长枝和短枝。银杏的长枝指从主干上生长出来的骨干枝、各级骨干枝上长出来的下垂母枝、下垂母枝上长出来的下垂枝。长枝的生长量大，1 年的生长量可达 50 ~ 100cm。银杏的短枝系

短枝　　长枝

图 5-2　银杏枝的形态

由长枝中下部的腋芽所形成，发育成花枝或果枝。短枝只有一个顶芽，外被鳞片，呈覆瓦状，发芽后鳞片脱落，每年如此，因而可根据每年脱落的痕迹，清楚地数出短枝的年龄。花、果均着生在短枝上，与叶混生，呈螺旋状排列。短枝生长很慢，年生长量仅为 0.3cm 左右，寿命长，可连续开花结果 10 年左右，最长可达 30 年以上(图 5-2)。

研究表明，银杏长短枝的发生与树龄有关。幼年的银杏树，基本上全是长枝，没有短枝，随着年龄的增加，短枝开始出现并不断增多，如 45 年生的银杏雌株，长枝的发枝数量仅占总发枝量的 10% 左右。另外，银杏的长短枝具有互换性能，短枝的顶芽可以伸长抽生长枝，而长枝的顶芽也可减缓生长速度形成短枝，这种转换机制的原因还不十分清楚。实践证明，打顶或在顶部涂抹生长激素，可以促使或抑制短枝的转化。

5.1.3　叶

银杏叶多为扇形，也有如意形、截形、三角形、纸卷形等形状。叶浅绿色，呈扇形的银杏叶上部宽 5 ~ 8cm，有波状缺裂，叶基部呈楔型，叶柄长 5 ~ 8cm。叶面积的大小、厚薄取决于树势、树龄、品种、枝条类型、枝条长势的强弱等。

银杏叶在长枝上为单叶互生，短枝上为 4 ~ 14 片叶簇生，叶片多呈二裂状，裂口深度不完全相同。一般来说，播种苗、萌蘖苗和长枝上的叶片特别是长枝梢部的叶片，裂口较深，萌蘖苗的叶片中裂更深，可裂至叶片基部，近似两片小叶；扦插苗和短枝上的叶片一般裂口较浅。银杏长枝上的叶片，自下而上各不相同，渐次为如意形、截形、扇形和三角形，这种银杏的“异形叶性”与叶片系列的返祖重演相关(图 5-3)。

银杏的叶脉较特殊，全部为二叉状分枝式，并

图 5-3　银杏叶的形态

金丝银杏　　筒状银杏　　叶籽银杏

图 5-4　特异银杏叶

直达叶缘，少数叶脉具有网结。少数银杏叶片变异成斑叶，有的呈筒状，个别银杏品种在叶片上还能孕育胚珠结出种实，成为叶籽银杏(图 5-4)。

5.1.4　树干

银杏属于单轴分枝树种，顶端优势较强，具有通直的主干(图 5-5)。银杏生长高度一般可达 20～30m，个别植株可高达 60m；胸径可达 2～3m，个别植株可达 4m 以上。大多数银杏的树干呈圆形，有的具有明显的脊棱。

银杏的树皮幼时光滑，浅灰色，老时纵裂，灰褐色。银杏的树皮较厚，形成层活动比较旺盛。若树皮遭到破坏，则会逐渐愈合，严重的损伤虽不易完全愈合，但一般不会直接导致树木死亡。银杏树干的所有部位均具有隐芽，因此，具有较强的萌芽能力，利用这一特点，可进行银杏的复壮更新。如陕西周至有一株古银杏，相传植于汉代，曾因火烧，树干几乎焚净，但自 1980 年以来，该树年年发新枝，长新芽，至今仍长势良好。

银杏树上，常见在大树基部的粗大侧枝上生有

图 5-5　银杏的树干

下垂的钟乳状枝，俗称“树奶”，在其他树种上极为少见。树奶大多呈圆锥状，尖端钝圆，垂直向地生长。有的并生，有的多处发生，还有的全部树干为树奶所覆盖。对树奶的成因，学术界有 3 种说法：一是在沟谷、山谷、溪旁空气湿度较大的环境中易产生；二是上部受到抑制，局部受到某种刺激，使这部分隐芽萌发，树皮随之向外延伸形成树奶；三是可能由病毒引起。在银杏树干上还有一种圆形的树瘤，近似柳树上的柳瘿，这种树瘤从未见其伸长转为树奶，因此认为树奶和树菰完全不同。从其生长位置和形态状况分析，树菰似乎为虫害和病害所形成。

5.1.5 树冠

银杏的树冠因年龄、性别、品种和繁殖手段的不同而呈各种姿态(图 5-6)，但随着年龄的增长，银杏树干逐步增高，树冠会发生变化，其冠形也丰富多样。特别是银杏古树，树冠顶部一般长枝较少，短枝较多，有的树冠较平，常见有其他植物的生长，形成树上长树的现象，如浙江乌镇的唐朝古银杏的顶部，生长着构树、桑树等植物，形成了特别的“树顶花园”。

5.1.6 根系

银杏实生苗根系具有明显的主、侧根，主根发达，垂直分布较深；扦插苗根系源于茎的不定根，无主根；分株繁殖苗的根系为萌蘖根系(图 5-7)。

银杏大树系深根性树种，主根粗壮发达，根系随年龄的增长而不断延伸，因此银杏的年龄愈大根系就愈庞杂。据观察，50 ~ 100 年生的大树，根系深度一般达 1.5m 以上，生长在地下水位低、土质疏松、深厚肥沃、土壤相对含水量 40% ~ 60% 的中性土壤中的银杏，根系可深达 5m 左右，但集中分布在 80cm 以上的土层内，尤以 20 ~ 70cm 的土层中最多，约占总根量的 76.4%。细根分布较浅，1m 以下的土层很少，20 ~ 70cm 土层中的细根量约占细根总量的 81.1%。这就要求翻土时要适当深翻，施肥时应集中在 20 ~ 50cm 的范围内，便于吸收和利用。

银杏具有菌根。银杏林地土壤中泡囊—丛枝菌根真菌侵染银杏是常见的自然现象。苗木接种 VAM 真菌后，能增加生长量。寄生银杏的 VAM 真菌主要有内囊霉科球囊霉属的地球囊霉，其次为苏格兰孢内囊霉。接种真菌的银杏小苗，高茎生长都很显著，根有根毛，无根毛的根被有稀疏的菌丝体。

1 2 3

图 5-6 银杏的树冠

1. 卵圆形树冠 2. 塔形树冠 3. 嫁接以后形成的开张形树冠

图5-7 银杏的根系

银杏VAM真菌能形成大量的胞内菌丝，胞间菌丝却很少。

5.2 生殖器官

近代，我国对银杏生殖器官的研究初见于1935年曾勉对银杏果实和种子的形态和分类研究，20世纪50年代，李正理研究过银杏的性染色体、受精问题。60年代，王伏雄对银杏幼胚离体培养进行了研究。80年代，王伏雄对银杏胚的发育、陈可泳对银杏染色体的Ginesa C带技术做了研究报道。何凤仁对银杏的生殖器官及结果习性进行了研究。1989年，钱伯林研究了银杏种实的生长发育。到了20世纪90年代，对银杏生殖器官的研究、论文的发表呈现明显上升的趋势，这些研究论文集中在种子形态，雌、雄花芽分化，雄花的结构，开花、授粉受精习性，果实、种子生长发育规律、种子成熟及贮藏生理变化，结果习性等方面。

5.2.1 花

何凤仁、郭善基认为，银杏是裸子植物，没有花冠和子房，开花时胚珠直接裸露在大气中。但由于它的肉质外种皮包裹着的种子与被子植物由子房发育成的核果类的果实很相似，加上它的小孢子叶球(雄球花)的外形很像被子植物的柔荑花序，因此在许多地方借用了花、果这样的园艺学名称，如将小孢子叶球称做雄花序，把大孢子叶球称为雌花，把带肉质外种皮的种子称为果实等。从植物学的角度看，并不妥当，但已为多数读者接受(表5-1)。为叙述方便，把有关的名词、称谓对照如下：

表5-1 名词和称谓对照

通称	植物学名词	本书所用名称
果、果实、种实	带肉质外种皮的种子	果实、种实
白果、商品银杏、种核、种子	除去肉质外种皮的种子	种核、种子
种仁、胚乳、白果仁	雌配子体	种仁
雌花、雌蕊、大孢子叶球	具胚珠的结构	雌花
雄球花、雄花序	小孢子叶球	雄花
雄花	小孢子叶	雄蕊
花粉囊	小孢子囊	花药囊
花粉、花粉粒	小孢子	花粉

5.2.1.1 雄花

银杏的雄花(小孢子叶球)与柔荑花序的外形很相似(图5-8)，但它实际是一朵雄花，即一个雄球花。雄花有主轴，主轴上有多个雄蕊(小孢子叶)，每一雄蕊都有细而短的柄，柄的顶端有一对长形的花粉囊(花药)，幼树上可见3~4个花粉囊。

春天，雄株短花枝顶端的混合雄花芽萌发，在鳞片绽开之后，先抽生出几朵雄花，然后长出几片叶，如果混合花芽发育得好，以后还可以再开出雄

图 5-8 银杏雄花

花。每个雄花芽内的雄花数从2个至8个不等。据山东对26株成年银杏雄株的调查表明，雄花数与雄花短枝的长度呈显著的正相关，回归方程：$y = 3.6410 + 1.8921x$，相关系数 $r = 0.9583$（邢世岩等，1998）。而南京林业大学对江苏泰兴银杏的研究，雄花数与雄花短枝的直径呈正相关（曹福亮，2000）。每个雄花长1.2～3.47cm，平均2.67cm；粗0.58～0.88mm，平均65mm。每个雄花鲜重0.12～0.30g，平均0.1976g。每朵花上平均有花药40个，最多可达94～100个。每个花药内平均含有花粉1.8万粒，个别达2万～2.3万粒，最少含有0.8万～1.0万个。每朵花最高含有花粉114万粒，最低39万粒，一般61万～66万粒。花粉粒长35.8～40.3μm，一般37μm；宽15.4～19.4μm，一般17.7μm。出粉率1.04%～8.5%，平均3%～6%。一株45年生雄株可年产花粉160～170g以上，最高达700g。一株400年生雄株年产花粉可达1.265kg。优良雄株的花粉生活力在

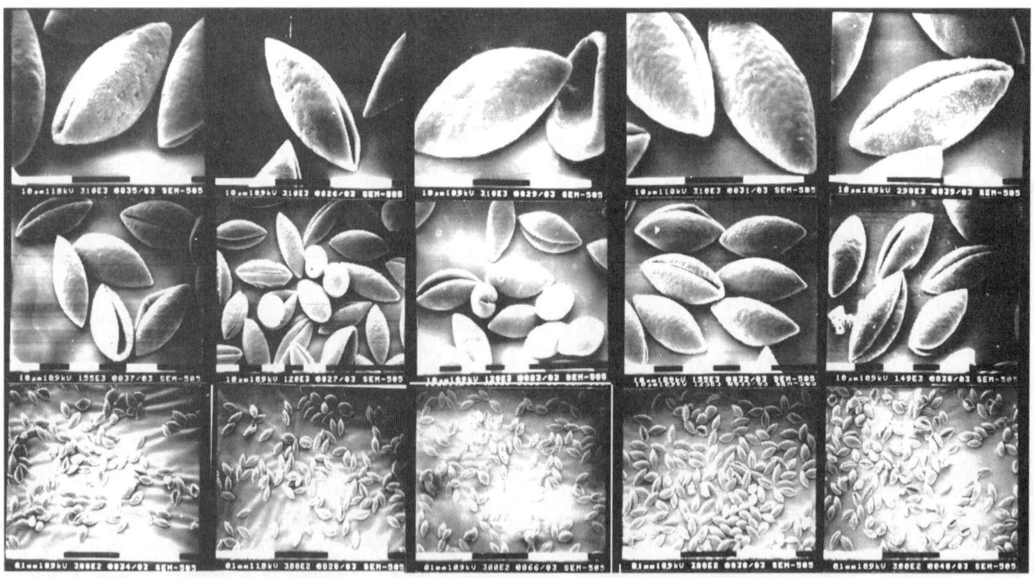

江苏泰兴 广西桂林 浙江天目山 江苏如皋九华古银杏 江苏南京

图 5-9 不同雄株银杏花粉的形态

95%以上，生产上应选花粉生活力高的雄株作授粉树(邢世岩等，1998)。

不同雄株的开花期不一致，同一雄花上的花粉囊成熟也不一致，所以雄花的散粉期较长。由于银杏的花粉细小，又轻，可随风传播。据我们调查，在天气晴朗，顺风时，花粉的直线传播距离远的可达10km左右。但距离过远，花粉量少，雌株结实量往往较低。如果遇阴雨天、雾天，花粉的传播距离超过1000m也会造成授粉不良。合理配置授粉树，是当前生产上应注意的一个重要问题。

不同地方雄株上银杏花粉的形态和内含物质含量有些差异(图5-9)。银杏花粉囊中游离氨基酸含量较花粉粒高，种类也较多。花粉和花粉囊中的氨基酸主要有亮氨酸、脯氨酸、胱氨酸、组氨酸等(曹福亮，1999)。

5.2.1.2　雌花

银杏的雌花由花柄、珠托和胚珠构成。何凤仁认为银杏的花是由叶片演化而来，着生于短果枝的顶部，与叶片相间而生。贵州大学史继孔等观察到，一般情况是，混合雌花芽芽鳞绽开后，先抽几片叶，而后着生几朵雌花，后再抽叶，再又是花，最后又是叶。每一花柄上端着生两个对生而直立的胚珠(偶尔也有3个或3个以上)(图5-10)。一般只有1个胚珠能长成果实，偶有2、3个胚珠长成果实的。其余的胚珠多在早期脱落。

叶籽银杏的胚珠不是着生在花柄上，而是着生

图5-10　银杏雌花

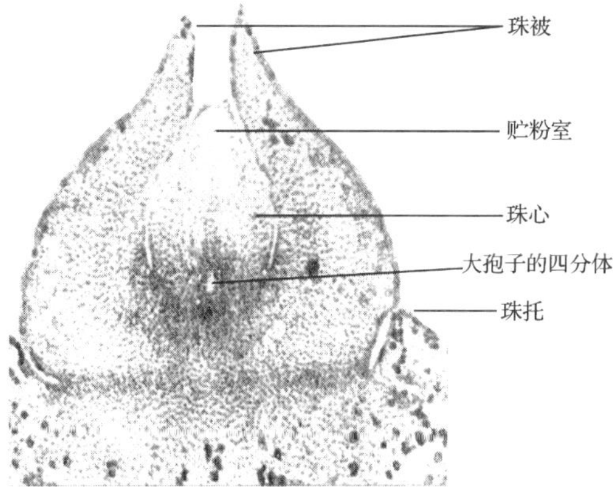

图5-11　银杏胚珠示意图

在叶缘上，着生胚珠的叶片变小。这种长在叶缘上的胚珠，有时也能长成果实。叶籽银杏在我国的山东、福建、广西等地有记载，日本也有记载。

5.2.1.3　银杏的胚珠

银杏的胚珠是绿色的，完全裸露在空气中。雌花开放实际是银杏的雌花芽的鳞片绽开，雌花柄伸长，胚珠的珠喙吐水，接受花粉的过程。其结构如图5-11。在胚珠的基部，有一圈环状突起，称为珠托(collar)。珠托的形状、起伏、完整与否，常把它作为栽培品种分类的指标之一。胚珠的外面是珠被，珠被里面包裹的是珠心，胚珠上部中心部分有一突出的喙，中间是授粉孔，珠心有贮粉室与授粉孔相连。据北京大学李大辉、Favre Duchartre M.(1956)研究，贮粉室的发生与大孢子母细胞的发育有同步性，即大孢子母细胞时期，贮粉室尚未产生；四分体阶段，贮粉室已经开始形成；到雌配子体发育时期，贮粉室已经完全产生。北京大学的研究还表明，在形成雌配子体的过程中，由于银杏功能大孢子前几次的分裂是同步的，但后几次的分裂确表现出不同步，合点端的核分裂明显快于珠孔端，因此只能近似地统计游离核的数目，很难统计出分裂的次数。北京大学吉成均等人的研究还表明，产生细胞壁之前，游离核的数目约为2000个，而不同于Favre Duchartre认为的分裂13次，游离核的数目8000个；也不同于Lee(李正理)认为的多于1000个。

6月初，银杏雌配子体的多数游离核间已形成细胞壁，其外面的大孢子膜异常加厚，此时在雌配子体的近珠孔端的两侧出现了颈卵器母细胞，开始了颈卵器的发育。到8月中下旬，经过一系列的发育，颈卵器中形成了卵细胞(吉成均等，1999)。

5.2.2 花芽分化

5.2.2.1 雌花芽的形态分化

银杏雌花芽的形态分化在贵州于6月初开始。它是裸子植物，没有被子植物那样的花萼、花冠、雌蕊、雄蕊的分化。它的花芽分化，实际上是一个个胚珠原基以及胚珠原基上的珠托、珠被、珠心的分化。自6月上旬，银杏就开始胚珠原基的分化，这一阶段一直要持续到12月。1月才开始珠托、珠被和珠心的分化。后面的这一分化过程进行得很快，到3月就已完成(史继孔等，1999)。

5.2.2.2 雄花芽的形态分化

银杏雄花芽的形态分化在贵州早于雌花芽，开始于5月下旬，可分为分化始期(雄花穗柄分化期)、花粉囊分化期、花粉母细胞分化期和花粉粒形成期(张万萍等，2001)。

贵州大学的研究发现，在银杏花芽分化的过程中，细胞激动素、脱落酸、亚精胺和腐胺有利于花芽分化，赤霉素有抑制花芽分化的作用。N、P、K和碳水化合物与银杏花芽分化密切相关(史继孔等，1999；张万萍等，2002)。

5.2.3 授粉受精

银杏在4月雌花芽萌发，雌花开始出现后的10d左右，在喙口处会分泌出一亮晶晶的黏性液滴，约针鼻子大小，称之为"授粉滴"，产区的老百姓称"性水"，而把这一现象称为"吐水"(图5-12)。"授粉滴"的出现，标志雌花的成熟，是授粉的最佳时期。

银杏一般雄花先开。当雄花的花粉落至雌花吐水的小液滴上时，花粉就被黏住，并随黏性小液滴缩回授粉孔而被带进贮粉室。在进入贮粉室后7d，花粉开始发芽。发芽从花粉槽沟开始，先是管细胞

图5-12 银杏雌花吐水

明显膨大，形成一球状突起。授粉后21d，进入珠心内的花粉管的顶端便开始产生大量极易分枝的吸器发端，然后在珠心间隙内不断分枝。吸器系统建立后，分枝速度明显加快。约到5月上旬，传粉后不足1个月的时间，吸器系统便可形成一个网。约在6月中旬，配子体内的吸器分枝已相当发达，所有吸器分枝将整个珠心间隙填满。在7月中旬至8月，生殖细胞分裂，并产生1个不育细胞和1个精原细胞。这次分裂对受精相当重要，因此在7月中下旬应进行浇水、施肥，使树体营养供应充足，保证生殖细胞正常分裂。8月上旬，雄配子体的径向宽度明显增加。8月下旬雄配子体接近成熟，据王伏雄的观察研究，9月上旬，精原细胞分裂并产生2个游动的鞭毛精子，然后进入颈卵器参与受精过程。北京从4月28日传粉，到8月16日至20日受精，共需108～112d。值得注意的是，在上述过程中，银杏授粉后并不立即受精，从授粉到受精要相距4个月左右的时间，即4月授粉，要到8月中下旬或9月初才受精。有些地方的早熟品种银杏是种实成熟落到地上后才受精，此时用肉眼还不容易观察到种仁内的胚，种仁一般无苦味，故贵州盘县产地的农民有"白露前的白果不苦"的说法。在银杏果实采收后，胚逐渐发育长大，要到第2年春天才完全发育成熟。

5.2.4 果实

5.2.4.1 果实结构

银杏的果实看上去像一个核果，可它实际是一

个种子。由肉质的外种皮、骨质坚硬的中种皮、膜质的内种皮、种仁及胚构成(图5-13)。在果柄与果实之间有一圈不规则的突起，是珠托。珠托的形状、凸凹及边缘形状是品种的特征之一。

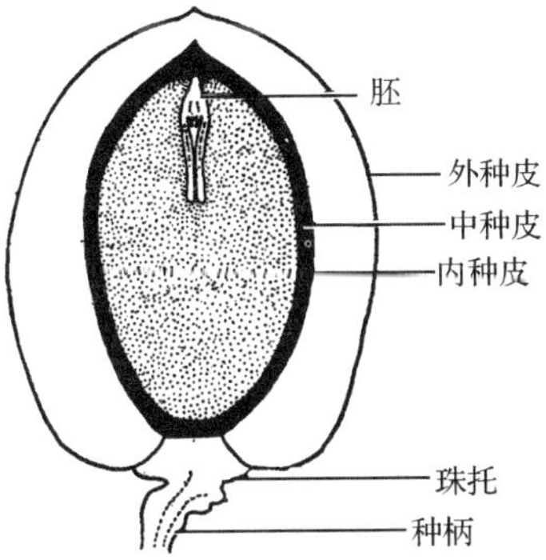

图5-13　银杏果实的构造

银杏的外种皮肉质、绿色，成熟时变成橙黄色或橙色，表面有一层又蜡质的果粉，呈白色。外种皮腐烂后，有特殊的臭味，对皮肤有刺激性。中种皮又称种壳，质骨硬，白色。内种皮膜质，有光泽，内种皮的上半部分褐灰色，下半部分褐红色。

有些品种的种壳上有条纹或点刻,这种有点刻的种子在江苏称为“七星果”,视为上品。据我们的观察,种壳上的点刻不是一个固定的性状,不同的年份点刻的有无及多少、深浅并不一致,江苏之外的一些产区近年也发现了不少类似七星果这样的银杏优株。银杏内种皮膜质、褐红色,上下两半的颜色深浅不一。种仁淡黄白色至淡绿色,内有一绿色的胚。

5.2.4.2　果实生长

银杏果实从授粉至果实成熟约需150d，南方产区季节早些，成熟较早，如广东南雄的银杏在8月初即可上市供应，且供不应求。广西桂林约在8月中下旬成熟。西南各省则在8月下旬至10月上旬成熟（图5-14）。靠北的产区则要到9月下旬至10月中旬才能完全成熟。

银杏果实的生长曲线呈单“S”形。据广西植物研究所对G86-1果实发育动态的研究，在桂林，外种皮、骨质中种皮的生长期较短，在盛花后80d生长停止；而种仁生长需要130d。种实、种核、种仁均以盛花后31～60d（5月中旬至6月中旬）增重最快，生长量占总生长量的83.62%以上。而增重最快的30d（5月中旬至6月中旬）又是枝梢迅速生长、花芽分化期，此时一定要加强肥水管理，以保证当年的产量以及来年的花量，以达连年丰产稳产的目标。

银杏的种子的发育与内源激素的种类和含量有关。在盛花期胚珠中IAA、ZR、ABA含量处于较高的水平，而GA_3的含量较低。授粉后，GA_3的含量迅速上升，IAA、ZR、ABA的含量明显下降。种子速生期，IAA、ZT的含量再次升高，ABA的含量则降到最低值；以后IAA、ZT的含量呈稳定下降趋势，而ABA则逐渐升高，到种子成熟达最高值。这表明，GA_3、IAA、ZT、ZR促进银杏种子的生长、膨大，ABA则抑制生长，促进种子的成熟（王建，2001）。

1　2　3　4

图5-14　银杏果实的发育（1.7月　2.8月　3.9月　4.10月）

5.3 生态

银杏对环境具有较强的适应性和抗逆性。在近2亿年的时间内，银杏能够经受各种环境条件的严峻考验而顽强地生存至今，与其这种特别的生态学特性有着密切的联系。

影响银杏分布的主要因素是温度、降水和大气湿度，其他如海拔、地形、土壤、生物、人为活动等也有一定的影响，但都是次要的。

5.3.1 温度

银杏喜欢温暖凉爽的气候。从银杏在中国的水平分布来看，基本上是自东偏北的方向走向西南高原，充分反映了银杏对气候环境的要求。由于中国的地貌十分复杂，在不良的大气候环境中不乏有适于银杏生长发育的小气候环境，应该加以利用。银杏能否生长发育良好，不能只着眼于地理位置，而应以当地的实际气温状况为准。如在台北市，年平均气温高达22.3℃，1月平均气温高达14.6℃，因而虽有银杏生长，但生长状况很差，多呈灌木状态。但到了台湾南部的南投县（北纬23°50′），虽然在地理位置上较台北更向南跨越了一个纬度，但由于海拔较高（较台北高1000m以上），年平均气温却只有16.6℃，与浙江舟山群岛的气温基本相似，因而银杏生长良好，能够正常开花结果。

从银杏在中国分布地区的气候条件来看，分布区的年平均气温为12.1～16.3℃，1月平均气温为－3.1～5.0℃，7月平均气温为23.5～28.0℃，极端最低气温不低于－13.9℃，极端最高气温不高于40℃。从其适生分布范围来看，其年平均气温为13.2～18.7℃，1月平均气温为－0.8～7.8℃，7月平均气温为21.8～29.4℃，极端最低气温不低于－23.4℃，极端最高气温不高于40℃（表5-2）。

地温对银杏的生长发育有显著的影响。研究表明，25cm深处的地温12℃以上时，开始产生新根，以后随着地温的增高新根逐渐增多，15～18℃新根最多，土温超过20℃，根系生长缓慢，如果土壤干旱，根系生长停止。

5.3.2 水分

银杏对水分条件有较高的要求，对降水的适应幅度较大。从当前银杏在中国的分布范围来看，降水量约为300～2000mm。银杏古老大树栽培地点的年降水量自四川泸定县的636.8mm到湖南桑植县的1524mm。银杏集中产区的年降水量可自山东省郯城县的843mm到广西桂林地区灵川县的1956.3mm。降水量过多时，只要排水条件良好，对银杏的生长发育并无不利的影响；但如果排水不良时，则对银杏的生长极为不利，涝渍时间过长则会导致死亡。据曹福亮等（1999、2000）对银杏的耐涝机理与耐涝能力进行的研究表明，银杏耐涝能力差，但品种间存在明显差异，其中佛指品种耐涝能力大于大金坠，梅核品种最差。

银杏不仅要求充足的土壤水分，还喜爱湿润的

表5-2 中国银杏栽培分布极限地点的气候条件

地点	经纬度	海拔（m）	气温（℃）					年降水量（mm）	相对湿度（%）
			年平均	1月均温	7月均温	极端最低	极端最高		
沈阳	E123°26′N41°46′	41.6	7.7	－12.7	24.6	－30.6	38.3	755.4	65
丹东	E124°20′N40°30′	15.1	8.5	－8.8	22.9	－28.0	34.3	1084.6	71
青岛	E120°20′N36°04′	78.6	12.2	－1.2	24.0	－20.5	39.7	693.3	74
舟山	E121°42′N29°34′	10.0	16.3	－5.0	28.0	－6.1	39.1	1292.5	79
兰州	E103°53′N36°03′	1517.0	9.1	－7.3	22.4	－21.7	39.7	492.2	59
腾冲	E98°29′N25°07′	1647.8	14.7	7.5	19.5	－4.2	30.5	1439.0	79
勐腊	E101°25′N21°30′	631.9	21.5	15.7	24.9	6.5	36.2	1581.0	80
台北	E121°31′N25°02′	9.0	22.3	14.6	28.6	－2.0	35.0	2047.5	82

空气环境。中国几个主要银杏产区的相对湿度都较高，如江苏泰兴为80%、邳州为74%，浙江长兴为90%，山东郯城为72%，安徽宣城为75%（表5-3）。

银杏具有一定的抗旱能力，这与其庞大而发达的根系有关。曹福亮等（1999、2000）研究表明，在马尾松、银杏等7种主要造林树种中，银杏的抗旱能力仅次于马尾松。中国银杏古树的分布区域的年降雨状况也证明了这一点（表5-4）。如山西省太原市全年降水量仅为466.6mm，但晋祠的银杏古树生长良好。另外，银杏对干燥的气候环境也具有一定的忍耐能力。如北京的相对湿度仅为59%，山西太原为60%，沈阳为65%，甘肃兰州为59%，但在这些地区银杏都能良好生长。

5.3.3 光照

银杏属于强喜光树种，光照不足，生长不良。银杏对光照的要求因树龄的增长有所变化。银杏幼苗有一定的耐荫性，随着树龄的增加，对光照的要求也愈加迫切，特别是在结果期，树冠要求通风透光。凡银杏栽于其他树种之旁或为其他树种所蔽荫，大多表现为长势衰弱。如南京林业大学校园内有两株银杏，由于受到邻近雪松的遮荫，生长势衰弱。一般情况下，阴坡上银杏的生长势、结果量和树冠开张角度均不如阳坡。另外，如果树冠内膛枝过多，相互遮蔽，冠内通风透光不良，枝条细弱，容易枯死，结果部位外移，产量低。因此，应重视银杏树的整形修剪，和周围杂树杂物的及时清除。

1995年前后，中国银杏产区营建了不少早产密植园。实践证明，在嫁接后5年左右即可进入开花结实阶段。但许多地方由于初植密度过大（1m×1m，1m×2m，1.5m×2m），又没有及时按需光要求调整株行距离，随着植株年龄的增大，产

表5-3 中国主要银杏产区气候条件

地点	气温（℃）					年降水量	相对湿度
	年平均	1月平均	7月平均	极端最低	极端最高	（mm）	（%）
江苏泰兴	15.0	1.8	27.9	-10.2	38.9	1013.1	80
江苏邳州	13.8	-0.8	26.9	-23.0	39.8	950.0	74
山东郯城	13.2	-1.5	26.5	-23.4	39.3	843.0	72
安徽宣城	16.0	2.9	28.5	-13.8	40.7	1289.0	75
浙江长兴	15.6	3.0	27.9	-13.9	36.0	1013.1	90
广西灵川	18.7	7.8	27.8	-5.1	38.5	1956.3	80
广西兴安	17.8	6.6	27.6	-5.8	38.5	1829.0	79
广西全州	17.9	6.4	28.5	-6.6	40.4	1474.5	78
贵州盘县	15.1	6.2	21.8	-7.9	34.6	1399.0	76

表5-4 中国部分银杏古老大树栽培地气候条件

地点	经纬度	海拔（m）	气温（℃）					年降水量（mm）	相对湿度（%）
			年平均	1月平均	7月平均	极端最低	极端最高		
山东莒县	E118°52′N35°36′	87.0	12.1	-3.1	255	-25	39.4	873.0	69.8
四川泸定	E102°15′N29°55′	1200	15.4	6.2	22.7	-5.0	36.4	636.8	65.0
贵州福泉	E107°30′N26°40′	925.0	13.9	3.0	23.5	-8.8	36.4	1128.3	—
陕西周至	E108°08′N34°09′	434.0	13.3	-1.0	26.8	-9.8	39.8	660.7	71.0
河南信阳	E114°05′N32°07′	75.9	15.1	1.3	28.2	-5.6	40.7	1109.0	—
湖南桑植	E110°08′N29°24′	322.2	16.1	4.2	27.1	-3.5	40.7	1524.7	78.0

量不仅不能继续提高，反而日益下降，造成了不应有的经济损失。鉴于此，目前有些地方已逐步改进为低干（高 70 ~ 80cm）或中干（高 1.0 ~ 1.2m）稀植（3m × 5m，4m × 5m，6m × 8m 等），以达到果材两用的目的。

银杏虽为强喜光树种，但在苗木的幼苗期要注意遮荫。银杏育苗中，多采用各种遮阳方法或其他栽培措施，形成良好的群体结构来保证幼苗的生长。

5.3.4 土壤

银杏对土壤的要求不十分严格。无论花岗岩、片麻岩、石灰岩、页岩及各种杂岩风化成的土壤，也不论是砂壤、轻壤、中壤或黏壤，均适合银杏的生长。山东省莒县浮来山、贵州省福泉县李家湾的古银杏均生长于石灰岩发育的土壤上；江苏泰兴和姜堰的银杏生长于冲积砂壤土上；江苏吴县的银杏和广西灵川、兴安等县的银杏则生长于石灰岩发育起来的黏壤和第四纪红土上。但银杏最喜深厚肥沃通透良好、地下水位不超过 1m 的砂质壤土，对土壤肥力反应灵敏，因此在瘠薄干燥的山地上往往生长不良。

银杏对土壤酸碱度的适应性较广，在 pH 值 4.5 ~ 8.5 范围内，以 pH 值 6 ~ 8 最为适宜。江苏泰兴土壤 pH 值 7.5 ~ 8，属高砂土壤区，银杏普遍长势良好。

银杏能耐一定的盐碱。当土壤含盐量为 0.1% 时，银杏生长正常，树势旺盛；增加到 0.2% 时，树势衰弱，叶小早落；超过 0.3%，即难以存活。1987 年江苏沿海防护林试验站，用 2 年生银杏实生苗进行耐盐试验，结果表明，土壤含盐在 0.05% 以下，银杏生长良好；0.06% ~0.10% 土壤含盐量，生长一般；0.11% ~ 0.15%，苗木生长不良；土壤含盐量 0.16% 以上就有苗木死亡。曹福亮等（1999）对银杏幼苗的耐盐能力的研究表明，在苏北沿海地区银杏可忍耐 0.15% ~ 0.35% 的土壤含盐量。

银杏生长还与地下水位的高低有着极为密切的联系。银杏根系发达，呼吸量较大，耐涝能力低。曹福亮等（1999）通过试验发现银杏耐淹性差，梅核银杏幼苗淹水 20d 后，苗木保存率仅为 19% 左右。研究表明，地下水位在 2m 以上时对银杏的生长发育十分不利。

5.4 光合生理及抗逆性

5.4.1 影响光合作用的内部因素

银杏叶片光合能力因品种、叶龄、叶片位置、叶片特性（如阴性叶片或阳性叶片）等不同而异。

马铃 5 号、梅核 9 号、大佛指、秦王、洛古 5 号 5 个银杏品种中，马铃 5 号的光合效率最高，梅核 9 号次之，大佛指最低。栅栏/海绵组织厚度比的变化趋势和光合效率的变化一致，两者的相关系数达 0.9231（郭俊荣等，1997）。通过对银杏 22 个品种（类型）的净光合速率的测定表明，当光照强度在 1100μmol/（m^2 · s）以下时，银杏的净光合速率随光照强度的增加而增加，超过 1100μmol/（m^2 · s）以后，随光照强度的增加净光合速率反而下降。银杏光合作用最佳温度为 26℃，光合速率的日变化呈“午休”型双曲线变化，最高峰出现在 10:00 以后，次峰出现在 16:00 前后。在测定的 22 个银杏品种(类型)中，钱冲 1 号和马铃 1 号的净光合速率较高，海洋皇和郯城 9 号的净光合速率较低，不同银杏品种的光合速率存在显著性差异(江德安等，2006)。

不同叶龄叶片的光合作用气孔参数也不一样，随着叶片的展开，净光合速率、气孔导度、蒸腾速率都逐渐增加，到叶片完全展开时，各指标也同时达到最大值，但随着叶片的衰老以上各参数又随之下降(张往祥等，2002)。初展银杏叶片光合速率低，甚至是负值，与叶片片层结构的未充分发育有关，生长晚期或过密的下层叶片的光合速率低则与叶片中叶绿体基粒的解体有关，而上部充分发育的银杏功能叶片结构发达，光合速率也很高(张往祥等，2000)。银杏雌雄株之间的光合性能存在差异，雄株的净光合效率显著高于雌株（蔡汝等，1999）。

在一定的范围内，银杏叶片的光合速率与叶

片中叶绿素含量呈正相关关系。2年生泰兴大佛指经4个月的遮荫处理，测定了表观量子效率和叶绿素含量，表明前3种光照条件下表观量子效率与叶绿素含量之间表现出很好的相关性(张往祥等，2000)。银杏对 CO_2 的固定可能是通过 Rubisco 的作用来实现的，银杏叶片在大多数情况下的净光合速率小于 8μmol/(m^2·s)，远低于 C_4 植物(张往祥等，2002)。当光合产物需求增加时(如开花结实)，叶片的光合速率提高了18.8%，去除这些需要光合产物的器官时，光合速率下降了14.6%，同一母树相同部位的银杏果枝上叶片的光合速率比营养枝高20%以上(曹福亮等，2002)。

5.4.2　影响光合作用的外部因素

5.4.2.1　光强

银杏光饱和点为1000~1200μmol/(m^2·s)左右(张往祥等，2000；孟庆伟等，1995；江德安等，2006)。然而，银杏苗期具有较强的耐荫性(张往祥等，2002)。张往祥等(2002)经过2年银杏遮荫试验研究发现，净光合速率随着遮荫强度加大而下降的幅度远小于光合有效辐射的下降幅度，遮荫有利于减轻甚至避免银杏光合作用"午休"现象，不同遮荫条件下，银杏发生光合作用"午休"的情况不同，全光照下"午休"现象严重，遮荫条件下银杏叶片的"午休"程度大大减轻甚至得以避免。

不同光照条件下银杏叶片水分利用率的日变化规律和净光合速率的日变化规律相类似，遮荫有利于提高银杏的水分利用效率。长期遮荫可以显著提高银杏叶片中的叶绿素含量，表观量子效率显著提高。长期遮荫条件下，银杏对低光环境表现出一定的适应性，光饱和点、光补偿点、CO_2 饱和点和 CO_2 补偿点显著降低(张往祥等，2002)。

5.4.2.2　温度

张往祥等(2002)、孟庆伟等(1995)研究了温度与银杏光合作用之间的关系。银杏净光合速率对温度的响应曲线呈典型的单峰曲线，在最适温度范围内，净光合速率可以保持在较高水平，温度过高或过低，净光合速率都会大幅度下降，光合作用最适温度范围是22~28℃。在不同的生长季节、不同的生长环境下，其最适温度也会发生一定的变化，7月银杏光合最适温度比6月高2~3℃。银杏净光合速率最适温度也受土壤水分条件的影响，供水条件好的银杏光合作用的最适温度总是高于同时期干旱条件下的银杏(张往祥等，2002)。

高温和强光胁迫都会降低银杏的净光合速率，但强光和高温导致净光合速率下降的主导因素不同，前者主导因素是气孔因素，而后者主导因素是非气孔因素(张往祥等，2002)。李新国等(1998)认为强光会使银杏发生严重的光抑制，光抑制的产生可能与依赖叶黄素循环的热耗散或光系统Ⅱ反应中心的可逆失活动或破坏有关。张宁等(1999)发现，银杏在经历120min的1600μmol/(m^2·s)强光胁迫后发生严重的光抑制，并认为与叶黄素循环有关的热耗散和蛋白的可逆失活可能是导致银杏光抑制发生的两个主要因素。

5.4.2.3　水分

银杏有较强的干旱适应能力，这种能力的获得可能与银杏具有较低的气孔导度有关，银杏叶片通过气孔调节可十分有效地减少叶片失水，夏季干旱显著降低了银杏的净光合速率(张往祥等，2002)。气孔关闭引起银杏叶片光合速率的下降主要出现于轻度干旱胁迫条件下，而严重干旱可导致许多与光合作用有关的活性成分含量及活力的降低，从而导致光合速率的大幅下降(沈允钢，1992)。银杏快速脱水过程中不同阶段导致净光合速率下降的主导因素不同，饱和水分亏缺下降到25%之前，导致净光合速率下降的主要因素是气孔限制，当饱和水分亏缺下降到25%之后，光化学活性限制已上升为主导因素(张往祥等，2002)。

5.4.2.4　N、P、K

张往祥(2002)通过银杏砂培盆栽试验的方法，初步探讨了N、P、K三要素对银杏光合性能的影响。经过4个月的培养后，对银杏光合作用的气孔参数、光合能力、羧化效率、表观量子效率等指标进行了测定和分析。研究表明 N、P、K 的适量供给有利于银杏气孔导度、净光合速率和水分利用率的提高。通过对气孔限制值等因素的分析发现，N、P、K 的适量供给条件下净光合速率的提高是通过改善银杏叶片的光合性能而实现的，并非气孔因素所至。N、P、K 任一元素的缺乏或过量供给都导致了银杏叶片羧化效率、潜在光合能力和最大光合能力的变化。

5.4.3 抗逆性

5.4.3.1 银杏的耐旱性

研究表明，银杏具有较强的耐旱能力，根据植物耐旱类型划分，银杏属于低水势耐旱机理类型(曹福亮，1999)。干旱胁迫会引起叶片水势的下降和相对水分亏缺(*RWD*)增加。当受到 15% 聚乙烯二醇(PEG)水分胁迫时，24h 以后银杏 1 年生苗木叶片的水势由原来的 -0.47MPa 下降到 -0.90MPa，48h 后下降到 -1.0MPa。银杏离体叶片从失水到基本恒重，可达 96h 以上，失水率占总含水量的 64.51%，说明叶片保水能力强，其原因可能与其叶具较高的肉质化程度等结构特点有关。银杏在干旱胁迫下，质膜透性增加较少，在 15% PEG 胁迫条件下经历 24h 逆境后，膜透性增加到 19.22%，约为对照的 1.53 倍，表明银杏细胞膜受伤害程度较小，银杏叶原生质耐脱水能力较强。银杏根系活力在干旱胁迫(15% PEG)条件下，持续 48h 后，其根系活力明显下降(为对照的 63.75%)，但 96h 后又基本恢复到对照水平(为对照的 98.75%)，表明银杏对干旱胁迫具有较强的适应能力。

陈颖等(1999)通过银杏耐旱性试验表明，在轻度水分胁迫下(-0.3MPa)，银杏能正常地生长；在中度水分胁迫下(-0.9～ -0.5MPa)，银杏能维持 1～2 个月，2 个月后大部分叶子变枯黄；在严重水分胁迫下(-2.0MPa)，银杏能维持 18d，以后干枯死亡。

5.4.3.2 银杏的耐盐性

曹福亮、汪贵斌等(1999、2003)研究表明，银杏具有一定的耐盐碱能力。5 个供试的银杏品种在低浓度盐胁迫(0.1%、0.2% 的 NaCl)下膜透性变化不显著，而在 0.3% 含盐条件下，质膜透性则明显增加，表明低浓度盐胁迫下，银杏具一定的保持膜系统功能相对稳定的能力。5 个银杏品种叶片中 Na^+ 浓度随外界胁迫浓度提高呈明显上升趋势，相同胁迫强度下，随着盐胁迫处理时间的延长，叶片中 Na^+ 含量呈明显上升趋势，不同品种间在 Na^+ 累积上表现出显著差异。大金坠在 0.3% 盐胁迫下，盐胁迫处理了 5d 后游离脯氨酸含量明显升高，但其后又随着胁迫时间的延长逐渐下降，胁迫 18d 后，其含量略低于对照，而马铃在 0.2%、0.3% 盐胁迫 18d 后游离脯氨酸含量开始上升，梅核、大圆铃、佛指则在胁迫 18d 后，游离脯氨酸含量随盐胁迫浓度的提高呈上升的趋势。在盐胁迫下银杏不同品种的苗高生长存在显著差异。梅核、大圆铃生长量下降幅度较小，表示出较强的耐盐生产力；而大金坠、马铃、佛指下降幅度较大，耐盐力较低。综合各项指标，5 个银杏品种耐盐能力强弱的顺序为梅核、大圆铃、马铃、大金坠、佛指。

此外，曹福亮等(1999)还对银杏、马尾松、侧柏等 7 个树种进行了耐盐性比较试验，通过测定 K^+ 和 Na^+ 浓度、Na^+/K^+ 比值、叶绿素含量、叶水势、脯氨酸含量、SOD 活性、苗木保存率等多个指标，对银杏等 7 个树种的耐盐能力进行了综合评定，把 7 个树种划分为 3 种耐盐水平。其中银杏属于耐盐性较强的一类，能忍受 0.15% ～ 0.25% 的土壤含盐量。

5.4.3.3 银杏的耐淹性

曹福亮和汪贵斌(1999)采用盆栽试验研究了人工淹水胁迫对 3 个银杏品种的耐涝能力进行了研究。试验研究结果表明，银杏不耐水涝，特别是银杏幼苗，在淹水条件下，表现为生长量下降、质膜透性增加、叶绿素含量下降、游离脯氨酸含量增、根系活力下降、黄酮含量上升。如果淹水 1 周以上，叶子就会变黄、脱落，严重者根系腐烂，植株死亡。综合生长及生理指标，认为佛指的耐水性相对较强，其次是梅核、大金坠。

5.4.3.4 银杏的抗大气污染能力

许多研究显示，银杏对气态的空气污染物有很强的抗性，但是却容易受到酸雨的危害。Oh 等(1983)调查了 17 种木本植物对空气污染物的抗性，表明银杏是抗性最强的树种之一，其对 SO_2、氮氧化物和 O_3 都有较强的抵抗能力，但对氟化物的抗性中等。不同地区的生态系统中引起空气污染的污染物种类不同，银杏对其的反应也有所差异。Kim 和 Lee 等(1990)在秋季，从银杏的形态和化学成分方面，检测了处于空气污染条件下的银杏叶片。调查过程中选用生长于交通繁忙和无污染(对照)的街道上的银杏作为比较，同时对生长于相同环境中的日本红松、韩国松和挪威云杉的针叶也进行了收集。叶分析结果表明，生长于交通繁忙地方的银杏，其叶片中硫的含量是对照的 5 倍，从污染地区收集的针叶树种叶片中硫的含量一般仅为无污染地区的 2 倍左右，但是，在银杏叶上并未看到伤害症状。Kim 和 Lee 等认为，从汽车中排出的气体和粒子，可能是造成交通繁忙地区树种叶片中硫含量增加的重要因素。

电镜观察表明，从交通繁忙地区收集的银杏叶表皮蜡质层没有明显的变化。但仅有一些颗粒状物质累积。在高倍电镜下，观察到一些蜡质晶体颗粒被腐蚀，然而银杏蜡质晶体的腐蚀程度却没有针叶树严重，与日本红松、韩国松和挪威云杉相比，多数银杏叶蜡质晶体颗粒并未受破坏。有趣的是银杏叶中硫的含量是针叶树的 10 倍，但蜡质层结构并未有明显的退化，表明银杏对空气污染的抗性很强。

银杏易遭受酸雨的危害。Oh 等(1986、1987)对 15 种树种在受到不同 pH 值的酸雨处理。当 pH 为 2 时，被子植物即发生伤害症状，而大多数裸子植物在同样条件下并未出现伤害。试验还发现，供试的裸子植物中，银杏的伤害程度最大，叶伤害率是 100%，而 *Abies holophylla* 和 *Pinus thungergii* 伤害率分别为 76% 和 12%。模拟酸雨处理后，银杏叶片气孔的导性和棱角显著增加，并且随着 pH 值的降低，叶伤害程度增加。银杏对酸雨的敏感性，其机理尚不清楚。对酸雨的敏感性可能决定于许多因素，包括叶龄、角质层的完整性、叶表面的形态和解剖特征、环境因素(温度、光、湿度)。Turkey 的研究表明，那些相对较大、幼嫩，肥厚，且可湿度较大的叶片较容易受到酸雨的渗透；相反，叶片光滑、蜡质层厚、可湿度小，则很难被液态的溶液所渗透。在解剖上，银杏表皮细胞壁相对较薄，皮下厚壁组织是分离的，而且除了背轴表面(皮下气孔)以外，银杏整个叶片几乎都有气孔分布，这可能是银杏对酸雨比较敏感的原因之一。另外，银杏叶片角质层发育情况也较差，蜡质颗粒(蜡质颗粒对植物表面有许多保护性功能，这些功能在针叶的长寿和常绿上起着至关重要的作用)结构特性及蜡质的不同化学组成可能也决定了银杏对酸雨比较敏感。另外，形态上和基因组成上的许多因素也可能是银杏对酸雨敏感程度比较大的原因。

5.4.3.5 银杏对 Cd、Pb 离子的抗性

曹福亮等(2006)先后开展了 Cd、Pb 等金属胁迫对银杏的影响，结果表明：①Cd、Pb 胁迫对银杏叶片超微结构产生了不同程度的破坏作用。叶绿体对重金属胁迫最为敏感，表现为叶绿体片层肿胀，外膜消失，嗜锇颗粒增加，严重时叶绿体发生降解或解体。线粒体的变化为内脊减少，严重时外膜破损，呈空泡化。细胞核的变化为核膜破坏，染色质凝聚。Cd、Pb 交互效应对叶绿体和线粒体超微结构的影响表现为协同效应；②Cd 与总叶绿素含量和叶绿素 a 表现出显著的抑制剂量效应，Pb 则与叶绿素各指标的抑制剂量效应关系均显著。在 Cd、Pb 及其复合胁迫下，银杏的 *Pn*、*Gs* 和 *Tr* 均随着胁迫浓度的增加而下降，而 *Ci* 随着浓度的增加而趋于增加，表明限制银杏光合作用的因素主要由非气孔限制所致。银杏最大光化学效率 *Fv/Fm*、*ΦPS*II、光化学猝灭参数 *qP*、非化学猝灭系数 *qN* 均随处理浓度的增加呈明显下降趋势，说明 Cd、Pb 导致了银杏 *PS*II 反应中心的关闭和受到破坏；③Cd、Pb 胁迫显著地影响了根系微区的

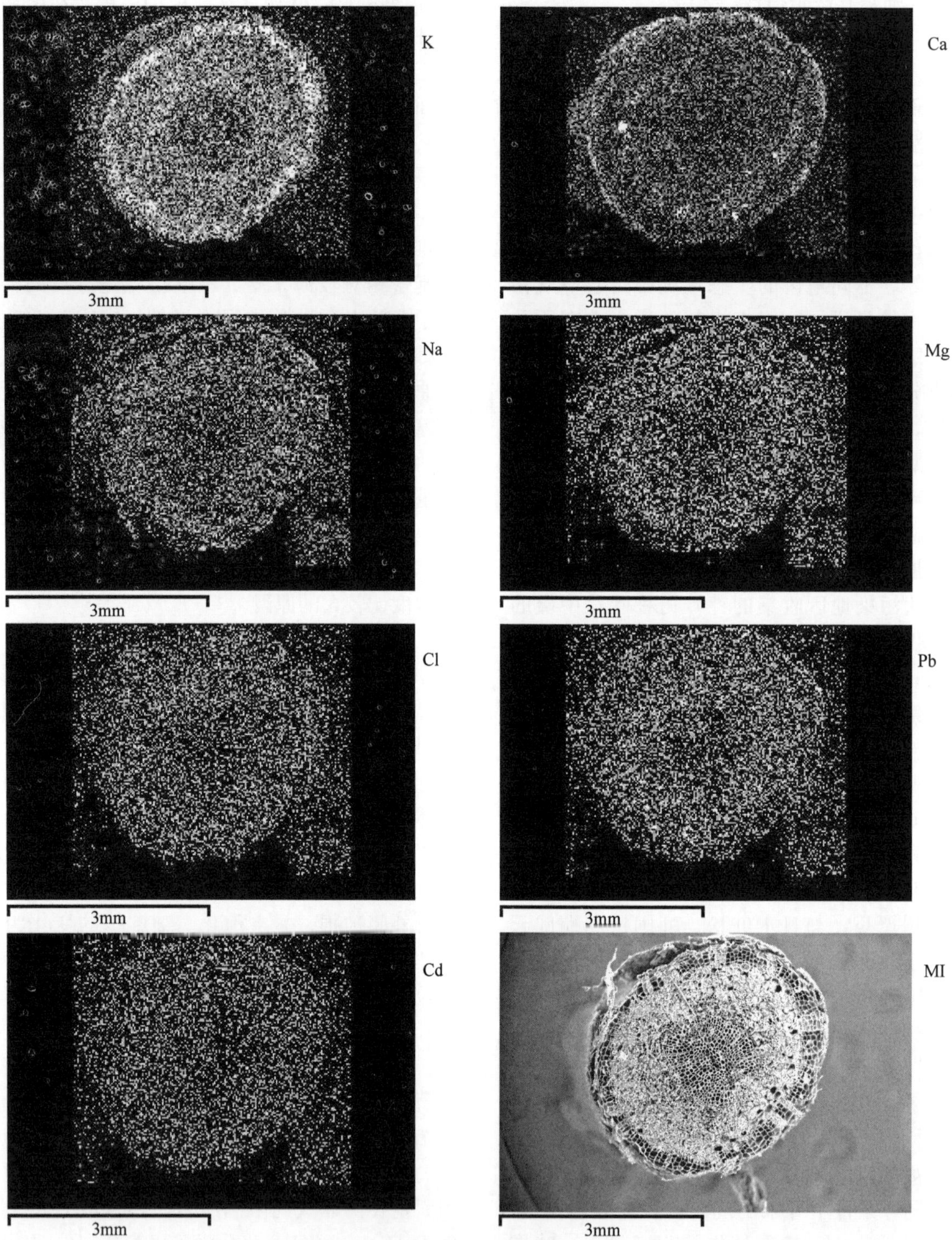

图 5-15 Cd(150mg/kg)处理的银杏根系微域元素分布 X 射线电子探针面扫描分析

(MI：示根尖扫描图)

离子分布（图 5-15），使细胞中大多离子的稳态受到破坏，同时 Ca^{2+} 和 K^+ 在不同组织中均呈现出较强的峰，Ca^{2+} 和 K^+ 稳态的维持显示银杏对 Cd、Pb 胁迫具有较强的耐性机制。Cd、Pb 及其复合胁迫下，Cd、Pb 主要累积在银杏的根部，其次为茎和叶。Cd、Pb 胁迫对银杏各器官中 K、Ca、Mg 含量产生了显著的影响，叶、茎生物量增量下降是由于银杏叶、茎中积累的 Cd、Pb 严重地抑制了 Mg 的吸收。在根中则抑制 K、Mg 的吸收，使生长代谢发生紊乱，发育受阻而导致生物量增量的下降；④Cd、Pb 及其复合胁迫导致银杏在细胞、组织、器官水平上表现出受毒害的生理生化响应。但同时，银杏可能通过对重金属的限制作用、细胞壁阻止作用、抗氧化酶等生理防卫及 Ca^{2+}、K^+、脯氨酸、蛋白质等渗透调节机制对重金属胁迫表现出较强的抗性。

第 6 章

银杏栽培技术

银杏栽培虽然具有悠久的历史，但书籍中记载银杏栽培技术的时间是从宋朝开始，到了元、明、清时代，银杏栽培技术得到进一步提高。近年来，随着科学技术的发展和对银杏栽培技术研究的进一步深入，银杏的育苗技术、丰产栽培技术得到了进一步提高，银杏的效益得到了进一步的发挥，极大地促进了银杏产业的发展。

6.1 苗木培育

6.1.1 播种苗培育

播种育苗是银杏苗木繁殖的主要方法之一，适用于银杏核用园、叶用园、花粉用园、材用林和园林绿化用苗及培育嫁接苗的砧木等，是银杏最基本的繁殖方式。其主要技术环节包括：

6.1.1.1 种实采集与贮藏

应选择品种优良、抗逆性强、速生、丰产、树龄在 40 ~ 100 年之间的银杏植株为母树，待种实自然成熟落地后再进行采种。要求种实授粉良好、发育正常、粒大饱满、无病虫害。每千克 400 粒以下的种子，胚发育好，胚乳大，当年生苗木生长量大；用 400 粒/kg 以上的小粒种子，产苗量大，当年生苗木生长量较小，但如加强肥水管理，第二年及以后的生长量也可以很快提高。

由于银杏种子具有生理后熟作用，采收的种子需要经过一段时间的休眠才能发芽。

种子采收后经过 40 ~ 50d，完成胚的生理变化和发育，达到生理成熟。处理技术是，使种子处在 0 ~ 10℃，一般为 2 ~ 7℃低温，以及湿润和适宜的通气条件下，才能促使迅速均匀发芽。银杏种子常用的贮藏方法有：

(1)种实(带外种皮)贮藏　先将果实晾晒 3 ~ 5d，待外种皮干皱后装入麻袋，放置于通风冷室待翌年春季播种。或用 1 份果实、2 份含水量 5% 的河沙混合均匀后堆放在冷室内，堆高 20cm 左右，每隔 20d 左右翻动 1 次，以利通风降温并调节基质湿度，河沙太干时，要洒水增加湿度，并随时检查，剔除霉烂种子。

(2)种核沙藏　先将果实堆放成 20 ~ 30cm 高，上面覆盖稻草，经 5 ~ 6d，待外种皮腐烂后洗净，然后将种子阴凉数天，使种子的含水量从 50% 降低到 20% ~ 25%，再以 1 份种子和 3 份河沙的比例混合均匀后放置地窖贮藏。窖底先铺 5cm 厚河沙，上面堆 40cm 高混有河沙的种子，再盖上 10cm 厚的河沙，每隔 1m 距离插入一小捆高粱秸以便通气。地窖周围要开沟排水。贮藏后要随时检查鼠害、干燥和霉烂等情况并及时处理。种子数量多，可以在室外地势较高和背阴的地方挖地窖进行贮藏。地窖宽、深各 80cm，长度根据种子数量而定。

(3)风干贮藏　将种子放在18～20℃条件下风干，使水分含量降至20%左右，与泥炭1∶1的比例混合，再入在容器内，容器中心放一小捆塑料管，盖下垫一层0.5mm厚的纸，目的是为了通气。容器内的湿度为40%，贮藏容器的室温保持3～4℃，相对湿度25%～27%。用这种方法贮藏种子，2～3年内种子发芽率仍可达70%左右。

6.1.1.2　种核催芽

催芽可以打破银杏的种核休眠，促进银杏早发芽，保证发芽迅速，出苗整齐，提高圃地发芽率，增加幼苗生长量。银杏播前催芽方法有多种，常用的方法主要包括室内恒温或变温催芽、室外温床催芽、加温催芽等。

(1)室内恒温催芽　即播前20～30d，将沙藏过(或其他方法贮藏)的种核先用30℃温水浸泡2～4d，每天换温水1次，然后放入麻袋中保温保湿催芽，室温可控制在25℃左右。变温催芽同恒温催芽一样也要用温水浸泡，但催芽时进行变温处理，即白天用25～35℃的高温，夜间用5～10℃的低温。采用该法催芽15～20d，银杏发芽率可达85%以上。此外，还有先高温后低温的方法，即开始催芽的2～3d，用30～35℃的高温，然后降至20～30℃。

(2)室外温床催芽　即在室外背风向阳处，用木板或砖石做成温床，底层铺10～15cm厚的细沙，或直接在高沙土苗床上，将种核混以湿沙或锯末(种沙比为1∶3)铺在上面，上盖塑料薄膜(也可搭成小拱棚)或玻璃，晚间加盖草帘，经过10～20d，种核大部分发芽。

(3)加温催芽育苗　是江苏邳州20世纪80年代普遍采用的银杏育苗技术，已取得良好效果。具体做法是：在播种前10～15d将贮藏的种核从沙中筛出，用清水淘洗干净后直接催芽，室内贮藏较干的银杏种核要先放入30℃温水中浸泡1～3d，以种仁吸足水分为宜，捞出后进行催芽。加温催芽育苗的方法主要有：

①温室加温催芽：当种核数量较多时采用该法。宜选择保温性能好的房屋作临时催芽温室。催芽所用筐具应使用透水性能强的材料做成筐底。上种时先在筐底铺1层湿麻袋片，其上摊放4～5cm厚的银杏种核，为了保湿，种核上面再盖1层湿麻袋片，然后立即加温催芽。刚开始时温度控制在30～35℃，待少量种核出现裂口后，温度控制在25～30℃。注意保湿，不时翻动，并用多菌灵杀菌防病，一般6～15d后，种核可全部发芽。

②塑料大棚催芽：管理措施与温室催芽基本相同，不同的是早上要及时揭开草帘以充分采光增温，晚间应及时覆盖草帘保温。温度控制在25～30℃，如温度过高，超过35℃时，则要通风降温。

③塑料小拱棚温床催芽：当种核数量较少时采用该法。选地势稍高、排水良好、背风向阳的地方，挖宽100 cm、深30cm的地下温床。先在床底铺5～10cm湿沙或锯末，上盖1层草帘，草帘上铺4～5cm厚的银杏种核。为保持温度和湿度，应在种核上面再加盖1层麻袋片，然后在温床上搭一个高出地面50cm的拱形架，外用塑料薄膜封闭，管理措施与塑料大棚相同。

催芽过程中，要注意保持相对稳定的温度和湿度，当种核陆续发芽时应及时拣种，以后每隔5～7d拣种1次，防止先发芽的种核霉烂。当大部分种核发芽时，可击破种壳大头继续催芽，加快催芽速度。

恒温(25℃)和硝酸钾处理(0.1mol/L)对促进银杏种核萌发效果也很显著。以硝酸钾0.1mol/L、赤霉酸500mg/L、磷酸氢二钠0.1mol/L处理种核能显著地促进胚根生长。

南阳市林业科学研究所经试验提出，对银杏种核用0.05%浓度920、1%双氧水浸种24h后直播，能显著刺激种核发芽、促进出苗整齐、提高出苗率，这不仅减少因种核霉烂所造成的浪费，而且省时省工，从而提高银杏播种育苗的生产效率，是一种有效的银杏播种催芽新途径。

6.1.1.3　整地与做床

整地宜在秋末冬初或早春，最好是秋季深翻土地，经过冬季冻垡和土壤的进一步风化，到春季再做床。春季整地前每公顷施以90%晶体敌百虫

75～100kg，同时加入硫酸亚铁（黑矾）75～150kg（碱性土用量大），在机耕时翻入土中、耙平，或稀释成5%的水溶液喷洒床面，以毒杀地下害虫和抑制病菌的生长发育。整地时，结合深翻，施足基肥，宜施充分腐熟的有机肥7.5万～15万 kg/hm^2、复合肥1500 kg/hm^2，避免施用新鲜有机肥或未经腐熟的饼肥。同时可对酸性土壤施用石灰，对碱性土施用硫磺，以调节土壤的酸碱度。

苗床原则上为东西走向，长10～20m，宽1.2～1.5m，高度视当地的气候条件而定。少雨的北方，宜采用平床或低床（低于地面10～15cm）；而多雨的南方，一般应采用高床（高出地面10～20cm），步道宽25～30cm，圃地的周围开设排灌沟渠。

6.1.1.4 播种时期

根据各地试验，除夏季外其余各季均可播种。但由于秋播、冬播的管理时间长，所以大部分地区采用春播。播种时间，南方为3月中下旬，北方为4月上中旬；未经长时间催芽的种子，则需提前1周以上。江苏省一般在3月中旬播种；干藏后水浸催芽或催芽不彻底的种子，则提前到2月底或3月初。

6.1.1.5 播种量

播种量按每公顷年产15万～30万株计算，株行距（20～30cm），需种核（400～600粒/kg）375～600kg。近年来，江苏邳州采用高密度育苗，播量达750～1875 kg/hm^2，当年每公顷产苗30万～90万株，效果也很好。山东郯城林业局徐敏英等（2001）通过试验，发现1～3年生银杏苗密度分别为每公顷62.5万株、31.3万株和15.6万株时，优质壮苗多，产值高。研究表明，对银杏种核采取加温催芽（温度控制在30～35℃）、高密度播种（1800～2400 kg/hm^2）等技术措施进行育苗，能有效地提高苗木的保存率、产苗量和经济效益。

催芽过程中陆续发芽的种核要随拣随播，播时切除根尖2～3mm。试验证明，切断胚根的银杏苗其侧根数比对照植株的多1.39倍，侧根总长增加1.56倍，根幅扩大1.33倍，根系干重增加1.3倍（李家玉，1980）。

6.1.1.6 播种方法

银杏种核较大，播种育苗通常采用点播。播种前浇水1次，待土稍干后再开沟播种。开沟深度以2～3cm为宜。点播时，种核应南北放置，方向要一致，胚根向下，种尖横向，这样出苗率高，出苗快，幼苗粗壮。由于银杏幼芽顶土能力弱，覆土不能过厚，一般为2～3cm。北方如播种较早，以覆盖地膜或塑料拱棚，但要及时在地膜上打孔或去掉拱棚，以免烧苗。

6.1.1.7 播种苗的管理

银杏播种苗的管理是提高出苗率、产量和质量的关键。银杏幼苗怕高温、怕强烈阳光直射，需要温暖湿润的小气候。生产上应严格从该物种的生物学特性出发，加强松土除草、施肥、病虫害防治等田间管理，提高合格苗的比例。

银杏属于喜光树种，但幼苗有一定的耐荫性。适当遮荫可减少直射光的照射、缓和高温对高生长的抑制作用、促进光合强度、增加土壤含水量、降低地表温度、提高出苗率。

苗期一般施追肥3～4次，每公顷施尿素300～450kg，或磷酸二氢钾500～600kg。第一次在出叶3～4枚时，大约在5月中下旬；第二次在6月上中旬；第三次在7月下旬至8月上旬，最好将化肥溶解于水施入圃地中。在5～7月间，每月叶面喷肥1次，浓度：尿素为1%～2%，复合肥为2%～3%，但是要与土壤施肥隔开日期。

银杏出苗后，蛴螬、金针虫等地下害虫危害较为普遍，常用90%的晶体敌百虫500～800倍液在行间开沟灌注后覆土；或用1.5%乐果粉拌土，撒入行间沟中。雨后圃地积水，又遇高温，易生茎腐病，用40%的多菌灵敏800倍液，或70%的甲基托布津1000倍液在5、6月连续喷洒3次。

6.1.2 扦插苗培育

扦插育苗有利于加快苗木繁育速度，促进早实丰产和保持品种的优良特性。根据江苏昆山《昆山县志》记载，早在北宋末年即有银杏扦插容易成活的记载。1947 年，美国新泽西州的 Vermeulen 就最早开始进行银杏雄株插条繁殖的系统研究，但直到 1951 年才由 Teuscher 首次报道成功。此后各国学者先后对银杏硬枝及嫩枝扦插进行了研究。20 世纪 50 年代银杏插条繁殖技术引起国内许多人重视，至 90 年代初期这一技术在生产上得到推广应用。目前银杏的扦插育苗主要包括硬枝扦插和嫩枝扦插。

6.1.2.1　硬枝扦插

(1)采集穗条　秋末冬初落叶后采条，或于春季扦插前 5 ~7d 结合修剪、嫁接采条。用于扦插的枝条要求无病虫害、健壮、芽饱满。穗条应采自 30 年生以下母树上的 1 ~3 年生枝条。据王秋明(1986)的试验，根部萌条极易成活，成活率可达 100%；实生树枝条的扦插生根率高于嫁接树；实生树以当年生枝条生根率最高，可达 94%，扦插枝条随着年龄的增加，生根率逐渐降低，即 1 年生 >2 年生 >3 年生；同一枝条上，中部比顶部扦插成活率高。

(2)插穗剪截　将枝条剪成 15 ~20cm 长的插穗，每一插穗保证有 3 个以上的饱满芽，上切口为平口（有顶芽者不截），下切口为马耳形，剪面长 1.5 ~2cm。将插穗按部位(梢部、中部和基部)的不同，分粗细以 30 ~50 枝为 1 捆扎起来，芽的方向不能颠倒，下端要平齐。

(3)插穗处理　为了提高扦插的生根率，插穗均要进行激素处理。山东省莱州市林业局谭日升等(2000)试验认为，应用 100mg/kg ABT_1 处理插穗，可显著提高扦穗的生根率和苗木成活率。江西省都昌县林业局詹太虎等就 PRA 生根剂对银杏硬枝扦插效果进行了研究，结果表明，以 PRA_7(1∶9)浸泡 2h 成活率最高，达 91%。据中国科学院植物研究所北京植物园的试验，用吲哚丁酸(IBA)从 100 ~500mg/kg 做一组处理，结果表明，100mg/kg 浓度溶液处理生根率达 98%，根的平均长度为 3.32 cm。

(4)基质和插床准备

①基质：常用的基质有细河沙、蛭石、珍珠岩、砂壤土、砂土等。不论何种基质，在扦插前务必进行药剂消毒。

②插床：除了圆形插床外，多数情况下插床为长方形，一般长 10 ~20m，宽 1 ~1.2m。插床底部铺 10cm 厚、直径 0.5 ~1cm 的小石子或碎砖块，再填入 30 ~40cm 厚的扦插基质。插前 1 周用 0.2% ~0.5% 的高锰酸钾溶液消毒，使用药液量为 5 ~10kg/m^2，最好与0.2% ~0.5% 的甲醛液交替使用。喷药后用灭过菌的塑料薄膜封盖起来，48h 后用清水清洗 2 ~3 次，即可扦插。

(5)扦插　以春插(3 ~4 月)为主。江苏泰兴一般在 3 月中下旬，利用塑料拱棚进行春插的可适当提前。扦插时先开沟，或用扦插锥打孔，插入插穗，地面露出 1 ~2 个芽，压实基质，插穗端不能悬空。株行距为 10cm ×(20 ~30)cm。使用营养袋扦插时，需刺穿营养袋的底部，以利于根系穿出。

(6)插后管理　插后管理主要抓住以下 5 个环节：

①及时适量喷水：露地扦插，除扦插后立即灌透水 1 次外，若遇连续晴天，则要早晚各喷水 1 次，保持田间持水量60% ~80%，1 个月以后逐步减少喷水次数和喷水量。插床的灌溉设施有多种，目前全光照自动间歇喷雾装置被广泛应用于银杏扦插繁殖生产中，这种装置成本相对较低，具有经济适用、便于管理和扦插成活率高等优点(图 6-1)。

②遮荫：有条件的以塑料大棚遮荫为好，也可搭遮荫棚。

③追肥：5 ~6 月插穗生根后，用 0.1% 的尿素或 0.2% 的磷酸二氢钾液进行根外追肥，15 ~20d 1 次，也可用薄粪水(粪∶水 =1∶10)浇地。

④病虫害防治：用 0.2% 的呋喃丹兑水喷洒防治地下害虫，用敌杀死 3000 倍液防治食叶害虫。6 月起每隔 20d 喷 1 次 5% 的硫酸亚铁液，预防茎腐病。

⑤移栽：露地扦插成活的幼苗，落叶后至翌年萌芽前可直接进行移栽。用塑料大棚等保护地扦插的，移栽前(插后 70 ~80d)需进行炼苗，具体措施

图 6-1　全光照自动间歇喷雾扦插池

为：逐渐减少喷水次数和喷水量；逐渐撤去上方遮荫物，增加透光率，直至全光照；增加通风次数和强度，降低湿度。炼苗时间为 7～15d。

研究表明，除温度与湿度外，光照条件是影响扦插苗生根的另一关键外部因素。银杏插穗在温、湿条件适宜的前提下，控制光照，抑制光合作用，可减缓芽、叶萌发生长速度，改变茎营养流向，使茎营养先供应枝条基部萌发幼根，促使插穗先生根后长叶，促进苗木成活和生长。湖南省通道侗族自治县应用物理学方法进行生态控光调节，改变了常规扦插先萌叶后长根的情况，使试验插穗的生根率和成活率达 100%，当年合格苗出圃率达 90%。

6.1.2.2　嫩枝扦插

嫩枝扦插也叫绿枝扦插，大都是在保护地的条件下扦插，也叫保护地扦插。其主要技术环节包括：

(1)采穗条　嫩枝采条在 6 月下旬至 8 月上旬，半木质化 1 年生枝在 8 月中旬至 10 月采条。母树为 2～15 年生的苗木和幼树的 1 年生枝。优良实生变异类型树上的当年生枝及嫁接树上的当年生枝也可作穗条，穗条粗度一般为 0.5～1.0cm。

(2)插穗剪截与处理　将上述穗条在室内剪成长 10～15cm、含 3～4 个芽、保留 2～3 片叶，按基部、中部、梢部等部位的不同分别捆扎，每 50 枝 1 捆，下端平齐，放在 1000mg/kg 生根粉或萘乙酸溶液中速浸(10s)一下。研究表明，用 ABT_1 生根粉以 500mg/kg 药液速浸(5s)后的生根率高达 80%，以 1000mg/kg 药液速浸(5s)后的生根率只有 50%。扦插时间以 8 月初半木质化嫩枝插穗生根率为高，可达 100%，7 月枝条由于木质化程度差，生根率低，只有 50%。李亦凡(2004)以带叶嫩枝为扦插材料，蛭石为基质，采用全光照喷雾法，研究了不同激素处理、不同单株、有无顶芽等因子对银杏雄株插穗生根的影响，结果表明，以木质素酸钠(ASL)处理 100 年左右树龄的银杏 A2 单株制成的带顶芽插穗，扦插效果最好，生根率达 91.95 %。

(3)扦插　一般采用直插，扦插深度为 5cm 左右。插后压实基质，并浇灌透水 1 次。插穗株行距为 5～10cm。为了保证苗床有较高的相对湿度，苗床用塑料小拱棚覆盖，拱棚上方搭遮荫棚，透光率保持在 30% 左右。

(4)插后管理　扦插后要求基质的含水量保持在 75% 左右，空气湿度保持在 80% 以上，以棚顶塑料薄膜上积聚较多小水珠且水珠不掉落之状态为宜。根据天气情况，每天喷水数次，结合喷水，揭开塑料膜，使棚内通风透气，遇高温天气，中午要喷水 1～2 次以降温保湿。及时防病治虫。一般情况下，插后 25d 左右即可生根，1 个月左右可进行炼苗。炼苗期间控制喷水次数和喷水量，增加通风次数和强度，逐步揭掉塑料薄膜。由于嫩枝扦插当年地上部分生长缓慢，抗性弱，不提倡当年移栽，到翌年春季移栽为好。为提高银杏扦插苗移栽成活率，河北农业大学任士福等(1999)采用缩小株距扩大行距的方法，其株行距为 10cm×40cm，每公顷 24.9 万株，扦插深度 10～15cm，当年移栽成活率由常规移栽的 50% 提高到 98%，3 年生成苗存活率由 30%～40% 提高到 95%。

6.1.3　嫁接苗培育

嫁接苗能保持母株的优良性状。嫁接育苗是银杏的主要育苗方法之一。明代邝潘的《便明图纂》中即有“以生子树枝接之，则实茂”的记载。说明中国自古以来对银杏树的嫁接技术早有认识和实践。

自20世纪70年代末期，对于银杏接穗和砧木的年龄、嫁接方法和嫁接时期等，各地银杏产区都进行了大量的试验研究。自80年代初期，南京林业大学即在江苏泰兴、邳州等地开始建立优良品种采穗圃和种质资源保存圃，对银杏优良品种的选育和推广工作，奠定了良好的基础。

图6-2 采用劈接方法嫁接的银杏

目前，银杏的嫁接方法很多，如劈接(图6-2)、切接、髓心形成层腹接、腹切接、合接、荞麦壳式皮下接、插皮接、插皮舌接、嵌芽接、丁字形芽接等均有较高的成活率。嫁接方式有层接、劈头接、双砧接、芽苗砧接和双芽苗砧接等。

银杏嫁接的时间以春季为主，目前，各地已逐步做到四季均可嫁接。嫁接时间与嫁接方法密切相关。春季嫁接，江苏泰兴多用荞麦壳式皮下接和插皮舌接。江苏吴县多用切接。山东郯城与江苏邳州等地多用插皮接、插皮舌接、双舌接、劈接、切接和嵌芽接。在夏秋季嫁接时，据江苏新沂的试验，用2年生当年移植苗，在6月上旬至7月中旬，用绿枝单芽劈接成活率可达91%，1年生当年移植苗成活率72%(庄振焕，1987)。李家玉在广西桂林地区的试验认为，在9月上旬至10月中下旬用单芽腹切接、单芽髓心形成层腹接，效果良好。如接穗为顶芽则用切接，砧木以1~2年，成活率最高。门秀元在山东郯城的试验认为，在8月下旬至9月中旬用腹切接最好，可用2~3年砧木。在冬季嫁接时，一般在室内进行。卢秀姣的试验(1986)用2~3年生砧木，1~4年生接穗，室内劈接、切接和合接成活率达87.5%以上，以劈接效果最好，成活率达100%。徐庆春(1989)在山东郯城的试验，室内劈接和双舌接的效果最好。湖北大悟县夏店水土保持工作站的试验(1989)，室内嫁接以劈接成活率最高。

春季嫁接的时间，一般自3月中旬至4月上中旬，最晚可延至4月下旬。但江苏邳州的经验证明，春季嫁接应根据砧木离皮情况确定嫁接时期。砧木未离皮时可用劈接和切接。砧木离皮之后可用插皮接。砧木和接穗均离皮后可用插皮舌接、短枝方块套芽接、丁字型芽接等。山东郯城县春季嫁接普遍采用插皮舌接或双舌接。李家玉(1985)认为，春季用切接或劈接法，在1~2年生小砧木上进行单芽枝接，方法简单、成活率高。刘洪谔(1988)的试验，劈接、切接适用于1~2年生砧木，合接、腹接、插皮接适用于3~4年生砧木。广西植物研究所于1984年曾进行过银杏的双砧嫁接试验，浙江、广西、山东、天津等地也曾试验过用单芽劈接法进行双芽苗砧嫁接，均取得了一定的成功。

20世纪60年代之前，江苏泰兴、吴县一带多用长穗大砧嫁接，砧木干粗要求6~10cm，接穗用2~3年枝条，穗长16~20cm，带3~6芽，接后7~8年即可进入开花结实阶段。为节约材料，目前各地银杏产区已逐步改为短穗小砧嫁接，即用2龄砧木，1~2年生接穗，以插皮接、插皮舌接、荞麦壳式皮下接芽方法，一砧接2~4个接穗，接穗长6cm，带芽2~3个，嫁接后4~5年可进入开花结实阶段，极符合于早期丰产密植园的需要。广西桂林地区进一步采用单芽小砧嫁接(砧龄1年，接穗用单芽，长仅2~2.5cm)也取得较好效果。

由于银杏系果、材、叶、观赏绿化和林农间作的优良树种，因此，群众对银杏的嫁接部位和留干高度十分重视。如山东省郯城县以生产种子为主的银杏树，留干高度多在2m左右，材果兼用的银杏树则放任主干无限生长。江苏邳州农林间作的银杏树要求主干不低于2～2.5m。各地城乡道路所栽的银杏行道树要求主干不低于3m，而早实丰产密植园则要求主干高度为60～100cm，但也有主干在40cm以下者。反之，应根据栽培目的确定嫁接部位和留干高度，以避免造成不应有的损失。

银杏苗的嫁接，无论采用哪种嫁接方法，在嫁接之后，对于嫁接部位应注意加强保护。露天嫁接一般采用套塑料袋的方法。但塑料袋易引起高温高湿通气不良，影响接后成活。江苏邳州等地采用塑料套袋内加贴吸水纸的办法取得很好的效果。嫁接后应及时除去接芽之下的萌蘖，保证水分和养分对接芽的集中供应。嫁接后应视接芽成活和生长状况及时松绑。大砧嫁接后的接芽生长较慢，松绑宜晚，小砧嫁接后的接芽生长较快，松绑宜早。江苏泰兴荞麦壳式的皮下嫁接，则需愈合组织全面覆盖砧木断面时才宜于松绑，时间约为8月下旬。短枝方块套芽接10d即可松绑，预防大风吹折接穗。江苏省邳州市在劈接或切接的同时，在接穗与砧木间用短绳套牢。大砧嫁接在新芽长达15～20cm时应架设支柱或扶竿。

6.1.4 根蘖育苗

利用银杏根蘖繁育苗木的方法是中国民间长期以来应用的一种最简便、最节约的方法。它不仅可以确定栽植苗木的性别，而且可以保证品种的纯正。根据调查，中国各地寺院中的雌雄双株古老银杏，大部分是利用这一方法繁殖栽培起来的。

银杏具有很强的根蘖萌发能力。只要银杏的地上部分受到强烈的抑制，如切除大枝、嫁接换头、树体受伤、砍伐后的根桩等，均能在根际部分产生大量萌蘖。根据调查，在银杏壮年树上所发生的根蘖最强最旺，如不切除，则可形成银杏幼树，如山东曲阜孔庙中诗礼堂前的两株银杏，由于树体受伤所发生的根蘖，大小高矮错落有致，形成了较好的园林景观。

凡由根蘖繁殖的银杏苗木，较之播种繁殖的苗木，一般来说进入开花结实的时间可以提前。如江苏泰兴县宣堡乡农业科技推广站，1976年栽植了44株银杏根蘖苗，第5年(1980年)即有3株现花。广西兴安县高尚乡西岸桥北侧根蘖繁殖的银杏10年即开花结果，12年时产白果10kg。灵川县海洋乡根蘖繁殖的6年银杏也开花结果。实践证明，用根蘖繁殖的银杏苗木，有利于早期丰产。

银杏根蘖繁殖苗的培育通常有两种方法：一是利用大树发生的根蘖；二是在银杏大树周围挖沟断根促发新蘖，然后移栽。为了保证根蘖苗的顺利成活，江苏吴县的做法是，于移栽前一年的夏季(8月)先在蘖苗基部进行环剥，环剥的宽度为0.5～1cm，在环剥处培土促发新根，翌年春季从母株切离进行移栽。山东郯城的经验认为：在切离根蘖时，如在根蘖苗基部能带上一块根皮，则更有利于根蘖苗的成活和旺盛生长。

6.1.5 压条繁殖育苗

根据调查，在浙江长兴、广西桂林等地曾采用过高空压条法繁殖银杏小苗。即在银杏树上选用2～3年生长枝，于早春树液流动之后，在枝条基部进行半环状剥皮，剥皮宽度约1cm，然后在剥皮处用黄泥和青苔包起，1年后切离移栽。但此法费工费时，目前生产上已基本停止使用。

6.1.6 银杏组织培养

植物组织培养是将植物的器官、组织、细胞及原生质体等多种离体生活的有机体部分，在适宜的人工培养基和无菌条件下，进行培养，使其机体增殖(产生愈伤组织)，并逐步分化出器官(芽、根)，最终形成完整小植株的过程(图6-3)。由于植物组织培养繁殖周期短，繁殖速率高，因此具有广阔的应用前景。例如，一个优良单株或芽变，用常规方法只能达到每年十几倍到百倍的繁殖速度，用试管进行组织培养繁殖则可达数万倍，大大加快了良种的繁殖和推广速度。银杏组织培养从20世纪20年代即有人开始研究，根据外植体的来源和培养目的的不同，银杏的组织培养大致有器官培养、花粉培养及体细胞胚发生等。

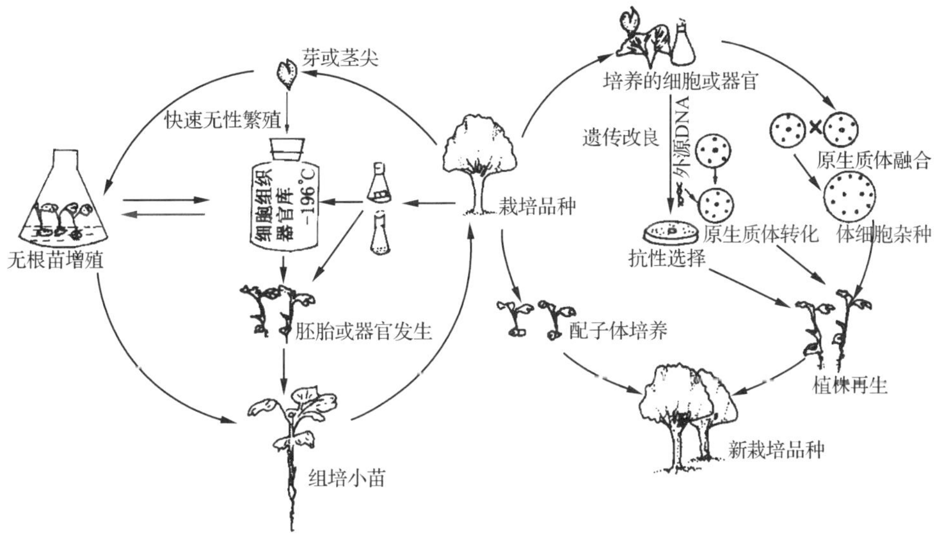

图6-3 银杏组织培养过程

6.1.6.1 器官培养

银杏的器官培养是指以银杏植物体的一部分(营养器官或生殖器官),例如根、茎段、叶、花、种实等作为外植体进行无菌培养。

(1)外植体的选取及消毒、接种、培养 目前,用以快速繁殖为目的银杏器官培养报道很多,其外植体主要选用茎段和种子胚,培养基的选取范围相当广,各种常用的培养基均有培养成功的报道。

进行银杏组织培养时,要对外植体表面灭菌。对茎段培养,可将幼嫩枝梢剪去叶片,流水冲洗12h,用滤纸吸干,在75%酒精中浸泡15s,然后用0.1%多菌灵或10%漂白粉灭菌8~10min,用无菌水冲洗2次后,再用0.1%氯化汞灭菌8~10min,无菌水冲洗4~5次。在无菌条件下切成0.8cm左右的茎段,每茎段都带有1个节,节下的茎比节上的要长(两段长度比为2:1),每个试管中接种1个茎段。用种子胚或胚乳为外植体时,可将银杏种子去外种皮后阴干,剥去骨质中种皮后,依次用75%的酒精灭菌约30s和0.1% $HgCl_2$ 灭菌8~10min,无菌水冲洗4~5次,然后用无菌的滤纸吸去材料表面的水分,在无菌条件下取出材料,接种在培养基上。培养条件为:光照强度2000lx,光照时间为12h/d,温度为26.5~27℃。

(2)常用培养基及关键技术 罗紫娟(1984)以银杏雌雄株上当年抽出的幼嫩茎梢的茎段为外植体,用改良的White+BA(0.5~1.0mg/L)+NAA(0.5 mg/L)+NH_4Cl(5.34 mg/L)和 N_6+2,4-D(3.0 mg/L)+BA(1.0 mg/L)+NAA(1.0 mg/L)两种培养基进行培养,3d后产生愈伤组织,同时腋芽开始生长。腋芽生长有两类,一类是簇生芽,另一类芽伸长很快,该无菌枝条可切成带1个节的茎段进行继代培养。3周后,N_6 培养基上的茎段在形态学下端愈伤组织处长根,形成完整植株。White培养基上诱导出芽率为83.12%,并能诱导生根。

王洪善等(1997)以4个优良无性系的嫩茎为外植体,以附加生长素的WH、WPM、MS、N_6 和0号(只含蔗糖和琼脂)5种培养基进行离体培养,使外植体产生愈伤组织,分化诱导产生丛生芽和不定根,获得完整植株。其中,不同外植体腋芽的萌动率差异较大,N_6 培养基萌动期最早,萌动率最高,且诱导愈伤组织能力最强。愈伤组织分化产生不定芽以 N_6+BA(0.8~1.0 mg/L)+NAA(0.8~1.0 mg/L)效果最好。无根苗在只有生长素的培养基上,无论其浓度高低均不生根。当生长素浓度适宜,附加一定量的细胞分裂素时,不定芽才能生根。这一点与其他报道不一致,可能是其外植体较为特殊的原因。不定根的诱导以 N_6+BA(0.05 mg/

L) + NAA(0.7 ~ 1.0 mg/L)培养基的诱导率最高，可达58.8% ~66.7%。

郝平岗等(2000)以40多年生的银杏雌雄株上当年生幼嫩枝条为外植体，以MS、改良MS(NH_4NO_3含量减半)、DCR为基本培养基，配以NAA、ZT、CH(水解酪蛋白)、Ade(腺嘌呤)等组成21种诱导顶芽和腋芽生长发育的培养基，以ABT(生根粉)、IBA、NAA等组成6种生根培养基进行培养。发现基本培养基的成分和含量对器官分化的影响很大，在改良MS培养基上腋芽萌动率和成苗率最高，降低培养基中的NH_4NO_3含量有利于银杏茎段腋芽的生长发育。Ade、NAA和ZT均促进腋芽愈伤化，抑制其萌动成苗，CH则可使腋芽萌动率普遍提高。生根试验中，只有MS + NAA(0.1 mg/L)的培养基中有根形成，生根率为33.3%。

以种子胚为外植体的组织培养中，罗紫娟(1984)将种子胚剪成2 ~3段，在White +2，4 - D (5 mg/L) + NH_4Cl (5.34 ~ 53.49 mg/L) + LH (200 ~400 mg/L)培养基上培养，10 ~15d后在胚轴的伤口上形成芽；转移到附加0.05%活性炭的上述培养基上，6 ~10d后生根，形成完整植株。在以非还原氮为惟一的氮源(NO_3^-)的White培养基中适当增加NH_4Cl与LH(水解乳蛋白)，明显促进芽的形成，但高浓度的铵离子(NH_4^+)具有抑制离体细胞生长的效应。陈耀华等(1988)以White +2，4 - D + NH_4NO_3均有促进银杏胚完成后熟的作用，且胚成苗率较高，达66%。

罗言云等(1999)以成熟胚离体培养形成的无菌幼苗为外植体，发现茎段在1/2MS培养基上其腋芽的分化效果最好，培养3 ~5d腋芽即开始萌动，但在没有多效唑的1/2MS培养基上茎段腋芽则不能萌发。培养7 ~10d，嫩枝切口部位开始形成愈伤组织，50d后愈伤组织长根，80d后根可达1 ~2cm长。在生根培养中，1/2MS培养基上分化根最快，40d即可发根；但根的分化以White + 根多壮2号(50%吲萘粉剂)培养基最好，生根率为90.3%。

综合以上研究可以看出，培养效果较好的培养基有White、N_6、1/2MS及改良MS(NH_4NO_3含量减半)，其共同特征是离子强度较低。植物生长调节物质以BA、NAA及激动素(KT)最为有效，其中NAA对外植体的分化影响最大。2，4 - D、LH和NH_4^+能促进银杏胚完成后熟作用，LH、CH有利于外植体萌动和分化，低浓度生长素及活性炭的存在有利于生根。

(3)器官培养过程中的褐变及预防　褐变是指在离体培养过程中，当培养物生长状态不良，培养条件恶化或细胞受到损伤、感染、辐射等作用后，其多酚化合物在多酚氧化酶的作用下发生氧化，组织逐渐变成褐色或黑色，最后培养物死亡。防止褐变是银杏组织培养中的一大难题。常用的防褐变方法有：添加抗氧化剂、调整培养基及改变培养环境等。

常用的抗氧化剂有抗坏血酸(Vc)、植酸(PA)、聚乙烯吡咯烷酮(PVP)等。但是，基本培养基种类及外源激素对附加抗氧化剂控制褐变能力影响很大。抗坏血酸在White培养基中具有控制褐变的功效，但培养物生长慢，效果不及在MS培养基中显著。细胞分裂素BA或KT有刺激多酚氧化酶活性提高的作用。以MS为基本培养基，用ZT代替BA，即在MS + NAA(2mg/L) + ZT(2mg/L) + Vc(5 mg/L)上培养的银杏材料(茎段、种子胚)生长正常，没有褐变。0.1%和0.05%的PA可以促进银杏愈伤组织生长，控制褐变，但PA附加在White中远不如在MS培养基中效果好，不同激素组合也影响PA效果的充分发挥，其中以BA与NAA配合效果最好。用2，4 - D代替NAA或用KT代替BA效果均较差。此外，一些天然有机物也有防褐变功能。

6.1.6.2 花粉培养

在离体条件下，花粉的发育常常离开在体内时的正常轨道(发育为成熟的生殖细胞)，而通过分裂增殖，形成愈伤组织或最终形成胚。

(1)花粉发育时期检查　根据培养目的，为提高花粉培养效果，选择合适的花粉发育期很重要。一般四分体以后，花粉细胞发育进入单核时期比较容易分裂增殖。培养前，可在显微镜下进行花粉发育期的检查。

(2)接种花粉的消毒 取成熟但还没有开裂的银杏花粉囊作为外植体，将其浸入75%酒精中消毒20s，再放入1.5%次氯酸钠溶液中消毒30s，用无菌水冲洗3次后用无菌纸吸干即可接种。每年可用于实验研究的新鲜银杏花粉只有7～10d时间。因此，可将花粉囊进行表面消毒后贮藏于铝质小杯内，再放入4℃的微型干燥器内，供全年使用。贮藏2年后的花粉仍能保持35%～40%的生活力。

(3)培养条件 培养基可选择改进的White培养基、Tulecke(1960)培养基等，植物生长调节剂用IAA或NAA，浓度为0.2～1.0 mg/L。培养室的温度要求在24～25℃之间，每天光照12～14h，光照强度为2000lx。

(4)主要培养基及关键技术 最早的银杏花粉的组织培养是用添加马铃薯汁的White培养基，于1951年5月进行，随后观察有花粉组织的生长。在花粉的培养中还观察到有精子细胞的形成(Tulecke，1957)。管细胞核通常分裂形成有隔膜的花粉管细胞或者含有20～40个核的多核配子体管细胞。不活动的原叶细胞和分裂相对不频繁的生殖细胞表明这一组织是由管细胞分裂来的。

离体花粉较植物活体内花粉发育表现出更强的多态性，其发育可分为3个明显的阶段：管细胞的扩散生长；顶端生长(可能伴随着分枝)；配子体的径向膨胀。蔗糖浓度强烈影响花粉组织的形态发育，高浓度蔗糖抑制配子体的顶端生长及分枝，低浓度蔗糖有助于其表现出与活体内相似的发育模式。

银杏花粉诱导的组织在液体培养基中生长良好。在7～10L连续培养体系中培养，当其处于最大生长速率时，培养3周时就可获得80g FW/L的组织。

银杏花粉培养于含有微量元素硼及不含硼的培养基上，培养物在没有硼的培养基上停止了生长。硼的含量少于1mg/L(0.1～0.005 mg/L)时，细胞壁上的碳水化合物减少。紫外线抑制花粉组织生长，蓝光可解除这种抑制，在白色荧光灯下组织的生长较在黑暗或白炽灯下减少40%。

6.1.6.3 体细胞胚发生培养

银杏雌配子体组织可诱导出胚。胚诱导率最高的外植体是受粉后8～10周的胚珠，其产生胚的分生组织活动出现于雌配子体的顶端和边缘细胞，但这样培养出来的胚不能完全发育形成植株。其他试图用叶或合子胚诱导胚的实验仅诱导出了愈伤组织或绿色瘤。

用Murashige和Tucker培养基，只用BA一种生长调节剂，可将处于球形、鱼雷形、早期子叶形不成熟的胚(1～3mm)诱导形成可产生胚的愈伤组织，并在子叶上形成胚，诱导胚的比例很高(90%～95%)，每一外植体可诱导出9个以上体细胞胚。

在银杏体细胞胚培养的研究中发现，通气不良抑制胚的生长，促进愈伤组织形成；赤霉素(GA)即便在浓度很低时也抑制生长，KT抑制生根。胚对营养的吸收是通过子叶完成的。Radforth用含酵母提取液的培养基培养银杏雌配子体，在其颈卵器中长出了非常小的胚。切取同样大小的胚(1.0～1.6mm)进行椰子汁、水解酪蛋白(CH)、谷氨酸盐促进生长，5－腺苷、蜂王浆、2，4－D对其生长无影响，天冬酰胺抑制生长。选取处于单核发育阶段的花粉，在适宜的细胞浓度和合适的培养基条件下，可培育出雄性发育胚。在一些培养过程中，电刺激有利于胚的形成。银杏体细胞胚发生技术目前主要处于试验研究阶段，达到实际生产应用水平还需要进一步探索。

6.1.6.4 试管苗移栽

将银杏试管苗于生根培养基中培养2～4周，可获得健壮而发达的根系。将银杏试管小苗从一个无菌、光照恒定、湿度饱和的培养条件下，直接转移到一个有菌、环境条件不稳定的条件下，往往不易成活。为提高移栽后试管苗的成活率，必须缩小自然环境与试管环境之间的差距，尽可能地创造适宜于试管苗生存的环境，提高移苗的成活率。为此，要做到以下几点：

(1)洗净残留在试管苗上的培养基 移苗时，将带有短根或突起根原基的试管苗，轻轻从培养基中取出，用自来水冲洗掉残留在苗端的培养基，以减少种植后微生物孳长的可能。

(2)保持一定的空气湿度 在培养瓶中的小

苗，因湿度大，茎叶表面防止水分散失的角质层几乎全无，小苗根系又不发达，所以，种植后往往很难保持水分平衡，非常容易干枯。为此，移栽后必须用透明塑料薄膜覆盖或用间歇喷雾的方法，来提高周围空气湿度，以减少叶面的蒸腾。

(3)为根系创造良好的通气条件　种植用的介质要疏松通气，保水性好。常用的介质有蛭石、珍珠岩、谷壳、锯木屑、炉灰渣等，或将它们以一定的比例混合应用。

(4)减少病虫害的感染　移栽时尽量少伤苗和伤根，否则易造成死苗。种植用的介质应预先高温高压灭菌，或者用福尔马林熏蒸消毒，即将浓度为5%的福尔马林或0.3%硫酸铜稀释液泼浇于介质，然后用塑料薄膜覆盖1周后揭开，再翻动土，让其溶液挥发掉。

试管小苗用0.1%代森锌、多菌灵、百菌清等杀菌剂浸根，可提高移苗成活率。

(5)加强管理，锻炼小苗　移栽后的温度高低，对成活率影响很大，最适宜的温度为18～20℃，温度高于25℃，成活率显著下降。移苗初期可浇灌水或低浓度的营养液，过高的土壤溶液浓度会产生生理干旱。浇灌时，要防止浇过多的水而造成烂根。出瓶后的小苗，要靠自养生存，为此光照不能太弱，但也不宜过强，强光照易引起小苗水分平衡失调。总之移栽初期要精心管理，保持高湿度，避免阳光直射和过高温度。经过一段时期(4～6周)锻炼后，小苗即可转入正常的管理。

6.2 银杏经营类型及配套技术

6.2.1 核用园栽培技术

银杏核用园是以收获银杏种核为经营目的的银杏园。实现银杏核用园早实、丰产、优质、稳产，在单位面积土地上获得最高的经济效益是银杏核用园经营者的愿望，也是科技工作者研究的目的所在。一般来说，采用银杏实生苗进行造林，银杏树需15年左右的时间才能开花结实，但如果采取先进的造林技术措施，则能实现银杏核用园3年始实、7年丰产，使银杏核用园达到早出效益、出高效益的目标。目前银杏核用丰产园主要分为矮干密植丰产园和乔干稀植丰产园两种。

6.2.1.1 矮干密植早实丰产园的营造与管理

矮干密植早实丰产园主要开始于20世纪80年代，最早由山东省郯城县科学技术委员会和林业局于1979～1993年首先试验成功(图6-4和图6-5)。

图6-4　银杏矮干密植早实丰产园

此后，广西桂林、江苏邳州、浙江临安、湖北安陆、四川安县、河南西峡等银杏产区相继建园试验，都取得了可喜的成绩和丰富的经验。如广西桂林林业科学研究所银杏早实示范园于1988年定植，由于采取了有效的栽培管理技术，1991年有部分植株已开始结实，1994年挂实率达60%，1995年进入盛产期。银杏矮干密植早实丰产园的经营技术主要包括：

(1)园址选择　银杏的适应能力虽然很强，但为使银杏用园建立后能达到早实、丰产、优质、稳产的目的，在选择造林地时应注意以下几点：一是地势空旷，光照充沛；二是土层深厚，质地疏松，排水良好；三是地下水位低于2.0～2.5m；四是≥10℃的年活动积温在4000～6500℃，无霜期195～300d，年降水量600～1200mm；五是土壤pH值在6.5～7.5之间。值得一提的是，目前银杏的主要产区虽集中在平原地区，但对于土层深厚肥沃，雨量充沛的山地和丘陵，也很适于银杏核用园的栽植。在平原地区进行银杏栽植时，及时排水、防止

图6-5 银杏矮干密植早实丰产园

积水是一项关键的技术措施。

(2)良种壮苗 选育良种壮苗是实现银杏核用园栽培目标的前提。因为良种壮苗具备较强的生理机能、较优质的品质和较强的抗逆性，因而也具备了早实、丰产、优质的潜在能力。

良种即优良品种，是指遗传品质和播种品质两个方面都优良的种核。首先，优良品种所具备的遗传特性应该符合生产的要求，如早实、丰产、抗逆性强、品质好、耐贮藏等。其次，种核应该是优良种核，即种核本身具有良好的播种品质，如纯净一致、粒大饱满、无病虫害、具有旺盛的生活力，在适宜的条件下生活力强、发芽率高、长成的幼苗整齐一致等。实践证明，不同品种开花结实时间的早晚也有差异，如广西桂林林业科学研究所的研究结果表明，不同银杏品种之间开始结实的时间差异达到了极显著水平。

不同银杏类型其种核大小、形状、品质差异很大。陈鹏等(1999)的测定分析结果表明，不同品质类型间的种核三维度，即长宽比、长厚比、宽厚比均呈显著或极显著差异，但其株间变异较小；种仁中氢氰酸含量与种核的宽厚比呈极显著正相关；而不同品质类型间的单核重及种仁中与品质相关的干物质(如淀粉、粗蛋白及可溶性糖)含量差异不显著，但其株间变异较大，最大变异系数达到24.79%。银杏在长期栽培实践中，各地以种核产量、种核外部品质和种核内部品质等为评价指标，筛选出一些优良的栽培品种，如家佛指、洞庭皇、大金坠等，但一些专用的矮化品种尚未形成，目前的一些矮化密植园主要依靠密植来提高单位面积的产量。对树体的矮化技术主要通过苗木的矮化嫁接来实现。

银杏矮化密植园的苗木通常选用2~3年生实生苗作砧木，要求根系发达、健全，根颈粗度1.5cm以上，干高80cm以上。尽可能用嫁接后培养1年的嫁接苗，或提早1年定植砧木苗。如果限于条件，必须随嫁接随栽植，除了定植苗木数外，还要保留一部分嫁接苗，另地培养，供补植用。早期的矮化嫁接苗，嫁接高度大都在0.4~0.5m，但是从实践的结果来看，0.7~1.0m为宜。接穗为1~2年生枝，嫁接后结实稍晚，但树势旺；接穗为3年生以上的枝条，嫁接后结实稍早，但树势较弱。

(3)合理密植 幼龄银杏嫁接树枝条生长量较大，特别是水肥充足的情况下，密植以后，4~6年，郁闭度达到0.9~1.0，刚开始结实1~2年，即因园内光照不足，结果部位外移，产量不但不能大幅度上升，有的甚至出现产量下降。早期一些矮植园采用3m×2m、2m×2m、2m×1m的株行距

(密度在1500株/hm^2)以上，实践证明，这种高密度并不能达到持续高产的目的。根据银杏的生长特性，考虑到目前尚没有特别优良的矮化品种，银杏矮化密植园较为适宜的初植密度应保持在每公顷1000株以内，常用的株行距为4m×3m或5m×3m，在挂果后逐渐间移成6m×4m或6m×5m的株行距。

(4)高效栽培

①细致整地：栽植前的细致整地是必不可少的重要栽培管理措施。实践证明，整地有利于改善林地的立地条件，有利于保持水土，便于造林施工和提高造林质量，还有利于提高造林成活率，促进幼林生长。

在整地前，要全面规划，特别是排灌设施的规划，确保多余的水分能及时排除。在有条件的情况下，还要保证在干旱季节能进行灌溉。在条件许可的情况下，银杏成片造林应实行全面整地的方式。整地前，全面撒施腐熟的厩肥，与土壤混匀。整地后，按预定的株行距挖栽植穴。银杏核用园苗木的栽植穴要求有较高的规格，长×宽×高应不小于60cm×60cm×60cm，大规格苗木还应增加栽植穴的规格，每穴施足基肥并与土壤混合均匀。

②科学栽植：银杏核用园一般采用嫁接苗作为造林材料。以嫁接苗作为造林材料有以下两个优点：一是能保持母本的优良性状；二是可以提早开花结果。有些地区也采取先定植实生苗，后嫁接的方法。

苗木成活的关键在于保持苗木的体内水分平衡。栽植前，对根系进行适当的修剪，剪除受伤的根系、发育不正常的偏根并短截过长的主根和侧根，使苗木栽植后能迅速恢复根的吸水功能，也便于包装、运输和栽植。修根要适当，不要过长，也可不必修剪。银杏苗木从苗圃起苗后，在分级、处理、包装、运输、造林地假植和栽植取苗等工序中，必须加强保护，以减少失水变干，防止茎、叶、芽的折断和脱落，避免运输途中发热变霉。银杏虽然生活力很强，但失水过多也会影响生长，甚至死亡，所以，要尽量缩短从起苗到栽植的时间。

栽植时，按根的垂直深度，回填一部分土壤，栽植深度视栽植情况而定。在土壤湿润的地方，应尽量浅栽，根颈稍高于地面，只要不使根系裸露就行；在干旱的地方，可适当深栽。要注意使侧根分层舒展开，舒展一层紧压一层土壤，避免伤根。栽植后，浇透水1次。

(5)集约管理　银杏幼林抚育管理的任务包括3个方面的内容：一是通过土壤管理创造较为优越的环境；二是进行林木控制，使之生长旺盛、迅速，并形成良好的树形；三是保护幼林，使其免遭恶劣自然环境条件的危害和人为因素的破坏。

①除草松土：银杏幼林松土除草的作用在于疏松表层土壤，减少水分物理蒸发；改善土壤的保水性、透水性和通气性；促进土壤微生物活动，加速有机质分解；减少其他植物与苗木、幼树在水分和养分上的竞争。每年中耕结合除草4~5次，采用全面松土除草的方式。松土除草的深度应根据幼林生长情况和土壤条件确定。建园初期，苗木根系分布浅，松土不宜太深，随幼林树年龄增大，可逐步加深；土壤质地黏重、表皮板结或幼林长期失管，可适当深松；特别干旱的地方，可深松。总之，松土可遵循以下原则：里浅外深；树小浅松，树大深松；砂土浅松，黏土深松；土湿浅松，土干深松。一般松土除草的深度为5~15cm，加深可增大到20~30cm。

②肥水管理：施肥是改善银杏核用园营养和增加土壤肥力的措施，灌溉则是人为补充林地土壤水分的措施。施肥灌溉，对提高银杏造林成活率和保存率，提早进入郁闭，加速林分生长，实现早实、丰产、优质、稳产，具有重要的现实意义。

江苏省邳州市通过大量施肥试验，对银杏总结出“两长一养”的施肥要领，即长叶肥、长果(结实)肥和养体肥。广西壮族自治区灵川县提出了“369”施肥法，即在每年农历的3月、6月、9月分3次施肥。两法的施肥时间和目的要求基本相同。长叶肥和结实肥为追肥，南方习惯用人粪尿，北方习惯用化肥。养体肥为基肥，南北方都用优质的有机肥料。长叶肥多在早春3月，即谷雨前后施。如为小年，则在谷雨前1个月施用，可提高坐实率；如为大年，则在谷雨后半个月施，可适当减少挂实量，目的在于促进银杏浅层根系的营养吸收，以提高当年枝叶和根系的生长量。确定合理施肥的依据为前一年的种核产量，多产多施，少产少施。结实肥多在7月以前施，以速效肥料为好，目的在于促进银杏种实的良好发育，增强树势，减少落实，并促进花芽分化。养体肥多施于9月以后，最好在采实之后施用，目的是加强树体营养，为翌年的丰产奠定良好的基础。肥料以腐熟的有机肥为主，适当混合一定量的过磷酸钙。施肥量可按当年种核产量的4倍确定。

如树势衰弱，挂实量过多，或立地条件不良，则应于银杏生长活动盛期(5～8月)，根据具体情况进行根外追肥，前期以氮肥为主，后期以P、K肥为主，每月1～2次，均能收到良好的增产效果。肥料一般用0.3%的尿素溶液、腐熟的人粪尿加水30倍、0.3%的磷酸二氢钾溶液和银杏叶面增产素。

除施N、P、K肥外，稀土和黄腐酸叶面肥对银杏的生长和结实也能起到促进作用。谢寅峰等(2000)的研究结果表明，50mg/kg和100 mg/kg浓度的稀土喷施叶面后，分别使新梢长度增加了25.22%和20.48%，叶片中黄酮含量增加了20%和22.4%，新梢直径增加了13.34%和5.86%，根系干重增加了22.44%和24.02%。但400 mg/kg浓度的稀土会抑制银杏苗高生长。

喷施黄腐酸叶面肥，对促进银杏生长和提高种核产量有显著的影响。喷施黄腐酸叶面肥后，银杏嫁接苗幼苗生长量可提高12.25%～25.69%，初实树主枝增长可提高8.54%～24.42%；种核单粒重增加0.025～0.295g，出核率提高0.3～2.06个百分点，1～2级种核率增加1.56%～18.6%，单株产量提高40%左右。喷施浓度以50mg/kg为好，喷施时间以银杏营养和生殖生长旺盛期的5～6月为佳(李庆康，1997)。

生长调节剂对促进银杏结实也能产生显著的影响。王建等(2001)在盛花期对银杏雌株叶面喷施多效唑、B_9、GA_3、GA_3+6-BA。结果表明，多效唑和B_9能够明显提高坐实率，有效增加来年成花数量；GA_3和GA_3+6-BA对坐实率没有明显影响，但能提高种核重量。

在银杏核用园中还应注意水分管理，在干旱情况下要及时灌溉，在水分过多时，应及时排水。无论是灌溉，还是天然降水，都要确保核用园不能积水，特别是不能长时间积水，否则，将会造成银杏提前落叶，严重影响银杏的生长，甚至死亡。

③间作：银杏核用园中实行间作是核用园经营管理的一项行之有效的措施(图6-6和图6-7)。但在矮化密植园中，间作不是主要目的，只是为了防止地面裸露，杂草丛生，与幼树争肥争水，影响银杏生长。间作的作物除粮食作物外，还有经济作物、绿肥作物、蔬菜、药用植物等。间作过程中，要注意保护幼树，避免损伤，做到以树为主，以间

图6-6 江苏省泰兴市核用银杏和小麦间作园

图6-7 江苏省泰兴市核用银杏和桑树作园

作作物为辅。由于矮化密植园株行距小，间作空地有限，操作不便，因此一般只间种1~2年。

④整形修剪：整形是指经济树木生长前期，通过整枝修剪，使枝干构成一定的合理树形，为丰产稳产奠定良好的基础。修剪是在整形的基础上，逐年修剪枝条，调节生长枝与结实枝的关系，以保证均衡协调，达到连年丰产稳产。整形修剪具有以下作用：一是可以使树体结构合理，充分利用空间，更有效地进行光合作用；二是培养良好的树冠，改善通风透光条件；三是调节养分和水分的转运分配，防止结实部位外移；四是使幼树提早结实，大树丰产稳产；五是推迟衰老期，减少病虫害。

①银杏树的丰产树形：银杏的树形要根据栽培目的来确定，栽培目的不同，定干高度和嫁接方法亦不同，最后形成的树形有较大的差异。一般来说，以结实为目的银杏大多采用矮干、无中心主干的开心形；以核材两用为目的的银杏大多采用主干分层形、自然圆锥形和有主干无层形等高干树形（钱炳炎，1998）（图6-8）。

I. 主干分层形：这种树形有明显的中心主干，主枝在主干上分层排列。银杏实生苗定植以后，先任其自然生长，使之形成良好通直的树干，达到一定高度以后，在适当的部位选留5~7个主枝，分层排列于主干上，然后在选定的主枝上嫁接优良品种。主干上主枝的排列一般分为3~4层。第1层留3个主枝，第2层留2个主枝，第3层和第4层各留1个主枝。层间距离下大上小，1~2层间间距为1.3m左右，2~3层间间距为1.0m左右，3~4层间间距为0.8m左右。在嫁接之前，将主枝距树干30cm左右处锯断，嫁接优良品种。也可以在上一年将主枝锯断，来年再选取生长强壮的萌发新枝进行嫁接。这种树形骨架结构牢固，结实面积大，负载量高，主枝分层着生，枝多，级别多，通风透光条件好，有很强的丰产潜力。

II. 开心形：这种树形没有明显的中心主干，且嫁接部位低，有的距地仅30~40cm，甚至贴地嫁接，一般不超过1.5m。从嫁接部位向上培养3~4个主枝，再从主枝上培养3~5个侧枝，整个树冠呈无中心主干的开心形。侧枝在主枝上的排列按顺序交叉进行，即在主枝的两侧交互排列，1、3侧枝在一个方向，2、4侧枝在另一方向。侧枝数量和侧枝间的距离随树冠大小而定，树冠小则留侧枝少，侧枝间距也小。通常留2~3个侧枝，第1侧枝离主干40~50cm，第2侧枝离第1侧枝30~40cm，第3侧枝离第2侧枝25~30cm。大树冠则留侧枝多，侧枝间距也较大。通常留4~5个侧枝，第1侧枝离主干80~90cm，第2侧枝离第1侧枝80cm左右，向上可逐步缩小侧枝间的距离。中等树冠的侧枝数量和侧枝间的距离介于上述两者之间。侧枝上抽生长枝，从长枝上再培养结实短枝。这样形成的树冠通风透光性好，具有立体结实的树形。主枝的开张角度要适宜，角度过大，主枝的承重能力小，骨架不牢固，结实多时容易发生断裂，而且背上容易抽生徒长枝和横生枝，扰乱树形，影

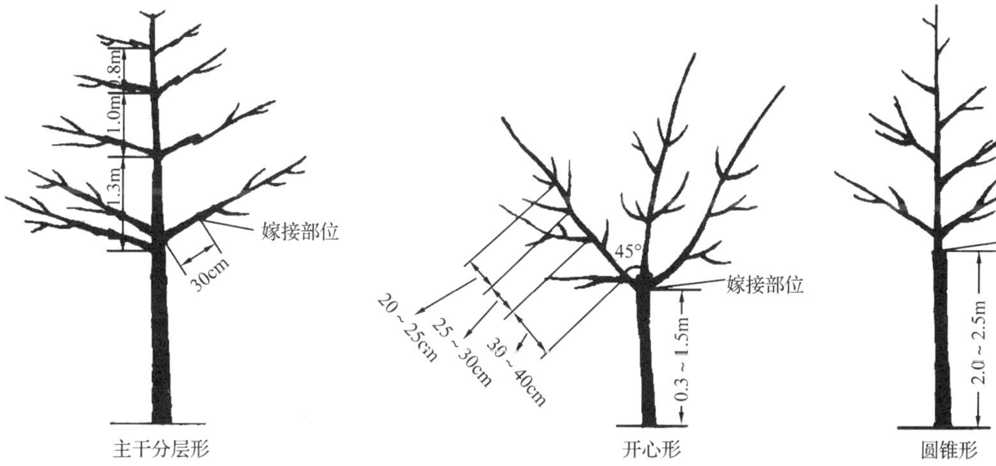

图6-8　核用银杏几种主要树形

响树冠内部的通风透光；角度过小，则通风透光性差，内膛枝容易枯死，结实部位外移，产量下降。开张角度通常为45°左右，但要注意小树冠主枝的开张角度可以大些，大树冠可小些。侧枝的角度比主枝角度可大5°左右，在主枝背斜方向上与主枝成45°～50°的夹角。

III. 圆锥形：银杏实生大苗定植之后，在树干高度2.0～2.5m的地方，截去树梢，然后嫁接优良品种。嫁接成活后选留1个生长健壮的枝条培养主干，并在主干上选留7～8个主枝。主枝的选留要注意上下交互错开，分布均匀，呈镶嵌状排列。然后在每一个主枝上适当选留3～4个侧枝，最后形成下宽上窄的圆锥形树冠。这种树冠分层不明显，培养这种树冠时，要注意主枝和主枝之间的距离不宜过小，主枝不宜太多，否则会造成树冠内部通风透光条件差，内膛枝枯死，结实部位外移，产量下降。

IV. 有主干无层形：有些实生大树，由于品质差、产量低或者是雄株等原因，需要更换优良品种或者嫁接成雌株。这时可以在主干上选留8个以上的主枝，不分层次均匀地排列在主干上，各大主枝间间距为0.8～1.0m，原则上为下大上小，各主枝上再选留2～3个健壮的侧枝，形成庞大的树冠。主枝选定后，锯断主枝，嫁接优良品种。该树形的优点是树体可以充分扩展，主枝稀疏交叉排列，透光性好，产量较高；缺点是树冠成形较慢。为提早成形，提高结实能力，也可将主干在适当部位锯断，在树干锯断处进行嫁接，最后形成开心形树冠。如江苏省如皋市蚕种场有148株实生高干银杏行道树，经断顶大枝改接，每株保留3～4个健壮大枝，每枝配备3～5个侧枝，接后4年即开花结实，第10年平均株产种核8.46kg，第15年平均株产19.36kg。此种冠形的最大特点为稳产性强，但产量却有一定的限制。

②银杏树的修剪

Ⅰ. 修剪时间：银杏的修剪分休眠期修剪和生长期修剪两种。休眠期修剪一般在落叶后至翌年春天发芽前进行，如条件允许，在发芽前1个月左右把修剪和采接穗结合起来，这样可以充分利用良种资源。生长期修剪是从春天发芽至秋季落叶前的修剪，此期修剪包括修枝、抹芽、摘心、刻芽、环割、环剥等。

II. 修剪技术：包括疏剪、短剪、缩剪、缓放、抹芽、嫩枝摘心等技术。

疏剪是将枝条从基部剪除的修剪方法，包括生长期内疏梢及疏掉多年生大枝。其目的是减少枝量，改善冠内的通风透光条件，削弱基枝的生长势。疏枝对留在基枝剪口下的枝条有促进作用，而对剪口以上的枝条有抑制作用。为了加大层间距离和层内距离，改善通风透光条件，需要把多余的徒长枝(包括直立枝、横生枝)、过密枝、对生枝、重叠枝及毫无利用价值的细弱枝、病虫枝和枯枝从基部疏除。

短剪是将1年生枝条剪除一部分的修剪方法。短剪可以分为轻剪、中剪和重剪3种。轻剪，即剪去枝条的1/5，主要用于辅养枝的修剪；中剪，即剪去枝条的1/3，主要用于骨干枝和延长枝的修剪；重剪，即剪去枝条的1/2，主要用于个别强枝的修剪。银杏枝条通过短剪后，抽枝反应不同于其他果树。银杏枝条的轻剪优于中剪，更优于重剪。银杏枝条通过短剪后，抽枝反应不同于其他果树。在主枝或侧枝的延长枝上，如果只剪掉顶端3～5芽(留外芽)，可比不短剪多抽生1/3的长枝；如果剪掉枝长的1/2或1/3，则抽生枝条不但不会增加，反而影响树冠的扩大。因此，在整形修剪中，如果不是为了平衡树势，对主枝和侧枝不宜采取中剪，更不宜采用重剪；对空间较大，需要抽枝弥补空间时，可以利用轻剪，促发枝条。如无空间则不进行短剪。

缩剪是对多年生枝进行短剪的方法。缩剪一般修剪最大，有更新复壮的作用，多用于枝组或骨干枝更新复壮及控制树冠辅养枝。有些银杏大树的枝条发育到一定程度时，会出现老化现象，可通过缩剪进行更新复壮。缩剪时应先选定适当的剪口部位，即应选在枝条的弯头最高点之前，而且在缩剪剪口之下最好有一个强健的向上枝条。在缩剪之后，应将缩剪剪口之下的所有衰老细弱枝全部疏除。当结实短枝年龄较大，影响结实时，也可对其基枝进行缩剪，一般缩剪到基枝背上有较强短枝处，并对短枝进行破顶芽修剪，促发新枝。

缓放即对枝条不进行修剪，而是将枝条进行拉平缓放。为了使银杏枝条提早结实，除对主枝和侧枝进行短截外，还应对其余保留的枝条进行拉平缓放。银杏1年生枝经缓放后，生长势较强的即产生单轴延伸，生长中等或偏弱的枝条，其顶芽不再抽生枝条，可以促使基枝上短枝萌生莲座状叶片，促进提早结实。

抹芽修剪，在主侧枝短截后，在剪口下的背上芽(即短枝)，很易萌发抽生直立旺枝，形成徒长枝，影响剪口下两侧侧芽萌发抽枝，也影响延长枝的生长。因此，在主枝和侧枝短截后，可以把剪口下背上1～2个芽扣去，不使抽生直立旺枝，其效果很好。

嫩枝摘心即摘嫩头。当生长枝生长达15cm左右，一般在5月上旬开始至6月上旬，把新梢嫩头摘去,可促发二次生长,增加枝叶量,扩大树冠,有利培养结实枝,也可促进枝条养分积累和花芽分化。

③银杏矮化矮植园的整形修剪技术：矮化密植园常用的树型为矮干开心型，对少数干性较强的嫁接树，也可培养成主干分层型，这种树型结实稍晚，在矮化密植园中较少采用。

银杏矮化密植园栽植的当年，不论树势如何，一律不修剪，加强肥水管理，任其自然生长。第2年3月中旬前，在选留作主枝的枝条梢部剪截。当年即从剪口下抽生二根长枝，40～50cm，粗度0.7～1.1cm。第3年在树液流动前，对上一年抽生的长枝梢部进行剪截，使其再抽生二条旺枝，对另一长枝轻剪，以增加枝叶量，连续2～3次修剪，即可养成3～5条骨干枝和3～4级侧枝，树冠基本形成。由于位置效应的作用，大多数嫁接树无直立主干，分出2～4个长枝向上斜生，开张角度很大。有的嫁接树偏冠严重，在修剪时要彻底清除萌蘖枝，回缩过旺的长枝到壮芽上，短截弱枝，促使多发枝条，形成树冠。在生长季节不对银杏进行剪截，否则，发条不旺，而且削弱树势。

④促花促实：有些生长势较好的银杏树，营养生长旺盛，进入结实期迟。为加快银杏进入开花结实阶段，可采取适宜的促花促实措施，这些措施包括摘心、刻伤、环剥、环割、纵伤等。

⑤疏花疏实：疏花疏实是调节树体营养生长和生殖生长之间矛盾、使其保持平衡的一项重要措施。有些银杏树，由于开花结实多，营养过度消耗，造成树体生长势减弱，甚至死亡。在大据点采用疏花疏实措施，可以避免树体营养过度消耗，减轻大小年现象的发生。但这一措施在银杏生产上却很少应用，特别是对中干和高干的银杏，由于树体高大、雌花细小，疏花十分困难。同时，疏花也缺乏充分的依据和适当的标准。虽然有人提出每30

片叶子可营养1粒种核的理论数据，但实际操作却非常困难。

⑥人工辅助授粉：银杏雌雄异株，靠风力传粉。依靠自然授粉，除了受花粉质量本身的影响外，还受各种气象条件的限制，如下雨及风力、风向等，这些因素都直接影响授粉的效果，造成授粉不均、授粉不良，导致核用园种核产量低，大小年现象严重，品质差。为了确保高产、稳产、优质，核用园中应采取人工辅助授粉措施，这一措施已在各种类型的银杏核用园中被广泛应用。

Ⅰ. 花粉的采集与处理：银杏雄树开花一般早于雌树，因此，在雌树可授粉之前就应着手收集人工授粉用花粉。由于银杏雄株花期极短，特别温度较高时，成熟后3d左右花粉就可全部散落，因此，要密切注意花期，在花粉散落前采集花穗。采集花粉时，应选择生长健壮、无病虫害、花粉产量较高的银杏雄株。依据授粉方法的不同，可直接采集雄花枝或雄花穗。采集后，可采取以下方法对雄花进行处理。

a. 石灰干燥法：将采集到的雄花穗用纸包好，置于盛有生石灰的容器中，利用生石灰的吸湿作用，促进花粉成熟、开裂并散出花粉。

b. 晾晒干燥法：将雄花穗放在光滑的白纸上，置于阳光下晾晒，注意经常翻动，直到花粉散出。也可置于室内通风处晾干，使花粉散出。特别要注意花粉散出后，不能再晒，否则花粉将失去活力，影响授粉效果。

c. 烘干法：将雄花穗置于烘箱中或采用人工加热的方法，进行烘干，直到花粉散出。特别注意温度不能太高，一般在25℃左右。不管采用哪种方法，花粉散出后，连同花穗一起包裹好，置于4℃左右的冰箱中保存，或置于通风、凉爽的地方保存。切忌保存时间太长，否则花粉将失去活力。

Ⅱ. 人工授粉

a. 授粉时期：花粉收集以后，要密切注意观察雌花即胚珠的生长情况。当迎着阳光观察到80%以上的胚珠珠孔有一滴晶莹透亮的水珠(受粉滴)时，即为授粉的最佳时期(一般在谷雨前后)，应立即采取措施进行授粉。授粉应选在无雨、无风或微风的天气，9：00以后(露水干后)、16：00以前授粉效果最好。授粉后，注意观察水珠的情况，如果在1d后大部分胚珠的水珠干涸，说明授粉已完成；否则，要再次授粉，但可减少授粉量。授粉后如遇雨天，要重新授粉。要注意当树势较强时，可多授粉；反之，则应少授粉。

李群等(1999)从银杏人工授粉最佳期所需的活动积温、日照时数和降水量3个方面，模拟出了预测预报银杏人工授粉最佳期的理论公式，并运用于生产实践。结果表明，按照理论公式确定的最佳授粉期，在生产中取得了显著的效果，提高了种实产量和质量。公式为：

$$y = 20.1947 + 0.003\,063\,2x_1 + 0.024\,74x_2 + 0.002\,864\,9x_3$$

式中：x_1 为年活动积温；x_2 为日照时数；x_3 为降水量。

b. 授粉方法：授粉方法主要有以下3种。

挂雄枝法，即将采集到的雄花枝剪成30～40cm的枝段，3～6枝捆成1束，分别挂在雌株树冠上层或树冠的上风处，让花粉自然散出，以完成授粉过程。这一方法常导致授粉不均匀，花粉用量大，且削弱雄株的长势，影响翌年雄株的产粉量。

喷雾法，这是目前最常用的一种方法。将花粉连同花穗一起置于水中揉擦，再用纱布过滤，所过滤液用水稀释，置于喷雾器内均匀喷洒在雌株上。此法花粉用量少，坐实率高，授粉均匀，效果良好，且不损伤雄株。

震粉法，即将花粉装入纱布袋内，挂在竹竿顶端，选择微风天气，站在树的迎风面，轻轻拍动竹竿，使花粉飞落。此法操作不便，授粉不均，花粉用量大，效果也不理想。

c. 授粉量：授粉过量，造成当年结实过多，树体营养紊乱，大树枝被压断，种核小，影响翌年结实；过少，则达不到丰产的要求。因此，在生产上要根据树龄和树冠大小、结实母枝数量、树势强弱和管理水平等因子，综合确定授粉量。一般来说，花多、衰老大树、肥水条件差、树势弱，要少授，反之则多授。据经验，生产50～60kg种核，用喷雾法授粉需花粉2～3g。

⑦保花保实：银杏授粉后，由于多方面的原

因，在5月上旬至6月上旬，以及7月上旬会出现落实现象，出现这种现象主要有以下3个方面的原因：一是养分不足，即叶片光合作用所生产的有机物质和土壤中的养分不能满足种实生长的需要；二是授粉不当，花粉活力差，造成授粉不良；三是病虫危害。为了减少落花落实，应采取以下保花保实措施：一是及时追肥，以N肥为主，N、P、K肥合理搭配，适当时期可采用叶面追肥；二是改善立地条件，如挖沟排水，合理灌溉，深挖松土，增加土壤肥力；三是合理授粉，花粉量要适宜，保证授粉用花粉具有一定活力；四是及时防治病虫害。

6.2.1.2 乔干稀植丰产园的营造与管理

正是由于矮化密植丰产园存在较多的问题，实际生产的效果也并不是很理想，因此一批乔干稀植丰产园诞生(图6-9和图6-10)。这种丰产园与矮干密植丰产园的主要区别在于：

图6-9 银杏乔干稀植丰产园

(1)主干高度较高 一般用4~5m高的实生幼树作砧木，起始嫁接部位2.5~3.0m以上，在侧枝基部嫁接，保留砧木主梢，并促其继续生长。

(2)初植密度较小 一般采用6m×5m、7m×6m、10m×7m的株行距，每公顷栽植285株、240株和143株。一个丰产园只采用一种株行距，一次定植，不再间株。

(3)树形控制较为方便 乔干稀植园通常将银杏培养成多主枝半圆头形树形，即嫁接时锯断砧木主干，高度2.5~3.0m，在断口上一次嫁接两根带3~4个芽的接穗，芽萌发抽枝后的2~3年内，将这些枝条中截或短截，培养为一级主枝(3~4个)，在主枝上再培养各级侧枝。主要技术要点是控制各级侧枝的数量和方向，使树冠内通风透光，一、二级主枝下部不光裸或少光裸，促进树冠中下部枝条向外延伸，最终使整个树冠的轮廓为半圆形。这种树形成形时间早，基本是上一次养成，控制较为方便。

其他管理技术措施参见矮干密植早实丰产园部分的内容。

乔干稀植丰产园尽管结实较晚，但增产潜力大，管理相对容易，是目前银杏大面积核用园的主要经营类型。

6.2.2 叶用园栽培技术

以收取银杏叶片为经营目的银杏园，称之为银杏叶用园(图6-11)。银杏叶内由于含有利用价值很高的黄酮类和内酯类化合物(亦通称为黄酮和内酯)，现已成为药品、食品、化妆品和饮料等工业生产的重要原料，因此，银杏叶已成为银杏利用的另一个很重要的部分。最近10多年来，国内外兴建了大面积的银杏叶用园。经营银杏叶用园的目的是为了在单位土地面积上获得产量高、品质优的银杏叶片。为了取得高产优质的银杏叶，就需要在建园品种、立地条件、密度及栽培管理措施等方面适当配合，走集约经营、定向培育之路。目前，在国内，特别是山东、江苏等省都建立了大规模的银杏叶用园，但大多为苗叶两用的形式，也没有采取适宜的经营措施，结果导致随年龄增长，叶产量和品质下降。因此，要使银杏叶用园产量高、质量优，必须采用配套的栽培技术，走定向培育之路。

6.2.2.1 园址选择

银杏叶用园应建立在交通方便、地势平坦、阳光和水源充足、排水良好、土壤深厚肥沃的地方。园区沟、渠、路要统一规划设计，有条件的地方，可安装喷灌系统，特别应注意排水系统要到位，确保雨季或大雨来临时不会长时间有积水。

图6-10 银杏乔干稀植丰产园

图6-11 银杏叶用园

6.2.2.2 品种选择

银杏叶片中有效药用成分(黄酮类和内酯类化合物)的含量因品种、产地、树龄、雌雄株、采叶时间、采叶部位、加工方式及实生苗与嫁接苗的不同而有差异；不同银杏品种生长情况也不一致。因此，为使叶用园产量高、品质优，首先必须选择叶产量高、药用成分含量高的品种作为叶用园的建园材料，如南京林业大学选育的E_4、E_6(图6-12)，山东农业大学选育的黄酮F－1号和黄酮F－2号等。

6.2.2.3 栽植密度

栽植密度对银杏叶用园叶产量、质量及其经营管理措施的采取都具有较大的影响。栽植密度因立地条件及作业方式而异。在土壤瘠薄、立地条件较差的地方宜密一些，而肥沃的平原地区可稀些，一般株行距为40cm×50cm、40cm×60cm、50cm×60cm、60cm×60cm等几种。曹福亮等(2000)的研究结果表明，40cm×60cm的株行距在平原地区是比较适宜的。如果采用机械化作业，则要根据所采用机器的规格确定适宜的株行距，如美国、法国都

图 6-12 银杏叶用园品种选育试验地

采用 40cm×100cm 的株行距。康志雄等(2000)研究了密度和株形对银杏叶产量的影响，发现定植后第 4 年，株行距为 20cm×100cm 的林分其单位面积叶产量比株行距为 80cm×100cm 的林分增加 188.7%。定干虽然在一定程度上促进分枝，但对叶产量的影响逐年减弱，因此，银杏叶用园要经常修剪。

6.2.2.4 叶用园管理

(1)*施肥* 银杏属喜肥树种，肥料的多少和种类对叶用园产量影响很大。吴家胜等(2001)在室内采用盆栽试验，每盆 2 株银杏，盆规格为 27cm(径)×30cm(高)，以苏北高砂土为基质，采用 N(尿素)、P(过磷酸钙)、K(氯化钾)单因素和 N、P、K 配方施肥试验，对 2 年生银杏苗木的需肥规律进行了研究。结果表明，与对照相比，各种施肥方式都能提高银杏单株叶产量；同时也表明，肥料并非越多越好，超过一定量，叶产量反而下降。

吴家胜等(2001)试验结果同时表明，施肥对银杏叶有效成分含量也有显著影响。N、P、K 单因素及 N、P、K 配方施肥都能提高银杏叶片中黄酮含量和单株叶片黄酮产量，但以 N、P 两种肥料影响较大。

魏刚等(1999)研究了银杏不同营养器官中营养元素含量的季节变化动态，表明不同器官中各元素浓度随器官生长发育而呈规律性变化，叶和枝梢的营养期具有重叠的特点。5 月初至 6 月中旬是各种器官营养的关键期；6 月中旬至 7 月上旬叶片中营养元素的含量变化相对稳定，是叶分析的最佳时期。平均而言，不同器官中 N、P、K 含量均是 N>K>P,叶中含 N 最高，枝中含 P、K 最高，根中 N、P、K 含量均较低。各器官中微量元素含量均是 Fe>Mn>Zn，根中 Fe、Mn、Zn 的含量最高。这些变化规律的揭示对于银杏叶用园的合理施肥具有一定的指导意义。

目前，对叶用园施肥尚未有一个确切的标准，在生产实际中银杏叶用园的施肥也存在许多问题，如施肥时间不适当，施肥量过多或过少、施肥种类过分单一等。通过对采叶量与施肥种类、施肥量关系的调查，并依据叶片营养成分分析，表明施肥量以按叶片营养元素的 4 倍量供给为适当；施肥种类以有机肥为主，适当辅以化学肥料。施肥要采取四季施肥、少量多次的原则，重点施好下述 4 种肥(钱炳炎，1998)。

①养体肥：养体肥是叶用园施肥的关键，采叶后即施。一般在 9 月底至 10 月初施入。一般以有机肥为主，适当配合银杏专用肥，以补充各种微量元素。施腐熟的厩肥或堆肥 45t/hm^2，加银杏专用肥 750kg/hm^2，或施腐熟的鸡粪、羊粪、大粪干等

优质有机肥 19.5 t/hm^2，加银杏专用肥 375t/hm^2。

②萌芽肥：一般 3 月施用，以氮肥为主，可施人粪尿 24 t/hm^2，或施碳酸氢铵 900 kg/hm^2，或尿素 375t/hm^2。

③枝叶肥：施肥时间为银杏速生期来临前，一般在 5 月中下旬施用，施入粪尿 15～20 t/hm^2，或银杏专用肥 600 kg/hm^2。

④壮叶肥：目的是使叶片大、长、厚，延迟叶片老化，提高后期光合效率及药用有效成分的含量。一般在 7 月下旬至 8 月上旬施用，可施银杏专用肥 600～900 kg/hm^2。

另外，喷施叶面肥及生长调节剂对银杏叶片的生长及产量也产生显著的影响。罗勇(2000)的研究表明，对叶片重量的影响为绿芬葳 > 光合微肥 > 赤霉素 > 磷酸二氢钾，浓度以 0.4% 的绿芬葳、0.2% 的光合微肥、0.3g/L 的赤霉素和 1.5% 磷酸二氢钾为最佳。

(2)*灌溉与排水*　银杏喜湿怕涝，其生长需大量水分，特别是叶用银杏，因为叶片多，蒸腾量大，尤其在生长高峰期 5～7 月。所以，应根据当地气候条件和银杏对水分的需求适时灌溉，使土壤含水量达田间持水量的 80% 左右。当土壤含水量低于田间持水量的 40% 时，要及时灌溉。由于银杏是肉质根系，不耐土壤积水，因此，切忌土壤积水，大雨后要适时排除多余的水分。

姚志刚和曹福亮(1999)在室内采用盆栽的方法研究了水分对银杏叶产量和质量的影响。结果表明，土壤水分含量对银杏单株叶产量和叶片黄酮含量有显著的影响。

(3)*整形与修剪*　随着时间的推移，银杏树体日益增大，给生产管理带来诸多不便，也不利于实行机械化作业，且随着树龄增加，叶中有效成分的含量逐渐降低。针对这一问题，曹福亮等(2001)提出了银杏叶用园培育应实行矮林作业的模式，并在试验中进行了验证。结果表明，采用截干萌芽，实行矮林作业的方式能提高银杏叶用园叶产量和叶片黄酮含量。

在银杏叶用园中要适时截干，一般当年栽植不截干，第 2 年即可进行截干，截干高度以距离地面 30cm 左右为宜，以后隔年截 1 次。修剪时，注意剪去发育较差的细弱枝，留 4～5 根粗壮枝(图 6-13)。曹福亮等(1999)研究了截干萌芽对银杏高生长、单叶干重、单株叶产量和黄酮含量的影响，结果表明：①第 1 次截干后，银杏高生长量比对照高，第 2 次截干后，距地 30cm 截干的处理高生长也超过对照，约为对照的 127%；②截干后，银杏单叶干重显著高于对照；③第 1 次截干后，银杏单株叶产量显著高于对照，第 2 次截干后，30cm 截干高度的处理单株叶产量约为对照的 112%，且随截干高度的增加，单株叶产量有随着增加的趋势；④截干后，银杏叶中黄酮含量显著高于对照，随截干高度的增加，黄酮含量有下降的趋势。为使银杏叶用园管理方便和获得较高的叶产量和较好的叶质量，建议银杏叶用园应采取截干萌芽这一矮林作业方法。

图 6-13　银杏叶用园截干萌芽试验林

(4)*采叶时间*　采叶时间的确定对银杏生长、银杏叶产量及质量影响较大。过早则产量低、质量差，且对银杏翌年生长影响很大。具体的采叶时间应根据银杏的生长规律，力求在产量最高、质量最好且对银杏本身的生长影响最小的时期。汪贵斌和曹福亮(2000)研究了银杏叶黄酮和内酯的年变化规律，结果表明，银杏叶中黄酮和内酯的含量在 9～10 月间较高。因此，采叶时间在 9～10 月间是

图 6-14 银杏用材林

合理的，因为在这期间采叶，对银杏树体本身伤害较小，而且是银杏叶产量和质量最高的时期。

6.2.3 用材林栽培技术

目前，人们对银杏的印象是生长太慢，用材林的培育周期太长，认为银杏用材林培育不现实。但现有调查资料表明，银杏生长速度并非很慢。如以20～30年为一轮伐期，银杏树高生长年平均能达到0.6～0.8m，胸径平均年生长能达1.0cm以上，产生的经济效益，与杨树相比，是杨树的10倍。如能采取适当的栽培措施，满足银杏速生、丰产的要求，银杏用材林必定能实现速生、丰产、优质的栽培目标(图6-14和图6-15)。

6.2.3.1 造林地的选择

银杏适应性强，对土壤要求不严格，无论是平原、丘陵，还是山地，银杏都能生长，但为了达到速生、丰产、优质的目标，应选择土壤条件较好的造林地。

图 6-15 银杏用材林

土壤有效层提供了银杏充分生长发育的条件，从而根系就越能充分利用这层土壤的肥水。因此，最适宜银杏用材林生长的土地条件，其土壤有效层厚度应为80～100cm；土壤有效层厚度为60～80cm的土地则为中等立地条件。

6.2.3.2　速生品种的选择

根据目前的调查材料，银杏雄株的生长速度快于银杏雌株，在尚未选出速生、丰产的用材品种前，可以用雄株或生长速度较快的核用品种来营造用材林。南京林业大学组经过多年的研究，筛选出了南林 – B_1、南林 – B_2 等银杏雄株无性系，这些雄株一般干形好，树冠窄、叶片大、光合速率高，为用材林的速生、丰产、优质打下了坚实的基础。山东农业大学选育出的直干银杏 S – 31 号，也具有发展前景。

6.2.3.3　合理的造林密度

一般来说，以 20 ~ 25 年为一轮伐期，对于成片林来说，银杏用材林的株行距以 3m × 3m、3m × 4m、4m × 4m 等几种类型比较适合。如果是单行或双行栽植，株行距还可缩小。

6.2.3.4　造林苗木的规格

采用大苗造林是造林成功的经验之一。大苗造林有以下优点：一是提高造林成活率；二是栽植后生长量大，可以缩短成材年限；三是有利于培育通直饱满的大径材。因此，采用大苗造林是保证银杏造林成材的技术措施之一，应该大力推广。另外，苗木应该生长健壮、树形良好、有较完整的根系、无病虫害。

6.2.3.5　有效的栽植技术

为使银杏速生，要通过造林整地，为其根系的充分生长发育创造条件。根系发育越好，银杏就越能充分利用土壤的肥水。因此，银杏栽植必须有大穴，原则上应按 80cm × 80cm × 80cm 的规格。

银杏树栽植的深度应根据气候、土壤条件、造林季节的不同灵活掌握。一般考虑到栽植后穴面土壤会有所下沉，故栽植深度应高于苗木根颈处原土痕 2 ~ 3cm。栽植过浅，根系外露或处于干土层中，苗木易受旱；栽植过深，影响根系呼吸，根部发生二重根，妨碍地上部分的正常生理活动，不利于苗木生长。但据现有科研成果和生产经验，在湿润的地方，只要不使根系裸露，适当浅栽并无害处，因为在此种条件下，湿度有保证，浅栽可使根系处于地温较高的表层，有利于新根的发生；而在干旱的地方，尽量深栽一些对成活有利，因为在这种情况下，根系处于或接近温度较大且稳定的土层，容易成活。所以，栽植深度应因地制宜，不可千篇一律。在干旱条件下应适应深栽，土壤湿润黏重可略浅栽；秋季栽植可稍深，雨季宜略浅。

6.2.3.6　幼林抚育管理

常规的栽培措施为树木提供养分和水分都是低于最适量的，所以树木不会达到该树种生物量的最大限度。集约经营的速生丰产林，必须采取较精细的抚育措施，以发挥该树种的最大生产潜力。用材林培育措施主要包括林农间作、施肥、灌溉和松土除草等。

6.2.4　花粉用园营建技术

20 世纪 90 年代以来，全国各地发展了大规模的银杏核用园，为达到稳产、高产、优质的目的，必须为核用园的人工辅助授粉提供优质的花粉。银杏花粉中几乎含有银杏植株中全部的常量和微量元素，银杏花粉制品具有很高的营养价值和保健价值，其开发前景广阔。所以，营建大面积的银杏花粉用园（图 6-16），可以为银杏人工辅助授粉及银杏花粉制品提供原料，必将产生极高的经济效益。

图 6-16　南京林业大学江都花用园基地

6.2.4.1　品种选择

花粉用园的营建应选择开花早，花粉产量高、质量好的优良品种。但目前还很少有人做这方面的工作。曹福亮等（1993）在国内较早从树龄、胸围、雄花、花粉量、花粉形态、花粉营养元素及有机物质含量等方面研究了江苏省泰兴市境内银杏优良雄株，初步选出了优树2号和优树6号两株优树，繁殖后可用来作为花粉用园的优良建园材料。山东农业大学邢世岩经过多年的研究，选育出了优良的花用单株G－14′、G－13′等。

6.2.4.2 造林方法

为使银杏花粉用园达到早花、丰产、优质的目的，应选用生长健壮、无病虫害的银杏大苗作为砧木，定植后，进行嫁接，也可采用嫁接过的银杏雄株大苗作为定植材料。

园的营建采用矮干密植的经营方式。株行距一般为3m×3m、3m×4m或4m×4m，嫁接高度为40cm左右。也可采用材花两用型的经营方式，即进行高干嫁接，嫁接高度在3m以上，这样可同时生产花、材。但这种经营方式，管理不方便，且开花较迟。

6.2.4.3 整形修剪

通过整形修剪可培育良好的树形，为丰产做准备。栽植或嫁接后，往往在嫁接部位以下的树干上或树干基部产生许多萌条，要及时去除。密植的银杏树，可结合整形修剪，培养3～4个骨干枝。在夏季对延长枝及其背上的直立枝要进行摘心，增加短枝数量，缓和树势，以利成花。修剪时，可把病枝、细弱枝、过密枝疏除，以利树冠的通风透光。冬季修剪要把交叉重叠枝疏除，对空间较大处的内膛枝可进行短截，以促进分枝。

另外，对于长势良好的银杏，可在6～7月采取摘心、环剥、环割、刻伤、倒贴皮和纵伤等方法促进花芽形成。

6.2.5 盆景的制作与管理

银杏是中国盆景中常用的树种，银杏盆景干粗、枝曲、根露、造型独特、苍劲潇洒、妙趣横生，是中国盆景中的一绝（图6-17）。夏天遒劲葱绿，秋季金黄可掬，给人以峻峭雄奇、华贵典雅之感，近年来，日益受到重视，被誉为“有生命的艺雕”。按照人们不同的欣赏要求，主要有观实盆景、观叶盆景和树桩盆景几种类型（江涛等，2000；郑作照，2000；董诗繁，1999）。

图6-17 银杏盆景

6.2.5.1 树桩的制作

盆以外形雅致、保水性强、透气良好的花盆、木箱和木桶为主，其中以不带釉的泥盆、紫砂盆为最佳。盆的直径一般在30cm以上，盆土一般用富含有机质、质地疏松、吸肥保水力强的草炭土、腐殖土或自制营养土(用6份壤土、2份粗砂、2份腐殖土，加入适量充分腐熟的鸡鸭粪或豆饼渣等)，底部填入碎砖或石砾，装入培养土。然后将树桩的长根和粗根疏剪整理，在2～3月定植在盆中。树桩可以用播种、扦插、压条、嫁接等方法获得，也可以用形态多样的根蘖培育而成。

6.2.5.2 栽植技术

栽植时先在盆内放一部分土，选择各种方法取得的桩木，将根系修剪后放在盆中，让根系充分伸展，然后在盆内填土，用手轻轻按实后再稍微向上轻提，盆土不要填得太满，栽植后立即浇透水，稍干后及时松土，以利缓苗。

6.2.5.3 银杏盆景的造型

根据对银杏盆景不同的欣赏要求，事先绘制出造型设计图案，因桩造势，按图索形，对枝干进行弯曲绑扎、调理曲直。观实盆景主要欣赏种实，成熟前种实貌似橄榄，成熟后宛如金橘，初以绿叶，色彩悦目。造型时注意培养结实枝，辅之以人工授粉，种大粒美。观叶盆景偏重于叶形与叶色，强调色形俱佳、树形独特。树桩盆景力求苍劲嶙峋之雄姿，可以利用老树的根桩等养成干粗、枝曲、根露的孤傲气质。

6.2.5.4 银杏盆景的管理技术

(1)整形修剪 修剪是银杏盆景造型的主要技术，应根据不同的欣赏要求，采用疏剪、短截、回缩等手段，剪去多余的侧枝、平行枝、交叉枝、过密枝、徒长枝和病枯枝，突出主干，充实观赏枝，使其具有更高的艺术格调。但修剪应顺其自然，不能机械模仿。

(2)肥水管理 银杏喜温怕涝，盆土不宜过湿，浇水后应立即松土通气。银杏盆景既观叶又赏果，在管理上要控制大肥大水，少施氮肥，多施磷、钾肥，遵循"肥淡、量少、勤施入"的原则。春季萌芽后至生长期间，盆施豆饼或复合肥5～10g。施肥后立即浇水。浇水的时间和数量依天气状况和盆土的湿润程度具体确定，浇水以不大量向盆外渗水为度，浇水前应把水晒暖，忌用冷水。避免炎热中午大水浇灌，最好的办法是用套盆法浇水，将水从盆底慢慢地吸入，或用壶喷水，以防盆土板结，造成断根。

(3)人工辅助授粉 银杏为雌雄异株植物，观实盆景要采取人工辅助授粉措施，方能达到赏果目的。常用的人工授粉方法有点授法和挂花枝法。用嫁接雄性品种的方法也比较有效，就是在同一盆中，将银杏的枝条上嫁接雄性品种，但也要对其进行造型，以达共同观赏的需要。

6.3 病虫害防治

6.3.1 病害

6.3.1.1 银杏茎腐病

银杏茎腐病在我国长江流域以南各地都有发生，且有的年份发生普遍而严重。如南京林业大学苗圃中1953年银杏当年播种苗死亡达90%以上，湖南农学院林学系苗圃中1955年银杏苗死亡亦达98%，使当年育苗工作遭致失败。病害的危害随苗龄的增长而减轻，一般3～4年生苗感病的极少。

(1)症状 苗木初发病时，茎基部出现水渍状黑褐色病斑，随即包围全茎，并迅速向上扩展。此时叶变黄萎，并逐渐枯死，下垂不脱落。苗木枯死3～5d后，外皮层肥肿，与木质部脱离，内皮层腐烂成海绵状或粉末状，灰白色或褐色，其中生有许多黑色小菌核。髓部变褐色或中空，也有菌核产生。最后病害可向根部扩展，使根系皮层腐烂。但银杏当年生苗感病轻的，偶有根部不死的，并自根颈处萌发新芽。在1年生以上的苗木上，此种现象较为多见(图6-18)。

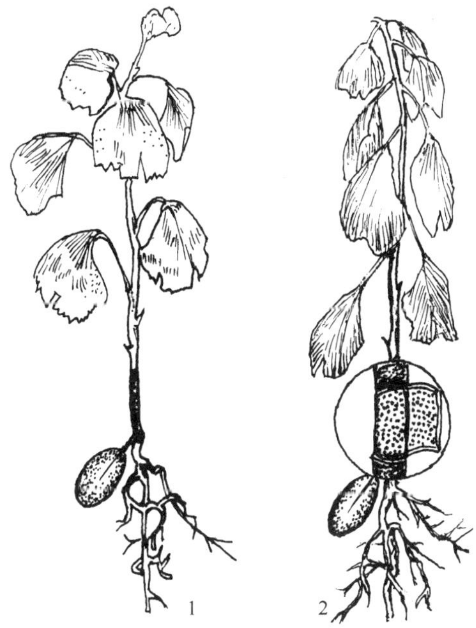

图6-18 银杏苗茎腐病(仿董元)

1. 茎腐病症状 2. 病部皮下小菌核

(2)病原 苗木茎腐病的病原菌是菜豆壳球孢菌[*Macrophomina phaseoli* (Maubl.) Ashby.]。但病菌常不产生分生孢子器，以菌丝体和菌核在土壤中生存。它在半知菌无孢目中的名称又叫甘薯小菌核菌(*Sclerotium bataticola* Taub.)或甘薯丝核菌[*Rhizoctonia bataticola* (Taub.) Butler]。

菜豆壳球孢菌是全世界热带和亚热带地区普遍存在的一种土壤习居菌，但在土壤中，生长常受颉颓菌的影响。它在培养基上生长最适温度为30～32℃。无论在土壤中或寄主体上，都容易形成大量菌核。菌核黑色，表面光滑，近圆形或扁圆形。菌核大小受营养条件的影响，一般直径5～100μm，在马铃薯、蔗糖、琼脂斜面培养基上，菌核直径为80～300μm。它的寄主范围很广，除能危害银杏、香榧、金钱松、柳杉、杉木、水杉、马尾松、湿地松、火炬松、柏木、侧柏、扁柏、杜仲、板栗、臭椿、鸡爪槭、枫香、麻栎、刺槐、乌桕、槐树、大叶桉、细叶桉等20多种树苗外，还包括许多农作物如甘薯、麻、棉花、向日葵、豆类、烟草、花生、玉米、高粱等。在芝麻和黄麻的病茎上比较容易形成分生孢子器。分生孢子器近球形，89～275μm×98～225μm。分生孢子椭圆形至棒形，单胞、无色、微弯曲，16～32μm×5～10μm。感病桉树苗茎上也偶有发现(袁嗣令，1997)。

(3)发病规律　苗木茎腐病主要在夏秋高温季节发生。据在南京对银杏苗木茎腐病的研究发现，夏秋间的高温和日晒使苗床土壤温度升高，苗木茎基部受过高土温的损伤为病菌的侵入创造了条件。因此，病害一般在梅雨季结束后10～14d开始发生，以后发病率逐渐增加，至9月逐渐停止发展。病害的严重程度取决于7～8月的气温。例如1953年南京的梅雨季很短，6月末即结束。7月初气温上升，以后并出现长期持续高温天气，银杏茎腐病在7月中开始出现。由于发病较早，苗木幼茎木质化程度较低，抗热能力弱，加之发病期长，故这一年病害极重，苗木死亡率高达70%；1954年梅雨期至7月底结束，病害在8月中才开始发生，比1953年迟了1个月。由于发病较迟，发病期相应缩短，且苗木已部分木质化，抵抗力增强，故发病率较低，不超过40%；1995年南京有一个温和的夏季，没有出现持续高温天气。银杏茎腐病到8月下旬才开始发生，发病率10%。因此，在南京地区，可根据每年梅雨期的早迟和长短，以及7～8月的气温变化来预测茎腐病的发生期和发病程度。

(4)防治方法　苗木茎腐病的防治可以采取两个方面的措施：其一是夏秋之间降低苗床土壤表层的温度，防止灼伤苗木茎基部，以免造成伤口导致病菌侵入；其二是增施有机肥料，促进幼苗生长，增强抗病能力。

在苗床上架设荫棚，可使8月中旬晴天14：00时的苗床土温比对照降低6.5℃，银杏苗木发病率仅为对照的2.5%～10%。但遮荫的苗木生长较差，除高生长和直径生长较低外，落叶较早，顶芽发育不健全。因此，遮荫时间不宜过长，如南京地区，可从梅雨期结束后开始，到9月上旬，晴天自上午10：00时至下午16：00时遮荫即可(方中达等，1956)。

发病季节在苗木行间用稻草覆盖苗床，可以降低土温，并防止土壤水分蒸发。银杏苗木的发病率比对照低70%，虽然防病效果较遮荫稍差一点，但苗木生长比对照还好，且成本也较遮荫为低。

用其他抗病植物与银杏苗间作也可以成为一个防治途径。但要使间作植物既有庇荫作用，达到降低土温的要求，又不影响银杏苗木的生长，才能达到较好的防治效果。

用有机肥料作基肥或行追肥可促进苗木生长，增强抗病力，同时可能影响土壤中颉颃微生物群体的变化，抑制病菌的生长和蔓延。若用厩肥作基肥，则可明显降低银杏苗的发病率。

6.3.1.2　银杏叶枯病

银杏叶枯病是银杏栽培地区一种常见的病害。早在20世纪60年代初期，该病在泰州地区苗圃中出现时，已受到生产单位重视。据初步调查，该病在江苏邳县、射阳、高邮、泰兴、江都、镇江、南京、吴县，浙江杭州、丽水、衢州、舟山，安徽天长以及江西赣州等地均有所见。但各地危害程度不一，一般是银杏栽培老区较栽培新区为重。病株叶片8月初即先后脱落。严重时，冠部枝条光秃，果实瘦小，种子产量、质量亦受显著影响。

(1)症状　在江苏各地，银杏叶枯病约于6月中旬发生。叶片感病后，初期叶先端组织局部褐变坏死，不久，逐渐扩展至整个先端部位，呈现褐色、红褐色病斑。以后，病斑继续向叶基部延伸，呈暗褐色或灰褐色，直至叶片枯死、脱落。6～8月间，病斑边缘呈波状，清晰明显，有时具黄色线带。9月间，当病斑边缘呈现水渍状渗透扩展时，其病斑交界处多半变得不明显。发病期，于病斑上可见多种黑色—灰绿色毛绒状，或黑色小点状的真菌子实体(图6-19)。

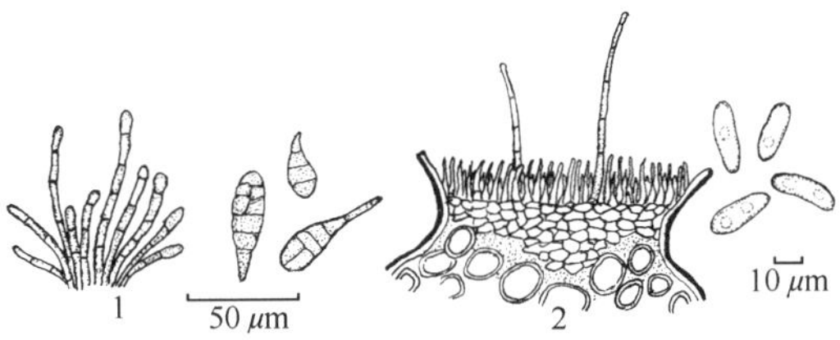

图6-19 银杏叶枯病菌

1. 链格孢的孢子梗及分生孢子
2. 围小丛壳的无性世代：孢子盘及分生孢子

(2)病原 银杏叶枯病是由3种病原真菌侵染引起的。但是，它们在寄生性、致病性以及出现时期、数量等方面皆存在着一定差异。链格孢病菌[*Alternaria alternata*(Fr.) Keissl.]对银杏健康叶或黄化叶都有明显的致病性。并且，不论在哪一个发病时期，它在病叶上出现的数量均占绝对优势，因此，可以认为链格孢是该病害的主要病原菌；围小丛壳[*Glomerella cingulata* (Stonem) Spauld. et Schrenk]对健康叶、黄化叶也都具有较强的致病性。但是，从整个发病时期来看，该病菌仅在9月间较多出现，其他月份较少，为此，可将它视为次要的病原菌。银杏盘多毛孢(*Pestalotia ginkgo* Hori)只能危害黄化叶。就出现的数量而言，它比围小丛壳病菌还要小，至10月才明显增加。所以，它应属于一种更为次要的病原菌。现就上述3种病原菌的形态特征，分别简述如下：

①链格孢(*Alternaria alternata*)：该菌多生于病斑背面。分生孢子梗单生或丛生，直立或弯曲，不分枝，有分隔，橄榄褐色，大小37 ~ 85μm × 4.5 ~ 7.5μm。分生孢子多为2个或3个串生，橄榄灰色至橄榄褐色，表面平滑，卵形、椭圆形、纺锤形或棒形，有或无喙状附属丝，横隔膜2 ~ 8个，纵隔膜0 ~ 6个，分隔处稍缢缩。分生孢子大小24 ~ 42μm × 11 ~ 18μm，喙长7.4 ~ 25μm。在PSA培养基上，25 ~ 28℃下，生长良好，并可见分生孢子10余个串生成长链，有时产生分叉。

②围小丛壳(*Glomerella cingulata*)：该菌在发病期于病斑上以无性世代出现(*Colletotrichum gloeosporioides* Penz.)。分生孢子盘散生于病叶两面，埋于表皮细胞下，褐色，其上生有褐色刚毛，直径47 ~ 86μm。分生孢子椭圆形，通直，单细胞，无色，大小12 ~ 18μm × 4 ~ 6μm。在PSA培养基上，25℃下，生长良好，并能产生大量橘红色分生孢子堆以及黑色颗粒状的子囊世代。子囊壳球形，具短颈，大小140 ~ 159μm × 94 ~ 130μm。子囊棒形，其间无侧丝，大小39 ~ 75μm × 5 ~ 10μm。子囊孢子椭圆形，略弯曲，无色，单细胞，大小10 ~ 14μm × 3.5 ~ 5.0μm。

③银杏盘多毛孢(*Pestalotia ginkgo*)：分生孢子盘生于叶表皮细胞下，直径111 ~ 130μm，分生孢子纺锤形，黄褐色，4分隔，分隔处稍缢缩，顶端有附属毛2 ~ 3根，两端细胞无色，中央3个细胞有色，基部有色细胞颜色较淡。分生孢子大小20 ~ 22μm × 6.5 ~ 8.5μm(朱克恭等，1991)。

(3)发病规律 银杏叶枯病的发生与多种因素有关，如树龄、立地条件、栽培管理措施等。在苗木上，病害多半于6月下旬开始出现，而在幼树和大树上，通常发生较迟。病害的盛发期为8月、9月间，10月逐渐停止。但也有个别的，如1988年在江苏丹阳市内所见，数百年生古银杏两株，5月明显感病，6月中旬已大量落叶，冠部枝条裸露。在土层浅薄、下土板结、低洼易积水的地段上栽植；或在基肥不足、地下害虫危害猖獗的圃地上育苗；当起苗伤根、定植窝根等情况下，则叶枯病发生均较严重。据田间普遍调查，凡出现上述因素的地方，都可能导致银杏根系发育不良，生长受阻，甚至根腐。这类植株在春季展叶1个月后，就会表现为早期黄化。不久，黄化株大多首先感病。而叶色正常，长势好的植株，一般较迟感病，并且受害程度亦相对轻微。在大树上，一般雌株较雄株感病重，雌株结果大年比小年时感病要重。另外，在野外调查中还发现，凡与感染赤枯病的水杉林或行道树相邻近的银杏，常常较远离水杉的银杏植株感病重。其原因可能是两种病害在不同寄主上能够相互感染，以至加重了对各自的危害。经室内显微观察和接种试验，银杏叶枯病菌链格孢和水杉赤枯病菌链格孢形态基本一致，应属于同一个种。它们对水杉、银杏两种寄主都有明显的致病性。

(4)防治方法　首先要选择立地条件好的地块进行育苗或栽培，避免使用土壤瘠薄、板结、低洼积水的土地。在栽培管理过程中，亦应注意防治地下虫害，改进栽培技术，以促进植株良好生长，提高其抗病能力。另外，银杏不宜栽植在与水杉相邻近的地段上，更不宜与水杉混栽。在银杏幼林中，若春季以蚕豆间作；秋季以大豆间作，则有利于银杏生长，并能减轻叶枯病的发生。有条件的场圃，于发病期喷洒40%多菌灵的400倍药液，亦可取得较好的防治效果。

6.3.2 虫害

6.3.2.1 银杏超小卷蛾 *Pammene ginkgoicola* Liu

(1)分布及危害　银杏超小卷蛾属鳞翅目卷蛾科。国内分布于江苏、浙江、安徽、山东、湖北、河南、广西等地。只危害银杏。主要以幼虫蛀食结果短枝和当年生嫩枝，造成枯枝、落叶和落果。虫害严重区，银杏树冠发黄，生长势衰弱，可致白果减产80%～90%，是银杏的重要害虫。

(2)形态特征

①成虫：体长约5mm，翅展10～12mm。全体黑褐色，头部灰褐色。触角丝状，背面暗褐，腹面黄褐色，第三节短。前翅黑褐色，前缘有一系列白色钩状纹，后缘中部有一对白色指状纹，肛上纹明显，上面有4条黑纹。后翅褐色，前缘色浅。

②卵：长0.7～0.9mm，宽0.5～0.6mm。扁椭圆形，表面光滑。初产卵橘红色，孵化前呈暗红色。

③幼虫：老熟幼虫体长8～10mm，灰暗或淡灰色。头部、前胸背板，臀板黑褐色，有的色浅呈黄褐色。各体节背板有黑色毛斑2对，气门上线和下线具黑色毛斑1个，臀节有棘刺5～7根。

④蛹：长5～8mm。初化蛹黄色，羽化前呈黑褐色。复眼1对黑色。腹部第1节背面光滑，第2节后缘有一列细刺，第3～7节除后缘有一列细刺外，前缘尚有一列较粗的刺。腹末具8根钩状臀棘(图6-20)。

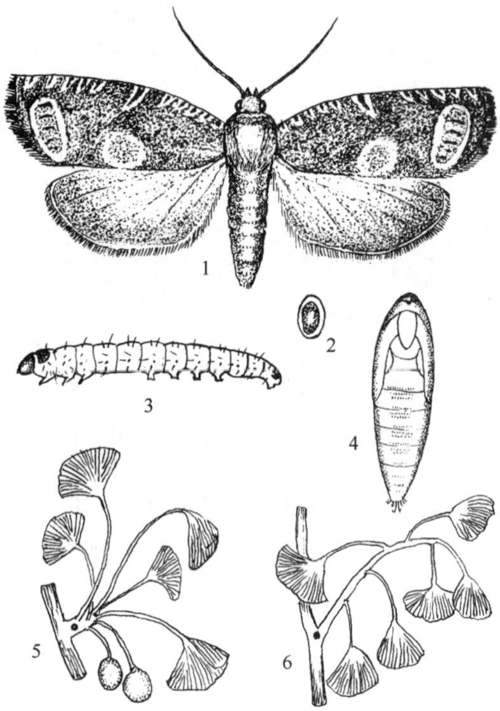

图6-20　银杏超小卷蛾(仿张国忠)

1. 成虫　2. 卵　3. 幼虫　4. 蛹　5. 短枝被害状　6. 长枝被害状

(3)生物学特性

①生活史：1年发生1代，以蛹越冬。在江苏省，翌年4月上旬至下旬成虫羽化，4月上旬为羽化盛期。4月下旬至6月中旬为幼虫危害期。5月下旬至6月中旬幼虫老熟并转入树皮内滞育。11月中旬后在粗树皮内化蛹并越冬。

②习性：该虫成虫多集中在清晨7：00～8：00羽化，羽化后第2天交尾，交配后2～3d产卵。卵散产于一、二年生小枝上，少数产于短枝上。每雌平均产卵42粒。孵化前卵呈暗红色，透过卵壳可见黑色头部，卵期7～9d。初孵幼虫体长1～1.3mm。孵化后即爬至短枝顶端凹陷处取食，并吐丝结薄丝网，一、二天后钻入枝内。在枝内幼虫环绕蛀食，使短枝上叶片、幼果枯萎、脱落。危害当年生新枝时，常从基部或中部蛀入，导致被害枝、叶枯萎或风折。幼虫有转移危害习性，每条幼虫可危害短枝1～2个，以2个为多。幼虫于5月中

旬～6月中旬从枝内转向枯叶，吐丝缀叶缘或卷缀2～3片枯叶，约半月后即转入粗树皮内滞育。11月中旬，老熟幼虫在粗树皮下2～3mm处结薄茧化蛹。以树干上化蛹较多，约占60%～100%。

(4)防治方法

①人工捕杀：4月成虫羽化期，每天9：00点前成虫常栖息树干中下部粗皮凹陷处，可人工捕杀或喷药杀灭。4月下旬至6月中旬，人工剪除虫害枝，清除落地枯枝、叶，集中烧毁消灭幼虫。

②树干涂白：在成虫羽化前用涂白剂(生石灰50∶80%敌敌畏1∶食盐10∶清水190)涂干防止成虫羽化。

③喷涂树干：成虫羽化前(4月上旬)用50%杀螟松乳油250倍与2.5%敌杀死乳油500倍混合液(1∶1)喷涂树干及骨干枝基部，用塑料薄膜包扎封闭，可毒杀刚羽化成虫。

④药剂防治：4月下旬至6月中旬幼虫危害盛期，用50%杀螟松乳油1000倍或2.5%敌杀死乳油3000倍液喷洒被害枝防治初孵及转移危害幼虫。

6.3.2.2 苹白小卷蛾 *Spilonota ocellana* (Schiffermuller et Denis)

(1)分布及危害　苹白小卷蛾又名苹芽小卷蛾、苹小卷叶蛾等，属鳞翅目卷蛾科。国内分布于辽宁、河北、山东、江苏、江西、湖北、广西等地；国外分布于朝鲜、日本、前苏联、欧洲、北美等地。该虫以幼虫危害芽、花蕾及叶片；严重影响植株正常生长及白果产量。除银杏外尚可危害苹果、梨、杏、李、樱桃、山楂等果树及各种阔叶树。

(2)形态特征

①成虫：体长7mm，翅展13～17mm。头及胸部暗褐色。前翅中部灰白色。基部及端部暗褐色，前缘上排列有许多粗细不等的灰褐色短斜纹，近外缘处尚有5～6个纵列的黑褐色短纹，后缘端部也有同色的斑纹，并间有微蓝色光泽，端纹近圆形，中间有3个黑斑点。腹部及后翅淡褐色(图6-21)。

②卵：扁椭圆形，初产水白色，后变彩白色，孵化前暗紫色。

③幼虫：体长12mm。体红褐色，毛瘤明显有光泽。头褐色。前胸背板和肛上板浅褐色。胸足漆黑色。

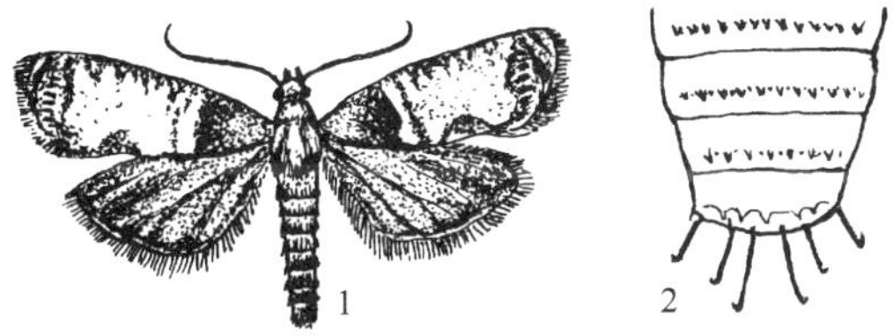

图6-21　苹白小卷蛾(仿邹钟琳)

1. 成虫　2. 蛹腹部末端形态

④蛹：长8mm，黄褐色。腹部背面各节前缘有小刺一横列，后列微小不明显。臀棘6根。

(3)生物学特性　该虫在北方地区1年1代，以幼龄幼虫在芽内越冬。翌年银杏萌芽时，幼虫危害嫩芽，并吐丝缀芽鳞，蛀屑。幼虫稍长则在枝顶部缀嫩叶危害，吐丝粘碎屑成巢囊。6月中下旬老熟幼虫在卷叶内结茧化蛹。7月上旬为成虫羽化盛期。7月中旬成虫在叶背产卵。7月中下旬初龄幼虫先在叶背沿叶脉危害，8月上旬转入芽内危害。8月中旬以幼龄幼虫在被害芽内越冬，以枝顶较饱满的芽较多。

(4)防治方法

①人工防治：结合冬季整形修剪，剪除被害枝芽，消灭越冬幼虫。

②化学防治：初春银杏萌芽发叶时及7月下旬幼虫危害期，以2.5%溴氰菊酯3000倍。喷枝叶杀灭幼虫。

6.3.2.3 银杏大蚕蛾 *Dictyoploca japonica* Moore

(1)分布及危害　银杏大蚕蛾又名白果蚕、白毛虫、核桃楸大蚕蛾等，属鳞翅目大蚕蛾科。分布于黑龙江、吉林、辽宁、河南、河北、湖南、湖北、山东、浙江、江苏、安徽、江西、四川、云南、贵州、广东、广西、海南、台湾等地；国外分布于日本、朝鲜、前苏联等地。主要以幼虫食害叶片，是银杏产区的重要食叶害虫。除银杏外，可危害核桃、核桃楸、枫杨、板栗、楸、樟、栎、柳、漆、榆、杨、苹果、梨、李、桃、柿、山楂、喜树、桦等众多经济林木和用材树种。近年在各银杏产区均有发生，大发生时可将树上叶片吃光。严重影响树木正常生长及叶片和种实的产量及质量。个别严重受害株可致全株枯死。

(2)形态特征

①成虫：体长 25 ~ 30mm，翅展 50 ~ 60mm。头灰褐色，触角黄褐色，雄虫长双栉形，雌虫栉齿形。体灰褐至紫褐色。前翅顶角外突，顶端钝圆，内侧近前缘处有肾形黑斑。内线紫褐色较直，内线与翅基间呈棕紫色区，外线暗褐色，内线与外线间有较宽的粉紫色区，亚外缘线由两条赤褐色波纹组成，外线紫褐色，近后角有白色月牙形纹，外侧暗褐，中室端有月牙形透明眼斑，斑周围有白色及暗褐色轮廓。后翅从中室横线至翅基呈较宽红色区，亚端线橙黄色，端线灰黄色，中室端眼斑较大，珠眸黑色，外围灰橙色圆圈及银白色线条，后角内侧的白色月牙形纹更为明显。

②卵：长椭圆形，长 2.0 ~ 2.5mm，宽 1.2 ~ 1.5mm。初产卵褐色，孵化前黑色，有灰白色花纹。

③幼虫：老熟幼虫体长 75 ~ 83mm。头黄褐色，体黄绿至青蓝色，背线黄绿色，亚背线淡黄色，气门上线青白色，气门线乳白色，气门下线至腹线深绿色。各体节上被有较长的青白色长毛，亚背线及气门上、下线部位有突起的毛瘤，每个毛瘤上着生较硬的黑褐色长毛。气门筛棕色，不明显，围气门片黄色。胸足褐色，腹足黄绿，外侧黄色，端部黑色。

④蛹：长 35 ~ 50mm。初化蛹黄褐色，近羽化时黑褐色。第 4、5、6 腹节后缘有黑褐色环带。

⑤茧：网状，硬，黄褐色，长 60 ~ 80mm（图 6-22）。

(3)生物学特征　该虫 1 年发生 1 代，以卵越冬。在辽宁越冬卵翌年 5 月上旬孵化，幼虫在 5、6 月间危害。于 6 月中旬结茧化蛹，8 月中下旬羽化。在湖北越冬卵翌年 4 月下旬孵化，而在广西桂北一带则 3 月下旬即开始孵化，初孵幼虫多群集在卵块处，或树干树皮缝隙间，经 12h 后开始上树取食，初龄幼虫有群集习性，可从叶缘咬食使叶成缺刻状，3 ~ 4 龄分散取食，5 龄后完全单独活动，可将叶片吃光。幼虫有转移危害习性，可沿树干爬向

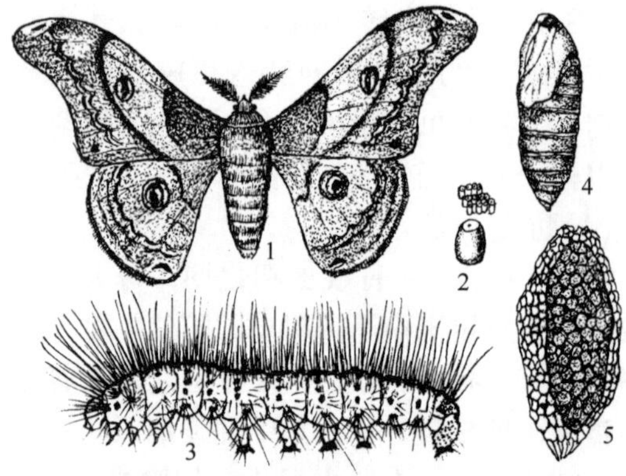

图 6-22　银杏大蚕蛾（仿徐天森）

1. 成虫　2. 卵　3. 幼虫　4. 蛹　5. 茧

地面或吐丝下垂，随风力飘移到其他树枝或植株上危害。中午天气炎热时，老龄幼虫亦常沿树干爬下到荫凉处栖息。5 月中旬老熟幼虫开始在枝条叶丛间或树干、杂草及灌木上吐丝缀叶作茧化蛹。成虫 9 月下旬开始羽化。

成虫飞翔力强，有趋光性。交尾后雌成虫主要在树干下部(1 ~ 3m)老树皮或缝隙中产卵，卵多集中成块状。

(4)防治方法

①人工防治：冬季人工清除树皮缝隙等处的越冬卵。春季人工捕杀群集危害的初龄幼虫或树干活动的老龄幼虫。结茧化蛹期可摘茧灭蛹。

②灯光诱杀：在成虫发生期，可设置黑光灯大量诱杀成虫。

③生物防治：该虫在自然界有赤眼蜂、平腹小蜂、绒茧蜂等众多天敌。防治中注意天敌保护或人工施放赤眼蜂或银杏大蚕蛾粒型多角体病毒等防治。

④化学防治：在幼虫初龄时喷洒 90% 敌百虫，2.5% 溴氰菊酯 3000 倍液毒杀幼虫。

6.3.2.4　樟蚕 *Eriogyna pyretorum* Westwood

(1)分布及危害　樟蚕又名枫蚕，属鳞翅目大蚕蛾科。国内有 3 个品种：*E. pyretorum pyretorum* 分布于东北、华北、华东；*E. pyretorum cognata* 分布于华东、华南；*E. pyretorum lucifera* 分布于西南。国外分布于前苏联、印度、越南等地。以幼虫危害

叶片，大发生时可将叶片食尽，严重影响植株生长及白果产量，是银杏重要的食叶害虫之一。除银杏外，尚危害枫香、枫杨、樟、板栗、栎、核桃、喜树、沙枣、番石榴、榆、槭、杨、枇杷等。现以 *E. pyretorum congnata* 为例描述如下。

(2)形态特征

①成虫：体长 22～40mm，翅展 48～118mm。体翅灰褐色。头部被黑色绒毛，触角雄虫长双栉状，雌虫栉齿形。胸部棕色，前胸背被白色绒毛，中、后胸背被黑色绒毛。前翅前缘灰白色，基部有暗褐色三角形斑，内横线弧形、棕褐色，外横线棕褐色双锯齿形，亚缘线褐色，外侧有白色带纹，缘线灰褐色。中室端部有一眼状纹，中央为新月形透明斑，外层分别为蓝黑、淡蓝、土黄、棕褐色圈。顶角外侧有紫红色纹 2 条，内侧有黑褐短纹 2 条。后翅似前翅，但色稍浅，眼状纹较小。腹部背面被黑色绒毛，各节间有白色绒毛环。

②卵：乳白色，筒形，长 2mm，短径 1mm。卵块上覆盖一层厚的灰黑色绒毛。

③幼虫：老熟幼虫体长 85～100mm。头绿色，体黄绿色，背线、亚背线、气门线色较淡，腹面暗绿色。胸腹各节均有 3 对枝刺，顶端平、中央下凹、四周有褐色小刺 5～6 根。体上杂有大小和数量不等的黑斑，构成不同色型。围气门片黑色，气门筛黄褐色。胸足橘黄色，腹足略黄，趾钩双序中带。

④蛹：纺锤形长 25～35mm，红褐至棕褐色。额区具一不明显近方形浅色斑。臀棘 16～18 根。

⑤茧：长椭圆形，灰褐色(图 6-23)。

(3)生物学特性

①生活史：在福建 1 年 1 代，以蛹越冬。翌年 2 月下旬成虫开始羽化，3 月下旬为羽化盛期。2 月末成虫开始产卵。3 月中旬出现初孵幼虫，5 月上旬至 6 月中旬为幼虫危害盛期。6 月上旬老熟幼虫开始结茧化蛹。在广西、浙江成虫 2 月底开始羽化，3 月上旬成虫产卵，3 月中旬至 7 月为幼虫危害期。

②习性：樟蚕成虫大多在傍晚或清晨羽化，羽化历时持续 25～35d。成虫白天栖息在隐蔽的枝叶

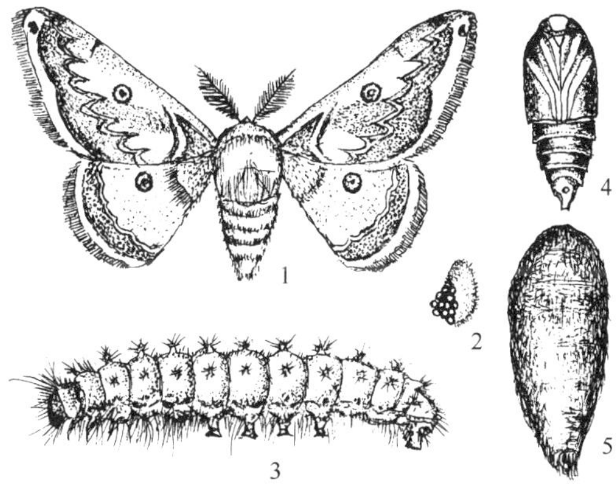

图 6-23 樟蚕(仿张培义)

1. 成虫 2. 卵 3. 幼虫 4. 蛹 5. 茧

或灌丛中，晚间活动，具强趋光性。成虫晚间交配后 1～2d 产卵，大多成堆产于树干或树枝上，少数散产，每雌产卵量 250～420 粒，卵块上密被雌蛾腹末的黑绒毛。1～2 龄幼虫有群集性，3 龄后分散危害。1～2 龄幼虫取食时，用腹足、臀足攀握叶片，胸足抱住叶缘，将叶食成缺刻；3～4 龄幼虫则用腹足，臀足固定于叶柄上取食；5 龄后幼虫固着在小枝上，以胸足抓住叶片取食，吃光叶片后，可取食叶柄和嫩茎；6、7 龄为幼虫暴食期。在闷热天气的中午，幼虫往往有在树干或枝条上往返爬行的习性。老熟幼虫在树干分杈、枝条或附近植被上吐丝做茧化蛹及越冬。

(4)防治方法

①人工防治：利用 2 龄前幼虫群集性及大龄幼虫正午在枝、干上往返爬行的习性，进行人工捕杀。产卵期人工刮除在树干、枝条上的卵块。该虫蛹期很长，可人工摘除在枝干及植被上的茧蛹，集中烧毁，消灭越冬蛹。

②设置黑光灯诱杀成虫。

③保护天敌或人工施放白僵菌粉剂或喷施核型多角体病毒悬浮液(1×10^9 多角体/mL)毒杀幼虫。

④化学防治：初龄期用 90% 敌百虫或 2.5% 溴氰菊酯 3000～4000 倍液喷雾毒杀幼虫。

6.3.2.5 黄刺蛾 *Cnidocampa flavescens* (Walker)

(1)分布及危害 黄刺蛾又名痒辣子、刺毛虫

等，属鳞翅目刺蛾科。国内除贵州及西北地区外，几乎分布全国各地，国外分布于日本、朝鲜等国。是多食性害虫，可危害银杏、枫杨、杨、柳、榆、枫、乌桕、苦楝、悬铃木、栎、青桐、核桃、苹果、梨、石榴、枣、杏、柑橘、樱桃等100多种植物。大发生时可使叶片损失30%以上，甚至吃光叶片，严重影响树势和叶片、白果的产量和质量。

(2)形态特征

①成虫：体长13～17mm，翅展35～39mm。头和胸背黄色，腹背黄褐色。前翅自顶角有一条深褐色细斜线伸向后缘，斜线内侧黄色，外侧棕褐色，在棕褐色部分有一条暗褐色细线伸达翅后缘，中室处有一黄褐色圆点，后翅灰黄色。

②卵：扁椭圆形，长1.4～1.5mm，宽0.9mm。淡黄色，表面有龟纹状刻纹。

③幼虫：为"蛞蝓型"幼虫。短圆柱形，肥胖而略扁。老熟幼虫体长15～25mm。头部黄褐色，隐藏于前胸背板下。体黄绿色，体背有紫褐色大斑纹，前后宽大，中部细，呈哑铃状。体两侧各有9个长枝刺，每体节有4个枝刺，其中以胸部6个后臀节2个特别大。体侧具毛瘤，枝刺，毛瘤上均混生毒毛，胸足3对短小不明显，腹足退化成吸盘状，无趾钩。

④蛹：椭圆形，长13～15mm，淡黄褐色，头胸背面黄色。

⑤茧：椭圆形，坚硬似石灰质，黑褐色有灰白色短纵纹。外形似雀卵，中药名"雀瓮"(图6-24)。

(3)生物学特性

①生活史：该虫在辽宁、陕西1年1代；北京、安徽、江苏、浙江等地均为1年2代，以幼虫越冬。在南京地区，越冬代成虫5月下旬至6月中旬羽化。6月上中旬第1代卵孵化，6月中旬至7月为第1代卵孵化，6月中旬至7月为第1代幼虫危害期。7月下旬~8月上旬老熟幼虫结茧化蛹。8月上中旬成虫羽化。8月中下旬第2代幼虫孵化。8月下旬至9月为第2代幼虫危害期。9月下旬至10月上旬老熟幼虫在树枝、干上结茧越冬。

②习性：成虫多在傍晚羽化，夜间活动，趋光性弱。成虫产卵于银杏叶片，一般每叶上产卵2～4

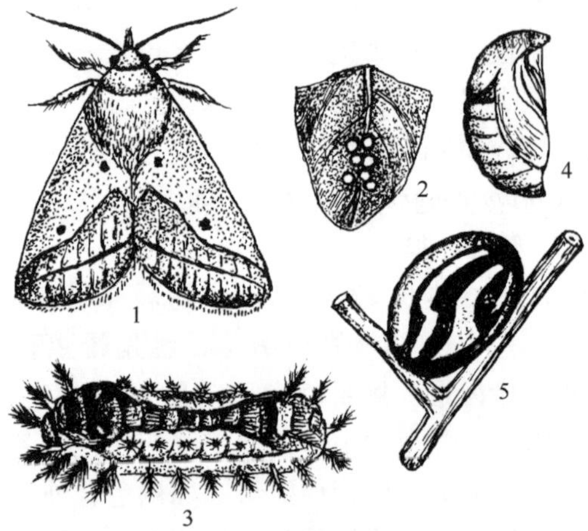

图6-24 黄刺蛾(仿朱白亭)

1. 成虫 2. 卵 3. 幼虫 4. 蛹 5. 茧

粒，多的可达10多粒。初孵幼虫有群集性，常集中在产卵叶片上危害，食叶肉成网状；3龄后分散危害；4龄食叶成孔洞；5、6龄幼虫将叶食光，仅剩叶脉。老熟幼虫在枝干或枝杈间结茧越冬。

(4)防治方法

①人工防治：黄刺蛾越冬茧在树上明显且留存期长，可人工摘茧烧毁或用木槌击茧，杀死其中越冬幼虫。初孵幼虫群集危害叶片成网状，极易发现，可人工摘除烧毁。

②生物防治：黄刺蛾越冬幼虫常有上海青蜂等寄生蜂寄生，可结合人工防治，将所采集的越冬茧置于寄生蜂保护器中，确保寄生蜂能安全返回野外，增加林间寄生蜂的种群数量。在幼虫期尚可喷施孢子含量0.1亿/mL以上的青虫菌悬浮液杀死幼虫。

③化学防治：在初龄期选用50%敌百虫或2.5%溴氰菊酯3000～4000倍液喷冠灭虫。

6.3.2.6 大蓑蛾 *Cryptothelea variegata* Snellen

(1)分布及危害 大蓑蛾又名大袋蛾、大避债蛾、吊死鬼、皮虫等，属鳞翅目蓑蛾科。国内分布于云南、贵州、四川、湖南、湖北、广东、广西、江苏、浙江、江西、安徽、福建、海南、台湾、河南、山东等地。国外分布于日本、印度、斯里兰卡、马来西亚。以幼苗危害银杏、泡桐、悬铃木、枫杨、杨、柳、榆、栎、槐、扁柏、苹果、梨、桃、柑橘、石榴、龙眼、核桃、香樟、茶、油茶等树种，有时也取食甘蔗、大豆、棉花等作物。其寄主达29目90科600多种。大发生时可将整株树叶片吃光，是国内常见的重要食叶害虫。

(2)形态

①成虫：雌雄异型。雌成虫体长22～30mm，无翅、无足、蛆形肥胖、乳白色。头小、前胸背板黄褐色向前突出，腹部7～8节间有环状淡黄色绒毛，腹末端尖细呈尾状。雄成虫体长15～23mm。翅展35～44mm。体黑褐色。前翅红褐色，有黑色和棕褐色斑纹，在近外缘R、M脉处有3～4个透明斑；后翅黑褐色，略带红褐色。

②卵：椭圆形，长0.8mm，宽0.5mm。初产卵乳白色，孵化前灰褐色。

③幼虫：初龄幼虫黄色，少斑纹。3龄后能区分雌、雄性。老熟雌幼虫体长32～37mm，棕褐色。头部赤褐色，头顶有环状斑。前胸盾发达，淡黄色，包围前胸气门，有棕褐色斑纹。背线黑褐色，两侧有黄褐色纵带。腹部较胸部色深。亚背线部位有黑褐色斑点，气门线色较浅，腹面黑褐色。气门较圆，黑色。胸足棕褐色，腹足同体色。雄性幼虫体较小，黄褐色。

④袋囊：丝袋长40～60mm，袋外常缀有大的碎叶片和不规则的短枝梗(图6-25)。

(3)生物学特性

①生活史：该虫在长江中下游地区1年1代，华南地区1年2代，以老熟幼虫在袋囊中越冬。南京地区翌年4月中旬至5月中旬雄幼虫化蛹，5月下旬至6月上旬雄成虫羽化。雌幼虫在5月上旬至5月下旬化蛹，5月中旬至6月中旬雌成虫羽化。雌成虫产卵盛期在5月下旬至6月上旬。幼虫孵化盛期在6月中下旬。雄幼虫和雌幼虫分别于8月下旬至9月中旬和9月中旬至10月下旬进入越冬状态。

②习性：该虫雌成虫羽化后留存在袋囊内，傍晚时常将体前部露出囊外分泌性信息素吸引雄虫。雄成虫多在白天羽化，并脱离袋囊自由飞行，有强趋光性。雌雄成虫多在晚上交配，雌虫交配后即在

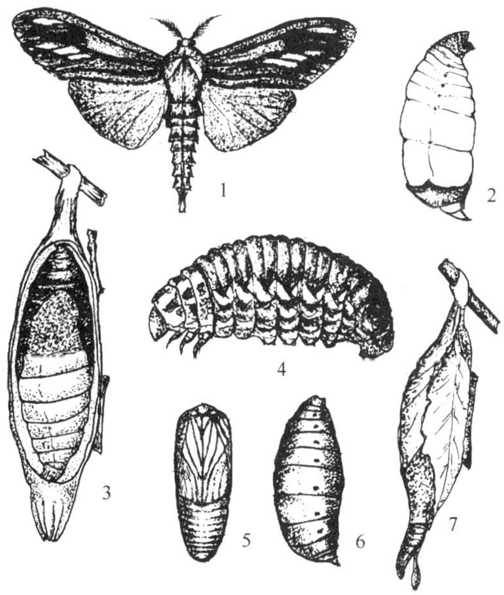

图6-25 大蓑蛾(仿张培义)
1. 雄成虫 2. 雌成虫 3. 雌袋囊(示卵) 4. 幼虫 5、6. 蛹 7. 雄袋

袋囊内产卵，每雌平均产卵量1000粒以上，高者可达5877粒。卵期12～15d。初孵幼虫在袋囊内滞留3～5d后，从囊口涌出，吐丝下垂，随风飘移到下方及周围的枝叶上活动，形成小袋囊，之后幼虫终生在袋囊中生活，取食、迁移均负囊而行。幼虫具向光性，常聚集在枝梢叶片上危害。3龄后可食光叶片仅剩叶脉。7～9月为幼虫危害期。10月老熟幼虫爬至树冠上部枝端，以丝束缠住树枝固定袋囊越冬。

(4)防治方法

①人工防治：幼虫袋囊在树上明显可见，可人工摘除，幼虫是笼鸟、家禽及高档观赏鱼的优良饵料。

②生物防治：大蓑蛾的幼虫及蛹易受伞裙追寄蝇，野蚕黑瘤姬蜂及白僵菌、苏云金杆菌、多角体病毒等众多天敌及微生物的寄生，也常遭食虫鸟类捕食。注意在林间保护天敌及人工引招益鸟，也可以每毫升1亿孢子浓度的苏云金杆菌悬液喷冠杀虫。

③化学防治：在初龄幼虫期，以2.5%溴氰菊酯3000倍液，90%敌百虫1000～1500倍液喷冠毒

杀幼虫。

6.3.2.7 斜纹夜蛾 *Prodenia litura*（Fabricius）

(1)分布及危害 斜纹夜蛾属鳞翅目夜蛾科。国内主要分布于温暖地区，在淮河、长江以南地区发生较多，而长城以南北方地区则偶尔发生；国外分布于非洲、亚洲的热带、亚热带地区。斜纹夜蛾的寄生植物很广，包括：棉、甘薯、玉米、高粱、瓜类、豆类、蔬菜等农作物及茶、泡桐、桑、柑橘、苹果、梨等果树、林木达 290 多种。20 世纪 90 年代后在桂林等地发现该虫危害银杏幼树，严重影响植株正常生长。

(2)形态特征

①成虫：体长 14 ~ 16mm，翅展 33 ~ 35mm。头胸灰褐间白色，下唇须灰褐色，前翅褐色（雄虫较深）、基线、中线不显、内线灰黄色，外线灰色波浪形，环纹不显，臀纹黑褐色，内侧灰黄色，环纹与臀纹间有 3 条白黄色线组成的斜纹，外线的外方从翅尖起至后缘有灰蓝色色斑，向后形成一弯曲内凹的宽带（雌成虫色灰黄），缘毛白褐相间成锯齿形。后翅银白色，半透明，微闪紫光，翅脉及外缘淡褐色。足褐色，各足胫节有灰白毛。

②卵：馒头形，直径约 0.5mm，暗灰色，表面有纵横脊纹。

③幼虫：老熟幼虫体长 39 ~ 47mm。头胸部较细，腹部较粗壮。大发生时体黑褐色，虫口数量少时多呈黄绿色。头部黑褐色，体背褐绿色有不甚明显的灰褐色斑。背线、亚背线及气门下线灰绿色，中胸至第 9 腹节背面各具一对近三角形黑斑，气门下方有黑色斑，腹面淡绿褐色，臀板暗褐色。

④蛹：长 15 ~ 20mm，圆筒形，末端细小，棕红色。腹部第 4 至 7 节近前缘处密布圆形刻点，腹末有 1 对短而弯曲的臀棘（图 6-26）。

(3)生物学特性 斜纹夜蛾在华中一带 1 年 5 代，以蛹越冬。据石德桥（1998）研究，该虫在广西全州 1 年 6 代，以蛹越冬。翌年春成虫羽化，有较强趋光性。交配后成虫于银杏幼树上部嫩叶的叶背产卵呈不规则块状，表面覆盖有稀疏的黄白色绒毛。以幼虫危害银杏叶片，6 月中旬前一般不危害

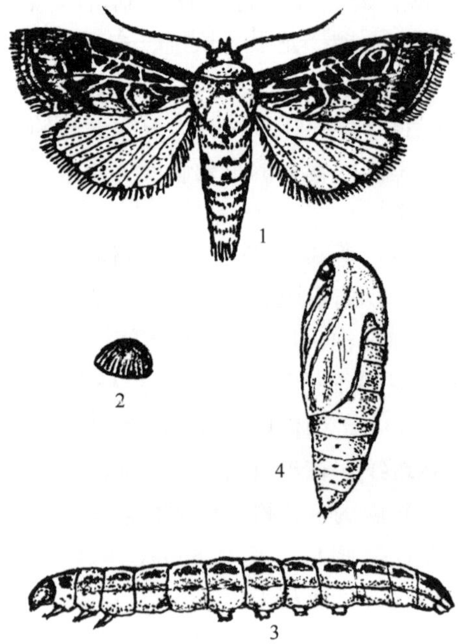

图 6-26 斜纹夜蛾（仿林焕章）

1. 成虫 2. 卵 3. 幼虫 4. 蛹

银杏，9 月后银杏叶片老化也不再危害。1 ~ 2 龄幼虫群集在卵块附近叶背取食下表皮、叶肉，剩留上表皮和叶脉。被害叶片呈枯黄白色网状半透明膜。初龄幼虫在幼树上可转移危害 3 ~ 10 片叶。3 龄后幼虫畏光，白天隐蔽于树下或土中，部分个体晚间上树取食银杏幼树下部叶片呈缺刻状，而另部分个体则转移危害林下间作的农作物或其他植物。11 月老熟幼虫入土筑蛹室化蛹或在土表枯枝落叶中化蛹。

(4)防治方法

①人工防治：冬春季结合幼林抚育翻耕林地，清除林地枯枝落叶消灭越冬蛹。6 ~ 8 月摘除幼树上黄白色网状叶片，消灭叶背群集的初龄幼虫。

②成虫发生期用黑光灯诱杀成虫。

③化学防治：在幼虫初龄期，用 90% 敌百虫 1000 倍，2.5% 溴氰菊酯 3000 ~ 5000 倍喷冠杀灭幼虫。

6.3.2.8 金龟子类

金龟子属鞘翅目。国内现载危害银杏的金龟子

种类有：花金龟科，白星花金龟 *Potosia* (Liocola) *brevitarsis* Lewis、小青花金龟 *Oxycetonia jucunda* Fald.；丽金龟科，铜绿丽金龟 *Anomala corpulenta* Motsch、蓝绿丽金龟 *Popillia mutans* Newmann、中喙丽金龟 *Adoretus sinicus* Burmeister、斑喙丽金龟 *A. tenuimaculatus* Waterhouse；鳃金龟科，筛阿鳃金龟 *Apogonia cribricollis* Burmeister 等。花金龟成虫危害花束，造成落花导致座果率下降。丽金龟、鳃金龟成虫大量取食叶片，造成叶片残缺，提前枯黄脱落。大量发生时，能将苗圃或幼林的银杏叶片吃光，严重影响苗木及幼树的生长。金龟子幼虫又称蛴螬生活在地下，危害苗木或幼树的根部，对植株的正常生长有一定影响。严重危害可致幼苗大量死亡，是重要的地下害虫。

(1)斑喙丽金龟

①分布及寄生：斑喙丽金龟又名茶色金龟。国内西北、华北及长江以南各地普遍发生。国外分布于日本、前苏联等国。危害刺槐、梧桐、油桐、油茶、栎类、核桃、桉树、乌桕、黄檀、杨、柳、木槿、枫杨、杏等多种树木，也能危害银杏。

②形态特征

a. 成虫：体长 1.0 ~ 1.5mm，宽 4.5 ~ 5.2mm，长椭圆形，茶褐色。全身密被黄褐色绒毛及颗粒状刻点。鞘翅上有4条纵隆线，并杂生灰白色小毛斑。腹面栗褐色，密被绒毛。

b. 卵：长椭圆形，长1.7 ~ 1.9mm。乳白色。

c. 幼虫：体长13 ~ 16mm，乳白色至乳黄色。头部黄褐色。口器褐色。体表多皱纹及刚毛。肛腹面具散生钩状毛21 ~ 35根。

d. 蛹：长10mm左右。初为乳白色，后转淡黄色，羽化前褐色。前圆后尖，腹末有一对突起(图6-27)。

③生物学特性：该虫1年发生2代，以幼虫越冬。4月下旬至5月上旬老熟幼虫化蛹，5月开始出现成虫，6月为盛发期。成虫白天潜伏土中，傍晚后飞向寄主取食，成虫有假死性和群集害习性，趋光性强，大量发生时常将树木叶片食尽仅剩叶脉。成虫交配后即在土中产卵。6月中旬至7月中旬为第1代幼虫期，幼虫危害苗木或幼树根部，7月下旬至8月初化蛹，8月为第2代成虫盛发期，8月中旬见卵，8月中下旬幼虫孵化，10月下旬幼虫在土中筑土室越冬。

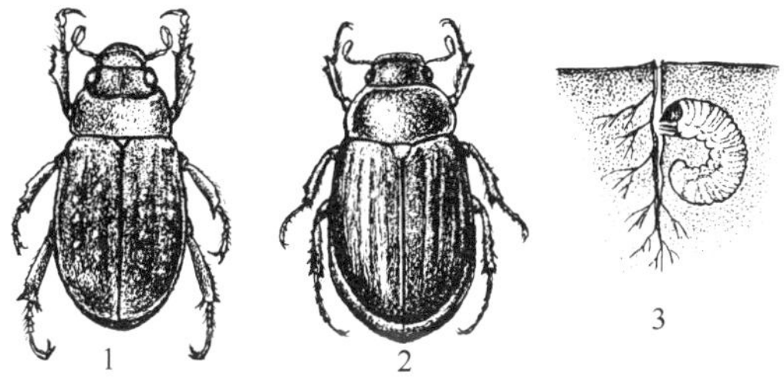

图6-27　斑喙丽金龟、铜绿丽金龟(仿张培义)

1. 斑喙丽金龟成虫　2. 铜绿丽金龟成虫
3. 幼虫(蛴螬)危害状

(2)铜绿丽金龟

①分布与寄主：该虫国内分布于黑龙江、辽宁、吉林、内蒙古、河北、河南、山西、陕西、山东、江苏、安徽、湖南、湖北、江西等地；国外分布于朝鲜、日本。危害杨、柳、榆、栎、松、杉、柏、梅、桃、梨、杏、山楂、海棠、樱花、枫杨、核桃、苹果、油桐、油茶、刺槐、枫、樟、桉、柑橘、银杏等多种林木和果树。

②形态特征

a. 成虫：体长15 ~ 19mm，宽8 ~ 10mm，椭圆形。头、前胸背板深铜绿色，额及前胸背板两侧边缘黄色。小盾片和鞘翅铜绿色，有金属光泽。翅面具不甚明显的4条纵隆起线。虫体腹面及足均黄褐色。足的胫节和跗节红褐色。

b. 卵：椭圆形，长约2mm。白色，后渐变为淡黄色，表面光滑。

c. 幼虫：老熟幼虫体长30 ~ 40mm。头黄褐色，胴部乳白色。腹部末节肛腹片除钩状毛外，尚有排成2纵列的刺状毛，约14 ~ 15对。

d. 蛹：椭圆形，长约18mm，宽约9.5mm。初白色，后渐变为淡褐色。雌蛹末节腹面平坦且有一细小的飞鸟形皱纹，雄蛹末节腹面中央有乳头状突起。

③生物学特性：该虫1年1代，以3龄幼虫(蛴螬)在土中越冬。翌年5月开始化蛹。6 ~ 7月为成虫出土危害期。成虫多在傍晚后飞出危害，凌

晨飞返土中潜伏。成虫具强趋光性及假死性。7 月后出现新一代幼虫，9 月大部变3 龄，10 月幼虫在土中筑土室越冬。

(3)金龟子类防治方法

①成虫防治

a. 利用成虫假死性，用人工击落法捕杀成虫；

b. 设置黑光灯诱杀成虫；

c. 化学防治：在成虫盛发期，喷洒 90% 敌百虫，杀灭成虫。

②蛴螬防治

a. 圃地必须使用充分腐熟的有机肥，或药肥混用。

b. 土壤处理：用 50% 辛硫磷颗粒剂，每公顷 30 ~ 37.5kg 均匀撒于地面。于移栽苗或播种前翻耕，耙耘田地。幼林地则可用药土穴施。

c. 苗木出土后或幼林发现蛴螬危害根部，可均匀打洞灌施 75% 辛硫磷，50% 磷胺等 1000 ~ 1500 倍液，毒杀幼虫。

6.3.2.9 棉铃虫 *Heliothis armigera* Hubner

(1)分布及危害

棉铃虫又名棉蛉实夜蛾，属鳞翅目夜蛾科。该虫分布极广，系世界性害虫。主要以幼虫危害棉花、玉米、小麦、烟草、辣椒、芝麻、向日葵、南瓜等 200 多种植物，是农业的大害虫。但近年来，该虫在山东、江苏等地苗圃危害银杏苗木，严重地区虫害株率可达 80% 以上，严重影响苗木生长，是银杏苗木的主要食叶害虫之一。

(2)形态特征

①成虫：体长 14 ~ 20mm，翅展 27 ~ 38mm。体色多变，黄褐至绿褐色。前翅灰褐色，斑纹不甚明显，仅外线及亚端线较明显。其间形成较宽的暗褐色带。端区各脉间有小黑点，臀纹及环纹黑色。后翅灰白色或淡褐色，翅脉深褐色，中室有一黑色短条，外缘有一黑色宽带，在宽带下方有一芽形灰白斑(图 6-28)。

②卵:近半球形,长 0.5 ~ 0.6mm,宽 0.4 ~ 0.5mm。初产卵乳白色,后转淡黄,近孵化时灰黑色。

③幼虫：老熟幼虫体长 35 ~ 45mm，有淡红、

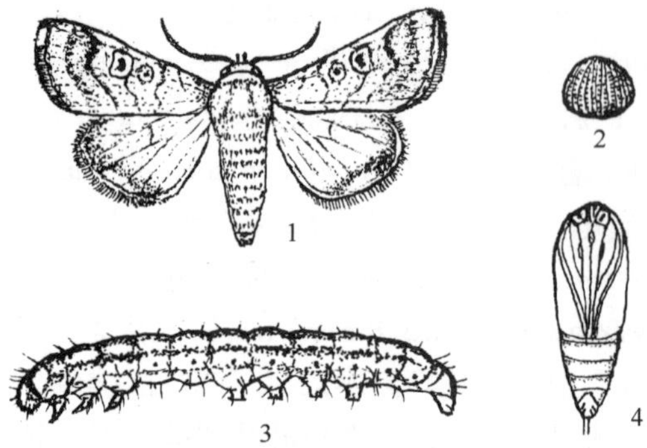

图 6-28 棉铃虫

1. 成虫 2. 卵 3. 幼虫 4. 蛹

黄白、淡绿、绿色、棕色等。体表线纹明显，背中线系双线，侧气门上线为不连续的 3 ~ 4 条。各体节有黑色瘤状毛片 12 个。

④蛹：长 11 ~ 20mm，纺锤形，臀棘 2 根。蛹外无茧。

(3)生物学特性 据张福华等(1998)研究，棉铃虫在山东莱州 1 年 4 ~ 5 代，以蛹越冬。翌年春天气温 15℃以上时，越冬代成虫羽化，4 月下旬至 5 月下旬为羽化盛期。第 1 代至第 4 代各代成虫发生期分别为 6 月中下旬、7 月中下旬、8 月中下旬至 9 月上旬、9 月中旬至 10 月上旬，个别年份第 4 代可延至 10 月下旬。但世代重叠现象明显。成虫有强趋光性和趋化性(糖醋液)。成虫羽化后即在晚间交尾。卵散产，每头雌虫可产卵 500 ~ 1000 粒，最多达 2700 粒。卵大多产于银杏苗叶背，也有的产于叶面，叶柄、嫩茎、农作物或杂草上等处。初孵幼虫常群集叶缘危害叶片，2、3 龄幼虫可从幼苗顶芽一侧蛀食或蛀入嫩枝梢，造成顶梢及顶部簇生叶死亡，危害十分严重。3 龄后幼虫分散危害，可将叶片食尽，仅剩叶柄。7 ~ 8 月为幼虫危害盛期，幼虫有转移危害习性。9 月下旬老熟幼虫开始下树，在苗木附近 5 ~ 10cm 深的土中或杂草下化蛹越冬。

(4)防治方法

①人工防治：早晨 9：00 时前地面铺塑料布，触动枝叶即可捕杀震落的幼虫。结合抚育，冬天翻耕圃地，可使地下越冬蛹翻至地面，供天敌捕食。

②合理规划银杏圃地或选择适宜的混种农作物，注意预防农作物上棉铃虫转移危害银杏。

③应用糖醋液诱杀成虫。

④化学防治：因棉铃虫对一般常用农药具有较强的抗药性，在6~8月各代幼虫孵化盛期，应用高效农药如：5%高效顺反式氯氰菊酯+25%强杀净乳油1000~2000倍喷雾毒杀幼虫。

6.3.2.10 茶黄蓟马 *Scirtothrips dorsalis* Hood

(1)分布及危害 茶黄蓟马又名茶叶蓟马，属缨翅目蓟马科。国内分布于广东、广西、海南、云南、江苏、浙江、福建、台湾等地；国外分布于日本、印度、巴基斯坦、马来西亚等国。主要危害茶、油茶、山茶、葡萄、杧果、草莓、花生、大叶相思、阿拉伯金合欢等植物，是我国中南、西南、华南、华东茶区重要的芽、叶害虫。近年来，该虫在江苏等银杏产区危害银杏，成虫、若虫在叶背刺吸危害叶片，使叶片失绿，严重危害时使叶片白枯提早脱落，影响树势及叶片、白果的产量和质量。

(2)形态特征

①成虫：体长1mm，头宽约2mm，色橙黄。复眼大，稍突出，暗红色。单眼三角形排列，鲜红色。触角8节，暗黄色。前胸宽大于长，背板布满细密横纹。前后翅细长，有长缘毛，前翅橙黄色，近基部有一小淡黄色区。腹部第3~8节各节背面前缘有一暗色带，第8腹节后缘齿状突起明显，第9腹节后缘刺毛长。

②卵：肾形，淡黄色。

③若虫：体长不足1mm，细长，初龄乳白色，后渐变黄色，体具翅芽。

④蛹：即4龄若虫，翅芽明显，有单眼，触角伸向头背面，分节不明显(图6-29)。

(3)生物学特性 茶黄蓟马在山东郯城、江苏邳州一带1年4代，以蛹越冬。翌年4月下旬成虫羽化，在叶背叶脉处产卵。早春初孵若虫先聚集在银杏小苗或根蘖苗叶背危害，随温度上升可转移到大树叶背危害，虫口密度增大时可扩散到叶面。2龄可在叶背、叶面同时危害。3龄若虫不取食，在土壤缝隙、枯枝落叶层和树皮缝中脱皮化“蛹”(实为4龄若虫)。各代成虫的发生期分别为：5月中下旬(第1代)，7月下旬(第2、3代)为高峰期，8月下旬至9月(第4代)，有世代重叠现象。成虫在叶面、叶背均能取食危害。9月初虫量消退。第4代3龄若虫蜕皮化蛹越冬。一般银杏实生苗木或大树较嫁接苗或大树受害重。

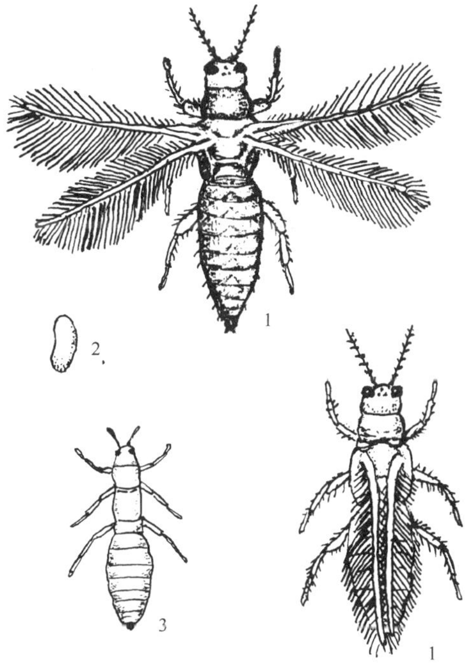

图6-29 茶黄蓟马(仿陈晓苏)

1. 成虫 2. 卵 3. 若虫

(4)防治方法

①选用优良品种，应用嫁接方法培育苗木或大树可提高白果产量和质量，同时能有效减少茶黄蓟马的危害。

②化学防治

a. 4月下旬在地面及树干上喷杀灭菊酯3000倍或2.5%溴氰菊酯5000倍毒杀成虫。

b. 5月下旬叶片上初见茶黄蓟马时，用杀灭菊酯3000倍或2.5%溴氰菊酯5000倍喷枝叶，6月中下旬2次喷药，7月中下旬虫口密度最大时第3次喷药。喷药次数可视虫量多少酌定。

6.3.2.11 介壳虫类

介壳虫类属同翅目，雌雄异型，雌虫无翅，雄虫具翅 1 对，后翅特化为平衡棍。若虫身体常被有各种类型蜡被。国内危害银杏的介壳虫类，据记载主要有硕蚧科：吹绵蚧 *Icerya purchasi* Maskell 草履蚧 *Drosicha corpulenta*（Kuwana）；蚧科：龟蜡蚧 *Ceroplastes japonicus* Green、扁平球坚蚧 *Parthenolecanium corni*（Bouche）；粉蚧科：葡萄粉蚧 *Pseudococcus maritimus*；盾蚧科：糠片蚧 *Parlatoria pergandii* Comstock、矢尖蚧 *Unaspis yunonensis* Kuwana、考氏白盾蚧 *Pseudaulacaspis cockerelli*（Cooley）、白轮盾蚧 *Aulacaspis thoracica* Robinson、黑褐圆盾蚧 *Chrysomphalus aonidum*（L.）、桑白盾蚧 *Pseudaulacaspis pentagona*（Targioni－Tozzetti）等。介壳虫类主要刺吸危害银杏的嫩梢、枝、叶和种实，若虫排出的蜜露可诱发煤污病，从而造成树势衰弱、落叶、落果、枝梢枯死，严重危害可致整株枯死，严重影响叶片及种实的产量。

（1）龟蜡蚧

①分布及寄主：龟蜡蚧又名日本龟蜡蚧、日本蜡蚧。国内广泛分布于各银杏产区，国外分布于日本、前苏联。危害银杏、枣、柿、大叶黄杨、柑橘、石榴、桂花、白兰花、山茶、月季、蔷薇、紫荆、海棠、海桐、雪松等。

②形态特征

a. 成虫：雌成虫体宽卵圆形，红褐色，长约 4mm。体表覆盖一层坚实、不透明的灰白色厚蜡壳，背中央隆起高，周缘有 8 个圆突，因背纹似龟纹而得名。雄成虫体棕褐色，长约 1mm，翅展约 2mm。翅 1 对膜质透明，具 2 翅脉。

b. 卵：长椭圆形，长约 0.3mm，初产橙黄色，近孵化时紫红色。

c. 若虫：初孵若虫体扁平，淡黄色，椭圆形，长约 0.5mm。老龄雌若虫蜡被似雌成虫。雄若虫长椭圆形，较扁平，虫体周缘有 12 个三角形蜡芒、呈星芒状。

d. 蛹：长椭圆形，紫褐色，长约 1mm（图 6-30）。

③生物学特性：该虫在我国各地均 1 年 1 代，以受精雌成虫越冬。在南京地区翌年 5 月中旬雌成虫大量产卵。若虫于 6 月上旬大量孵化，老熟若虫于 8 月下旬至 9 月上旬大量化蛹、羽化。在广西桂林地区则发生期较早。每年 7 至 8 月雄成虫羽化后即与雌虫交尾，交尾后 2～3d 死亡；受精雌成虫在枝条上越冬。雌成虫产卵于母体腹下，每头雌虫平均产卵 1610 粒。若虫孵化后在枝条上爬行很快，爬行途中若遇强风，可借风力传播至其他植株。经短时间爬行后即寻找合适部位固定取食，通常多固定在叶片正面近叶脉处危害，少数在嫩枝和叶柄上。若虫固定 6h 后即开始分泌蜡质。15d 左右形成初级星芒状蜡被。40d 左右雌、雄若虫蜡被发生明显变化，雄若虫星芒状蜡被完善，雌若虫则大量分泌新蜡形成龟甲状蜡被。雄若虫固定后除 1 龄脱皮后有少许移动外终身不再移动；但雌若虫随每次脱皮，固定位置从叶片逐渐移向附近的枝条上。在生长发育过程中，若虫大量排出蜜露布满枝、叶，7 至 8 月间诱发煤污病，形成黑色枝叶，影响光合作用，导致植株生长势衰弱。

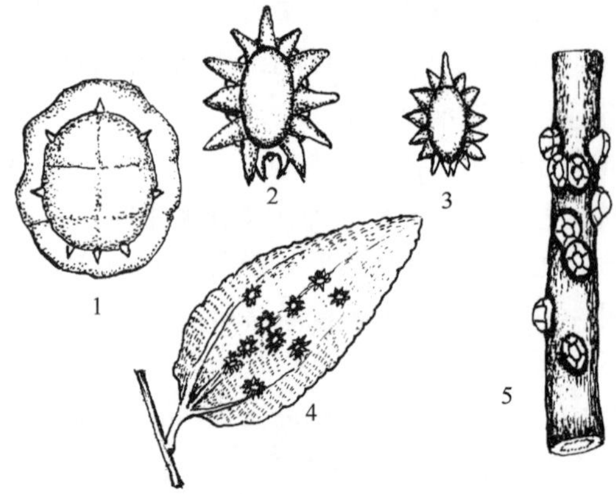

图 6-30 日本龟蜡蚧（仿夏宝池）

1. 雌成虫蜡被 2. 雄成虫蜡被 3. 若虫蜡被 4、5. 被害状

（2）考氏白盾蚧

①分布与寄主：考氏白盾蚧又名白盾蚧、广菲盾蚧等。国内分布于黑龙江、辽宁、吉林、内蒙古、甘肃、北京、河北、山东、江苏、浙江、上海、江西、福建、湖北、广东、广西、云南、四川、贵州等地；国外分布于泰国、柬埔寨、马来西亚、印度、斯里兰卡、日本、美国、南非等国及大洋洲等地区。危害银杏、广玉兰、白玉兰、石栗、含笑、山茶、杜鹃、夹竹桃、棕竹、丁香、芍药、

构骨、米兰、桂花、枫香、重阳木等园林植物。

②形态特征：

a. 成虫：雌成虫体长 1.1 ~ 1.2mm，近纺锤形，淡黄色，前中胸膨大，体后半部变狭。体型可分为食枝干和食叶二型。雌介壳近梨形，较扁平，白色，不透明，表面自前向后有放射状隆起线和环形点，前端第一脱皮壳点淡黄色，第二壳点红褐色。雄成虫体长约 0.7mm，翅展约 1.7mm。橙黄色，触角丝状，翅 1 对，灰白色透明，后翅特化为平衡棍。

b. 卵：长椭圆形、淡橙黄色，长约 0.4mm。

c. 若虫：1 龄时体扁椭圆形，黄色，触角 6 节，尾毛 1 对。2 龄时雌、雄形态分化。2、3 龄雌若虫外形、体色似雌成虫。2 龄雄若虫与 1 龄若虫相似，但体较肥大，色较深，触角与足退化。雄介壳细长、白色，前后宽度相似，长约 1mm，背面有 3 条纵背线，壳点一个位于前端。

d. 蛹：长椭圆形，长约 0.9mm，黄色，交尾器明显(图 6-31)。

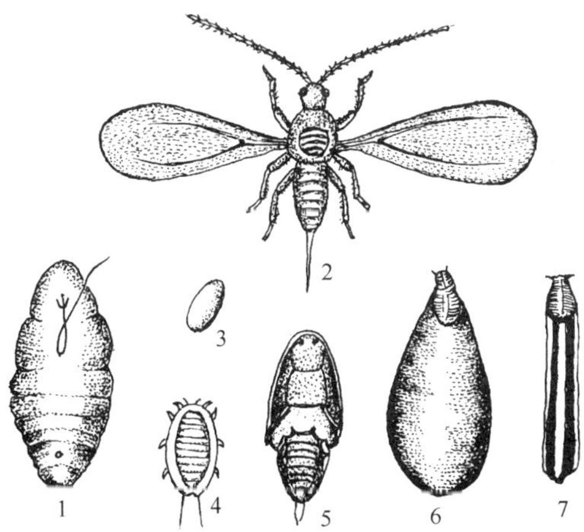

图 6-31 考氏白盾蚧(仿夏宝池)

1. 雌成虫 2. 雄成虫 3. 卵 4. 初孵若虫 5. 雄蛹 6. 雌虫介壳 7. 雄虫介壳

③生物学特性：该虫在广州 1 年发生 5 代，以受精雌成虫在枝条或叶片上越冬。翌年 3 月上旬至 5 月上旬产卵。第 1 至第 5 代的盛孵期分别在 3 月下旬至 4 月上旬、7 月上中旬、8 月中旬、9 月中旬、11 月中下旬。在广州，世代重叠明显，一般在 4 至 12 月均可见各虫态。全年以 7 至 10 月危害最重。该虫在广西 1 年发生 3 代，以受精雌成虫越冬，各代发生整齐，很少重叠。翌年 3 月下旬产卵，各代若虫发生期分别为 4 月中旬、7 月上旬、9 月上旬。雌成虫产卵于介壳下，每雌产卵 46 ~ 114 粒，平均 76 粒。初孵若虫爬行能力强。雄若虫多为群居性，雌若虫多为散居性。若虫固定后即开始泌出蜡丝形成介壳。若虫 2 龄后雌雄分化。

(3)介壳虫类防治方法

①检疫措施：在调运苗木时注意检疫，如发现有严重危害的介虫，则应采取有效杀灭措施后再栽植。

②加强抚育管理：在银杏苗圃或造林地，应加强抚育管理、合理施肥，确定合理的种植密度，增强树势，提高抗虫能力。注意选育抗虫品种。

③人工防治：冬季或早春结合修剪，剪去部分有虫枝，集中烧毁，以减少越冬虫口基数。发生数量较少时，可用人工方法刷除枝叶上的蚧虫。

④化学防治：冬季喷施 10 ~ 15 倍松脂合剂或 40 ~ 50 倍机油乳剂杀灭越冬雌虫或若虫。在若虫孵化盛期，尚未形成介壳前，用 50% 杀螟松等 1000 ~ 1500 倍液喷冠，每隔 7 ~ 10d，连续喷 2 ~ 3 次，杀灭初孵若虫。

⑤保护天敌：介壳虫类天敌众多，如澳洲瓢虫捕食吹绵蚧、大红瓢虫和红缘黑瓢虫捕食草履蚧、红点唇瓢虫捕食龟蜡蚧、桑白蚧等。寄生盾蚧的有蚜小蜂、跳小蜂、缨小蜂等。因此，在防治介壳虫的同时应注意采取有效措施保护各种天敌。

6.3.2.12 枯叶夜蛾 *Adris tyrannus* (Guenee)

(1)分布及危害 枯叶夜蛾属鳞翅目夜蛾科。国内分布于辽宁、河北、山东、安徽、江苏、浙江、江西、湖南、湖北、四川、广西、台湾等地。国外分布于日本、印度等国。寄主有：银杏、柑橘、苹果、梨、桃、葡萄、枇杷、无花果、杧果等果树。主要以成虫吸食果实汁液。银杏种实受害 3 ~ 10d 后即提前脱落，影响白果产量。在桂林地区灵川、兴安等县银杏受害严重。

(2)形态特征

①成虫：体长 35 ~ 41mm，翅展 98 ~ 102mm。头胸棕褐色，胸部二侧各有一煤黑色斑。前、中足胫节黄色。前翅枯叶色，翅顶角尖，外缘弧形内斜，后缘中部内凹，翅脉上有小黑点列，顶角至后缘凹陷中央有一黑褐色内斜线，内横线黑褐色，环纹为一黑点，肾纹黄绿色。后翅杏黄色，亚端区有一角形黑斑，中后部有一肾形黑斑。

②卵：近圆球形，乳白色，卵壳表面有 6 角形网状纹。

③幼虫：老熟幼虫体长 60 ~ 70mm，体紫红色，腹足 4 对，第 1 对腹足短小。

④蛹：长约 30mm，褐色，有黄白色丝将叶及绒毛等粘结一起(图 6-32)。

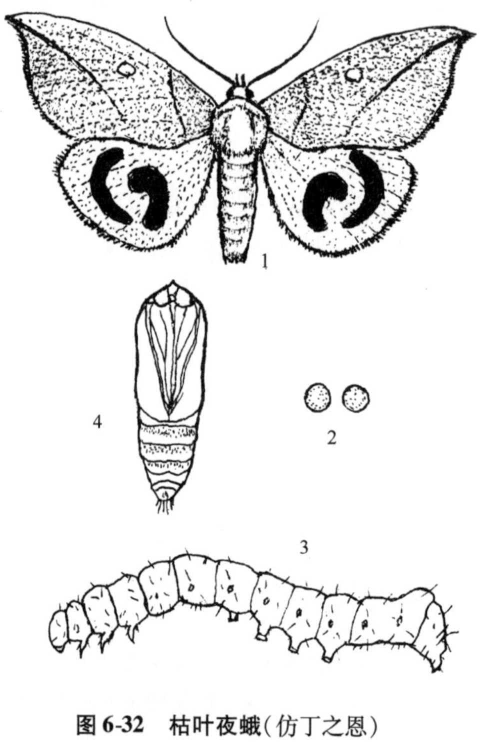

图 6-32 枯叶夜蛾(仿丁之恩)

1. 成虫 2. 卵 3. 幼虫 4. 蛹

(3)生物学特性 该虫在广西、湖南等地 1 年 2、3 代，以蛹越冬。翌年 5 月初成虫开始危害银杏种实，5 月中下旬为危害盛期。第 1 至第 3 代各世代发生期分别为：6 ~ 8 月，8 ~ 10 月，9 月至翌年 5 月。成虫在晚间活动，有强趋光性。卵多产于林下的通草、十大功劳及野木瓜等寄主的叶背，常数粒产在一起。10 月幼虫老熟后即入土化蛹越冬。

(4)防治方法

①人工防治：成虫产卵前，清除银杏树周围的通草、野木瓜等产卵寄主植物，以减少虫源。

②物理防治：应用黑光灯可大量诱杀成虫。

③化学防治：在成虫发生期，喷施 50% 敌百虫 500 倍，每隔 10 ~ 15d 喷 1 次，连续喷 2 次。或在林内施放敌敌畏插管烟雾剂或敌敌畏油雾剂，毒杀成虫。

6.3.2.13 桃蛀螟 *Dichocrosis punctiferalis* Guenee

(1)分布及危害 桃蛀螟又名桃蠹螟、桃蛀虫、桃实虫等。国内分布于辽宁、河北、河南、陕西、山东、山西、江苏、浙江、江西、四川、云南、贵州、湖南、湖北、福建、广东、广西、台湾等地；国外分布于日本、朝鲜等国以及南亚、东南亚、大洋洲及北美等地。该虫危害板栗、柿、桃、苹果、梨、柑橘、杏、李、梅、马尾松、杉、向日葵、石榴、无花果、大豆、玉米等多种林木、果树及农作物。主要以幼虫蛀食银杏种实，吃光或残留部分种核，严重影响白果产量和质量。

(2)形态特征

①成虫：体长约 12mm，翅展 22 ~ 26mm。全体黄色，触角丝状，下唇须发达向上弯曲呈镰刀形，具黄色鳞毛，前半部背面两侧具黑色鳞毛。前翅黄色，翅面具多数分散的黑色小斑，前缘基部有 1 黑斑，沿基线有 3 黑斑，外横线及亚外缘线各有 8 黑斑，亚缘线外侧有 3 黑斑。后翅中室有 2 黑斑，外横线及亚外缘线各有 8 黑斑。腹部背面黄色，第 1、3、4、5 各节背面各具 3 黑斑，第 6 节有 1 黑斑，第 2、7 节无黑斑，第 8 节末端黑色，雄蛾明显。

② 卵：椭圆形，长 0.6 ~ 0.7mm，宽约 0.5mm。初产乳白色，渐变成樱桃红色。

③幼虫：老熟幼虫体长约 22mm，体色多变，有暗红、淡灰褐、浅灰蓝等色，体背面紫红色。头部暗褐色，前胸背板褐色，臀板灰褐色，腹部多为淡绿色。中、后胸及腹部 1 ~ 8 节，各有大小不等

褐色毛片8个，排成两列。

④蛹：长约13mm，宽约4mm。褐色或淡褐色，腹末有6根卷曲的臀棘(图6-33)。

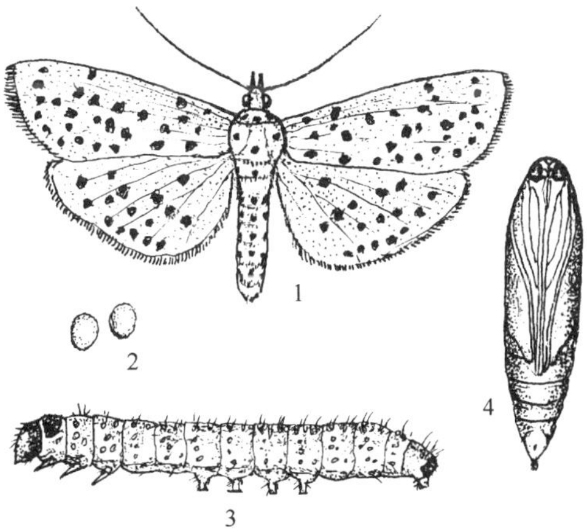

图6-33　桃蛀螟(仿张翔)

1. 成虫　2. 卵　3. 幼虫　4. 蛹

(3)生物学特性　该虫发生世代各地不同，北方各省每年发生2、3代，长江流域每年4、5代，以老熟幼虫越冬。据湖北观察，第1～4各代幼虫发生期分别为5月上旬至6月下旬、6月下旬到8月下旬、7月下旬至9月上旬、8月下旬至9月上中旬，第5代始于9月中旬，而以老熟幼虫在寄主树皮下，果实蛀道中及玉米茎秆、向日葵盘等处越冬。江苏南京第1～4(越冬代)各代成虫发生期分别为6月中下旬至8月上旬、7月末至8月下旬、9月上旬至10月下旬、5月上旬至7月上旬。

成虫大多于夜间羽化，趋光性不强，白天不活跃，多在黎明前交尾，交尾后产卵于银杏种实表面。幼虫孵化后，先作短距离爬行，即从银杏果柄处蛀入种核内危害，或在树枝上蛀食，1头幼虫一生只取食1个种实。幼虫危害与寄主的果实生育期有关。据调查发现，第1代幼虫主要危害桃、杏、李等果实；第2代幼虫除危害桃、玉米、向日葵外，还危害银杏等，一般受害银杏的周围均有桃、玉米等果树和农作物；第3代幼虫危害板栗等。

(4)防治方法

①银杏丰产园应与易受危害的寄主(桃、玉米等)隔离，以减少虫源。

②人工防治：人工摘除被害种实，及时清除落地种实、集中深埋或销毁。

③化学防治：第1代成虫羽化，用2.5%溴氰菊酯3000倍喷冠，或用菊酯油烟剂喷烟灭成虫。幼虫孵化盛期可用上述药剂每隔1周，连续喷2次毒杀初孵幼虫。

6.3.2.14　木蠹蛾类

危害银杏的木蠹蛾属鳞翅目木蠹蛾科。主要有：榆木蠹蛾 *Holcocerus vicarius* (Walker)，又名柳干木蠹蛾；小褐木蠹蛾 *Holcocerus insularis* Staudinger；咖啡豹蠹蛾 *Zeuzera coffeae* Nietner，又名咖啡木蠹蛾；六星黑点蠹蛾 *Zeuzera leuconotum* Butler；荔枝拟蠹蛾 *Arbela dea* Swinhoe 等。榆木蠹蛾、荔枝拟蠹蛾主要以幼虫钻蛀树干形成蛀道；小褐木蠹蛾以幼虫蛀枝干；咖啡豹蠹蛾、六星黑点蠹蛾主要以幼虫钻蛀新梢、枝条。导致植株枝梢枯萎，树干蛀损，生长势衰弱，甚至整株枯死。

(1)咖啡豹蠹蛾

①寄主及分布：国内分布于广东、广西、浙江、江苏、江西、福建、河南、湖南、四川、台湾等地；国外分布于印度、斯里兰卡、印度尼西亚等国。银杏、悬铃木、枫香、刺槐、核桃、杨、香椿、桑、白蜡、泡桐、榆、苹果、梨等25科35种。

②形态特征

a. 成虫：体长13～26mm，翅展26～28mm，全体灰白色。头小，复眼黑色，下唇须短小，黄褐色。触角黑褐色，雄虫触角基半部双栉齿状，端半部细锯齿状；雌虫触角丝状。前翅灰白色，翅脉黄褐色，顶角尖，在翅脉间密布短黑纹，翅的前后缘及脉端的黑点显著。后翅透明，翅脉间密布短斜近圆形青蓝色斑，臀区白色无斑纹。胸腹部白灰色，背部中央、两侧及背腹交界处共有5列黑点，背中线点较小，两侧较大。雄虫腹部腹面白色、无斑；雌虫腹面每节有3列青蓝色斑，以中间斑点为大。

b. 卵：椭圆形，长0.9mm，杏黄色或淡黄白色，孵化前紫黑色。

c. 幼虫：老熟幼虫体长30mm。头橘红色，头顶、上颚及单眼区域黑色。体淡赤黄色，前胸背板黑色，较硬、后缘有锯齿状小刺一排，中胸至腹部各节有成横排的黑褐色小颗粒状隆起。

d. 蛹：长圆筒形，长 14 ~ 27mm，褐色。蛹的头端有一尖的突起，色泽较深。腹部 3 ~ 9 节的背侧面，甚至腹面，有小刺列，腹部末端有 6 对臀棘(图 6-34)。

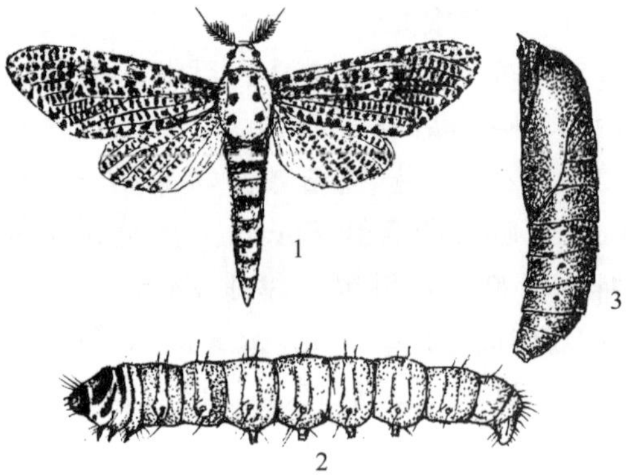

图 6-34 咖啡豹蠹蛾(仿张培义)

1. 成虫 2. 幼虫 3. 蛹

③生物学特性：该虫在江苏 1 年 1 代，以幼虫越冬。翌年 3 月中旬越冬幼虫开始蛀食，4 月中下旬至 6 月中下旬老熟幼虫在被害枝条内筑蛹室化蛹，5 月中旬至 7 月上旬成虫羽化。成虫白天静伏不动，黄昏后开始活动，雄虫飞翔能力较强，但趋光性弱。雌成虫产卵于树皮缝、旧虫道内、新抽嫩枝梢上或芽腋等处。5 月底至 6 月上旬林间可见初孵幼虫，大多从叶片主脉蛀入，经叶柄进入枝条髓部，逐渐向下危害，每危害一段距离，即向外蛀食一个排粪孔。1 ~ 2d 后蛀孔以上嫩枝梢凋萎干枯，并常在蛀孔处风折。4 ~ 5d 后幼虫钻出向下转移至另一根新枝梢危害。6 ~ 7 月枯死枝条征状明显且极易风折。11 月幼虫在枝条蛀道内吐丝缀合虫粪蛀屑封闭两端静伏越冬。

(2)榆木蠹蛾

①寄主及危害：主要危害银杏、旱柳、花曲柳、杨、榆、刺槐、丁香、麻栎、花椒、苹果、山荆子、稠李等植物，是银杏等树木重要的蛀干害虫，以幼虫危害银杏主干上部及主枝基部，受害植株树势衰弱、上部枝叶枯黄，甚至整株枯死。国内分布于黑龙江、吉林、辽宁、河北、河南、山东、山西、江苏、安徽、上海、天津、北京、陕西、宁夏、内蒙古、甘肃、四川、云南等地；国外分布于越南、日本、朝鲜及前苏联等国。

②形态特征

a. 成虫：体长 16 ~ 28mm，翅展 35 ~ 48mm，全体灰褐色。头小、复眼大、黑褐色。触角丝状、灰褐色、较长。下唇须黄褐色紧贴额面。胸腹部背面灰褐色，腹面色稍暗。雌虫腹末端较大，雄蛾腹末宽钝多毛。中足胫节端部有距 1 对，后足胫节端部及中部各有距 1 对。前翅灰褐色，满布许多条弯曲的黑色横纹，由肩角至中线和由前缘至肘脉间形成深灰色暗区，并有黑色斑纹。后翅较前翅色较暗，腋区和轭区鳞毛较臀区长，横纹不明显，中室末端横脉上有 1 个明显的白斑。

b. 卵：卵圆形，长 1.2mm，宽 0.8mm，表面纵行隆脊间具横行刻纹。初产时乳白色，渐变暗褐色。

c. 幼虫：体扁圆筒形。初孵幼虫粉红色，体长仅 1mm 多。老熟幼虫体长 25 ~ 40mm，头部黑紫色，宽约 5mm。前胸背板上有大型紫褐色斑纹 1 对。各腹节背板及体侧为紫红色，有光泽，腹面色稍淡，各节间黄褐色。气门紫褐色。全体生有排列整齐的黄褐色稀疏短毛，足黄褐色。

d. 蛹：暗褐色，长 17 ~ 35mm。蛹体稍向腹面弯曲。第 2 ~ 6 腹节背面具两行刺列，前列较粗，后列较细；第 7 ~ 9 腹节背面只具前刺列。腹末肛孔外围有刺突 3 对(图 6-35)。

③生物学特性：据方德齐等研究(1987)，榆木蠹蛾在山东境内多数 2 年 1 代，少数 1 或 3 年 1 代。成虫出现在 5 月中下旬至 9 月下旬，一年中有两个高峰，第 1 次在 5 月下旬，第 2 次在 8 月下旬至 9 月下旬。高秦东等调查(1998)，江苏姜堰一带该虫 2 年 1 代，6 月下旬始见成虫羽化，7 月上旬为羽化高峰，7 月下旬却很少发现。成虫昼夜均可羽化，但以晚间至清晨居多。成虫趋光性强。羽化后当夜即可交配产卵。卵成堆或成块产于树皮裂缝处。初孵幼虫多群集取食卵壳及树皮，2 ~ 3 龄时分散从伤口或树皮裂缝处侵入，先在韧皮部及边

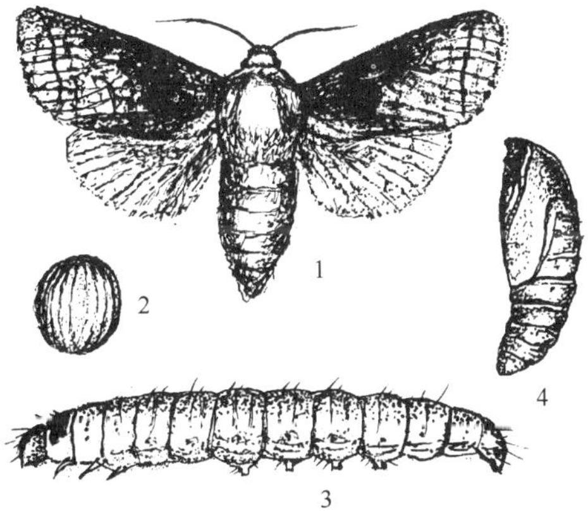
图6-35 榆木蠹蛾
1. 成虫 2. 卵 3. 幼虫 4. 蛹

材危害，之后蛀入木质部。虫道呈不规则指形弯曲，常数头或十余头幼虫在蛀道内蛀食，排泄物、蛀屑堆积在蛀道中。10月中下旬幼虫在木质部蛀道内越冬。翌年4月上旬越冬幼虫开始在木质部活动取食，并从蛀道口排出虫粪、蛀屑，到10月中下旬老熟幼虫在表土层内作薄茧越冬。第3年越冬老熟幼虫出茧重新作丝质土茧，并化蛹。

(3)木蠹蛾类防治方法

①伐除被害严重的濒死木或枯立木，剪除虫害枯萎的大枝，集中烧毁，以减少虫源。

②加强抚育管埋及林木保护，防止形成机械损伤，以减少幼虫的侵入。

③药剂喷干：在幼虫孵化期，以50%杀螟松1000倍或2.5%溴氰菊酯3000倍喷干及大枝基部杀灭初孵幼虫。

④药剂注孔：自5月中旬起定期检查银杏树干，发现有新鲜虫粪蛀屑排出的蛀道口时，可向蛀孔内注入10倍有机磷农药(50%杀螟松等)，并用黏土封闭蛀道口；也可用棉花蘸药堵塞虫道口，杀死蛀道内幼虫。

6.3.2.15 天牛类

天牛为蛀干性害虫，危害银杏的天牛主要有：星天牛 *Anoplophora chinensis* (Forster)、光肩星天牛 *Anoplophora glabripennis* (Motsch.)、刺角天牛 *Trirachys orientalis* Hope 等，属鞘翅目天牛科(图6-27)。天牛类的危害主要以成虫啃食嫩枝、干的皮层，以幼虫蛀食树干韧皮部及木质部，在树干内形成不规则蛀道，严重影响树木正常生长，导致树势衰弱，甚至全株枯死或枝、干风折。

(1)星天牛

①分布及寄主：国内广泛分布于辽宁、吉林、北京、河北、山东、山西、陕西、甘肃、江苏、浙江、上海、湖南、湖北、广东、广西、海南、四川、贵州、云南、福建、台湾、香港等地；国外分布于日本、朝鲜、缅甸等国，危害银杏、杨、柳、榆、刺槐、苦楝、枫杨、桑、悬铃木、苹果、梨、无花果、柑橘、核桃等17科40多个树种。

②形态特征

a. 成虫：体长19～24mm，体宽6～14mm。全体黑色，有时略带金属光泽，具小白斑点。触角自第3～11节每节基部有淡蓝色毛环，约占每节的1/3。头部和体腹面被银灰色和部分蓝灰色细毛。前胸背板中瘤明显，两侧另有瘤状突起，侧刺突粗壮。鞘翅具小形白色毛斑，通常每翅约有20个，排列成不整齐的五横行。但斑点变异很大，有时很不整齐，难辨行列。有时部分斑点合并，仅剩约15个。

鞘翅基部有大小不等较密的颗粒状突起，约占翅长的1/4。

b. 卵：长椭圆形，长约5～7mm，两端略弯。初产卵乳白色，孵化前黄色。

c. 幼虫：老熟幼虫长圆筒形，略扁，长约38～60mm。体乳白至淡黄色，头部褐色，宽约5mm。前胸背板骨化区呈"凸"字形，两侧上方各有一飞鸟形纹。足退化，腹部第1～7节背腹面各有步泡突1个。

d. 蛹：离蛹，纺锤形，乳白至黄色，长约30～38mm(图6-36)。

③生物学特性：星天牛在我国江苏、浙江等南方地区1年1代，北方地区1年1代或2年1代。主要以幼虫在蛀道内越冬。越冬幼虫翌年3月开始活动，4月上中旬老熟幼虫开始化蛹。4月下旬或5月上旬成虫羽化，5、6月为羽化盛期，直到8、

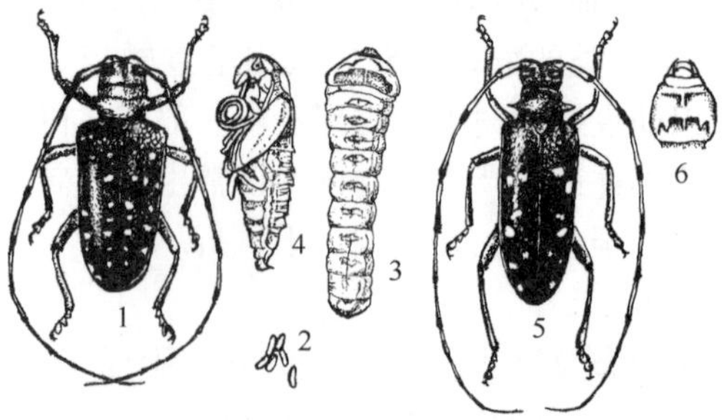

图6-36 星天牛、光肩星天牛

星天牛：1. 成虫 2. 卵 3. 幼虫（前胸背板前端有飞鸟形纹） 4. 蛹
光肩星天牛：5. 成虫 6. 幼虫（前胸背板前端无飞鸟形纹）

9月还可见成虫。成虫羽化后飞向树冠，啃食叶柄、叶片和枝梢皮层进行补充营养。5～8月上旬成虫交尾产卵，5月底至6月中旬为产卵盛期。卵多产在树干基部，少数产在树干第1分枝的基部，产卵时在树皮上咬成"T"或"∧"形刻槽。初孵幼虫先在皮层和木质部间蛀食，1～2月后蛀入木质部，并向下蛀食至主干基部，蛀害范围可达地面下根颈部15cm内。在蛀道上，每隔一定距离有一向外开口的蛀孔，作排泄和通气用。虫道内常充满蛀屑和虫粪，被害树干基地面上也常见成堆的黄白色蛀屑。

(2)光肩星天牛

①分布及寄主：国内分布于江苏、浙江、江西、福建、山东、山西、河北、甘肃、宁夏、陕西、辽宁、内蒙古、安徽、湖北、广西、四川等地；内外分布于朝鲜、日本。以幼虫危害银杏、杨、柳、糖槭、榆、苦楝、桑、悬铃木、樱桃、樱花、山核桃、苹果梨、李等。

②形态特征

a. 成虫：光肩星天牛和星天牛成虫的体形、体色、鞘翅斑纹等均相似，但光肩星天牛翅基光滑无颗粒状突起与之相区别。

b. 幼虫：似星天牛幼虫，但前胸背板骨化区"凸"字形两侧上方无鸟形纹。

③生物学特性：光肩星天牛在辽宁、山东、河南、江苏1年发生1代或2年1代。以幼虫在蛀道内越冬，少数以卵越冬。越冬幼虫翌年3月下旬开始活动取食，5～7月老熟幼虫在木质部蛀道筑蛹室化蛹，6月中下旬为化蛹盛期。成虫于6月上旬出现，6月中旬至7月上旬为飞出盛期。10月上旬仍可见个别成虫活动。成虫啃食杨、柳等树木的叶柄、叶片和嫩枝皮层补充营养，2～4d后交尾。雌成虫交尾后主要在树干枝杈和有萌生枝的地方及2年生枝条上咬刻槽产卵。

一般树皮厚的树种刻槽圆且深，直径7～10mm；树皮薄的刻槽为扁圆、椭圆或唇形，且较浅。未产卵空槽约占20%。卵期主要在6月中旬至7月中下旬，个别9～10月产的卵则到第2年才能孵化。初龄幼虫在皮层和木质部间取食，3龄后蛀入木质部，形成3.5～15cm长的蛀道。但木质部蛀道仅为栖息场所，之后仍回皮层与木质部间蛀食，所以被害树干的树皮常陷落成掌状，面积为120～214mm^2，且有蛀屑虫粪排出。

(3)天牛类防治方法

①在银杏园圃周围避免选用杨、柳、糖槭等天牛易害树种作防护林，对已有的上述树种防护林则应加强对天牛的防治。

②冬季清园后树干涂白：2月份，用生石灰：80%敌敌畏乳剂：食盐：水（50：1：10：190）配制成涂白剂涂刷树干，防止成虫产卵。

③结合冬、夏修剪，人工剪除被害枝，集中烧毁。

④人工捕杀：6～7月利用成虫羽化后每天6:00～8:00时栖息于树干的习性人工捕杀成虫。检查树干发现有新鲜蛀屑虫粪排出的蛀孔，可用带钩铁丝伸入蛀道钩杀幼虫。

⑤化学防治：以80%敌敌畏10倍液注入蛀孔，黏土封口毒杀幼虫。成虫期以绿色威雷300～500倍液喷枝干毒杀成虫。

⑥保护天敌：天牛的天敌有蚂蚁、寄生蜂、花绒坚甲、啄木鸟等，经营活动中注意这些天敌的保护和利用。

6.3.2.16 家白蚁 *Coptotermes formosanus* Shiraki

(1) 分布及危害 白蚁是世界性大害虫。我国除新疆、青海、宁夏、内蒙古、黑龙江、吉林外，全国24个省（直辖市、自治区）均有白蚁分布，一般长江以北地区种类少、危害较轻；长江以南地区种类多，危害严重。目前已查明，各地危害银杏的白蚁种类有：黄胸散白蚁 *Reticulitermes speratus*（Kolbe）、黑胸散白蚁 *R. chinensis* Snyder、黑翅土白蚁 *Odontotermes formosanus*（Shiraki）、黄翅大白蚁 *Macrotermes barneyi* Light、普通家白蚁 *Coptotermes communis* Xia et He、家白蚁 *C. formosanus* Shiraki 等。其中以家白蚁危害最严重。家白蚁又名台湾家白蚁，属等翅目鼻白蚁科。家白蚁可蛀害树干，并可在树干中筑巢，从而导致树势衰弱，生长不良，轻则枝叶黄化、枯顶、落果、枯枝，重则风折或整株枯死。广西灵川县银杏老树受白蚁危害率为4%，每年因白蚁危害造成白果失收量达8000kg，损失约12万元。

（2）形态特征

①兵蚁：体长5.3～6.7mm。头及念珠状触角浅黄色。头部椭圆形，齿近圆形，大而显著，能分泌白色酸性浆液。上颚镰刀形，黑褐色。前胸背板平坦，较头狭窄，前缘及后缘中央有缺刻。腹部乳白色。

②有翅成虫：体长7.8～15mm，翅展20～25mm。头背面深黄色，胸腹背面黄褐色，腹部腹面黄色。前胸背板前宽后狭。前后缘向内凹。翅微具淡黄色，翅面密布细小短毛。前翅鳞明显大于后翅鳞。

③卵：乳白色，椭圆形，长径0.6mm，短径0.4mm，一边较平直。

④工蚁：体长5～5.4mm。头微黄，腹部白色。头后部圆形，前部呈方形。前胸背板前缘略翘起。腹部长，略宽于头，被疏毛（图6-37）。

（3）生物学特性　危害银杏的家白蚁，在各地均有分布，筑巢营社会性生活，通常筑巢于胸径30～90cm的银杏树干基部。每年5月中旬至6月初，在下雨天前后闷热的黄昏，当大气相对湿度达95%左右时，发育成熟的有翅繁殖蚁纷纷涌出分飞孔向外飞翔。有翅成虫具强趋光性。经过短时间空中群飞后，有翅成虫落地，雄虫用力拍翅追逐雌虫，接触后四翅脱落，雌、雄虫交配后便寻找适宜场所营建新巢。家白蚁的初建群体发展非常缓慢，3～4年后群体发展迅速，有的群体相当庞大，有白蚁数十万头。通常同一个巢的群体中只有一对蚁王、蚁后，但有许多补充型繁殖蚁。

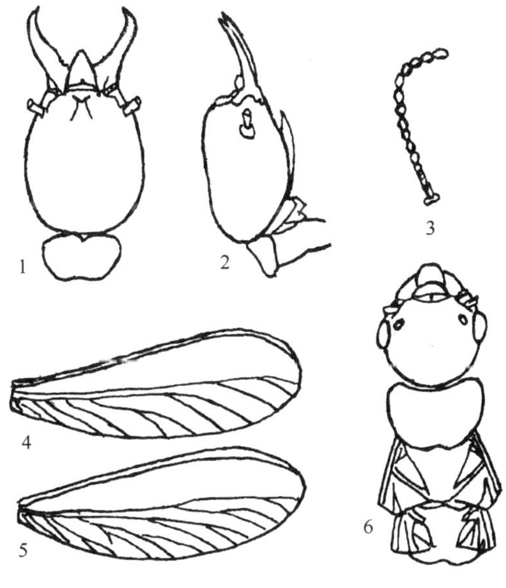

图6-37　家白蚁（仿张执中）

1. 兵蚁及前胸背面　2. 兵蚁及前胸侧面　3. 兵蚁触角　4、5. 有翅成虫前后翅　6. 有翅成虫头、胸背面

家白蚁的蚁巢有主、副巢之分，主巢体积较大，内有1或多个供蚁王、蚁后居住的“王室”，副巢相对较小，主、副巢间有通道相连，在特定情况下，主副巢会出现转化。一般在银杏树干内筑巢的家白蚁，在树干上常见蚁路和泥被，用小刀挑开即可见白蚁爬出。由于一巢白蚁可同时危害1至多株银杏，因此发现有白蚁的树内不一定有蚁巢。识别蚁巢有以下3个特征：①泥路（即蚁路）：是白蚁用泥土、排泄物和分泌物沿树干筑起的蚁路，兵、工蚁外出活动、取食均在泥路内进行；②排积物：树干上的短枝截口覆满颗粒状的泥团即为排积物；③分飞孔：又称羽化孔，是白蚁有翅蚁成熟分群飞出时的出口，呈半圆形，家白蚁分飞孔常见于树干表皮孔洞及枝节处，由细小的土粒粘结而成。蚁巢中的有翅蚁当年羽化当年分飞。

（4）防治方法

①灯光诱杀：在白蚁分飞时期，在有蚁巢银杏

树附近设置黑光灯等强灯光，灯下放置一盆清水，成虫趋光落水而死，清水中加入敌敌畏或柴油等诱杀效果更佳。也可使用高压诱虫灯，电击杀死成虫。

②毒饵诱杀：广东用蔗粉或桉树皮粉经蜜粘褶菌处理后再加灭蚁灵制成袋状诱杀包。浙江用粉碎的蕨∶菝葜∶灭蚁灵∶糖（4∶2∶1∶1）制成诱杀袋（每袋4g）。在白蚁活动的林地随机设点，铲去表土铺一层白蚁喜食的枯枝杂草，放上诱杀袋后再用杂草、薄土覆盖。每公顷投放毒饵约0.9kg。

③喷药灭杀：采用打洞喷药的方法，可有效杀灭蚁巢内白蚁。先在树干基部（离地面40～60cm）用木工钻等工具在不同方位打2～3个洞，洞深至蚁巢，然后用胶球喷粉器向洞内喷0.5%毒死蜱粉，并用泥封口。也可从分飞孔或蚁路、排积物破口喷药，通过白蚁相互舔吮和哺喂等习性，使有毒粉剂传递扩散到全巢，达到杀灭蚁群的目的。

6.3.2.17 地下害虫

危害银杏的地下害虫主要有属直翅目蝼蛄科的华北蝼蛄 *Gryllotalpa unispina* Saussure 及东方蝼蛄 *G. orientalis* Burmeister（图6-38）。直翅目蟋蟀科：油葫芦 *Gryllus testaceus* Walker、大蟋蟀 *Brachytrupes portentosus* Lichtenstein。鞘翅目叩头甲科（金针虫）：沟金针虫 *Pleonomus canaliculatus* Faldermann（图6-39）。鞘翅目金龟子科（蛴螬）：详见“6.3.2.8 金龟子类”。鳞翅目夜蛾科：大地老虎 *Agrotis tokionis* Butler、小地老虎 *A. ypsilon*（Rottemberg）等（图6-40）。

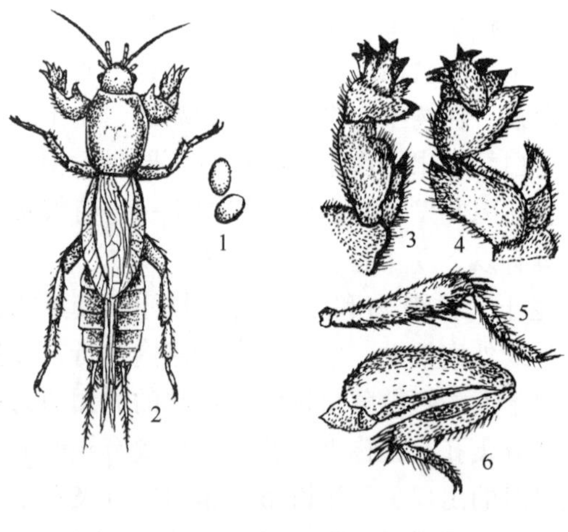

图6-38 蝼蛄（仿于长奎）
1、2. 东方蝼蛄卵及成虫
3、5. 华北蝼蛄前、后足
4、6. 东方蝼蛄前、后足

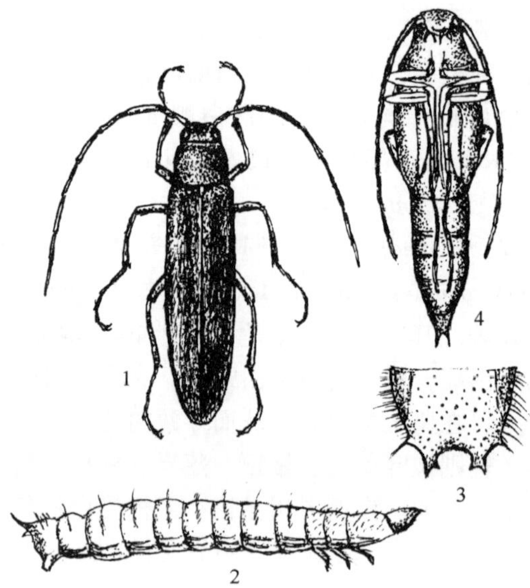

图6-39 沟金针虫（仿张培义）
1. 成虫 2、3. 幼虫及幼虫尾端 4. 蛹

（1）*分布及危害* 华北蝼蛄主要分布北方地区，东方蝼蛄分布全国各地。蝼蛄类的危害除直接危害银杏苗木根茎外，由于成虫和若虫在苗床表土层钻筑隧道，导致实生苗幼苗根土分离而干枯死亡。

油葫芦分布于华北、华东、华中地区，大蟋蟀主要分布福建、江西、云南、广东、广西及台湾等南方各地。主要危害播种的银杏种实及实生幼苗的幼茎、嫩芽。

沟金针虫分布于辽宁、河北、内蒙古、山西、山东、河南、江苏、浙江、安徽、湖南、陕西、甘肃、青海等地。危害播种的银杏种实及苗木根、茎。

蛴螬（金龟子）分布危害详见“（6.3.2.8）金龟子类”。

大、小地老虎分布全国各地，但大地老虎在长江流域地区危害严重。主要以幼虫咬断银杏实生苗

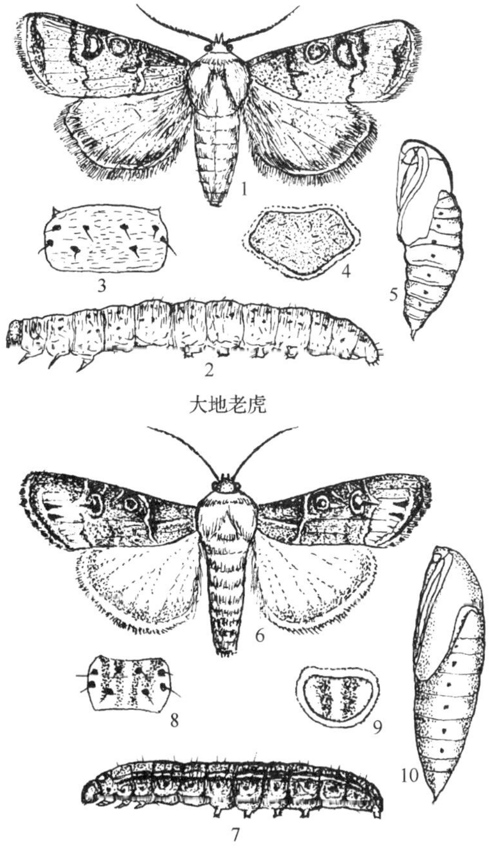

图6-40 大地老虎、小地老虎

1、6. 成虫 2、7. 幼虫 3、8. 幼虫第4腹节背面
4、9. 幼虫臀板 5、10. 蛹

根茎取食。

(2) 生物学特性 华北蝼蛄3年1代；东方蝼蛄在南方1年1代，北方2年1代，以成虫及若虫越冬。成虫喜在腐殖质较多或未腐熟的厩肥土下产卵。成虫有强趋光性，喜食香甜食物。蝼蛄喜在潮湿和较黏的土中活动、取食、产卵。

油葫芦1年1代，以卵在土中越冬。大蟋蟀1年1代，以若虫在土穴中越冬。蟋蟀喜在湿润而疏松的砂壤土中筑穴栖居。有趋光性。雄虫善鸣好斗，卵多成堆产在母穴中（图6-41）。

沟金针虫在华北地区2~3年完成1代，以成虫和幼虫在土中越冬。雌成虫不能飞翔、行动迟缓、无趋光性；雄成虫飞翔力较强，有趋光性。

大地老虎1年1代，以幼虫越冬。小地老虎1

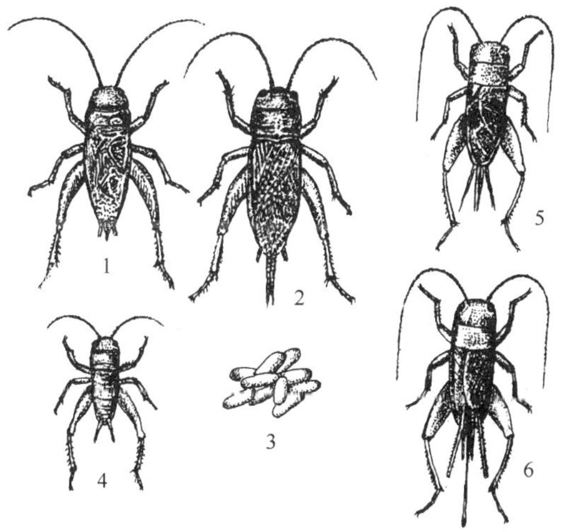

图6-41 大蟋蟀、油葫芦

大蟋蟀：1. 雄成虫 2. 雌成虫 3. 卵 4. 若虫
油葫芦：5. 雄成虫 6. 雌成虫

年2~7代，自北向南发生代数增多，以幼虫和蛹越冬，但北纬33°以北地区尚未查到越冬虫源。成虫具趋光性，对糖醋混合液亦有强烈的趋化性。幼虫有假死性，遇惊扰虫体即蜷缩成环形不动。

蛴螬（金龟子）：见6.3.2.8金龟子类。

(3) 防治方法

①防治原则：防治幼虫与防治成虫相结合，播种期与全生育期防治相结合，实施以生态防治为基础，人工、物理、化学防治相协调的综合治埋措施。

②生态防治：采取改良土壤，深翻土地，适时中耕，清除林地杂草，合理用水，不施用未腐熟有机肥等措施，改善土壤生态环境条件，抑制地下害虫的发生。

③人工防治：根据被害状，用人工方法挖除杀灭蛴螬、地老虎、蝼蛄、蟋蟀等地下害虫。

④灯光诱杀：应用黑光灯诱杀金龟子、蟋蟀、蝼蛄、叩头虫、地老虎等成虫。

⑤糖醋诱杀：用白糖6+醋3+酒1+水10制成糖醋液加少量敌百虫等杀虫剂诱杀地老虎成虫。

⑥食饵诱杀：根据不同地下害虫的嗜食性制成毒饵诱杀。炒香的谷子、谷糠拌50%辛硫磷加水（15：0.5：0.5）诱杀蝼蛄；用鲜嫩青草、菜叶拌90%敌百虫加水（100：1：1000）诱杀小地老虎；

用甘薯、马铃薯碎片拌敌百虫能诱杀金针虫等。

⑦土壤处理：翻耕土地前采用50%辛硫磷处理土壤（35～40kg/hm^2）或制成毒土处理（2.5%敌百虫粉1kg＋300kg细土拌匀）。

⑧药剂拌种：以25%辛硫磷微胶囊剂拌种。

a. 药剂拌种：以25%辛硫磷微胶囊剂拌种。

b. 药剂灌根：以50%辛硫磷乳剂1000～1500倍灌根杀灭蛴螬、金针虫等地下害虫。

c. 在成若虫发生期用2.5%敌百虫粉剂喷粉或敌百虫乳剂800～1000倍喷雾杀灭。

6.3.2.18 其他害虫

除上述害虫外，据文献记载，在国内各地危害银杏的害虫尚有以下种类。

（1）芽、叶部害虫　鳞翅目蓑蛾科：茶蓑蛾 *Cryptothelea minuscula* Butler、白囊蓑蛾 *Chalioides kondonis* Matsumura、小蓑蛾 *Acanthopcyche* sp.、蜡彩蓑蛾 *Chalia larminati* Heylearts。刺蛾科：枣奕刺蛾 *Iragoides conjuncta*（Walker）、扁刺蛾 *Thosea sinensis*（Walker）、桑褐刺蛾 *Setora postornata*（Hampson）、灰双线刺蛾 *Cania bilineata*（Walker）、白痣姹刺蛾 *Chalcocelie albiguttata*（Snellen）。尺蛾科：油桐尺蛾 *Buzura suppressaria* Guenee、木橑尺蛾 *Culcula panterinaria* Bremer et Grey、星尺蛾 *Ophthalmodes* sp.。卷蛾科：茶长卷蛾 *Homona magnanima* Diakonoff、柑橘长卷蛾 *H. coffearia* Meyrick、拟后黄卷蛾 *Archips compacta* Meyrick、柑橘黄卷蛾 *A. eucroca* Diakonoff、黄色卷蛾 *Choristoneura longicellana* Walsinghaam、山楂黄卷蛾 *Archips crataegana* Hubner。毒蛾科：舞毒蛾 *Lymantria dispar* L.、半带黄毒蛾 *Euproctis digramma*（Guerin）、折带黄毒蛾 *E. flava*（Bremer）、茶黄毒蛾 *E. pseudoconspersa* Strand。螟蛾科：山栀子三纹野螟 *Archernis tropicalis* Walker。枯叶蛾科：落叶松枯叶蛾 *Paralebeda plagifera*（Walker）、油茶枯叶蛾 *Lebeda nobilis*（Walker）、天幕毛虫 *Malacosoma* spp.。栎毛虫 *Cyclophragma undans*（Walker）。苔蛾科：山黑缘美苔蛾 *Miltochrista delineate*（Walter）。鞘翅目象甲科：大灰象 *Sympiezomias velatus*（Chevrolat）、大绿象 *Hypomeces squamosus* Fabricius。直翅目斑腿蝗科：棉蝗 *Chondracris rosea rosea*（De Geer）。

（2）刺吸类害虫　半翅目蝽科：麻皮蝽 *Erthesina fullo* Thunberg、珀蝽 *Plautia fimbriata*（Fabricius）、沟盾蝽 *Sdenostethium rubropunctatum*（Guenrin）。同翅目广翅蜡蝉科：八点广翅蜡蝉 *Ricania speculum* Wlak、眼纹广翅蜡蝉 *Euricania ocellus*（Walk.）、胡椒广翅蜡蝉 *Geisha distsndissima* Walker。蜱螨目叶螨科：山楂叶螨 *Tetranychus viennensis* Zacher、苹果叶螨 *Panonychus ulmi*（Koch）。附线螨科：侧多食附线螨 *Polyphagotarsonemus latus*（Banes）。

（3）枝干害虫　直翅目螽斯科：绿螽斯 *Holochlora nawae* Matsumura et Shiraki、绿掩耳螽 *Elimaea chloria*（Haan）Det、疹点掩耳螽 *E. punotifera*（Walker）、绿叶螽斯 *Elimaea* sp.。同翅目蝉科：黑蚱蝉 *Gryptoympana atrata* F.。鞘翅目露尾甲科：露尾甲一种 *Haptonch* sp.。

（4）种实害虫　鳞翅目螟蛾科：豆荚螟 *Etiella zinckenella* Treitschke。鳞翅目卷蛾科：桃小食心虫 *Carposina sasakii* Mats.、梨小食心虫 *Grapholitha molesta* Busck、李小食心虫 *G. funebrana* Treitschke。膜翅目，广肩小蜂科：杏仁蜂 *Eurytonmus* sp.。

第7章

银杏资源的综合开发利用

随着科学技术的发展，人们对银杏叶、花、种实、木材的化学成分的研究越来越深入，其营养价值和医疗保健作用越来越引起人们的重视。在日本、美国、德国、韩国以及西欧等国在对银杏叶化学成分及其药理功效研究的基础上，已经研制出多种银杏叶提取物制剂，产品供不应求，取得了巨大的经济效益。

我国在银杏综合加工利用上发展非常快，加工产品可划分为三大系列：食用保健品系列、化妆护肤保健品系列和医药品系列。我国已经成功地研制出全天然银杏汁、银杏罐头、银杏叶桃果汁（文衍集，1994；康锦豫，1992；张枫等，1994），以银杏为主要原料的系列食用保健品的制备方法和加工工艺已获得多项国家专利。对银杏其他保健食品的研究也很深入（宋超，1992；白满英，1993；梁立兴，1995），涉及到加工品的营养与功能及质量控制等方面（王琳等，1994；赵伯涛，1995；张卫明，1995）。张莉（1994）研究了在加工过程中除去微量有毒成分氢氰酸的方法。银杏用于化妆护肤系列产品的研制是近2年开辟的新领域。目前，已成功地研制出用银杏叶提取物制作护发乳、生发油、护肤膏、减肥雪花膏等专用化妆护肤品的配方（李兆龙等，1994）。以多酚与银杏树提取液配制化妆品或药物组合、白果白芨系列护肤用品及其制备方法都已获得国家专利。截至2005年，国家知识产权局共发布有关银杏的专利461项，其中发明专利405条、实用新型专利12条、外观设计专利74条。

我国对于银杏种实和银杏叶开发利用的研究已经取得了可喜的成果，并且生产出多种银杏产品投入市场。但在银杏花、木材、外种皮开发利用方面的研究尚处于起步阶段。今后，随着科技的进步，银杏资源的开发利用也必定要走综合性的产业化发展道路。

7.1 银杏叶的开发利用

7.1.1 研究历史

银杏叶具有很高的药用价值。但在古代人们对银杏叶的药效并不了解。大约到了1436年，人们才知道叶子外用对皮肤病、头痛及雀斑有治疗功效，1505年古书中才提出银杏叶子可以内服。

对银杏叶化学成分的研究，源于1932年日本学者Furakawa首次从银杏叶中分离出4种银杏萜内酯，并用HNMR等技术对其结构和立体化学进行了研究。1941年，中泽浩一又分离出了银杏黄素，并确定它的分子式为$C_{32}H_{22}O_{10}$。随后，BorKer等人又用逆流分离法，从银杏黄素的混合物内，分离出异银杏黄素和白果黄素两种双黄酮。到了20世纪60年代，现代分离分析技术的应用使人们对银杏叶的基本成分有了更深入的认识。1967 年，日本学者 K. Nakanishis 等采用化学方法和光谱方法首先测定了银杏内酯系列化合物的结构。1986 ~ 1987 年，Chamel Nasr、Matsumoto 和松木武等先后从银杏叶中分离出两种新的银杏黄酮糖苷，并用 HNMR 和 CNMR 对其结构进行剖析，将其命名为山柰素 3-0-（6‴-对桂皮酰基－葡萄糖-β-1，4-鼠李糖）和槲皮素 3-0-（6‴-对桂皮酰基-β-1，4-鼠李糖苷）2 种物质，并用明确的化学结构式进行了标识。1986 年，A Schennen 从银杏叶中分离得到一种活性碱 6-hydroxykynurenic acid，这也是该碱首次在裸子植物上被发现。1988 年前后 P. Bragnet 等报道了银杏中含有的 5 种银杏内酯，即 ginkgolide A、B、C、M、J，同时指出它们之间的差异仅是羟基数目和位置的不同，其中银杏内酯 B 的活性最强。

在中国，对银杏叶化学成分的研究也同样非常活跃。1983 年，周日秀对庐山银杏叶中的双黄酮进行分离鉴定。通过动物药理实验得知，银杏叶醇提取物及水提取物都能明显改善小白鼠由 $NaNO_2$ 及东莨菪碱引起的记忆损害，且醇提物强于水提物。说明银杏叶注射液对动物脑循环具有明显的作用（陈长勋等，1991；谢人明等，1986）。游松等（1989、1991）对银杏叶中双黄酮和黄酮苷进行了结构研究和核磁共振谱分析。银杏叶广泛用于改善脑血管、外周血管血流，其主要药理活性成分为黄酮类和银杏萜内酯，银杏叶不仅含这两类有效成分，还含有酚类、微量元素等有效成分和 17 种氨基酸（李俊义，1994）。1994 年刘玲玲报道了银杏叶中的 4 种双黄酮，即西阿多黄素、银杏黄素、异银杏黄素和白果黄素。游松于 1995 年进行了银杏内酯的分离与结构测定。此外，谢大年（1994）运用高效液相色谱法对银杏叶提取物中黄酮类成分进行了分析，李吉来在 1996 年用薄层扫描法做了银杏叶中总黄酮苷的含量测定。1995 年，高锦明等对银杏叶中黄酮类和萜内酯的结构与活性的关系做了详细的评述。1992 年，王成章等从银杏叶中分离得到 7 个聚戊烯醇乙酸酯纯样，经鉴定证明为桦木聚戊烯醇型（Betulaprenol）结构，与哺乳动物所含多萜醇接近，这一发现为银杏叶的开发利用提供了广阔的前景。庄向平（1992）研究表明，银杏叶中含有芦丁和槲皮素，含量分别为 0.051% ~ 0.094% 和 0.0024% ~0.0035%。

银杏叶总黄酮和银杏萜内酯含量的测定方法一般采用分光光度法，但此法重复性差、准确性低（王红等，1995）。在条件允许的情况下，应选高压液相色谱法。国外报道了专利技术，采用的丙酮提取、乙醇提取及酮类提取中的氢氧化铝沉淀、硅藻土过滤氨水沉淀法和醇提取中的色谱分离法、反相色谱分离法等 7 种提取银杏叶黄酮类化合物的方法和工艺流程以后，我国也迅速研制出了多种提取工艺（李兆龙，1992）。采用正交试验法优选出银杏叶总黄酮提取工艺的条件为用 12 倍量 70% 乙醇回流提取 2 次，提取量大大高于水煎法，2 次总提取率可达到 81.09%（刘重芳等，1992；姚渭溪，1995）。经试验银杏叶进行烘干等预处理后，用乙醇浸提法可明显提高黄酮得率和含量（廖亮，1994）。若使用中浓度的醇－水溶剂提取并经石油醚脱脂后，黄酮粗产品得率为 10% ~12 %，含量为 16% ~24%（庄向平等，1992）。但与用丙酮－水提取和乙醇－水提取相比较，黄酮得率分别为 11.8% ~22.7% 和 9.6% ~12.1%，含量为21.5% ~23.7% 和 16.3% ~17.6%。因此，用丙酮－水提取法较好。银杏黄酮含有银杏素、黄酮类、白果内酯系列化合物、酚类等，其叶（干）含黄酮为 2.5% ~3.8%，比国外含量高 1.4% 以上（陈士林等，1994）。银杏叶总黄酮对生物体有害物质——活性氧，具有很强的消除作用（杨瑞菊，1994）。银杏叶萜内酯包含银杏苦内酯（ginkgolide，为二萜类化合物）和白果内酯（bilobalide，为倍半萜内酯）两类（钱骅等，1995）。唐世蓉等（1992）经理化性质、薄层层析、红外光谱及质谱分析，鉴定出了银杏内酯（ginkgolide B）和白果内酯（BB），后者为国内首次分离。银杏苦内酯 GK 可用于治疗气喘、肺过敏反应、血栓、心血管疾病和转移性癌症，还有抗氧化和延缓衰老的功能，特别是银杏苦内酯 A、B、C，其中银杏苦内酯 B 尤为关键（钱骅等，1995）。银杏白果内酯 BB 具有神经保护作用和抗水肿作用（丁建国，1995）。银杏叶提取物制剂可防止血管老化，促进脑血流量，消眩晕、麻木，显著降低胆固醇（陈士林等，1994）。另外，已证明银杏叶提取液还可防治舞毒蛾幼虫的发生，且无公害（卢学栋，1993）。

迄今为止，从银杏叶中分离出的化学成分已有160多种，并且仍有新的化学成分不断被发现。这些化学成分主要为银杏黄酮类、萜内酯类、有机酸类、烷基酚酸类、银杏酚酸及烷基酚、醇类、甾类等。

由于银杏叶中含多种生理活性物质，利用银杏叶和银杏叶的提取物来开发研制保健食品和药品也一直是科研人员的研究重点和热点。早在1966年，前联邦德国科学家就发现银杏叶中含有通血脉和降低胆固醇的药用成分，并用银杏叶提取物制成针剂、液剂、糖衣片及长效缓释片，给脑血管疾病的患者服用，均取得了良好的治疗效果，并且长期服用无毒副作用。德国威玛、史瓦伯将银杏叶提取物用于临床，并于1972年申请了专利，定名为GBE761。GBE761是治疗心脏病、冠心病、高血压、脑血管、动脉硬化、老年性痴呆及神经系统疾病的特效药。20世纪80年代科研人员发现，银杏叶中的银杏内酯，为强的血小板活化因子（PAF）颉颃剂。这一发现把银杏叶的科研和生产推向了高潮，成为近20年来德国、日本、美国和法国等国家研究的热点。

国际上，一般将银杏叶提取物（GBE）产品的生产历程划分为4个时代：第1代只标定GBE的含量；第2代除了标定GBE的含量以外，还标定了提取物中黄酮苷的含量；第3代则在第2代的基础上又增加了内酯含量的标定；第4代明确指出要严格标示银杏内酯A、B、C及白果内酯的含量。当前对GBE产品的质量要求为：黄酮苷22%～24%以上，银杏内酯2.5%～4.5%以上，白果内酯2.0%～4.0%以上，烷基酚酸10mg/kg以下。

随着医药工业的发展，生物、遗传和分子等学科的进步，目前国外，特别是欧洲，已有大量的银杏叶提取物制剂上市，并且非常畅销。在墨西哥、加拿大、西班牙等国家均有银杏叶制剂出售。韩国则把银杏叶作为除高丽参以外的另一大保健品资源，涌现出一大批以银杏叶为原料的制药、食品和化妆品企业及银杏制品研究所。据统计，以银杏叶为原料开发的保健食品和药品在国际上的年销售额已高达20余亿美元（图7-1）。

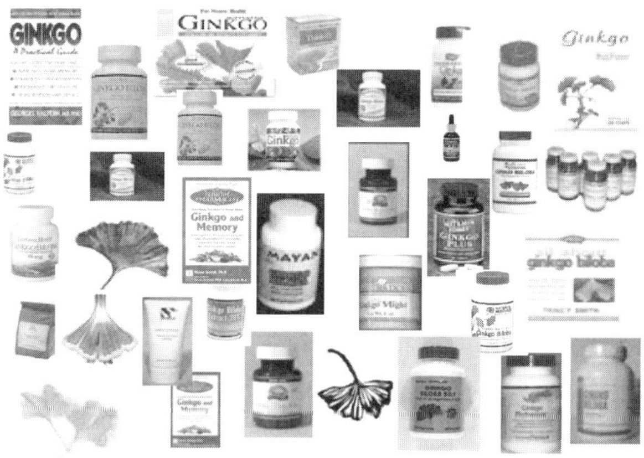

图7-1　银杏叶为原料开发的保健食品和药品

7.1.2　银杏叶的营养成分

银杏叶含有多种营养成分，尤其是蛋白质、糖、Vc、Ve和胡萝卜素含量相当丰富。以干重计，叶中含蛋白质10.6%～15.9%，含糖7.4%～8.7%，还原糖4.6%～5.6%，Vc66.6～129.4mg/100g、Ve6.2～8.1mg/100g。银杏叶中总氨基酸含量为10.7%～15.4%，而且含有9种人体必需氨基酸，其必需氨基酸的比值为40%左右，必需氨基酸与非必需氨基酸比值为64.5%～70.9%。必需氨基酸组分与大豆蛋白一致，十分接近鸡蛋蛋白。银杏叶中还含有丰富的矿物质和微量元素，尤其是钙、硼、磷、硒等元素含量高，其中钙含量高达1870～2367mg/100g，磷为290～400mg/100g，硒含量为5.5～15.4μg/100g。其他如人体所需的微量元素铁、铜、锰、锌、氟、铬等含量也较丰富。银杏叶片中营养成分的含量、氨基酸含量及矿物质和微量元素含量，因产地不同、品种不同而有明显差异（王安友等，1996）。

7.1.3　银杏叶的化学成分

银杏叶的化学成分比较复杂，主要有黄酮类、萜类、酚类、酸类、聚异戊烯醇、甾类、叶蜡、糖和糖醇以及矿质元素等。通常所说银杏叶中的生理活性物质，主要是指黄酮类化合物和萜内酯类化合物。这两类物质具有捕获自由基、抑制血小板活化因子（PAF），促进血液循环及脑代谢的功能，因而可用于治疗多种疾病，还可作为添加剂用于保健食品和化妆品等的生产。有关银杏化学成分的研究报道以肖培根等人（2001）的报道最为全面，下面以肖培根等人的报道为基础，对银杏叶中的化学成分做以介绍。

7.1.3.1 黄酮类化合物

（1）*黄酮类化合物的组成* 目前，已从银杏叶中分离鉴定出多种黄酮类化合物，这些黄酮类化合物可分为黄酮苷、黄酮苷元、双黄酮、桂皮酸酯黄酮苷和儿茶素等几类（图7-2）。

①黄酮苷：计20种，它们是山柰酚-3-O-葡萄糖苷、槲皮素-3-O-葡萄苷、异鼠李素-3-O-葡萄糖苷、山柰酚-7-O-葡萄糖苷、槲皮素-3-O-鼠李糖苷、3′-O-甲基杨梅槲皮素-3-O-葡萄糖苷、洋芹素-7-葡萄糖苷、木犀草素-3-O-葡萄糖苷、山柰酚-3-鼠李糖苷、山柰酚-3-O-芸香糖苷、槲皮素-3-O-芸香糖苷、异鼠李素-3-O-芸香糖苷、3′-O-甲基杨梅槲皮素-3-O-芸香糖苷、丁香-3-O-芸香糖苷、杨梅槲皮素-3-O-芸香糖苷、槲皮素-3-鼠李糖-2-葡萄糖苷、山柰酚-3-鼠李糖-2-葡萄糖苷、山柰酚-3-葡萄糖-2，6-二鼠李糖苷、槲皮素-3-葡萄糖-2，6-二鼠李糖苷、异鼠李素-3-葡萄糖-2，6-二鼠李糖苷。

②桂皮酸酯黄酮苷：计5种。它们是桂皮素-3-鼠李糖-2-（6-对羟基反式桂皮酰）-葡萄糖苷（1a）、山柰酚-3-鼠李糖-2-（6-对羟基反式桂皮酰）-葡萄糖苷（1b）、槲皮素-3-鼠李糖-2-（6-对羟基反式桂皮酰）-葡萄糖-7-葡萄糖苷（1c）、槲皮素-3-鼠李糖-2-（6-对葡萄糖氧基-反式桂皮酰）-葡萄糖苷（1d）、山柰酚-3-鼠李糖-2-（6-对葡萄糖氧基-反式桂皮酰）-葡萄糖苷（1e）。

银杏叶中黄酮类化合物主要以苷的形式存在，是银杏叶的主要药效成分之一，含量较高，在叶中的变化较大。变化幅度在0.2%～2.74%。在桂皮酸酯黄酮苷中有人认为1a、1b是对心血管系统的有效成分。

③黄酮苷元：计7种。山柰酚（Kaempferel）、槲皮素（quercetin）、异鼠李素（isorhamnetin）、木犀草素（3′，4′，5′，7-四羟基黄酮）、三粒小麦黄酮（3′，4′，5′，5，7-五羟基黄酮）、杨梅槲皮素（3，4，5，3′，4′，5′-六羟基黄酮）、洋芹素（5，7，4′-三羟基黄酮）。前3种是银杏叶及其提取物中的主要活性成分，其含量是质量控制检测的主要指标。

④双黄酮：计6种。穗花杉双黄酮（amentofiavone）、银杏双黄酮（银杏素 ginkgetin）、异银杏双黄酮（异银杏素 isogenkgetin）、去甲银杏双黄酮（bilobetin）、金松双黄酮（soiadopuydin）、5′-甲氧基去甲银杏双黄酮(5′-methoxybilobetin)(图7-2)。

⑤儿茶素类：计6种。儿茶素（catechin）（图7-2）、表儿茶素（epicate-chin）、没食子酸儿茶素（gallocatechin）、表没食子儿茶素（epigallo-catechin）、4，8″-儿茶素没食子儿茶素（4，8″-catechingallocatechin），4-8″-没食子儿茶素（4，8″-gallocatechingallocatechin）等。儿茶素类化合物具有治疗肝中毒和抗肿瘤活性。

⑥其他黄酮类化合物：计2种，即原花青素和原翠雀素。

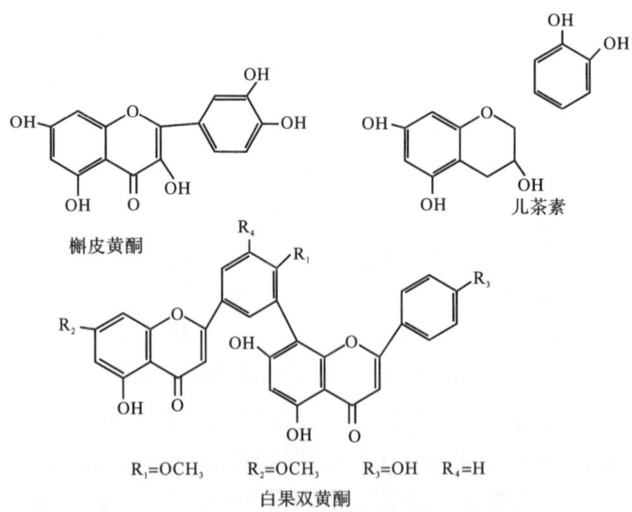

图7-2 3种黄酮类化合物的化学结构
（姜国芳等，2004）

(2) 影响银杏叶中黄酮类化合物含量的因素

①产地：由于地理、气候、土壤等生态条件的差异，各地的银杏叶中黄酮含量变化较大。王宗德等（1998）报道，测得11月份的江西省武宁地区的黄酮含量为2.97%，而波阳地区的含量仅为0.84%。刘叔倩等（2000）研究了辽东半岛区丹东、黄淮海平原区、江苏南部栽培区、大别山区、贵州高原区、南岭山地区等6个气候区银杏叶中黄酮含量的变异情况，表明不同气候区之间银杏叶中两类成分的含量存在很大差异，贵州高原区银杏叶中总黄酮和总内酯的含量明显高于其他地区。

②树龄和叶龄：随着树龄的增加，银杏叶片中黄酮含量逐渐下降。史继孔等（1998）报道了银杏叶中黄酮类化合物的含量随树龄的增加而呈逐渐减少的趋势。其中以1~3年生银杏实生幼树叶黄酮的含量最高，15年生的含量明显下降，只有1~2年的1/4。张迪清等（1998）的测定结果表明，老树叶与幼树叶中黄酮苷含量的变幅特别大，老树叶的变幅为0.2%~0.7%，幼树叶0.7%~1.8%。管玉民等（2000）报道，采自济南的样品银杏叶中黄酮醇苷含量4月最高，以后逐渐降低，8月后又渐渐升高，至11月叶子变黄时有降低，整个走势呈S型。张迪清等（1998）报道整个生长周期内以春季叶中黄酮含量最高，4月幼叶为2.75%，老树叶为0.81%，夏季末黄酮含量最低，7月幼叶为1.04%，老树叶为0.47%，因而银杏叶最佳采收时间应在秋季落叶前叶子尚绿时。但由于南北方气温的差异，黄酮最高产量的月份可能略有差异。曹福亮等（2001）的报道也进一步证明了银杏叶中黄酮含量随季节变化而变化的规律。

③品种：曹福亮等（2001）的研究结果表明，不同银杏品种或单株间黄酮苷含量的差异较大（表7-1）。不同单株含量最大的达1.1%，最小的仅为0.55%。王宗德等（1998）对江西各地不同品种的银杏叶黄酮含量的测定结果表明不同银杏单株黄酮含量差异较大。陈学森等（1997）选用全国银杏主要产区50个雌株品种和优良单株的3~5年嫁接树叶进行测定，结果表明，泰山4号黄酮含量最高，达2.64%，其次，泰山5号，为2.22%，甜白果为2.21%，马铃2号为2.02%，黄酮含量最低的品种有尖底圆铃，为0.95%。

④银杏树的不同器官：银杏植株各器官都有黄酮类化合物的分布，如根、茎、叶等，但不同器官中，含量差异也较大。曹福亮（2000）研究了银杏不同器官中总黄酮的含量，结果表明，叶>侧根>主根>枝。邢世岩等（1998）也报道了银杏各营养器官黄酮含量的高低顺序为芽>叶>根>枝，但不同的器官、组织及不同来源的材料表现出较大的变异性。

⑤性别：一般雌树中的黄酮含量高于雄树。但有些品种，银杏雄株的黄酮含量高于雌株。陈学森等（1997）把银杏按雌、雄分类后进行性状平均值累加再平均后统计分析，结果表明，随机参试的6个银杏品种的雌雄间差异不显著。

⑥生态因子：曹福亮等（1998）研究了光、水、肥因子对银杏叶黄酮含量的影响，结果表明，充足的光照、肥料和水分能提高单位面积银杏黄酮的产量。程水源等（1999）的研究指出，在具体的生态因子中，光和温度对银杏叶黄酮的影响最大。在黑暗条件下，无黄酮合成，且黄酮的合成速率及最终含量与光照强度和密度密切相关。就温度而言，适当的低温和较大的温差有利于黄酮合成，

表7-1 不同银杏单株叶中黄酮含量 %

优树	E1	E2	E3	E4	E5	E6	E7	E8	E10	W2	W3	W4	W5
槲皮素	0.57	0.55	0.51	0.61	0.49	0.51	0.59	0.50	0.52	0.51	0.30	0.31	0.39
山柰酚	0.17	0.17	0.17	0.28	0.26	0.26	0.26	0.24	0.25	0.28	0.14	0.19	0.20
异鼠李素	0.21	0.17	0.18	0.12	0.19	0.18	0.25	0.10	0.15	0.18	0.11	0.11	0.12
总量	0.95	0.89	0.86	1.01	0.94	0.95	1.10	0.84	0.92	0.97	0.55	0.61	0.71

深入的研究进一步揭示，适当频率的高、低温转换能诱导黄酮的合成，但低温不是促进黄酮合成的直接原因。

（3）黄酮类化合物的理化性质

①物理性质：银杏黄酮类化合物通常可溶于有机溶剂和稀碱溶液中，而难溶或不溶于水。这是由于银杏黄酮苷元与糖结合成苷后，水溶性相对增大，一般可溶于热水、甲醇、乙醇、丙酮、醋酸乙酯中，而难溶于有机溶剂，如乙醚、石油醚和苯等。同时银杏黄酮类化合物因分子中具有酚羟基而显弱酸性，故可溶于碱性水溶液、吡啶、甲酰胺及二甲基酰胺等。

②化学性质：银杏黄酮类化合物由于含有苯并r-吡酮而形成β-烯醇酮（β-enolone）结构的苷元，通常表现出酚类物质的特性，因而有人将它划为多环多元酚类。它的烯醇酮结构中酚羟基具有弱酸性，可与铁盐发生显色反应，还能与铝形成配合物，使光吸收长移，显较深的颜色，可用于鉴定黄酮类化合物（即铝盐比色法），同时酚羟基具有还原性，表现在提取加工过程中的氧化变色。

（4）银杏黄酮类化合物的分离和测定方法　银杏叶黄酮的提取分离目前主要有以下方法：水提取树脂分离法、有机溶剂浸提法［醇（酮）提—铅化物沉淀法、醇提—树脂吸附法、醇（酮）浸提—酮/铵盐萃取法、醇（酮）提取—硅藻土过滤法］、超临界流体（SFE）萃取法、超声波辅助提取法、微波法。黄酮类化合物的测定方法目前主要有：络合分光光度法、HPLC-UV 法、薄层扫描法、库仑滴定法、毛细管电泳法（姜国芳等,2004）。

7.1.3.2　内酯类化合物

（1）内酯类化合物的组成　内酯类化合物主要包括银杏内酯（ginkgolide）和白果内酯（bilobalide）两类。银杏内酯是二萜内酯，它具有 6 个五元环，其中 3 个是五元内酯环，2 个是五碳环，1 个是四氢呋喃环，1 个叔丁基。根据所含羟基的数目和羟基连接的位置的差异可分为 A（GA，代号为 BN52020），B（GB，代号为 BN52021），C（GC，代号为 BN52022），J（GJ，代号为 BN52024），M（GM，代号为 BN52023）5 种类型（图 7-2）。这 5 种类型的银杏内酯均是血小板活化因子强有力的颉颃剂（platelet activating factor，PAF），也是市场上销售的银杏叶提取物制剂中最主要的药效成分之一，其中以银杏内酯 B 的活性最强。现在国外已出现一个代号为 BN52063（BN52020∶BN52021∶BN52022 = 2∶2∶1）的银杏内酯化合物，它是第一个用于临床的高效血小板活化因子（PAF）颉颃剂。更进一步的研究表明，纯品银杏内酯 B 在临床用于中风、器官移植排斥反应、血液透析和休克等的治疗，其效果大大高于银杏内酯混合物。白果内酯属倍半萜内酯（略写为 BB），也是目前从银杏叶中发现的惟一的倍半萜内酯化合物。其结构与银杏内酯类似，含有 3 个五元内酯碳环和 1 个五元碳环（图 7-3）。它没有 PAF 活性，但具有保护神经的作用，对老年痴呆症有良好的治

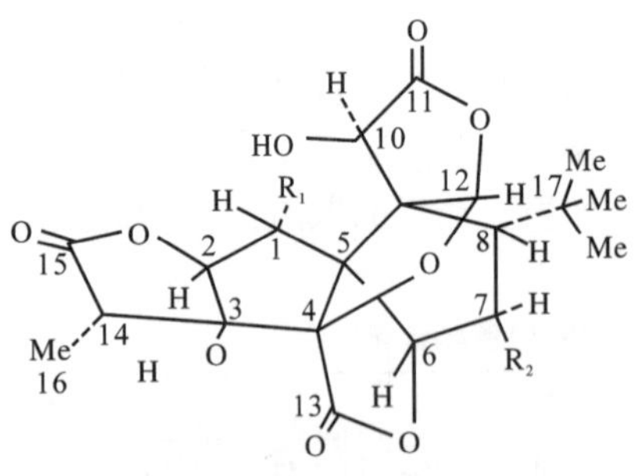

银杏内酯A、B、C化学结构
银杏内酯A　$R_1=R_2=H$
银杏内酯B　$R_1=OH,R_2=H$
银杏内酯C　$R_1=R_2=OH$

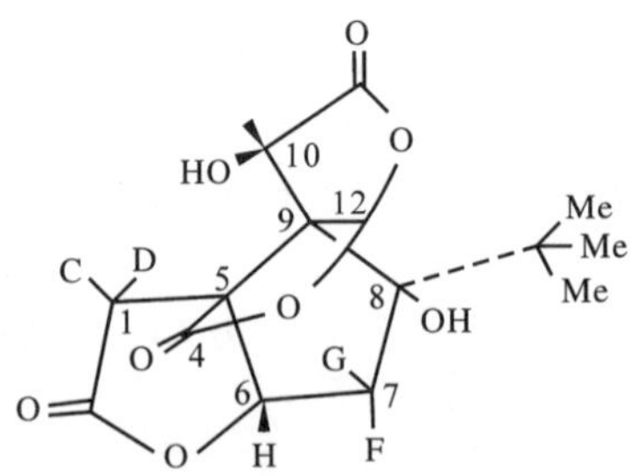

白果内酯化学结构

图 7-3　银杏内酯和白果内酯的化学结构（张鹤鸣等，2000）

疗效果（肖培根等，2001）。

（2）银杏内酯化合物的理化性质

①物理性质：银杏内酯类化合物为白色结晶，味苦，熔点为300℃左右。其中银杏内酯M加热至280℃分解，且无明显熔点。因分子中含有羟基和多个含氧酯基，比一般的倍半萜和二萜类化合物的极性大，易溶于乙醇、丙醇等有机溶剂中。

②化学性质：银杏内酯类化合物对浓酸和强氧化剂很稳定，用浓硝酸溶解银杏内酯类化合物后蒸发至干，其内酯仍不破坏。银杏内酯类化合物分子中含有多个内酯结构与碱作用生成盐，可溶于水。将生成的盐用酸酸化，则生成原来的内酯而不溶于水，却溶解于有机溶剂。

（3）影响银杏叶中萜内酯的因素

①树龄：银杏树的树龄对叶中萜内酯的含量影响较大，一般随树龄的增加，萜内酯的含量呈现下降的趋势。郁青等（1998）报道银杏幼树（1～6年）叶萜内酯含量在0.30%～0.50%之间，个别高达0.89%，而大树叶的萜内酯含量一般≤0.10%。据贵州大学报道，银杏1～6年幼树叶萜内酯含量高，一般都在0.30%～0.50%之间，个别高达0.89%，而大树叶萜内酯含量低，一般≥0.10%。白果内酯含量约占内酯含量的1/3～1/2，其含量变化与总内酯含量变化趋势相同。而贵州的银杏老树叶与幼树叶测定的内酯含量结果普遍较高，老树叶萜内酯含量变幅为0.02%～0.4%，>0.2%者占测定数（140）13.6%，幼树叶萜内酯含量变幅为0.1%～1.0%，>0.2%者占测定数（169）94.9%。由此可见，银杏幼树叶的萜内酯含量明显高于老树叶。钱大玮等（2002）研究了2～6年生银杏叶中内酯含量的差异，表明以3年生银杏叶中含量最高，以后随树龄增长呈下降趋势。

②生长季节：银杏叶中的萜内酯含量随季节的变化而变化。曹福亮等（1999）的研究结果表明，银杏叶中的萜内酯含量在1年中以8～9月达到最高，然后急剧下降。冷平生等（2001）报道银杏幼苗叶中的总萜内酯含量在夏季后期达到最高，约为2.307mg/g，落叶前仅为0.77 mg/g，相当于最高期的1/3。同时研究还发现在1年中，银杏内酯A、B、C和白果内酯这4种萜类内酯所占的份额略有变化，但没有明显的规律性。

③品种（品系）：银杏叶中的萜内酯含量受品种的影响较大。曹福亮等（1999）研究了13个银杏单株叶中的萜内酯含量，发现不同银杏单株萜内酯含量差异很大（表7-2）。最高的含量可达0.2%，而最小的仅达到0.09%。张云跃等（2002）对全国7个银杏产区，有广泛代表性的28个家系的2年生幼苗叶，用HPLC法测定结果表明，家系间各化学成分差异十分显著，萜内酯含量最低的只有0.3%，最高的却达3.75%。二者相差12.5倍。从个别化学成分看，如白果内酯最低家系仅0.06%，最高则达1.22%。二者相差20.3倍。陈学森等（1997）用甲醇提取法测44个银杏品种3～5年生嫁接苗叶萜内酯发现，泰山2号银杏内酯含量比其他品种都高，达0.38%。泰山1号黄酮含量为2.15%，银杏内酯含量达0.25%，为选测品种中的双高品种。贵州也发现有一批黄酮苷与萜内酯含量均高的银杏优良单株，其中黄酮苷含量最高达2.74%，萜内酯最高为1.17%。

④环境条件：对银杏叶中内酯含量也有显著的

表7-2 不同银杏植株叶中内酯含量

优树	E1	E2	E3	E4	E5	E6	E7	E8	E10	W2	W3	W4	W5
银杏内酯A	0.08	0.06	0.05	0.06	0.07	0.06	0.05	0.05	0.04	0.06	0.05	0.07	0.06
银杏内酯B	0.03	0.02	0.02	0.04	0.02	0.02	0.02	0.01	0.02	0.02	0.02	0.03	0.02
银杏内酯C	0.04	0.03	0.02	0.03	0.03	0.03	0.02	0.01	0.02	0.02	0.02	0.03	0.03
白果内酯	0.05	0.06	0.03	0.04	0.01	0.02	0.03	0.03	0.03	0.03	0.01	0.01	0.04
总量	0.20	0.17	0.12	0.17	0.13	0.13	0.12	0.10	0.11	0.13	0.10	0.14	0.15

影响。曹福亮等（1999）还研究了不同的光、热、水、肥条件对银杏叶中萜内酯含量的影响，发现银杏叶中萜内酯含量受光照强度、温度、水分和施肥种类和多少的影响也很大。戚向阳（2003）认为不同产地的银杏叶中内酯含量差异较大，在从湖北和山东6个地区采集的银杏叶中，湖北省枣阳县出产的银杏叶萜内酯含量最高，达6.254mg/g。

（4）萜内酯的提取和测定方法　由于银杏叶中的活性成分包括黄酮和内酯，因此有效成分是一起从银杏叶中提取出来的。目前较常用的提取方法大致有3种，有机溶剂萃取法、树脂吸附法、超临界流体提取法。鉴于各种方法的优缺点，现在普遍采用的是有机溶剂萃取法和树脂吸附法的结合法（吴坚等，1999）。

萜内酯的测定方法有多种，主要包括高效液相色谱法（HPLC）［高效液相色谱-紫外检测器法（RP-HPLC-UV）、高效液相色谱-热喷射质谱法（HPLC-TSP-MS）］、气相色谱法（CC）［气相色谱-质谱法（CC-MS）、气相色谱-火焰光度法（CC-FID）］、薄层扫描法（TLC）［薄层扫描－紫外光法（TLCS-UV）、薄层扫描-荧光法（TLCS-FS）］、核磁共振法（NMR）、生物测定法等（李梅等，2001）。

7.1.3.3　有机酸类

银杏叶中含有3-甲氧基4-羟基苯甲酸、4-羟基苯甲酸-3，4-二羟基苯甲酸-抗坏血酸-硬脂酸（十八烷酸）、亚油酸（十八碳二烯-9，12-酸）、棕榈酸（十六烷酸）、莽草酸和6-羟基犬尿哇啉酸等7种有机酸类。其中6-羟基犬尿哇啉酸的活性由于能作为广谱中枢神经氨基酸颉颃剂，颇受人们重视。这种有机酸直接作用于N-甲-D－天冬氨酸（NMDA），能降低脑缺氧。而亚油酸是人体内不能合成的脂肪酸，必须由食物供给，人体内花生四烯酸是亚油酸为原料合成的。亚油酸还可促进胆固醇和胆汁的排出，降低胆固醇的含量，临床上作为降脂药（肖培根等，2001）。

7.1.3.4　酚酸、烷基酚及烷基酚酸类

银杏叶中酚酸有7种，既原儿茶酸（protocatechuic acid）、P-羟基苯酸（P-hydroxybenzoic acid）、香草酸（Nanillic acid）、咖啡酸（caffeic acid）、P-香豆酸（P-cotanaric acid）、阿魏酸（femlic acid）和绿原酸（chlorogenic acid）。不同的酚酸药理作用也不同。其中香豆酸、阿魏酸、咖啡酸和绿原酸可促进胃液和胆汁的分泌；香豆酸、香草酸和咖啡酸有抗菌、消炎的作用；原儿茶酸具有抗真菌作用；绿原酸还有刺激神经中枢系统的作用（肖培根等，2001）。

银杏酸属烷基酚及烷基酚酸类化合物，主要包括白果酸、氢化白果酸、银杏酚和白果酚等。这些成分对人体表现为强烈的过敏和接触性皮炎，是银杏叶提取物中有毒化学成分。银杏叶中银杏酸的含量一般为500～2000μg/g，银杏叶提取物（GBE）中含量要求银杏酸控制在5μg/g以下。采用现代分离手段，可使其含量控制在2～3μg/g。近年来的研究结果表明，银杏叶还含有4′-甲氧基吡哆醇（4′-O-methmylpyridoxine，MPN），这也是一种有毒成分（肖培根等，2001）。

7.1.3.5　聚异戊烯醇

聚异戊烯醇是存在于银杏叶中的一种类酯化合物，含量较高，属多烯醇类，具有很强的生物活性，是重要的新药物资源。银杏叶中所含有的聚戊烯醇属桦木聚戊烯醇型，且以醋酸乙酯盐的形式存在于原植物中，其分子中异戊烯基单元数为14～24，其中主要为17～19个异戊烯其单元组成的桦木聚戊烯醋酸乙酯类化合物，约占银杏叶中聚戊烯醇类成分总含量的80%左右（K Ibata，1983；H Huh，1993）。日本田中康之等（1982）从银杏叶分离出聚异戊烯醇化合物，随后，H. Ltokawa（1989）报道了银杏叶长链的多聚异戊烯醇具有抗肿瘤的活性和促进造血细胞增殖分化的作用。王成章（1992）从银杏叶中分离出聚戊异烯醇乙酸酯纯样，并对其结构进行了鉴定，结果表明这是由一系列异戊烯基单元和终端异戊烯醇单元组成，其长链在不同植物中有所不同。

银杏叶聚异戊烯醇的提取方法和提取溶剂的不同，得率也不一致。一般银杏叶聚异戊烯醇提取物

得率在7% ~12%之间，提取物聚异戊烯醇含量在10% ~15%之间。以石油醚、丙酮、己烷为溶剂，银杏叶提取物中的异戊烯醇含量较高。制药用聚戊烯醇纯度要大于90%，因此，必须采用硅胶柱精制，以获得聚戊烯醇单体化合物。聚异戊烯醇含量的测定方法主要有高效液相色谱法（HPLC）、超临界流体色谱法（SFC-GC）。

银杏叶聚异戊烯醇含量随着产地和树龄不同差异很大。如贵州正安县2~5年生树银杏叶聚异戊烯醇含量最高达12.1mg/g，是贵州务川县15年以上老树叶的8倍左右。

银杏叶的化学成分及银杏叶药物成分研究见表7-3、表7-4。

7.1.4 银杏叶提取物

7.1.4.1 银杏叶提取物及其药理作用

银杏叶中有效成分黄酮和萜内酯含量高，主要有毒成分含量低。同时，银杏叶中营养成分丰富，蛋白质含量高，Vc、Ve、胡萝卜素及钙、磷、硼、硒等含量也十分丰富。因此，银杏叶不仅是一种天然药物，其药制品在国际上十分走俏，而且还是一种优良的功能性食品添加剂，是一种集营养、保健功能为一体、药食兼用的优良资源，具有广阔的开发利用前景。

表7-3 银杏叶的化学成分及主要代表物（邢世岩，2002）

类别	数量	亚类	主要代表物
黄酮	40	单黄酮	山柰素、槲皮素、异鼠李素、山柰素3-［2″-荀糖基］鼠李糖苷、槲皮素3-［2″-荀糖基］鼠李糖苷、酰基黄酮醇糖苷
		双黄酮	银杏黄素、异银杏黄素、西阿多黄素、白果黄素、阿曼托黄素
		儿茶素	表儿茶素、表培儿茶素、儿茶素、前花青素、前花翠素
萜内酯	12	双萜	银杏苦内酯A、B、C、J、M
		倍半萜	白果内酯A、B
酚类	7		白果粉酸、长链苯酚、银杏酚、漆树酸
碳水化合物	8		阿拉伯糖、葡萄糖、鼠李糖、甘露糖、葡萄糖醛酸
有机酸	28		亚油酸、抗坏血酸、奎宁酸、莽草酸、氨基酸
聚戊烯醇	-		桦木聚戊烯醇C_{85}、C_{90}和C_{95}，以C_{90}最多
矿质元素	27		钙、镁、钾、磷、锶、铁、铝、锂、硅、锰、镍、铜、锌、钠、钒、钴、铬、钼、钛、钡、铍、铋、铅、镉、砷、硒、汞
其他	-		醚类、醛类、醇类、生物碱、脂类、蜡类、烷基酸、异戊烯类、长链醇酮类

表7-4 银杏叶药物成分研究年鉴（邢世岩，2002）

年（公元）	研究者	国别	主要创新点	来 源
前3~5世纪		中国	《神农本草经》记载银杏树	Michel等，1988
1329	吴瑞	中国	《日用本草》提及银杏药物价值	许慕农，1997
1436	Lan Mao	中国	《滇南本草图说》银杏树皮药用	Del Tredici等，1991 周维书，1994
1505	刘文泰	中国	《本草品汇精要》银杏叶可内服	Del Tredici等，1991
1590	李时珍	中国	《本草纲目》多处涉及银杏药用	周维书，1994
1932	古川周二	日本	发现银杏叶含有黄酮类化合物	Furukawa，1932
1941	中泽浩一	日本	确定银杏黄素（Ginkgotin）结构	Nakazawa，1941

（续）

年（公元）	研究者	国别	主要创新点	来 源
1965	Schwabe	德国	银杏叶提取物最具完整药理效果的 GBE761 问世	Schwabe, 1965
1967	Okabe	日本	发现 Ginkgolide A、B、C	Okabe, 1967
1967	Maruyama	日本	从银杏中分离出 Ga、Gb、Gc 和 Gm	Maruyama, 1967
1969	Weinges	德国	从银杏叶用分离出 bilobalide	Weinges, 1969 Major, 1967
1971	Nakanishi	日本	确定 Ginkgolide A 结构，并证明有一个罕见的叔丁基，首次研究了 Ginkgolide 合成途径	Nakanishi, 1971
1982	Briancon-Scheid	法国	用 HPLC 分离出四种双黄酮	Briancon-Scheid, 1983
1983	Ibata	日本	从叶中分离出聚戊烯醇及其乙酸酯类	Ibata, 1983
1986	Nasr	法国	分离出 2 种新黄酮糖苷	Nasr, 1987
1986	Weinges 等	德国	从 GinkgolideA 合成了 bilobalide	Weinges, 1986
1987	Weinges	德国	分离出 Ginkgolide J	Weinges, 1987
1987	Corey 等	美国	首次合成（±）-bilobalide	Corey, 1987
1988	Corey 等	美国	首次合成 Ginkgolide B	Corey, 1988
1988	Braguet	法国	证明 Ginkgolide 属二萜，B 活性最高，5 种组分表现为羟基数目和位置不同	Braguet, 1988
1989	Schuitemker	荷兰	发现 GBE 中含葡糖苷保护作用及花青素多酚的抗自由基作用	周维书，1994
1990	Van Beek	新西兰	首创萜内酯 HPLC 检测方法	Van Beek, 1990
1991	Kraus	德国	发现叶子中水溶性多糖	Kraus, 1991
1992	Hasler	瑞士	分离出 5 种新黄酮糖苷	Hasler, 1992
1993	Sticher		从叶中分离出 8 种新单黄酮糖苷	Sticher, 1993
1993	Huh 等	美国	研究了聚戊烯醇的生物合成及种类	Huh 等，1993
1996	Carrier	加拿大	首次系统研究萜内酯来自双牻牛儿基焦磷酸（GGPP）	Carrier 等，1996

银杏叶提取物是采用先进的提取技术，从银杏叶中提取、精制而成的。目前国际上标准银杏叶提取物是按德国 Schwabe 专利工艺生产的 EGb761，其成分包括：黄酮 24%，萜内酯 6%，白果酸小于 0.0005%，原花青素类 7.0%，羧酸类成分 13.0%，儿茶素类 2.0%，非黄酮苷类 20%，高分子化合物 4.0%，无机物 5.0%，水分 3.0%，其他 3.0%（田季雨等，2004）。

银杏叶提取物具有以下药理作用：①清除自由基，抑制细胞膜脂质过氧化作用；②颉颃血小板活化因子引起的血小板聚集、微血栓的形成；③改变血液化学，降低血液黏度，改善微循环障碍；④对脑部血液循环及脑细胞代谢，有较好的改善及促进作用；⑤提高免疫能力；⑥提高呼吸系统、消化系统、泌尿系统、生殖系统的功能；⑦抗菌、消炎、抗过敏、抗病毒、抗癌作用。以该提取物制成的各种制剂，经临床研究表明，对防治冠心病、心绞病、心肌梗塞、脑栓塞、脑血管痉挛、脑外伤后遗症、老年性痴呆及智力减退等具有显著的疗效。同时该提取物可作为食品、化妆品、饮料等的添加剂（王春霖，2005；潘洪平，2005）。

另外，银杏叶中的化学成分还具有极强的抗氧化作用。张鞍灵等（1999）研究了银杏黄酮对沙棘油的抗氧化作用，结果表明银杏黄酮可作为沙棘油的抗氧化剂。宫霞等（2000）研究银杏叶提取物在草莓果实清洗、打浆等工序中控制Vc损失的效果，并且与食品加工中常用抗氧化剂EDTA、六偏磷酸钠、磷酸氢二钠进行比较，结果表明，加入0.02%~0.03%的银杏叶提取物能有效地控制草莓果实加工中Vc损失，使Vc保存率提高52.19%~72.47%，银杏叶提取物的抗氧化作用保护Vc免受破坏。宫霞等（2001）研究还表明，加入质量分数0.02%~0.03%的银杏叶提取物能有效地控制樱桃果实加工中Vc损失，使Vc保存率提高42.93%~65.73%，银杏叶提取物的抗氧化作用保护Vc免受破坏。这些研究为银杏叶提取物的利用开辟了新的方向。

7.1.4.2　银杏叶提取物的制备方法

（1）*水蒸气蒸馏法*　将银杏叶干燥，粉碎后（叶片应粉碎成1~2cm^2或切成宽0.5~1.0mm的长条）用蒸馏水蒸馏，蒸馏液冷却后，用非极性大孔树脂（或其他吸附剂）吸附、浓缩，然后用乙醇洗脱，蒸干即得粉状结晶。该方法设备简单，但提取率较低。国外另一项分析银杏苦内酯的新工艺是：将银杏叶的水提物用碱调pH值至7，再用乙酸乙酯丙酮苯或烷基取代苯萃取，蒸干有机相得粉末，水相加酸调pH值1~3.5，然后用不溶于水的有机溶剂提取，干燥得粉末，将上述2种粉末溶于低级烷基中，加入四醋酸铅水溶液，沉淀出银杏内酯，过滤即得（姚渭溪，1995）。

（2）*有机溶剂提取法*

①乙醇提取法：70%乙醇10倍量，60℃，提取1h，过滤，滤液蒸馏后，所得提取物加20%乙醇悬浮，过滤，滤液蒸馏后得提取物。

②丙酮提取法：60%乙醇5倍量，55℃，提取5h，过滤，滤液萃取3次，丙酮相减压蒸馏，减压干燥，得残渣，将其粉碎，即得。

③丙酮提取-氨水沉淀法：银杏叶用70%丙酮50~60℃逆流提取2次，滤过，滤液减压浓缩，加氨水调pH值9，滤过，滤液用H_2SO_4调pH值2，加入$(NH_4)_2SO_4$，用丁酮－丙酮进行萃取，酮相减压干燥，干燥物悬浮于8倍乙醇中，滤过，滤液减压干燥，即得。

④酮类提取－硅藻土过滤法：银杏叶用65%丙酮6倍量于60℃$(NH_4)_2SO_4$提取4.5h，过滤，滤液加硅藻土悬浮，于45℃减压浓缩，滤过，滤液加$(NH_4)_2SO_4$用丁酮于25℃萃取，酮相加$(NH_4)_2SO_4$干燥，过滤，减压浓缩，即得（庞素秋等，1997）。

（3）*超临界流体萃取法*　超临界液体萃取是利用临界或临界状态的液体及被萃取的物质在不同的蒸汽压下的不同化学亲和力和溶解能力，进行分离纯化的操作，它和上述提取工艺相比较，具有提取效率高，无溶液剂残留毒性，天然植物中活性成分和热不稳定成分不易被分解破坏而保持其天然的特征等优点，同时还可以通过控制临界温度和压力的变化，来达到选择性提取和分离纯化的目的。但其设备较大，操作也比较困难，仪器也很昂贵，难以大规模生产（姚渭溪，1995）。

（4）*树脂法*　目前，国内大多数厂家采用的ADS系列树脂进行提取，工艺如下：银杏叶用50%乙醇（S:L=1:8）80℃，2h提取2次，提取液浓缩，滤过，滤液经ADS系列树脂吸附（先用水洗去杂质，再用10%~30%乙醇洗去杂质），70%乙醇解吸，浓缩，干燥，得到提取物。该法操作简单，能耗少，成本低，回收率高，有机溶剂残留少（冯晓萍等，2002）。

（5）*高速逆流色谱技术提取法*　高速逆流色谱（HSCCC）技术是一种不用任何固定载体的液－液分配色谱技术，具有不因载体而固有的吸附现象和适用于制备性分离的优点（余佳红等，2000）。

（6）*酶法*　移转作用的葡糖苷酶或转糖苷酶，使银杏叶中油溶性或难溶于水或不溶于水的有效成分转移到水溶性苷糖中，然后用水提取的方法，该法可大大提高总黄酮率（余佳红等，2000）。

（7）*超声波法*　即利用超声波产生的强烈振动，高的加速度，强烈的空化效应，搅拌作用等，都可加速药物有效成分进入溶剂，从而提高提取率的方法。其优点为缩短提取时间，免去高湿对提取成分的影响（刘峥，2001）。

（8）*微波法*　即将样品先经微波处理然后用

乙醇提取的方法，其工艺流程为：用蒸馏水将放入三角瓶中的银杏叶粉末浸没，并用保鲜蜡将瓶口覆盖，放入微波炉加热，95% 乙醇 10 倍量，70℃，1h 回流滤过，离心得黄酮产品。该法可降低有机溶剂浓度，缩短提取时间，提取率高（余佳红等，2000）。

（9）*细胞和组织培养合成法* 目前，商品化生产内酯还是以叶片提取为主，但利用细胞和组织培养合成法提取的前景令人注目。利用发根具有生长速度快、有克隆性、遗传性稳定、无环境污染等优点，已发展成一种新的培养系统（孙天恩等，1998），利用发根农杆菌的 R_1 质粒转化成功银杏叶的发根，其中银杏内酯的含量接近叶片，但银杏黄酮的含量则偏低。利用银杏细胞培养取得银杏黄酮和内酯也取得一定的阶段性成果，有望在将来工厂化生产（陈颖，2004）。

7.1.5 长醇的制备方法

聚异戊烯醇化合物（polyprenols）是一类广泛分布于生物组织或细胞中的长链多萜类物质，具有重要的生物活性作用（图 7-4）。研究表明，存在于银杏叶中的聚异戊烯醇化合物对高血压、糖尿病等免疫功能疾病及慢性肝炎、抑制肿瘤等具有明显作用（王成章等，2001），也是合成哺乳动物多萜醇及其衍生物最合适的中间体（B Imperiali，1989；Y Tanaka，1991），后者是生物膜中糖蛋白合成时重要的糖载体（T Chojnacki，1988）。该化合物与长醇的结构十分相近。现代医学实验表明，长醇对维持机体生命、提高机体的免疫功能、促进机体造血功能、改善肝脏机能，特别是在生物膜糖脘的合成过程中起重要作用。长醇对再生性障碍性贫血、各种肝病和糖尿病等有明显疗效。长醇目前难以人工合成，因此，从银杏叶中大量提取长醇，具有重要的现实意义和广阔的应用前景。

从银杏叶中制备长醇的方法是：先用溶剂从叶中提取出聚异戊烯化合物的提取液，然后进行皂化，分离出聚异戊烯醇，再将聚异戊烯醇转化成聚异戊烯酯，以酯的形式进行精制，精制后再将酯转化成醇。目前，利用银杏叶长醇已经生产出各种各样的药品，如注射剂、片剂、粉剂、胶囊、核蛋白体等，疗效显著，产品供不应求。

7.1.6 银杏叶及其提取物产品开发

7.1.6.1 银杏叶制剂

银杏叶制剂是从银杏叶中提炼出的药物，目前是治疗心脑血管疾病较为有效而且常见的植物药。德国和法国是世界上最早从事银杏叶制品开发的国家，于 20 世纪 70 年代中期首先开发了治疗心血管疾病的银杏叶片。此后，西方一些发达国家也相继致力于银杏制品的开发。有关统计数据表明，世界市场上银杏叶制品的年销售额达 50 亿美元，已成为植物药制剂的全球冠军品种。我国银杏叶制剂年销售额从 2000 年的 6 亿元发展到 2004 年的 17 亿元，目前已成为心脑血管系统植物药领先品种。零售市场上可监测到的植物药类心血管用药有 300 多种，银杏类制剂产品占据了近 30% 的市场份额。

目前市场上银杏叶制剂的种类很多，如天抚银杏叶胶囊（辽宁顺安怡天然药物厂）、华宝通银杏叶胶囊（湖南长沙市麓山天然植物制药有限公司）、佳晨银杏叶舒心胶囊（四川万县市制药厂）、飞云银杏叶提取物片（北京中国科招高技术有限公司）、银杏叶口服液（辽宁沈阳辽河制药厂）、银雀银杏叶口服液（山东临沂中药厂）、银杏叶口服液（河北遵化制药厂）、天保宁银杏叶片（胶

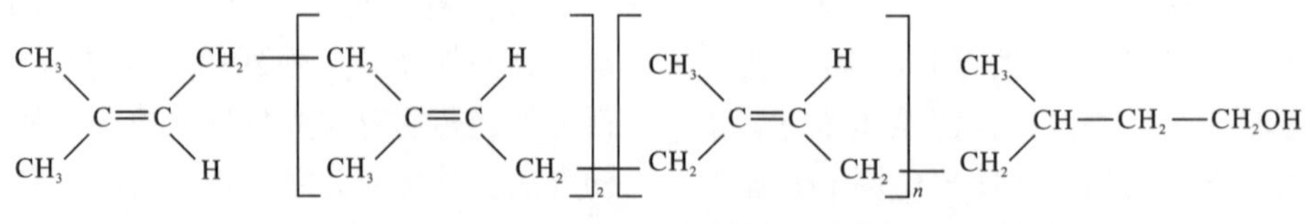

图 7-4 银杏叶中聚异戊烯醇化合物的化学结构

囊）（浙江康恩贝公司）、银可络片（广东深圳海王药业有限公司）、扬子江银杏天保（江苏扬州扬子江制药厂）、扬子江舒血宁胶囊（江苏扬州扬子江制药厂）、扬子江舒心宁胶囊（江苏扬州扬子江制药厂）、银杏天保（贵州信帮制药厂）、百路达银杏叶胶囊（上海信谊百路达药业有限公司）、999银杏叶片（三九集团深圳南方制药厂）、东乐银杏叶片（河北涿州东乐制药有限公司）、舞鹤银杏叶片（宁波药材股份有限公司）、银杏叶冻干粉针（山东中医药大学）、银杏痤疮水（辽宁本溪）、银杏口服液（济南军区鲁东长寿生物技术发展有限公司）、舒血宁薄膜衣片（北京第四制药厂）、银杏叶片（徐州制药厂）、银杏口服液及片剂（山东医学科学院药物研究所）、银杏叶制剂（台湾板桥市维纳斯国际有限公司）（中国管理传播网，2005）。

部分银杏叶制剂已经成为国家中药保护品质，如徐州恩华药业集团徐州制药厂、深圳海王药业有限公司、宁波立华制药有限公司、扬子江制药股份有限公司、桂林红会制药厂、威海申威药业有限公司、浙江康恩贝制药股份有限公司、湖南麓山天然植物制药有限公司、上海汉殷药业有限公司、江苏晨牌药业有限公司、贵州信邦制药股份有限公司、上海杏灵科技药业股份有限公司、泰州制药厂、北京万辉药业集团第四制药厂、上海信谊百路达药业有限公司、山东鲁南制药厂等生产的银杏叶片（中国管理传播网，2005）。

7.1.6.2　银杏叶保健食品

1996年6月1日，国家对保健食品实行了审批制度，在卫生部批准的保健食品中，银杏叶食品有银杏叶精（青岛大东食品有限公司）、中国健酒（武汉赛达高新技术有限公司）、银杏叶健身茶（山东高密银杏科技园）、银杏叶袋泡茶（杭州伟业科工贸有限公司保健食品厂）、银杏叶精胶囊（浙江黄岩丽肯保健品有限公司）、长生银杏叶软胶囊（上海华爱食品有限公司）和银杏叶茶（河北承德盛桓药业股份有限公司）等。近几年，我国研制开发的银杏叶保健食品已有几十种，而且品种繁多，山东农业大学与山东文登乳品厂合作，将银杏叶提取物作为乳制品添加剂，共同研制出医食俱佳的“中华银杏乳品宝”，另外，在市场出售的还有银杏叶保健面、五色补粥、银杏叶琼花系列保健食品等。

1997年以来，以银杏叶为原料制成的银杏叶保健茶，在茶叶市场上品种逐渐繁多起来，深受广大中、老年消费者的青睐。银杏叶茶以银杏嫩叶为原料，经过杀青、揉捻、干燥、过筛、分拣和包装等工序精制而成。研究表明，杀青方式和干燥方式对银杏茶品质有显著的影响。汪兴平等（2001）的研究结果表明银杏茶加工过程采用：鲜银杏叶—摊干表面水分—切成0.5～1cm宽的丝—电炒锅杀青—揉捻—炒干的工艺，可使带有鲜味的氨基酸、带甜味的糖类、有苦味和具药理作用的黄酮类物质形成合理的组合，使产品具有良好的感官特性和更好的保健功效。银杏叶茶含有丰富的氨基酸、维生素和矿质元素，具有降脂、降胆固醇、防心脑血管病、增强机体免疫力及延年益寿的功能。因此，具有广阔的开发前景。目前，银杏叶茶产品有山东的银杏叶系列保健茶、江苏的银杏叶系列枣茶、湖南的银杏叶保健茶、河南的银杏叶保健神茶等。陕西泾河农林科技开发总公司生产的银杏叶茶，茶型全呈条索状，颜色鲜绿，汤色淡黄，具银杏叶的芬芳，保持了纯天然饮品的特色，市场更受欢迎。

近几年以银杏叶为原料制成的保健饮料种类也很多，江苏泰兴、山东郯城都开发出香味浓、品味佳的银杏叶可乐饮料和冲剂，以及保健蜜、保健乳和冰淇淋等。另外，银杏叶啤酒和银杏叶白酒也已开始面市。银杏叶提取物美容化妆品、减肥敷贴剂，以及银杏叶药垫、银杏叶背心、保健枕、工艺品等也有极少量的产品开发。将银杏叶经过破碎、煮汁、过滤、调配、灌装、杀菌、冷却等工序，能够制成银杏叶保健饮料。水处理银杏叶保健饮料除含有一定量的银杏黄酮和内酯等有效成分外，还含有多种氨基酸、维生素和无机盐等成分，是一种良好的调节机体功能，增加机体营养的抗衰老饮料。如银杏碳酸饮料、银杏非碳酸饮料、银杏含醇饮料、银杏固体饮料等。

银杏叶经清洗、磨碎、离心、干燥、包装等步骤，可制成银杏叶粉。银杏叶粉可作为一些食品和饮料，如咖啡、口香糖、快餐面和巧克力糖等的添加剂。也可以将银杏叶粉进一步加工制成银杏叶超细粉，作为抗氧化剂使用。银杏叶粉具有银杏特有的清香味和苦味，同时由于含有较丰富的黄酮类化合物，保健价值高。

曹福亮等（2004）利用银杏叶开发出了银杏叶生物饲料添加剂，为银杏叶的开发利用开辟了新的途径。其原理是利用银杏叶为原料，运用优良菌种，将银杏叶中动物难以消化的大分子营养源降解为易消化吸收的小分子物质，使银杏叶中固有的活性成分能够游离、暴露出来，更易被动物吸收。同时，饲料中含有多种有利菌种，以及纤维素酶和半纤维素酶，能显著提高饲料转化率，促进动物生长，具有替代或部分替代抗生素的作用。应用试验表明，这种饲料添加剂能使动物生长速度明显加快，肉质明显变好，提高动物本身的免疫力，具有营养和保健双层功能。

7.1.7 银杏叶的开发利用前景

与国外发达国家相比，我国在研制银杏叶成品产品方面还相当落后。目前，国内生产最多的和大量外销的是干银杏叶和银杏酮（即银杏叶提取的中间体）。生产这些产品，开始取得了较好的经济效益，但从1998年以后，随着银杏酮的国际售价大幅度降价，即从400万元/t降到30万元/t左右，使得银杏干叶的售价显著下降，从14元/kg降到0.6元/kg左右，因而很多银杏酮提炼厂严重亏损而被迫停产。银杏种植户也因银杏叶价格太低，种植积极性严重挫伤。究其原因，主要因为：①银杏酮深加工滞后。从银杏叶制成中间产品其利润可增值8~10倍，再从中间产品制成成品药品制剂又可再增值8~10倍，可观的经济效益极大地刺激了银杏叶产业的发展。然而随着银杏叶用园栽培面积的扩大和银杏酮提炼厂的扩建，与之相适应的银杏叶成品药剂的开发却严重滞后，从而使银杏酮产品过剩。我国生产的银杏酮绝大部分销往国外，其价格受国外控制，国外就可以任意压低售价。②质量达不到药用GBE的要求。目前药用GBE的质量要求是：黄酮24%，萜内酯6%，白果酸小于0.0005%（田季雨，2004）。因此，对生产技术要求很高。但很多银杏酮提炼厂由于技术力量不足，生产的产品质量不符合药用GBE质量要求，只能低价处理。

要改变目前银杏酮生产低落的状况，必须要加强银杏叶综合开发利用的研究。①积极开发银杏叶药制剂新产品。将银杏酮主要用于国内生产的成品药剂。出口以成品药剂为主，这样不但使银杏酮的价格可由自己控制，银杏叶的成品药剂价格也可以由自己来控制。②提高分离技术。加强银杏叶提取物提取技术的研究，提高银杏酮的得率以及黄酮和内酯的含量，降低银杏酸的含量，使其符合药用GBE的质量要求。③开辟银杏叶利用新途径。在《本草品汇精要》等文献中记述："银杏叶有驱除害虫之功效，故农家用作驱虫剂兼作肥料，又将其叶夹书间可治囊虫危害。"可见银杏叶除了药理作用外，还有驱虫和作肥料的作用。江苏省运河师范学校对银杏酮下脚料进行了综合开发利用的研究。该校利用叶渣栽培平菇，与棉籽壳栽培的平菇一样获得优质高产。同时从下脚料中分离提取了叶绿素，制取叶绿素铜钠盐，用作食品、饮料、医药等方面天然着色剂。提取叶绿素后的渣还制成了具有广谱杀虫、兼有速效有机肥作用的生物农药，对蚜虫、菜青虫、韭菜地蛆、刺蛾幼虫等防效在90%以上。这种农药对人畜安全，不污染环境（石启田，2001）。南京林业大学利用银杏叶为主要原料开发出了多种银杏叶生物饲料添加剂，也为银杏叶的开发利用开辟了新的途径。

目前，银杏药用物质的获取仍然主要通过银杏叶提取这一途径，这同时存在地理环境、季节等限制因素的影响。利用组织培养、细胞培养和发根技术等生物合成途径生产银杏黄酮和内酯也进入了试验阶段（吴元立，1998；陈颖，2004）。这项技术的应用不但可以通过选择适当的细胞株系和控制生产条件，使其合成物质较为单一和有效物质含量相对较高，而且更有利于提取、分离和提纯。

总之，随着人们生活水平的提高和科学技术的进步，银杏叶及其制剂所特有的保健、治疗和营养的功能，必将进一步为人类所利用，银杏叶的综合开发利用前景将更加广阔。

7.2 银杏种仁的开发利用

银杏种仁（白果）为上等干果，种仁营养丰富，味道甘美。种仁自古以来医食同源，广泛用于食品、烹调和饮料、酿制、罐头等，是人们喜爱的滋补保健食品。常用于补虚扶衰、止咳平喘、涩精固元等。宋朝曾列为贡品、圣品，深受帝王称赞。现代研究也发现银杏种仁含有丰富的营养成分。在20世纪60、70年代国外发现银杏种仁含有动力精样物质，并分离出两种核糖酸酶。近年来的研究也发现，种仁中含有抗衰老物质，还有抑制癌细胞扩散的作用，进一步提高了白果的医疗保健价值。

7.2.1 种仁的化学成分

银杏种仁中化学成分比较复杂，有关营养成分药用价值方面的报道较多。以下以肖培根等（2001）的报道为例，简要说明银杏种仁的化学成分、营养价值及其药理作用。

7.2.1.1 营养成分

银杏种仁的营养成分相当丰富，特别是蛋白质、脂肪、磷、铁、胡萝卜素、V_b等的含量比较高。不同银杏品种、不同产地、不同采收期种仁中各种营养物质和矿质元素不一致（林睦就等，2002）。一般来说，银杏种仁中碳水化合物含量约为38.2%、水分含量约为58%、蛋白质含量约为6.9%、脂肪含量约为2.4%、灰分约为1.47%、钙约为18.8mg/100g、磷约为90mg/100g、铁约为2.79mg/100g、胡萝卜素约为0.86mg/100g、Vb_1约为0.31mg/100g、Vb_2约为0.24mg/100g、Vc约为2.72mg/100g。另外，微量元素硒在银杏中含量也很高。

银杏种仁中所含脂类成分方面的研究比较深入。研究结果表明，银杏种仁中所含脂类的基本组成是：甘油脂62.11%、复合脂12.65%、固醇脂9.19%、固醇6.05%、单甘油脂2.32%、二甘油脂3.97%、游离脂肪酸2.14%。复合脂主要以卵磷脂、脑磷脂、脑苷脂、磷脂酰肌醇、磷脂酰丝氨酸、固醇及麦固醇为主。糖脂主要由双半乳糖双甘油脂、单半乳糖双甘油脂、脑苷脂组成。脂肪酸中各种脂类物质的组成大约是：油酸26.5%～32.9%、硬脂酸4.6%～11.5%、亚油酸32.2%～42%、棕榈酸6.7%～15.5%、亚麻酸2.9%～6.0%。

邢世岩（1997）研究结果表明，银杏种仁平均含水量为56.40%，淀粉占碳水化合物总量的94%，银杏属于“高含水量型种子”，从高淀粉、低蛋白和脂肪的内源能量水平来看，银杏又属于“淀粉型种子”。“高水分、低能量”是银杏种子不耐贮藏及寿命短的两个重要生理原因。不同品种单宁含量差异很大；银杏种子发育需要更多的N、K和Mg，N、K、P、Mg、Ca比为25∶17∶6∶2∶1。银杏不同品种其营养成分差异很大。

7.2.1.2 银杏氨基酸

银杏种仁中氨基酸含量高，种类多。据赵中杰等（1991）的研究，银杏种仁中总氨基酸含量为10.77%，其中人体必需氨基酸7种，含量约为3.42%，占总氨基酸的31.8%，药效氨基酸为9种，含量约为7.25%，占总氨基酸含量的67.3%，半必需氨基酸4种，含量约为1.33%，占总氨基酸含量的12.3%。在药效氨基酸中含量最高的是谷氨酸，谷氨酸钠除做调味外，还可用于肝昏迷、神经衰弱及癫痫发作等病的治疗。另外，天门冬氨酸盐可保护心肌，治疗心脏疾病；甘氨酸可用于治疗肌体无力症和缺铁性贫血等；赖氨酸和亮氨酸有促进幼儿生长的作用，并常用做食品添加剂。

7.2.1.3 矿物质营养元素

据肖培根等（2001）的报道，银杏种仁和银杏叶中含有25种微量元素，其中Ca、Mg、K、P在银杏和银杏叶中属于常量。同时，银杏和银杏叶中还含有Be、Bi、Pb、Cd、As、Hg等有毒微量元素，但由于含量很低，对人体基本无毒害作用。银杏种仁中常量元素含量较高，占所测元素含量的99.4%，由低到高的顺序为Ca < Mg < P < K；微量

元素含量，约占所测元素含量的 0.56%，其含量高低的顺序为 Fe > Na > Zn > Cu > Mn > Ba > Sr。林睦就等（2002）研究结果表明，银杏种仁微量元素中以 Fe 和 Zn 较高。

7.2.1.4 烷基酚及烷基酚酸类成分

银杏种仁中含有白果酸（$C_{22}H_{34}O_3$）、氢化白果酸（$C_{22}H_{36}O_3$）、氢化白果亚酸（$C_{21}H_{34}O_2$）、白果醇（$C_{22}H_{22}O_3$ 即廿九烷-10-醇）和漆树酸（$C_{22}H_{22}O_3$）等。另外，种仁中也含有有毒成分，其中 4′-甲氧基吡哆醇（4′-O-methmylpyridoxine，MPN）是种仁的主要毒性成分。其作用的机制为作为 V_{b_6} 的颉颃剂，并能在大脑中抑制谷氨酸转化为 4-氨基丁酸（GABA），其毒性的症状主要是引起阵发性痉挛。

7.2.1.5 甾体化合物

银杏中含有一些甾体化合物，如 β-谷甾醇、β-谷甾醇-葡萄糖苷、松醇（pinol）等。

7.2.1.6 影响种仁中化学成分的因素

银杏种仁中的化学成分受多种因素的影响，如品种、产地、树木年龄等。江如蓝等（2002）对广东不同产地佛手和圆子 2 个银杏品种种子进行 9 种有机营养成分的测定分析，结果表明，不同产地佛手和圆子的 6 个样品在不同指标上表现出异质性，广东银杏淀粉和可溶糖含量高，分别达 699.9g/kg 和 95.9g/kg；同一产地不同品种银杏种仁营养指标表现出一定差异，佛手淀粉、直链淀粉和 Vc 含量高于圆子，而可溶糖和支链与直链淀粉比值低于圆子；同一品种不同产地银杏种仁营养指标也表现出差异，在所测指标中不同产地佛手淀粉、支链淀粉、直链淀粉和 Vc 含量变异系数均在 15% 之内，差异相对较小，其他指标差异相对较大。而不同产地圆子的淀粉、支链淀粉、可溶蛋白和赖氨酸含量变异系数均在 15% 之内，其差异相对较小，其他指标差异相对较大。进而推测广东白果的特征一部分是由品种特性所决定，一部分则由生态条件所决定。曹帮华等（2003）以银杏 4 个良种（马铃 5 号、马铃 9 号、金坠 13 号、金坠 17 号）不同采收时期的银杏种子为试验材料，对银杏种仁中的黄酮、内酯含量变化进行了系统研究，结果表明，不同品种间各种物质变化规律表现出相似性。在种子发育及采后层积过程中，不同时期银杏种仁的黄酮含量呈现减少—增加—减少的趋势，并与胚的生长及种子的萌发能力呈负相关；各品种种仁中内酯的含量变化均为前期减少，9 月 10 日至 2 月 20 日基本稳定在 0.5% ~0.6% 之间。研究发现银杏种仁内可能存在某种抑制物质，它不仅对种子的萌发有影响，还抑制幼苗特别是胚根的生长。林睦就等（2002）研究结果表明，不同产区种仁营养物质含量有较大差异，浙江、江苏和山东产的白果蛋白质和脂肪含量要比广西和湖北省产的高；同一产区内个体间营养物质和无机元素含量的差异要比产区间的小些，如把营养成分作为改良目标似应在高含量产区内进行个体选择形成无性系品种才为有效；银杏各营养物质含量的遗传变异水平均不高，所以在目前的遗传改良起始阶段，把改良目标确定为单株产量的提高是妥当的，以特种营养物质为目标的选种，只能随着多世代改良进展逐步开展。

7.2.2 种仁的药用价值

银杏种仁中除含有丰富的营养成分外，还含有多种药用成分。银杏的药用价值早在公元前 2800 年《神农本草》上就有记载。我国中医药古书，一直将银杏种仁列为重要药材，并且记录了使用方法及对某些疾病所具有的特殊疗效。元朝吴瑞（14 世纪前叶）著《日用本草》一书中描述了银杏种仁“味甘平”，主要功能是“敛肺气、定喘咳、止带浊、缩小便”。明朝李时珍在他的《本草纲目》中记载：银杏的种子——白果有敛肺平喘、止带浊、缩小便的功效，银杏的叶、根、树皮均可入药。现代临床试验也表明，经常食用银杏种仁，可起延缓衰老、温肺益气和增强机体免疫功能等作用。

银杏种仁具有较强的耐缺氧和抗疲劳作用，银杏种仁还能够升高果蝇体内红细胞 SOD 的活性、降低血清 LPO 的含量，并使果蝇生存时间得以延长，说明银杏种仁具有一定的抗衰老作用（张卫明等，1998）。银杏种仁中微量元素的存在，能有效地提高机体的免疫水平，具有抗衰老的作用，同时对维持心血管系统的正常结构和功能起重要作用。

近代研究表明，微量元素在人体生理上起着重要作用。微量元素参与人体的多种代谢，对维持人体免疫健康起着十分重要的作用。中药有效成分的治疗作用也与这些元素的存在有一定的关系。如缺锌能影响人体的衰老，缺铜可引起血管弹性降低脆性增高，缺镁会使肿瘤发病率增高，引起或加重高血压。磷有调节神经、催眠、镇痛等功效。镁、锰、钙、锌具有养血、益肝、补肾作用，银杏作为抗衰老及改善微循环的新资源，可能与其微量元素含量有关（谢岱，1999）。中药中微量元素的药理作用主要表现为两个方面：一方面是对中药的药效有一定影响；另一方面有些微量元素可直接参与治疗作用。虽然中药中微量元素的含量与数量较少，但是所起的功能和作用却相当大。微量元素是维持人体正常功能的基础之一，不仅对体内能量转换、激素合成、大脑记忆、视力敏度等有影响，而且还参与各种繁殖与生育、内分泌及免疫、遗传等过程。人体内任何一种化学元素过量或缺乏都会诱发各种疾病。研究结果表明，人体缺铜是诱发冠心病的因素之一，所以防治冠心病的中药中多数富含铜。也有人分析总结了 6 个类型心血管疾病的死亡率，发现锶、钙、镁、锂、硅等可降低此类疾病死亡率，而人体内 Na 过量与高血压等心血管疾病有关；锌可以抑制微量元素镉对心脏的伤害，食物中锌对镉的比值越高越有利。银杏种仁中锌与镉的比值很高，因此对心脏有保护作用。

银杏种仁中的白果酸能抑制多种杆菌和皮肤真菌，对葡萄球菌、链球菌、白喉杆菌、炭疽杆菌、枯草杆菌、大肠杆菌和伤寒杆菌等都有不同程度的抑制作用。将新鲜种仁捣烂，调成浆乳状、涂抹患处，可治疗酒刺、头面癣疮、鼻面酒鼻等疾病。从鲜种仁中提取的白果酚甲，能够使血管渗透性增加，有降血压作用。银杏种仁制成的化妆品，具有明显的消炎、止痒、减退色斑、防止开裂等功效。因此，银杏种仁既是食品，又是保健滋补品和药品。

7.2.3 种仁的加工利用现状

银杏种仁营养丰富，集食用、保健、药用为一体，可加工制成许多工业化食品、饮料及家庭风味菜肴。加工品色泽鲜艳、气味浓郁、香甜可口，是老少皆宜的滋补保健品。银杏可直接炒食或煮食。用银杏加工成的饮料（银杏口服液）可消暑润肺、清心除烦、益智安神，有增强身体抵抗力的功效。

7.2.3.1 菜肴食品

以银杏仁、肉类、大米、面粉、蜂蜜、白糖为主料，加上配料和调味品，可制成多种美味菜肴和风味食品，如白果炖鸡、白果蒸鸭、白果鸭丁、白果烧鸡、白果炖猪肠、银杏猪肘、甜酥银杏、白果粥、腐竹白果粥、白果腊八粥、西米白果点心、白果月饼、白果什锦圆糕、白果仁蒸饼、无心糖白果、白果粽子、蜜汁白果、白果干酪、银杏汤圆等（薛福连，2005）。另外还有“银杏鸡花”（四川）、“白果鸡丁”（上海）、“糖溜白果”（广东）、“白果仁蒸饼”（天津）等。银杏食疗方法甚多，如银杏止咳汤、白果莲子粥、白果腊八粥、蜜汁白果、白果炖鸭、白果羹，以及孔府家宴中的“诗礼银杏”等（刘卫东等，2001）。苏州轻工业品研究设计院开发成功银杏开心果，通过了专家的鉴定（党魏，2002）。南京林业大学已成功研制出“银杏挂面”，目前正在研制“银杏方便面”，已取得了阶段性成果。

7.2.3.2 银杏罐头食品

以种仁为原料，经过一定的加工工序，可制成白果罐头。代表产品——糖水白果，既保持了白果的营养成分和白果原有的风味，同时还能使对人体有害的氢化白果酸含量降低。银杏仁光滑晶莹，大小、形态、色泽均匀一致，汤汁清亮透明，风味香糯微甘，清香爽口，成为款待贵宾的佐餐佳品。或炖或炒，清汤、浓汤、粥食、甜食、淡食均宜，在国内外市场上深受消费者的欢迎。

工艺流程是：原料→分类→分级→清洗→煮沸→去壳→去内皮→护色→调配装罐→杀菌→冷却、成品。这种产品即可佐餐，又可炖或炒、做汤、粥食、甜食、淡食均可。对肺结核、气管炎、白带止滞等多种疾病都有较好的疗效。

7.2.3.3　银杏饮料

将种仁制成各种固体饮料和液体饮料。固体饮料代表产品银杏精，为乳黄色颗粒状，疏松多孔、易溶于水，在80℃以上的水中迅速溶解为均匀的乳状液，有浓郁的白果香气和特有的微苦味。固体饮料类加工工艺：银杏种仁→粗磨→细磨→浆渣分离→浆汁→调配→杀菌→高压均质→脱气→真空浓缩→粉碎→包装。

液体饮料代表产品有白果汁、白果露、银杏果茶等。用银杏仁浆汁与优质矿泉水混合，加以配料制成。白果汁加工工艺流程是银杏→去壳去皮→预煮→粗磨→细磨→离心过滤→调配→高压均质→装瓶→杀菌→冷却、成品。白果汁呈乳白色，色泽柔和，酸甜可口，白果香气浓郁，原汁含量不低于45%，可溶固形物15%～20%。白果露调配时增加原汁含量。银杏果茶调配时原汁含量降为30%～40%，加入适量的食品浑浊剂，使外观似较黏稠的悬浮液。

白果在酿酒工业中也得到了应用。以种仁为原料，经过酿制白酒的工艺过程或利用白酒或酒精为有机溶剂，淬取出银杏种仁有效成分及其营养物质，可制成银杏酒、银杏啤酒等。银杏酒味甜而醇和，具有种仁特有的清香味。经常饮用有利于治痰喘咳嗽，对肺结核、老年哮喘患者尤为适宜，对动脉硬化、心脑血管疾病有较好的疗效，常饮银杏酒还可预防老年痴呆症。

其他的饮料还有银杏羊羹、银杏口服液、麦胚银杏饮料、银杏红枣饮料、银杏果汁饮料、银杏红茶饮料、银杏黄酮杧果汁饮料等。

7.2.3.4　银杏蜜饯类

将种仁制成各种银杏蜜饯，如银杏脯、琥珀银杏等。其原理是利用糖溶液的渗透压，使种仁微生物因缺水而出现生理干燥，失水严重时可出现质壁分离现象，从而抑制微生物的发育和活动，使种仁不易变质、腐烂。工艺流程：白果挑选、分级→去壳→预热去皮→冷却→配料糖煮→糖渍→烘烤→检验→成品包装。

7.2.3.5　银杏种核工艺品

银杏种核除了可用于制作药品和食用外，还有一条特殊的加工增值途径，即用于制作手工艺品—玩具。制作银杏玩具，操作简单，容易掌握，增值显著，可工厂化生产。生产银杏种核玩具一般经过下列步骤：分类→钻孔→双氧水浸泡→挖肉→漂白→粘结→描画→组装。

7.3　银杏花粉的开发利用

银杏花粉是银杏进行有性繁殖的雄性细胞。由于它几乎含有人体所需要的一切营养素，因而在营养学上有“微型营养库”的美誉。银杏花粉具有丰富的营养和广泛的药理作用，早在古代，希腊、埃及、波斯和中国，就把其作为健康和长寿食品。据《神农本草经》记载：松黄（银杏花粉）为诸药之上品，久服松黄，好颜色，益气，延年。现代医学证明，银杏花粉确实具有延缓皮肤老化，抗衰老、防治肿瘤和心血管疾病的作用。现代科学研究发现，银杏花粉中的必需氨基酸、可利用的矿物质元素和多种维生素的含量均高于常见的植物花粉。特别是具有清除自由基，抗衰延寿作用的功能因子，Ve的含量高达30mg/kg，是赤松花粉（17.4mg/kg），玉米花粉（15.39mg/kg）的2倍左右。黄酮类化合物是银杏花粉中的另一种重要的生理活性物质，它具有抗动脉硬化、降低胆固醇、解痉挛和防辐射等作用。此外在银杏花粉中还存在着大量对人体有益的活性酶、核酸和生长素等，它们共同作用对维持人体的正常生命活动有重大意义。

近年来，银杏花粉的营养价值与保健功能已经受到了广泛的重视。但由于银杏花粉其产量低，研究有待深入，其开发利用尚处于较低水平，有待于进一步研究开发。

7.3.1 花粉的营养成分

7.3.1.1 蛋白质和氨基酸含量

银杏花粉中蛋白质总量约为27%，明显高于其他一些植物的花粉（一般植物为24%）。不同种类氨基酸含量差别较大，如天门冬氨酸类较高，亮氨酸中等，而氢氨酸类较低（表7-5）。银杏花粉中所含的人体必需的8种氨基酸含量明显高于油菜花粉、玉米花粉和紫云英花粉（曹福亮，2000）。研究表明，随着银杏树龄的增加，银杏花粉中可溶性糖和蛋白质的含量也随着减少（赵永艳，1997）。

7.3.1.2 脂肪酸含量

银杏花粉主要脂肪酸组成是：棕榈酸21.7%，硬脂酸7.5%，油酸27.7%，亚油酸6.0%，亚麻酸16.2%。因此，银杏花粉中的脂肪酸是以不饱和脂肪酸为主，油酸、亚油酸、亚麻酸的总量占脂肪酸含量的55%，尤其是亚油酸含量高达42.6%（曹福亮，2000；包宏，1999）。

7.3.1.3 矿质元素含量

银杏花粉中含有大量的矿质元素，及微量元素（表7-6），如磷、硒、铁等含量较高。与油菜花粉、桦树花粉相比，锶、铁、锰、铜、锗等元素的含量明显提高（曹福亮，2000）（表7-7）。

7.3.1.4 Ve含量

曹福亮（2000）研究表明，银杏花粉中Ve含量较高，达30mg/kg。Ve可以清除人体内的自由基，具有较强的抗氧化作用，对延缓皮肤老化，抗衰老具有较强的功效。因此，利用银杏花粉，开发延缓皮肤老化、抗衰老的化妆品的潜力较大。

表7-5 银杏花粉中各种氨基酸的含量

氨基酸种类	天门冬氨酸	苏氨酸	丝氨酸	谷氨酸	脯氨酸	甘氨酸	丙氨酸	缬氨酸
含量（%）	3.11	0.97	1.07	5.41	1.65	1.15	1.32	1.41
氨基酸种类	氢氨酸	异亮氨酸	亮氨酸	酪氨酸	苯丙氨酸	赖氨酸	组氨酸	精氨酸
含量（%）	0.31	1.03	1.67	0.67	0.77	1.76	0.48	1.49

表7-6 银杏花粉中的矿质元素含量（10^{-6}）

Ba	Be	Co	Cr	Cu	Ge	Li	Mn	Ni	P	Sb	Sn	Sr	Ti
24.0	0.052	0.54	3.4	1.14	<0.40	1.1	48.2	1.5	11 745	4.9	<0.50	29.3	106
V	Zn	Zr	Ce	Ga	La	Nb	Sc	K	Na	Al	Fe	Mg	Ca
5.1	<0.50	2.4	4.4	4.2	0.65	0.39	0.037	23 605	285	1580	1300	4045	3710

表7-7 银杏花粉与几种植物花粉所含矿质元素的比较

矿质元素	锶	铁	锰	铜	锗
银杏花粉	29.3	1300	48.2	11.4	0.4
油菜花粉	<3.0	85	40	3.0	—
桦树花粉	<3.0	500	38	7.0	—

研究表明，随加热温度的增加，加热时间的延长，银杏花粉中的天然Ve的含量呈现显著减少的趋势，并且加热温度的影响 > 加热时间（曹福亮，2000）。在花粉含量为20%，灭菌时间为20min的条件下，80℃的加热时间造成的各种营养物质的损耗最小。

7.3.1.5 黄酮含量和内酯含量

银杏花粉中黄酮含量较高，主要苷元为山柰酚，但银杏花粉中不含白果内酯和银杏内酯或含量甚微（包宏，1999）。林庆梅（2001）等的研究结果也表明，银杏花粉、小孢子叶球（去掉花粉）均含有黄酮类化合物，但未检测到内酯类化合物。邢世岩等（1998）以泰山银杏优良雄株为试材，对银杏花粉黄酮含量进行测定结果表明，新鲜花粉黄酮平均含量约为2.4%，并发现随着花粉活力增加黄酮含量则明显增加，即花粉活力每增加1个单位，黄酮含量则增加0.0255个单位。研究表明，随着银杏树龄的增加，银杏花粉中的黄酮含量也呈现显著降低的趋势（赵永艳，1997）。邢世岩等（1998）研究也表明，银杏雄株个体花粉黄酮含量具有显著差异，且随着树龄的增加，银杏花粉中黄酮含量则下降。一般来说银杏花粉的贮藏时间越长，花粉中的黄酮含量就越低，新鲜的银杏花粉中的黄酮含量达2.4%以上，贮藏1年后，黄酮含量明显降低，约1.37%以上（邢世岩，1998）。花粉中的黄酮含量虽然也随加热温度与时间略有变化，但变化的幅度不大。因此，银杏花粉中的天然Ve对加热的温度与时间非常敏感，而黄酮受加热处理的影响不显著，说明黄酮有较高的热稳定性（曹福亮，2002）。

此外，在测定银杏花粉中的营养元素时，用酶液进行破壁处理后的花粉中黄酮含量比未用酶处理的花粉含量高，并且用不同的酶处理后所得到的花粉提取物中，黄酮的含量也不相同。因此，破壁处理的好坏是对银杏花粉中黄酮含量的测定影响很大（曹福亮，2002）。

7.3.2 花粉的加工

当前国内对花粉食品的开发，主要集中于两个方向：一是将天然的花粉直接进行杀菌消毒，经过简单的包装后进入销售领域。此种加工方式主要是在花粉的原产地进行。它的优点是生产成本较低，缺点是不易保存，容易引起花粉的腐烂变质。同时由于包装不精致，难以引起人们的购买欲望。花粉食品开发的另一方向是将花粉作为基本的原料，根据产品所针对的消费对象，添加具有某种功效的成分，使花粉食品在提供给人们全面营养的基础上，又具备了一些特殊的保健和治疗功效（曹福亮，2002）。曹福亮等（2005）对银杏花粉胶囊的生产工艺流程进行了研究。

7.3.2.1 工艺流程

花粉→除杂→干燥→过筛→灭菌→混合均匀→灭菌→装胶囊→压板→包装→成品

（混合均匀 ↑ 配料 + Ve 添加剂）

7.3.2.2 操作要点

（1）花粉的采集　由于银杏雄花花期短，容易散落，因此，在花粉成熟期间，要密切观察雄花序的生长情况，适时采集花粉。

（2）干燥　花序除杂后，应及时摊放、干燥，使花药迅速开裂，散出花粉，以免发热变质。干燥花序时最好采用专用的吸湿装置或直接在太阳下暴晒1～2d，促使其花药开裂。也可在30℃左右的温度下烘吹干燥。

（3）过筛　将干燥好的花粉先用100目的筛子筛过，除去一些大的杂质，然后再过200目筛，进一步净化花粉（净化后的花粉应具有较好的流动性）。

（4）灭菌　灭菌的温度和时间是造成银杏花粉中营养成分损失的主要因素，也是该加工过程中的关键控制点。加热温度控制在80℃，加热时间20min为宜。

（5）混匀　在加入配料与Ve后应利用机械力，使充分混匀。

（6）二次灭菌　此次灭菌过程是在加入配料与添加剂后进行的。因而加热的温度与时间必须控制好，否则会造成Ve的大量损失。同时要注意产品的无菌化处理，切忌对成品造成污染。

7.3.3 开发利用前景

银杏花粉中富含人体所必需的氨基酸及多种不饱和脂肪酸，还含有人体所不可缺少的微量元素及具有保健功能的 Ve，这为开发利用银杏花粉，生产延缓皮肤老化、抗衰老效果显著的化妆品，以及各种保健品提供了新途径。目前，南京林业大学已初步研制出具保健和营养双重功能的银杏花粉胶囊和银杏花粉口服液，特别适宜老年人使用，对增强机体免疫能力、维持体内代谢的平衡有积极的作用。银杏花粉制品的开发利用具有广阔的前景。

7.4 外种皮的开发利用

据统计，银杏外种皮部分占整个种实的 70% 左右。目前，由于刺激性和腐蚀性强，一直作为废物抛弃掉，这样既浪费资源，又污染环境。据统计，我国每年有 3 万 t 以上作为废料弃去（赵肃清，2001）。银杏外种皮具有多方面药理活性，有较高的利用价值。因此，研究、开发利用银杏外种皮对综合利用银杏资源和保护生态环境具有重要意义（仰榴青，2004）。

7.4.1 外种皮的化学成分

银杏外种皮的成分比较多，主要有黄酮类、内酯类、酚酸类，此外，还有生物碱、多糖、果胶与微量元素等（石启田，2002）。

7.4.1.1 黄酮类化合物

银杏外种皮中的银杏黄酮，主要是双黄酮类（潘竞先，1995；楼凤昌，1998），包括金松双黄酮（sciadopitysin）、银杏素（ginkgetin）、异银杏素（isoginkgetin）、1-5′-甲氧基白果素（1-5′-methoxy bilobetin）及白果素（bilobetin）。龚跃新等（1991）对银杏外种皮中的黄酮含量进行了测定，结果表明银杏外种皮中黄酮含量低于银杏叶中的含量。

7.4.1.2 内酯类化合物

楼凤昌等（1998）首次从银杏外种皮中分离得到银杏内酯 A 和银杏内酯 B 的混合物以及银杏内酯 C。余碧钰等（1999）测得银杏外种皮提取物银杏乙素混合物中，银杏内酯 A、银杏内酯 B、银杏内酯 C 和白果内酯含量分别为 4.5%、2.4%、1.9% 和 3.0%，总量 11.8%（分光光度法）。表明银杏外种皮中内酯成分与银杏叶中相似。

7.4.1.3 银杏酚酸类化合物

银杏外种皮中含有多种银杏酚酸。银杏酸是一类水杨酸的衍生物，其 6 位上的侧链碳原子数可为 13 至 17，侧链双键数可为 0 至 3 个，是一同系混合物。目前，已从银杏外种皮中分离鉴定出了银杏酸（ginkgolic acid）、银杏酚（ginkgol）和银杏二酚（bilobol）（图 7-5）（仰榴青，2004）。Jaggy H 等（1997）报道，银杏外种皮中含有 4 种银杏酸 C13:0、C15:1、C17:2 和 C17:1，并测定出含量分别为 0.19%、3.10%、0.03% 和 0.22%，总银杏酸含量为 3.54%。仰榴青（2004）用 RP-HPLC 法测得银杏外种皮中银杏酸的含量为 5.46%，用 LC-ESL-MS 鉴定出 5 种银杏酸成分（C13:0、C15:0、C15:1、C17:1 和 C17:2）。可见，银杏外种皮中银杏酸含量较高。吴秉宜（1993）以薄板层析和梯度洗脱的方法，从外种皮中分离得到银杏酸和银杏酚，每 3000g 外种皮可获得 2g 银杏酸、7.5g 银杏

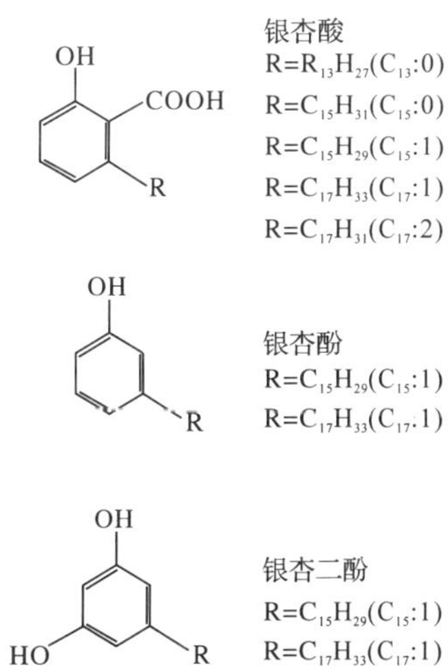

图 7-5 银杏酚酸的结构

（仰榴青，2004）

酚，均高于《Chemical Abstracts》的报道（叶秀莲，1987）。

7.4.1.4 多糖

宋根萍等（1997）对银杏外种皮中的多糖进行了分析，粗多糖得率为6.58%，其中总糖含量为89.7%，还原糖为5.1%，多糖为84.6%。粗多糖水解物中含葡萄糖、果糖、半乳糖及鼠李糖。仰榴青（2004）用氧化还原法测定了银杏外种皮中总糖和还原糖的含量，其值分别为85.12%和7.74%。

7.4.1.5 氨基酸

银杏外种皮含有多种氨基酸。余碧钰等（1999）测定出银杏外种皮中17种氨基酸的含量为7.115%（银杏果仁为9.041%）。仰榴青（2004）测定的结果为3.45%。

7.4.1.6 甾醇和甾酮类

楼凤昌等（1998）还从银杏外种皮中分离得到谷甾醇（β-Sitosterol）、胡萝卜苷（Daucosterol）、豆甾-3，6-二酮（Stigmast-3，6-dione）和豆甾-4-烯-3，6-二酮（Stigmast-4-ene-3，6-dione）。

7.4.1.7 其他化合物

银杏外种皮除含有以上主要化学成分外，还含有白果醇（Ginnol）、棕榈酮（Palmitone）、三十烷酸（Triacontanoic acid）、儿茶酚（Pyrocatechol）、原儿茶酸（Protoeatechuic acid）、白果宁（Ginkgonine）等，同时还含有鞣质类和多种矿质元素（楼凤昌等，1998）。

7.4.2 外种皮的药理作用

银杏外种皮具有多种药理活性，如抑菌和杀菌作用、杀虫作用、抗肿瘤作用、致突变和致癌作用、抗过敏作用和过敏作用、对免疫功能的影响、清除自由基和抗衰老作用，另外，银杏外种皮中有关成分还具有抗炎、对心血管作用和对呼吸系统作用等活性（仰榴青，2004）。

7.4.2.1 抑菌、杀菌作用

银杏外种皮提取物对13种实验真菌有明显的抑制作用，5%、3%、0.5%浓度抑制真菌有效率分别为92.3%、76.9%和61.5%。1.5g银杏外种皮提取物的抑菌生长效果相当于0.5g的克霉唑（徐立春，1988）。徐立春等（1991）报道银杏外种皮石油醚提取物和乙醇提取物对大部分实验真菌（如铁锈色小孢子菌、迭瓦癣菌和羊毛状小孢子菌等）有抑制生长作用，乙醇提取物的抑菌有效率为81%，石油醚提取物为73%，克霉唑为74%，0.5%的银杏外种皮中间体抑制真菌效能相当于0.5%的克霉唑。银杏外种皮提取物对果树病原菌有抑制作用，赵宗方、王连荣等（1991、1995）首次进行了田间防治苹果炭疽病试验，获得良好效果。王杰等（2000）报道从银杏外种皮中分离出的氢化白果酸在1000倍稀释浓度时对苹果炭疽病菌和葡萄炭疽病菌的抑制率分别为98.8%和91.8%。赵肃清等（2001）报道了银杏外种皮乙醇提取液对水稻纹枯病、黄瓜炭疽病菌和番茄青枯病菌的抑制效果，发现浓度为0.2g/L的银杏外种皮提取液就显示明显的抑制作用，浓度为2.0 g/L的银杏外种皮提取液能明显减少盆栽番茄因青枯病而导致的死亡率。余碧钰等（1999）研究了银杏酚酸作为植物农药的可行性，100倍稀释液对果树病原菌（如柑橘炭疽病菌、枇杷灰斑病菌、苹果炭疽病菌、苹果轮纹病菌、苹果腐烂病菌和柑橘树脂病菌等）的抑制率达75%以上。倪学文等（2001）报道了银杏酸对玉米大斑病、大麦条纹病和稻纹枯病的抑制作用，其抑制率都在70%以上。

7.4.2.2 杀虫作用

余碧钰（1999）报道了银杏酚酸农药的大田试验结果，40倍稀释液在青菜田里喷雾3～5d后，菜青虫校正死亡率达75%以上，此农药对烟草和茄子田进行防治试验，桃赤蚜和蛛砂叶螨5d校正死亡率分别为71.4%和76.4%。并指出，此植物农药的杀虫机理主要是使害虫拒食，同时有毒杀作用。王杰等（2002）研究表明有明显抑制活性的成分是银杏酸，用浓度为1.90g/kg的银杏酸组分E饲喂菜青虫，最终校正死亡率可达81.6%，主要作用方式为拒食效应，未观察到触杀作用。

7.4.2.3 抗肿瘤作用

H Itokawa等（1987）报道从银杏外种皮中分离鉴定出3种银杏酸、2种银杏酚和2种银杏二酚对小鼠肉瘤S_{180}有明显的抑制作用。Ji Suk L等（1998）报道从银杏外种皮的氯仿提取物中分离得到银杏酸、银杏酚和银杏二酚，这些物质能抑制人多种癌细胞的生长，而对正常结肠细胞的细胞毒性小于相应的结肠癌细胞。K Isan等（1993）从槚如树果汁中分离得到15碳银杏酸，发现它们对BT-20乳腺癌细胞有强烈的抑制作用。许爱华等（2000、2001）发现银杏外种皮多糖对小鼠肿瘤细胞生长有抑制作用。对人肝癌、胃癌及肺癌细胞生长的抑制作用具有量效关系和时效关系，外种皮多糖与阿霉素合用，对这3种癌细胞株的抑制作用具有协同效应。外种皮多糖可抑制小鼠肝癌，作用机理可能与阻止C_2-M期细胞转移而影响癌细胞在细胞周期中的进程和干扰S期癌细胞DNA合成以及诱导肝癌细胞凋亡有关。

7.4.2.4 抗过敏作用和过敏作用

张洪泉等（1990）研究了银杏外种皮水溶性成分的抗过敏作用，发现浓度为100 mg/kg或200 mg/kg的水溶性成分能阻止过敏介质释放及肥大细胞脱颗粒作用，并能直接颉颃过敏介质引起的豚鼠回肠平滑肌的收缩反应。金巧秀等（1995）报道银杏甲素（主要成分为银杏酚酸）对过敏介质HA和SRS-A所引起的豚鼠回肠收缩有颉颃作用。JP Lepoittevin（1989）和BM Housen（1998）则报道了银杏外种皮中的成分之一银杏酚酸具有过敏作用。研究发现银杏酸会引起豚鼠过敏，导致过敏性接触皮炎（ACD），而银杏酚不会导致ACD。不含银杏酸的银杏提取物没有致敏性，而含1000mg/L银杏酸的银杏提取物却和纯银杏酸一样具有致敏性。TA Van Beek（2002）和H Jaggy（1997）则认为，银杏酚酸的致敏性还有待研究。

7.4.2.5 对免疫功能的影响

许爱华等（1996）认为，银杏外种皮多糖可促进Con A诱导的荷瘤小鼠脾脏T淋巴细胞增殖和LPS诱导的荷瘤小鼠脾脏B淋巴细胞增殖，促进荷瘤小鼠T淋巴细胞增殖和B淋巴细胞增殖，还可增强荷瘤小鼠NKC活性及IL-2活性，提示外种皮多糖对荷瘤小鼠细胞免疫和体液免疫功能低下状态有显著调节作用。银杏外种皮多糖在体外可促进小鼠不同状态下的T淋巴细胞总数（陈华圣，1997），并能促进cy所致免疫抑制小鼠的DCH反应，提示多糖可促进T淋巴细胞介导的细胞免疫功能，这对防癌抗癌具有重要的意义。而Koch E等（2000）用胭淋巴结测定小鼠模型试验了银杏酸的免疫毒素作用，发现银杏酸引起了淋巴组织增生反应，因此在银杏提取物中必须尽可能使它降到最低。可见，银杏外种皮多糖可增强免疫功能，而银杏酚酸却具有免疫毒性。

7.4.2.6 清除自由基、抗衰老作用

许爱华等（1997、1998）报道了银杏外种皮多糖对不同状态小鼠血清SOD和MDA形成的影响，发现可明显提高荷瘤小鼠血清SOD活性，并能降低其MDA含量，也能改善CTX抑制小鼠的上述指标，但对正常小鼠则无明显影响，说明外种皮多糖可促进机体在病理状态下的自由基清除能力，减少自由基对机体的攻击，提示银杏外种皮多糖可延缓荷瘤小鼠衰老。N Masato等（1995）试验了银杏酸抑制透明质酸酶、酪氨酸酶和清除自由基能力，发现它们具有很强的抑制酶活和清除自由基能力，对透明质酸酶的抑制率高达90%以上。

7.4.2.7 对心血管的作用

银杏外种皮提取物对心血管也有明显的作用。给麻醉犬Gb20mg/kg能使其血压下降52.2%，LVP降低63.1%，与阴性对照组比较，差异非常显著（$P<0.01$）。用含Gb 0.5mg/ml的H-K氏液作大鼠离体工作心脏灌流时，主动脉输出量逐渐减少，冠脉流量则渐增，3min后增加明显，而心输出总量（前二者之和）减少。在离体兔耳血管灌

流中，外种皮水溶性成分能增加其灌流量，用药后5min 的灌流量与用药前相比，差异明显（顾维戎，1989）。

7.4.3 外种皮的开发利用前景

鉴于银杏外种皮含有多种活性化学成分和营养成分，药理活性广泛而独特，可用于药品、保健品和植物农药的开发，具有广阔的应用前景。然而目前有关银杏外种皮的研究还存在以下主要问题：① 对银杏外种皮中有些化学成分提取、分离和纯化的研究不够，未能得到有关成分的高纯度混合物和单体；② 对外种皮主要化学成分的药理活性研究还不够深入，有关药理活性的作用部位不甚明确、有效成分及作用机理未能探明；③ 某些成分的药理活性试验得到了相反的研究结果，如银杏酚酸的过敏性等；④ 外种皮开发利用研究甚少。以上这些也是今后研究的主要方向，为我国银杏外种皮的综合利用、环境保护作出贡献（仰榴青，2004）。

银杏外种皮提取物具有多种效用和潜在的应用价值，如防治病虫害、抗菌消炎、抗过敏、防治心血管疾病、抗缺氧、抗衰老等作用，利用银杏外种皮及其提取物可以开发多种产品，如各种生物制剂、除草剂、生物农药、具有特殊疗效的化妆品、保健饮料等。脱毒以后还可以用于生产饲料添加剂，这不仅可以减少外种皮抛弃以后对环境造成的污染，同时可以减少化学农药的用量。利用银杏外种皮开发新型产品主要有以下方向：①生产生物农药。实践证明，将银杏外种皮捣烂，加水浸泡后所得的水提液对蚜虫、稻螟虫、菜青虫、蜘蛛、桑蟥、蛴螬等虫害有很好的杀灭作用。同时，这种水提液对苹果炭疽病、梨黑星病、梨轮纹病、桃褐腐病和桃霉斑性穿孔病等病害均有良好的防治效果。因此，利用银杏外种皮生产各种生物农药，既可以充分利用银杏资源，又可以减少农药的使用对环境造成的污染。②制药。银杏外种皮中含有一些抗菌消炎作用的成分，如白果酸、银杏醇等，可以将这些物质分离提纯，制成抗菌消炎的良药。银杏外种皮中还含有一些水溶性成分，能够阻止过敏介质释放及肥大细胞脱颗粒作用，并能直接颉颃过敏介质引起的豚鼠回肠平滑肌的收缩反应，也为我们生产一些治疗过敏性疾病药物提供一些启示。银杏外种皮水提液中还含有黄酮类、内酯类化合物等多种有效成分，这些有效成分防治心血管疾病、延缓人体衰老有显著疗效，可用于生产多种治疗心血管类、肿瘤类以及延缓人体衰老等的药物（石启田，2002）。③饲料。由于银杏外种皮中含有多糖、蛋白质、氨基酸、多种矿质营养元素以及黄酮和内酯等一些具有药理活性的物质，在脱毒以后可以生产饲料。由此可见，银杏外种皮的开发利用前景十分广阔。

7.5 银杏木材性质和利用

7.5.1 木材性质

7.5.1.1 木材构造特征

（1）宏观构造　从银杏木材结构的演化来看，银杏属于裸子植物材中的密木型木材（pycnoxylic wood），即木材结构致密，主要由管胞组成，不含或含少量木薄壁组织的木材，其木材为重要的工业原料（谷颐等，1999）。银杏树干外表皮呈深褐色，木栓化。内表皮淡肉红色，近外表皮处呈绿色（费本华，1999），近木质部为白色。边材淡黄褐色或淡红褐色，纵切面黄白色；心材黄褐色或红褐色，在空气中长久暴露，颜色变深；心、边材有明显区别。木材质地较轻、光亮，新切面有难闻气味，无特殊滋味。生长轮较明显，常每厘米 3 ~ 5 轮，也可宽达 0.5cm 以上，有时高达 1cm 以上，早材带常占生长轮宽度的绝大部分，管胞尚明晰，早材至晚材渐变，晚材甚窄，与早材界限不显著。未见轴向薄壁细胞组织。木射线 2 ~ 5 根，在放大镜下观察较明显。径切面上射线斑纹不明显。不含树脂细胞，单含草酸钙异常细胞；横切面上有扩散的小斑点（成俊卿等，1992）。

（2）微观构造　管胞最大弦径 60μm 以上，多数 30 ~ 45μm，常大小不一，排列不整齐，不具有针叶树材管胞排列的通常特征。螺旋加厚缺如，径列条稀少。早材管胞排列不整齐，大小不规则，常有大小两类管胞，长方形、四边形、多边形、方形、矩形、圆形、椭圆形等（周鋆、姜笑梅，1994），早材管胞长为3929μm。管胞分宽窄，宽管胞径壁上有具缘纹孔1~2列，少见，卵圆或圆形，直径12~20μm；窄管胞径壁纹孔少，径向直径也小，胞壁较厚。晚材管胞多呈扁四边形、多边形、少数扁椭圆形或略圆形，及至生长轮最后数列管胞胞腔仍明显可见，常呈裂隙状（周鋆、姜笑梅，1994），晚材管胞长4390μm，径壁具缘纹孔1列，圆形或卵圆形，直径6~12μm；纹孔口透镜形或卵圆形；晚材管胞弦壁有具缘纹孔，未见正常轴向薄壁组织，具有纵向分室大形薄壁细胞（异细胞），内含大形晶簇。木射线每毫米2~5根，单列，宽18~32μm，高32~250μm（1~10个细胞）。射线细胞椭圆或卵圆形，不含树脂，主要由薄壁细胞组成，水平壁薄，常无纹孔，端壁无或有节状加厚，无凹痕。射线薄壁细胞1~6个，多数为2~4个，其中2个横列，与早材管胞交叉场纹孔式为柏木型，少有杉木型，树脂缺如（成俊卿等，1992）。

7.5.1.2　木材物理力学性质

木材纹理通直，结构细而匀，致密，质轻，较软；干缩小；强度低；品质系数中等（成俊卿等，1992）。表7-8是银杏木材的物理力学性质（中国林业科学研究院木材工业研究所，1982）。

7.5.1.3　木材化学性质

银杏叶和果实的化学成分已经有较多的研究和分析，但木材和树皮化学成分，至今没有作过分析，其实银杏木材可能与叶和果一样，具有潜在的化学利用价值。对银杏木材和树皮化学性质分析表明，银杏心材和边材的抽提物有明显的差异，边材除灰分、纤维素和木素高于心材外，其余指标均低于心材。树皮木材化学指标除苯醇提取物较低，其余均明显高于木材部分（费本华，1999）（表7-9）。木材化学成分分析可以为银杏木材的进一步利用提供参考。

7.5.1.4　木材加工性质和用途

银杏木材质地优良，干燥容易、速度快，不翘曲，不开裂，尺寸稳定性好；耐腐性中等。切削容易，切面光滑，油漆后光亮性好。胶粘容易。握钉力弱，不劈裂。银杏木材抗虫性差，据调查，室内完好值为82%；室外完好值为45%。木材胀缩性

表7-8　银杏木材的物理力学性质

性　质			平均值	变异系数（%）	准确指数（%）
密度（g/cm^2）		基本	0.451	14.9	2.4
		气干	0.532	10.5	1.8
干缩系数（%）		径向	0.169	14.7	2.5
		弦向	0.230	9.6	1.7
		体积	0.417	9.4	1.6
顺纹抗压强度（MPa）			41.0	16.1	2.6
抗弯强度（MPa）			77.8	13.0	2.1
抗弯弹性模量（GPa）			9.3	15.4	2.5
顺纹抗剪强度（MPa）		径面	9.1	12.9	2.1
		弦面	11.0	13.8	2.3
横纹抗压强度（MPa）	局部	径向	6.1	17.2	2.9
		弦向	5.3	17.6	2.9
	全部	径向	3.9	15.6	2.8
		弦向	3.2	17.5	3.2
顺纹抗拉强度（9.8×10^4Pa）			82.0	28.4	5.0

（续）

性 质		平均值	变异系数（%）	准确指数（%）
冲击韧性（kJ/m^2）		33.4	27.7	4.7
硬度（MPa）	端面	43.1	18.6	3.7
	径面	31.7	17.6	3.5
	弦面	30.1	17.8	3.5
抗劈力（N/mm）	径面	9.5	8.4	1.4
	弦面	12.3	15.4	2.5

注：试材采集自安徽省歙县，试验株数为5株，年轮宽度2.6mm，安徽农学院与中国林业科学研究院木材工业研究所合作测试。

表7-9 银杏木材的化学性质

部位	树龄（年）	水分（%）	灰分（%）	抽提物（%）				纤维素（%）	戊聚糖（%）	木素（%）
				冷水	热水	1% NaOH	苯醇			
木材	1～10	11.08	0.61	4.85	8.16	18.02	6.72	40.63	12.00	24.19
	11～25	8.80	0.97	2.37	3.56	14.40	1.90	43.07	9.83	28.51
	26～38	8.93	1.02	1.60	2.82	13.66	1.89	43.60	9.13	28.89
树皮		11.59	4.23	7.16	9.89	36.43	2.22	31.07	15.55	43.77

小，硬度适中，平稳不裂。据研究分析，银杏木材易切削、雕刻、切面光滑和木材干缩系数小、木材干燥比较均匀、少翘裂等原因可能与银杏木材所具有的丰富无定形物质，以及银杏木材结构匀称、纹理致密等特性有关（周鋆、姜笑梅，1994）。因此，银杏木材常用于建筑、装饰、镶嵌、各种雕刻工艺、高级文化和乐器用品，以及特殊用具等，如匾额、木鱼、印章、工艺品、测绘图版、测尺、仪器盒、笔杆、棋子棋盘、网球拍及各种琴键等。在工业上常用于纺织印染滚筒、翻砂机模型、漆器木模，精美家具等（成俊卿，1992）。1988年江苏苏州市盘门城楼低层曾陈列出一幅“伍员筑城图”的大型落地屏刻，屏刻高2.82m，宽4.4m，除底座外，均由银杏木刻制而成，为稀世珍品。南宋时，岳飞曾用银杏木材为江苏泰兴做匾额题字“延佑观”。在古代，只有豪门才能用上银杏木作家具。可见银杏木材的昂贵、耐用。随着生活水平的提高和对银杏木材的深入研究，以及银杏用材林的推广种植，银杏木材制品越来越多，新的用途也会不断出现。

银杏木材构造、木材物理化学性质、木材加工性质等表明，银杏具有优良的木材性质；银杏叶是特殊的药用材料，白果是优良的食品和药材；另外，银杏还是优美的观赏树木。因此，在培育叶用林和果用林的同时，大力培育和推广果材兼用林和用材林，能充分发挥银杏的经济价值，是科学发展银杏和合理利用的必由之路。

7.5.2 木材研究进展

银杏全身是宝，特别是银杏果和银杏叶具有极高的经济价值和药用价值，加上人们普遍认为银杏树生长缓慢，因此，长期以来研究重点在银杏的栽培和银杏果、叶的加工利用上，而对银杏木材的研究很少。其实，银杏木材质地优良，利用价值极高，而且，生长速度并不慢。但是，在发表的许多有关银杏综合利用的著作和论文中，提及银杏木材的内容却很少，且仅限于对木材基本性质和用途等的描述，没有进行系统地研究(梁立兴,1988、1993、1999;郭善基,1993;王廷本,1998;曾新萍等,2000)。

7.5.2.1 银杏木材微纤丝角的测定

由于次生壁中层微纤丝角是决定木材性质指标

之一，影响着许多木材物理力学性质，所以很早就引起国内外研究者的注意。国外对木材微纤丝角的研究比我们国内早（Sisson，1935），取得了许多突破性的进展（Phillips，1941；Kill，1954；Harris，1965；Boyd，1977；Paakkari，1984；Cave，1994；Herman，1999）。我国木材微纤丝角的研究始于1980年（孙成志等，1980），当时采用的是碘染色法测定木材微纤丝角。近20年来，阮锡根、尹思慈等应用X射线法、偏光显微镜测定法等技术较系统地开展了各种木材微纤丝角的研究工作，为我国在该领域奠定了基础（阮锡根，1982；尹思慈，1986；郭德荣，1982；徐有明，1995）。

费本华（1999）采用X射线衍射法对银杏木材微纤丝角进行了测定。分析表明，银杏木材微纤丝角随着生长轮年龄的增加，开始逐渐减小，约第8年之后有增加的趋势，增加到第19年之后又逐渐减小，减小的幅度较为平缓。年轮内早材微纤丝角大于晚材，早材部分木材微纤丝角较平稳，进入晚材区，微纤丝角迅速减小。微纤丝角平均为18.5°（图7-6）。

7.5.2.2 分形理论在银杏木材性质研究中的应用

分形理论的应用近年国内发展较快，特别在材料方面（张济忠，1997），林业领域的具体应用还不多见。分形理论在木材方面的应用研究始于20世纪90年代（Hatzikiriakos，1994；Fan，1995；Jose *et al.*，1997），主要是对木材表面和水进入木材过程的分析。在我国，分形理论在木材科学中的

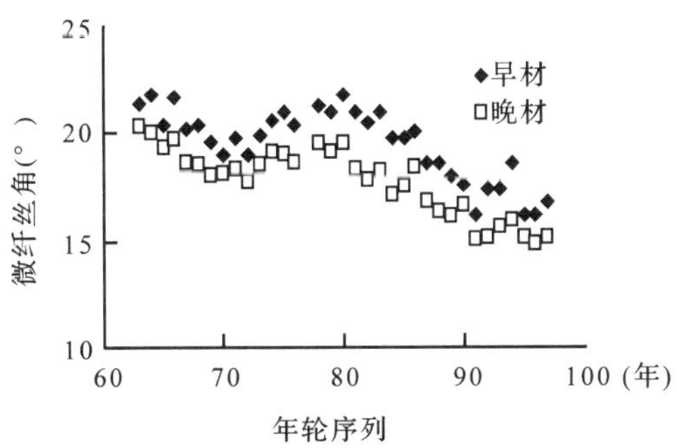

图7-6 银杏早材和晚材微纤丝角随生长轮的变化

应用费本华曾发表综述（1999），并摸索分形理论在木材科学中的具体应用。

江泽慧等（2000）在国内外首次运用盒维数的分形方法，对X射线银杏木材密度曲线进行分形分析。研究结果表明，银杏木材密度的分形维数约在1.4430。分形维数直观地反映了木材密度年轮内和年轮间的变化规律，与年轮宽度有一定的联系，与木材密度本身关系不大。木材密度的分形维数一般由遗传因素控制、不同树种木材分形维数是相对固定的，木质材料的分形研究，是揭示其内在规律的有效方法。

费本华（2002）通过木材干缩实验，展示了木材多孔性的分形特征。结果表明，可以通过木材干缩过程，用分形维数来描述木材孔隙空间的特征，这在木材科学方面国际上尚属首次。随着温度的增加，木材的分形维数也呈增加趋势，描述了木材水分自内部空间逸出的过程和规律性，分形维数逼近于3，反映出木材结构的复杂性。分形理论还可以在其他方面进行扩大应用，如木材的微观结构、细胞的生长、复合材料内部空间的分析，木材表面花纹，木材表面的粗糙度等。该理论的应用，有可能在木材科学的应用研究中有新的突破。

7.5.2.3 气候对银杏木材性质的影响

费本华（1999）从人工用材林的培育角度出发，以研究气候对木材生长影响为目的，在银杏X射线木材密度研究的基础上，借助气候资料，探讨了气温和降雨等主要气候因子对人工林树木生长的影响，揭示了气候对树木生长的作用机理。研究表明，气温和降雨对银杏木材年轮宽度、木材密度有一定影响。在一定温度范围内，温度越高，当年生长轮宽度越大，年轮密度、最大密度和最小密度越小；温度越低，当年生长轮宽度越小，木材年轮密度、最大密度和最小密度越大。

7.5.2.4 银杏木材年轮宽度和密度变异规律

费本华（1999）以37年生银杏人工林木材为试验材料，对银杏木材年轮宽度和密度规律进行研究，结果表明，近髓心部分的年轮宽度较小，随着

年轮序列的增加，年轮宽度也逐渐增加，大约第10年以后，趋于平稳状态，10～20年生长区段，年轮宽度有较大波动，20年以后处于正常的生长状态。平均年轮宽度约在0.5～0.6cm之间，生长速度较快。从变化趋势来看，幼龄期向成熟期过度的期限，应该在10～20年年龄段内的某一时期（图7-7）。

在研究年轮密度的径向变化过程中，定量地研究密度变异规律，是密度变异的重要组成部分。自髓心向外，三者近髓心几乎呈上升趋势，达到一定年龄后逐渐平稳，大约在15年前后有所下降，并一直处于平稳状态，直到生长后期略有上升趋势。整个变化过程表现出，早期生长木材密度较大（15年以前），进入正常生长期木材密度略小，并呈稳定变化趋势。平均年轮密度0.5～0.6g/cm^{3}之间（图7-8）。对银杏木材密度的径向变异分析表明，银杏树木直径的大小，生长的快慢，对年轮密度、最大密度、最小密度的大小都有影响，即生长

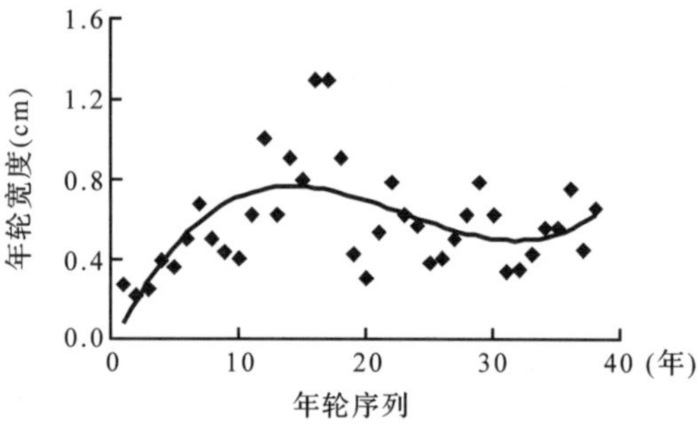

图7-7 银杏木材年轮宽度的径向变异

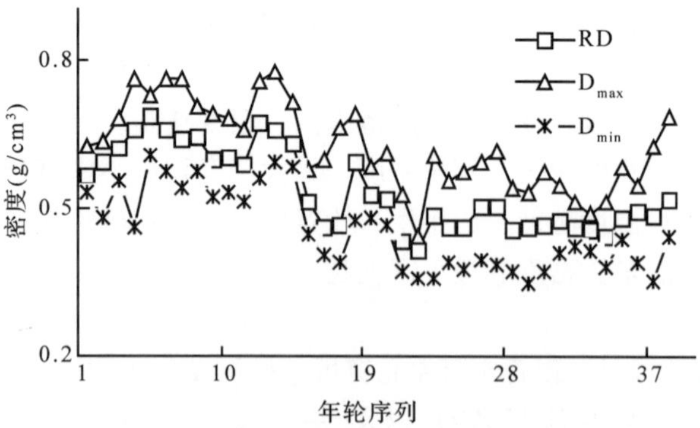

图7-8 银杏木材年轮密度、最大密度和最小密度的径向变化

速度的快慢，显著影响木材的质量。进一步分析表明，生长速度较快的银杏，银杏木材密度有所下降。因此，结合有关银杏木材的年轮宽度和年轮密度的径向变异研究，确定银杏木材幼龄材的期限为19年。

7.5.2.5 银杏木材解剖特性的研究

1990年，山东农业大学对银杏管胞分子的变异性和相关性进行了研究（张顺泰等，1990）。银杏管胞长度和宽度的径向变异，自髓心向外均随树龄的增加而增大，呈抛物线形状，银杏管胞长度径向变异曲线达到最高峰的年龄较管胞宽度径向变异曲线达最高峰的年龄略晚，而且，银杏管胞长度和宽度之间的相关关系密切。

1991年，李正理关于银杏树钟乳石状分枝（stalactite-like branch）木材解剖特性（Li，1991）的研究报道，引起了许多人的兴趣。对银杏钟乳石状分枝的木材解剖分析发现，在分枝的横切面内年轮宽度一般都比正常的窄，中间部分含有许多深色的髓斑。在轴向管胞中，有许多管胞的排列都不规则，还有些地方管胞的排列是旋涡状的。通过解剖还观察到径壁上的具缘纹孔2～4列，在钟乳石状分枝的管胞内存在着许多晶簇，这一特点与正常分枝相似。钟乳石状分枝在中国银杏古树上比较常见，如广西、贵州、山东、四川和云南等地都有发现。这种分枝钟乳石状的分枝是悬挂在银杏树上，并垂直或倾斜地往下长的，一般长为10～35cm，有的超过1m。比较有趣的是这些分枝一直往下长，当接触到地面以后就会在尖端长出根来，如果把它们种起来还可以作为盆景植物。

7.5.2.6 银杏木材化学特性的研究

最早研究银杏化学的科学家是Peschier（1818年）和Schwarzenbach（1857年），之后，1928年日本学者Kawamura也对银杏的化学特性进行了研究（Teris，2000）。在1980年左右，人们就开始使用色谱法和光谱法开展一系列的银杏光化学研究。在西方银杏叶常用来制作植物药，而在日本银杏种子则被烤成食品吃。银杏的果叶的分析研究引起了人们特别的兴趣，现在，人们正在对银杏树的根

皮、木材和肉质外种皮进行深入的研究。人们已经在银杏中发现了萜烯、类黄酮、有机酸、聚醋酸纤维素及其衍生物、碳水化合物、混合有机化合物和无机化合物（Teris，2000），其中大多数的化合物在高等植物的叶子中都普遍存在。但是，银杏中存在的某些类黄酮，特别是独一无二的三内酯却为一般植物所没有。

随着社会的发展和人民生活水平的提高，人们对木材的需求量呈不断上升趋势。然而，我国的天然林木材资源十分有限，这加剧了木材的供需矛盾，尤其是对质量优良、珍贵木材的需求矛盾更为突出。如前所述，如果选地适当，管理精细，银杏树的生长速度也极为可观，而且，银杏木材质地优良，价格昂贵，素有“银香木”或“银木”之称。据研究测算（袁觉，2002），栽植银杏用材林的经济收入相当于林区栽植杉木的13倍，这还不包括干果和其他林副产品的收入，因此，银杏人工用材林或果材兼用林都具有广阔的市场，经济效益又十分显著。从目前对银杏的研究状况来看，国外的研究重点是在把银合作为药用植物和芳香植物的应用上（Teris，2000），而我国的研究主要集中在银杏的栽培和银杏果叶的加工利用上，国内外对银杏木材方面的研究都很少，仅见南京林业大学报道了银杏薄木贴面板及银杏活性炭的研制（曹福亮，2004）。因此，把银杏作为人工用材林树种，对其木材性质和用途进行研究分析，揭示银杏人工林木材的形成机理、形成后木材的改良技术以及培育、材性和利用之间系统的内在规律，解决银杏人工林高产、优质、高效利用的关键问题。并进行合理经营和定向培育，无论是对我国森林资源的合理组合，还是满足人们生活的需求，都有重要的理论意义和实践意义。

7.5.3 木材产品

银杏木材材质优良，价格昂贵，素有“银香木”或“银木”之称。目前，由于银杏木材资源缺乏，对银杏木材加工利用方面的研究报道很少。南京林业大学开展了利用银杏大径材生产银杏薄木贴面板的研究工作，取得了较理想的阶段性成果；同时还开展了利用银杏小径材、枝桠材生产银杏刨花板、银杏活性炭等方面的研究，已经成功获得了银杏刨花板和银杏活性炭。同时对银杏活性炭的功能进行了测定，结果表明，银杏活性炭对甲醛、苯、氨气、三氯甲烷4种气体的吸附能力都较强，其中对甲醛的吸附能力最强，吸附率可达到140%。银杏活性炭吸附铅、镉离子的效果也较好，铅离子的吸附量接近200mg/g，对镉离子的吸附量能达到90mg/g。

第 8 章

银杏种质资源与遗传育种

种质是生物体中的一种由特殊分子组成的基本物质，可通过生殖细胞世代传递。在个体发育期间，种质对下一代生殖细胞形成的影响始终保持不变，是形成遗传物质的基础。我国是世界上银杏的起源地，拥有丰富的种质资源。目前，银杏资源的研究及创新利用已经引起教学、科研和生产单位的重视。南京林业大学、江苏省泰兴市、广西桂林市、浙江省林学院等都相继建立了一定规模的银杏种质资源圃。其中由南京林业大学主持，江苏省邳州市多种经营管理局、江苏省泰兴市林业局等单位参加建立的“中国银杏种质基因库”，在全国面积最大，种质资源最丰富，为国内外学者开展银杏研究奠定了基础。

8.1 种质资源的收集和保存

我国银杏的分布地域十分广泛，由于长期受到自然条件和人工选择的影响，在中国出现众多的地方性品种和品系，形成了众多的地理型和生态型。多年来，科学考察队在四川贡嘎山、河南大别山、福建武夷山、湖北神农架、浙江天目山、湖南张家界、广西大瑶山等地的原始森林中，相继发现银杏存在，一些银杏重点产区的种质资源也未得到全面挖掘，因而，中国具有巨大的银杏物种基因库。银杏分布大多呈分隔状态，极少集中成片，绝大多数处于无保护状态，缺乏有效的收集、保存和利用，极易造成银杏种质资源的破坏和流失。为了抢救保护银杏资源，利于今后长期保存和永续利用，对银杏种质资源收集和保存具有十分重要的意义和价值。

8.1.1 种质资源的收集

银杏种质资源收集的原则和方法不同于分类学的调查和标本采集，后者注重取样的典型性，前者必须注重取样的多样性和全面性。由于栽培银杏品种资源都是采取嫁接等无性方法繁殖，每个地方品种都是基因型单一的营养系，只要在考察时注意在品种内是否产生了芽变品系，从原品种和芽变品系的类型植株上采集少量枝条作为繁殖材料，就可以兼顾典型性、多样性和全面性的要求。但对野生和半野生的银杏资源的收集则要复杂得多。资源学家围绕资源收集策略问题曾经提出过不少策略和方法，但绝大多数都是以 1 ~ 2 年生有性繁殖大田作物资源作为对象的，对于多年生银杏来说只能借鉴、参考而不能套用。如在收集方法方面，Mashall 等（1975）强调“基因库应不加选择地取样”，Bennett（1970）提出“用选择（偏倚取样）和不选择（随机取样）两法取得的样本混合使用”。关于收集数量，Mashall 提出“应在每一地点的 50 ~ 100 植株体上采集 50 粒种子”，张德（1984）认为每个目标地区内多设点要比同一点上多取种子好，Yonezawa 等（1989）认为取样方法和数量应因作物种类而异，对异交植物即使只从 2~3 株上采种，也能得到多样性后代，而对自交率高（0.8 以上）的植物，则更应该重视个体的取样。对于采样低限，Oka（1969）和 Mashall 等（1975）提出过被普遍接受的原则，即95%的几率获得目标群体内基因频率大于0.05 的随机位点上的所有等位基因。当然在保存条件不受限制时，取样量可适当加大，以减少漏收的几率，从而获得更有意义且稀有的重组类型。

根据银杏本身的特点，在资源收集时应注意以下几点：

（1）对嫁接等无性繁殖的营养系品种，全部采用收集枝条作为繁殖体的方式，不收集种子，其中应特别注意其变异品系。

（2）对于野生和半野生银杏资源，应根据主要环境因子（重点为气候、土壤）的不同，针对全国银杏分布区内划分为若干个区域，每个区域用选择（偏倚取样）和不选择（随机取样）相结合的方法，收集枝条和种子。张云跃认为，我国银杏种核性状在个体上存在明显差异，但气候区的平均表现除单核重外，差异不明显，且地区内相邻群体间的变异甚至大于地区间的，种核性状变异没有地理规律性。因此，以核性状为选育目标时，收集及研究的重点应放在广泛的基因型调查上，群体和地区表现只有参考意义。从未来杂交育种需要考虑，具极端性状基因型的收集比表现优良基因型选择更为重要。由于现有银杏残遗历史过程中的基因随机漂移，种实形态表现为非适应性状，从基因资源角度考虑，不可忽视星散残遗个体的遗传考察。

（3）由于银杏用途的多样性，除了核用以外，还应从叶用、材用、花粉用等方面的性状出发收集银杏种质资源。

（4）银杏为雌雄异株。据调查，当前各地银杏雄株资源严重匮乏，再加上各种开发性破坏等人为因素，局部地区的雄株资源已经濒临绝迹。因此，应充分重视银杏雄株的收集和保护，设立雄株种质基因库，以期选育出优良的叶用、材用和花用品种。

银杏种质资源的收集可采用不同的方式，如外地引种、委托收集等，但基本的方式是考察收集。在考察收集的过程中可以掌握许多有关资源分布、生态环境、多样性等材料。总体来说，中国的银杏资源十分丰富，但目前的考察收集程度还不够。

8.1.2 种质资源的保存

应该根据银杏种质资源的具体情况及保存条件和要求，采用不同的保存方式。

从保存方式的类别来看，可分为就地保存和易地保存。就地保存主要用于面临散失危险的散生银杏资源，如因毁林开荒、采伐薪材、放牧等原因使资源流失。可采取划定自然保护区、制定法规等措施使资源得到保护和繁衍。易地保存，如因公路修建、矿藏开采等使就地保存难以完成，可选择生态环境相似且能在较长的时期内不受威胁的地段，用随机取样或随机与选择相结合的方法采集大量种质进行易地繁殖保存，以保证繁殖群体与原始群体基本相同的基因组成。

以具体保存方法来看，可分为种质资源圃保存、冷藏保存、组织培养保存、花粉和种子保存等。

用于银杏栽培类型的营养系品种及其变异类型，以及野生半野生银杏基因类型，是通过嫁接或者扦插繁殖等无性繁殖的方法（图8-1），在资源

图8-1 银杏种质资源的嫁接苗

图 8-2 江苏邳州银杏种质资源圃

图 8-3 南京林业大学种质基因库

圃内种植保存。这是一种较为常用的方法，目前许多地方已经做了大量的工作。与其他方法相比较，此法有许多优点。它既利于保存基因资源，又有利于进行资源类型对比，尤其在叶用、材用、花粉用银杏品种的选育方面的作用不可替代，对银杏资源开发潜力的发挥具有特别重要的意义。如山东郯城林业局突出银杏三大产区基因 100 份，采用嫁接保存的方法，建立了 1.5hm^2 的银杏基因库。曹福亮等于 1998 ~ 2005 年期间，从全国各地及国外收集了银杏栽培品种、银杏古树资源、野生和半野生状态的银杏种质资源，收集种质资源达到 700 多份，采用嫁接的方法在泰兴市、江都市和南京林业大学下蜀林场建立 7.5hm^2 的银杏种质资源圃（图 8-2 ~ 图 8-4）。

8.2 遗传与育种

分子标记是以生物的某些大分子物质的多态性为基础的遗传标记。它们能够稳定遗传，且遗传方式简单，可以反映生物的个体和群体特征。银杏分子标记研究进展迅速，为银杏的遗传基础、进化和育种等研究提供了强有力的武器。

8.2.1 银杏遗传学

8.2.1.1 银杏同工酶分子标记

银杏同工酶分子标记最初被广泛应用于银杏植株的雌雄鉴别。何业华等（1985）根据过氧化氢

图 8-4 广西桂林林业科学研究所银杏种质基因库

酶活性鉴别银杏雌雄株，结果发现银杏雄株叶片过氧化氢酶活性显著高于雌株。陈学森（1996）分别从5棵实生雌株和5棵实生雄株上取叶片进行过氧化物酶及酯酶同工酶分析，发现雌株或雄株个体间酶带差异明显，但雌雄株间找不到相互区别的特征酶带。

毕春侠等（1998）对银杏10个品种的过氧化物同工酶进行了分析，发现不同品种的银杏在酶带及Rf值上都存在差异，按照酶谱带将10个品种划分为4个类群。田砚亭等（1998）则通过对银杏植株不同生长发育阶段同工酶检测，确定银杏植株在90d苗龄期已经开始性别分化。

Yoshihiko Tsumra 等（1997）则利用分析等位酶变化来阐明日本古老银杏树的遗传多样性并推算出从中国到日本及在日本境内的可能传播路线。该研究用银杏大配子体组织对编码12个酶系的同工酶进行遗传分析，用10个酶系的12个位点分析日本神庙和寺庙附近98株古树的等位酶变异，阐明了遗传多样性和从中国引入及在日本境内的传播路径，指出银杏是在不同时期以种子形式引入并种于庙宇和神庙附近。

8.2.1.2 银杏的DNA分子标记

采用分子标记可对银杏种质资源进行鉴定，构建出其特征的DNA指纹图谱，为银杏育种提供理论依据，并为银杏品种鉴别提供准确、可靠的标准方法。同时，可进行银杏的遗传多样性分析，探讨银杏起源及演化关系。

(1) 银杏细胞核DNA含量 银杏细胞核DNA含量对于银杏分子标记研究有重要影响。孙天恩（2000）用细胞光度术（cytophotometry）定量分析了银杏细胞核DNA的含量，认为其二倍体细胞核DNA的质量为（19.4 ± 0.78）$\times 10^{-12}$g，其C值为（9.70 ± 0.62）$\times 10^{-12}$g。知道了银杏核DNA的数量可以大致估计其基因组的大小。平均每对碱基的摩尔质量为618g/mol，因此银杏细胞核DNA大约有9.45×10^{9}个碱基对。

(2) 银杏ITS序列分析 陈月琴等（1999）测定了银杏雌株核糖体rRNA基因转录间隔区rDNAITS区全序列共1172碱基对，其中ITS1长788碱基对，ITS2 226碱基对，58S rRNA基因158碱基对。采用计算机分析软件对所获得序列进行比较分析，结果表明：形态上仅有很少变化的银杏，其个体之间有明显的分子差异，不同产地栽培株rDNA ITS区序列的核苷酸差异值高达25%，这一差异远远大于一般意义上种间的距离，表明了该类植物形态上的变化与分子进化的不一致。桂仁意（2005）对银杏ITS序列进行了分析，对银杏分子进化进行了研究，并构建了最大简约树（图8-5）。

(3) 银杏RAPD标记 王晓梅等（2001）应用RAPD标记进行了银杏雌雄鉴别研究。应用150个10 bp的随机单引物及110对双引物组合，对雌雄2个DNA池（各有10株）进行RAPD分析，获得1个与雄性相关RAPD标记，该引物序列为TGATCCCTGG。该标记的获得，可望进一步转化为SCAR标记，用于银杏早期的性别鉴定，同时该标记的获得为进一步克隆与其性别相关的基因奠定了基础。

郑阿宝（2000）利用RAPD标记进行了银杏遗传多样性的研究。以认为是野生的天目山及金佛山银杏群体及部分栽培品种为材料，研究结果表明：2个群体样本总数为60个，在随机扩增的291个位点中共检测到73个多态位点，等位基因平均数为2个，有效等位基因数为1.7个，天目山与金佛山2个群体多态位点百分率分别为24%和23%，低于孑遗植物银杉（34.7%）。两个群体总的基因多样性为0.3325，其中种群内基因多样性为95.5%，而种群间只存在4.5%，低于裸子植物平均值6.8%的水平。将12株不同来源的品种与天然群体进行比较，发现品种基因多样度明显低于天然群体基因多样度。从遗传距离及聚类结果看，两个群体较一致（基因共享度为0.9476），而与品种分化较大（基因共享度为0.8511）。

Ruhul H. Kuddus 等（2002）对美国东部的银杏遗传多样性作了分析。选取宾夕法尼亚州西部的12株银杏（6株雄树，4株雌树，2株性别未知的幼树）上的幼叶提取DNA后进行RAPD分析。14个引物共扩增出94条带，但只有5个引物分别扩增出一条多态谱带，即一共有5条多态带。这表明宾夕法尼亚州西部银杏遗传结构极为相似。为了证实RAPD试验结果，对这12个样本的细胞质DNA进行了RFLP分析，结果没有发现任何特异性带。为了解美国其他地区银杏遗传结构，分别在华盛顿特区和尼亚加拉瀑布各取2株银杏与宾夕法尼亚西部的2株进行RAPD分析，共扩增出104条谱带，宾夕法尼亚西部和华盛顿特区的银杏带型极为相似，尼亚加拉瀑布银杏扩增有41条共有带及23条特异带，即只有55%的带与宾夕法尼亚西部和华盛顿特区的银杏相同。F检验证实，宾夕法尼亚西部及华盛顿特区的银杏遗传结构极为相似（$P > 0.9999$），而与尼亚加拉瀑布银杏不同（$P < 0.05$）。这说明，在美国可能存在不同群体的银杏，且遗传多样性比较高。由于受到采样点及样本数目的限制，这一结果有待进一步证实。

曹福亮（2005）以44个银杏主要栽培品种为材料，应用ISSR分子标记为手段，利用5个标记所产生的16个多态位点绘制了这44个银杏栽培品种的ISSR指纹图谱（表8-1），对这44个栽培品种进行了区分，并结合RAPD分子标记对该栽培群体的遗传多样性进行了研究。结果表明，ISSR所估算出的平均有效等位基因数目、基因多样度和Shannon信息指数分别为1.7307、0.4101和0.5963，而RAPD所估算出的分别为1.5735、0.3331和0.4979，说明该群体有较高的遗传多样性，ISSR在估算银杏遗传多样性时较RAPD更为精确。

曹福亮（2006）利用RAPD分子标记技术对来自11个省份的银杏雄株种质资源的遗传多样性进行初步分析，结果表明，雄株种质资源具有较丰富的遗传多样性，其平均有效等位基因数为1.6440，平均基因多样度为0.3752，平均Shannon信息指数为0.5562。

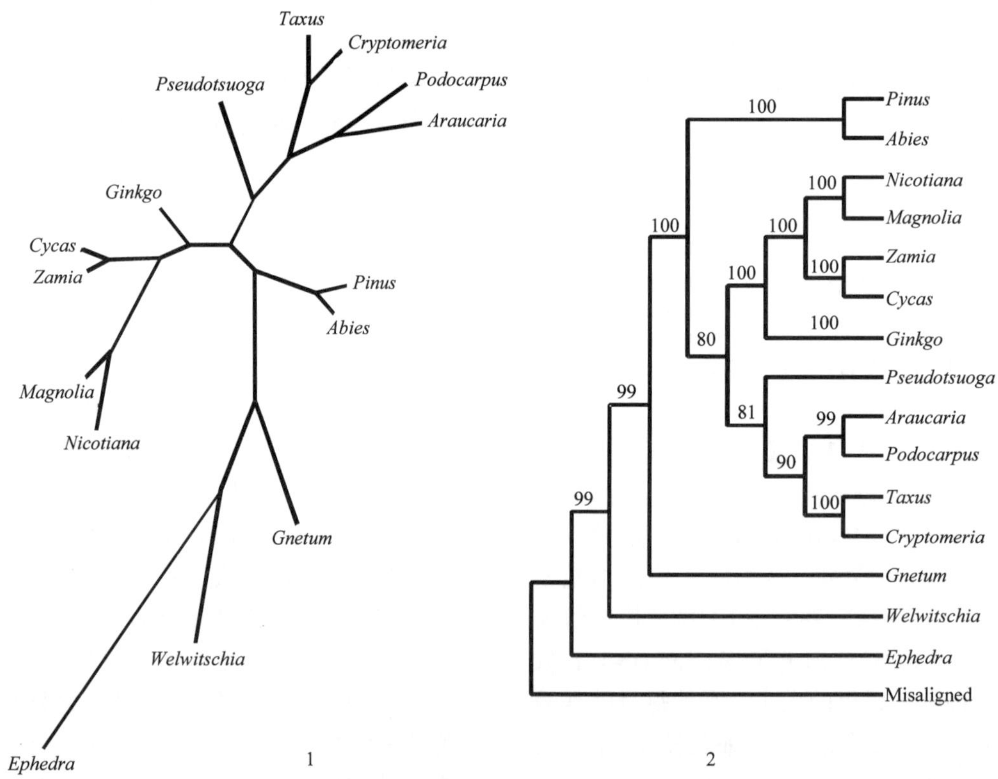

图8-5 银杏与其他植物的进化树

1. 内类群的最大简约树，显示枝的相对长度 2. 利用8基因数据，以石松植物基因序列错位排序为外类群构建的最大简约树

表 8-1　44 个银杏品种的计算机化的 ISSR 指纹

栽培品种	计算机化的指纹	栽培品种	计算机化的指纹	栽培品种	计算机化的指纹
CX1H	0011111111101010	GL9H	1010011101111110	TCML2H	1001101111101101
CX2H	1111100001011100	HB1-4	1011100110000010	TFML1H	1001111111110111
CX3H	1011110101000110	HB1-5	1111111101100010	TX1H	1001110110011000
CX4H	0101101100110010	HB1-6	1101010110000000	TX2H	0101011101101010
CX5H	1011111110110100	JXMH	1111011110101100	TX3H	1011111101100111
DFZ	1000011110100110	MH	1001100010001100	TX4H	1010111111101101
DML	1010111110110110	ML2H	1010011101100110	WDNY	0101010111010100
DNY	1001011100101001	ML3H	1011101110110010	XC16H	1110001111100000
DTFS1H	0001011110111100	ML4H	1001110110000100	XC18H	0101111110110010
DTFS2H	1000000110000011	NY	1011111110100110	XC5H	1111011100111000
DTH	1001110101011111	SNFS	1111101110100101	XC9H	0010100100001110
GL2H	1011110110001101	TC202	1011011110100000	XYZ	0011111111101100
GL6H	1011011111101010	TC231	1011010101001010	YWYX	1000111011100011
GL7H	0010011000101000	TC300	1001111111111000	ZA5H	1010101101101100
GL8H	0010100011011000	TCML1H	1001111001111010		

(4) 银杏 AFLP 标记　王晓梅等（2001）利用 AFLP 技术进行了银杏雌雄鉴别研究。利用 48 个引物组合对雌雄银杏两个 DNA 池进行 AFLP 分析，共扩增出 1896 条带，平均每个引物组合提供 39.5 条带。其中有 3 个引物组合 E2（AAG）/ M5（CTT）、E4（ACC）/ M4（CAT）、E5（ACG）/ M3（CAG）的 3 个标记只存在于雌性基因池中。经 Southern 点杂交证实有两个标记（E2 / M5 和 E5/ M3）为银杏雌性基因组所特有。

(5) 银杏遗传图谱　以银杏为材料的遗传图谱构建研究中，谭晓风（1997）报道了以大配子体为材料，在 556 对引物中共筛选出引物 91 个多态型位点（其中有 5 个以 0.05 水平上进行的卡方检验表现为偏分离）。这 91 标记中有 62 个被分配到 20 个连锁群中，共覆盖银杏基因组的 829.1cm。

曹福亮和桂仁意（2004）首次构建了较高饱和度的银杏遗传连锁图谱（图 8-6），在 181 个符合 1∶1 分离比的位点中，共有 164 个位点被分配到 12 个连锁群上，整个连锁图谱的遗传跨度为 1742.20cm，覆盖整个基因组大小的 79.2%。连锁图标记间的平均距离为 10.82 cm。最大的连锁群图距为 261.2cm，最小的连锁群图距为 62.4 cm。其中，相邻连锁位点间图距最大的为 42cm，大于 40cm 的作图盲区也只一个。

8.2.2　银杏育种

有关银杏育种的各项工作，包括引种、杂交育种、无性系选育等均已展开（曹福亮，2002）。曹福亮（2002）在《中国银杏》一书中对银杏育种的程序进行了阐述（图 8-7）。

进行银杏育种首先要有丰富的种质资源，它是银杏育种的物质基础。银杏育种工作的开始，就是开展银杏资源的调查和收集。为有效开展工作，需建立起一个较大规模的育种群体，以确保不因资源不足而影响工作。从银杏的核用、材用、叶用、花粉用、绿化观赏用等角度出发，筛选不同的优良母株，经过子代和无性系测定，研究优良母株的遗传表现，开发良种繁育的有关技术。

在银杏育种过程中，通过各种手段获得的优良株系，都需经过品种试验和品种审定，确认为新优良品种之后，才可进行品种推广。亦即要区分银杏品种和优良株系之间的关系。银杏品种是人们根据需要，通过人工选择和定向培育所获得的遗传性状稳定，有较高的经济价值，能适应一定生态环境条件的银杏栽培群体。同一品种群体中的个体性状具有明显的一致性。在银杏品种选育过程中所选育出来的优良株系不能都称为品种。只有那些经过无性系测定，证明其经济价值高于原品种，其个体特征不同于原品种，而且遗传稳定性，最后经品种审定

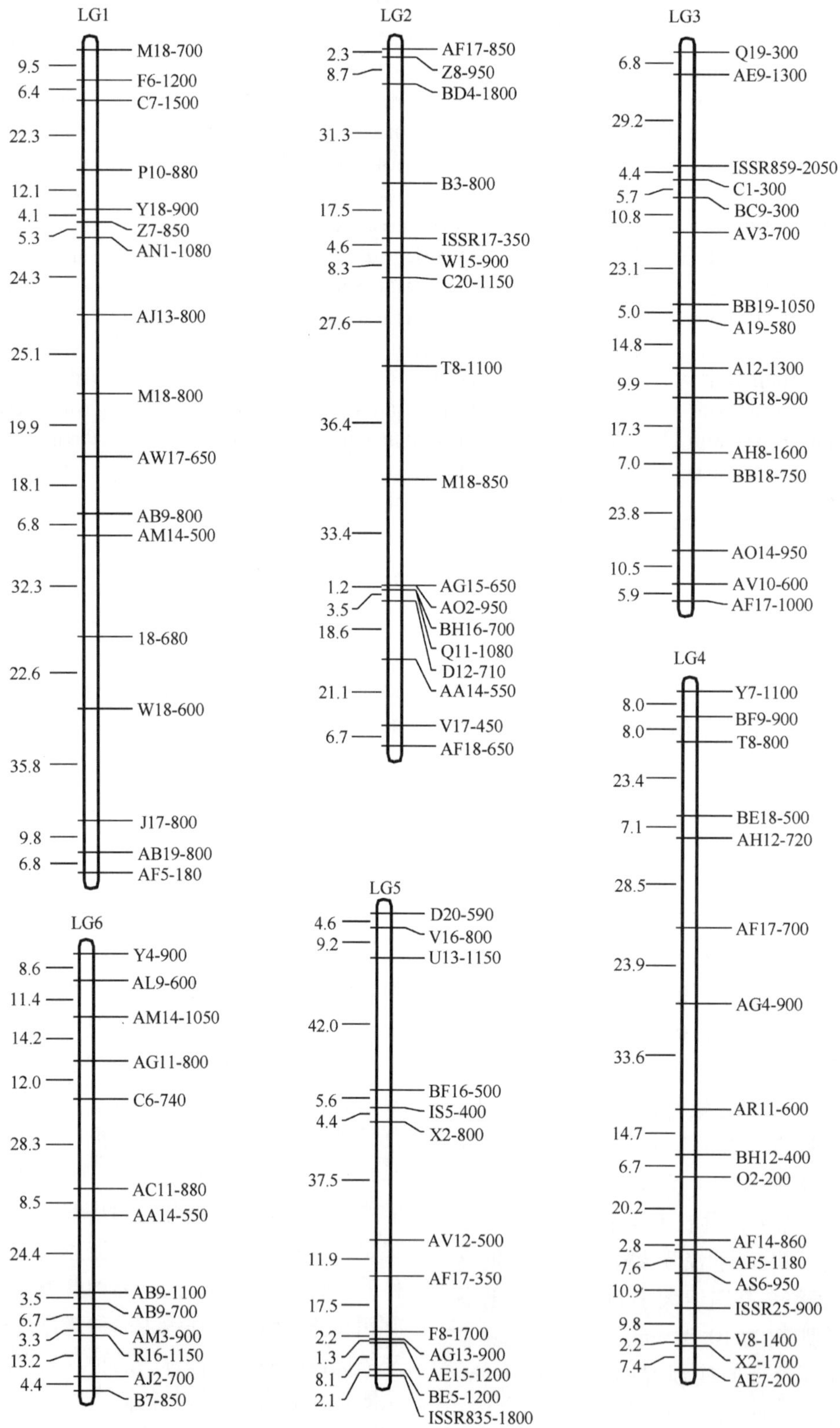
LG1
M18-700
9.5
F6-1200
6.4
C7-1500
22.3
P10-880
12.1
Y18-900
4.1
Z7-850
5.3
AN1-1080
24.3
AJ13-800
25.1
M18-800
19.9
AW17-650
18.1
AB9-800
6.8
AM14-500
32.3
18-680
22.6
W18-600
35.8
J17-800
9.8
AB19-800
6.8
AF5-180
LG2
2.3
AF17-850
8.7
Z8-950
BD4-1800
31.3
B3-800
17.5
ISSR17-350
4.6
W15-900
8.3
C20-1150
27.6
T8-1100
36.4
M18-850
33.4
1.2
AG15-650
3.5
AO2-950
18.6
BH16-700
Q11-1080
D12-710
21.1
AA14-550
V17-450
6.7
AF18-650
LG3
Q19-300
6.8
AE9-1300
29.2
4.4
ISSR859-2050
5.7
C1-300
10.8
BC9-300
AV3-700
23.1
BB19-1050
5.0
A19-580
14.8
A12-1300
9.9
BG18-900
17.3
AH8-1600
7.0
BB18-750
23.8
AO14-950
10.5
AV10-600
5.9
AF17-1000
LG4
Y7-1100
8.0
BF9-900
8.0
T8-800
23.4
BE18-500
7.1
AH12-720
28.5
AF17-700
23.9
AG4-900
33.6
AR11-600
14.7
BH12-400
6.7
O2-200
20.2
2.8
AF14-860
7.6
AF5-1180
10.9
AS6-950
ISSR25-900
9.8
V8-1400
2.2
X2-1700
7.4
AE7-200
LG6
Y4-900
8.6
AL9-600
11.4
AM14-1050
14.2
AG11-800
12.0
C6-740
28.3
AC11-880
8.5
AA14-550
24.4
3.5
AB9-1100
6.7
AB9-700
3.3
AM3-900
13.2
R16-1150
AJ2-700
4.4
B7-850
LG5
D20-590
4.6
V16-800
9.2
U13-1150
42.0
BF16-500
5.6
IS5-400
4.4
X2-800
37.5
AV12-500
11.9
AF17-350
17.5
2.2
F8-1700
1.3
AG13-900
8.1
AE15-1200
2.1
BE5-1200
ISSR835-1800

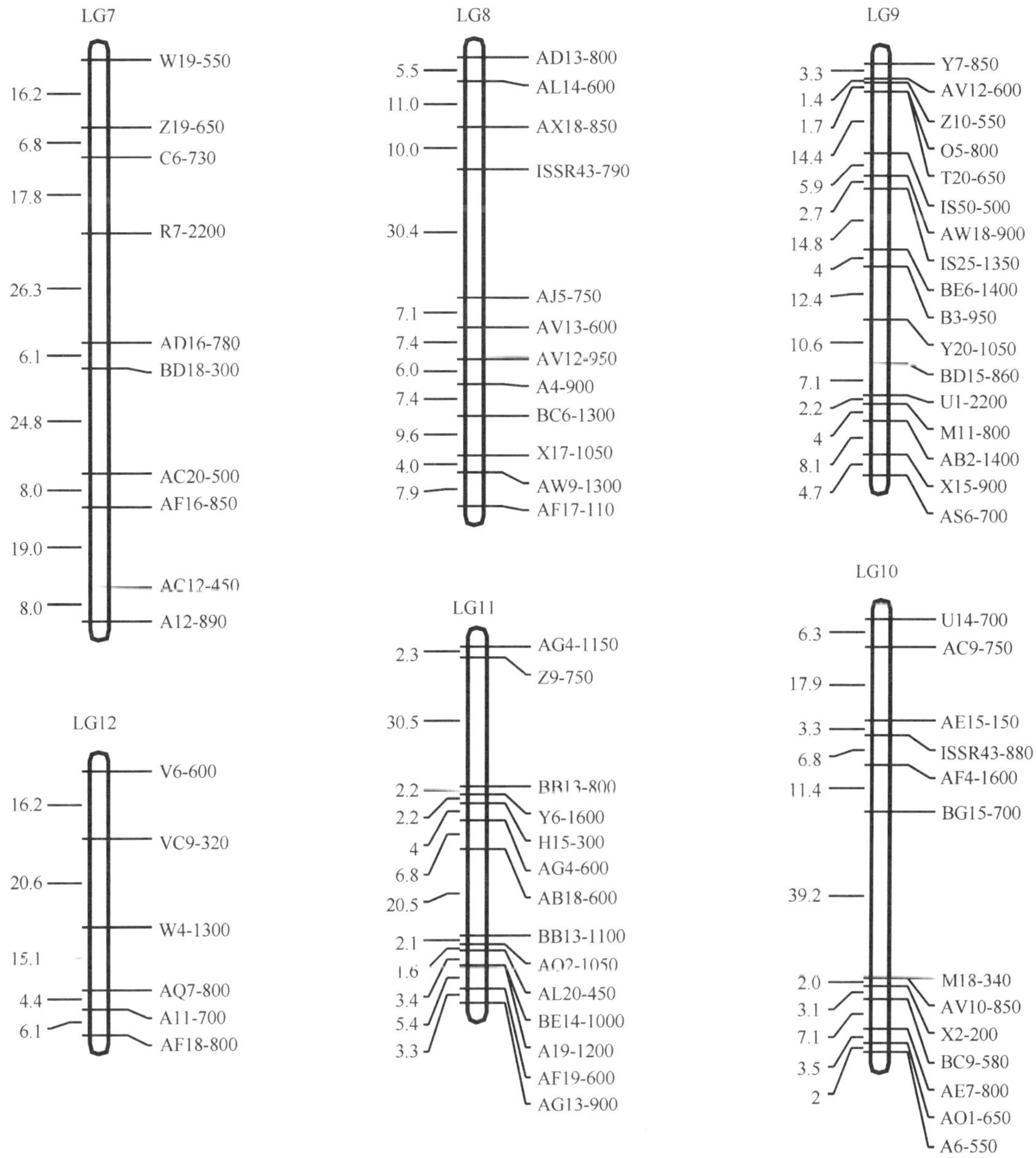

图 8 6　银杏 RAPD、ISSR 标记的遗传连锁

机构进行品种认定之后才可立为新品种。

品种试验主要进行区域性试验和生产性试验，区域性试验的目的是明确变异类型的区域适应性，确定今后推广应用的范围。生产性试验是为了更加明确该品种的栽培利用价值和前途，同时总结出推广中应注意的问题。品种审定是在品种试验的基础上，对优良的株系进行全面的审查，做出其有无推广利用价值，可否成为新品种的最后鉴定。品种审定要求提供前期工作的完整资料和实物，经省和全国性的品种审定机构组织评审，做出能否命名推广的结论。

近年来，我国银杏育种方法的研究发展迅速，主要以选择育种、无性系育种、芽变育种等方式为主。银杏的芽变现象多种多样，常见为形态特征变异。据张家勋（1994）报道，通过芽变选育和无性系嫁接的方式成功培育出了蝶形叶银杏和黄条叶

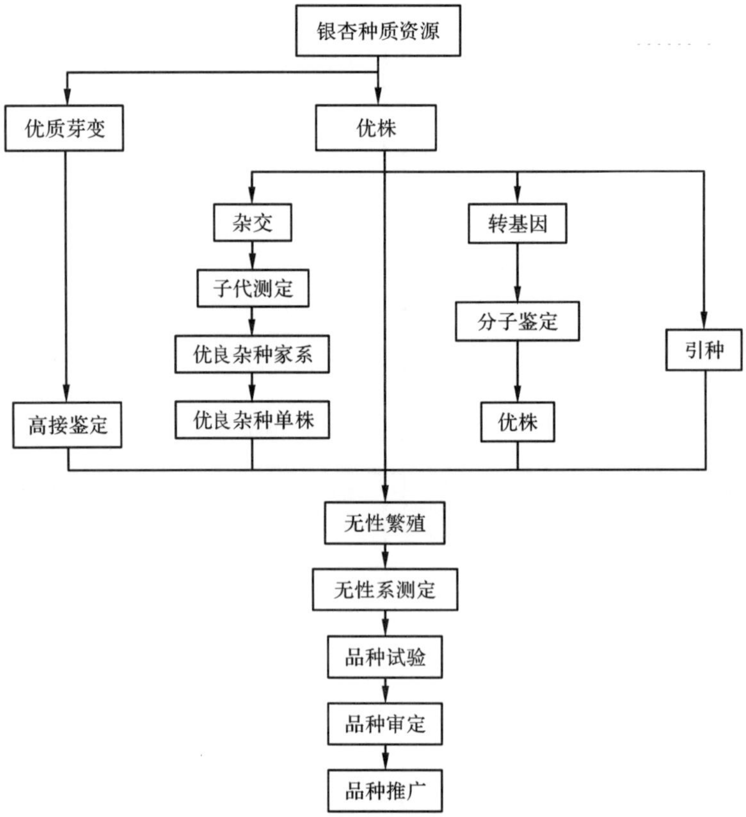

图 8-7 银杏育种程序

银杏两个品种。邢世岩等（2001）筛选出金丝银杏、金带银杏、大耳朵、直干银杏和黑皮银杏等稀有的银杏观赏品种，其中金丝银杏属于接后芽变体，而金带银杏则属于实生苗变异。陈学森等（1997）报道，在银杏组织培养研究中，利用不同深度的秋水仙素进行银杏愈伤组织多倍体诱变试验，没有获得多倍体变异，说明银杏染色体有很强的遗传稳定性，对银杏进行诱变育种较为困难。此外，胡蕙露（1998）进行 N^+ 离子诱变相关育种研究，结果表明，低能 N^+ 离子注入引起银杏形态特征的变化，芽萌动时间提前，展叶率增加，成活率改善，开花数和开花枝增多，新梢长度增加，结果明显提前。离子注入还引起银杏叶有效成分黄酮含量与对照有显著差异。

我国银杏的杂交育种研究近年来才刚刚开始，国内也没有成熟的银杏杂交品种用于生产和推广。韩宁林等（1998）试验证明，利用远距离花粉进行人工授粉，其杂交后代有明显的生长优势。与当地花粉授粉相比，2 年生苗高增加 28.2% ~ 55.0%，地径粗增加 13.2% ~ 18.3%，叶芽数增加 29.5% ~ 61.8%，叶产量增加 41.0% ~ 68.8%。银杏叶内酯总量的高低具有明显的遗传倾向。采用来自内酯含量较高的地区的花粉，其实生后代可以有较高的内酯含量。山东黄明等（2001）对叶籽银杏进行了 5 年的选育研究，该研究基于叶籽银杏所具有的明显返祖现象，通过杂交途径从实生后代中选育出了 3 个具有观赏价值的变异类型。中国科学院宋道军等（2001）采用离子束介导实现了银杏供体 DNA 与西瓜受体 DNA 之间的超远缘杂交，银杏内酯在西瓜品种 3-16 和 SR-1-2 中的最高表达量分别为 17.0756μg/g 和 45.9998μg/g，杂交的亲和率为 25%，测定了有银杏内酯表达的 2 个月西瓜叶片超氧化物歧化酶的活性，它们分别比对照提高了近 1 倍。曹福亮等于 2001 年、2002 年和 2003

年先后3次开展了银杏杂交育种工作，获得了多个杂交组合，目前正在进行子代测定。

8.2.3　良种的选育标准

良种是银杏丰产优质的基础。发展银杏生产，无论是核用、叶用、材用、花用，还是绿化观赏用，都要选用最适宜的优良种源或品种。曹福亮（2002）依据栽培目的不同，从银杏育种角度出发，将银杏各品种划分为核用品种、材用品种、叶用品种、花粉用品种、绿化观赏用品种等几大类，并针对不同品种提出了具体的良种标准。

（1）核用银杏的良种标准

①早实：在一般栽培条件下，以2～3年生银杏为砧木，嫁接4年后60%～80%的树开始结种，10～15年株产种子5～10kg。

②丰产：每1m长的结种母枝上结种60粒以上，平均每个有结种能力的短枝的种实数量超过1.2粒。2～3年生的短枝有良好的结种能力，并连续15～25年不衰。

③稳产：大小年不明显，大年、小年的产量变幅在30%以下。

④连续结实能力强：具有结实能力的短枝年年结种，枝龄30年内的短枝仍可开花结实树冠开张圆满。2～3层主枝与主干夹角不小于50°，冠高与冠径之比接近1∶1，内膛与外围结种均匀。

⑤种子品质标准高，种子整齐度大：每千克种核320粒以下，1、2级种核占80%以上，出核率26%以上，出仁率70%以上。种仁含淀粉65%以上，糖分6%以上，蛋白质12%以上，脂肪9%以上，粗纤维0.5%以下。种核洁白，脱壳容易，种仁饱满，黏着性强，有糯性，味甘甜，香气浓郁。

⑥树势健壮：长枝平均生长量不低于30cm，每条短枝着生8枚以上正常叶片。

⑦抗逆性强：相同条件下，与其他植株相比，遭受旱、涝、病、虫等自然灾害程度轻。

（2）材用银杏的良种标准

①生长快：平均胸径年生长量1～1.5cm以上，树高生长1～1.5m；

②主干圆满通直：中央直径与胸高直径的比值（即形数）在0.65以上；

③侧枝细：最低两层的侧枝基径与着生的主干处直径之比值为0.50以上，基角不大于50°，冠窄枝细；

④长势旺盛，抗逆性强；

⑤植株顶端优势明显。

（3）叶用银杏的良种标准

①产叶量高：3年生时单株叶产量干重达150g以上；

②叶内有效成分含量高，特别是黄酮及内酯类物质含量高　总黄酮含量1.5%以上，内酯物质含量0.2%以上；

③萌芽能力和抗逆性强。

（4）花用银杏的良种标准

①花粉产量高：花穗多，平均长2.2cm以上，直径0.7cm以上，每百个鲜花穗重20g以上，每花穗上花药（1对）的个数平均60个以上；

②花粉萌发能力强；

③各种有效成分和营养成分含量高，如总黄酮含量高于3%，Ve高于40mg/kg；

④树冠大，生长旺，发枝力强，抗逆性强；

⑤早花，以2～3年生银杏为砧木，嫁接后3～4年即可开花。

（5）绿化观赏银杏的良种标准　绿化观赏银杏可从观赏园艺的角度加以鉴定评比，即主要从树姿、树形、颜色、枝展、叶、花及种实等方面进行比较鉴定。其中，树形包括冠形、干形、枝形、叶形；颜色指枝、叶颜色及其变化。

（6）行道树银杏品种的良种标准

①速生，寿命长；

②发叶早、落叶迟，夏季绿、秋季浓；落叶时间短，叶片小而有利于清扫；

③冬季树形美、枝叶美、观赏价值高；

④叶、花、种实可供观赏，且无污染；

⑤树冠形状完整，分枝点在1.8m以上，分枝的开张度与地平面成300°以上，叶片紧密，提供浓荫；

⑥繁殖容易，大苗移植成活率高；

⑦适应性强，能在城市环境下正常生长，抗污

染、耐瘠薄、抗干旱、耐高温和低温；

⑧抗强风、大雪，根系深，不易倒伏，不易折断干枝及无大量落叶；

⑨生命力强，病虫害少，管理容易。

邢世岩（1997）提出了不同用途银杏良种的标准：

①核用良种：单核重3g以上；2～3年砧木苗经嫁接后3～4年结果，10年生树株产10kg以上，盛果期大树30kg以上。种壳薄、种仁饱满、微甜、糯性强、浆水足耐贮藏，并有丰富的淀粉、脂肪、蛋白质及其他矿质营养。抗病虫、适应性强（表8-2）。

②叶用品种：优质的叶用品种以叶片大、肥厚、浓绿、萌芽率高、发枝力强、节间短、短枝多、产量高、质量好为宜。定型的单叶面积能达到30～40cm^2，2年实生苗最大叶面积可达174～196cm^2。3年生实生苗，每公顷栽45 000株，年产干叶250kg。此外，叶子的黄酮和内酯含量要高（表8-3）。

③观赏品种：观赏品种主要通过叶形、叶色、树形、分枝、冠形、长势等加以分类。叶形有二裂、三裂、多裂、扇形、三角形、筒形和全缘；叶色包括浓绿、黄色、金黄、黄绿相间；冠形包括椭圆、伞形、纺锤形、窄冠形、塔形、圆柱形；干形包括圆满通直、低矮分枝、丛生形；分枝包括成层性强、分布均匀、分枝多（表8-4）。

④雄株品种：雄株品种也称授粉树。良好的授粉树应具备花期长、花粉量大、花粉活力高、亲和力大等特点（表8-5）。

⑤材用品种：材用品种要求速生、丰产、优质。10年生树高大于5m、胸径大于5cm；材积每公顷49.5m^3，平均每年每公顷生长量4.95m^3；30年生树高18～20m、胸径35～40cm；材积每公顷300m^3，平均材积生长量每年每公顷达10.05m^3。木材应具光泽、纹理直、结构细、易加工、不翘裂、耐腐蚀、易着漆、握钉力小、有特殊之香味等。经济用材出材率达80%以上，枝材、梢材占20%。要求干形圆满通直、分枝细、自然整枝好、生长健壮、病虫害少、抗性强。

黄鹏等（2000）从早实、丰产、稳产、质优、增殖和抗逆性等方面提出了银杏核用良种的选育标准，并编制了核用银杏良种的选育程序。

表8-2 银杏核用品种的标准及内容

编号	内容及标准	要 求
1	单核重>3.0g，种核数/0.5kg<167粒	粒大
2	一级种核率（%）95～100	均匀
3	出核率（%）>26～28	皮薄
4	出仁率（%）>80	饱满
5	高接后2～3年结果，3～4年生苗木接后3～4年结果	早实
6	母树株产>30kg，每平方米树冠投影面积负载量>1.3kg，每平方厘米主干截面积负载量>20g。接后5年株产0.35kg，10年株产10kg，每公顷产量分别达585kg和15 000kg	丰产
7	5年内种实产量变异系数<15%	稳产
8	7月下旬至8月中下旬成熟	早熟
9	淀粉和总糖含量分别达40%和2%以上 蛋白质和脂肪含量分别达6%和3.5%以上	香甜 糯性强
10	抗病虫、耐污染、耐低温和干旱	适应性强

表 8-3　银杏叶用品种的标准及内容（邢世岩，1997）*

编号	内容及标准	要　求
1	3 年生枝段成枝力 >50%	长枝萌发力强
2	每米长枝上的短枝数 >35 个，节间长度 <3cm	节间短、短枝多
3	新梢年生长量 50～100cm	生长量大，树冠扩大快
4	主干萌芽力强、发枝多、复干多	耐修剪和平茬
5	单叶面积 50～100cm^2	叶大多裂
6	单叶鲜重 2g、每 100cm^2 叶重 4g 以上	叶色浓绿、肥厚
7	3 年生实生苗 0.4m×1.0m 密度，每公顷产干叶 1875kg 以上 3 年生品种苗 0.4m×1.0m 密度，每公顷产干叶 2625kg 以上	产量高
8	银杏叶黄酮苷含量 >2.0%，银杏苦内酯含量 >0.2%～0.5% 银杏叶提取物含黄酮苷 24%、萜类 >6.0%，银杏酸 <100mg/L	质量好
9	抗病虫、耐污染、耐低温和干旱	适应性强

* 黄酮苷采用 754 分光光度法测，苦内酯采用 HPLC 法测据。

表 8-4　银杏观赏品种选育标准

性　状	选种标准
（1）观叶品种	
叶形	二裂、三裂、五裂、多裂、掌状裂、筒状叶
叶色	浓绿、黑绿、亮绿、金黄、黄斑叶、金丝
叶大小	大叶、中叶、小叶
（2）观型品种	
树形	塔形、直干形、矮化形、复干形（丛生形）
冠形	伞形、窄冠、垂枝形、圆头形、椭圆形、纺锤形、圆柱形、开心形
分枝	轮生枝、丛生枝、短枝型
长势	速生型、慢生型
（3）观果品种	
马铃类	大、中、小马铃
梅核类	大、中、小梅核
佛指类	大、中、小佛指
（4）稀有品种	
叶籽银杏、垂乳银杏、雌雄同株银杏、多代同堂银杏	

表 8-5　银杏雄株品种的标准及内容

编号	内容及标准	要　求
1	每米长枝上的短枝数 >35 个，节间长 <3.0cm	节间短、短枝多
2	长枝年生长量 50～100cm	长枝萌发力强
3	花期 6～12d	传粉期长
4	每个短枝上有花 >4～6 个，每朵花有花药数 >50～60 个。 每个花药花粉粒数 >1.7 万个，出粉率 >3%～6%	花粉量大
5	花粉发芽率 >80%，失活期 >30d	花粉活力高、耐贮运性强
6	与核用品种搭配授粉率及受精率 85%～100%	亲和力大、配合力强
7	抗病虫、耐低温干旱	适应性强

8.2.4 不同用途银杏良种的选育

（1）核用银杏 张云跃等（2001）对黄淮海平原区、伏牛山大别山区、皖南浙西山区、湘西北区、贵州高原区、南岭山地区、江苏南部栽培区范围内种核性状个体间变异的特点进行了研究。研究认为，在全分布区范围，银杏种核性状的遗传变异幅度是各不相同的，这预示着通过选择改良种核特征的可能性，改良的难易程度因性状而异。变异系数所揭示的各性状变异幅度由大到小依次为单核重（21.3）、壳厚度（16.8）、种实形（12）、核长（11.5）、核宽（9）、出仁率（3）。不同气候区间各性状的变异系数的不同预示着在不同气候区对同一性状选择其效率也不相同。从总体上看，通过选择提高单核重最易成功，而且在伏牛山大别山区和南岭山地区内选择会更易于达到目的，因为不仅这两区的核重变异系数最大（24.4，19.2），而且单核最重的个体也出现在那里（3.37，3.03）。出仁率是变异幅度最小的性状，表明通过现有个体要大幅度提高出仁率是困难的，因此不必努力改良这一性状，由此说明，通过提高单株产量达到提高总仁量比提高出仁率更为可行。

唐辉等（2006）连续3年调查测定银杏良种桂G86-1与海洋皇的原株生长性状、产量性状、果实性状及种仁营养成分。发现两个品种均具有高产、稳产、粒大、洁白、味美、质优的综合优良性状，桂G86-1的果实性状和种仁营养品质均略优于海洋皇。桂G86-1无性系后代在始果年限、投产株率、平均产量及果实性状等各方面均优于海洋皇无性系后代，较好的保持了原株的综合优良性状，但两个品种无性后代都与原株产生部分变异，其中以海洋皇无性系后代的变异性较大。邢世岩等（2006）以“大粒、早实、丰产、稳定、优质、成熟期、抗逆性及适应性”等为选育标准，决选出“家佛指”、“大金果”、“华口大果”、“马铃3”、“大龙眼”及日本的“黄金丸”、“岭南”等7个品种，具有大粒、丰产、优质等优点。曹福亮等（2006）对邳州、桂林等核用银杏种质资源全面调查的基础上，从产量和质量性状方面综合筛选出了南林果1和南林果2等2个果用品种。

（2）叶用银杏 邢世岩等（2000）对我国银杏叶5个产量指标进行了统计分析，认为：①我国叶用银杏地理生态型不明显，从南亚热带→中亚热带→北亚热带→暖温带均表现良好，我国东部的山东、江苏和福建及南部的广西叶用资源相对集中。我国叶用银杏的种源、性别及无性系间具有广泛的遗传基础，可先确定种源，在种源内选择雄性或雌性优良单株，然后形成无性系并产生叶用品种，有可能筛选出5%～10%的优良叶用品种。②雄株和雌株两大群体内均存在优良叶用资源，但雄株内筛选出高产叶用品种的可能性更大。

曹福亮等（1999）对银杏叶用优良品种和优良单株作了大量研究，其研究方法可用于进行叶用银杏优良株系的选择。具体研究方法为：将从优良株系上采集的枝条，嫁接在1年生的砧木上，每一砧木嫁接1根接穗，按田间试验设计的要求，每一株系占1苗床，重复3次。第2年起每年对各株系的叶生物量、黄酮、内酯含量等指标进行测定，叶生物量、黄酮、内酯含量等指标都高的株系供给进一步推广实验。

汪贵斌、曹福亮（1998）从全国各地收集了经过初步筛选的13个优良叶用单株，进一步以黄酮和内酯含量、单株叶产量等为指标，筛选出了黄酮和内酯含量及单株叶产量都很高的3个优良叶用无性系E4、E2和E6。

（3）花粉用银杏 曹福亮等对银杏雄树开花的特性进行了研究。研究结果表明，小孢子叶球长度对孢子囊数有明显影响，随着小孢子叶球长度的增大，其小孢子囊数增加；树冠中部枝条上着生的小孢子叶球数和花粉产量明显高于树冠顶部和基部；树龄明显影响花粉中有机养分及矿质元素的含量，当树龄增大时，其有机养分含量降低；不同株系之间的测量指标具明显差异。说明花用银杏的变异是多层次且是复杂的，具有一定的选育潜力。曹福亮等（1997）以花粉产量、花穗长度及数量、花粉内含物等为指标，筛选出了南林-B_1、南林-B_2、南林-D_1等几个优良无性系。

8.2.5 杂交育种

银杏的杂交育种研究才刚开始，目前还没有成熟的银杏杂交品种用于生产推广。南京林业大学在国内较早开展银杏杂交育种研究，于2001年选用南京林业大学校园内和江苏省泰兴市的8株优良雄株作为父本，大佛指作为母本，在江苏泰兴银杏种质资源圃开展了银杏的杂交育种工作，获得8个F_1代杂交种。在此基础上，2002年又分别选用贵州、福建、江苏等省的3个银杏优良雄株作为父本，4个优良品种大马铃、大金坠、梅核和佛指作为母本进行两两交配，共12对，在江苏邳州银杏种质资源圃进行杂交育种（图8-8）。2002年在南京林业大学下蜀林场开展了银杏F_1代杂交种的苗期测定。在测定银杏不同杂交种间主要生理指标时发现，其气孔导度、蒸腾速率、细胞间隙CO_2浓度等生理指标在不同杂交种间存在显著差异（曹福亮，2002）。莫昭展（2006）对1年生控制授粉的银杏杂交子代的药用质量指标研究表明，家系间总黄酮含量、总内酯含量、单株叶生物量、单株经济产量有极显著差异。通过聚类分析初步筛选出优良的叶用家系8个（图8-9）。郝明灼（2003）研究表明，不同亲本杂交，其F_1代杂交子代1年生或2年生苗的叶绿素含量、黄酮和内酯含量、光合作用与蒸腾速率均存在显著差异。总体上母本对杂交子代各项生理指标的影响要大于父本，人工控制授粉的杂交子代叶绿素含量、黄酮和内酯的含量、光合作用与蒸腾速率均高于作为对照的自由授粉子代，生理指标的研究结果与生长指标的研究结果基本上完全一致。梁礼才（2004）研究表明，52个半同胞家系生理及生长指标存在显著差异，并初步筛选出了表现优良的叶用家系。

8.2.6 银杏引种

银杏引种的目的是将外地优良银杏资源引入当地栽培，是丰富本地资源及实现银杏资源共享的一条便捷途径。

图8-8 人工控制授粉

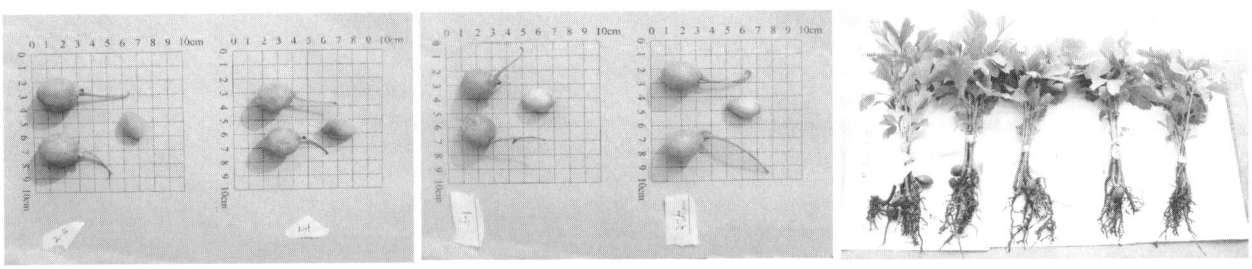

图8-9 F_1代种子及其2年生苗

(1) 国内地区之间引种

①低温区引种：长春市、吉林市、白山市、延吉市等地曾从大连引种过银杏，这是南树北移的例子。结果表明环境条件好的地区，如：背风、向阳、低海拔的地方，银杏生长较好，而在靖宇、长白、敦化等环境较差的地方，引种失败。

②低温干旱区引种：典型的例子是黄土高原区的引种。引种结果表明，南部暖温带半湿润区适宜银杏引种，可发展经济林；北部北温带干旱区不适宜银杏引种；中部中温带半干旱区银杏引种效果介于两者之间，以小规模引种为主，常以四旁绿化或公益林为主。此区引种主要受低温、干旱的威胁，即使是南部地区也受到一定的影响。

③高盐地区的引种：在胜利油田矿区的引种就是一个成功的例子。胜利油田地处黄河三角洲，土质主要是滨海潮土和滨海潮盐土，表土含盐量高(0.2% ~0.3%)，地下水位高，矿化度高，不利于银杏生长。土壤经改良，含盐量降低后于1991年引种银杏，4年后成活率达到97.1%，目前部分植株已开花结实。

(2) 从国外引种　世界上的银杏虽都源自中国，但这些种质经过长期的演化，形成了更具广泛遗传基础的类型和品种，国外已选育出不少优良品种，有些已优于我国目前推广的品种。因此，在充分利用好国内银杏资源的同时，要积极引进国外优良品种。

朝鲜银杏品种的抗寒能力强，从此区引进的银杏通常能在我国北方寒冷地区栽培。辽宁省丹东市曾从山东、江苏等地引进银杏苗木，但因气候差异大，特别是冻害严重，造成引种失败；而从朝鲜引进银杏种子进行的育苗试验已取得初步成功。

日本的核用银杏良种化程度高，因此从日本引进的主要是核用品种。20世纪90年代初，山东郯城首次从日本引进金卫兵、藤九郎、岭南和黄金丸4个品种，目前长势良好。

第 9 章

银杏品种、优系或优株

我国银杏栽培历史悠久，银杏栽培品种较多。近年来，我国广大银杏工作者围绕核用、叶用、花用、材用、观赏用等目的，对银杏的良种选育进行了系统的研究，先后选育并推广了一些优良的品种、家系或优株，为我国各类银杏原料林的培育提供了大量的优良品种、优系或优株。

9.1 银杏品种分类

9.1.1 品种分类

1978 年，《中国植物志》第 7 卷的编委们经过慎重的分析研究之后，正式明确了银杏种级之下无变种和变型，全部为银杏品种的这一分类方法。由于银杏在栽培上具有多用途，如果用、叶用、花用、材用，果用品种不一定适合于叶用园或者用材林等的营建，因而必需根据用途对银杏进行分类。目前银杏栽培品种可以分成核用品种、叶用品种、雄株品种、观赏品种和材用品种五大类（表 9-1）。

表 9-1 银杏栽培品种类型划分

栽培品种类型	代表品种
核用品种	家佛指、魁铃、大金果、洞庭皇、大梅核、海洋皇
叶用品种	高优 Y-2 号、安陆 1 号、WL43 号
观赏品种	叶籽银杏、金带银杏、多裂银杏、垂乳银杏
雄株品种	G♂-12#、嵩优 1 号、广西早花
材用品种	豫宛 9#、直干银杏 S-31 号

9.1.2 品种分类的历程

1935 年，曾勉在对浙江诸暨银杏调查的基础上，根据银杏种核大小、形态等指标首次将核用品种划分为梅核、佛手和马铃 3 类，这 3 类的主要特征如下：

（1）梅核类（*Ginkgo biloba* L. cv. Typica Tsen.）[①]果圆形，或近心脏形，顶端平或微凹入；核卵形或广椭圆形，略扁，两面不对称，间或上下端对称，两侧棱线距基部较近，呈翼状。主要代表种有大梅核、细梅核、桐子果、鸭屁股银杏、棉花果等。

（2）佛手类（*Ginkgo biloba* L. cv. Huana Tsen.）果长圆形或椭圆形，上方尖或钝，顶端平或微凹入，果蒂基部弯向一侧；核形多狭长而尖，具棱线，但无明显的翼。形体饱满，味甘美，最受市场欢迎。主要代表种有长柄佛手、大佛手、洞庭皇、家佛手、金果佛手等。

（3）马铃类（*Ginkgo biloba* L. cv. Apiculata Tsen.）佛手、梅核中间型，果似梅核而核似佛手类。果中等大，顶端明显突起，且具小尖头；核虽有棱，但翼不明显，核长大于宽，侧棱不明显。主要代表种有闽水铃、黄皮果、青皮果等。

1960 年，曾勉在《太湖洞庭山果树》一书中，

① 曾勉原初为 var.，应改为 cv.

将洞庭山银杏分为圆珠和佛手两类，共计有大佛手、小佛手、洞庭皇、大圆珠、小圆珠、鸭屁股圆珠等6个品种。张勔新（1960）在《中国主要果树图说》中引用了曾勉观点，并描述了佛手类5个品种、梅核类2个品种和马铃类3个品种，并认为中国银杏品种繁多，有待进一步考证。1964年，左大勋、汪嘉熙、张宇和等在《江苏果树综论》中把江苏品种分成长核形和圆核形两大类，主要有大佛手、小佛手、洞庭皇、圆珠、南汇无心、佛指、龙眼等。

《中国果树栽培学》（曲泽洲等，1987），对梅核类记载了大梅核、桐子果、棉花果、算盘果；佛手类有家佛指、野佛指、洞庭皇、卵果佛手、金果佛手、圆底佛手、枣子果；马铃类有大马铃、中马铃、青皮果和黄皮果，共计15个品种。1983年，由郑万钧主编的《中国树木志》将中国银杏品种总结为洞庭皇、小佛手、鸭尾银杏、佛指、卵果佛手、圆底佛手、橄榄佛手、无心银杏、大梅核、桐子果、棉花果、大马铃，共计12个品种。

1989年，江苏农学院何凤仁采用综合分类法，根据种核的外形和某些遗传特性将核用品种分成长子、佛指、马铃、梅核和圆子5类（表9-2）。

（1）长子类　核体特长，下部呈锥形，长:宽比为2:1，似长橄榄形。代表种有橄榄果、枣子果、长白果。

（2）佛指类　核长卵圆形，顶端有尖为佛手，无尖为佛指，核长:宽为1.5:1。代表种有长柄佛手、泰兴佛指、七星果、洞庭皇、大金坠、新宇（金坠1号）等。

（3）马铃类　种实似马铃状，核广卵圆形，中隐线明显，核长:宽为1.2:1。代表种有大马铃、魁铃（马铃3号）、海洋皇、青皮果、黄皮果、桐子果等。

（4）梅核类　果圆形，核外形似梅核。核长:宽比为1.2:1，核扁有翼。代表种有大梅核、李子果、棉花果等。

（5）圆子类　果和核均为圆球形，核体胖，长:宽比为1:1。代表种有大龙眼、团峰（圆铃6号）、葡萄果、算盘果、眼珠子等。

山东省银杏核用品种主要有马铃类，代表种马铃3号；佛指类，代表种金坠1号；圆子类，代表种圆铃6号；梅核类，代表种大梅核（邢世岩，1997）。

表9-2　银杏5大类群种实种核特征（何凤仁，1992）

识别点	长子类	佛指类	马铃类	梅核类	圆子类
果形	长橄榄	长卵圆	马铃状	近圆或广椭圆	圆球形
核形	长橄榄	长卵圆	广卵圆	长椭圆似梅核	圆形
核长/宽	2:1	1.5:1	1.2:1	1.2:1	1:1
顶端	秃尖	凸、凹、平	尖或凸	具小尖但不凸	尖或凸、凹
基端	秃尖	两束迹近或合二为一	两束迹宽大，间石质相连似鸭尾状	两束迹小而近，合生间石质相连	两束迹大且明显，间距大或合二为一
长宽线交点	中点正交	交于长线上1/3	交于长线上或下2/5处，上大下小或反之，上下间有一隐约可见的线，下半部比佛指宽而短	中线正交将核分成四象限，弧线略披，上下形状无别，中隐线稍显	中线正交并分成四象限，边缘弧形，上下形状无别
侧棱	明显但不成翼	上明显，下不明显	明显，种核宽处棱边宽呈不明显翼状	上下均明显，但不呈翼状	上下明显，中部宽处有翼
背腹	肥厚相同	均饱满	厚度同，有时背圆而厚，腹略扁	背圆，腹稍平，核略扁	核较圆胖，或背圆厚腹平

林协（1994）将浙江银杏核用品种分为：①佛指类，代表种有大佛手、中佛手、小佛手等；②梅核类，代表种有马店大梅核等；③马铃类，代表种有庙后大马铃等。

史继孔（1997）将贵州银杏核用品种分为5类。①长子类银杏：属于此类较少，仅发现ZA-4号1种。②佛指类银杏：属于此类的有长白果、长糯白果、小黄白果、GY-15号、T-20号。③梅核类银杏：GY-2号，GY-5号，GY-11号，GY-17号，T-20号。④马铃类银杏：此类目前仅发现1种，即猪心白果。⑤圆子类银杏：圆白果，GY-3号，GY-8号，GY-9号，GY-13号，GY-14号，GY-21号。

关传友（1998）把安徽省银杏分成5类，即：①佛手类：大茶果、小药果、佛指果、佛手子。②梅核类：梅核果、大药果、九月寒、梅核子、大鸭果。③马铃类：茶果、中马果、马铃子。④长子类：米果、小米果。⑤圆子类：大核果、迟核果、大圆子、小圆子。

陈晓云等（1992）把湖北省银杏分成4类：①马铃类：糯性强、味甜；子粒（种核）大或中等，264～406粒/kg，也有582粒/kg的小粒型单株；出核率22.9%～32.4%，出仁率70.1%～82.4%。多属早、中熟类型。②梅核类：糯性中等、味甜；子粒大或中等，268～422粒/kg，也有510粒/kg的小粒类型；出核率20.5%～30.0%，出仁率76.3%～82.7%。多属中、迟熟类型。③佛手类：糯性，味甜；子粒中等大小，358～428粒/kg，也有594粒/kg的小粒类单株。出核率24.9%～29.1%，出仁率76.1%～77.8%。多属早熟类型。④圆子类，粒小，400～554粒/kg。

1993年在《中国果树志·银杏卷》中（郭善基主编），对银杏"历史分类"进行了说明，长

表9-3　广西灵川核用品种类型果实性状（李寿兴，1983）　cm·g

类别	品种	种实									种核									出核率（%）
		果形	纵径（cm）	横径（cm）	果面	果顶	果基	果蒂	果柄长（cm）	单果重（g）	核形	纵径（cm）	棱横径	面横径	核顶	核基	核棱	单核重（g）	
梅核银杏类	大梅核	圆形	2.9	2.9	白粉少	凹	微凹	较小近圆	3.1	14.9	短卵圆形	2.2	1.9	1.5	微尖	有二小突	不明显	2.9	19.4
	棉花果	近圆	3.0	2.8	果点稍隆	有浅沟	微凹歪肩	卵圆	3.8	12.9	卵圆三棱	2.2	1.7	1.4	广圆无突	二个小突	明显	2.7	21.0
佛手银杏类	家佛手	长广椭圆	2.8	2.5	白粉多	微凹	平或微凹	近圆	4.0	9.2	卵圆	2.2	1.6	1.4	圆钝微尖	微突	微具翼棱	2.5	27.5
	洞庭皇	椭圆倒卵	3.4	2.7	白粉多	微凹	平歪肩	近圆	2.9	13.4	长倒卵形	2.7	1.6	1.4	尖有小突	鱼尾状突	下部不显	2.8	20.5
	卵果佛手	卵圆	2.6	2.3	白粉厚	微尖	平或微凹	近椭圆	2.4	8.2	椭圆三棱	2.1	1.5	1.3	钝尖	钝尖	中上明显	1.9	23.8
	长柄佛手	椭圆倒卵	3.1	2.6	蜡粉较厚	浅陷	微凹	近圆	5.6	11.8	长倒卵形	2.5	1.5	1.3	有小尖	狭长	不明显	2.3	19.4
	圆底佛手	椭圆	2.7	2.1	有白粉	微尖	凹入	近圆	3.6	7.6	纺锤形	2.3	1.3	1.2	有小尖	有短钝突	不明显	1.8	23.8
马铃银杏类	青皮果	近圆	2.5	2.2	白粉多	微凹	稍歪	近圆	3.4	7.1	椭圆	1.9	1.4	1.2	有小尖	有小尖	不明显	1.5	21.8
	黄皮果	心脏形	2.6	2.3	有白粉	微尖	微凹	近椭圆	3.2	8.8	卵圆	2.2	1.6	1.3	小尖略突	乳头状突	下部不显	2.1	23.8

子、佛指、马铃、梅核、圆子5类分类法被郭善基（1993）采用，并公布了“中国银杏品种”46个。

李寿兴等（1983）将广西银杏分成3类（表9-3）。

以下列出了我国部分银杏品种、优系或优株。品种是指来自同一祖先，具有为人类需要的某种经济性状，基本遗传性稳定一致，能满足人类生产物质资料及科学研究目的的一种栽培植物的群体。而优系或优株尽管有某种经济性状，但还没有达到品种的标准。

9.2 核用品种

9.2.1 优良品种

1. 家佛指 Jia fo zhi

家佛指又名泰兴大白果或大佛指。主产江苏泰兴、泰州、江都、吴县。浙江长兴、广西兴安等地，福建等省亦大量引进。

该品种从实生树中选出，母树高大，中干强，层性明显。大多母树系由分株繁殖而成，根系深达2m，40年生母树根系水平分布半径达7～9m。成龄树叶片一般无明显缺刻，幼树叶大而肥厚。叶长×宽为8.57cm×9.83cm，叶柄长3.17cm，单叶面积44.38cm^2，叶基线夹角100.9°，5张叶片厚度0.2cm。鲜叶含水量70.64%，单叶鲜重1.8762g，干叶重0.5519g。1年生枝每米长具叶68枚，叶重121.8g，每100cm^{2}叶重3.91g。2年生枝段每米具叶248枚，鲜重255.7g，每100cm^{2}叶鲜重2.68g。1年生枝上的叶大多为扇形，二裂明显。3年生嫁接树成枝力46.7%，单株枝长5.88m，冠幅0.96m×0.8m，叶片417枚，叶面积系数2.63，单株叶鲜重342g。

从早实及丰产性来看，2m×3m丰产园，接后6年开花株率44%，挂果株率20%。结果株中，平均每株开花673朵，座果率1.57%。1m×3m密植园开花株率34%，座果株率16%，最多每株挂果833个。1m×2m丰产园，接后5年开花株率35%，座果株率33%。每株挂果115个，每公顷产量达510kg。对于自然开心第1层结果树形，每公顷按600株以上定植，10年后株产达15～20kg，每公顷产量达9000～12 000kg；如果形成上层树冠，树高一般8～10m，枝干粗壮，株产可达75kg，并可稳产，但结实期较迟。

图9-1 家佛指

佛指种实为长卵圆形，因种核似佛像手指而得名。珠托歪托，边缘亦凸凹不平，与种实歪托。受重力或双种实并列受挤而使果实略有弯曲。成熟时外种皮橙黄色、偏淡，外被薄层白粉。正常种实平均每果10g，最大13.5g，最小6～7g。每千克100枚。种实长×宽为3.1～3.8cm×1.4～2.6cm。顶端圆钝孔迹小，平或稍下凹，但亦有少数或微小尖凸起的。种核长卵圆形，尾端长细圆秃，前端短圆钝，壳洁白。核长×宽×厚为2.9cm×1.3cm×1.4cm。背腹厚度均等，故白果较圆浑。大种核每千克300～360粒，最大单核重3.4g。出核率26%～27%。种核两侧有棱，无翼状，近尾端棱不明显，两束迹小而合二为一。种壳较薄，出仁率达78%～83%，一般80%（图9-1）。

种仁与种核形状相似，两端均较秃。内种皮如纸较薄，上半部为褐色，下半部为淡粉褐红色，生时难剥，熟时易脱皮。刚采收下肉眼可见到胚，贮藏40～60d后胚清楚可见，有双胚现象。种仁肉质细而富浆汁，煮或炒食质细、糯、香并微甜，别有风味。种仁支链淀粉含量50.87%、直链淀粉5.41%、蛋白质5.0%、可溶性糖9.23%、干物质41.97%。在江苏省13个优良品种综合评比中名列第2名。据泰兴县志记载，早在1932年，泰兴白果出口就达75万kg，1982年流入上海市场的泰兴白果达50万kg。按历史的购销水平，通过港澳市场销往东南亚和欧美的泰兴白果，每年都在1500t以上。泰兴白果是我国目前行销国外的著名白果品种，值得大力推广栽培。

2. 洞庭皇 Dong ting huang

本品种属佛手类。原株在江苏苏州西山梅园村。洞庭佛手为吴县东西洞庭两山银杏主栽品种，约占总株数99%。

幼树枝条生长旺盛，皮灰褐色，芽体饱满。叶长×宽为9.87cm×10.3cm，叶柄长4.13cm，叶基线夹角80.6°，叶大多为扇形。当年枝上的叶中裂深而明显，裂深达6.1cm。成龄树叶淡绿色，中裂浅，叶波状明显，叶片平展。幼树单叶面积48.44cm^2，5片叶厚2.26mm，每100cm^{2}叶重4.44g。叶含水量69.26%，单叶鲜重2.2358g，干重0.688g。嫁接后3年生幼树单株枝条长度593cm，冠幅0.93m×0.98m，每株具叶片398枚，叶面积达13 830cm^2，叶面积系数2.78。单株叶鲜重399g，成枝力48.7%，中等偏上。1年生枝单叶厚度452μm，2年枝上叶厚342μm。本品种雌花之胚珠呈半圆形，珠孔小而长，鱼嘴状，缘有浅缺裂，高低不等，边缘有浅紫色线状条纹。

本品种大树树冠多圆头形，树势强，侧枝少，主枝旺。幼树发枝量稍大，进入结果期早，丰产性能强。抗病虫及适应性强。过去大树干高较高，一般1.5~2.0m以上。近些年来，采用低干嫁接并抽生3~5个主枝，树冠圆头形或自然开心形，树冠开张。一般20年生树株产达40~50kg；40年生树株产高达75~125kg，高产树达150kg。据江苏农学院1986~1990年连续测定表明，母树平均株产96kg，树干截面积负载量0.009 68kg/cm^2。

种实长圆形、广卵圆形或倒卵圆形，丰满。熟时淡橘黄色，被较厚白粉，有淡褐色油胞。果先端钝圆，珠孔迹小而明显。基部平而微凹，略有隆起，并向一侧歪斜。蒂盘长圆形或椭圆形，微突，表面高低不平。果较大，长×宽为3.6cm×2.81cm，果柄长4.23cm。单果重17.6g，每千克56枚。核卵状长椭圆形，无脊腹之分。先端宽圆渐尖，具小突尖，中部以下渐狭，基部广楔形，近基部稍显粗糙。束迹迹点宽短，少数不显，迹点一高一低呈倾斜截面。两侧棱线宽窄不一，但无翼状边缘，长短也不相等。种核长×宽×厚为2.93cm×1.75cm×1.48cm，单核重平均3.6g，每千克278粒。最大可达3.8g。出核率23.43%，出仁率78.34%，一二级种核率占100%。种仁营养丰富。支链淀粉含量50.35%，直链淀粉4.18%，粗蛋白5.87%，可溶性糖8.86%，干物质达42.73%。在江苏省13个优良品种综合评比中名列第7位，是值得推广的大粒、早实、丰产、质优品种之一。目前，浙江长兴的大长头、临安的大佛子、广西灵川海洋乡的灵川大佛手与本品种类同。浙江临安用大佛子在30年生树上高接换头，5年后结果，10年株产20kg，15年株产50kg（图9-2）。

图9-2　洞庭皇

3. 七星果 Qi xing guo

七星果属佛指类品种。原株在江苏省泰兴刁铺镇井丰庄。从佛指中选出，属稀有品种。本品种种核两面均具针孔状稀疏分布之麻点，凹凸不一，类似群星而得名。母树50年生，树高10.7m，冠幅8.5m×8m，冠形指数1.3，主干高1.7m，围粗1.27m，主干截面积1283.5cm^2。主干低矮。

本品种发枝力较弱，成枝率低，树冠外围当年生枝长24cm。但从总体上看，本品种树形、枝干、叶片生长特点与佛指并无本质区别。但七星果叶片较佛指宽、叶肉厚、叶柄短而细，叶色浓绿。叶多为扇形，少数为截形叶，叶有明显浅狭中裂，缘具不明显的缺刻。叶片大小基本一致，叶长×宽为4.25cm×8.2cm。舌接成活率达95%以上，当年新梢长28.3cm，粗0.57cm，叶片数22.5枚，单叶面积22.13cm^2。从物候期上看，雌花成熟稍迟，最佳授粉期比佛指迟2～3d。种子成熟期较佛指推迟7d。

七星果种实长椭圆形，熟时橙黄色，被薄白粉，上下均较胖。先端钝圆，不具凸尖，较平阔。基部蒂盘长圆形，略歪斜，周缘稍有凹陷。果柄与佛指相似，长5.5cm。果长×宽为2.7cm×2.1cm。单果重9g，每千克112粒。种核为长卵圆形，脊腹相等，核体较胖。种壳鱼肚白。下部较佛指宽，基部两束迹明显分开，但多有横隔相连。两侧棱线明显，但不成翼状，自上而下明显。顶端孔迹突起成小尖。种核大小均匀，一级种核率达100%。种核最大特点是在背腹面上有5～10个凹陷不一的麻点，个别孔径达0.5mm。据何凤仁等（1986～1990年）连续测定表明，七星果母树单核重2.73g,每千克种核366粒，最大可达3.3g。出核率24.87%，出仁率81.2%。平均株产29kg，主干负载量0.022 62kg/cm^2。种仁生理指标测定表明，支链淀粉含量46.23%，直链淀粉5.2%，粗蛋白4.6%，可溶性糖8.8%，干物质43.8%。七星果以肉质厚、浆水足、口感香甜、糯性强而闻名（图9-3）。

图9-3 七星果

4. 扁佛指 Bian fo zhi

产于江苏，是佛指实生或根蘖树而来，亦有一定数量为嫁接树，所以群众又称野佛指。嫁接树树冠发育一般比佛指快，新梢较粗、长，叶片比佛指大，叶片平均长5.2cm，一般为5～7cm，宽平均为7.1cm，有的可达10cm左右，叶柄平均长3.8～4.2cm，一般较佛指叶柄稍短。有明显浅缓中裂，叶长较厚，色较深。多扇形及截形叶。易丰产稳产。种核背厚腹薄而略扁，下半部虽比上半部狭，但较佛指宽；两束迹明显大，相距亦较远，有时呈鸭尾形。种核壳比佛指稍厚；种仁亦常不如佛指饱满，摇之易有响声。种实橙黄色，比佛指为深。珠托较大，为不正广长圆形，亦略有偏斜，但正托较多。孔迹平或稍凹陷，少有孔迹呈尖状凸起的。种实长3.2～3.4cm，宽2.2～2.4cm，珠柄长5cm许，比佛指明显短。珠托柄与珠托柄前端亦明显比佛指宽扁。种核长3cm，宽1.85cm。出核率为25%左右，出仁率为78%～80.35%。大粒种核亦不易超过每千克300粒，一般为400粒左右。扁佛指虽然商品价格较低，但由于抗性强，栽培要求不严，故群众仍保一些嫁接树（何凤仁，1989）。

5. 亚甜 Ya tian

亚甜主要分布在山东、江苏、浙江等诸多银杏产区。亚甜也称邳县人马铃，原株在江苏邳县铁富镇南冯场，原名为马铃2号。

此品种主干通直圆满，为侧枝与中干生长差异较大的圆柱形或卵圆形树冠。叶片比佛指大而厚，色深，树势也强。叶片多为扇形，叶缘有多个深浅不等圆缺，有明显中裂。单叶面积20.2cm^2。平均新梢生长量24cm。母树平均株产14.5kg，树干截面积负载量0.032 46kg/cm^2，高产稳产性好。单果重13g，每千克76枚。种实为广短卵圆形，似马铃形，故名。种实前半部大而圆秃，孔迹平或微凹或有小尖。种实下半部如马铃，后半部缩小，比佛指下部粗短。上下之间似有很明显的中缢。外种皮橙黄色，外被白粉。珠托圆形，多正托，边缘稍陷入种实。果柄直而宽扁，较佛指短一些。

种核为短广卵圆形，上半部宽大而圆，孔迹突出成尖，下半部向内收缩似圆形的下端。在种壳中间有一圈不很明显的隐约中缢横线。背圆浑而厚，腹略薄，故视之略扁。种核尾端两束迹相距较远。两侧有棱，明显有翼。种核长×宽为2.7cm×1.6cm。单核重2.87g。出核率28.8%，出仁率80.2%。一级种核率达99.7%。经江苏农学院测定表明，种仁支链淀粉含量52.4%，直链淀粉4.5%，粗蛋白6.0%，可溶性糖8.6%，干物质44.9%。9月底外果皮变软。大马铃抗逆性强，适宜栽培地区广泛，种粒大而丰产，在江苏省13个优良单株综合评比中名列第一（钱炳炎等，1997）。

6. 宇香 Yu xiang

原株在江苏邳州市铁富乡，又名铁富马铃3号。

母株生长在大沟边，生长势较弱。小树生长势旺盛。新梢褐黄色，多年生枝灰色，枝条皮较粗糙，皮孔明显。标准叶为扇形，角度为130°左右，叶片大而厚，叶色浓绿，中裂较浅，叶宽10.22cm，叶长6.03cm，叶柄长4.60cm。

果倒卵圆形，色绿黄，果面白粉较厚，油胞明显。长∶宽比为1.19∶1。种核宽卵圆形，长∶宽比为1.82∶1，两侧棱线明显，中部以上尤显，种核最宽处具明显隆起之横脊，单粒重3.45g，种皮较薄，出仁率80.20%，总利用率23.02%。种核光滑洁白，外形美观。种仁生食无苦味，回味少有甜味，熟食糯性好，香味特浓，品质极上。宁香9月底至10月初外种皮变软，摇晃才能落果。早实性较强，抗性强，接后4~5年见果（钱炳炎等，1997）。

7. 大佛手 Da fo shou

本品种广泛分布在山东、江苏、广西、浙江、贵州等地，也是江苏苏州洞庭山主要栽培品种之一。由于其果柄长而柔软，不易脱落，加以果大，故有大长头之称。

母树在苏州吴县东山中学，树主为杨家驷。树龄30年生，树高7m，冠幅9.3m×9.8m，冠形指数0.71。干高1.1m，周粗1.05m，主干截面积877.3cm^2。佛手叶片稍大，一般叶长×宽为4.5~5.0cm×6.4~7cm，叶柄稍大，长3.8~8.5cm。大佛手果实丰满，形状整齐，果形指数通常为1.27。果长×宽为3.46cm×2.8cm。单果重16.1g。果面黄色，被白粉；色泽较深，呈橙黄色。果柄着生处有一隆起小阜，果柄长3.9cm。核卵状长椭圆形，长×宽×厚为2.88cm×1.73cm×1.45cm。核形指数为1.63。单核重3.3g。据江苏农学院陈鹏等（1991）连续4年测定表明，平均株产24.8kg，树干截面积负载量0.028 28kg/cm^2，株产量变异系数为40.86%。一二级种核率高达100%，种粒大而均匀，丰产稳产。出核率2.12%，出仁率75.76%。就种仁内含物来看，支链淀粉43.87%，直链淀粉4.94%，淀粉总量48.81%，粗蛋白5.51%，可溶性糖8.78%，干物质43.02%，是值得重视的优良品种之一。

8. 大梅核 Da mei he

该品种广泛分布于山东、江苏、浙江、广西、湖北等地。原株800多年生，实生树，树高20.7m，胸径1.2m，冠幅15.5m×14.8m，枝下高2.7m。树冠圆球形，枝角70°。树干截面积11 309.7cm^2,树冠投影面积180m^2。

母树每米长枝上有短枝32个，节间长3.32cm，当年新梢长24.4cm。芽基宽0.3cm，芽肥大钝圆。双果率低，大小年不明显。叶全缘，先端波状。嫁接苗当年新梢长50~80cm。叶长×宽比5.03cm×8.39cm，叶柄长5.71cm。单叶面积26.22cm^2。1年生枝每米叶数88枚，叶面积2376cm^2，鲜重68.4g。2年生枝每米叶数143枚，叶面积3738cm^2，鲜重105g。每个短枝上有叶8~14枚，叶面积117cm^2，鲜重3.3g。

幼树长势旺，成枝力强。母树株产200kg以上，主干截面积负载量0.0177kg/cm^2，树冠投影面积负载量1.11kg/m^2。大树高接后3年见果，5年生苗木嫁接后3~4年结果，5年开花株率50%，结种株率43%。幼龄枝条插穗生根率95%，舌接成活率达95%以上。种子9月上旬成熟，属早熟品种。

本品种早果丰产性良好，短枝连续结种能力强。苗木接后5年每公顷年产500kg。种实圆形，基部种蒂圆形、正托。成熟时橙黄色、易脱皮。种核圆形，顶端微尖。基部两束迹连生，侧棱上下均明显，背腹不等。种核大而洁白。单果重14.4g。果长×宽×厚为2.72cm×2.88cm×2.87cm，果柄长4.33cm。单核重3~3.3g。核长×核宽×核厚为2.33cm×2.0cm×1.4cm。单仁重2.5g，仁长×仁宽×仁厚为1.96cm×1.65cm×1.25cm。出核率22%，出仁率76.5%，是值得推广的大粒、早实、丰产品种（图9-4）。

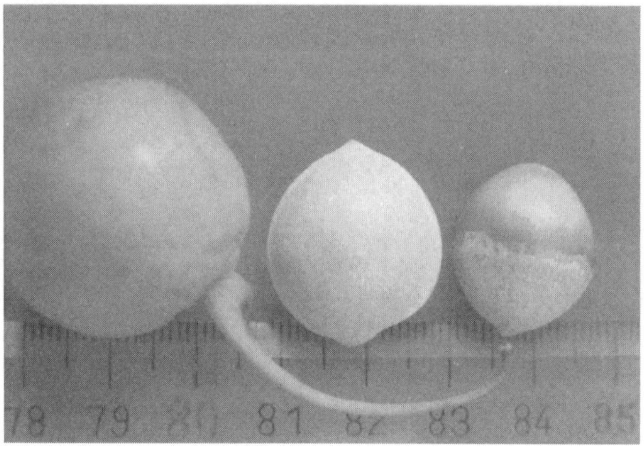

图9-4 大梅核

9. 魁铃 Kui ling

原株在山东郯城县重坊张则顺家里。又名马铃3号。

每米长枝上有短枝30个，节间长4.8cm。芽基宽0.46cm，顶端钝圆。成龄树叶长×宽为5.96cm×8.06cm，叶柄长5.88cm，5片叶厚度0.15cm，单叶面积24.75cm^2，单叶鲜重0.71g，叶基线夹角106.8°，叶缘波状明显。

从生长习性、早实性、开花结果习性、物候期及繁殖特点来看，魁铃成龄大树成枝力17.86%，接后5年树当年新梢长26.6cm，粗0.59cm，芽数8.3个，3年生枝段成枝力45.4%。树高3.95m，主枝数4.5个，冠幅1.92m×1.71m。树冠投影面积2.62m^2，总叶量1730片，叶面积5.4m^2，叶面积指数2.11。用5年生砧嫁接后3~4年始果，第5年开花株率为27.3%，结果株率18.2%；接后6~8年座果株率达100%。从传粉到种子成熟时间为167d，成熟期10月上旬。属晚熟品种。幼树插条生根率77.5%，插条苗2年生苗高84.5cm，地径1.02cm。舌接亲和力高，成活率达96%以上，当年新梢长44.6cm。抗病虫适应性强。

魁铃母树4年平均株产47.88kg，变异系数低于1.4%。平均树干截面积负载量0.053kg/cm^2，树冠投影面积负载量1.35kg/m^2。产量大小年不明显，树冠内外分布均匀，单核重、出核率变异系数较低，丰产稳产性好，接后10年株产2.68~25.85kg，但个别年份种核大小不稳定。树冠投影面积负载量0.21~1.09kg/m^2。5年生砧接后5年株产种核达0.37kg，每公顷产615kg，树冠投影面积负载量0.22kg/m^2，6年株产1.5kg，8年株产2.0kg，每公顷产量高达3330kg。

该品种属马铃类。果基部非正托，阔椭圆形；单果重17.43g，每千克58粒。果皮厚0.7cm。核肥厚，中隐线稍明显，基部两束迹间石质相连，稍歪（图9-5）。单核重4g，最大4.5g，每千克250粒。核长×宽×厚为2.65cm×2.01cm×1.61cm。种壳厚0.77mm，出核率23.7%，出仁率77.88%。种仁富含K、Ca及脂肪和蛋白质，口感香甜，糯性强，其综合指标与日本特大粒品种“藤九郎”相当。是山东目前主要推广品种之一，现已推广到

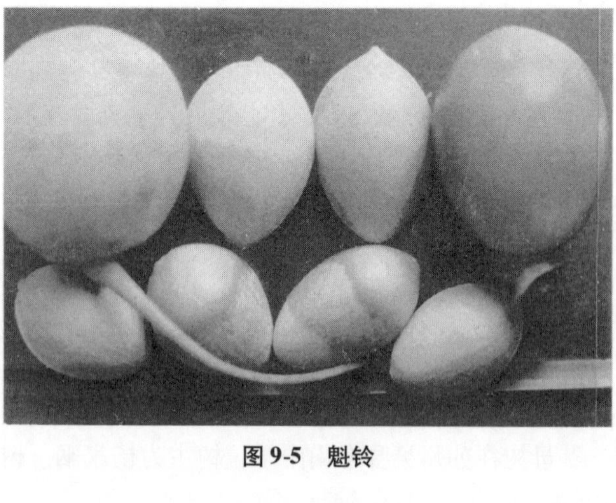

图9-5 魁铃

山东、四川、安徽、江西、湖南、陕西、浙江、河南、贵州等地。

10. 团峰 Tuan feng

团峰又名大龙眼或圆铃6号。母树在山东苍山和郯城县，均为嫁接树。

每米长枝上有短枝30个，节间长4.5cm。芽基宽0.28cm，顶端呈三棱形。成龄树叶长×宽为5.08cm×8.02cm，叶柄长5.34cm，5片叶厚度0.127cm，单叶面积28.69cm^2，单叶鲜重0.6133g，叶基线夹角126°。叶缘波状或二裂。

成龄大树成枝力18.4%~23.5%。嫁接5年后幼树当年新梢长25.2cm，粗0.61cm，芽数7.8个，3年生枝段成枝力55.56%。树高2.11m，主枝数3个，冠幅1.6m×1.76m。树冠投影面积2.39m^2，总叶量1010片，叶面积3.3m^2，叶面积指数1.74。4年生实生苗接后3年见果，接后5年开花株率达15%，座果株率达9.4%。大树高接后2年见果，3年座果率达100%。从传粉到种子成熟的时间为153d，成熟期9月18日，属中熟品种。幼树插条生根率64.8%，插条苗1年生高28.8cm，地径0.68cm。舌接成活率达96%，当年新梢长50.6cm。

母株连续4年平均株产69.2kg，变异系数低于20.8%。单核重、出核率较稳定。树干截面积负载0.024kg/cm^2，树冠投影面积负载0.67kg/m^2。接后12年株产高达20kg以上，接后50年生大树株产60kg，树冠投影面积负载量1.24kg/m^2。4年生苗接后5年株产0.21kg，每公顷产量达350kg。

团峰属圆子类，果实圆形、正托（图9-6）。单果重12.63g，每千克60粒。果皮厚0.62cm。核肥厚圆形、规整，侧棱明显，基部两束呈二点状或合二为一。单核重3.04g、每千克300粒，最大单核重3.5g，种壳厚0.52mm。核长×宽×厚为2.05cm×1.78cm×1.42cm。出核率24.16%，出仁率81.95%。种仁内富Mg、P及脂肪，口感香甜，糯性强，易机械脱皮和加工，是值得重视的好品种。目前，该品种已推广到江西、安徽、浙江、四川、湖南、陕西、山东等地。

11. 魁金 Kui jin

魁金，原株在山东郯城县重坊西高庄管区。

每米长枝上的短枝数33个，节间长4.2cm。每个短枝上有叶9~11枚。成龄树长×宽为5.72m×7.7m，叶柄长5.9cm，5片叶厚度0.137cm，单叶面积28.19cm^2，单叶鲜重0.6613g，叶基线夹角109.8°。叶缘呈大波浪状。

魁金接后8年生幼树3年生枝段成枝力24.53%，当年新梢长38.2cm，粗0.81cm，芽数11.2个。树高3.3m，主枝数3.5个，冠幅2.54m×2.62m，树冠投影面积5.42m^2，总叶量5180枚，叶面积14.1m^2，叶面积指数2.52。大树高接后1~2年结果，6年生苗接后2~3年结果，接后4年开花株率达50%，结果株率40%。从传粉到种子形

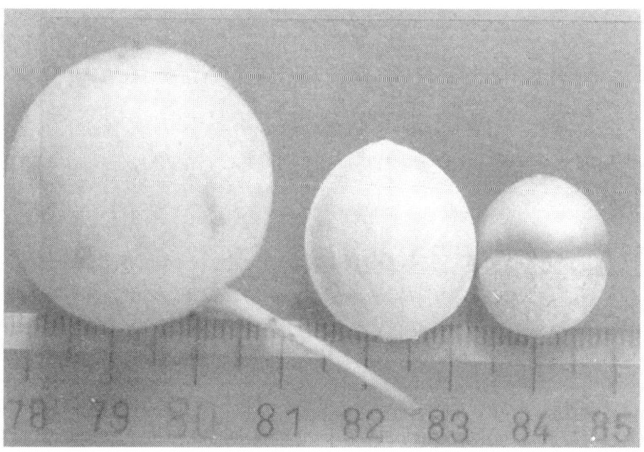

图9-6　团峰

图9-7　魁金

态成熟时间为158d，成熟期9月25日，属中熟品种。幼树插条生根率55.7%，2年生插条苗高度66.9cm，地径0.88cm。舌接成活率达92%，当年新梢长47.8cm。

母树4年平均株产31.5kg，树干截面积负载量0.039kg/cm^2，树冠投影面积负载量0.68kg/m^2。单核重、出核率变异系数较低，丰产稳产。大树高接后10年株产13.5kg，25年株产40kg，树冠投影面积负载量0.94～1.46kg/m^2。6年生树接后4年株产0.26kg，每公顷产量435kg。

魁金属马铃和佛指过渡类型，栽培性状明显。果倒卵形，果柄长而弯曲（图9-7）。单果重12.94g，每千克78粒，果皮厚0.56cm。核长形，上下两端似金坠，但中隐线明显，群众叫“二节头”。单核重3.56g，每千克280粒，最大单核重4g。核长×宽×厚为2.39cm×1.78cm×1.48cm，种壳厚0.74mm。出核率27.63%，出仁率78.8%。种仁内脂肪、P、K、Ca、Mg含量较高，口感香甜。目前已推广到安徽、四川、浙江、陕西、山东、湖南等地，并取得较好的经济效益。

12. 新宇 Xin yu

新宇又名金坠1号，为山东郯城代表种。原株在新村于洪涛家里。

长枝上的短枝数28个/m，节间长4.9cm，每个短枝上有叶8～10枚。芽基宽0.34cm，芽顶端钝圆。成龄树叶长×宽为6.02cm×8.38cm，叶柄长6.28cm，5片叶厚度0.148cm，单叶面积28.19cm^2，单叶鲜重0.8g，叶基线夹角103°。叶缘呈波浪状。

嫁接后4年生幼树3年生枝段上成枝力14.5%，当年新梢长32.8cm，粗0.51cm，芽数10.4个。株高3.6m，主枝数3.5个，冠幅2.15m×1.74m。树冠投影面积2.97m^2，总叶量2841枚，叶面积8.86m^2，叶面积指数2.96。大树高接后2年结果，4年生苗嫁接后3年结果，4年开花株率33.3%，结果株率20%。从传粉到种子形态成熟时间为144d，成熟期9月8日，属早熟品种。幼树插条生根率80.5%，2年生插条苗高度86.7cm，

图9-8 新宇

地径1.1cm。舌接成活率97.6%，当年新梢长51.2cm。

母树4年平均株产43kg，树干截面积负载量0.04kg/cm^2，树冠投影面积负载量1.39kg/m^2。大树高接后3年每枝挂果3～10个，接后5年每枝产量高达3.7kg。6年生幼树接后4年株产0.063kg。

新宇属佛手品种，果倒卵形，果柄直立（图9-8）。单果重11.84g，每千克84粒，果皮厚0.51cm。核顶端有尖，基部两束迹合生，背腹明显。单核重3.3g，每千克304粒，最大种核3.8g，种壳厚0.38mm。核长×宽×厚为2.5cm×1.73cm×1.34cm。出核率28.14%，出仁率80.34%。最大的特点是种壳薄，种仁富含脂肪、淀粉、蛋白质及维生素。口感香甜，糯性强。目前已推广到山东省内外50余地，并收到良好效果。

13. 马铃5号 Ma ling-5

马铃5号又名新村5号或郯城5号，属马铃类。1978年由门秀元等选出。母树生长在山东郯城新村乡新一村，树龄150年生，嫁接树，树冠开心形，偏冠，树势中庸，发枝较多，新梢生长旺。冠径8.4m，干周1.45m，枝干高1.8m，主枝数5个，树高9m，平均株产50kg。母树现已死亡。目前第2代嫁接树大多近20年。

树干灰褐色，新梢冬态红褐色，2年生枝黄褐色，生长季节新梢黄褐色。节间长3.6cm，叶子反卷呈喇叭状，叶色浅绿，叶长×宽为4.9cm×

6.3cm，叶面积16.5cm^2，叶柄长4.3cm，单叶重0.52g。1年生芽体尖，2年生芽体较圆，芽基宽0.43cm，芽高0.38cm，芽径0.26cm，每个短枝着生叶片数7~8枚。

马铃5号冠紧凑，枝角小，幼树生长旺盛，成枝力高于马铃9号。进入结种期长，长势中强。10年生树高3.5m，干高0.42m，干周0.35m，冠幅3.2m×4.0m。当年新梢长29.3cm，枝条粗0.33cm。该品种结果早，始种枝龄2年生，结种短枝占总短枝的32.5%，短枝连年结果能力强，进入结种期后产量高，老树易更新，修剪敏感，幼树重剪易跑条。凡年平均气温在10~18℃、降水量600~1500mm、冬季温暖干燥或湿润、夏季多雨的环境条件下均可生长。该品种在土壤条件肥沃、排灌水良好的壤土上生长更佳，其抗风、抗旱及耐寒能力较强。对于干旱年份，植株不能充分发育，叶小而发黄，会影响产量及质量。从该品种幼树上剪取的插条生根率可达80%，平均根数5.2条，2年生品种插条苗高77.6cm，地径1.0cm。接穗古接成活率达95.5%，愈合能力较强，当年新梢长48.9cm，粗0.97cm，当年抽梢率达97%。

该品种具有早实性或连续丰产性。嫁接后4~5年结果株率达36.4%。接后4~5年树高2.4m，冠幅2.6m×2.4m，平均株产0.08~0.13kg，最高株产1.85kg。马铃5号种实成熟橙黄色，果倒卵圆形或椭圆形，先端下陷，油胞小、密生，分布较均匀。果柄长3.3cm，果长×宽×厚为2.75cm×2.43cm×2.39cm，单果重11.15g。种核白色，椭圆形，种壳较粗糙，背腹各具3~7个小麻点，棱线上3/5明显，先端有尖，偏歪（图9-9）。两维管束合二为一。种核中隐线明显。核长×宽×厚为2.44cm×1.64cm×1.31cm。单核重2.44g，每千克410粒。出核率24%，出仁率78%。种仁含水量54%，总糖2.7%，淀粉33.7%，脂肪4.3%，蛋白质4.6%，滴定酸0.22%。全氮0.73%，Vc23.0mg/100g，单宁18.4mg/100g，P 178mg/100g，K 411.9mg/100g，Ca 21.6mg/100g，Mg 45.8mg/100g。该品种口感有苦味，糯性强，是山东省第一批主推品种之一，属中粒、早实、丰产、早熟品种。

图9-9　马铃5号

14. 郯107号 Tan-107

107号又名郯城107号或称郯丰。1996年由宫玉臣等人选出。

该品种母树于1987年由郯城县林业局初选出优良单株。母树在重坊镇埔里村，嫁接树，树龄35年生，3大主枝，开心形树冠。干高2.2m，树高9m，胸径24cm、冠幅5m×6m，生长健壮。

107号芽顶端呈三角形，芽基宽0.33cm。短枝上的定型叶叶长×宽为6.5cm×9.1cm，叶柄长4.5cm，叶基线夹角111.6°，单叶面积17cm^2。长枝上的定型叶叶基线夹角较小（89°），叶裂刻深达0.5cm，单叶面积20.5cm^2。叶缘呈小波浪形、微卷。结果短枝具叶片8.7枚，结果枝上单叶重0.49g，叶片含水量73.14%。营养枝单叶重0.54g，含水量63.81%。

107号芽萌动期为3月23日，展叶期4月8日，盛花期4月19日，新梢速生期5月9日至6月14日，种实形态成熟期9月20日，落叶期10月26日。从传粉到种子形态成熟需154d。属晚熟品种。该品种高接后9年，单株枝量1.7万条，其中长枝占3.4%。当年新梢长20.3cm，基径0.43cm。节间长3.43cm，成枝为16.4%，萌芽率79.74%。单株叶片数达11.3万枚，叶面积195.23m^2，叶面积指数高达6.12。该品种嫁接到8年生砧木上4年后开花结果，5年结果株率达

100%。接后9年干径17.7cm，树高6.9m，冠幅6.1m×6.6m，树冠投影面积31.9m^2，树冠体积105.9m^3，属丰产型品种。

该品种母树4年平均株产31kg，平均每平方厘米树干截面积负载量0.0711kg，平均每平方米树冠投影面积负载量1.31kg，丰产性良好。接后9年平均株产27.83kg。平均每平方厘米树干截面积负载0.1075kg，平均每平方米树冠投影面积负载0.8724kg。107号种实呈阔椭圆形，顶端平广微凹，基部平广，形态成熟时外表杏黄色，果粉中等，果柄正托，果蒂椭圆形，油胞红褐色较少。果长×宽×厚为2.71cm×2.51cm×2.50cm，果柄长2.9cm。外种皮厚0.49cm，果形指数1.08、单果重10.37g，出核率24.87%。种核呈阔椭圆形，顶端具尖，基部二维管束合二为一，侧棱上4/5明显，种壳呈象牙白。种壳厚0.56mm，核形指数1.54，单核重2.58g，388粒/kg。出仁率78.71%。仁长×宽×厚为2.11cm×1.43cm×1.28cm，仁形指数1.56。单仁重2.03g。种仁含水量68.16%。该品种外观虽稍差，但种仁具香味、稍苦、糯性强，柔性强、硬度适中，品质上呈。该品种适应性及抗性均较强，但负载过大时部分叶片易发黄。该品种属中粒级极丰产品种。

15. 郯111号 Tan-111

该品种属马铃类，又名郯早，1996年由宫玉臣等人选出。1987年由郯城县林业局初选，母树在重坊镇西高庄村，枝龄40年，树势中庸，丰产，稳产。

该品种萌芽率为82%，成枝率为20.5%，芽顶为圆锥形，叶缘呈波浪形，缺裂浅，叶卷曲。单果重13.93g，种核广卵圆形，单核重3.78g，出核率27.14%，出仁率79.2%。该品种丰产、稳产，且大小年不明显。采用8年生砧木嫁接后3年开始结果，5年结果株率达83%，从授粉到种子形态成熟为150d，成熟期为9月15日，属中熟品种。

16. 郯306号 Tan-306

该品种属佛手类，又名郯魁，系郯城大金坠的代表种，1996年由宫玉臣等人选出。1987年由郯城县林业局初选，母树在港上镇王桥村，树龄90年，树势健旺，丰产性能好。

该品种萌芽率为79.4%，成枝率为21%，属成枝力较高品种。叶片浓绿且肥厚，叶缺裂较深。单果重13.42g，种核为倒卵形（图9-10），单核重3.56g，出核率26.58%，出仁率78.22%。该品种丰产、稳产。采用8年生砧木嫁接后4年开始结果，5年结果株率达88%，从授粉到种子形态成熟为143d，成熟期为9月12日，属中熟品种。

图9-10 郯306号

17. 金坠13号 Jin zhui-13

该品种属于佛手类，1979年由郯城县林业局门秀元初选，母树在山东郯城县新村乡新一村，树龄150年，分层嫁接树，树势中庸。主枝角度开张，枝干角度大，发枝少，成枝率低，枝条灰白色、有弯曲，芽体小，椭圆形，叶片厚而浓绿，且比其他品种变黄迟，落叶较晚。单果重9.84g，种核狭长，顶有尖，基部维管束合生，侧棱线下部2/5处不明显（图9-11）。单核重2.6g，每千克385粒，出核率24.8%，出仁率77.9%。嫁接后4年见果，8年丰产，早实及丰产性好，是果、叶兼用品种之一。

18. 海洋皇 Hai yang huang

海洋皇又名海洋王。本品种系马铃类优选的大

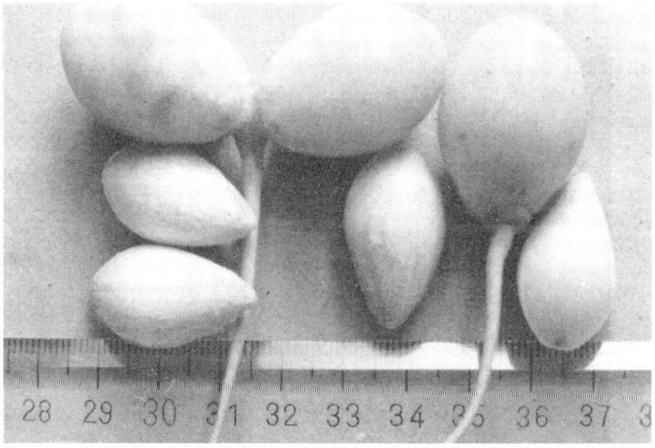

图9-11　金坠13号

粒种，种实及种核较大，故名。从目前山东、江苏及广西3地共同研究结果证实，马铃类适应性强，果大、早实、丰产，是今后应重点推广的类群。江苏第一名为邳州大马铃，单核重2.87g。山东第一名为魁铃。海洋皇原株在广西灵川海洋乡江尾村。树龄150年生，树高19m，干高1.5m，胸径89.7m，冠幅12m×13.5m。尽管曾受火灾危害，但目前仍生长旺盛。母树圆头形，有明显的中心主干，成层性明显，枝角70°。

植物学和生物学性状。该品种树形开张，树干粗壮，发枝力强，生长旺盛。新梢长31.5cm，具14~16枚叶片，短枝上一般有叶片5~7枚，有的达9枚。叶色浓绿、叶片大，长枝上的叶片中裂明显，短枝上的叶中裂不明显，缘具波状缺刻。定型叶叶长×宽为4.7~5.9cm×6.9~8.0cm，叶柄长4cm。45年生树高13m，直径44.6cm。

图9-12　海洋皇

从经济性状来看，该品种母树平均株产125kg，树干截面积负载量0.019 78kg/cm^2，树冠投影面积负载量0.98kg/m^2。45年生树株产白果50kg。大小年不明显，丰产稳产性好。种实椭圆形，熟时橙黄色，白粉多。先端钝圆，顶端下凹，珠孔孔迹明显。基部平阔，蒂盘略凹陷，正托（图9-12）。果柄长3.8~4.4cm，上粗下细，略见弯曲，果长×宽为3.5cm×2.9cm，单果重14.3g，最大16.4g，每千克70粒。种核广椭圆形，上宽下窄，腰部鼓起，核大而胖。种核先端圆，顶端不具明显小尖。基部两束迹间石质相连并突出于核之体外，形如鱼尾。两侧具棱，中上部明显。种核长×宽×厚为3.0cm×1.9cm×1.47cm，平均单核重3.6g，最大达4.23g，每千克278粒。出核率25%，出仁率77.4%。经济性状比一般品种提高30%，外皮较薄。属晚熟品种。种仁味香清甜，种核大小均匀，属广西最优品种，但个别年份种核大小不十分稳定，早实性有待继续观察。

本品种种核在市场上十分畅销，商品价格较一般商品品种价格高20%~30%，在市场上供不应求。该品种已被列入全国核用林推广重点品种。目前已在广西、广东、湖南、云南、贵州、四川、河南、江西、湖北、安徽、山东、江苏等地推广（邓荫伟，2002）。

19. 华口大白果 Hua kou da bai guo

母树位于广西灵川县潮田乡华口村，树龄约90年，树高15m，胸径80cm，冠幅12m×14m，年产种核50~70kg。

本品种为佛手银杏类，属全国银杏生产重点推广品种之一，采用母树接穗繁殖的苗木，定植后3~4年开始挂果，6~7年投产，株产种核5~8kg，每公顷产30~45kg，产量大小年变幅在20%~25%。种实长椭圆形，成熟时为橙黄色，表皮有油胞，并覆盖一层白粉。种实先端圆弧形，顶点凹，略见珠孔迹，基部平，蒂盘呈圆形或椭圆形，果柄长2.8~3.7cm，上粗下细，略有弯曲（图9-13）。种实纵径2.85cm，横径2.45cm，单果重9.26g，每千克108粒，出核率31.96%。种核卵形，中上

图 9-13 华口大白果

部较宽，中下部狭窄，核粒先端圆钝，顶部无明显小尖，基部尖，略见两维管束迹，两迹点紧成直线，尖凸状。两侧棱较明显。核粒较大，单核重 3.9g，每千克 256 粒，出仁率 78.35%。核仁黄白色，糯性高、味香。核壳坚硬，耐贮藏，常规贮藏 6 个月左右，为特优果用品种。

本品种种核特大，商品价值较高，在市场上有着较强的竞争力，目前该品种为广西灵川县重点发展品种，种植后 3～4 年挂果，其种实、种核均能保持母树的优良特性，已在湖南、贵州、云南、四川等地推广，已成为国内重点发展品种（邓荫伟，2002）。

20. 桂 028 号 Gui-028

母树位于广西兴安县漠川乡才金村苦竹塘屯，树龄 330 年，该树在基部分为三叉，树高约 21.0m，主干高 1.1m，胸径 97.5cm，冠幅 21m × 25m，年产种核 500～650kg，为广西产区产量最高、生长最好、经济价值最优的植株，1994～1998 年期间每年产种核 600kg，年产值达 2.4 万元。是广西创效益最高的植物个体。本单株为马铃品种，是广西桂林产区在生产上推广的优良品种之一，采用母树接穗嫁接繁殖的苗木，定植后 5～6 年可挂果，8～10 年投产，株产种核 6～8kg，每公顷产 37kg 左右，产量大小年变幅 <30%。种实椭圆形，成熟时为淡黄色，表皮有白粉，油胞较少。种实先端凸，有小尖，基部平，蒂盘略凹陷，果柄长 3.2～4.2cm，上粗下细，弯曲度大。种实纵径 2.65cm，横径 2.25cm，平均单粒重 7.2g，每千克 138 粒，出核率 25%～27%。种核为长椭圆形，核中部最大，上、下两端同等大，两侧棱线中上部明显，顶点凸明显小尖，基部束迹凸，两迹点不明显，核粒中等大，单核重 2.0～2.5g，每千克约 400 粒，出仁率 78.5%，核仁乳白色，细腻、糯性高，香味浓，核壳坚硬，耐贮藏，是较好的核用品种（邓荫伟，2002）。

本单株种核属一级品，在市场上畅销，已在广西、湖南、贵州等地推广种植。

21. 桂 047 号 Gui-047

母树位于广西兴安县漠川乡福岭村，树龄 60 年，树高约 11m，枝下高 2.5m，主干为三叉，平均干径 22.5cm，冠幅 8.5m × 7.5m，年产种核 74kg。

本单株为圆子银杏类，是广西桂林产区筛选出的良种之一，采用母树接穗繁殖苗木，定植后 4～5 年可挂果，6～8 年投产，株产 5～6kg，每公顷产约 3000kg，产量大小年变幅在 25% 左右。种实为圆形，先端微凹呈"一"形，有小尖，成熟时为橙黄色，有一层白粉，油胞明显。蒂盘略凹陷，果柄长 3.4～3.5cm，上粗下细，略弯曲。种实纵径 3.1cm，横径 3.0cm，平均单粒重 8.9g，每千克 112 粒，出核率 26%。种核为椭圆形，先端较尖，顶点小尖明显，并与两侧棱线连接，棱线片中下部往上。种核饱满，基部两维管束迹点明显，一高一低，两点间距 3～4mm，无鱼尾状凸尖。核粒较大，单核重 3.5g，最大粒 3.9g，每千克 286 粒，出仁率 76%。核仁为白色，糯性强，香味浓。核壳坚硬，耐贮藏，常规条件下可贮藏半年。

本单株核粒较大，为特级商品，在市场上十分畅销，已在广西、四川、湖南、云南、贵州等地推广（邓荫伟，2002）。

22. 桂 048 号 Gui-048

母树位于广西兴安县漠川乡福岭村，树龄 60 年，树高约 11m，胸径 32m，冠幅为 8.3m ×

10.5m，年产种核65kg。

本单株为圆子银杏类，是广西桂林产区筛选出的优良品种之一，采用母树接穗繁殖苗木，定植后5～6年可挂果，8～10年投产，株产5～6kg，每公顷产约3000kg，产量大小年变幅在20%左右。种实为圆形，先端凹，有小尖，成熟时为橙黄色，有一层白粉，油胞明显。蒂盘平，果柄长3.2～3.4cm，略弯曲。种实纵径3.0cm，横径2.8cm，平均单粒重8.9g，每千克112粒，出核率26%。种核为椭圆形，先端较尖，顶点与棱线相连，小尖明显，棱线自下往上明显，种核饱满，基部两维管束迹点明显，略见鱼尾状，两束迹间距3mm左右，核粒较大，单核重3.3g，每千克303粒，出仁率为77.5%。核仁为黄白色，核壳坚硬，耐贮藏。

本单株为特大核粒品种之一，目前，已在广西、湖南、贵州等地推广（邓荫伟，2002）。

23. 桂049号 Gui-049

母树位于广西兴安县漠川乡庄子村，树龄约90年，树高18m，胸径42cm，冠幅12m×13m，年产种核60～70kg。

本单株为马铃银杏类，是国内最大核粒的品种之一，采用母树接穗进行繁殖苗木，定植后5～6年开始挂果，8～10年投产，株产5～7kg，每公顷产约30kg，产量大小年变幅在25%左右。种实长圆形，成熟时为淡黄色，表皮光滑，无油胞，有一层白粉。种实先端较圆，果柄长2.5～3.0cm。果柄细，平直，无弯曲。种实纵径3.5cm，横径2.8cm，平均单粒重14.5g，每千克69粒，出核率26.73%。种核为卵形，中部以上宽于下部，且棱线较明显顶端圆钝，顶部凹入，并有一小尖与棱线同等高。基部两维管束迹点明显，迹点间距2.5～3.0mm，无鱼尾凸尖，核粒较大，单核重3.8～4.1g，最大粒4.2g，每千克240～260粒。出仁率为77%，核仁为黄白色，细腻，糯性强，味香，核壳坚硬，耐贮藏，常规条件可贮藏4～6个月，冷库贮藏可达1年。

本单株核粒特大，属广西产区最大核粒株系，有着较高的商品价值，在市场上竞争力较强。目前已在广西、云南、四川等地推广（邓荫伟，2002）。

24. 安银1号 An yin-1

原产湖北省大洪山区，由刘燕君选育而成。母树生长在安陆市河水区周守富家门口。50年前，在一株高约16.0m，胸径约50.0cm的雌树上嫁接当地的大圆籽而成的。目前树高16.0m，胸径约80.0cm，最大单果重20.0g，单核重大于4.0g，出核率29.0%～30.0%。中熟型，株产白果100kg以上。

1987年，原河水区农技员李银发向韩宁林介绍了这株树，现已大量繁殖推广。据实测，安银1号核型为圆子类。种核长2.4～2.5cm，宽2.1～2.2cm，厚约2.3cm，核形指数1.14，厚率近1.00。单核重4.2～6.0g，每千克种核数200粒左右。这是我国目前种核最大的银杏品种之一。

大果、丰产、出核率高是其最突出的优点。该品种嫁接后3～5年就能结实，早实性强也是其突出的优点。

25. 早实梅核 Zao shi mei he

原产湖北安陆，又名23号大梅核，曾在邳州会议上被评为全国优良品种之一。嫁接后3年挂果。据彭曰三提供，邢世岩测定表明，该品种为大果型，熟时外种皮呈暗褐色。果长×宽为3.05cm×2.65cm，果柄长3.15cm，鲜果重13.18g，出核率25.23%，果形系数21.42。该品种种核无麻点，光滑，中线稍明显，背腹均圆（图9-14）。核长×

图9-14　早实梅核

宽×厚为2.45cm×1.85cm×1.58cm，单核重3.40g，出仁率80.89%，仁微苦。

26. 七星梅核 Qi xing mei he

原产湖北安陆，又名64号七星梅核，丰产。果长×宽为2.60cm×2.38cm，果柄长3.5cm，果鲜重9.49g，出核率29.14%。果柄较长，中果型，外果皮暗棕色。种核短而胖，背圆腹平，核长×宽×厚为2.27cm×1.71cm×1.45cm，单核重2.86g，出仁率75.25%，单仁重2.10g，仁微甜。

27. 神农1号 Shen nong-1

原产湖北随州市，又名随草2号圆子，由周亚林1998选育而成。

原株为实生树，树体高大，树冠圆满，主干通直，枝繁叶茂，树高25m，主干高4m，枝下高2m，地径1.5m，胸径1.1m，树冠投影面积418m^2，冠幅东西19m，南北22m。根系发达，延伸30m，裸于地表。树皮纵裂，多年生枝褐白色，当年生枝红褐色。当年生枝条上叶裂口3/5，叶片比短枝叶片大，多年生叶裂口深1/5，新梢上叶片平均长4cm，宽5.5cm，柄长4cm，短枝上叶片长5.5cm，宽7.5cm，每短枝6~12片叶，种实未成熟时为绿色，成熟为橙黄色，薄被白粉。

物候期：3月上旬萌芽，3月下旬展叶，新梢4月中旬生长，4月15日左右开花，6月20日新梢停止生长，6月15日~8月5日硬核，种实9月15日成熟，10月下旬落叶。每短枝平均结种2~4枚，最多达6枚，短枝寿命平均9年，一般年景株产270kg，最高300kg，平均每平方米树冠投影产种核0.646kg以上。种实为圆球形，平均重13.27g，出核率29%，种核为椭圆状球形，核形指数1.1，属圆子类，核色乳白光滑，纵径26mm，横径25mm。平均单核重3.85g，最大核重为4.4g，(即每500g113粒)，种核出仁率为79.07%。种仁黄绿，糯性，口感香甜、苦味轻微，内种皮易剥离。内含成分：水分56.16%，淀粉总量26.92%(其中支链淀粉26.92%，直链淀粉11.99%)，总糖10.86%，蛋白质4.78%，脂肪1.5%，Vc117.3mg/kg，Ve17.6mg/kg，钙44.2mg/kg，镁532mg/kg。

该品种属大粒、优质品种，已建采穗0.333公顷，培育苗木7.5万株，高接换种0.9万株。

28. 红安皇 Hong an huang

原株位于湖北省红安县，原名红安29号。

红安皇在红安气候条件下，3月底至4月初萌芽，4月上中旬展叶，4月下旬新梢开始生长，4月20日前后开花，4月下旬至5月初坐果，5月上中旬新梢迅速生长，6月下旬新梢停止生长，10月上旬种实成熟，11月上旬落叶。原株树体高大，树干通直，干高2m，树高19m，胸径83.6cm。树冠为圆头形，冠幅东西为17.5m，南北为19.4m。1年生枝黄褐色，皮孔不明显；2年生枝灰褐色，皮孔较明显；多年生枝浅褐色，皮孔明显，且皮呈现纵向裂纹。叶片折扇形，新梢上的叶片较短枝上的叶片稍大。新梢上叶片平均长6.44cm，宽10.88cm，柄长5.54cm；短枝上的叶片长6.07cm，宽10.10cm；柄长4.91cm。每短枝具6~12片叶。种实圆球形，未成熟时绿色，成熟时为橙黄色，薄被白粉。每短枝平均结种1.8枚，最多4枚。原株400多年生，丰产、稳产。1986年以来，每年产种核300~400kg，最多500kg。每平方米树冠投影面积产种核0.88kg以上。种实球形，纵径3.45cm，横径3.35cm，平均重8.9g，最小16.8g，出核率22%。种核椭圆形，属梅核类型，核色乳白，纵径2.57cm，横径2.10cm，厚1.6cm，平均重4.15g。种核出仁率76.53%，种仁含淀粉67%、可溶性糖14.52%、蛋白质13.29%，风味甜糯，没有苦味。

对土壤质地适应性强，砂土、黏土都能适应。原株位于山腰陡坡之上，坡度30°，土质为片麻岩风化成的砂土，树体枝叶繁茂，年年硕果累累。每年新梢生长长度为30~50cm。华中农业大学园艺站的土壤为重黏土，1993年引进红安皇嫁接苗栽植，在一般管理条件下，当年新梢平均长度55.6cm，2年新梢平均长度86cm。已培育苗木10万株，建立繁育基地3.5hm^2，高接换种500多株(张希贤等，1995)。

29. 长糯白果 Chang nuo bai guo

产于贵州盘县特区。当地多用大枝扦插繁殖。干性强，树冠一般呈塔形或圆头形，树皮灰褐色，有纵裂。短枝的叶多为三角形，亦有扇形，长枝下部的叶较大，为扇形或三角形，长枝上部叶为中部深裂的三角形。叶色深绿，宽3～7.7cm，多为4～7cm。叶柄长3～7.7cm，多数7cm。果实长卵形，纵径3.6cm，横径2.6cm，果柄长4.9cm，单果重13.0～16.9g，每千克61～77粒，出核率较低，为18.2%。果顶略钝，基部平阔，稍歪向一边。珠托中大，不规则，向一边倾斜，表面隆起，边缘不整齐。果面黄橙色，有果粉。种核长卵形，先端宽圆，顶尖凹陷，两维管束迹迹点小而明显，两束迹相距较宽的可达0.41cm，但亦见二迹点合为一体者。种实下半部粗糙并有窄棱边，上半部略宽于下半部。种核较大，壳白色，平均单粒重2.73g，每千克422粒，大小为2.24cm×1.42cm×1.2cm。

本品种种核粒大饱满，糯性强，品质优。对肥水条件要求较高。

30. 长白果 Chang bai guo

产于贵州盘县特区和正安、务川、道真等地。树冠呈塔形或长圆头形，高的可达30m。长枝上部叶片呈窄扇形，中下部叶为扇形，有浅裂至中裂。短枝叶扇形，有浅裂。叶宽4.5～7cm，以7cm居多。叶柄长6～7cm。

果实卵圆形，略偏斜，成熟时黄橙色，被白粉，表面粗糙，先端圆，顶尖凹下（图9-15）。珠托近圆形，中大，向一面歪斜，表面不平，边缘略凹下。果实纵横径为3.1cm×2.5cm，单果重10.7g，每千克93粒。果柄长4cm。出核率18.7%。种核长卵圆形，形状近似佛指。先端突尖，中部以下较窄，两束迹迹点小，两侧有棱线，中上部较明显。种核大小为2.4cm×1.49cm×1.2cm，单粒核重2.0g，每千克500粒，出仁率78.6%。

图9-15　长白果

本品种结实力强，高产，20年生树可产白果100kg以上，在贵州常见种植。

31. 圆白果 Yuan bai guo

贵州全省各地均有分布，以盘县特区的品质较好，树冠呈圆头形，高的可达25m。树皮灰色至灰褐色，有纵裂。长枝基部叶片较大，三角形或扇形。上部叶三角形。短枝叶扇形。宽3.5～6.5cm，多为6cm，叶柄长3.5～7cm。

图9-16　圆白果

果实近圆形，纵横径2.6cm×2.8cm，果柄长3cm，单果重11.2g，每千克89粒（图9-16）。顶端圆钝，中部有一凹点，基部较平。珠托较小，近圆形，边缘隆起，不整齐。果面橙黄色，被白粉。种核近圆形，棱边窄。大小为2.1cm×1.8cm×1.4cm，单粒重2.2g，每千克454粒。种仁肥厚，饱满，糯性强，风味佳。

32. 龙潭皇 Long tan huang

原株在河南省新县。

龙潭皇品种树体高大，树干通直，一般干高

2.5～6m，树高10～18m，树势强壮。主枝数目在15～20之间，侧枝分枝角度45°～60°，塔形树冠，20年生以上单株，冠幅平均13m，每年外围新梢生长量在24～40cm，枝条黄褐色至灰褐色，1年生枝皮孔不明显，2年生以上枝条皮孔明显，枝皮纵裂，叶片扇形，缺刻明显，青绿色，平均长6.44cm，宽10.88cm，3～10年生枝段每米叶片总数300～350片，叶片肥厚，百叶重量75g以上。3～10年生枝段每米中短结果枝数量41～52个，果实总数21～27个，每平方米树冠投影产量0.85～0.94kg。

龙潭皇种子球形，顶端微凹入，基部平而微凹，外种皮橙黄色，熟时被白粉，厚度0.7～0.8cm，种子纵径3.1cm，横径2.9cm，种柄长4～4.5cm，平均单种重17.6g。出核率22.9%，种核肥大饱满，大小均匀，椭圆形或椭圆状卵形，色白微黄，纵径2.7cm，横径2.0cm，厚1.5cm，先端钝圆，边缘具窄翅，翅两侧不对称，平均单核重4.03g，每千克种核248粒，种核出仁率75.65%。种仁黄绿色，味甘甜，具有糯米香味及糍性，口感好。

龙潭皇品种一般3月底萌芽，4月上旬展叶，4月下旬开始抽生新梢，4月20日前后开花，4月下旬至5月上旬坐果，5月上旬新梢迅速生长，6月下旬新梢停止生长，种子成熟期一般在9月中旬前后，11月上中旬落叶。龙潭皇种子繁育后代具有明显的优良性状，种子有胚率85%以上，发芽率80%以上，1年生实生苗平均高25cm，平均地径0.4cm，分别比对照高28%、25%；2年生实生苗平均高85cm，平均地径0.8cm，分别比对照高出29%、27%；同时，龙潭皇实生苗叶片大而厚，平均百叶重比对照高33%，具有结果较早，产量高的特点。

利用龙潭皇品种接穗嫁接在2年生实生苗上，劈接，当年抽生春梢长20～30cm，树体生长壮旺，3年开始挂果，5年时平均株产1.5kg以上，平均树高达到2.1m，胸径5.5cm，枝条多、生长量大，平均冠幅2.0m，每千克粒数保持在248粒左右，表现出良好的遗传特性和丰产稳定性能。自20世纪90年夏入选以来，已培育苗木100多万株，营造连片丰产栽培基地1333.3hm^{2}以上，四旁栽植20万株以上（苏金乐等，1996）。

33. 多珠佛手 Duo zhu fo shou

原产浙江，据韩宁林等（1997）报道是通过嫁接保存下来的良种银杏。由中国林业科学研究院亚热带林业研究所等单位选育而成。嫁接植株树龄约150年生。50年前，曾遭火烧，使其只剩下半边树干，目前已基本长合。树高13m，干高3m，胸围210cm。树势开张，冠幅10～12m。叶片大，叶基近肾形。生长结实正常，平均年产白果80kg，最高年产125kg。

多珠佛手的特点是，高产稳产，苗木长势旺，分枝多，结实早。据调查，1993年，株产白果约70kg，1994年，仍产白果150kg以上。秋季在当年播种的实生苗上芽接，2年平均苗高超过50cm，最高80cm。嫁接苗栽后5年就见开花结果。

多珠佛手种实大，全籽呈卵圆形，先端平或微凹，珠托微偏，少被白粉。纵径3.50～3.70cm，横径2.50～2.75cm，平均重14.3g。种柄长2.9～3.6cm，选种时见较大比例的多胚珠现象。1994年采花芽枝嫁接，统计45个珠柄，有13个胚珠数多于2个，占28.9%。最多的见到6个胚珠。采收时一根种柄着生2粒以上种子的比例超过10.0%。

种核佛手型。核长2.84～3.20cm，宽1.55～1.77cm，厚1.42～1.51cm。核形指数约1.74，厚率0.87。种核两面发育均匀，顶端微凹，维管束迹明显，点距宽阔，一般大于0.25cm。两侧棱不明显。外种皮较厚，出核率约22.3%，骨质中种皮厚度中等，出仁率大于70.4%。平均单核重3.0～3.4g，每千克种核数300～330粒。

该嫁接植株与现有的佛手品种有很大区别。主要有：种核厚实，有较大比例的双生种实存在，以及有相当数量的多胚珠现象，胚乳口感与普通大佛手也有明显不同。

多珠佛手在浙江9月中旬成熟，属于中熟品种。高产稳产、结实早、种核品质优良是其主要的优点，只是外种皮较厚，出核率偏低。

34. 天目长籽 Tian mu chang zi

原产浙江。选育单位：浙江西天目山自然保护区。原树长在西天目山的禅源寺内。树龄约500年生，全树高15m，冠幅10m，胸围277cm。一般年产白果50kg，最高年产215kg。具串状结实特性，丰产（林协，1994；韩宁林，1997）。

种实较大，全籽卵圆形，先端圆钝，基部向内凹陷，种托偏斜明显。外种皮有粗大油点，多白粉。全籽长3.00～3.20cm，宽2.20～2.43cm，重10.0～11.4g。出核率24.6%。种核长籽型。核长2.60～2.78cm，核宽为1.40～1.61cm，核厚1.28～1.34cm。核形指数约1.77，厚率0.88。平均单核重2.2～2.6g，每千克种核数约385～455粒。出仁率74.0%。

天目长籽原树因年老体衰，缺乏管理，加之1988年夏秋连续干旱，所以调查时种核偏小，果品仅列为二级。一般年份所产白果为一级果品。串状结实和种核厚实是其最大的特点。种核成熟期9月中旬。属中熟类型。由于其种核近似于大佛手，厚率达0.88，经集约经营栽培后，种粒还会增大，所以，很有发展前途。

35. 大金果 Da jin guo

大金果，原大马铃铁富4号，亲本位于邳州市铁富镇宋庄村，树龄400年。邳州市1984年进行银杏良种普查时发现的优良单株，系嫁接树，属马铃类，2007年通过江苏省林木品种审定委员会良种审定。

亲本生长势强，4月中下旬开花，9月底10月初果实成熟，丰产性好，大小年幅度小。品种嫁接后5年普遍结果，6年最高株产可达5.5kg。果每千克300～350粒，属大果型品种，果壳光滑洁白，种仁无苦味，外形美，品质上等，出核率26.1%，出仁率78.5%，抗逆性强，大小年不明显。产量高，13年后丰产园亩产持续超过500kg。标准叶厚0.0360cm，叶长5.36cm，叶宽7.95cm，叶出干率高达40.1%，可果、叶兼营。

36. 佛香 Fo xiang

佛香，原大佛手港中1号，亲本位于邳州市港上镇港中村，树龄100年，系邳州市1984年进行银杏良种普查时发现的优良单株，系嫁接树，属佛手类，2007年通过江苏省林木品种审定委员会良种审定。

亲本生长势较强，4月中下旬开花，9月底10月初果成熟，丰产性好。嫁接后5年普遍结果，6年最高株产可达5.5kg。果壳光滑洁白，种仁稍有苦味，品质上等，每千克300～360粒，出核率26.3%，出仁率78.79%，抗逆性强，产量高，12年后丰产园亩产持续超过500kg，标准叶厚0.0348cm，叶长5.2cm，叶宽6.7cm，叶出干率高达40.20%，可果、叶兼营。

9.2.2 优系或优株

中国银杏核用种质资源十分丰富，目前尚未按全国统一标准对不同银杏产区的优系或优株进行评价，为了确保优系和优株的真实性、原始性，本章列出全国14个省（自治区）现已报道初选的地方品种、优系或优株共计183个，名称大多采用当地原初命名或编号。故可能存在“同名异种”或“同种异名”现象。

9.2.2.1 山东优系或优株

1. 老和尚头 Lao he shang tou

该品种母树由徐庆春发现，原株在山东郯城重坊镇高庄管区，嫁接树。树冠倒卵形，生长旺盛。该品种种实和种核短而胖，头大且平广，尾小，故得名。

树皮灰褐色，小枝黄褐色。每米长枝上的短枝数32个，芽体大而饱满，芽基宽0.4m，芽扁圆或卵圆形。节间长3.55cm。叶色浓绿无黄边。叶长×宽为5.7cm×6.8cm，叶柄长4.8cm，单叶鲜重0.78g，单叶面积18cm^2。每个短枝上具叶8～12枚。

树冠枝密生，枝角70°，成枝力中等。现有高接大树10株以上，高接后2年见果。5年生苗接后4～5年结果，属大果、早实、晚熟品种，成熟

图 9-17 老和尚头

期在 9 月 20 日以后。幼树嫁接亲和力强，当年新梢长 50 ~ 70cm。结种短枝占总短枝的 50% 以上，短枝连续结种能力强，进入结种期后产量逐年递增。母树平均株产 50kg 以上。高接后第 4 年株产 5kg 以上。

种实倒卵形，顶端平阔或凹入，基部平（图 9-17）。果蒂圆形，果柄弯曲，正托，果粉中等。油胞圆形，密度中等。熟时浅黄色，有双果胚珠，但数量不多。种核粗短肥厚，倒卵形，顶端微尖，基部两束迹明显，相距 0.2cm。侧棱线在上 3/5 处明显，下不明显，种核中上部有一隐约可见的线，属马铃类。单果重平均 13.6g，最大 15.1g，最小 12g。果长 × 宽 × 厚为 2.87cm × 2.8cm × 2.76cm，果柄长 3.7cm，果皮厚 0.61cm。单核重 3.5g。最大 3.8 ~ 4g，最小 3.2g。种核长 × 宽 × 厚为 2.45cm × 1.93cm × 1.54cm。出核率 25.6%，种壳厚 0.82mm，出仁率 77.64%。单仁重 2.7g，仁长 × 宽 × 厚为 2.1cm × 1.67cm × 1.38cm。经测定表明，种仁含水量 55.6%，总糖 1.61%，淀粉 31.1%，脂肪 4.42%，蛋白质 4.4%，滴定酸 0.228%，Vc0.026%，单宁 0.028%，全氮 0.7%，磷 0.176%，钾 0.50%，镁 0.066%。但口感稍苦。本品种属大粒、早实、丰产品种，可作为药用、加工品种开发利用（邢世岩，1997）。

2. 郯新 Tan xin

原株在山东郯城新村乡新一村。又称郯城 207。1987 年由郯城县林业局初选出母树。

207 号长枝占 2.54%，当年新梢长 31.3cm，基粗 0.52cm，节间长 3.39cm；成枝力 22.3%，萌芽率 76.42%；短枝单叶面积 19.7cm^2；长枝单叶面积 19.2cm^2；短枝有叶 6 ~ 9 片；该品种嫁接后 4 年开始结果，5 年结果株率 100%，种子生长期为 148d，成熟期为 9 月 16 日，为中晚熟品种。该品种嫁接后 9 年干径 17.1cm，树高 6.4m，冠幅 6.0m × 6.2m，树冠投影面积 29.3m^2，树冠体积 99.3m^3。该品种在新村选出定名为郯新。

该品种，母树 4 年平均株产 71.9kg，横截面积产量 0.013 126kg/cm^2，投影面积产量 1.58kg/m^2。嫁接后 9 年平均株产 22.01kg，平均每平方厘米横截面积产量 0.094kg，平均投影面积产量 0.7512kg/m^2。平均单粒重为 10.97kg，单核重 2.60g，单仁重 2.05g，个头中上，出核率 23.72%，出仁率为 78.66%，种子含水量为 70.06%，该品种口感香味较浓，糯性中上。

3. 郯艳 Tan yan

又名郯 317 号，母树位于山东郯城港上前埝村。1987 年由郯城县林业局初选出母树。该母树长枝占 3.25%，当年新梢长 28.7cm，基粗 0.62cm，节间长 3.34cm；成枝力 17.4%，萌芽率 82.14%；短枝单叶面积 15.1cm^2；短枝有叶片 7.55 片，该品种嫁接后 4 年开始结果，5 年结果株率 88%；从授粉到种子成熟为 145d，成熟期为 9 月 10 日，属中晚熟品种；该品种嫁接后 9 年干径 15cm，树高 5.3cm，冠幅 5.8 × 6.0m，树冠投影面积 27.2m^2，树冠体积 83.3m^3，该品种外种皮鲜艳定名为郯艳。

该品种母树 4 年平均株产 52.6kg，每平方厘米横截面积产量 0.093 95kg，每平方米投影面积产量 1.83kg。嫁接后 9 年平均株产 16.40kg，平均每平方厘米横截面积产量 0.091kg，平均每平方米投影产量 0.060 29kg。平均每单粒重 10.51g，单核重 2.63g，单仁重 2.03g，个头中上。出核率为 25.07%，出仁率为 77.08%，种子含水量为 68.3%，该品种口感苦味低，糯性好。

4. 晶前1号 Jing qian-1

晶前1号母树发现于山东海阳发城上山东夼村，母树树龄已60余年，树势强健，树姿开张，不仅在短枝上能形成花芽，而且在中长枝上也能形成花芽，中长枝侧芽形成的腋花芽数量很多，经调查晶前1号母树，20cm长中枝上侧芽形成花芽占57%，平均每花芽结两个果，双果率占花柄数33%；长枝的侧芽，花芽占80%，平均每花芽结3个果，双果率占花柄数35%。雌花的长柄有48%结两个成熟种子，有少数结3个种子，个别有结4个、5个种子；每个花序可结6～8个种子，最多达16个。果实倒卵形或广椭圆形，饱满丰厚，先端微平凹，基部稍细，近果柄处微凹，成熟后果皮橙黄色，表皮带白粉不平。平均纵径2.78cm，横径2.33cm，果柄中粗略弯曲，果柄长4.1cm。种核丰满，椭圆形稍扁，先端圆钝或微尖，基部钝圆，两侧棱线明显，平均纵径2.18cm，横径1.6cm，单核重2.37g，最大核重3.8g，种子每千克平均422个（孙树兴，1998）。

5. 泰山梅核 Tai shan mei he

原株在山东泰安。1997年由邢世岩初选母树，800余年生，树高10.5m，胸径1.16m，冠幅9.3m×17.5m，枝下高3.8m，主枝数4个，年均株产种核250kg。果实圆形，顶端凸起，基部平广，果柄长直，果蒂椭圆形，凸起，大果形，9月下旬成熟，梅核类。种核广椭圆形，顶部圆钝，具尖，基部两束呈一短尾状，中上部棱线明显，中线可见，种粒呈鱼肚白。单果重11g，果形系数6.85，单核重3.10g，核形系数7.06，出核率28%，单仁重2.35g，仁形系数4.11，出仁率79%。

6. 泰山佛手 Tai shan fo shou

原株产于山东泰山。1997年由邢世岩初选母树，母树35年生，树高11.1m，胸径0.16m，冠幅3.0m×2.4m，枝下高4.1m，主枝数7个，年产白果25kg。果长卵形，顶端凸起，基部平广，果柄长弯曲，果蒂阔椭圆形，大果型，早熟。种核长卵圆形，顶端圆钝，具尖，基部狭窄维管束连生，具侧棱，种壳象牙白。单果重9.36g，果形系数5.65，单粒重2.78g，核形系数6.59，出核率31.1%，单仁重2.22g，仁形系数3.96，出仁率80%。

7. 泰山马铃1号 Tai shan ma ling-1

原株在山东泰安。1997年由邢世岩初选母树，实生树370年生，树体高大，生长旺盛，株产种核300kg。单果重15g，最大17g，每千克68粒。种核长×宽×厚为2.6cm×1.7cm×1.4cm，单核重2.84g，最大3.5g,每千克352粒。出核率25.9%，出仁率79%。9月上旬成熟，为早熟型品系。种核背腹均胖，种壳鱼肚白，美观，商品价值高。

9.2.2.2 江苏优系

8. 黏浆果 Nian jiang guo

产于江苏，从佛指中选出的优系。该优系树势强壮，发枝力旺盛，枝条圆直，匀称、光滑，树冠倒圆锥形，美观、叶片与佛指相似。结果树叶片成扇形，裂刻不明显，叶肉较肥厚，颜色深绿，叶柄较长，花芽较佛指短，打白果时不易损坏花芽。果实呈长椭圆形，下半截较肥大，两束迹明显分开，自上而下均有明显的棱，但不成翼状，种核洁白。果长椭圆形，孔迹小，平或稍下凹，亦有少数不明显，种实平均单粒重12g，大粒可达14g，小粒10g，均长3.14cm，宽2.75cm，成熟的外种皮橙黄色，在月光下观看好似透明成熟的杏子一样。光滑平整，满敷白粉。核长椭圆形，较肥大，两束迹明显，自上而下均有明显的棱但不成翼状，种粒洁白如银。特大果单粒重4.25g，平均种核3.6g，出核率33%左右，核壳薄，出仁率为81.5%，优于其他白果。

1986年嫁接栽培该树，1997年树冠7m×8m，树高7.5m，树干围度98cm，长中短结果枝1985根，长果枝一般结果156粒左右，中果枝结果85粒左右，短果枝结果10～30粒不等，结果总数在17 180粒，落果80粒，坐果数17 100粒，座果率99.53%。1997年株产47.5kg，均属一级白果。1996年株产银杏干果45.7kg，1995年44.2kg。而且每年抽梢平均在60cm左右。枝繁叶茂，树势健旺不衰，能保持连年丰收果。

9.2.2.3 广西优系或农家品种

9. 桐子果 Tong zi guo

母树位于广西灵川县海洋乡，树龄150年，树高15.8m，胸径48.7cm，冠幅8.5m×9.0m，平均株产4.0kg。

为圆子银杏类，是广西灵川、兴安一带的地方品种，占广西银杏产量的12%左右，为根蘖苗种植，主干通直饱满，树冠呈圆锥形，侧枝分布均匀，结果枝下垂，产量大小年明显，产量变幅在35%左右。

种实微圆形，纵径2.49cm，横径2.41cm，顶部微凹入呈"一"形有小尖，基部平，单果重8.67g，每千克115粒，成熟时外种皮为青黄色，无油胞，白粉较多，皮薄，果柄长4.0~5.0cm，略弯曲，蒂盘为畸形，出核率为25.7%。种核长圆形，纵径2.0cm，横径1.69cm，顶部有小尖，基部平并有两维管束迹凸出，不在一条直线上，两束迹间距2.9~4.0mm，种核有背腹之分，腹部明显大于背面，种核两侧棱线明显，占种核弧长的82.5%~95%，中种皮薄呈洁白色，坚硬。单核重2.33g，每千克430粒，为一级商品，种核出仁率为76.7%。

本品种在广西主要分布于灵川、兴安、全州3县，零星分布于阳朔、临桂、龙胜、桂平等县（邓荫伟，2002）。

10. 葡萄果 Pu tao guo

母树位于广西灵川县海洋乡，树龄约200年，树高12.7m，胸径61.7cm，主干高11.5m，平均株产70kg。

为圆子银杏类，是广西灵川、兴安产区的地方品种，占广西银杏产量的80%左右，为顶梢扦插苗种植，无主干，在1.5m处分为3~4大枝，树冠呈圆头形，侧枝分布均匀，小枝微微下垂，结果枝挂果成串似葡萄果枝状，产量大小年不明显，产量变幅在30%左右。

种实微圆形，纵径2.77cm，横径2.79cm，顶部微凹入呈"一"形，基部平，单果重12.9g，每千克77粒，外种皮淡黄色，油胞较多，表皮白粉多，果柄略弯曲，长3.6~4.5cm，种实出核率为21.73%。

种核椭圆形，纵径2.1cm，横径1.8cm，顶部无尖，基部平，略见两维管束迹凸出，一高一低，两束迹间距3.2mm，多数核棱为二，有极少数二棱者背腹明显，三棱者棱线在种核表面分配匀称。棱线占种核外弧长的90%，最长者达95%，单核重2.51g，每千克398粒，出仁率为80%。

本栽培品种在广西主要分布于灵川、兴安二县，零星分布于全州、阳朔二县（邓荫伟,2002）。

11. 梅核果 Mei he guo

母树位于广西灵川县海洋乡，树龄130年，树高14m，胸径51cm，冠幅11m×10m，年株产种核20kg。

为梅核银杏类，是广西灵川、兴安的地方品种，为根蘖苗种植。主干通直尖削，树冠呈圆锥形，上部结果枝平直，下部结果枝微下垂，产量较高，大小年变幅在30%左右。

种实长圆形，纵径2.58cm，横径2.4cm，顶部凹入呈"O"形，基部平，单果重9.30g，每千克107粒，外种皮淡黄色，无油胞，表皮白粉多，果柄通直，长4.0~5.0cm，蒂盘长圆形，出核率为21.1%。种核椭圆形，纵径2.12cm，横径1.44cm，顶部有小尖，基部平并有二、三点维管束迹凸出，束迹间距1.4~2.2mm。侧棱有二或三棱，二棱者略有背腹之分，棱线明显，占核棱外弧长的66%，最长者占90%，单核重1.87g，每千克534粒，出仁率为75%。本品种核粒较小，商品价值低，不宜在生产上推广。但其种核含胚率高，可作为培育苗木用种。

本品种在广西主要分布于灵川、兴安二县，零星分布于阳朔、资源二县（邓荫伟，2002）。

12. 棉花果 Mian hua guo

母树位于广西灵川县海洋乡，树龄100年，树高15m，胸径40cm，冠幅为9m×9.5m，年株产种核40kg。

棉花果为梅核银杏类，是广西银杏产区的地方品种，为根蘖苗种植，主干通直尖削。树冠为圆锥形，大枝分布均匀而细长，易被风折断，小枝稀少而下垂，产量一般，大小年变幅在35%左右。

种实长圆形，纵径2.6cm，横径2.4cm，顶部微凹入，有小尖，基部平，单果重9.4g，每千克106粒，外种皮为橙黄色，无油胞，表面白粉少，果柄略弯曲，长3.6～4.3cm，蒂盘长圆形，少数为畸形，种实出核率为23.18%。种核椭圆形，纵径2.15cm，横径1.55cm，顶部较尖，基部多数有两维管束迹凸出，两束迹间距为1.5～2.2mm，侧棱多数为二，有背腹之分，棱线明显，占种核外弧长的83.5%，最长者为95%，单核重2.10g，每千克476粒，种核出仁率为75.6%。

本品种在广西产区主要分布于灵川、兴安、全州三县，零星分布于阳溯、荔浦二县（邓荫伟，2002）。

13．李子果 Li zi guo

母树位于广西灵川县海洋乡，树龄130年，树高16m，胸径55cm，冠幅为9.8m×10.8m，年株产种核50kg。

为梅核银杏类，是广西银杏产区地方品种之一，为根蘖苗种植，主干通直，树冠呈圆锥形，侧枝分布匀称，主枝明显，粗长、小枝细长，结果枝微微下垂，产量较高，大小年变幅在30%左右。

种实椭圆形，纵径2.51cm，横径2.12cm，顶部微凹入呈“—”形，基部平，单果重6.4g，每千克156粒，外部皮青黄色，无油胞，表皮白粉多。果柄通直，长4.4～5.3cm，蒂盘为畸形，少数为长圆形，种实出核率为25.20%。

种核为倒卵形，纵径2cm，横径1.4cm，顶部无尖，基部有两维管束迹凸出，束迹间距为1.7～2.7mm，侧棱有一、三，二棱者有背腹之分，三棱者腹部较大。棱线明显，占种核外弧长的74%。最长者为90%，单核重1.52g，每千克678粒，核粒较小，种核出仁率为79.8%，商品价值低，不宜于生产上应用。

本品种在广西产区主要分布于灵川、兴安、全州三县（邓荫伟，2002）。

14．枣子果 Zao zi guo

母树位于广西灵川县海洋乡，树龄80年，树高12.8m，胸径40cm，冠幅为9.5m×8.5m，年株产种核25kg。

为长子银杏类，是广西主产区主要地方品种之一，为根蘖苗种植，主干通直饱满，树冠为圆锥形，主枝粗细分布不均，侧枝多，并下垂，产量一般，大小年变幅在35%左右。

种实椭圆形，纵径2.9cm，横径2.2cm，顶部凸有小尖，基部倾斜一边，单果重9.0g，每千克111粒，外种皮为淡黄色，无油胞，表皮白粉多，果柄通直，长3.6～4.2cm，蒂盘呈长圆形，少数为圆形，种实出核率为24.0%。种核为倒卵形，纵径2.5cm，横径1.34cm，两端较尖，基部有维管束迹一、二，二束迹不明显，间距为1.0mm左右。核棱有二、三，二棱者有背腹之分，三棱者棱线分配均衡，种核上部明显大于下部，棱线中上部明显，占种核外弧长的32%，最长者为40%，单核重1.91g，每千克524粒，种核出仁率为75.4%。该品种成熟早，种核含胚率达85%以上，发芽率80%以上，适宜于培育实生苗用种。

本品种在广西产区主要分布于灵川、兴安、全州三县（邓荫伟，2002）。

15．橄榄果 Gan lan guo

母树位于广西灵川县海洋乡，树龄90年，树高10m，胸径45cm，冠幅为8m×9m，年株产种核35kg。

为长子银杏类，是广西产区的地方品种之一，为根蘖苗种植，主干通直尖削，树冠呈圆锥形，侧枝大小不均，结果小枝下垂，产量一般，大小年变幅在35%左右。

种实长椭圆形，纵径3.1cm，横径2.4cm，顶部凹入呈“O”形，基部倾斜一边，单果重10g，每千克100粒，外种皮青黄色，油胞较多，表皮白粉多，果柄略弯曲，长3.6～4.4cm，蒂盘呈长圆形，有少数为圆形或椭圆形，种实出核率为24.7%。种核长倒卵形，纵径2.5cm，横径1.5cm，顶部微有小尖，基部较尖，并有维管束迹一、二，多数为一，两束迹间距为1.5mm，种核侧棱有二、三，二棱者有背腹之分，三棱者腹部较大，种核下部略小于上部，上部棱线明显，占种核外弧长的44%，最长者为60%，单核重2.2g，种核出仁率为77.4%。

本品种在广西区主要分布于灵川、兴安二县（邓荫伟，2002）。

16. 黄皮果 Huang pi guo

母树位于广西灵川县海洋乡，枝龄150年，树高15.2m，胸径55cm，冠幅为10.5m×11.0m，年株产种核55kg。

为马铃银杏类，是广西产区的主要地方品种之一，为根蘖苗种植，主干通直饱满，树冠呈圆锥形，侧枝分布均衡，结果枝略下垂，产量较好，大小年变幅在30%左右。

种实椭圆形，纵径2.7cm，横径2.3cm，顶部平有小尖，基部平，单果重8.7g，每千克115粒，外种皮呈淡黄色，无油胞，表皮白粉多，果柄略弯曲，长4～4.8cm，蒂盘多数呈圆形，少数为长圆形或畸形，种实出核率为24.5%。种核椭圆形，纵径2.3cm，横径1.5cm，两端较尖，上下相称，基部微见维管束迹，间距为1.5mm，两侧棱线仅在顶部可辨，棱线占种核外弧长的33%，最长者为60%，种核饱满丰圆，略有背腹之分，单核重2.3g，每千克435粒，种核出仁率为76.2%。该品种为一级商品，可作为核用林推广品种。

本品种在广西产区主要分布于灵川、兴安、全州3县，零星分布于桂林市区和资源县（邓荫伟，2002）。

17. 圆底果 Yuan di guo

母树位于广西灵川县海洋乡，树龄120年，树高15m，胸径53cm，冠幅为10m×11m，年株产种核40kg。

为马铃银杏类，是广西主要地方品种之一，为根蘖苗种植，主干通直，树冠呈圆锥形，侧枝易被风吹折断，结果枝平直，产量较高，大小年变幅在20%左右。

种实长圆形，纵径1.85cm，横径2.63cm，顶部微凹并有小尖，基部凹，单果重11.8g，每千克85粒，外种皮淡黄色并有油胞及少量白粉，果柄通直，长3.7～5.1cm，蒂盘多数为圆形，边缘整齐，种实出核率为22.0%。种核椭圆形，纵径2.32m，横径1.75cm，顶部无尖，基部微凹，两维管束迹较小，间距为1.5～3.5mm，如仅为一个维管束迹的，种核较长，纵径可达2.5cm，两侧棱仅中上部明显，占种核外弧长的60%，最长者为80%，单核重2.7g，每千克370粒，种核出仁率为74%。本品种核粒较大，属特级商品，适应在生产上推广。

本品种在广西产区主要分布于灵川、兴安二县，零星分布于全州县（邓荫伟，2002）。

18. 马铃果 Ma ling guo

母树位于广西灵川县海洋乡，树龄120年，树高15m，胸径45cm，冠幅为9.5m×10.5m，年株产种核25kg。

为马铃银杏类，是广西产区的地方品种，为根蘖苗种植，主干通直饱满，侧枝分布均衡，上部结果枝平直，下部结果枝略下垂，产量一般，大小年变幅在30%左右。

种实微圆形，纵径2.65cm，横径2.58cm，顶部微凹入呈“一”形，基部凹入，单果重10.5g，每千克95粒，外种皮青黄色，无油胞，白粉少。果柄通直，长2.5～3.1cm，蒂盘多数为长圆形，少数为椭圆或畸形，种实出核率为19.50%。种核倒卵形，纵径2.1m，横径1.6cm，顶部无尖，基部平尖有两维管束迹凸出，两束间距为2.2～2.5mm，核棱有二、三，二棱者较多并有背腹之分，三棱者腹部较大，种核上部大于下部，棱线中上部明显，占种核外弧长的47%，最长者为60%，单核重2.17g，每千克460粒，种核出仁率为77%。本品种为一级商品，在生产上可推广应用。

本品种在广西产区主要分布于灵川、兴安、全州三县，零星分布于阳朔县（邓荫伟，2002）。

19. 青皮果 Qing pi guo

母树位于广西灵川县海洋乡，树龄110年，树高14.5m，胸径60cm，冠幅为11.5m×11.0m，年株产种核27kg。

为马铃银杏类，是广西产区地方品种，为根蘖苗种植，主下通直尖削，树冠呈圆锥形，侧枝较多且分布均衡，小枝粗而不易被风折断，结果枝平直，产量一般，大小年变幅在30%左右。

种实为倒卵形，纵径2.84cm，横径2.41cm，面部凹入呈“O”形，基部平，单果重9.45g，每千克106粒，外种皮青黄色有油胞，白粉较少。果柄弯曲，长2.95～3.55cm，蒂盘多数为圆形，少数为畸形、椭圆或长圆形，种实出核率为27.40%。种核倒卵形，纵径2.27cm，横径1.6cm，顶部凹入有小尖，基部平，有二维管束迹凸出，间距为1.5～2.3mm，核棱有二、三，二棱有较多并有背腹之分，棱线占种核外弧长的63%，最长者为80%。三棱者腹部较大，种核棱线明显，略有背腹之分。单核重2.23g，每千克448粒，种核出仁率为77.12%。

本品种在广西主要分布于灵川、兴安二县，零星分布于全州县（邓荫伟，2002）。

20. 粗佛子 Cu fo zi

母树位于广西灵川县海洋乡，年龄60年，树高19m，胸径57cm，冠幅为10m×12m，年株产种核50kg。

又称粗佛手，为佛指银杏类，是广西产区地方品种，为根蘖苗种植，树势生长旺，主干明显，树冠为长卵圆形，产量大小年明显，产量变幅在35%左右。

种实为椭圆形，成熟时橙黄色，有白粉和油胞，先端圆钝，顶点下凹，基部宽，蒂盘平呈圆形。果柄长2.8～3.1cm，略弯曲。种实纵径3.07cm，横径2.79cm，单果重11.7g，每千克85粒，种实出核率为22%。种核长圆形，表面显粗糙、饱满，具有明显纵沟纹，先端略扁；具不明显的小尖，中下部肥大，略圆形，基部两维管束迹明显，间距约2.5mm，两侧棱线中上部明显，纵径2.6mm，横径2.2mm，单核重2.7g，每千克370粒，出仁率为76%。

本品种在广西主要分布于灵川、兴安、全州3县（邓荫伟，2002）。

21. 长柄佛手 Chang bing fo shou

母树位于广西灵川县海洋乡，树龄约70年，树高19m，胸径48cm，冠幅为10m×11.5m，年株产种核50～70kg，最高达100kg。

为佛指银杏类，是广西产区地方品种之一，为根蘖苗种植，主干明显，大枝开张，树冠为长椭圆形，产量一般，大小年变幅为30%左右。

种实倒卵形，成熟时为橙黄色，有少部分呈淡黄色，白粉多，油胞少，先端圆钝，顶尖略凹，成“O”形。蒂盘圆形，但边缘不齐，微凹入。果柄长4.4～4.8cm，较一般品种长1.5～2.5cm，故称“长柄”。种实纵径3.61cm，横径2.57cm，单果重13.8g，每千克72粒，种实出核率为20%。种核长倒卵形，先端钝圆，顶端渐尖，有小尖，基部两维管束迹较大，间距1mm，两侧棱线中上部较明显，纵径2.57cm，横径1.62cm，单核重2.8g，每千克357粒，出仁率为79%。

本品种在广西产区主要分布于灵川、兴安二县，零星分布于全州县（邓荫伟，2002）。

22. 圆锥佛手 Yuan zhui fo shou

母树位于广西灵川县海洋乡，树龄90年，树高9m，胸径31.8cm，冠幅为5.5m×6.0m，年株产种核100kg。

为马铃银杏类，是广西产区地方品种之一，为根蘖苗种植，主干通直，树冠呈塔形，侧枝分布均衡，结果枝下垂，产量一般，大小年变幅在35%左右。

种实卵形，成熟时为橙黄色，外种皮有一层白粉，无油胞，先端圆，顶尖，自中部往下缩成圆筒形，蒂盘圆或椭圆，边缘不齐，并略凹入。果柄通直，长 3. 2cm，种实纵径 3. 01cm，横径 2. 64cm，单果重 13. 4g，每千克 75 粒，种实出核率为 19%。种核圆锥形，先端圆钝，顶部具小尖，中下部狭长，尾部有小尖，两维管束迹明显，间距 1. 0 ~ 1. 2mm，两侧棱线上部明显，先端略宽。纵径 2. 5cm，横径 1. 8cm，单核重 2. 4g，每千克 417 粒，出仁率为 80. 12%。

本品种在广西主要分布于灵川、兴安二县，在全州、阳朔二县零星分布（邓荫伟，2002）。

23. 珍珠子 Zhen zhu zi

母树位于广西灵川县海洋乡，树龄 100 年，年均株产种核仅 25kg。

又称早白果，为梅核银杏类，是广西灵川产区地方品种，植株不多，产量较少。为根蘖苗种植，主干明显，侧枝平直，树冠呈圆锥形，产量大小年明显，变幅在 35% 左右。

种实短椭圆形，成熟时橙黄色，外表有一层白粉。先端圆钝，顶点凹入，珠孔迹明显。蒂盘近圆形，边缘不齐，略凹入，果柄略弯曲，长 2. 8 ~ 3. 5cm。种实纵径 2. 3cm，横径 2. 0cm，单果重 5g，每千克 200 粒，种实出核率为 23%。种核广椭圆形，先端圆钝，顶点小尖明显，基部平，两维管束迹明显，间距 2. 7mm，两侧棱线上下部明显，中上部稍宽，无背腹之分，纵径 1. 8cm，横径 1. 3cm，单核重 1. 5g，每千克 667 粒，出仁率为 76%。

本品种在广西仅分布于灵川县海洋乡。其他县尚未发现该品种（邓荫伟，2002）。

24. 算盘子 Suan pan zi

母树位于广西灵川县海洋乡，树龄 90 年，树高 14m，胸径 57cm，冠幅 7. 0m × 8. 0m，年株产种核 50kg。

为圆子银杏类，在广西产区仅有少量植株，为实生或根蘖苗种植，主干通直饱满，树冠呈椭圆形，侧枝分布匀称，结果枝大多数平直，有少数枝下垂，产量大小年不明显，产量变幅在 20% 左右。

种实扁圆形，成熟时为淡黄色，外皮有一层白粉，先端圆钝，有小尖，基部平，蒂盘圆形略凹入，果柄通直，长 2. 8 ~ 3. 5cm。种实纵径 3. 0cm，横径 2. 8cm，单果重 8. 2g，每千克 122 粒，种实出核率 24%。种核微圆形，先端圆钝，有小尖，基部略狭，两维管束迹大而明显，间距 3. 0 ~ 4. 0mm，两侧棱线仅中部明显。纵径 2. 3cm，横径 2. 2cm，有背腹之分，单核重 2. 0g，每千克 500 粒，种核出仁率为 76%。

本品种在广西仅分布于灵川、兴安二县（邓荫伟，2002）。

25. 皱皮果 Zhou pi guo

母树位于广西灵川海洋乡，树龄 90 年，树高 18m，胸径 59cm，冠幅 8. 0m × 10. 6m，年株产种核 40kg。

为圆子银杏类，是广西产区地方品种之一，根蘖苗种植，主干通直尖削，树冠呈圆锥形，侧枝分布均衡，产量大小年不明显，变幅 20% 左右。

种实微圆形，成熟时为橙黄色，外表一层白粉，皮呈皱纹，先端较尖，基部平，蒂盘椭圆形，果柄直略弯曲，长 3. 3 ~ 3. 8cm。种实纵径 2. 9cm，横径 2. 6cm，单果重 8. 5g，每千克 118 粒，出核率 28%。种核椭圆形，略有背腹之分，先端圆钝有小尖。基部两维管束迹明显，间距约 1. 0mm，两侧棱线仅中部较明显。纵径 1. 75cm，横径 2. 3cm，单核重 2. 42g，每千克 413 粒，出仁率为 76%。

本品种在广西产区主要分布于灵川、兴安、全州 3 县（邓荫伟，2002）。

9. 2. 2. 4　贵州优系或优株

26. 贵 GY-8 号 Gui GY-8

产于贵州遵义地区。母树高 25m，冠幅 13m × 19m。果实近圆形，大小为 2. 95cm × 2. 93cm，柄长 3. 55cm，单果重 14. 8g，每千克 67 粒，出核率 24. 93%。果面橙黄色，可见淡红色条斑，果粉较厚。珠托圆至长圆形，边缘凹入，整齐，正托。果顶微突有尖。成熟较晚。

种核大，圆形，上半部略大于下半部，大小为 2. 34cm × 2. 07cm × 1. 63cm，单粒重 3. 69g，每千克

271 粒，出仁率 77.35%。种核壳白色，壳面隐约可见条纹，顶部微尖。两侧有棱边。背腹面不对称。束迹相距较宽。种仁淡黄绿色（史继孔，1997）。

27. 贵 GY-9 号 Gui GY-9

产于贵州遵义地区。母树高约 30m，冠幅 12m×13.6m。

果实圆形，大小为 2.68cm×2.71cm，果柄长 4.11cm，单果重 11.6g，每千克 86 粒，出核率 24.9%。果面橙黄色，果粉较厚。珠托近圆形，边缘整齐，正托，微突。果顶微突。果核近圆形，长 2.21cm，宽 1.88cm，厚 1.47cm，单粒重 2.89g，每千克 346 粒，出仁率 78.6%，核壳白色，有浅条纹。上半部有较宽的棱边。背腹面不对称。核顶微尖，两束迹相距较窄，蛋白质含量较高，达 13.05%，质糯。

本优株丰产性极强，70 年生树株产可达 200kg（史继孔，1997）。

28. 贵 T-20 号 Gui T-20

产于贵州黔东南自治州，母树高约 25m，冠幅 17m×15m。

果实圆形，果面橙黄色，果粉较厚。大小为 2.90cm×2.70cm，果梗长 4.25cm。单果重 12.7g，每千克 79 粒，出核率 23.9%。珠托近圆形，突出、正托。果顶较平，有微突。

种核近圆形，长 2.1cm，宽 1.9cm，厚 1.5cm，单核粒重 3.1g，每千克 322 粒，出仁率 80%，壳乳白色，有浅沟纹，背腹面不等，顶有凸尖，边有窄棱，束迹相距较近。质糯，Ve 含量高达 5.15mg/100g（史继孔，1997）。

9.2.2.5 河南优系或优株

29. 中银黑 1 号 Zhong yin hei-1

原株位于河南省嵩县白河乡，树龄约 1000 年。实生树主干明显，树冠卵圆形，主枝分枝角度 30°～90°。每种序 1～4 个种柄，每柄着生 1～2 个种实。种实圆形，纵径 2.5～2.8cm，横径 2.7～3.1cm，千粒重 10.8kg，每千克有 93 粒，出核率 22.12%。种核纵径 2.0～2.2cm，横径 1.6～1.8cm，厚 1.3～1.5cm，千粒重 2.24kg，每千克有 447 粒，出仁率 80.36%。自然授粉条件下，株产种核 60～100kg。经 20～30 年生大树高接无性繁殖，后代枝、叶、种各项指标均与母树保持一致。

30. 中银黑 2 号 Zhong yin hei-2

原株位于河南省嵩县白河乡。树龄约 1000 年。实生树主干明显，树冠圆卵形，主枝分枝角度 30°～65°。每种序 3～5 个种柄，每柄着生 1、2 个种实，偶见 3 个；部分种柄 1cm 处一分为二，各着生 1 个种实。种实圆形，纵径 2.2～2.9cm，横径 2.7～3.0cm，千粒重 10.9kg，每千克有 92 粒，出核率 24.13%。种核纵径 2.0～2.1cm，横径 1.6～1.9cm，厚 1.2～1.6cm，千粒重 2.35kg，每千克有 426 粒，出仁率 80.43%。自然授粉条件下，株产种核 150～230kg。20～30 年生大树高接无性繁殖，枝、叶、种各项指标均与母树一致。黑银杏的种子与普通银杏有许多不同。黑银杏种实扁圆形，外种皮初为浓绿色，初白粉，形态成熟时，外种皮深褐色不变黄；种核扁圆形，核中央有环状隆起的"腰带"；内种皮极薄，上部为两层半透明橙褐色膜质，下部为不透明灰白色膜质。在 5 年生实生砧木上嫁接黑银杏，2～3 年普遍始花结种，5～6 年株产种核 1.5kg。黑银杏短枝分布均匀，每种序一般着生 3～5 个种柄。据连续 8 年观测，1000 年生左右的黑银杏大树，仍可株产种核 100～230kg。黑银杏种核大小均匀，平均单核重 2.29g，每千克有 437 粒，出核率 22.94%，出仁率 80.4%。成熟期 9 月下旬～10 月上旬。种仁味甜，风味清香，糯性大，食、药俱佳。黑银杏的花期，由于海拔和每年气温变化等因素的影响，一般在 4 月 16 日至 23 日，始花至末花持续 8d 左右。黑银杏胚珠的原叶体部分，受精与不受精均发育为胚乳。因此在黑银杏种子中，即使不授粉或受精不良能形成种子，但是这类种子只有丰满的胚乳而无胚芽。

31. 叉尖白果 Cha jian bai guo

主产河南嵩县，种实卵圆形，纵横纵 2.85cm × 2.77cm，平均重 13.11g，外种皮黄色，被白粉、微皱，疣点多，种柄长 3.83cm。种核椭圆形，长 × 宽 × 厚为 2.35cm × 1.77cm × 1.32cm，先端圆钝，核尖两侧具凹形叉尖，基部狭长，尾突大而显著，出核率 17.88%，出仁率 83.76%，每千克 427 粒（苏金东，1996）。

32. 琉璃果 Liu li guo

主产河南嵩县，种实卵圆形，长 × 宽为 2.79cm × 2.60cm，平均重 11.21g，外种皮黄绿色，密被白粉、微皱，疣点大而稀少，先端沟状凹陷，柄长 4.45cm。种核圆形，长 × 宽 × 厚为 2.20cm × 1.82cm × 1.42cm，先端圆钝，基长，尾突明显，出核率 23.64%，出仁率 78.70%，每千克 377 粒（苏金东，1996）。

33. 真假白果 Zhen jia bai guo

主产河南嵩县，种实长圆形，外种皮暗黄色，密被白粉，皮皱，柄长 4.52cm，往往一大一小两个种实并生，大种实全仁或半仁，小种实中空无种核。纵、横径为 1.19cm × 1.70cm，种核长圆形。长 × 宽 × 厚为 2.16cm × 1.55cm × 1.32cm，出核率 18.17%，出仁率 77.19%，每千克 917 粒（苏金东，1996）。

34. 嵩银优 4 号 Song yin you-4

该树坐落于河南嵩县白河乡下寺村，树龄 700 年，树高 28m，主干高 2.8m，胸径 148cm，冠幅为 12.5m × 16m。在自然授粉情况下，年结种 80 ~ 95kg，1995 年采用人工辅助授粉，株产 160kg。种柄长 5.08cm，种实纵径 2.56cm，横径 2.71cm，重 10.77g，出核率 30.64%。种核长 2.26cm，宽 1.86cm，厚 3.18cm，每千克 303 粒，平均单核重 3.3g，出仁率 82%。经连续 4 年测定，确认该树丰产、稳产，种仁口感风味清香，糯性大，品质优良。已嫁接建园栽植（韩维亚等，1997）。

35. 嵩银优 18 号 Song yin you-18

该树坐落在河南嵩县白河乡东风村河西组山坡下部花岗岩风化的薄地上。海拔 860m，树龄约 800m，树高 33.5m，主干高 3m，胸径 102cm，冠幅 13m × 14m，株产平均 120kg。种柄长 3.78cm，种实纵径 2.53cm，横径 2.72cm，重 10.87g，出核率 29.07%。种核长 2.09cm，宽 2.05cm，厚 1.51cm，每千克 316 粒，平均单核重 3.16g，出仁率 80.6%，经连续 4 年测定，确认该树生长旺盛，丰产、稳产、抗逆性强，种仁口感风味清香，糯性大，品质优良，已嫁接建园（韩维亚等，1997）。

36. 新银 8 号 Xin yin-8

产于河南南部大别山区的新县、信阳及河南南部伏牛山区。塔形树冠。种子阔椭圆形，先端微凹陷，纵径 3.1cm，横径 2.6cm，平均单种重 11.5g，种柄长 4.5 ~ 5cm，成熟后外种皮黄绿色，密被白粉，有疣点；种核椭圆形或圆状椭圆形，色洁白，长 2.6cm，宽 1.9cm，厚 1.4cm，先端具小突尖，棱两侧几乎对称，平均单核重 3.34g，每千克种核 300 粒左右，出核率 29.0%。出仁率 78.5%。该品种种仁味美宜食，糯性大，丰产性能好，产量高，大小年不明显，为河南省主要栽培品系之一。

37. 处暑红 Chu shu hong

主产河南南部大别山区的新县，其他地区也有分布。树冠卵圆形，大枝斜上，分枝角度 45° ~ 60°，小枝平展稍下垂。种子较大，长圆形或卵圆形，纵径 2.8cm，横径 2.3cm，平均单种重 10.1g，果柄长 3.9cm，外种皮成熟时橘红色，被白粉，疣点稀疏；种核卵圆形，边缘棱线明显成窄翅，先端具小突尖，长 2.29cm，宽 1.98cm，厚 1.4cm，平均单核重 2.76g，每千克种核 360 粒左右，出核率 27.3%；出仁率 76.5%。该品种丰产稳产性能好，大小年不明显，成熟较早，外种皮秋季橘红色，尤如累累奶橘悬挂，为河南省主要栽培品系之一（苏金东等，1996）。

38. 大白果 Da bai guo

全省分布范围较广，主产河南南部大别山区及豫西伏牛山区。树冠塔形，大枝斜上，小枝平展，树势旺盛，丰产稳产性能好。种子较大，近圆形，纵径2.63cm，横径2.67cm，外种皮成熟时黄色，密被白粉，表面疣点明显，先端微凹，平均单种重10.56g；种核近圆形，黄白色，长2.29cm，宽1.89cm，厚1.43cm，先端圆钝，尾突大而显著，平均单核重2.89g，每千克种子345粒左右，出核率27.4%，出仁率83.1%。该品种种核大而饱满，出仁率较高，丰产性能好，种仁味美甘甜，为河南省主要栽培品系之一(韩维亚,1994;苏金东,1996)。

39. 面白果 Mian bai guo

产河南南部大别山区及豫西伏牛山区。树冠塔形，树形开张，树势生长旺盛。种子较大，长圆形或卵状长圆形，纵径2.68cm，横径2.2cm，外种皮成熟时黄色，被白粉，平均单种重9.8g；种核卵状椭圆形，棱线不明显，先端具小突尖，色洁白，长2.55cm，宽1.7cm，厚1.4cm，平均单核重2.48g，每千克种核400粒左右，出核率25.3%；出仁率76.5%。该品种种核较大，丰产稳产性能好，种仁淀粉含量高，糯性强，味甘甜可口，风味俱佳，为河南省主要栽培品系之一（韩维亚，1994；苏金东，1996）。

40. 八月黄 Ba yue huang

产豫西伏牛山区及河南南部大别山区。树冠卵圆形，大枝开张，树势生长旺盛。种子大小中等，扁圆形，纵径2.41cm，横径2.48cm，外种皮橘黄色，密被白粉，种柄长3.1~3.9cm，多两果并生，平均单种重9.17g；种核卵圆形，长1.95cm，宽1.66cm，厚1.3cm，先端圆钝，平均单核重2.13g，每千克种核470粒左右，出核率23.2%，出仁率76.0%。该品种丰产稳产性能好，品质优良，为河南省主要栽培品系之一(韩维亚,1994;苏金东,1996)。

41. 串白果 Chuan bai guo

产河南南部大别山区及豫西伏牛山区。树冠塔形，侧枝分枝角度60°左右，小枝微下垂。种子长椭圆形，顶端圆而丰满，纵径2.82cm，横径2.21cm，成熟后外种皮淡黄色，表面疣点明显，种托微圆，种柄稍弯曲，平均单种重8.07g；种核卵状长圆形，上半部具棱线，顶端阔圆，尖头不明显，基部狭尖，无棱线，长2.5cm，宽1.6cm，厚1.25cm，平均单核重1.92g，每千克种核520粒左右，出核率23.8%。出仁率75.1%。该品种丰产性能好，一柄双果、三果较多，每短枝坐果多为6~8个或更多，串状着生，类似葡萄，百年大树的主干上，粗大的侧枝上均有成串的种子着生，俗称“串白果”，为河南省主要栽培品系之一（韩维亚，1994；苏金东，1996）。

42. 药白果 Yao bai guo

河南省有分布。树冠卵圆形，大枝斜上，小枝平展稍下垂。种子近圆形，先端钝圆，基部平展，种托突出，纵径2.2cm，横径1.9cm，外种皮黄绿色，稍被白粉，多双果并生，平均单种重6.17g；种核椭圆状圆形，先端具小突尖，棱线不明显，长1.9cm，宽1.4cm，厚1.2cm，平均单核重1.61g，每千克种核620粒或更多，平均出核率26.1%；出仁率77.1%。该品种树势生长较旺盛，丛生性强，大小年较明显，成熟期较晚，种核偏小，但药用价值较高，俗称“药白果”（韩维亚，1994；苏金东，1996）。

李景山等（2001）报道了43~50南阳8个优株（表9-4）。

9.2.2.6 陕西优系或优株

陕西优系或优株51~55，如表9-5所示。

9.2.2.7 湖北优系或优株

56. 随州龙眼 Sui zhou long yan

又名随州Ⅰ-1号。产于湖北随州市，为梅核银杏类，当地名称“龙眼”。果近圆形，核呈广椭圆形，色微黄，每千克396粒，种仁乳白色，无明显苦味，出仁率为84%。种仁内含有：粗蛋白5.04%；淀粉28.7%；可溶性糖0.25%；总糖

表 9-4　河南南阳 8 个优株主要性状指标（李景山等，2001）

序号	类型	树龄（年）	树高（m）	干高（m）	胸径（cm）	冠幅（m）	外围新梢平均生长量（cm）	3~10 年生植段短枝数（m）	平均种核数（kg）	出核率（%）	出仁率（%）	产量（kg）
43	马铃	1200	27.5	1.5	188	17×21	30.4	57	346	28.14	77.74	250
44	佛手	300	22	8	60.6	10×8	33.2	53	400	29.72	76.1	100
45	马铃	30	13.2	5.5	35	8×10	36.2	55	398	32.65	80.73	40
46	马铃	400	22.8	5	124	20×21	30	40	366	29.54	78.21	250
47	马铃	500	16.8	4	82.8	9×9	25	52	384	28.36	77.57	100
48	马铃	500	19.5	4.5	72	14.2×15.3	25	51	364	28.21	78	150
49	马铃	800	26	3.8	138	24×20	28	62	400	29.2	81.22	200
50	马铃	1500	22.5	3.5	131	16×14	20	48	400	26.3	81.3	270

表 9-5　陕西 5 个优株主要性状（杨培华等，1997）

银杏优良单株生长情况

序号	优良单株	树龄（年）	树高（m）	胸径（m）	冠幅（m）	枝下高（m）	株产量（kg）	备　注
51	秦王	600	9.5	0.80	4.5×5.0	2.8	30	经人为破坏后二次萌生树
52	汉王	80	14.5	0.61	8.6×7.8	3.5	50~60	
53	汉果	800	25.6	1.04	12×14.2	2.1	200	
54	陕 94-03	40	15.5	0.40	11.2×12.0	2.9	50	
55	商皇	40	15.8	0.35	8×8.5	3.0	30	

银杏优良单株种实定性指标

序号	优良单株	种实					
		形状	顶端	基部	果粉	果柄	大小
51	秦王	宽短卵圆形	微凹	平广	较薄	细长	大
52	汉王	长卵圆形	圆钝	平阔	薄	细长	大
53	汉果	椭圆形	微凹	凹入	薄	中等	中
54	陕 94-03	卵圆形	微凹	平广	薄	中等	大
55	商皇	卵圆形	微凹	平广	较薄	中等	中

序号	优良单株	种核					品种类型
		形状	顶部	基部	边缘	大小	
51	秦王	宽卵形	先端渐尖	平广二束迹明显相距较宽	中上部棱线明显	大	马铃
52	汉王	宽卵圆形	凹入	两束相连	上部较明显	大	马铃
53	汉果	长倒卵形	圆钝	两束迹相连成鸭尾状	中上棱明显	中	佛指
54	陕 94-03	长卵形	钝微尖	两束相距较宽	中上部棱明显	大	马铃
55	商皇	宽倒卵形	圆钝微凹	维管束连生	上部棱明显	中	马铃

（续）

银杏实生优良单株种实定量指标								
序号	优良单株	单果重（g）	果形系数（cm^2）	单核重（g）	株形系数（cm^3）	出核率（%）	出仁率（%）	成熟性
51	秦王	11.95	7.92	2.86	6.12	23.8	79.0	10月上旬
52	汉王	18.20	9.65	3.3	7.41	18.1	77.0	9月下旬
53	汉果	14.4	8.43	2.77	5.95	19.4	76.5	9月下旬
54	陕94-03	15.1	8.89	3.16	7.16	20.9	75.6	10月上旬
55	商星	11.5	8.01	2.67	5.97	23.9	78.5	10月上旬

2.30%；水分56.56%。开花期在4月上旬，9月下旬成熟，果实成熟前后约相差1周，较丰产，与一般对照树相比产量约高出50%，有明显大小年。

57. 随州大梅核 Sui zhou da mei he

产于湖北随州市，为梅核银杏类果实近圆形，核呈圆形略扁，色微黄，每千克390粒，种仁淡绿色，无明显苦味，出仁率75%。种仁内含有：粗蛋白5.46%；淀粉27.6%；可溶性糖0.20%；总糖2.05%；水分67.76%。大梅核花期在4月上旬，果实成熟在9月下旬，较高产稳产。

58. 京山大白果 Jing shan da bai guo

又名京山14号，产于湖北京山县，属佛手银杏当地称为“大白果”。果呈广椭圆形，核为椭圆形，两端微尖，色白无黑点，每千克280粒，种仁淡绿色，无明显苦味，出仁率为73.8%。

种仁内含有粗蛋白5.31%，淀粉27.7%，可溶性糖0.81%，总糖5.31%，水分59.24%。京山14号花期在3月下旬至4月上旬，成熟期在9月下旬，较丰产稳产。

59. 饭白果 Fan bai guo

又名巴东清太5号。产于湖北巴东县，为梅核银杏类当地称为“饭白果”。果实呈圆球形，核呈广椭圆形，略扁，色微黄，每千克432粒，种仁淡苦味，出仁率73.7%。种仁内含有粗蛋白4.97%，淀粉35.8%，可溶性糖0.52%，总糖4.75%，水分53.52%。“清太5号”花期在3月中下旬，10月中旬成熟，果实成熟前后约相差10d，较丰产稳产与对照树相比产量约高出51%。

60～69为京山10个银杏优株，见表9-6所示。

70. 恩银1号 En yin-1

主要产于湖北宣恩县，属佛手类。原株生长在宣恩县海拔1000m处，阳坡，砂壤土。树高39m，胸径250cm，冠幅10m×16m，冠长30m，树冠投影面积220m^2，树龄300年。每短枝平均结种1～2枚。丰产、稳产。该品种较当地一般品种早熟20d，种实成熟期在8月20日左右，属早熟品种。种实椭圆形，未成熟时绿色，成熟时为橙黄色，薄被白粉。种实平均重10.9g，出核率30%。种核肥大，纺锤形，略扁，色暗。种核纵径2.06～2.34cm，横径1.12～1.14cm，厚0.92～1.18cm。每千克种核320粒，种核平均单粒重3.13g。出仁率78%。食用种仁，香糯，味甜，食后有余味（熊忠武，2000）。

71. 恩银2号 En yin-2

主要产于湖北咸丰县，属梅核类。原株生长在咸丰县海拔870m处，阳坡，黄棕壤。树高30m，胸径95cm，冠幅8m×8m，树龄150年。每短枝叶片4～8片，结种1～6枚。年自然结实量为190kg，较稳定。目前，已被恩施州内部分县市引种，表现良好。种实圆形，未成熟时绿色，成熟时为橙黄色，薄被白粉。种实平均重12.3g，出核率27%。种核光滑洁白饱满，近圆形稍扁，先端圆钝，侧棱明显，呈翼状延伸至基部，基部束迹相距较远。种

表 9-6 湖北京山 10 个银杏优株生长情况和种实性状指标值（黄华安，1994）

序号	选优号	产地	胸围（cm）	树高（m）	枝下高（m）	冠幅（m）	结实层		1m 内短枝数（个）	果			核			每千克粒数	出核率（%）	出仁率（%）
							高度（m）	冠高比（%）		纵横径（cm）	果形指数	百粒重（g）	纵横厚径（cm）	核形指数	百粒重（g）			
60	京银 2 号	厂河	198	26	3.2	16.2×18.8	19	83.3	43.6	3.1×3.05	1.02	1431	2.4×2×1.6	1.2	395	253	27.6	76.6
61	京银 3 号	厂河	280	35	4	23.7×25.3	26	83.8	44.7	3.4×3.2	1.06	1576	2.4×2.3×1.7	1	410	244	26.1	77.1
62	京银 4 号	厂河	240	30	5	16.8×18.5	21	84	43.1	3.24×2.6	1.24	1490	2.6×1.8×1.5	1.44	380	263	25.5	76.8
63	京银 8 号	杨集	183	25	3.1	17.8×15.1	17.9	81.7	42.5	3.3×2.4	1.37	1312	2.9×1.7×1.5	1.7	340	294	25.9	76.9
64	京银 9 号	杨集	155	21	2.2	12.9×11.6	15.9	84.5	45.3	3.2×2.8	1.14	1506	2.0×1.9×1.6	1.53	380	278	23.9	77.5
65	京银 15 号	坪坝	173	22	3.7	10.7×12.5	15.7	85.7	41	3.25×2.7	1.2	1423	2.6×1.8×1.5	1.3	370	270	26.7	75.3
66	京银 16 号	坪坝	140	20	2.6	9.3×10.5	15.4	88.5	43.7	3.29×2.85	1.15	1516	2.6×2×1.9	1.3	370	270	24.4	76.7
67	京银 17 号	坪坝	385	40	1.7	24.5×24	33.3	86.9	40.2	3.16×2.77	1.14	1357	2.7×1.9×1.8	1.42	395	253	29.1	74.9
68	京银 18 号	坪坝	265	30	3	15.2×16.8	24	88.8	41.5	3.35×2.94	1.13	1563	2.4×2×1.7	1.2	380	263	24.3	75.1
69	京银 20 号	三阳	82	18.5	2.5	16.8×13.6	13	78.7	42.2	3.2×2.9	1.1	1573	2.8×2×1.5	1.4	395	253	25	76.3

核纵径 1.18～2.05cm，横径 1.15～1.16cm，厚 1.22～1.46cm。每千克种核 300 粒左右，种核平均单粒重 3.33g，大小均匀。出仁率 79%。食用种仁香糯，苦味轻。

72. 恩银 5 号 En yin-5

主要产于湖北咸丰县，属佛手类。原株生长在咸丰县海拔 720m 处，阳坡，黄棕壤。树高 28m，胸径 50cm，冠幅 9m×9m，树龄 90 年。每短枝叶片 4～10 片，结种 1～5 枚。年均产种核 160kg，每平方米树冠投影面积产种核 1.9kg，产量变幅在 20% 左右。目前，已被恩施州内部分县市引种，表现良好。种实硕大，椭圆形，先端圆钝；未成熟时绿色，成熟时橙黄色，薄被白粉；种托略偏斜。种实平均重 12.2g，出核率 27%。种核光滑洁白饱满，狭长而尖，纺锤形稍扁，先端侧棱较窄，下部渐平，偶有三棱者；基部束迹相距较远。种核纵径 2.53～2.62cm，横径 1.27～1.42cm，厚 1.11～1.27cm。每千克种核 303 粒，种核平均单粒重 3.3g，大小均匀，出仁率 78%。食用种仁香甜，糯性好。

73. 恩银 11 号 En yin-11

主要产于湖北建始县，属梅核类。原株生长在建始县海拔 850m 处，阳坡，黄壤。系嫁接树。每平方米树冠投影面积产种核 1kg 以上。该品种适宜矮干密植栽培。种实硕大，圆形。种实平均重 14.9g，出核率 24%。种核光滑洁白饱满，近圆形稍扁，先端圆钝，侧棱明显，呈翼状延伸至基部。种核纵径 2.14～2.24cm，横径 1.75～1.82cm，厚 1.42～1.54cm，每千克种核 280 粒，种核平均单粒重 3.75g，大小均匀。

74. 恩银 12 号 En yin-12

主要产于湖北恩施市，属马铃类。原株生长在恩施市海拔 740m 处，阳坡，砂壤土。树高 25m，胸径 40cm，冠幅 8m×10m，树龄 100 年。每短枝叶片 4～9 片，结种 1～4 枚。较为稳产。目前，已被恩施州内部分县市引种，表现良好。种实硕大，长圆形，种实平均重 13.8g，出核率 25%。种核光滑洁白饱满，倒卵形，上宽下窄，先端圆钝，中隐线明显，侧棱不明显。种核纵径 2.47～2.56cm，横径 1.86～2.09cm，厚 1.48～1.63cm。每千克种核 290 粒，种核平均单粒重 3.45g，大小均匀，出仁率 81%。

75. 恩银 15 号 En yin-15

主要产于湖北咸丰县，属马铃类。原株生长在咸丰县海拔 950m 处，阳坡，黄棕壤。树高 30m，胸径 110cm，冠幅 14m×14m，树龄 300 年左右。每短枝叶片 4～9 片，结种 1～4 枚。自然授粉年产种核 150kg 以上，产量变幅较小。种实长圆形，平均重11.4g，出核率25%。种核光滑洁白饱满，先端圆钝，具小尖头。中隐线明显，上部侧棱明显，下部不明显，基结束迹间有硬壳相连，偶有三棱者，种核纵径2.31～2.32cm，横径1.37～1.53cm，厚1.16～1.22cm。每千克种核352粒，种核平均单粒重2.84g，大小均匀。

76. 恩银23号 En yin-23

主要产于湖北宣恩县。原株生长在宣恩县海拔920m处，阳坡，黄棕壤。树高22m，胸径50cm，冠幅5m×6m，冠长15m，主干高3m，树龄80年。每短枝叶片4～8片，结种1～4枚。每平方米树冠投影面积产种核1kg左右。目前，已被恩施州内部分县市引种，表现良好。种实硕大，长圆形，先端平，种实平均重11.1g，出核率31.2%。种核光滑洁白饱满，倒卵形，长宽下窄，先端圆，具小尖头。中隐线明显，侧棱先端明显而下部渐平；基部束迹相距较远，束迹间有硬壳相连。种核纵径2.27～2.31cm，横径1.56～1.77cm，厚1.21～1.43cm。每千克种核300粒左右，种核平均单粒重3.36g，最大单核重3.56g。出仁率78%。

77. 大白果 Da bai guo

主产湖北孝感。种果很大，倒卵形，顶端微凹入，基部平展；橙黄色，熟时有白粉，果梗长4cm；核肥大，倒卵形、略扁，色洁白，顶端圆钝，基部渐窄，边缘有翼；种仁黄绿，饱满，味美，品质好。大悟乡上余田湾的一棵大白果树，树高36m，冠径15m，主干4.5m，胸围4m，1984年采果核80kg，平均果核重4g。

78. 小白果 Xiao bai guo

产于湖北孝感，种果较小，近圆形，顶端微凹入，基部较平；黄色，熟时有白粉，果梗长3.5cm；核小，近圆形，色白、顶点有尖，基部有明显狭肩，边缘有翼；种仁黄绿色，饱满，味略苦，品质一般，对旱涝抗性较强。大悟乡李家湾的两棵小白果树，一棵在水塘边，一棵在高坡上，均生长良好，1984年平均株采果核50kg，平均果核重2.5g。

79. 糯米白果 Nuo mi bai guo

产于湖北孝感，种果中等，椭圆形，略扁，顶端突起，基部较平，黄色，熟时果粉较厚，果梗长4.5cm；核中等，纺锤形，色白，顶端渐钝，基部有狭肩，边缘有翼；种仁黄绿色，饱满程度中等，味微苦，品质介于大白果和小白果之间。大悟乡王家湾的一棵糯米白果，树高25m，冠径16m，主干4m，胸围3.5m，1984年采果核42kg，平均果核重2.4g。

80～95为湖北安陆市16个优良单株（表9-7）。

表9-7 湖北安陆市16个优良单株经济性状（刘燕君，1992）

序号	编号	类型	粒（kg）	出核率（%）	出仁率（%）	树龄（年）	熟性	树型	最高产（kg）	负载量（kg/m²）	品质	其他
80	1	梅核	268	28.0	78.4	60	中	塔形	200	2.7	甜糯	
81	5	马铃	346	23.0	79.0	110	中	柱形	40	1	甜	
82	31	梅核	268	28.54	82.7	45	中	开心形	200	1.0	甜糯	
83	55	梅核	348	27.1	78.3	150	迟	塔形	200	0.7	甜	
84	56	梅核	360	30.0	79.1	150	迟	塔形	175	0.6	苦	
85	2	梅核	380	29.6	78.4	150	中	塔形	150	0.8	甜糯	
86	7	马铃	374	23.2	78.1	00	中	柱形	50	0.3	甜糯	
87	19	佛指	428	24.9	77.8	500	早	塔形	300	1.5	甜糯	
88	23	马铃	390	22.9	82.4	300	早	塔形	100	0.9	甜糯	
89	24	马铃	408	23.0	80.9	千年	中	塔形	250	3.2	甜糯	

（续）

序号	编号	类型	粒（kg）	出核率（%）	出仁率（%）	树龄（年）	熟性	树型	最高产（kg）	负载量（kg/m^2）	品质	其他
90	42	梅核	422	24.4	78.3	千年	中	柱形	100	0.6	甜糯	
91	49	梅核	316	20.6	77.1	千年	中	柱形	200	2.2	苦	
92	57	佛指	350	29.1	76.1	110	早	塔形	60	0.5	甜	
93	58	马铃	406	27.6	80.2	250	中	柱形	175	0.8	糯	
94	62	马铃	318	32.4	77.1	300	中	开心形	50	0.5	甜	
95	64	马铃	264	23.7	74.1	60	早	塔形	30	0.7	甜	

表 9-8　安徽省主要银杏优树经济性状指标（关传友，1998）

序号	优树编号	品种名称	树龄	冠形	树冠（m^2）	产核量（kg/m^2）	核数（粒/kg）	出核率（%）	出仁率（%）	产量变幅（%）	抗逆性
99	金 1	大茶果	80	球形	141.2	0.85	354	25.18	78.31	25.1	抗风
100	金 2	茶果	120	椭圆	168.4	0.81	378	25.82	77.26	35.3	抗风、无虫害
101	金 3	大茶果	90	圆形	153.7	0.80	361	26.31	77.89	31.2	抗风、无虫
102	金 4	大茶果	150	圆头	166.5	0.73	356	25.28	77.62	28.2	抗风、无病虫
103	金 5	米果	70	椭圆	78.4	0.78	389	26.01	77.36	32.4	抗风、无病
104	金 6	大茶果	170	圆头	184.3	0.74	351	25.32	76.67	27.5	抗风
105	金 7	大茶果	110	球形	163.9	0.86	347	25.41	77.65	26.3	抗风
106	金 8	茶果	100	宽椭圆	154.9	0.76	382	26.09	78.16	27.3	抗风
107	金 9	大茶果	90	椭圆	146.1	0.87	347	25.93	78.21	29.8	抗风
108	金 10	大茶果	130	圆头	181.3	0.69	362	25.88	76.38	31.9	抗风
109	金 11	大核果	160	长椭圆	154.2	0.85	341	26.08	79.18	25.4	抗风
110	金 12	梅核果	180	球形	201.8	0.77	394	26.84	77.61	23.1	抗风
111	金 13	茶果	160	椭圆	196.4	0.81	359	25.13	78.86	30.8	抗风
112	金 14	梅核果	120	圆头	158.6	0.75	407	26.83	76.86	20.2	抗风
113	六 1	梅核籽	110	球形	181.9	0.69	380	27.72	76.93	20.9	抗风
114	合 1	佛手籽	80	圆头	113.4	0.71	346	25.47	79.95	28.7	微有人为活动
115	歙 1	佛指果	130	椭圆	146.2	0.81	352	26.14	76.21	31.8	抗风
116	歙 2	大鸭脚	80	圆锥	86.8	0.79	359	26.51	78.31	25.1	抗风
117	歙 3	佛指果	110	圆头	203.1	0.59	369	25.13	75.82	29.6	抗风
118	歙 4	马铃籽	70	椭圆	142.5	0.61	372	24.18	74.92	26.7	抗风

序号	优株	原产地	主要形态征及经济性状（张跃林等，1997）	主要分布区
119	大梅核	安徽广德	果大，圆形或近圆形，先端圆钝，基部稍大，近果柄处微凹。核圆形稍扁，先端圆钝或微尖，基部渐狭	新杭、独山等
120	卵果佛手	安徽广德	先端微窄小，中部以下则渐宽，基部平不凹陷，果柄粗稍弯曲。核椭圆形或菱形，两端微尖，稍对称，棱呈不明显翼状，每千克 252 粒	梨山、同溪等
121	长柄佛手	安徽广德	果实倒卵形或圆形，先端钝圆，顶点微凹，基部稍凹，果柄常弯曲，核长倒卵形，先端圆钝，基部狭长，底窄不平	下寺、山北等
122	大马铃	安徽广德	果实中等长，长圆形，先端圆钝，基部平宽，果柄直立，粗而扁。核倒卵形，先端圆钝，有尖，棱线明显，翼不明显	下寺、山北等
123	糯米白果	安徽广德	果实椭圆形，稍扁，先端突起，基部较平，棱中等大，纺锤形，先端渐钝，基部有狭肩，边缘有翼，种仁黄绿色，每千克约 420 粒	下寺、砖桥等
124	佛指	安徽广德	果实大，倒卵形或广椭圆形，两端小，先端微凹。果柄短，弯曲状。核肥大，纺锤形或长卵形，先端圆钝。每千克 300～340 粒，糯性差，味甜，丰产	四合、梨山等

9.2.2.8 湖南优系或优株

96. 鸭尾银杏 Yia wei yin xing

又名鸭屁股圆珠。属原生种、次生种或人工繁殖种，产于湖南九嶷山、衡山、雪峰山、壶瓶山、幕阜山及苏州洞庭山原产。核果先端尖扁而形同鸭尾。大小为2.1cm×2cm×1.2cm。一侧成龟背形，先端无尖棱，两翼无突出翅，一般脊宽1～1.2mm，顶端有一伸出的疣突，长2mm，宽4mm。生仁浅绿，熟仁乳白，饱满嫩脆，有明显香味，供食用上品，味甘，生微苦，熟甘甜香糯（张松铁等，1992）。

97. 橄榄佛手 Gan lan fo shou

产于湖南雪峰山、武陵山及湘西南各县。种子长倒卵形，先端微圆钝，中上部膨大，下部尖削，核仁狭长椭圆形，先端圆，顶端尖，基部狭窄。大小为2.1cm×1.5cm×1.1cm。为栽培种，每千克400～700粒，种粒较小，育苗出土率、发芽率高，适宜作培育种和药用，生食苦微甘涩有小毒，熟时甘苦略涩（张松铁等，1992）。

98. 湘桐子 Xiang tong zi

湖南各县有零星分布。种子较大，扁圆，先端圆钝，基部膨大，核仁近圆形，钝圆无尖，基部较宽，两侧棱脊显著，底部鱼尾状。每千克290～390粒。多为人工嫁接培育，原产九嶷山、湘西南及桂东北。核果大小1.8cm×1.7cm×1.3cm，壳较薄，仁饱满，胚乳发育丰富，胚珠小，味甘微苦，熟甘糯，食药均宜（张松铁等，1992）。

9.2.2.9 安徽优系或优株

99～124为安徽省主要银杏优树，见表9-8所示。

9.2.2.10 浙江优系或优株

125. 洲头大马铃 Zhou tou da ma ling

原产浙江。选育单位：浙江临安昌化林业站。原树长在浙江临安洲头村。树龄近100年。全树高22m，主干高4m，胸围220cm，冠幅18m。树势旺盛。丰产，一般年产白果200kg，1986年曾产白果375kg。

种实中等偏大。全籽长3.10cm，宽2.75cm，重13.2g。顶端微凹。种柄长约4.0cm。外种皮稍厚，出核率22.0%。种核大，长马铃型。核长2.75cm，核宽为1.73cm，核厚1.42cm。核形指数1.59，上宽下窄，最宽点在中线接近2/5处。厚率0.82。平均单核重3.2g，每千克种核数310粒。骨质中种皮偏厚，出仁率71.9%。维管束迹两点间距离一般大于3mm。据测定，洲头大马铃的种子，无胚率高达60%～80%，育苗时出苗率低，但苗木长势旺。无胚率高的特点，使其很适合作无胚白果栽培。洲头马铃种实9月中旬成熟。

该树在当地已有根蘖苗和嫁接苗栽植，根蘖苗已结实。由于其核较大、丰产，无胚率高，具有发展前途，只是其外种皮和中种皮都偏厚，种核偏扁平。

126. 卵果大佛手 Luan guo da fo shou

主产浙江诸暨市侯村街，又名01号卵果大佛手，出核率24.8%，出仁率81.7%。单核重2.54g，种核长×宽为2.72cm×1.68cm（林协，1994）。

127. 长兴多胚大佛手 Chang xing duo pei da fo shou

主产浙江长兴。丰产性、稳产性均优于其他大佛手。种核平均单粒重3.5g以上，最大单粒重4.1g，是浙江全省佛手类中选出的最优单株，极有推广应用价值。

128. 诸暨大梅核 Zhu ji da mei he

主产浙江诸暨马店村，又名05号大梅核，出核率25.5%，出仁率78.4%；临安小梅核，又名米仁白果，种核每千克630～660粒，适于药用。长兴钻头白果，系当地野生稀有梅核类。树干通直，生长健壮。抗逆性强；种实特小，出核率22%，种核每千克750～800粒。

129. 诸暨马铃 Zhu ji ma ling

生产浙江诸暨庙后村，出核率24.1%，出仁率高达83.8%。单果重12.7g，单核重3.06g，种核长×宽为1.78cm×1.46cm。

1994年，陈启基、汪晓、陈伽报道了台州地区下列130～135号优系。

130. 台州TD1号 Tai zhou TD-1

主产浙江台州。树龄60年，树高10m，枝下高5m，胸径45cm，冠幅5m×6m，冠层高5m，近几年收核种200kg。种核长宽分别为3.0cm和2.8cm，重15g，广椭圆形，种熟时淡棕黄色，披白粉；种核长×宽×厚为2.5cm×1.75cm×1.5cm，重3.2g，核形指数1.43，纺锤形，略扁，两侧棱线呈翼状，色洁白，壳薄；核仁饱满，无苦涩味；10月底成熟，丰产（陈启基等，1994）。

131. 台州TG2号 Tai zhou TG-2

主产浙江台州。树龄近200年，树高20m，枝下高5m，胸径59cm，冠幅7m×8m，冠层高15m，近几年产种实250kg以上（因台风吹断枝，影响产量）。种实长×宽为3.0cm×2.8cm，重16g，近圆形，种实基部稍肩，熟时外种皮金色有白粉；种核长×宽×厚为2.4cm×1.9cm×1.4cm，核重3.2g，核形指数1.26，广椭圆形，略扁，先端微尖，而基部近圆钝，色洁白光滑。10月成熟，丰产。核仁无异味苦味。

132. 台州TC3号 Tai zhou TC-3

主产浙江台州。树龄140年，树高24.5m，枝下高6m，胸围367cm，冠幅10m×10m，冠高18.5m。前几年仅产种实200kg（附近无雄株，又无法施肥，冠下为石板路、民房），1993年500kg。种实近圆形，个别倒卵形，外种皮成熟时呈橙黄色，长×宽为3.0 cm×2.9cm，重17.5g；种核长×宽×厚为2.5 cm×2.0 cm×1.5cm，核形指数1.32，重3.5g，最大核重4.5g，色洁白，核仁极饱满，无苦涩味。

133. 台州TP4号 Tai zhou TP-4

主产浙江台州。树龄30年，由萌蘖长成，树高17m，胸径35cm，冠幅9m×8m，枝下高7m，由于打枝过度，冠层小，近几年产种实150～200kg，种实长×宽为3.2 cm×2.8cm，重18g；种核长宽厚比例为2.6∶1.8∶1.45cm，重3.5g，核形指数1.44。色洁白、饱满，口味好。9月底成熟。

134. 台州Tq5号 Tai zhou Tq-5

主产浙江台州。树龄100年，树高16m，胸径65cm，冠幅为12m×9m，枝下高6m。近几年产种实150～200kg；种实长×宽为3.0cm×2.7cm，重17g；种核长×宽×厚为2.5cm×1.7 cm×1.4cm，重3.2g，核形指数1.47；肉色洁白，饱满，口味好。10月上旬成熟。

135. 台州TS6号 Tai zhou TS-6

主产浙江台州。树龄35年，树高15m，冠幅7m×6m，近几年产种实50kg，种实长×宽为2.7 cm×2.8cm，重17.5g；种核长×宽×厚为2.2cm×2.1cm×1.5cm，重3.3g，核形指数为1。10月底成熟。

136. 金华垂枝 Jin hua chui zhi

又名金02号垂枝银杏。属佛手类。原产浙江金华。原古树产于1964年砍伐后由村桩萌蘖发育成树。位于民房旁菜园内。离树2m处有一座渗漏蓄粪池，肥水条件甚好，故生长旺盛，连年丰产稳产。树龄30年，树高12m，胸径25cm，树冠面积35m^2。平均单果重15.5g，种实纵径3.2cm，横径2.9cm，种柄长3.3cm。种核长×宽×厚为2.85cm×1.78cm×1.70cm，单核重3.52g，壳银白色。形态成熟期9月下旬（郑挺杨等，1996）。

137. 金华马铃 Jin hua ma ling

又名金04号马铃银杏。原产浙江金华，人工栽植实生树，位于宅基地中。立地条件较优。树龄25年，树高10m，胸径24cm，冠幅35m^2。树冠呈伞型，主枝开张。平均单果重15.2g，种实纵径3.1cm，横径2.9cm，种柄长2.8cm。种核长×宽×厚分别为2.4cm×2.0cm×1.8cm，单核重3.15g，壳乳白色。形态成熟期10月上旬。

138. 金华佛手-06号 Jin hua fo shou-06

又名金06号佛手银杏。原产浙江金华早熟品种。原古树二次砍伐，现树为1974年砍伐后在树桩上萌蘖发育而成。双主干东西紧靠排列，胸径相等均为30cm。树龄21年，树高11m，树冠开张，生长势旺盛，种实纵径3.1cm、横径2.8cm，平均单果15.6g，种柄长3.3cm，成熟时种皮橘黄色外被白粉。种核长×宽×厚为2.7cm×1.8cm×1.7cm，单核重3.33g，壳白色。8月下旬至9月初成熟，表现出明显的早熟特性。

139. 金华佛手大果 Jin hua fo shou da guo

又名金07号佛手银杏。原产浙江金华，中熟品种。人工栽植实生树，主枝被砍较多。塔形树冠，树龄25年，树高9.5m，胸径25cm，冠幅28m^2。种实纵径3.3cm，横径2.7cm，平均单果重15.7g。种核外形长×宽×厚为2.8cm×1.9cm×1.75cm，单核重3.25g，壳乳白色。形态成熟9月底。

140～149见表9-9。

9.2.2.11 福建优系或优株

据周良才等（1994）报道，福建优良单株及优系共8个。

150. 金果佛手 Jin guo fo shou

又名闽沙1号，位于福建沙县高桥乡桂岩村，海拔660m，树高6m，胸径1.1m，双中心干，冠幅13m×15m，树龄约800年，生长仍枝茂叶盛，分枝力强，枝密而下垂。种实成熟时外种皮金黄色，种实形似橄榄，长椭圆形或长倒卵形，先端微圆，顶端微突起，中部广阔，而中部以下明显狭窄，基部缩小，且稍歪斜。纵横径平均为3.28cm×2.26cm，种柄微弯曲，长约8cm，种核狭长椭圆形，尖端圆钝，顶有凸尖，下方渐狭窄，基部尖，有两小突，纵横径平均为2.80cm×1.40cm，厚为1.20cm，每千克有400粒。出核率为25%，出仁率为68%。胚乳为黄白色，无苦味，结果性能良好，丰产、稳产。结种枝结种8～9个，平均5.6个，1988～1991年每年产种核200～300kg。花期4月5日至4月13日，种熟期8月下旬至9月初，属中早熟种，是当地群众公认为最好的优株。

151. 猪母杏 Zhu mu xing

小佛手类型，又名闽龙1号，植株位于福建尤溪县中仙乡善林村，海拔410m，树龄约500多年，树势强健，树体高大，枝叶茂盛。主干高6.5m，胸径粗0.96m，树高18m，冠幅10m×13m，分枝13层，分枝角度开张，树冠外围结种基枝多下垂。结果性能良好，丰产稳产，短结种枝结种2～9个，平均4.8个。种子中等大，长椭圆卵形，顶端圆钝而稍瘦，种蒂微凹，近圆形，种皮成熟时橙黄色，油胞明显，有白果粉，纵横平均为3.88cm×2.72cm，平均重为12.75kg，种核长卵状长椭圆形，纵横径平均为2.78cm×1.64cm，厚1.39cm，每千克340粒，出核率为23.0%，出仁率为68.4%，胚乳乳白色，无苦味、甘美。1988～1990年年产种核150～250kg，种大、质优、洁白，深受群众欢迎。花期4月4～10日，种子成熟期8月底至9月初，属中早熟种。

152. 闽尤2号 Min you-2

佛手类型，植株位于福建尤溪县联合乡东边村，海拔640m，树龄约600余年，树势壮旺，树体高大，主干高4m，1.5m高处胸径径粗1.1m，树高20m，分枝16层，冠幅11m×12m，最下层分枝开张角度大，侧枝上的结种基枝多下垂，中上层的分枝开张角度中等。结种性能很好，短结种枝结种3～9个，平均5.6个，种子中等大，椭圆倒卵形，先端圆钝顶点微凹，种蒂微凹，近椭圆，成熟时种皮橙黄色，油胞微隆，白果粉较厚。纵横径平均3.16cm×2.70cm，单果平均为12.45g。种核长倒卵圆形，纵横径平均2.70cm×1.60cm，厚1.4cm，每千克342粒，出核率为23.50%，出仁率为68.50%，胚乳黄白色，无苦味。1989～1991年年产种200～250kg。花期4月4～9日，种子成

表 9-9　浙江长兴县核用银杏优株(李志勤等,2001)

序号	优株	产地	承包户	树龄	冠形	胸径(cm)	树高(m)	枝下高(m)	冠幅东西×南北(m)	结实层厚度(m)	1m长度短枝个数	球果			种核			平均单核重	最大单核重	单株年产量(kg)			
												纵径(cm)	横径(cm)	千克粒数	纵径(cm)	横径(cm)	千克粒数			平均	1999	1997	1996
140	CY1 大佛手	小浦南周村	周耀金	15	开心	21	5	1.3	5.3×6.2	3.6	48	4.1	3.1	79	3.2	1.8	344	2.91	4.06	26.7	40	20	20
141	CY2 大佛手	小浦南周村	周坤树	130	疏散	58	9	2.0	11.9×8.3	6.5	110	4	3.1	82	2.9	1.9	350	2.86	3.40	136.7	150	130	130
142	CY3 梅 核	小浦南周村	洋培华	150	疏散	74	14	1.3	10.0×12.8	11.5	85	3	2.9	81	2.8	1.8	338	2.96	3.51	150.0	160	110	180
143	CY4 大圆头	小浦方一村	蒋南成	52	疏层	48	13	3.7	10.2×10.8	9.0	78	3	2.9	78	2.7	2.0	292	3.43	4.52	90.0	80.0	100	90
144	CY5 大佛手	小浦方一村	蒋新明	160	疏层	55	13	4.0	8.8×12.1	8.5	46	3.8	2.9	78	3.1	2.0	316	3.17	4.21	173.3	150	270	100
145	CY6 大佛手	煤山新升村	杜海堂	50	疏层	62	16	5.0	8.5×8.0	9.8	42	3.5	2.8	85	2.8	1.8	352	2.84	3.62	93.3	110	90	80
146	CY7 大佛手	煤山新升村	荆炜林	30	疏散	46	12	2.0	8.0×8.0	9.5	42	3.8	2.6	86	2.7	1.7	360	2.80	3.43	53.3	68	42	50
147	CY8 大佛手	煤山大安村	应阿华	70	疏散	86	13	2.3	10.0×11.0	10.3	48	4.0	2.8	82	3.2	1.8	334	2.99	4.18	110.0	110	120	100
148	CY9 大圆头	长桥张家桥村	高新加	60	疏层	38	12	6.0	10.0×10.0	5	45	2.9	2.6	88	2.6	1.9	353	2.84	3.53	89.3	103	95	70
149	CY10 大佛手	二界岭云峰村	李月红	25	疏散	21	7	2.5	3.0×4.0	4.0	40	4.1	3.1	80	3.2	1.8	333	3.01	4.21	100.0	120	100	80

熟期 8 月底至 9 月上旬，为中早熟种。

153. 闽水铃 Min shui ling

又名闽水 1 号、大马铃，位于福建永安西洋乡岭头村。海拔 490m，树龄约 400 余年，树体高大，树势强壮，枝叶繁茂，主干高 3m，胸围 3.1m，树高 26m，冠幅 7.35m×11.30m，分枝 11 层，下层分枝开张角度大，呈水平伸展，侧枝和结种基枝多下垂，中上层分枝开张角度依次渐小，构成广卵形树冠，结种性能好，立体结种，每结种枝结种 2～8 个，平均 4.8 个，种实大，广卵圆形，顶端圆钝，而基部微平阔，顶点显然突起而为小尖头，纵横径平均为 3.25cm×2.88cm，平均单种重 4.5g，种梗扁，长 4cm，核丰肥，椭圆形，中部以上始见棱线，翼不明显，两端有小尖，纵横径平均为 2.68cm×1.77cm，每千克有 320 粒，出核率 21%，出仁率 70%，胚乳乳白色，无苦味，丰产、稳产，1989～1991 年年产种核 100～150kg。花期 4 月8～10 日，种核成熟期 8 月底至 9 月上旬，为早熟种。

154. 早马铃 Zao ma ling

又名武夷 3 号，位于福建武夷山市下阳乡厅下村，半山腰，海拔 500m，树高 8m，胸围 2.8m，树冠呈乱头形，分枝 5 层。种实广椭圆形，顶圆钝而基部平阔，顶点有小尖头，纵径平均为3.05cm×2.87cm，种梗扁，长约 3cm。种核特别丰肥，先端钝尖，基部圆宽，中部以上始见棱线，翼不明显，纵横径 2.44cm×1.65cm，厚为 1.40cm，每千克有 392 粒。出核率 22%、出仁率 69%，胚乳黄红色，苦味不明显。丰产，花期 4 月 4～8 日，种实 8 月中旬成熟，为早熟种。

155. 大早铃 Da zao ling

又名大果早熟马铃、邵武 1 号，位于福建顺昌卫闽乡与顺昌大干乡交界的童阳际村，树高 9m，树冠广卵圆形，顶端突起有小尖头，纵横径 2.61cm×2.32cm，果梗中长，3.2cm。种核广椭圆形，先端微尖，基部圆钝，纵横径为 2.10cm×1.60cm，厚 1.21cm，每千克 320 粒，出核率 21%，出仁率 68%，4 月上旬开花，8 月中旬成熟。

156. 闽顺 2 号 Min shun-2

大梅核类型，植株位于福建顺昌大干乡宝山海拔 700m，树龄约 700 年，树体高大，主干高 2m，胸径 1.3m，树高 19m，冠幅 8.5m×8.0m，分枝 9 层，开张角度中等，结种性能好，立体结种，短结种枝结种 3～8 个，平均结种 4.5 个，种实大，心脏形，先端圆钝，顶点平，种梗短，长 1.5～2.0cm，种核为广椭圆形，种核丰肥，侧棱线离基部不远，呈翼状边缘，纵横径平均为 2.10cm×1.64cm，每千克 360～380 粒，出核率 21%，出仁率 68%，苦味不明显。1988～1991 年产种核 75kg，花期 4 月 3～8 日，种实成熟期 8 月下旬。

157. 三叉果 San cha guo

又名多胚珠银杏。原株在福建尤溪县北部联合乡东边村里屋边，海拔 620m，树龄约 500 余年，枝叶茂盛，长势壮旺。主干高 5m，胸径 1.2m，树高 16m，分枝 12 层，冠幅 10m×11m，树冠下层分枝开张角度大、平展，侧枝上的结种基枝多下垂；中层分枝角度小，向上伸展，树冠呈尖塔形。结种基枝上密集生长 2～3cm 的短枝。短枝上顶端丛生 5～9 张叶片，叶片为宽扇形，宽 5.0～5.3cm，叶柄长 2.0～8.0cm。长枝基部叶柄短、叶片小，中上部叶片叶柄长，叶片大。不论是长枝或短枝上的叶都较同村的银杏的叶片更宽广、肥大、油绿。

优株的雌花近半数为通常典型的双胚珠雌花，花柄较短粗 1.3～2.2cm，胚珠发育饱满，结实率高。另有约 30% 的雌花花柄顶端着生星状 3 胚珠和 4 胚珠。3 胚珠雌花，丰产年份结实率高，近 50% 的雌花 3 胚珠都能发育结实，群众称为三叉果。其余的 3 胚珠雌花，仅有 1～2 胚珠发育结实，其余胚珠萎缩，或在胚珠开始膨大始期整朵花带花柄自花柄基部分离脱落。星状 4 胚珠雌花仅有少数花顶端两胚珠发育结实形成双果，基部两胚珠萎缩不育，多数花自花柄基部分离脱落。十字分歧多胚珠雌花仅有少数花序单端胚珠发育结实，左右两侧分生的胚珠萎缩，粗看为双胚珠的双果。大多数十字分歧多胚珠的雌花4月底5月初自花序总轴基部分离脱落。

优株的物候期早，据1992～1995年观察：萌芽期3月7～15日，展叶期3月15日～4月3日，开花期4月5～11日；新梢生长期3月15日～6月15日，硬核期6月10～15日，总轴基部分离脱落。短种枝上发育的胚珠，4月上旬开花吐水，水珠大，持续3～4d。4月底胚珠开始发育膨大，5月种实生长迅速，6月中种实已开始定型，8月下旬黄熟，12月上中旬，早霜来临后开始落叶。根据1994～1996年观察，优株物候偏早。

每个短种枝结实5～14个，平均9.6个。种实倒卵形，先端圆钝，顶点微凹，种蒂微凹近椭圆形，成熟种皮橙黄色，油胞微隆，白果粉厚。纵横径3.20cm×2.30cm，平均重12.45g，出核率24%。种核长倒卵形，先端圆钝，顶部有凸尖，基部小，其二束迹，每千克335粒，出仁率70%，平均单核重3.0g。属中早熟佛手类型。由短果枝顶端双胚珠或多胚珠发育结实形成的双果或三果聚集形成如葡萄果一样的果穗，一串串的挂满枝头，布满树冠。1994～1996年产种200～250kg。

9.2.2.12　四川优系或优株

据朱益川等（1999）报道，四川有8个优株。

158. 大圆籽 Da yuan zi

又名川银-01，树龄55年，树高16.2m，胸径42.0cm，冠幅8.2m×9.5m，树形完整，树冠圆锥形，生长旺盛，分枝力强，株产白果50kg。球果近圆形，熟时橙黄色，顶具小尖，外种皮皱缩，被薄白粉。蒂盘呈长椭圆形，明显下凹。果柄长约5cm，粗壮略弯曲。种实大小为2.87cm×2.76cm，单果重14.2g，每千克粒数70粒。外种皮薄，出核率为26.6%。种核为圆子类，近圆形，顶具不明显之小尖，中部鼓起，具丰满状。基部圆阔，两束迹点小，间距约1.0mm。两侧棱线明显，多呈窄翼边缘。种类大小为2.37cm×2.00cm×1.61cm，单粒种核平均重3.79g，最重可达4.0g，每千克264粒，出仁率为75.5%。该树龄较幼，结实能力强，每平方米树冠投影面积产核量达813g。种核粒大饱满，色白光洁，外形美观。种仁味甜性糯，品质上乘，具有极好的商品价值。当地利用该树穗条，已培育嫁接苗约5万株用于造林。

159. 川银-03号 Chuan yin-03

树龄65年，树高21.0m，胸径41.0cm，冠幅6.5m×10.2m，主干通直，树冠圆锥形，株产白果50kg。球果卵圆形，熟时浅黄色，顶具小尖，外种皮梭状油胞明显，被极薄白粉。果柄长约3.2cm，斜向直立。蒂盘明显突出（约2mm），圆形或椭圆形。种实大小为2.79cm×2.55cm，单果重11.17g，每千克粒数90粒，出核率23.5%。种核为马铃类，卵圆形，顶具突尖，中部最宽处似有不明显之环痕。基部两束迹迹点较小，间距约2.2mm。两侧棱线明显，偶呈翼状边缘。种核大小为2.39cm×1.68cm×1.33cm，单粒种核平均重2.62cm，每千克382粒，出仁率75.0%。该树结实性能优良，单位树冠投影面积产核量为913g/m^2。种核大小均匀，外形美观，种仁味甜性糯口感佳，唯种核略小。

160. 川丰 Chuan feng

又名川银-07号，树龄130年，树高23.0m，胸径77.0cm，冠幅12.6m×17.5m，树干通直，生长茂盛，分枝力强，树冠圆头形，年均产核量150kg以上。球果圆形，熟时橙红色、被薄白粉，油胞明显。果柄长约3.28cm，较直立。蒂盘圆形或椭圆形，周缘整齐，较规则。种实大小为2.71cm×2.61cm，单果重12.02g，每千克粒数83粒，出种率25.7%。种核为圆子类，圆形，顶具突疣，先端圆钝，下部圆阔。基部两束迹迹点小，间距约2.0mm。两侧棱线从上至下均呈翼状边缘。种核大小为2.30cm×1.96cm×1.48cm，单核种核平均重2.90g，每千克345粒，出仁率76.5%。该树已进入盛果期，丰产稳产性好，单位树冠投影面积产核量达958g/m^2，唯种核大小不匀是其缺点。

161. 川优 Chuan you

又名川银-17，种核马铃类，宽卵形，先端圆钝，顶尖不明显，核壳两面均具不规则针孔状凹点。基部两束迹迹点明显突出，间距 2.0 ~ 3.5mm。两侧棱线明显，多不呈翼状。种核大小为 2.45cm × 1.68cm × 1.35cm，单粒种核平均重 2.64g，每千克379粒，出仁率75.1%。种核色白，大小均匀，外形美观，种仁质地细腻、香甜、糯性强、风味佳。

162. 川银-21号 Chuan yin-21

树龄50年，树高22.5m，胸径50.9cm，冠幅 13.0m，树形完整，树冠圆锥形，生长旺盛，株产白果55kg。球果宽卵形，熟时橙黄色，被薄白粉，先端圆钝，略具小尖。基部蒂盘近圆形，周缘较整齐，表面平或微凹。果柄中粗较直立，长约 4.11cm。单果重 12.05kg，每千克粒数 83 粒，出核率达28.0%。种核马铃类，宽卵形，顶具小尖，中部鼓起，较丰满，表面色白光洁，大小均匀。基部两束迹迹点明显，间距约 2.8mm。两侧棱线中上部明显，均不呈翼状边缘。单核种核平均重 3.38g，每千克290粒，出仁率78.11%。该树生长旺盛，较早实，种核粒大饱满，色白光洁，外表美观，种核味甜、糯、品质上乘，具有很好的发展前途和推广价值。

163. 川梅籽 Chuan mei zi

又名川银-26，树龄 180 年，树高 23.0cm，胸径 70.0cm，冠幅 13.0m，树冠圆顶形，株产白果 125kg。球果椭圆形，熟时呈黄色，单果重 13.65g，每千克粒数 73 粒，出核率 24.9% 。种核为梅核类，宽卵形，先端圆阔，顶具小尖。基部两束迹迹点小，间距 3.0mm。两侧棱线明显，中上部呈翼状边缘。种核大小为 2.50cm × 1.72cm × 1.46cm，单粒种核平均重 2.72g，每千克 368 粒，出仁率 77.2%。该树生长旺盛，丰产性好，单位冠影面积产核量达 $942g/m^2$。种核为梅核类中的大粒者，种仁味清香、微苦、糯性极好。

164. 川银-28号 Chuan yin-28

树龄 150 年，树高 20.0m，胸径 110.0cm，冠幅 12.0m，生长旺盛，树形完整，树冠圆锥形，株产白果 100kg。种核为马铃类，宽卵形，略扁，顶具小尖，下部宽平。基部两束迹迹点小，间距 1.8mm。两侧棱线明显，略呈翼状边缘。种核大小为 2.52cm × 1.79cm × 1.39cm，单粒种核平均重 2.70g，每千克 370 粒，骨质中种皮薄，出仁率达 80.3%。该树已进入盛果期，丰产稳产性好，单位树冠投影面积产核量为 $884g/m^2$，核壳薄，出仁率高，种仁质地细腻，味甜，性糯，品质上乘。

表 9-10 云南保山 4 个优良单株（黄佳聪等，2002）

序号	品名	出核率（%）	单核重（g）	品质	主要特征
166	界头大白果	15.8	2.16	甜糯	核果短圆形，熟时黄色，种核椭圆形，核有棱而翼不明显，树势强，树冠开张
167	曲石大圆白	18.0	2.70	微苦	核果扁圆形，熟时橘黄色，种核扁圆形，核有棱而翼不明显，饱满，丰产性能好，雨季有裂果，树势强
168	腾冲大梅核	26.0	3.40	甜糯	核果扁圆形，熟时橙黄色，种核椭圆形略扁，顶端微凹，棱线及翼明显，丰产性好，树势强
169	永昌大白果	26.2	3.10	甜	核果近圆形，熟时橙黄色。种核倒卵形，两面差别明显，有翼、树势强，成枝易，丰产性好

165. 蝌蚪果 Ke dou guo

又名川银-29，树龄28年，种核为佛手类，长倒卵形，先端圆钝，略具小尖。核壳光洁，两面均具不规则针孔性凹点。下部狭窄，尾秃尖（似蝌蚪状）。基部两束迹迹点小，间距约1.8mm，或聚为一点。两侧棱线仅上部可见，中部以下均不明显。种核大小为2.54cm×1.72cm×1.48cm，单粒种核平均重3.10g，最重可达3.50g，每千克323粒。骨质中种皮薄，出仁率达81.3%。该树较幼，近年刚进入结实期，产种量尚不稳定。但种核粒大饱满、大小均匀、种壳薄、出仁率高、种仁味甜、糯性好、品种上乘，具有极好的推广价值。

9.2.2.13 云南优系或优株

据黄佳聪等（2002）报道，云南保山有4个优良单株（166～169），见表9-10。

9.2.2.14 广东优系或优株

170. 南雄坪田白果 Nan xiong ping tian bai guo

广东南雄白果享誉香港、澳门等地区，以及日本、东南亚等国，香港店家出售白果挂牌“南雄坪田白果”。南雄白果分油山和坪田2个品系。油山品系主干通直、枝条细长、果形圆、根蘖苗较少；坪田白果根蘖力强，丛生普遍，果粒大、壳薄，洁白，胚芽隐没。种实长×宽为2.12cm×1.56cm，出核率22%，出仁率78.3%，种仁饱满，可食率高，高蛋白低脂肪。蛋白质含量108.9g/kg、淀粉651.0g/kg、脂肪78.8g/kg、游离氨基酸18.9g/kg、蔗糖25.0g/kg、还原糖30.8g/kg、Vc为0.04g/kg（梁红等，2002）。

171. 顺德大佛手 Shun de da fo shou

该株位于广东顺德市清晖园内。芽萌初期3月中下旬，4月上中旬开花，9月初种子成熟。该母树150年生，该树为广东境内惟一一株北纬24°以南，年均气温22℃以上能正常开花结实优株。种核端部有或长或短的尖吻。外观较圆，种蒂明显。种核长×宽×厚为1.97cm×1.21cm×1.12cm。长:宽:厚比为1:0.61:0.57，即冠状面长形，横切面圆形。种仁含量蛋白质88.2g/kg、淀粉665.1g/kg、脂肪66.0g/kg、游离氨基酸8.6g/kg、蔗糖24.4g/kg、还原糖70.9g/kg、Vc为0.16g/kg。成熟叶片过氧化物同工酶（POD）活力0.1 V/mg蛋白（梁红等，2002）。

9.3 叶用优系或优株

银杏叶用品种应以叶大、高产、优质为主要选种目标。据几年来的研究发现，银杏叶按其形态不同可以分成3类。

（1）*扇形叶* 叶基线夹角α<180°，顶端多二裂。大多数当年生枝段上的叶属此类。

（2）*半圆形、三角形* 这类叶叶基线夹角α=180°，叶缘波状或不规则浅裂，大多无裂刻。成龄树短枝上的定型叶或品种嫁接树上的叶属此类。该类叶片产量较高。

（3）*心形叶或肾形叶* 这类叶基线夹角α>180°，叶基向后弯曲，叶顶端大多二裂或多裂，缺刻明显，常呈掌状叶。大多数实生苗旺条、徒长枝上的叶为此类。

就目前研究结果，银杏叶用品种按其叶形、产品及质量来源不同可以分成3类（邢世岩，1997）。

（1）*实生叶用银杏类* 目前，美国、法国的银杏采叶园均属此类。该品种群大多系从实生超级苗或直接从优良的种源内选出。叶形较大、多裂、大多为心形或肾形叶。在正常管理条件下，单叶面积可达100cm²，叶长13～15cm，叶宽18～20cm，叶柄粗且长，长度8～10cm。裂刻数5～6个，个别裂刻深达10cm，好似将叶子分成几等份。单叶鲜重在1.5g左右，2年生苗株产鲜叶50g，3年苗株产鲜叶达200g，每公顷产鲜叶5000kg（每公顷栽25 000株）。叶内有效成分含量中等偏上。人们发现，某些银杏实生超级苗的单叶面积可达200cm²，是值得开发的优良单株。

（2）*高产叶用银杏类* 这类品种大多从核用品种或实生成龄单株内选出，这类品种树冠紧凑、节间短、叶片大、叶色浓绿肥厚。这类品种的定型叶多为半圆形或三角形，萌条上的叶多为扇形，顶端全缘、微波状或不规则缺刻，个别有2裂，叶长5～9cm，叶宽6～10cm，叶柄长4～7cm，单叶面积30～50cm^2。单叶鲜重均在2.0g以上。通常嫁接后3年株产鲜叶300g以上，每公顷产鲜叶7500kg以上。其产量高于实生叶用银杏类，叶内有效成分含量中等偏上。

（3）优质叶用银杏类　这类叶用银杏大多从实生种源、实生成龄树、超级苗或核用品种内选出，其最大特点，除产量中等偏上外，叶内有效成分含量较高。一般黄酮苷含量高达2.0%，内酯0.4%～0.5%以上。银杏在长期的近亲交配过程中，几乎纯化的自交群体相互杂交可以产生许多叶质优良的个体。通过山东、江苏、浙江、北京、广西、陕西、四川、贵州等地不同产地、不同种源、不同树龄、不同性别的个体或群体初步调查表明，叶内有效成分，尤其是黄酮和内酯的含量相差甚大。内酯含量高的达0.4%～0.5%，低的仅0.01%～0.02%；黄酮含量也在1%～4%之间波动。当前，银杏种叶生产混合经营并不利于叶质的提高，从长远的观点看应尽快建立银杏高产、优质叶用基地，以扩大良种资源，进而提高叶子的产量和质量。

1. 黄酮 F-1 号 Huang tong F-1

原株来自山东，雄株。由邢世岩等人（2000）选育。树高15.9m，胸径0.72m，树龄100年。生长旺盛。

标准叶菱形，边缘浅波状，基部楔形。裂刻1个，长×宽为5.5cm×0.8cm。油胞稀、团状、较大，分布在叶子中下部，叶绿色。接后3年短枝叶和长枝叶的形态指标如表9-11所示。

接后成活率81.21%（cv，53.15%），抽梢率86.67%（cv，1.15%），每米长枝上：短枝数为32.64、二次枝数17.71、二次枝长49.69cm，叶数每短枝为5.05个，枝角53.53°、成枝力52.8%。接后3年砧木中径2.52cm、接口上粗2.74cm、冠幅143cm×169cm。单株新梢数37.8个，叶数1169片，枝条总长度13.1m。当年新梢长56.83cm，粗0.98cm，叶数每梢41.5个。叶面积系数2.32。

莱州试验点连续3年黄酮苷测定结果表现为，2.96%（1年）、2.33%（2年）和1.96%（3年）。郯城分别达2.59%、1.77%和1.57%。药乡林场分别为2.85%、1.90%和2.38%。属高黄酮苷良种。内酯含量0.1342%，其中BB 0.0262%、GJ 0.0028%、GC 0.0212%、GA 0.0299%和GB 0.018%。产量性状接后1年产鲜叶0.042kg/株，2年0.335kg/株，3年0.543kg/株（黄酮苷采用754分光光度法测定，萜内酯采用HPLC法测定）。

2. 黄酮 F-2 号 Huang tong F-2

原株产于江苏西山大佛手，雌株。母树资料不详。接穗系采自已复壮的幼树，已结果，生长旺盛。

定型叶叶形为半圆形、叶缘波状、基部截形，裂刻1个，长×宽为2.8cm×0.8cm。油胞稀呈放射状分布在叶子上部。叶子绿色。接后3年短枝叶和长枝叶的形态指标如表9-11所示。

接后当年成活率96.3%、抽梢率100%。每米长枝上有短枝36.7个，二次枝19.23个，二次枝长35.89cm，叶数每短枝7.31个，枝角55°，成枝力52.8%。接后3年砧木中径2.50cm，接口上粗2.77cm，冠幅122cm×88cm。叶面积系数4.82。单株新梢数23.7个，叶数910片，枝总长9.37m。当年新梢长44.2cm，粗0.96cm，叶数每梢55.7片。

郯城试验点3年黄酮测定分别为2.611%、2.722%、2.428%，莱州分别为2.007%、1.892%、2.193%，药乡林场分别达2.586%、3.028%和2.807%。属高黄酮苷品种。内酯为0.2813%，其中BB 0.0205%、GJ 0.0106%、GC0.0378%、GA 0.1652%、GB为0.0472%。产量，接后1～3年分别株产鲜叶0.124kg、0.425kg、0.535kg（黄酮苷采用754分光光度法测定，萜内酯采用HPLC法测定）。

3. 黄酮 F-3 号 Huang tong F-3

原株在山东省，雄株。树高15.7m，胸径0.62m，树龄80年。生长旺盛。

定型叶菱形，叶缘浅波状，基部楔形。大多具一个裂刻，长×宽为2.5cm×1.0cm。油胞较稀，团状分布在叶子中下部，叶色浓绿。接后3年短枝和长枝叶的形态指标如表9-11所示。

接后当年成活率73.68%（cv，6.60%），抽梢率50%。每米长枝上有短枝39.63个，二次枝31.55个，二次枝长42.94cm，叶数每短枝7.97个，枝角48.33°，成枝力78.3%。接后3年砧木中径2.91cm，接口上粗3.7cm，冠幅167cm×108cm。单株新梢数35个，叶数1005片，枝总长23.32m。当年新梢长59cm，粗1.06cm，叶数每梢52片。叶面积指数1.76。

莱州点连续3年黄酮测定为2.228%（1年）、1.80%（2年）和1.24%（3年）；郯城分别为2.87%、2.69%和1.55%，药乡林场分别为2.39%、3.86%和3.12%。属于高黄酮苷良种。内酯含量0.106%，其中GJ0.0091%、BB0.0081%、GC0.0123%、GA0.0442%、GB0.0322%，产量性状，接后1年株产鲜叶0.029kg,、2年0.54kg、3年0.605kg（黄酮苷采用754分光光度法测定，萜内酯采用HPLC法测定）。

4. 内酯T-5号 Nei zhi T-5

原株山东省，雌株。实生树，树龄约25年生，树高9.5m，胸径0.25m。生长旺盛。

标准叶半圆形、叶缘波状、基部截形、1个裂刻，长×宽为7.8cm×2.5cm。油胞密呈圆点状、放射状分布在叶子中上部，叶色浓绿。接后3年短枝和长枝上的叶子形态特征如表9-12所示。

嫁接成活率88.89%，当年抽梢率100%。每米长枝上有短枝34.41个，二次枝17.65个，二次枝长29.86cm，叶数每短枝5.81片，枝角46.67°，成枝力51.7%。接后3年砧木中径3.86cm，接口上粗4.2cm。单株新梢数22个，叶数744片，枝总长13.12m。冠幅92.5cm×97.5cm，莱州为7.05。单梢长71cm，粗1.55cm，叶数每梢57片。

萜内酯总量（HPLC）达0.4058%，其中GJ0.0325%、GC0.0618%、GA0.2404%、GB0.0404%、BB0.0309%。属高内酯无性系。黄酮含量2.58%（1年）、2.13%（2年）和1.13%（3年）。1~3年生单株产叶量分别为0.112kg、0.5kg和0.76kg。

表9-11 高黄酮苷叶用品种叶子形态指标

系号	短枝叶								长枝叶							
	叶长（cm）	叶宽（cm）	叶柄长（cm）	叶面积（cm^2）	鲜重（g）	干重（g）	含水量（%）	夹角（°）	叶长（cm）	叶宽（cm）	叶柄长（cm）	叶面积（cm^2）	鲜重（g）	干重（g）	含水量（%）	夹角（°）
F-1	5.2	7.2	4.3	22.5	0.69	0.22	68.8	110	6.6	8.8	4.8	33.2	1.34	0.43	67.7	106
F-2	4.8	8.0	5.4	25.9	0.97	0.32	66.9	148	7.0	10.7	6.3	48.4	2.20	0.64	70.1	137
F-3	4.5	7.1	5.6	18.8	0.68	0.25	63.8	111	5.6	8.0	5.2	26.1	1.10	0.40	63.3	111

表9-12 高萜内酯叶用良种叶子形态指标

系号	短枝叶								长枝叶							
	叶长（cm）	叶宽（cm）	叶柄长（cm）	叶面积（cm^2）	鲜重（g）	干重（g）	含水量（%）	夹角（°）	叶长（cm）	叶宽（cm）	叶柄长（cm）	叶面积（cm^2）	鲜重（g）	干重（g）	含水量（%）	夹角（°）
T-5	4.7	9.1	3.8	32.0	1.004	0.282	71.9	165	6.7	10.7	6.2	67.2	3.23	0.89	72.5	133
T-6	5.4	7.7	3.6	23.6	0.749	0.244	67.4	136	7.5	20.4	6.4	43.6	1.89	0.62	67.4	121
T-7	5.0	8.7	4.4	31.4	0.913	0.277	69.7	179	6.2	10.8	5.2	49.52	2.20	0.73	66.86	191

T-5为高内酯、高黄酮及高产无性系（黄酮苷采用754分光光度法测定，萜内酯采用HPLC法测据）。

5. 内酯T-6号 Nei zhi T-6

原株产于山东省，雌株。树龄约400年生，实生。树高21m、胸径0.94m。冠幅12.5cm × 14.0m，枝下高2.58m，枝散生，7个主枝，海拔约151m。生长较旺。

长枝上的定型叶宽扇形、叶缘浅波状，基部楔形，具1个裂刻，长×宽为7.2cm×2.4cm。油胞极稀，星点状，较小，放射状分布于叶子外缘。叶色浅绿至深绿。接后3年短枝和长枝上的叶子形态特征如表9-12所示。

嫁接成活率93.75%，当年抽梢率70%。每米长枝上有短枝25.54个，二次枝10.5个，二次枝长25cm，每个短枝具8.3片叶，枝角57.33°，成枝力40.4%。接后3年砧木中径2.45cm，接口上粗2.65cm。单株叶数553片，新梢数13个，枝总长556cm，冠幅105cm×59cm，LAI4.57。单梢长53cm，粗1.05cm，叶数每梢50片。

萜内酯总量（HPLC）达0.3584%，其中GJ0.0547%、GC0.1097%、GA0.073%、GB0.0677%、BB0.0533%。属高内酯无性系。黄酮含量1.76%（1年）、1.53%（2年）和1.47%（3年）。1～3年生单株产叶量分别为0.017kg、0.258kg和0.43kg（黄酮苷采用754分光光度法测定，萜内酯采用HPLC法测定）。

6. 内酯GB-5号 Nei zhi GB-5

原株在山东省，雌株。实生大树，树龄约400年，树高10.5m、胸径1.16m。冠幅9.3m × 1.75m，枝下高3.8m，4大主枝，生长旺盛。

长枝上的定型叶呈半圆形，边缘浅波状，基部楔形，具1个裂刻，长×宽为2.2cm×0.4cm。油胞较稀，为长椭圆形，较大，点状分布在整个叶面。叶淡绿色。接后3年叶子形态特征如表9-12所示。

嫁接成活率83.3%，当年抽梢率100%。每米长枝有短枝27.71个，二次枝16.16个，二次枝长31.6cm，叶数每短枝7.36片，枝角60.7°，成枝力58.4%。接后3年砧木中径3.31cm，接口上粗4.17cm。单株梢数55个，叶数1432片，枝总长16.58m。冠幅156cm×120cm，莱州为4.74。单梢长38.5cm，粗0.9cm，叶数每梢49片。

萜内酯总量（HPLC）达0.2654%，其中GB高达0.0892%、GJ0.019%、GC0.0271%、GA0.1054%、BB0.0247%。属高GB无性系。黄酮含量1.55%（1年）、1.22%（2年）和1.04%（3年）。产量性状，1～3年生单株产叶量分别达0.172kg、0.36kg和0.528kg（黄酮苷采用754分光光度法测定，萜内酯采用HPLC法测定）。

7. 高优Y-2号 Gao you Y-2

原株在山东，雄株，树龄100年，树高18.1m，胸径0.69m，冠幅9.7m×8.8m，枝下高4.0m，主枝数10个，海拔440m，生长旺盛，主干明显，实生树。

叶子半圆形，边缘浅波状或全缘。雄花散粉期4月17日，盛期4月20日，末期4月24日，共计9d时间。1～4年生枝开花率6.4%、91.0%、96.7%和89.2%。短枝粗0.57cm，长0.37cm，每个短枝上有小孢子叶球3.1～4.5个，出粉率3.91%。

叶柄长6.57cm（cv，17.2%），叶长5.18cm（cv，7%），叶宽8.24cm（cv，4.7%），单叶面积28.73cm^2（cv，10.2%），单叶鲜重0.9401g（cv，12.1%），单叶干重0.2310g（cv，10.3%），含水量89.3%（cv，3.3%），叶基线夹角135.3°（cv，7.7%）。叶数每短枝4.7，节间长2.19cm，短枝数每米长枝42.63，叶数每米长枝200、叶面积每米长枝7806cm^2、叶鲜重每米长枝255.7g、叶干重每米长枝60.36g。每个短枝上的叶面积202.16cm^2、叶鲜重7.24g、叶干重1.71g。

嫁接3年生苗株产鲜叶0.59kg，总黄酮含量1.96%，内酯0.212%，其中GJ0.009%、GC0.046%、GA0.038%、GB0.079%和BB0.04%（黄酮苷采用754分光光度法测定，萜内酯采用HPLC法测定）。

8. 丰产 Y-8 号 Feng chan Y-8

原株产于江苏、泰兴佛手（♀），具体资料不详。条采自复壮的幼树，生长旺盛，发枝力强。

标准叶半圆形，叶缘波状，基部截形，具一个裂刻，长×宽为3.8cm×2.0cm。油胞稀，圆点状，较小，分布在叶基，叶绿色。接后3年短枝上的叶：叶长6.2cm，叶宽9.9cm，叶柄长6.5cm，叶面积33.24cm^2，鲜重1.06g，干重0.33g，含水量68.66%，基线夹角138°；长枝上的叶分别为叶长7.2cm、叶宽11.9cm、叶柄长7.2cm、叶面积58.68cm^2、鲜重2.31g、干重0.79g、含水率65.78%和夹角153°。

嫁接成活率96.67%（cv，2.98%），当年抽梢率81.05%（cv，16.28%）。短枝数每米长枝34.20个，二次枝数每米长枝17.58个，二次枝长23.47cm，叶数每短枝7.33个。成枝力为51.4%。接后3年砧木中径达2.54cm，接口上粗2.19cm。冠幅126cm×113cm。单株新梢数33.66个，叶数1000个/株，枝条总长9.61m。单梢长48.83cm，粗1.10cm，叶数每梢34.66个。叶面积指数4.91。

接后当年株产鲜叶0.035kg，2年生株产鲜叶0.269kg，其中短枝占16.52%，长枝占83.48%；接后3年株产鲜叶0.499kg，其中短枝占35.38%，长枝占64.62%。总黄酮苷1年生苗2.65%，2年1.56%，3年1.28%。总萜内酯0.1145%，其中BB0.0072%、GJ0.0087%、GC0.0242%、GA0.0609%、GB0.0135%（黄酮苷采用754分光光度法测定，苦内酯采用HPLC法测定）。

9. 丰产 Y-6 号 Feng chan Y-6

原产广西，雄株。树龄约50年，树高15.7m，胸径0.56m。实生树选出，生长旺盛。

定型叶心形，全缘，1个裂刻将叶子平分为两部分。裂刻长×宽为3.8cm×0.5cm。油胞稀而小，放射状分布在叶子中下部。叶色浓绿，有别于其他品种，叶形较独特，同时可以作为观赏品种。1年生长枝叶明显大，且长短枝叶差异较小，短枝上的叶比一般品种大而均匀，叶柄较粗。接后当年长枝上标准叶：叶长6.86cm，叶宽9.87cm，叶柄长5.46cm，叶面积41.73cm^2，鲜重2.24g，干重0.57g，含水量74.98%，五叶厚0.284cm，基线夹角>180°。接后3年短枝上的叶分别为5.72cm、9.68cm、6.98cm、42.49cm^2、1.47g、0.42g、71.34%和187°。长枝叶分别为7.62cm、12.23cm、6.8cm、63.30cm^2、2.70g、0.74g、72.78%和163.33°。

嫁接成活率较高，达98.77%，亲和力较高，当年抽梢率100%。接后3年小部分单株见花。短枝数每米长枝34.39个，二次枝数每米长枝17.84个，二次枝长33.28cm、5.44个叶每短枝，枝角55°，成枝力51.9%（2年枝段）。位置效应明显，斜向生长。接后2年接口上粗2.74cm、3年为3.10cm。冠幅分别为110.8cm×128.8cm和127cm×130cm。当年新梢长43.5cm，粗1.09cm，叶数29.2个。接后3年新梢数每株24.2个，叶数每株595个，枝总长10.21m。叶面积指数1.88。无黄边，在莱州4月5日发芽，4月21日展叶，11月上旬落叶。

接后当年株产鲜叶0.165kg，2年0.431kg，3年0.783kg。短枝叶占37.73%，长枝占62.27%，差异较其他品种小。当年生叶黄酮总量达1.786%，内酯总量0.077%，其中GJ0.0094%、GC0.019%、GA0.0218%、GB0.0117%、BB0.0149%。该无性系属高产观赏兼优品种（黄酮苷采用754分光光度法测定，苦内酯采用HPLC法测定）。

10. 丰产 Y-3 号 Feng chan Y-3

原产山东，雄株。树龄约100年，树高21.2m，胸径0.65m。实生树，主干明显。冠幅7.5m×10.4m，枝下高5.4m，海拔200m左右。生长旺盛。

定型叶宽扇形，浅波状，基部为楔形，大多具1个裂刻，长×宽为8.2cm×3.3cm，叶子烘干后油胞明显而密，油胞为圆点状，较小，分布在叶的中上部呈星状，叶子浓绿。短枝上叶：叶长6.9cm、宽10.18cm、叶柄长4.65cm、叶面积39.98cm^2、鲜重1.18g、干重0.37g、含水量68.94%、叶基线夹角141°，而长枝上叶分别为7.93cm、10.55cm、7.45cm、57.49cm^2、2.10g、

0.65g、69.09%和127.25°。

嫁接成活率80.84%，当年抽梢率75%。接后3年开花株率15.8%，短枝开花率36.4%。每个花上有小孢子叶球3.3个。短枝数每米长枝45.56个，二次枝数每米长枝17.22个，二次枝长52.25cm，叶数每短枝为6.0个，枝角33.33°，成枝力40%（2年枝段）。接后2年接口上粗2.49cm，3年2.95cm。冠幅分别为101cm×80cm和149cm×143cm。当年新梢长91.36cm，粗1.14cm，叶数85.5个，接后3年新梢数每株36.5个，叶数1385个，枝总长13.49m，叶面积指数5.07。

接后当年株产鲜叶0.095kg，2年0.54kg，3年0.848kg。短枝叶重占36.4%，长枝占63.61%。大叶、高产。黄酮含量1.835%，内酯含量0.085%，其中GJ0.01%、GC0.030%、GA0.024%、GB0.002%、BB0.013%。本系号属于高产无性系（黄酮苷采用754分光光度法测定，苦内酯采用HPLC法测定）。

11. 丰产Y-7号 Feng chan Y-7

原产福建，雄株。60年生，树高14m，胸径0.40m，生长旺盛，花粉量较大。属优良雄株。

标准叶扇形，全缘，基部楔形，油胞极稀，呈斑点状分布在叶的中下部，叶浅绿色。短枝上的叶：叶长4.8cm、宽8.2cm、叶柄长4.5cm、叶面积24.14cm^2、鲜重0.99g、干重0.32g、含水量67.73%、基线夹角142.5°，长枝上叶分别为6.2cm、10.2cm、6.2cm、41.09cm^2、1.856g、0.58g、68.73%和157.5°。

嫁接成活率87.12%，当年抽梢率100%。短枝数每米长枝37.67个，二次枝数每米长枝16.25个，二次枝长43.45cm，叶数每短枝6.25个，枝角44.2°，成枝力43.3%。接后第3年砧木中径3cm，接口上粗3.17cm，新梢数每株18个，叶数每株1193个，枝总长每株10.92m，冠幅161.7cm×143cm。当年新梢长62.5cm，粗1.08cm，叶数每梢40个。叶面积系数3.43。

接后当年株产鲜叶0.116kg，2年0.565kg，3年0.925kg。短枝叶重占68.11%，长枝叶占31.89%。总黄酮较高，达2.06%（1年），2年生达1.0%，3年生达0.76%。内酯总量0.18%，其中GJ0.006%、GC0.036%、GA0.136%、GB0.0347%、BB0.0511%。该品种产量高，黄酮含量也较高（黄酮苷采用754分光光度法测定，苦内酯采用HPLC法测定）。

湖北省叶用银杏优株。湖北武汉林果研究所（陈法志等，2002）以叶产量和黄酮含量为依据从供试的16个系中筛选出7个叶用优良单株（12～18），见表9-13。

19. 安陆1号 An lu-1

由刘德军等（2002）从结果树中选出，该品种叶产量较高，叶长×宽×厚为4.7cm×6.7cm×

表9-13 湖北省优化出的不同品种（单株）叶片、单叶重、单株叶产量等性状指标汇总

序号	优　　株	叶片厚（mm）	单叶鲜重（g）	单叶干重（g）	干/鲜比（%）	单株产量干重（g）	黄酮含量（%）	有效经济产量	性别
12	洞庭皇 Dongtinghuang	0.48	1.51	0.63	41.7	187.8	0.8	1.51	♀
13	大梅核（浙）Zhedameihe	0.52	2.42	0.75	31.0	225.0	0.79	1.78	♀
14	桂林3号 Gui lin-3	0.50	2.08	0.64	30.8	194.4	0.94	1.83	♀
15	WL43号	0.54	2.13	0.65	30.5	196.2	0.87	1.71	♂
16	WL97号	0.45	2.01	0.61	30.3	198.3	0.73	1.44	♀
17	WL167号	0.51	2.15	0.69	32.1	207.0	0.84	1.74	♀
18	WL168号	0.54	2.66	0.90	33.8	264.0	0.91	2.40	—

0.529cm，叶柄长4.3cm，3年生嫁接苗株产叶202片，株产叶129.8g，单叶鲜重0.65g。该优株可作为果叶兼用品种开发。

汪贵斌和曹福亮（2000）经田间经验，从山东、浙江、河南、江苏等省筛选出E1、E2、E4、E5、E6等5个优质叶用无性别系，重点推广了E4和E5优质叶用无性系。

20. E4

该无性系3年生单株叶产量158.1g，总黄酮含量1.01%，内酯含量0.17%，总黄酮含量1.597g，内酯含量0.269g，有效经济产量1.866g。

21. E1

该无性系3年生单株叶产量104.7g，总黄酮含量0.92%，内酯含量0.20%，总黄酮产量0.963g，内酯产量0.20g，有效经济产量1.172g。

22. E2

该无性系单株叶产量122.1g，总黄酮含量0.89%，内酯0.17%，总黄酮产量1.087g，内酯产量0.208g，有效经济产量1.295g。

23. E5

该无性系3年生单株叶产量106.2g，总黄酮含量1.30%，内酯0.14%，总黄酮产量1.381g，内酯产量0.149g，有效经济产量1.530g。

24. E6

该无性系3年生单株叶产量103.9g，总黄酮含量0.95%，内酯0.13%，总黄酮产量0.987g，内酯产量0.135g，有效经济产量1.122g。

9.4 观赏品种

银杏属于多功能树种。银杏观赏品种的开发和利用对盆景制作、城乡绿化及美化有重要意义。美国目前有观赏品种50个，其中有18个品种已被美国园艺学会批准为推广品种。随着银杏资源的开发和利用，我国已发掘出许多银杏观赏品种，诸如垂乳银杏、垂枝银杏、窄冠银杏、金带银杏、多裂银杏、叶籽银杏等，现将主要品种介绍如下。

9.4.1 垂乳银杏 Chui ru yin xing

在我国山东、四川、湖南、广西、贵州、浙江、安徽、湖北等地均发现有垂乳银杏（表9-14）。银杏垂乳形成与个体遗传、环境因子及外界刺激有关。垂乳也称树奶或钟乳枝，一般单生或多个聚生，长度大多10~35cm，个别达2m，几乎垂直向下生长或斜向延伸。如贵州盘县特区乐民乡1000年生古银杏树，整个树干被“垂奶”包围，

表9-14 中国垂乳银杏一览表（邢世岩汇总，2003）*

地　点	性别	树龄	树高（m）	径粗（m）	备　注
山东青岛崂山上清宫	♀	—	17.0	2.10	有垂乳
郯城官竹寺	♂	2200	29.5	2.24	长0.8m（已锯）
泰安灵应宫	♂	420	18.6	1.02	长25cm
郯城胜利南刘宅子	♂	>2000	20.5	1.95	长30~50cm
莒县浮来山定林寺	♀	>3000	26.4	3.97	许多垂乳
海阳朱吴乡乐畎村	♀	—	17.0	0.66	多垂乳
乳山县大孤山乡万户村	♀	—	26.6	2.17	4个垂乳
荣城县下庄乡下庄村	♀	—	21.0	1.45	2个垂乳
沂源县鲁村乡安平村	♀	—	28.5	2.29	多垂乳
安邱县庵上镇青云寺	♀	—	33.7	1.82	多垂乳
山西曲沃县下裴庄乡南林交村	♀	1200	23.8	2.74	15个垂乳

（续）

地点	性别	树龄	树高（m）	径粗（m）	备注
江西靖安县西岭乡西岭村	—	1000	—	—	共4株，其中1株乳数40多个
福建武夷山市吴屯乡瑞严寺	♀	>1000	—	2.07	有10余个垂乳
武夷山市岚谷乡村中	♀	1300	干高3.0	1.88	树上长满垂乳
顺昌县大干乡宝山村	♀	500	19.5	1.75	第一层分枝基部有垂乳
沙县桂岩村	—	>800	15.0	1.86	树干及第一层枝处有大量垂乳，最长2~3m
湖南洞口县那溪林场保瑶2区	—	3500	—	4.0	26个垂乳
桂阳县荷叫村	♀	—	18.0	1.91	23个垂乳
江苏泰兴金沙岸村	♂	—	22.8	1.93	2个垂乳
无锡市惠锡公园	♂	—	21.0	1.91	1个垂乳
广西兴安县白石乡	♂	不详			有垂乳
浙江淳安县夏中朱塔村	♀	400	25.0	1.14	垂乳长35cm
四川德阳县罗真观	♀	—	36.0	3.13	1个垂乳
河北迁安县马官营村六合寺	♀	2000	20.0	1.90	1个垂乳
贵州盘县特区东民乡蔡家营村	♀	>1000	30.0	3.4	树上长满垂乳，长2m
	—	>40	—	—	垂乳长40cm
惠水县摆金	♀	>1000	30.0	4.15	多垂乳
龙里县	—	800	27.0	3.37	许多垂乳

* 此外，云南滕冲；四川都江堰、青城山天师洞及峨眉山；山东栖霞、乳山、天登、荣城等地至少有10株垂乳银杏。

最长一垂乳达2m。附近一株40年生银杏上的垂乳长达40cm。

结合高黄酮苷、高内酯及高产叶用良种选育邢世岩、吴德军、有祥亮等（2001）筛选出“金丝银杏”、“金带银杏”和“大耳朵”3个银杏观叶品种。

9.4.2 金丝银杏 Jin si yin xing

2000年鉴定暂名黄条纹叶用银杏。

雄株。实生树。母树1000年以上。高大挺拔。树高25m以上，胸径2m以上。金丝银杏属于接后芽变体，几年的观察测定，属于一个嵌合体类型。属于雄株。

定型叶叶形与常规叶形类似，扇形叶，叶缘波状，基部楔形，大多具1个裂刻，长×宽为5.0cm×2.5cm（图9-18）。油胞稀，棉团状，较大，团状分布。同株嫁接树上有绿叶和黄条纹叶星散分布在树体上。类似“金心黄杨”。该品种黄条纹与绿叶相间排列，从叶基直到叶缘，条纹呈线状，宽度1~2mm。实生苗选出。性状均较稳定。嫁接后3年短枝叶：叶长5.75cm，叶宽8.4cm，叶柄长6.9cm，叶面积28.5cm^2，鲜重1.02g，干重0.31g，含水量69.36%，叶基线夹角109°；长枝

图9-18 金丝银杏

叶分别为：6.9cm、10.1cm、6.35cm、40.9cm^2、1.83g、0.60g、67.32%和119°。

嫁接成活率96.2%，当年抽梢率100%，每米长枝上短枝数33.6个，二次枝16.1个，二次枝长35.6cm，叶数7.36片每短枝，枝角48.3°，成枝力48.1%。接后3年新梢数15个每株，叶数860个，枝总长740cm，冠幅20cm×120cm，LAI3.26。生长正常。全株叶有50%为黄条纹，枝基部黄条纹较上部叶更明显。

经济性状。黄条纹叶或宽带黄条纹叶，性状明显。接后3年株产鲜叶0.42kg。黄酮含量2.09%，内酯含量0.12%。该品种可以叶用、观赏兼用。

9.4.3 金带银杏 Jin dai yin xing

2000年鉴定暂名黄条纹叶用银杏。该品种条纹呈宽带状，分布于叶子左侧或右侧，故称金带银杏。其他性状同金丝银杏。

9.4.4 大耳朵 Da er duo

2000年鉴定暂名Y-6。

雄株。树龄约50年，树高15.7m，胸径0.56m。实生树选出，生长旺盛。

定型叶心形，全缘，1个裂刻将叶子平分为两部分。裂刻长×宽为3.8cm×0.5cm。油胞稀而小，放射状分布在叶子中下部。叶色浓绿，有别于其他品种，叶形较独特，同时可以作为观赏品种。1年生长枝叶明显大，且长短枝叶差异较小，短枝上的叶比一般品种大而均匀，叶柄较粗。接后当年长枝上标准叶：叶长6.86cm，叶宽9.87cm，叶柄长5.46cm，叶面积41.73cm^2，鲜重2.24g，干重0.57g，含水量74.98%，五叶厚0.284cm，基线夹角>180°。接后3年短枝上的叶分别为5.72cm、9.68cm、6.98cm、42.49cm^2、1.47g、0.42g、71.34%和187°。长枝叶分别为7.62cm、12.23cm、6.8cm、63.30cm^2、2.70g、0.74g、72.78%和163.33°。

嫁接成活率较高，达98.77%，亲和力较高，当年抽梢率100%。接后3年小部分单株见花。短枝数每米长枝34.39个，二次枝数每米长枝17.84个，二次枝长33.28cm、5.44个叶每短枝，枝角55°，成枝力51.9%（2年枝段）。位置效应明显，斜向生长。接后2年接口上粗2.74cm、3年为3.10cm。冠幅分别为110.8cm×128.8cm和127cm×130cm。当年新梢长43.5cm，粗1.09cm，叶数29.2个。接后3年新梢数每株24.2个，叶数每株595个，枝总长10.21m。叶面积指数1.88。无黄边，在莱州4月5日发芽，4月21日展叶，11月上旬落叶。

接后当年株产鲜叶0.165kg，2年0.431kg，3年0.783kg。短枝叶占37.73%，长枝占62.27%，差异较其他品种小。当年生叶黄酮总量达1.786%，内酯总量0.077%，其中Gj 0.0094%、Gc 0.019%、Ga 0.0218%、Gb 0.0117%、Bb 0.0149%。该无性系垂枝、叶基线夹角>180°属高产观赏兼优品种。

9.4.5 多裂银杏 Duo lie yin xing

多裂银杏又名掌叶银杏。其最大特点是叶大、多裂刻，叶形呈掌状。叶长×宽为6.4cm×10.4cm，叶柄长7.7cm，叶面积47.2cm^2。单叶重1.432g。裂刻数5～7个，裂刻长5.4cm，宽2.4cm。从形态上看，叶面非裂部位宽仅2～3cm，已失去银杏扇形叶特征。多裂银杏是值得重视的一个观叶银杏品种。

9.4.6 马铃9号 Ma ling-9

马铃9号又名新村9号或郯城9号，1978年由门秀元选出，属小马铃类。

母树位于郯城新村乡新一村。树龄100多年生。树冠开心形，树姿极开张，树势偏弱。树高5.5m，冠径8.4m，干周1.28m，枝下高1m，3大主枝，枝角70°。年平均产量35kg，结种短枝经济寿命长，30年生仍结种。

枝干深灰色，1年生枝条冬态灰黄色，夏季绿褐色，皮孔大而密生，节间较马铃5号短，长度3.1cm。叶子边缘呈波浪状，叶片呈扇形，叶色浓绿，叶长×宽为6.2cm×7.2cm，叶面积19cm^2。叶柄长4.5cm，单叶重0.69g。芽基宽大，芽子较圆。每个短枝上具叶8~10枚。

该品种树势开张，长势中等。发芽稍迟，花期晚1~2d，落叶期比马铃5号晚10d左右。该品种成枝力低，树体矮小，适宜密植。接后3~5年生冠幅达1.8m×1.9m。10年生树高1.85m，干高0.14m，干周0.44m。生长健壮的幼树1年生枝易成花芽，翌年开花结果。该品种嫁接后3年结种，结种短枝占总短枝的41.3%。短枝连续结种能力强，结种分布均匀。接后4年的结种株率占30.6%，接后5年结种株率达91.7%。

该品种早产及丰产性强，接后3~5年株产平均0.23kg。种实成熟橙黄色，果倒卵圆形，先端下陷，油胞突起较大，分布不均匀。种核先端棱线明显，种实长×宽×厚为2.53cm×2.23cm×2.28cm，种柄长3.28cm，单果重7.5g。种核洁白，倒阔卵形，顶端有尖，最宽处在中上部，基部两束迹呈两点状。核长×宽×厚为2.03cm×1.48cm×1.24cm，单核重1.76~2.43g。

每千克412~568粒。出核率23%~29%。单仁重1.4~1.8g，出仁率为79.4%。该品种是山东第一批主推品种之一，属中小粒、早实、丰产、晚熟品种。该品种尤其适合银杏盆景制作。

9.4.7 叶籽银杏 Ye zi yin xing（图9-19）

9.4.7.1 山东叶籽银杏 Shan dong ye zi yin xing

1962年，在山东沂源县织女洞林场大贤山后坡由董春耀发现我国第一株叶籽银杏。目前，我国

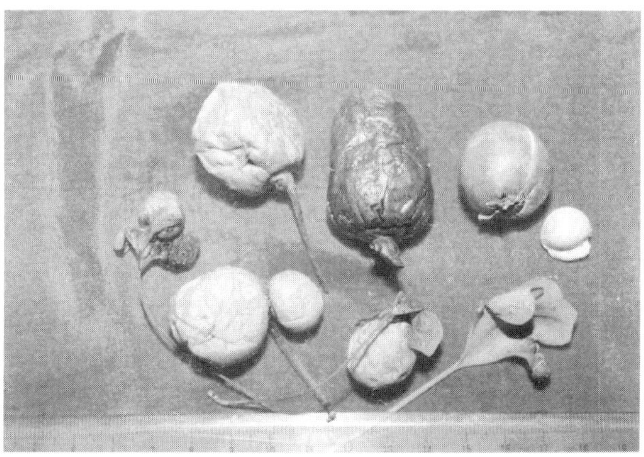

图9-19 叶籽银杏

陕西、广西、湖南、湖北、甘肃、福建等地均发现有叶籽银杏，总株数达20株以上。叶籽银杏除短枝上有正常胚珠外，叶子上还有“叶胚珠”，其数量占树体种量的20%~25%。叶胚珠种核较小，且不整齐，无商品利用价值。从形态上看，叶胚珠通常单个或两个并列着生于褶曲的畸形叶缘上。当把正常发育的银杏种播种后，其后代仍有叶籽银杏。山东沂源县已由母树叶籽银杏繁殖出7株幼龄叶籽银杏，树龄均在20年左右。另外又发现2株400年以上大树。

1. 沂源叶籽银杏1# Yi yuan ye zi yin xing-1

该树位于山东省沂源县城东南17.5km处，大贤山北麓，织女仙洞、三清店庙内西南，海拔350m，山坡东北走向，坡度10°的大贤山中下部，小地形属坡凹，背风向阳。土壤基岩为紫色页岩，土层厚70cm；小环境中植被繁茂，丛林中有黄栌、榛子等；其间有清泉1处，常年流水不断，属阴凉小气候。

树龄约有600余年，树高25.4m，胸围3.21m，树干直径1.05m。全树有6大主枝，最大主枝干直径0.6m，最小主枝干直径0.28m，平均主枝干直径0.35m。树冠覆盖面积266m^2，冠幅16.3cm×20.5m。粗枝树皮灰褐色，深纵裂，粗糙不易脱离。每年4月5日开始萌动，4月15日发芽，4月25日叶片充分展开，开花授粉，5月中旬至6月上旬枝条生长进入高峰，6月中旬封顶，当年长枝长度一般在10~40cm，叶丛枝年长量不足0.5m，10月25日叶片变黄开始脱落，11月20日前叶片全部脱落。

叶籽银杏短枝顶芽萌发后，生了7~11片叶，叶柄间长出花柄。叶柄、花柄呈螺旋式排列。每个混合芽一般有花柄6~8个，正常雌花花柄长5~8cm，球柄长0.3~0.5cm，每个花柄上着生2~4个胚珠。每一花序坐果1~2枚，少量坐果3~4枚。叶籽银杏的短枝上有一部分叶片扭曲、皱折，出现2~4个缺刻，缺刻处生出比叶片厚的圆形凸起，像雌花雏形，呈淡绿色，经授粉后逐渐发育成叶籽果，果柄与叶柄合二为一，或称无果柄。含有

雌花的叶片，大多数每叶坐1果，少数坐2果，极少数坐4枚果。叶籽果的着生部位遍布全树冠，树冠中部着生较多，上部次之，下部着生较少；叶籽果多着生在主枝的中部、粗侧枝的下部枝条上。着生果实的叶片呈扇形，嫩绿色，光滑无毛，叶宽4~8cm，叶长3~6cm。遇干旱天气，叶籽果首先脱落，表现出较差的抗逆性。

正常年份，授粉佳期为3d，果实10月1日自然成熟。果长2~4cm，直径2~4cm。多呈圆形、短圆形，果实顶端较细，果肩较粗。叶籽果成熟前呈浅绿色，果面有白粉，果实成熟时，果皮呈橙黄色，果面密布白粉。果肉含石炭酸，有臭味。种核呈白色，大多数种核二棱，少数为三棱；内种皮浅红褐色；胚乳肉质淡绿色；子叶2枚，少数3枚；多数种子1胚，少数种子2胚，播种后出2株幼苗。

据多年观察，叶籽银杏3年出现一次小年，大年时年产白果100kg，小年时年产白果50kg。通过人工授粉，改善了银杏结果大小年的特性，平均可年产白果300kg，1995年产鲜果1500kg。

据测定：该树正常果占60%，叶籽果占20%，异形果占20%。正常种实432粒/kg，叶籽种实656粒/kg。叶籽种实状如棉籽，皮薄、胚发育完全，具良好的发芽力，并具遗传性。

2. 沂源叶籽银杏2# Yi yuan ye zi yin xing-2

该树位于沂源县燕崖乡西白峪村。树生长于村外空地。孤立木。树龄400年左右，树高25.6m，干高3m，胸径1.64m，冠幅31.0m×28.0m，树冠遮荫面积680m^2。树冠半圆形，有3个大主枝，生长旺盛。树干具七棱，号称七棱白果树。该树大小年明显，1994年曾产种核375kg，翌年则仅产15kg。该树所结银杏种实有3种类型，即正常生长的圆形单核种实、叶部生长的单核种实和正常生长的双核种实。从数量比例上看，以正常生长的单核种实居多，叶部生长的单核种实次之，双核种实亦多，叶部生长的单核种实次之，双核种实量少。发育良好的双核种实呈扁圆形，横长明显大于纵长，种实中间具浅纵沟，珠孔处也呈宽浅凹状；2个种核虽联为一体，但均有独立的种胚。发育不良的双核种实则仅有1个种核具胚，另1个种核仅有一宽边。经测定，发育正常的双核种实单粒重平均在13.5g上下，种核平均重2.8g。

3. 沂源叶籽银杏3# Yi yuan ye zi yin xing-3

该树位于沂源县燕崖乡辉村。该树生长于杂木林中，树龄约800年，树高19.0m，干高4.35m，胸径1.08m，冠幅13.0m×13.0m，有大主枝5个，树势极衰弱，树干中空，主枝之上生有山榆、泡桐各1株。近3年来，全树仅产种核30kg左右。该树所结种实有4种类型，即正常生长的单核种实及正常生长的双核种实。从数量比例上看，以前两种种实居多，叶部生长的单核种实次之，双核种实最少。其中双核种实较上述1株树的双核种实发育好，平均单果重可达18.0g，单核重3.7g。

上述2株树上的叶部生长的单核种实，不仅有1枚叶片上长1个的，而且还有1枚叶片上长2个或3个种实的，且均能完全成熟（表9-15）。

从表9-15可以看出，双核种实较大，但种实柄较短，平均2.4cm，在4种种实中排第3位，且种实宽明显大于长。虽1种实内有2核，但出核率不高，仅约20%。双核种实发育良好者，核中均有种仁，少数具种胚，播种后可以发芽。而发育不良者，二核中仅有一核具有种仁和胚芽。它突出的表现为在1株树上可以产生4种类型的种实且性状比较稳定。

9.4.7.2 山西太谷叶籽银杏 Shan xi tai gu ye zi yin xing

该树位于山西省太谷县，1996年秋发现（马东生，1999）。该树距山西利民机械厂水源地仅150m，树高24m，胸径0.8m，冠幅15m，树龄300年以上。这株叶籽银杏树结的种子有几个特点：①部分种子着生在叶片的叶缘处；②在一种梗上出现双种现象，但2个种子大小不一；③种子有连体现象，连体部多少各异；④单个种子外形多

表 9-15 沂源叶籽银杏种实状况调查

种实形状	种实大小		种柄		单果重 (g)	单核重 (g)
	长（cm）	宽（cm）	全长（cm）	基径（cm）		
正圆形	2.7（2.6～2.8）	2.8（2.6～3.0）	3.35（2.8～3.9）	0.35（0.3～0.4）	13.25（10.0～16.5）	2.6（2.4～2.8）
长卵形	3.25（2.7～3.8）	2.5（2.3～2.7）	1.8（1.4～2.2）	0.45（0.3～0.6）	13.0（8.5～17.5）	3.0（1.5～4.5）
叶籽银杏	2.0（1.7～2.3）	2.0（1.6～2.4）	5.7（5.4～6.0）	0.25（0.2～0.3）	4.75（3.5～6.0）	1.38（1.0～1.75）
双　核	2.75（1～3.4）	3.15（2.7～3.6）	2.4（2.1～2.7）	0.45（0.3～0.6）	18.0（13.5～22.5）	3.7（2.3～5.1）

样，有圆铃形、长椭圆形等。其种核形态亦呈多样性，多数为椭圆形、耳坠形，小数如棉手套形。

9.4.7.3　陕西洋县叶籽银杏 Shan xi yang xian ye zi yin xing

该树生长在陕西洋县茅坪镇新华村第2组村民张廷梓家房舍右侧，树高16m，胸围1.35m，树冠覆盖面积78m^2，树龄50余年。令人惊奇的是，该银杏树因故1989年树冠被砍掉一半，树干1.5m以下全被环剥却未死。

据当地群众讲，茅坪镇除此一株叶籽银杏外，该村六组黄膳沟还有一株叶籽银杏，其树龄、生长特点与该树相近，但枝繁叶茂，长势良好。

茅坪叶籽银杏生长奇特，稀世少有。其生长特异处是全树1/4叶片为雌花花萼，果实生长在叶片顶部，这种银杏叶子和果实较普通银杏小2/3，有的为2/5。果实长1.7cm，宽1.6cm。种子畸变显著，种胚发育不良，种仁长1.2cm，宽1cm（吴圣地，1999）。

9.4.7.4　四川叶籽银杏 Si chuan ye zi yin xing

据朱益川等（1999）报道，对四川省28个乡镇调查证实，除万源市有叶籽银杏外，又发现1株，但地点不详。该树约150年生，树高30.0m，胸径122cm，每年树上都结出长椭圆形、圆形和带叶球果，约占20%～30%，3种果实，除可收获长椭圆形和正圆形的正常种核外，还可见到带喙形长尖的畸形种核。

9.4.7.5　福建叶籽银杏 Fu jian ye zi yin xing

1992年由周良才发现。该树位于三明市沙县城关孔庙旧址的一所学校内。该树结果为马铃状，又称马铃叶籽银杏。

这株马铃叶籽银杏北面邻近教室大楼，南面为开阔的广场，故树冠偏向南方。树高17.59m，干高4.8m，南向第1分枝5.57m，有4层分枝，第1、2层分枝平展，末端下垂。第3、4层分枝斜张，开张角度小，树形似尖塔形。第1、2层分枝上的结种基枝（母枝）多下垂，平均长度为1.26m，最长达2.15m。基枝上每节都抽生2～3cm长的短枝。短枝和长枝上的叶片均为比较宽短的扇形叶，平均叶片宽为6.24cm，长为3.74cm，比一般的马铃类型的叶片偏小。着生叶子的叶片更小，叶片平均宽为4.14cm，长为2.60cm，为该树正常叶片的46.4%。正常的种子为卵圆形，先端圆钝，基部稍平，种蒂微突，不规则圆形，纵径3.0cm，横径2.3cm，平均单种重9.86g，出核率25%；种核椭圆形，先端钝尖，基部维管束成一突尖。纵径2.40cm，横径1.7cm，厚1.5cm，单核重2.47g。着生在叶子上的种子发育不良，为长椭圆形，先端呈尾尖，成熟时橙黄色，被白粉，纵径2.1cm，横径1.5cm，为该树正常种子的41.8%。这株银杏历来结果很少，着生部位多在树冠内部第2层。主枝中部和基部、下垂结种基枝的弯曲部位或基部的短枝上。1993～1995年有5个形成叶籽银杏的短枝，但仅有一个连续出现叶籽银杏。

9.4.7.6　湖北叶籽银杏 Hu bei ye zi yin xing

彭曰三于1988～1993年的6年时间内，在湖北的随州市、安陆市和京山县等地先后发现了5株叶籽银杏。

1. 京山叶籽银杏-1 Jing shan ye zi yin xing-1

树龄36年生，位于京山县坪坝镇唐庙村，树主丁金富。该树生于大平畈上，三面旱地，一面近水，阳光充足，通风良好，土壤深厚肥沃，水分条件优越，小环境条件十分有利于银杏的生长。约200年生的银杏大树，1958年被砍伐后，在伐根上萌生出2株银杏幼树，自萌生至调查时树龄33年，树高14m，干高3.5m，胸径27.7cm（围径87cm）。冠幅12.3m×13.7m。有大主枝9个，主枝与树干夹角60°。1988年曾产银杏球果40kg，1989年为小年降至球果20kg，大小年十分明显。该树生产的球果有3种类型，即正圆形、长卵形和带叶球果。但带叶球果为数极少，约占球果总量5%上下。带叶球果的形体不一，有尖圆、菱形、塔形等等。单粒球果重极不整齐。正常的正圆形球果单粒平均重11g，长卵形球果单粒平均重9g。

2. 王义贞叶籽银杏 Wang yi zhen ye zi yin xing

树龄最大的一株叶籽银杏位于安陆市王义贞镇三冲村的空旷地带，距树60m外有自北而南的小溪一条，地势高亢，水源充沛，土层深厚肥沃，小环境条件良好。根据武汉植物研究所的调查，该树龄约1040年。该树全高27.6m，干高2m，胸径2.14m（胸围6.73m），冠幅26.9m×27.5m，树冠荫地730m^2，有大主枝11条，距地3m处的一条大主枝，径粗约76cm，与主干呈80°夹角。该树亦有3种不同类型的球果，但特殊一点的是，该树树冠的下半部分多正圆形球果，上半部分多为长卵形球果，叶籽球果混生其中。由于树体高大，观测困难，秋季仅见采收的球果中夹有约5%的叶籽球果。该树的正常球果大小不匀，圆果单粒球果重在11～13g之间。长卵形球果单粒重在9～11g之间。

3. 京山叶籽银杏-2 Jing shan ye zi yin xing-2

京山县三阳镇西川村还有中壮年的两株叶籽银杏。北近山脚，南靠小渠，阳光充足，通风良好。砂质土壤，土层深厚肥沃，水源条件方便，小环境极为优越。这两株银杏的生长地点相距约120m。树龄约在200年生上下。其中一株全高23.5m，干高3.1m，胸径0.86m（胸围2.7m），冠幅17.4m×21.7m。有大主枝9条，下部4个大主枝与树干夹角约80°。由于迟迟未见结果，1989年树主曾将树皮铲刮，毁损面长达2m左右，致使目前树体明显衰弱，仅西北方向一枝尚能结果。1990年曾产球果110kg，1991年却降至75kg，大小年明显，以正常的长卵形球果居多，而正圆形球果较少，叶籽银杏仅占总量的6%上下。长卵形球果的平均单粒重13g，正圆形球果的单粒平均重9g。

9.4.7.7 广西叶籽银杏 Guang xi ye zi yin xing

广西兴安1981年发现3株叶籽银杏，其中一株高25.3m，干高3.0m，胸径1.02m，冠幅20.5m×16.3m。叶籽银杏是是广西产区栽培品种之一，为根蘖苗种植，主干明显，侧枝分布均匀，树冠是圆锥形，上部枝自然生长往上，中下部枝下垂，产量较低。在同一树冠上着生的种实，其中正常的占80%，叶柄果占20%。

正常种实为长圆形，纵径3.19cm，横径2.38cm，顶部凹入呈“O”形，基部倾斜一边，外种皮淡黄色，油胞较多，并有一层白粉。果柄略弯曲，长3.22cm。蒂盘圆形或长圆形，单果重10.4g，每千克96粒，出核率20.68%。

正常种核为长倒卵形，纵径2.61cm，横径1.52cm，顶部略见小尖，基部较尖并有维管束迹一、二，束迹一高一低。种核棱线大多数为二，极少数为二。二棱有背腹之分，三棱者腹部小，仅占种核的1/5。种核上部明显大于下部，上部棱线明显。单核重2.17g，每千克460粒，出仁率为76.25%。

带叶种实，果柄细长，与叶柄相同，并略长于叶柄，柄长5.5～6.0cm，种实畸形，少数为长圆形。种核基部明显大于顶部，顶部成尖状细长，另有部分种核的细长尖状部位弯曲一边，似狗牙状，种核粒小，内有种仁，但无经济价值。

该品种在广西产区仅有兴安县护城乡有3株分布，3株的年限相同，树龄均为55年，另一株高12.5m，枝下高0.7m，胸径66.8cm，冠幅11m×11.5m，1983年前每株产正常种核2～10kg，1983

年后株产正常种核15～20kg。

该品种种实奇特，很有观赏价值，是公园绿化观赏和制作盆景的良好品种之一。

9.4.7.8 垂枝银杏 Chui zhi yin xing

母树位于广西灵川县海洋乡，又名垂枝白果，树龄150年，树高16m，胸径86cm，冠幅10m×10.4m，年株产种核78kg。

为圆了银杏类，是广西产区地方品种之一，为根蘖或实生苗种植，主干通直尖削，树冠呈圆锥形或塔形，侧枝分布匀称，所有小枝明显下垂，枝条纤细绵长，下垂最长者约2m，随风飘飘，极其美丽，故称"垂枝银杏"。产量一般，大小年变幅在30%左右。

种实扁圆形，成熟时淡黄色，表皮有一层白粉，外种皮较硬，难腐烂。先端圆钝，顶点下凹基部平，蒂盘较圆而大，果柄弯曲，长2.8～3.2cm。种实纵径2.4cm，横径2.9cm，单果重10.4g，每千克96粒，种实出核率12%。种核微圆形，丰满、先端圆钝，顶点略有小尖，基部平，两维管束迹明显，间距约3.3mm，两侧棱线明显。纵径2cm，横径1.8cm。单核重2.2g，每千克454粒，出仁率为65%。

该品种长势旺，发枝力强，侧枝分布均衡，小枝下垂多而长，树姿优美，有着较高的观赏价值，是公园、道路、江河绿化及美化环境的优良树种。为核用和观赏兼用品种。

本品种在广西产区主要分布于灵川、兴安、全州3县（邓荫伟，2002）。

9.5 雄株优系或优株

对山东5050余株雄株调查测定的基础上，邢世岩（1997）将银杏雄株分成长花期雄株、富粉雄株和优质雄株3类。

（1）长花期雄株　开花初期到末期的时间10d以上，传粉始期到盛期4～6d。花粉量大，传粉距离1km以上。

（2）富粉雄株　节间短、短枝多。每个短枝上有花（小孢子叶球）数5～6个，每个小孢子叶球上有花药数50个以上，每个花药有花粉粒1.8万个以上。花粉量大，出粉率在5%以上。

（3）优质雄株　花粉发芽率及生活力均在90%以上，传粉后受精率在85%以上，与雌株的亲和力强。

采用多项指标的数理统计评分法，邢世岩（2000）初步筛选出6个银杏雄性单株（1～6），见表9-16。其中，G♂-5号每个花药内有花粉1.95万粒，出粉率最高达9.1%（G♂-12号）、花粉生活力最高达95.34%（G♂-12号）。

7. 嵩优1号雄株 Song you-1 xiong zhu

它位于车村乡宝石村上庙村民组水塘旁，海拔720m，唐朝建庙时所植，树龄约1000年。树高17m，主干高7m，胸径1.78m，冠幅9m×14m，树冠较圆满。叶花丛节间短，数量多。1年、2年、3年生枝平均花穗长3.18cm，穗粗0.86cm，花药1对个数72.78个，每百个鲜花穗重25g。每千克鲜花穗4000个，花药数29万个，该优株始花期4月16日，末花期4月23日。开花期8d，和雌株授粉期基本一致。1994年以来采条嫁接成活200株，新枝长达96cm，生长苗壮（韩维亚，1997）。

8. 南林花1 Nan lin hua-1

南林花1亲本来源于江苏泰兴市燕头镇文岱村，属于实生优良单株，树龄50年，雄株。开花早，小孢子叶球大，单个小孢子叶球及单株花粉产量高、花粉萌发率高。

嫁接后4年开始开花；小孢子叶球大，长度达到1.95cm，宽度0.72cm，单个小孢子叶球花粉量达到8.04mg；单株花粉产量高，5年生花粉最高株产0.25kg，8年生最高株产0.86kg，平均0.64kg；花粉萌发率高，达到87%（曹福亮，2000）。

9. 南林花2 Nan lin hua-2

南林花2亲本来源于江苏省泰兴市黄桥镇朱庄村，属于实生优良单株，树龄40年，雄株。开花

表 9-16 银杏雄株优良单株主要生物学指标（邢世岩，2000）

序号	编号	短枝数 米长枝	3 年枝段开花率（%）	雄花数 短枝	花长×宽（cm）	花药 药数/花	花药 长×宽（mm）	花粉粒 粒数/药	花粉粒 长×宽（μm）	出粉率（%）	生活力（%）	花期（d）
1	G♂-14#	33.6	100	6.45	2.36×0.73	51.6	3.33×2.02	1.66 万	36.6×17.1	5.87	91.24	10
2	G♂-13#	41.0	100	5.60	2.36×0.69	44.7	2.98×2.03	1.37 万	37.4×18.5	8.97	94.44	10
3	G♂-12#	30.6	100	3.51	2.59×0.88	41.4	3.86×2.53	1.60 万	36.8×18.6	9.05	95.34	10
4	G♂-5#	43.0	88	5.17	2.49×0.69	53.0	2.68×1.82	1.95 万	39.8×18.4	6.72	80.0	5
5	G♂-4#	45.0	95	5.17	2.53×0.58	58.0	2.55×1.84	1.88 万	41.0×18.0	5.46	85.0	5
6	G♂-3#	27.0	94	3.76	3.47×0.75	55.0	2.65×1.89	1.83 万	37.9×17.1	4.78	82.0	6

早，小孢子叶球大，单个小孢子叶球花粉及单株产量高、花粉萌发率高。

嫁接后 4 年开始开花；小孢子叶球大，长度达到 2.33cm，宽度 0.69cm，单个小孢子叶球花粉量达到 8.44mg；单株花粉产量高，5 年生花粉最高株产 0.31kg，8 年生最高株产 0.94kg，平均 0.71kg；花粉萌发率高，达到 85.5%（曹福亮，2000）。

9.6 材用优系或优株

1. 豫宛 9# Yu wan-9#

原株产于河南省南阳，为速生用材型优树，雌株。胸径年生长量 1.6cm，材积年均生长量 0.0631m^3。其性状有待进一步观察（李景山等，2001）。

2. 直干银杏 S-31 号 Zhi gan yin xing S-31

邢世岩（2001）通过叶用良种选育发现有 6 个系号枝角 <30°，呈垂直向上生长，值得重视。这些系号接后有明显的中央领导干，且直立向上生长。现将 S-31 特点概括如下：

（1）母树性状　母树为实生，♀性。树龄 400~500 年，高 16m，胸径 1m 左右。枝条粗壮，生长旺盛。

（2）植物学性状　叶子三角形，波状边缘，基部截形，大多一个裂刻。油胞极密，长方形，放射状分布于叶子、中上部。叶子绿色，发育正常。长枝上叶长 6.63cm、叶宽 10.52cm、叶柄长 6.23cm、叶面积 43.97cm^2、鲜重 2.09g、叶重 0.70g、含水量 66.7%，叶基线夹角 119°。

（3）生物学性状　嫁接成活率 88.9%，当年抽梢率 70%。每米长枝上短枝数 30.65 个，二次枝数 11.3 个，每短枝叶数 8.8 个，枝角较小 25.5°，成枝力大于 37%。接后 3 年单株新梢数 18 个以上，叶数 670 个，冠幅 128cm×100cm，单梢长 47cm，粗 1.1cm，叶数每梢 56 片。

（4）经济性状　直立生长，主干明显，枝角 25.5°，接后 1~3 年单株鲜叶产量分别为 0.084kg、0.465kg 和 0.565kg 以上。黄酮含量 2.16%，内酯总量 0.2844%。属直立生长，高黄酮，中等内酯品种，适于材用。

9.7 引进品种

9.7.1 核用品种

1. 藤九郎 Teng jiu lang

除中国之外，日本银杏核用品种选育走在世界前列，目前，日本有八大银杏核用品种，即藤九郎、金兵卫、久寿、长濑、二东早生、荣神、黄金丸和岭南（表 9-17）。1990 年 3 月下旬山东郯城县苗圃皇甫桂月高级工程师经梁立兴联系首次用郯城 4 个品种与日本交换了藤九郎、金兵卫、岭南和黄金丸 4 个品种，藤久郎 16 个接穗、金兵卫 19 个接穗、岭南 21 个接穗、黄金丸 23 个接穗，并于 1990 年 4 月 8 日嫁接到 2 年生实生苗上保存，并在郯城银杏良种繁育圃试栽。眼下该 4 个品种在山东已全部正常结实。

表 9-17　日本银杏品种叶子生长特性（邢世岩，2001）

品　种	单叶鲜重 (g)	单叶干重 (g)	含水量 (%)	叶长	叶宽	叶柄长	单叶厚 (μm)
				(cm)			
藤九郎	1.4878	1.0265	69.0	8.36	8.84	2.24	433
金兵卫	1.3622	0.9535	70.0	7.60	8.66	3.02	482
岭　南	1.2540	0.8715	69.5	7.82	9.66	4.67	422
黄金丸	1.3042	0.8868	68.0	7.56	8.72	3.66	432
魁铃（马铃3号）	1.6878	1.1625	68.9	7.29	9.88	3.47	471

表 9-18　日本核用银杏品种枝叶生长特性

品　种	砧木年龄	新梢长（cm）	新梢粗（cm）	叶片数/新梢	短枝小叶数/长枝
藤九郎	2	59.5	0.94	25.5	17.6
金兵卫	2	53.7	0.89	27.0	12.0
岭　南	2	40.0	0.72	28.0	9.0
黄金丸	2	45.0	0.87	30.0	10.0

表 9-19　藤九郎和金兵卫“水白果”的生理和形态指标（爱知县）

品　种	硬核程度		单果重 (g)	单核重 (g)	出核率 (%)	果肉厚 (mm)	种壳厚 (mm)	收获期
	7月10日	7月25日			7月25日			
藤九郎	+	++	11.2	3.33	29.73	6.0	0.15	8月上中旬
金兵卫	++	+++	12.1	3.2	26.45	9.5	0.10	7月中旬
在来种（原种）	—	+	—	1.6	—	—	—	8月中下旬

注：+++硬核可调制，++稍硬核不易调制，+软不可调制，-软完全不可调制。

图 9-20　藤九郎

藤九郎（とうくろう），又名东九郎。原株因在日本岐阜县本巢群穗积町大字穗积的广濑藤九郎家院内，故得此名。原株树龄300年，1914年因受台风袭击倒伏而枯死。该品种在岐阜、爱知两县大面积栽培。与金兵卫、久寿和长濑这些品种一样，藤九郎系产于木曾川下游三角洲水肥充足的爱知县和岐阜县境内。

藤九郎树势旺盛高大，树冠多自然形，进入结果期比金兵卫迟1~2年。一般嫁接后5年结果。种子硬核期在8月中旬，形态成熟期在10月中旬。属晚熟品种。在山东泰安嫁接苗11月中旬落叶。嫁接后当年新梢生长量达59.5cm，具叶片25.5枚（表9-18）。

藤九郎是目前日本推广的最优良的品种，并以果大、晚熟而著名。丰产性良好。果实略带长形，种核棱角尖端后半明显突起，基部渐消失。种核形状丰满，大而均匀，属特大粒品种。核长×宽×厚为 2.46cm × 2.26cm × 1.76cm，种壳厚 0.64mm，出核率 28%。单核重 4.13g，每千克 242 粒（图 9-20）。在日本岐阜县穗积町西莲寺的藤九郎单核重高达 4.5g，每千克 222 粒。果实不易脱皮，早上市较困难。一般“水白果”8 月下旬可上市，种核可以贮藏到翌年 3 月上市。种核麻点较少，有光泽，品质也食味较好，是目前日本主推品种之一，有较高的经济价值。

2. 金兵卫 Jin bing wei

金兵卫（きんべえ），又名金部。原株在爱知县中岛郡祖父江町大字樱方笹原，户主为横井义一，树龄 180 年生（吉冈金市认为 160 年生）。据说，义一的祖父是从同町山崎把金兵卫移植来的。

金兵卫叶形较藤九郎略小，单叶鲜重 1.36g，干重近 1g，含水量 70%，但叶片较厚（482μm）（表 9-17）。叶缘整齐，中裂明显。当年长枝上便有短枝形成，通常每个短枝可发 2 ~ 3 个“小叶”。

金兵卫从幼树枝条即开张，随树龄增大，枝呈下垂状，进入结果期早，为丰产性品种。当年生长枝达 53.7cm，新梢粗 0.89cm，具叶片 27 枚（表 9-18）。种核硬壳期在 7 月上旬，熟透期在 9 月下旬，是日本著名的早熟品种之一。在山东泰安嫁接苗 11 月中旬落叶。

金兵卫果核长形，核长 × 宽 × 厚为 2.46cm × 1.94cm × 1.53cm，种壳厚 0.70mm（图 9-21）。种核较藤九郎窄和薄。出核率 26%。单核重 3.75g，每千克 267 粒，属大粒果。外种皮较厚，种核表面麻点较多。洁白度不如藤九郎。金兵卫采摘容易。日本每年 7 月中旬以“水白果”上市（表 9-19），利用其早熟性，并尽早上市是日本栽培金兵卫的主要目的。但由于采摘较早，剥皮及调制时比较费工，因此大多采用脱皮机进行机械调制。另外，为了便于采摘，多采用矮干栽培并培养成开心形或杯形树冠。

3. 岭南和黄金丸 Ling nan he huang jin wan

岭南是日本大分县银杏专家佐藤义光选择的优良核用品种，并首先在大分县大野郡犬饲町培育出嫁接苗（清松传次，1985）。该品种树形以主干形或变则主干形为主。据邢世岩测试，岭南嫁接幼树单叶鲜重 1.25g，干重 0.87g，含水量 70%（10 月 14 日）。单叶厚 422μm，叶长 × 宽为 7.82cm × 9.66cm，叶柄长 4.67cm。叶缘波状或全缘，中裂刻明显。当年生长枝达 40cm，粗 0.72cm，具叶片 28 枚。岭南种实特大，初看上去好似李子。收获期在 9 月中旬至 10 月上旬。收获期比金兵卫稍晚，但比藤九郎早。为日本目前主推品种之一（图 9-22）。

黄金丸与岭南一样同属日本大果优质品种。种核呈圆形（图 9-23）。据邢世岩测试，黄金丸当年嫁接苗新梢长达 45cm，基径 0.87cm，具叶片 30 枚以上，生长旺盛。黄金丸 1 ~ 2 月处于休眠期，3 月下旬至 6 月上旬发芽、展叶并抽出新梢，4 月上中旬至下旬开花并落花。5 月至 7 月处于结实及果实生长期。6 月和 7 月分别出现一次生理落果。从 5 月中旬到 8 月和 9 月分别为果实肥大期、成熟期和着色期。9 月至 10 月为采收期。

图 9-21 金兵卫

图 9-22 岭 南

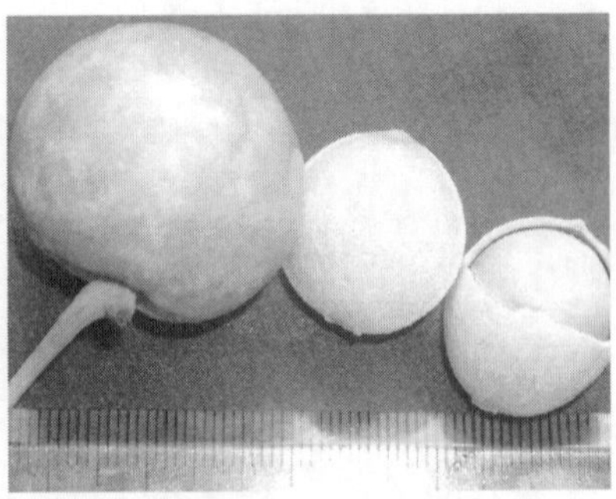

图 9-23 黄金丸

在日本，大果型品种栽植密度较稀。嫁接后7年可全部结果，20年生树株产可达20～30kg，40～50年生树株产可达70～100kg。

岭南和黄金丸在山东均属于大粒、早实、丰产、优质品种。

9.7.2 观赏品种

1999年，山东省承担的国家林业局948国外银杏新品种引进项目，从法国引进了银杏观赏品种15个（姜岳忠、吴德军、李登开等）。共计苗木302株，种条20余根，现已大面积繁殖，并部分得以推广。

（1）金秋（Auturmn gold），叶子金黄色。

（2）费尔蒙特（Fairmount），尖塔形冠，幼年枝平展。

（3）塔形银杏（Fastigiata），树冠塔形。

（4）湖景（Lakeview），阔塔形树冠。

（5）叶籽银杏（Ohatsuki），叶上生银杏种。

（6）金兵普伦斯顿（Princeton sentry），窄冠形树冠。

（7）圣克鲁斯（Santa Cruz），树冠伞形，低干。

（8）萨拉托格（Saratoga），枝条垂直向上、生长快。

（9）垂枝银杏（Pendula），枝下垂。

此外尚有Horizontalis、Leiden、Male、Tremonia、Tubifolia、Tit等6个叶形奇特或生长奇特品种。

第 10 章

全国银杏重点产区发展概况

10.1 江苏泰兴

10.1.1 栽培历史

据泰兴县志记载及有关专家论证，泰兴银杏栽培历史已有千年以上，是全国最大的银杏产区，白果产量和质量均居全国之冠，所产“泰兴白果”（大佛指），一直畅销于东南亚及西欧市场，是中国出口换汇率较高的商品之一。

泰兴广大果农有种植银杏的传统习惯，家家户户房前屋后都种有银杏，特别是20世纪80年代以来，种植的积极性较高，发展迅速，90年代以后，向高垛田、边角田发展，仅2003～2004年，全市就新发展了成片银杏经济林8000hm^2。

据旧志记载，泰兴“平仲为多，而松最少，平仲一名银杏，多大树，有百年，唯顿叉最巨”。泰兴镇（原燕头乡）顿叉村的这棵古银杏树，据目击者回忆，当时在这棵树干的四周可围18部小车子（胸围15m以上），可惜在新中国成立前被宗教信徒香火烧毁。据2004年春初步调查，泰兴境内500年以上的古银杏树34株，其中千年以上的6株。目前长势最好的千年古银杏树位于宣堡镇晓潮村5组，雌雄同株（十分罕见），树高27.6m，胸径3.75m，上面3层为雄枝，下面1层为雌枝，年产雄花250～300kg、白果50kg，据说曾被列为国家航空标志。

银杏树寿命绵长，未嫁接的树一般要经过10～20年才能开花结果，公孙树由此而得名，意为“公植树而孙得实”。通过嫁接，不仅可以提前结果（嫁接后3～5年），而且可以保持品种的优良特性（未嫁接的树长出的是龙眼）。泰兴是全国银杏应用嫁接技术最早、嫁接树最多的地区，早在250年前就采用嫁接技术繁殖“泰兴白果”，现存100年生以上的嫁接银杏树6186株。广大果农经过长期的探索和开发，繁育了“泰兴白果”优良品种。全市各个时期嫁接的“泰兴白果”良种占总株数的99%以上。在嫁接方法上，从历史上采用的皮下接、劈接向插皮接等方法发展。砧木一般采用7、8年至10年生苗，也有采用几十年的大砧木的。如宣堡镇郭东村在抗战期间就利用被日寇毁坏的银杏树（粗40cm左右）重新低干嫁接，至今结果甚多。江苏省古银杏群落森林公园内有一株高5m的实生树，干粗约40cm，2000年采取高干嫁接，嫁接干高约3.5m，2004年已开花结果。20世纪80年代初我市开始利用小砧木嫁接，如原燕头乡丁庄苗圃就利用3年、4年生苗作砧木进行嫁接。历史上嫁接的树种以雌树为主，雄树历来以有性或无性繁殖自然形成。1982年起，丁庄苗圃首先定向嫁接培育了雄树。雌雄同株嫁接技术，曾经在林场做过试验，但因异性相互干扰、雄枝明显抑制雌枝生长和自然授粉效果不理想，全市至今没有推广这一技术。

1995 年 8、9 月在泰兴市林场试验了秋季枝接技术，利用 1 年生木质化、半木质化的接穗嫁接，获得成功，成活率达 98%。此后，不少场圃、苗木专业户采用此法，效果显著，有的当年出圃，当年不出圃的第 2 年长势明显好于第 2 年春接的。

泰兴银杏栽培主要是果材两用的“泰兴白果”。历史上以培育中干（0.8～1.5m）的为主，这类树占总株数的 95% 以上。其次是高干（2m 以上）的以材为主的银杏绿化树、行道树。宣堡镇崇西村有不少新中国成立前嫁接的干高 3～4m 的银杏树。20 世纪 80 年代以后开始嫁接培育以果为主的低干（0.3～0.5m）树，1987 年起市林场、江苏省泰兴职业高级中学、市银杏种质资源圃先后嫁接培育了银杏盆景，目前形成了一定的规模。1985 年春，在市第 1 花木公司建了 $3hm^2$ “泰兴银杏”良种苗圃和 $1hm^2$ 银杏种质资源圃，先后引进嫁接了省内外 15 个品种，供试验比较，后因城区建设需要不得以而搬迁。1996 年春，经市编委批准，成立了“泰兴市银杏种质资源圃”，采用嫁接技术保存全国各地的银杏品种 130 多个，建成了全省最大的银杏种质资源圃。

从 20 世纪 60 年代初，泰兴开始进行人工辅助授粉，历经从简单粗放到适时适量的发展过程。“适时”即最佳授粉期，其标准是当树上有 1/2～2/3 的雌花孔口吐“性水”（雌花成熟标志），一般 3～5d 时间。“适量”即雄花粉的用量，一般每结 50kg 白果只能用 150g 雄花粉，不能多，否则易重载伤树。在适时上经历了 3 个阶段：一是 60 年代至 70 年代末，果农机械地根据农事节律，把“谷雨”前后 3d 作为授粉期，不太准确。二是 80 年代初期，根据雌花成熟吐“性水”情况，确定授粉最佳期。三是 80 年代中期以来，利用多年积温等气候因子与授粉最佳期的变化规律摸索的回归方程，结合雌花成熟情况，预测预报授粉最佳期。同时，建立了市、乡两级预测预报体系。在授粉方法上，也经历了 3 个阶段：一是挂花枝法。直接将长 30cm 左右的雄花枝挂在雌树上风口或上层树冠内，靠自然风散花授粉。此法授粉量难以控制，且对雄树有很大伤害。二是振花粉法。将干净的花粉装入纱布袋内，直接分散挂在雌树的各个部位，振动树干，散出花粉。此法比前法节省了雄花枝，对雄树伤害小，但容易造成授粉不匀。三是喷雾法。将花粉兑水后喷到树冠上，用量少，授粉均匀，便于控制授粉量、授粉范围。从 80 年代起，全市均采用此法，其他银杏产区来泰兴市参观考察后得以推广应用。

10.1.2 泰兴银杏交易历史

银杏最初多栽在庙宇、祠堂的门前屋后，作为风景点缀，果实只作零食之需。鸦片战争前，泰兴市开始由小商小贩运往山东、山西等地，换回柿饼、枣子等土特产。作为商品，“泰兴白果”在国际市场畅销已有几十年的历史。鸦片战争以后，不少商人收购，从泰兴经由镇江发往福建、广东，并远销到香港、新加坡、泰国等地，麻袋包装上仅注明“泰兴白果”。据《江苏实业志》、《泰兴县志》记载，1932 年，“泰兴白果”出口达 15 万 kg，被誉为“银杏之乡”。除了国营单位收购外，30 年代有一姓侯的木匠，他除了自家栽植不少白果树外，还是远近闻名的白果商人，每到白果收获季节，他从当地大量收购白果，运往上海滩，并转销到香港、新加坡等国家和地区。80 年代以前，泰兴市由供销、商业部门统一价格、统一收购，市外贸部门统一出口，80 年代以后，国有、集体、个体齐上阵，收购后送往广东。2002 年在宣堡镇建设了全国最大的银杏交易市场，广东客户及郯城、邳州等产地的经销商进场设点收购。1991 年，中国林木种子公司在泰兴市独资兴建了 1000t 高温种子冷库。虽然如此，但一直贮藏本地白果很少。多年来，泰兴白果收购后直接销售，80% 以上通过广东、香港市场销往东南亚。

10.1.3 银杏资源

泰兴市拥有定植银杏树 630 万株，人均 5 株，其中 50 年以上的 9.4 万株，21～50 年 35.4 万株，11～20 年的 465.2 万株，10 年以下的 120 万株。银杏大田成片林 $8000hm^2$（均为 2003～2004 年新栽），其中66hm^{2}以上连片的5个，6 hm^{2}以上连片的270个。银杏围庄林面积7000hm^2。银杏苗圃面积200hm^2，各种规格苗木1200万株，年产干青叶2000t以上。现有雄银杏3.5万株，已建立雄银杏林带30km、片林40hm^2，年产雄花穗3～4t。

泰兴市现有挂果树100万株，其中盛果树30万株，常年白果产量4000t，最高产量达6000t，约占全国总产量的1/3。1950年产量达到348t，1960年500.6t，1970年874.9t，1980年1280.6t，1990年263.6万t，2003年4000t。

泰兴市银杏外种皮产量达6000～7500t，中种皮（种壳）产量达400t。现有银杏活立木蓄积量252 000m^3，并以每年61 000m^{3}的速度递增。

10.1.4 开发利用

由于“泰兴白果”品质好，营养丰富，长期以来一直以原果直接销售，为了使白果能均衡上市，1991年中国林木种子公司在泰兴市独资兴建了1000t高温种子冷库。随着市场经济的发展，从90年代初期开始，泰兴市的果、叶加工开始起步，发展迅速，到1994年，全市拥有白果加工企业15家，叶子加工企业2家，但后因技术、产品质量等原因，不少厂家关停或重组。为进一步促进加工增值，1988年组建了泰兴市银杏科技开发中心，2002年成立了泰兴市林业局，负责全市银杏生产、开发和技术推广，并多方引进人才、资金、产品，加大产业化的力度。全市现有各类加工企业12家，生产原料包括果、叶、木材、外种皮，产品有食品、药品、工艺品、GBE等，年产值2亿多元。

10.2 江苏邳州

10.2.1 栽培历史

邳州地处江苏北部，银杏栽培历史悠久，早于唐代，据考证，可追溯到南北时期，距今约有1500年。邳州港上镇政府驻地北6km处，旧有一古刹——官竹寺（原名广福寺）。据现存碑文记载，该寺于唐、宋、元、明、清以及民国初年，曾一再重修，但由于历史原因，现在该寺的建筑已毁，仅存原寺内4株古柏和寺后1株古银杏。这株参天耸立的银杏，高35m，主干最粗处周长6.8m，树冠覆盖面积达0.05hm^2。因树干高大，曾遭雷击，引起火灾，且主干已呈空洞，枝干局部断裂。人们为了保护这一古树，现已加铁箍将断裂处箍住。此树生机未艾，每年较其他银杏树发芽早，落叶迟，尚能年产白果50kg。清光绪《重修官竹寺记》碑文云：“有大树焉，横十围而高沓空冥，院宇为之肃森”。这里言及的“大树”，即这棵古银杏树。张清吉曾通览古籍，访今稽古，潜心搜求，考证出：官竹寺这株古银杏树可谓邳州银杏栽培的先躯，栽植于北朝元魏正光年间（520～524年），历1480余载。1984年夏，江苏考古队对“官竹寺”遗址进行勘考，通过科学分析确认：官竹寺的原寺创建早于唐代，而那株银杏树，则在原寺创建时所植。邳州四户镇白马寺亦有一株古银杏树。《邳志补·古迹》：“大佛殿……一在白马寺，亦有银杏（一株），颇奇古”。能“拴马”之树，绝非小树，兼之“奇古”，可推测白马寺的创建也与“广福寺”（官竹寺）的创建几乎是同时的，古银杏树也当为创寺时所植。现在，此树尚存，高达19.5m，干围长4.6m，树冠覆盖面积272m^2，仍生机蓬勃，长势旺盛。此树高粗，较官竹寺古银杏树稍逊，盖因土质肥瘠之故也。这又可实证，邳州银杏栽培的历史悠久。其后，唐、宋、元、明、清，历代所植银杏，比比皆是。港上镇曹楼村旧有“三圣堂”（今不存），仅存1株古银杏树。该树3干丛立，高达18.2m，干围长3m许，全树覆盖面积约0.02hm^2，生机勃发。侧干二株，其一高耸云天，围长达2m；另侧干也与此相当。以银杏树的生物学特征判断，这二侧干均为主干萌蘖的“抱娘树”。“抱娘树”高粗若此，可见主干栽培之久远。据“三圣堂”《抱钟志》载：“（元）至正二十七年（1367），有禅宗避江南乱，徙植木创庵。钟磬时发，银杏日藩，不啻北鄙古刹也”。《曹氏家谱》亦载：清康熙八年（1668），曹氏先人曹文忠曾为檀越，敛资重修“三圣堂”。以此证之，曹楼村这株银杏树为元末明初时所植，迄今已有600余年。

邳州银杏栽培，不止寺庙观宇，世人也广为栽植。千百年来，沂、武河两岸人民，素来推崇银杏，累代栽植，视为“传世家宝”，贻福子孙。故明、清时代以及民国初期，邳州的沂、武河两岸（以沂东港上一带称最），园林成片，古木婆娑，蔚为大观。清光绪辛丑（1901 年），邳州庠生（秀才）张敬箴（1874 ~ 1927 年）在《中秋既望观园》诗中写道：“出门无所见，满目白果园。屈指难尽数，何止株万千！根蟠黄泉下，冠盖峙云天。干粗几合抱，猿猱愁援攀。下流遮高树，林荫苔成斑。蹼叶和风舞，累籽压枝弯。虫豸怯神奇，蝮蝶岂敢沾。沧海时多易，古木麻彭年。天物假造化，沂涘有奇观！”。抗日战争前，邳州有银杏树 3 万余株，年产量在 500 000kg 左右。至日本侵略中国时，银杏树遭到大量砍伐破坏，至新中国成立前夕，又遭第 2 次破坏。1966 年开始的 10 年动乱期间，极左思潮泛滥，无政府主义盛行，致使银杏树又遭到第 3 次大的破坏，尤其是当时雄树不能结果，而多被当作无用树砍掉，造成今天雄树太少，授粉不良而影响产量的恶果。经过上述 3 次大的破坏后，至 20 世纪 70 年代后期，所存大树及产量已不足抗战前的 1/3。

邳州银杏主要分布在沂武河两岸，北与山东郯城县的银杏产区毗连。主要产区以港上、铁富、官湖、邹庄等镇为主。此外，陈楼、戴圩、邳城、炮车、运河等各镇也有零星分布。据 1984 年统计，全市有百年以上大树 4027 株。从 1971 ~ 1978 年的 3 年中，每年的平均产量只有 144 700kg，最高的 1974 年也只在 200 000kg 左右，而最低的 1973 年仅有 100 000kg。1979 年以来，通过贯彻落实党的惠农政策，使银杏生产出现了回升局面，年产量逐渐提高。至 1981 年达 340 000kg，1984 年达 535 000kg。1979 ~ 1984 年 6 年平均产量达到 280 000kg，比前 8 年的平均产量增长 93.8%。1984 年以后至今，银杏发展很快，银杏产量一直稳定在 500 000kg 以上。至 2006 年，全市银杏产量达到 1100t，全市银杏成片园 18 000hm^2，四旁栽植银杏 800 万株，年产银杏干青叶 15 000t。随着银杏种植业的发展，银杏加工也得到了长足的发展，产业化步伐加快，银杏产业逐步成为邳州农村经济发展的支柱型产业。

10.2.2　生产现状

目前，全市银杏成片园面积 18 000hm^2，定植银杏总株数 1410 万株，在圃各类银杏苗木 2.5 亿株，年产银杏果 1100t，银杏干青叶 15 000t，年产银杏黄酮 250t，银杏茶等保健品 500t，银杏产业年产值 10 亿元，实现了科研、种植、加工、销售一条龙，经济效益、社会效益、生态效益均十分显著，已发展成为全国最丰富的银杏种苗繁育基地，全国最大的连片银杏成片园，全国最标准的银杏叶出口生产基地。同时，邳州叶用银杏 GAP 生产基地于 2005 年 5 月通过国家验收，是全国惟一一家，银杏资源总量列全国第一。邳州银杏改善了全市生态环境，推动了全市经济建设快速发展，为邳州人民争得了荣誉，增加了农民收入，也为全市绿化和城乡人民身体健康作出了较大贡献。2000 年邳州被国家林业局首批命名为全国名特优经济林——银杏之乡，2001 年被评为“全国经济林建设先进市（县）”、“全国经济林建设示范县（市）”，2002 年被江苏省林业局批准建设邳州省级银杏森林公园，2004 年被国家林业局批准建设邳州国家级银杏博览园，2005 年被国家标准化管理委员会定为“国家银杏标准化生产示范区”。

（1）基地建设步伐明显加快，银杏资源稳步增长　近年来，邳州十分重视银杏产业生产建设，把发展银杏作为调整农村产业结构的主要开发项目，作为发展农村经济和增加农民收入的主导产业来抓，因地制宜，全方位开发，银杏基地规模迅速扩大，产品质量不断提高。一是生产规模突飞猛进。结合产业结构调整、村镇规划和农田水利建设，进行四旁开发，积极开展工程造林，新建了大批银杏密植园、银杏村、银杏庭院和银杏路（街），四旁银杏栽植遍地开花。连续 10 年，以每年栽植 100 万株的速度递增。二是复合林建设成效显著。结合作物生长习性，积极发展银杏结果、培苗、采叶综合工程；银杏与桑、银杏与矮冠果树、银杏与经济作物立体套植，收到了以短养长、长短结合、交叉互补、综合利用的良好效果，全市共拓植银杏立体种植园 5500hm^2，其中银杏与桑间作 1500hm^2，银杏与果树间作 2000hm^2，银杏与菜、粮、中药材间作套种 2000hm^2。三是银杏苗木培育异军突起。针对全国城市建设速度较快和本地苗木充足的实际，加大力度，狠抓专业大户，积极培育大苗。全市在圃各类银杏苗木 2.5 亿株，其中培育米径（1m 高处直径）3cm 以上大苗 8000 万株，其中米径 6cm 以上大苗 1000 万株，米径 10cm 以上大苗 200 万株，银杏大苗供不应求，市场前景十分广阔。四是银杏盆景制作成为银杏产业又一新的亮点。为促进苗木转化增值，积极进行盆景开发，每年有 50 余万盆银杏盆景销往全国 20 多个大中城市。现在，全市银杏盆景存量超过 150 万盆，涌现盆景大户 120 户，其中盆景大户赵化友年销售盆景 2000 余盆。五是叶用银杏园建设走向规范化。全市建设叶用银杏园 6600hm^2，其中叶用银杏 GAP 生产基地 2000hm^2，实行标准化栽培，规范化管理，提高了银杏叶的质量。

（2）综合利用不断深化，银杏产业化建设快速推进　为进一步利用银杏资源，实现加工增值，增加效益，邳州把加大产品开发深度和拓宽国内外销售渠道作为关键环节来抓，加快了银杏产业化步伐。全市建有各类银杏加工企业 20 余家，先后开发出银杏胶囊、银杏口服液、银杏茶、银杏开心果、银杏罐头、银杏蜜、银杏冲剂、银杏叶枕、银杏酮菊花茶等产品，全市年产银杏酮 250t，银杏茶及其他各类银杏加工产品 500t，许多产品已进入苏果、华联超市，填补了银杏保健品市场的空白，丰富了保健品品种，为人民群众的身体健康带来了福音。江苏银杏集团年产银杏胶囊近 1 亿粒，申报的银杏类 4 个绿色食品，已被国家绿色食品发展中心批准，发给 A 级绿色食品证书，申报的银杏胶囊、银杏酮菊花茶两个保健品已获国家卫生部批准文号。全市银杏苗木除满足自己的需要外，还源源不断地销往外地，覆盖全国 21 个省（自治区、直辖市），年均销售量都在 500 万株以上，为绿化农村、美化城市做出了积极的贡献。全市年产优质药用银杏叶 15 000t，基本上垄断国内一半市场，干青叶还销往德国、法国，产品质量深受欢迎。银杏果主要销往韩国、日本以及东南亚各国，年出口量在 200t 左右。同时，全市建成小型银杏恒温库 15 座，常年贮藏银杏果、叶，实现了银杏产品的周年供应。

（3）科技开发成效显著，银杏产业科技含量逐年提高　邳州银杏产业科技开发成效显著，科技成果捷报频传，科技含量不断提高。一是技术推广体系完善。邳州先后成立了“邳州市银杏科学研究所”、“银杏新产品开发应用研究所”、“银杏技术推广中心”、“银杏协会”；有关镇建立了银杏技术推广站和服务公司；重点村组配备了兼职银杏技术员，形成四级科技推广网络，定期举办技术培训班，提高了广大果农的技术素质和栽培管理水平。几年来，共培育银杏科技示范户 1280 户，同时，建立银杏星火技术密集区、银杏矮化早果丰产园、银杏高产优质示范园、无公害银杏生产园 22 处，取得了良好的示范效果。建立了国内首家银杏种质资源圃和银杏良种繁育圃，收集银杏品种（单株）82 个，建成了全国银杏种质资源保存中心和交流中心。二是技术推广成效显著。邳州选育的“亚甜”、“宇香”果、叶兼用型品种，于 1995 年通过江苏省农作物品种审定委员会审定，被认定为优良品种，已在邳州及全国银杏产区推广，邳州银杏良种覆盖率达 98% 以上；银杏高密度育苗技术使亩产苗木由原来的 1 万余株提高到 4 万多株，同时增强了抗旱、抗高温、抗病虫的能力。通过推广银杏土肥水管理及实施环割新技术，使银杏树嫁接 3 年后开花结果，6 ~ 8 年亩产量达 70kg。同时，邳州与全国 20 多个省（自治区、直辖市）大专院校、科研单位的百多位专家教授建立广泛联系与真诚合作，收集传递了很多技术信息，对整个银杏产业发展起到重要推动作用。三是科研工作又有新进展。积极开展了银杏外种皮利用研究，在生物农药应用开发方面取得了新进展，获国家专利。同时，还出版发行了《银杏栽培与发展研究》等 7 本银杏专著，共发表论文 110 余篇，获国家、部、省、市科技进步奖 6 项，对银杏产业发展起到积极指导作用。四是在加工业方面，不断完善和改进工艺，努力提高产品质量。从1993年第一条银杏酮生产线建成投产至今，全市已进行了4次大规模的技术改造，加工提取银杏酮得率由原来的1%，提高到现在的2.5%左右，银杏酸含量逐步下降，有的企业有了突破性进展，已达到国际标准，年产量也由原来的不到5t，增加到现在的250t。五是技术支撑工作不断加强。近年来，先后聘请南京林业大学、扬州大学、上海中医药研究所、浙江省林业科学研究院、贵州大学等国内银杏顶级专家来邳州讲学，并指导生产、开发，增强了生产发展潜力。2005年7月，与南京中医药大学段金敖教授合作的国家科委科技攻关项目——道地中药材银杏种质资源的保存利用与整理科研项目，正在实施中，项目成果完成后，将对中药银杏的利用起到很大的推动作用。

（4）*三资投入力度加大，银杏产业建设融资渠道进一步拓宽* 近年来，市委、市政府在土地、科技、融资、税收等方面制定了一系列优惠政策，鼓励工商资本、民间资本、外商资本开发银杏产业，加快了银杏资源综合利用步伐。①按照现代企业制度，坚持以资产为纽带，以“科技牵头、服务导向、利益调节、共同发展”为原则，将市内有实力的5家银杏企业实行联合，优势互补，经江苏省政府批准成立了“江苏银杏生化集团股份有限公司”，该企业集团资产总额近2亿元，成为邳州银杏产业的龙头企业；②个私企业发展较快。新上生产袋装银杏、银杏茶、食品、饮品等个私加工企业达20多家，成为银杏产业开发的主力军；农村经纪人队伍发展到1000余人，营销遍及全国各地；③外资开发成效显著。与法国益普生公司联合成立邳州市中大银杏叶有限公司，加工干青叶出口，年出口银杏干青叶800t；1999年，由银杏集团和美国加州宁源公司合资兴办江苏艾博药业有限公司，先后开发以高含量银杏黄酮为原料的银杏胶囊、片剂、冲剂、银杏酮菊花茶等保健食品，产品市场相当广阔。2005年利用市外资金建设的青山银杏制品有限公司，预计2006年下半年可建成投产，主要生产银杏保健品，将对银杏产业有巨大的拉动作用。

（5）*国家银杏博览园启动建设，建设银杏生态旅游经济发展迅速* 2004年，国家林业局批准建设邳州国家级银杏博览园，由南京林业大学进行了规划设计，目前正按规划逐步实施。邳州国家银杏博览园是以银杏森林资源为基础，以银杏的自然景观和人文资源为特色，是融观光、娱乐、健身、度假、生产、科学和文化研究等功能为一体的国家级银杏专类园区。园区建设总面积20 000hm^2，其中核心区2000hm^2。规划总建设期10年，其中近期为2004～2008年，远期为2009～2013年。总体构思是树立银杏文化品牌，打造生态旅游卖点。目前，已完成银杏姊妹园、林趣园、青少年野营区、银杏展览馆、银杏盆景园、银杏观果园、标准采叶园、银杏科技园以及艾山风景区的仙人湖、万亩桃花园、百果园、华严寺等景点建设，初步形成了以310国道为轴线，以银杏姊妹园—林趣园—银杏展览馆—银杏盆景园—艾山风景区为重要节点的一日游风景线，深受广大游客青睐。

10.3 广西桂林

10.3.1 自然条件

广西银杏分布区的地理位置是东经109°36′50″～111°29′30″，北纬24°15′23″～26°23′30″。重点产区的地理位置是东经109°45′～111°00′，北纬24°45′～26°15′。全境山峦起伏、沟谷纵横、石山星罗棋布，地势西北高、东南低，西北部为我国著名的南岭山系西段。主要山脉有越城岭、都庞岭、海洋山、驾桥岭。海拔最高的是猫儿山，海拔是2141.5m，最低是平乐巴江口，海拔超过50m。在全市的12个县中，中山占12.93%，低山占31.77%，高丘占32.56%，低丘占17.38%，台地占5.00%，平原占0.36%。全境山地多，平地少，高差悬殊，地形复杂。该区域属中亚热带季风气候区，具有气候温和、雨量丰沛、四季分明、光照足、温差变幅大、干湿季节明显。全年平均气温16.4～19.8℃，最热7月平均气温26～29℃，最冷1月平均气温6～9℃，极端最高气温38.4～40.4℃，极端最低气温－8.4～－2.9℃，全年>10℃的积温为5064～6328℃，年平均降水量1400～

2000mm，4~7月为雨季，占全年雨量的60%左右，9月后雨量逐渐少，12月最低，仅占全年降雨量的2.6%。年日照平均1240~1670h，年无霜期平均283~317d。空气相对湿度在70%~80%，平均76%，5月最高达82%，10月最小66%。平均风速3.2m/s。风向以北或北东为主。该区域土壤条件良好，成土母岩以砂页岩为主，花岗岩、石灰岩次之。有机质含量大于3%的占24.57%，1%~3%的占54.38%，低于1%的占21.05%。土层厚度为100cm以上（厚土层）的占38.32%，50~100cm（中土层）的占41.78%，50cm以内（薄土层）的占19.30%。主要土类的pH值为红壤、黄壤、紫色土多在4.5~6.0，石灰性土一般为6.7~7.5之间。

10.3.2 栽培历史和现状

广西银杏主要分布于桂林市，其中灵川、兴安、全州3个县为主产区，阳朔、资源、龙胜、灌阳、恭城、临桂、平乐、荔浦、永福9个县为零星分布区；在柳州、梧州、贺州、玉林、贵港、百色、河池7个市（地级）有零星银杏种植。桂林银杏种植始于明代，历史悠久，据清朝康熙28年（1689年）黄忠璋著的全州县志记载，银杏在桂林种植至少有300年以上，栽培历史最长的有上千年。桂林银杏主要栽植在海洋山系和都庞岭山系一带。在新中国成立以前桂林产区的银杏大树有10万株以上，树势生产差，产量不高，发展的速度也较慢。新中国成立后（1952年），群众对银杏树的管理积极性很高，加大了对植株的管护，树势得到了恢复，产量也得到提高。在1958~1960年全国的大办钢铁期间砍伐了部分银杏树炼钢铁，“文革”时期又掀起开田造地高潮，砍去银杏树建农田，至1980年止桂林产区保留银杏大树（40年生以上）73 880株，面积约600hm^2。党的十一届三中全会以后，经过拨乱反正，把工作重点转移到以经济建设为中心上来，银杏产品成了名、特、优出

表10-1 桂林银杏产区各时期银杏面积、株数、产量、产值统计

年　份	面积（hm^2）	株数（万株）	产量（t）	单价（元/t）	产值（万元）
1949	1000	10.00	350.00	320.00	10.24
1950~1953	1000	10.00	1000.00	320.00	32.00
1954~1957	1000	10.00	1300.00	320.00	41.60
1958~1966	800	7.50	300.00	1000.00	30.00
1967~1970	800	7.50	500.00	1000.00	50.00
1971~1975	800	7.50	1200.00	1200.00	144.00
1976~1980	660	7.38	1500.00	1200.00	180.00
1981~1982	660	7.38	1600.00	1300.00	208.00
1983	660	7.38	1700.00	3000.00	510.00
1984~1986	660	7.38	2000.00	5000.00	1000.00
1987	660	8.30	2400.00	10 000.00	2400.00
1988~1989	660	8.30	2400.00	26 000.00	6240.00
1990~1994	3000	128.33	2500.00	30 000.00	7500.00
1995	30 000	1800.00	3200.00	36 000.00	11 520.00
1996~1998	30 000	1800.00	3400.00	40 000.00	13 600.00
1999~2000	30 000	1800.00	3800.00	26 000.00	9880.00
2001~2003	30 000	1800.00	4200.00	16 000.00	67 200.00
2004	30 000	1800.00	4700.00	10 000.00	4700.00
2005	30 000	1800.00	5400.00	10 000.00	5400.00

口创汇产品。为发展地方经济，自20世纪80年代中开始，桂林产区的林业、农业、水果、特产等有关科技和生产管理部门，积极开展银杏的良种选育、施肥管理、病虫害防治、人工授粉等丰产稳产示范技术研究，使银杏树势生长旺盛，连年挂果累累，产量大幅度上升。在管理好原有银杏大树的基础上，加强了银杏生产的发展，自20世纪80年代末以来银杏产区的当地党委和政府为了振兴地方经济，在调整林种结构、改造低产林方面大抓名特优产品基地的建设，至1995年止全市建立银杏果用林面积3000hm^2、1800万株，各时期银杏面积、株数、产量、产值见表10-1。

10.3.3 加工利用情况

（1）*叶片加工* 桂林银杏产区每年可产银杏干叶超过3000t，早在20世纪90年代初期外贸部门集中收购，经初加工（烤干）后出口德国、法国等，银杏鲜叶收购价是2.0～3.4元/kg。90年代中期在桂林有银杏叶加工厂10余家，主要生产银杏黄酮粉出口，由于其产品达不到外商要求的质量标准，至90年代末厂家基本停产。至今尚有桂林莱茵生物制品公司等厂家生产少量的黄酮粉外销及供有关制药厂，主要用于生产银杏叶口服液、银杏舒血宁片等心脑血管用药。

（2）*种核（白果）加工* 桂林产区年产银杏种核已达5400t，是国内产量较大的省地之一。其种核60%左右用来加工制成清水银杏（罐装品）、真空袋包装品在国内外市场销售。另有部分银杏种核由商贩组织销往广东、香港、澳门，以及东南亚等地区。在桂林加工银杏种核的厂家主要有兴安县日盛食品厂、兴安县罐头厂及桂林市食品厂等。

10.3.4 发展规划

（1）*生产方面* 桂林产区的银杏果用林种植面积达30 000hm^2，由于银杏的挂果期迟，投产慢，种植后多年无经济效益，加上近年来银杏种核（白果）的市场价格下降，已种下的银杏植株缺乏水肥管理，生长衰弱，现在计划是不增加银杏果用林的造林面积，加强对现有不挂果园、低产园的改造和施肥管理，促进银杏的丰产稳产。

（2）*科研方面* 产区的科研部门结合本地的生产实际开展科研工作，第一是选择早实丰产质优新品种，建立良种繁殖基地；第二是调查现有的低产林面积，采用良种穗芽进行高接换种，提高产品质量；第三是进行修剪整形、配方施肥等试验，促进银杏丰产、稳产、优质、高效。

（3）*产品加工利用* 桂林银杏产品的加工利用相对滞后，目前以粗加工和销售原料为主，下一步计划引进技术和人才，加大银杏产品的深加工力度，提高产品质量，增加产品的品种数量。另外是大力宣传银杏的食用保健知识，增加人们对银杏食用保健的认识，增加银杏市场的销售量。

（4）*古银杏林的开发利用* 桂林是全国著名的银杏产区之一，栽培银杏历史悠久，拥有银杏古树7万多株，均生长在海洋山一带，该地带距桂林市区仅20kg，集中分布在桂林→海洋→高尚→兴安的省道公路两旁，形成了古银杏长廊，这些植株均为实生苗或根蘖苗种植，树体高大雄伟，集中连片，生长旺盛。2006年2月桂林市人大代表提出“建立海洋山古银杏森林公园”议案。2006年5月我国银杏专家、中国银杏研究会副会长、南京林业大学曹福亮教授考察后称：“海洋银杏林如此美丽壮观，在国内外少见，有着较大的保护利用与开发价值”。同年6月桂林市人民政府已列入计划，由桂林市林业局组织实施，并安排60万元经费规划银杏森林公园，经过专家论证，开发利用海洋山古银杏林，意义重大，经济、社会、生态效益显著，并拟建立“桂林中国银杏博览园”。2006年9月已邀请南京林业大学园林风景学院专家进行规划设计。在近年内“桂林中国银杏博览园”有望展现在世人面前。

10.4 湖北安陆

10.4.1 自然条件

安陆市属亚热带季风气候区，四季分明，兼有南北气候特点，全市年均气温15.9℃，全年日照时数2150h，日照率49%，无霜期246d，年降水量

1003～1120mm，是银杏生长发育的最佳气候区。

安陆市北部为低山和中高丘陵，南部为岗地和平原，地势自北向南倾斜。西北部土壤为石灰岩、泥质岩和泥灰岩风化形成的灰石渣土、灰麻骨土和灰泥土。东部丘陵为基性岩、泥质岩以及砂岩风化形成的黄棕土、紫泥土、砂泥土和第四纪黏土。府河沿岸土壤以砂土、白散泥土为主。全市有府河、漳河两大水系，形成干支120条河流的湿润区。土壤含水适中，pH值在6～7.5之间，是银杏生长最理想的土壤。

10.4.2 种质资源情况

全市的核用银杏种群中，占主导地位的为梅核和马铃，分别占总数的42.86%和30.6 %，其次为圆子占12.86%，佛手，占12.28%，大子粒的也是以梅核和马铃为主。白果的熟性以中熟为主，大都在9月25日至9月底成熟，占60%，早熟一般在9月20日左右成熟，占21.4%，迟熟的在10月上旬成熟，数量较少，占18.6%。按子粒级分：3级（>440粒/kg）占总数的45.7%，2级(360～440粒/kg）占34.3%，1级（<360粒/kg)，占20%。大粒型（每千克在400粒以下）占总数的一半以上。

分析安陆银杏种质资源的特点，主要表现在以下几个方面：①佛手类和圆子类的早熟多。银杏成熟一般年份相差不大，从授粉到成熟一般早熟种155d，中熟种170d，迟熟种180d。各种类型的熟性各有特点，其中圆子类和佛手类早熟多，占50%；马铃类和梅核类中熟多，分别占75%和62%，大粒型和小粒型中，成熟期最早的是佛手类，一般9月12～15日成熟。各种粒级和各种类型的最迟成熟期均在10月10日左右；②百年左右的银杏树大粒型多，梅核类多。大粒型多为百年左右的，百年以下的占33%，千年左右的占8.4%，在大粒型中，梅核类占58.3%，马铃类占33.3%，佛手类占8.4%。一般地讲，株高、胸围、冠幅、产量都随树龄增长而增加。长势与品种相关性不大，而与立地条件、树形、嫁接有关，一般直筒形的长得高些，塔形矮些，经嫁接的矮些，冠幅大些，立地条件好的长得高大，老树经过培土和管理的长得高大茂盛；③类型不同，其经济性状也不同。佛手类的每千克粒数多于其他类型，梅核类的则少于其他类型。大粒型中最大为梅核类264粒/kg，小的为佛手类360粒/kg，中粒型中最大的为马铃类374粒/kg，子粒最小的为圆子类792粒/kg。从出核率看，平均为26.7%，其中出核率高的多为梅核类和小粒型。出核率在30%以上的梅核类占53%，马铃类占26.7%，圆子类占20%，大粒型占20%，中粒型占20%，小粒型占60%。出核率最高为35%，最低为16.8%。在出仁率方面，平均为78.5%，一般小粒型和梅核类的出仁率高，故出仁率高低不在于核的大小，而在于壳的厚薄和饱满度。出仁率超过80%的小粒型占70%，中粒型占20%，大粒型占10%；梅核类占40%，马铃类占30%，佛手类占20%，圆子类占10%；④千年树仍保留有优良性状。主要表现为：有的每千克360粒，有的出核率达34%，有的出仁率达91%，最高年株产白果500kg以上的有3株；⑤集中产区雄性树少。全市纯雄树只有4株，有的集中产区没有单独的雄性树，致使大部分银杏树具有明显的大小年结果现象。大小年不明显的基本上都是雌雄同株和与雄株相邻的。一般随树龄增长而大小年愈明显。

10.4.3 栽培历史和栽培现状

安陆银杏历史悠久，《德安府》和《安陆县志》记载："有庙祀真武神，一银杏树大数百围，千年物也"。中科院武汉植物研究所专家考察安陆认为"安陆银杏群落为一半天然状态，既有人工种植的，也有通过动物传播而形成的野生状态的"。全市有银杏大树2.9万株，其中千年以上的59株，百年以上的4673株。安陆市银杏资源丰富，而且发展较快，在全国享有盛誉。1991年9月21日全国第一次银杏学术研讨会在安陆市召开，会议决定筹建全国银杏协会组织，开展银杏学术研究，发展银杏事业。1992年12月30日中国林学会以〔林字会办函字（92）第32号〕文批复，同意成立银杏学组，并指定挂靠湖北省安陆市科学技术委员会。2000年3月国家林业局命名安陆市为“银杏之乡”。

安陆银杏开发利用始于20世纪80年代中期。1994年后，安陆市委、市政府把握银杏产品市场扩大，价格看涨的机遇，着手把银杏作为全市经济的支柱产业来抓。1997年7月市政府委托湖北省林勘院对银杏开发进行了科学规划设计，形成了《湖北省安陆市银杏系列开发总体规划》。《规划报告》由省计委主持并邀请有专家和省、市直部门负责人在安陆评审通过，1998年6月省计委以鄂计农字〔1998〕第0472号文件批准安陆市银杏系列开发规划工程项目立项。按照总体规划，全面加大了银杏科研、生产、加工、旅游业的力度，推动了银杏基地的迅猛发展。全市现有银杏基地66 000hm^2,7000万株，年产银杏果450t，叶3000t，苗500万株。2005年银杏产业创产值销售收入1.2亿元。

10.4.4　银杏发展阶段和银杏发展工程

安陆市银杏基地的发展经历了3个阶段：

（1）*庭院银杏试验示范阶段*　从1984年开始，市科委在王义贞镇扬港村进行了农户庭院矮密早丰银杏园试验示范，以王代水、郭定炎、郭泽贵为代表的试验农户13户，总面积13亩，试验的成功为后来王义贞乃至全市各地庭院银杏发展起到了重要的推动作用。

（2）*岗地银杏定植和育苗初始阶段*　20世纪90年代初，全市开始在部分岗地连片定植银杏，在市直部门和部分农户开始银杏育苗。到1993年，建成百亩以上的银杏基地有万亩岭、武马岭、长架山等地，千亩以上的有十八里大庙。

（3）*银杏育苗和栽植高潮阶段*　从1994年开始，全市实行“三个一起上”，即城市乡村一起上，基地庭院一起上，定植和育苗一起上，一大批岗地、庭院千亩连片银杏定植园、平原地带千亩银杏采叶园和百亩连片银杏苗圃相继建成，并在道路、学校、城镇、机关遍栽银杏，到1999年银杏定植株数由1993年的51万株一跃发展到7000多万株，银杏育苗基地发展到200hm^2。

安陆市银杏发展实行了遍地开花的“五大工程”：

（1）*一户一亩银杏园——小康主体工程*　以乡村为单位，实行统一规划，统一投工，推磨转圈，整体推进，连片改造农户庭院次生林，建设银杏定植园。到1999年，全市农户银杏庭院发展到7.5万户，2600hm^2。

（2）*一村百亩银杏园——村级组织凝聚力工程*　针对村级集体经济薄弱，不少的村集体负债，无人管事，无钱办事的现状，市委、市政府把发展银杏作为村级集体经济的一条重要途径，利用集体荒山荒岗荒滩和机动地，建立银杏园。全市430个行政村中，已建银杏园的有200多个，王义贞镇彭畈村1996年冬建园4hm^2，提出了“一年建园打基础，两年发展　百亩，三年全村免提留”的奋斗目标，从1997～1999年的3年里，已创纯收入26万元。

（3）*一乡千亩银杏园——乡级财源建设工程*　把银杏作为乡镇财源建设重点，通过以乡镇为单位统一组织开发连片基地，兴办龙头企业，从生产环节征收特产税和从加工流通环节纳税，拓展乡镇财源。到1999年，全市以乡镇为单位已开发千亩联片银杏基地30多处。1994年夏，王义贞镇率先在星火岗以每亩20千克炸药300多个标工，建设“梯田石墙化，道路砂石化，路边渠硬化，绿化带花园化”的“四化”高标准千亩联片银杏基地。到1999年，这个镇共开发千亩连片银杏基地7处。1999年，这个镇来自银杏的税收达111万元，占财政收入的30.8%。

（4）*部门全面参与——示范服务工程*　全市第一个参与银杏开发经营的是市农业局果茶研究所，该所于1986年建立银杏采穗圃，后着手进行银杏苗木生产经营，1993年冬建立了全省第一个优质银杏苗木基地。1995年以后，部门参与银杏开发更为火热，市委办公室、市政府办公室、林业局、水利局、农机局、农村能源办公室等部门相继到棠棣镇河德平原地带租地建银杏采叶园、苗圃96hm^2。1997年，市直78个局级单位到十八里大庙租地建成了340hm^2，银杏定植园，市粮食局、林业局、财政局等单位还在北城的雷庵、护国，巡店的沙州，南城的长架山，桑树的武马岭，雷公的许家庙，双河的四架山等地租地租山场建起了银杏园。各乡镇处部门也全面参与了银杏基地开发。部门参与银杏开发，使部门的技术、资金和信息与农村的土地劳动力资源优化配置，收到了良好的示范效应和经济效益。

(5) *以银杏为主要树种——绿化、美化、净化工程* 1994 年冬开始，银杏作为主要树种，批量进入城市街道、集镇、学校、机关和公路干线。城区的太白大道、解放大道、汉丹路以及所有机关、学校栽上了银杏树，316 国道、安京线、安花线、安赵线、安三线、安周线、应信公路等通往乡镇的公路干线栽上了银杏，60 多个集镇栽上了银杏，全市所有中小学校栽上了银杏。

10.4.5 加工利用

1996 年以来，安陆市在充分论证的基础上，突破传统思维定势，变果用为主为叶用为主，开始引进银杏叶提取银杏黄酮先进技术，投资 980 万元，兴建了全省第一条年产 10t 的银杏黄酮生产线，同时以午时药业为载体，又相继开发成功银杏口服液、银杏胶囊、银杏叶片中成药等高附加值新产品。与此同时，安陆市相继投资、引资新上了年产 30 万只银杏香枕生产线、120t 银杏茶、1000t 银杏酒生产线，一批企业如午时药业公司、长生树公司、星宇保健品公司、龙云保健品公司相继成为安陆市银杏产业链中引人注目的龙头企业。目前，已有午时药业公司、长生树保健品公司、天宇保健品有限公司、祥龙保健品有限公司、银杏保健品有限公司五家加工企业，总资产 6332 万元，其中，固定资产 3685 万元，从业人员 1550 人。银杏加工产值 5760 万元，实现销售收入 5254 万元。已开发出银杏黄酮、银杏叶片、银杏液、银杏茶、银杏香枕、银杏被、银杏盆景等系列产品。其中，银杏保健品有限公司开发的“银乡”牌银杏香枕获湖北省工业精品名牌消费品展销会金奖，被农业部授予科技进步奖和省企管局授予优秀产品奖。天宇保健品有限公司开发的“星宇”牌银杏系列保健茶连续 3 年在中国国际食品博览会、中国国际农博会上获优秀奖。长生树保健品公司开发生产的高档太白银红茶获农业部绿色证书，2003 年又获得双 A 有机食品论证，产品获准进入欧美市场。午时药业公司开发的银杏叶片等深加工产品获卫生部健字号批文。

10.5 山东郯城

10.5.1 自然条件

郯城县位于山东省最南端，东经 118°05′～118°31′，北纬 34°22′～34°56′。境南北长约 65km，东西宽 32km，总面积 1312.6km^2，约占全省面积的 0.84%，其中平原面积 1123.6 km^2，占全县总面积的 86%；山丘面积 183.4 km^2，占总面积的 14%。全县水面有 130.4 km^2，占总面积的 10%。郯城县地处鲁中南低山丘陵区南部，临郯苍平原腹心地带，系沂蒙山区冲积平原。地形由东北向西南缓缓低下。东部马陵山绵延南北，中西部平原沂沭河纵贯南北。境内地势平坦，平均海拔约 38m，自然比降为 0.03%。

10.5.2 银杏发展概况

银杏历经远古漫长的岁月沧桑，在山东形成了以郯城县境内沂河中下游沿岸为重点的集中分布区，成为全国为数不多的银杏集中产区之一，郯城的银杏栽培历史悠久，新村乡驻地银杏古梅园内原官竹寺遗址的一株古银杏，树高 37.5m、胸径 2.24m，为山东省内最高的银杏雄株。明代中后期，银杏栽植进入鼎盛期。建于明朝中叶的胜利乡白果树村，即因村前有两株银杏树而得名。港上镇前埝村村东一株古银杏，明朝洪武年间所植，年产银杏达 450 千克，至 1985 年被砍伐掉。港上镇后埝村小学校院内的一株古银杏，树龄 400 多年。据《樊氏家谱》记载，该村原有 5 株银杏树，光绪年间沂河决口因地势低洼被水淹死 4 株，现仅存此树；此树为实生树，高 26.7m、胸围 4m，共有 36 个主枝，枝叶茂盛，最高产量 300kg。

清乾隆年间和清末民初，境内银杏生产进入第

2个鼎盛时期。沂河两岸南起新村，北至马头，银杏林绵延不断。此期间第1次发展高峰在乾隆初期，第2次在乾隆中后期，第3次是光绪中期，第4次在民国初期。以上各个时期营建的银杏大园，县内尚存不少，主要分布在新村、港上、重坊等乡镇。由于累代增植，倍加保护，境内沂武河两岸银杏片林，蓁莽漫漫，绵亘数十里，蔚为大观。清光绪二十七年（1901）诗人张敬葳游览至此写下《中秋既望观园》。生动描绘了当年沂河两岸银杏园林的盛况。新村乡政府驻地、港上镇王桥村、重坊镇高庄村至今尚遗留银杏古树群落。银杏为县内主要栽培果树之一，新中国成立前全县银杏面积310hm^2，银杏大树8万株，沂河两岸的银杏林带长达20km。最高年产量达100万kg。据《中国实业志》（民国23年）载，银杏是当时山东重要的出口商品之一，郯城县每年向欧美日出口银杏1500包，价值15 000元。但由于长期战乱洗劫及人为破坏，银杏生产历经曲折，1949年，年产量只有80万kg。1950～1960年代，银杏价格跌入低谷，1kg银杏仅与等量小麦价格相同，销路不畅，大量银杏树被砍伐。特别是1958年后受“左”的思潮影响，银杏生产不被重视，银杏树疏于管理，果园水土流失，肥源断绝，银杏树大批死掉，加之乱砍滥伐，损失惨重。20世纪60年代初国民经济处于困难时期。银杏树又一次遭到严重毁坏，到1965年产量降至低谷，仅为7.5万kg。60年代末至80年代初期，郯城银杏生产总体上处于半林半果、粗放经营的水平，1978年全县银杏片林200hm^2，产量60万kg。1982年普查，全县有银杏树5.4万株，其中百年以上树2.8万株。1985年全县银杏片林280hm^2，产量70万kg，接近建国前银杏生产规模。

20世纪80年代中后期，随着银杏保健功效和药用价值逐渐为人们所认识，银杏收购价格迅速上升，激发了群众发展银杏的积极性。1979～1983年，林业科技工作者进行良种选育、矮化嫁接、人工授粉等一系列试验研究，取得了幼树嫁接3年结果5年丰产的突出成绩，不仅解决了结果晚的问题，而且选出早实丰产良种4个，为银杏生产拓出了新路，这些科技成果在全县的迅速推广应用，促进了银杏生产的发展。1984～1985年新育银杏苗24万余株，新发展银杏44hm^2，银杏产量上升到70万kg，居全国第二。1987年，郯城县被山东省列为银杏生产商品基地，种植银杏进一步在全县推广。1988年县委、县政府作出了《关于大力发展银杏生产的决定》，制定了一系列有利于银杏生产发展的政策。县政府还对全县银杏生产作出规划，确定以沿沂河8个乡镇为重点，建立银杏基地，集中经营，连片开发。县人大十二届八次常委会也相继作出了《关于大力发展银杏生产的决议》，并确定银杏为“郯城县树”。县成立了银杏生产领导小组、银杏协会，先后在新村、黄村、孙出口、徐圩子建起了不同模式的示范园4处。至1989年，全县培育苗木50万株，银杏面积发展到900hm^2，定植40万株，主要分布在沿沂河的新村、港上、重坊、胜利、马头、花园、高册、十里8个乡镇152个自然村。

1990～1995年县委、县政府广泛宣传发动，加大工作力度，银杏迅猛发展，面积、产量骤增，1992年9月举办“中国郯城银杏节”，1993年举办“中国郯城国际银杏节”，1994年承办第3次全国银杏学术研讨会，至1995年底银杏面积发展为4600hm^2，定植银杏550万株，年产银杏200万kg，产叶250万kg，银杏果、叶、苗系列产品年收入达2.5亿元。

1996年后，县内银杏处于发展高峰阶段。1996年，县林业科技人员经过10年试验筛选的5个早实、丰产、优质良种通过鉴定。1997年又选出了4个叶用品种、3个优良雄株品种。改革开放以来，县内共选出20个优良品系，并通过广泛搜集银杏资源，建立了银杏基因库，该基因库拥有从全国各地及日本等引进的100余个银杏品种，是当时国内拥有银杏品种最齐全的银杏基因资源库。1996年7月，与法国波福易普生制药公司和德国施瓦布制药集团合资兴建银杏绿源责任有限公司投产，年加工银杏干叶200万kg，为县内银杏生产销售奠定基础。

1996～1997年，历时7个月完成205国道郯城段“跨世纪银杏绿色工程”，共计投工 100 万个，动用土方 60 余万立方米，定植银杏大苗 19 424 株，建护林房 82 处，总投资 1300 万元，在县境内沿 205 国道两侧建成 53km 的银杏林带。林带中立标志碑 1 处，有原省人大副主任苗枫林题词。1998 年，县委、县政府作出《关于建设银杏城的决定》，开展义务捐栽银杏树活动。1999 年 2 月，郯城县被中国特产之乡推荐暨宣传活动组委会授予“中国银杏之乡”称号。

到 1999 年底，银杏栽植已遍及全县 22 个乡镇，片林面积近 $9000hm^2$，定植银杏 1300 万株，林网 1000 多千米，在沂河沿岸形成了 $200km^2$ 的集中栽植区。银杏年产量达 200 万 kg，占全省产量的 90% 以上，居全国第 2 位。年产干叶 500 万 kg，银杏系列产品产值达 6.5 亿元，果叶创汇 1500 万美元。银杏生产已成为全县经济发展的支柱产业。

2002 年县委、县政府认真贯彻落实全市银杏座谈会议精神，广泛开展了城乡银杏进万家活动，全县四旁栽植银杏 300 万株。本年度完成县城外环路银杏林带建设，全长达 14km，林带宽 30m，栽植银杏大苗（5cm 以上）3 万余株。县境内建设银杏林网 106km，栽植银杏 8.5 万株。京沪高速马头、胜利、红花段，绿色通道建设栽植银杏 6.5 万株。到 2002 年底，县内银杏片林面积 $7000hm^2$，定植 1400 万株，银杏苗木 1 亿余株，年外销各类银杏苗木 2000 余万株，银杏产量 220 万 kg，银杏叶、果出口创汇 500 万美元。

2003 年至今是郯城县又一个银杏产业大发展阶段。2003 年始，组织了银杏产业调研，2004 年县委、县政府成立银杏产业发展工作领导小组，进行了银杏产业普查。3 月，召开了万人大会，号召全县人民广植银杏，并下发了《关于加快银杏产业发展的决定》，成立了银杏产业发展中心，为正科级事业单位，专门负责银杏产业事业；2005 年 9 月 4～6 日举办了第 3 届中国（郯城）国际银杏节暨第 10 次全国银杏学术研讨会，全县银杏产业实现了跨越式发展。

经过 20 年的迅猛发展，目前，已初步形成了以种植业为依托，加工业为主导，流通业为拉动的银杏产业集群：一是种植业迅猛膨胀。通过加强银杏古树资源的保护管理，境内至今仍保存着国内最大的古树群落，全县 5 万株百年以上银杏古树参天蔽日，郁郁葱葱；通过实施产业化工程，全县银杏种植规模迅速扩大，银杏种植已遍及全县 17 个乡镇，沿沂河两侧形成了 $200km^2$ 的集中种植区，种植面积达 $2000hm^2$，定植总株数 1400 万株。其中，片林面积 $1300hm^2$，银杏苗木数量 3 亿株，银杏果年产量 300 万 kg，银杏干叶年产量 1000 万 kg。银杏种植面积、定植株数、苗木拥有量均居全国首位。二是加工业蓬勃发展。以中、法、德合资的银杏绿源有限责任公司为龙头，发展银杏叶加工、银杏茶生产、黄酮提取、银杏系列食品生产企业 40 余家，开发生产了 10 多个系列，100 多种产品。三是流通业迅速壮大。建成银杏果、叶、苗、盆景及系列加工产品五大专业市场，以新村乡为重点建起了全国最大的银杏苗木集散地，年经销银杏苗木 1 亿余株。县、乡、村 3 级从事银杏果、叶、苗及银杏加工产品经营的从业人员 5 万人。郯城银杏产业 20 年发展经验。

10.6 其他

10.6.1 四川通江县银杏发展情况

通江县位于四川盆地东北边缘大巴山南麓，处于渠江上游秦巴山区。境内北高南低，呈扇形倾斜，低中山界线明显，河流深切，山高谷深，阶地狭小，海拔 600～1400m，平均气温 16.7℃，年降水量 1107.9mm，无霜期 280d，土壤以紫色土、山地黄壤为主。为充分挖掘资源潜力，推动全县以银杏为主的干果产业发展，通江县委、政府于 2002 年出台了《关于大力发展银杏等干果生产的意见》及《通江县银杏产业开发“十五”规划》。

通江县的银杏品种经四川省林业科学研究院、县林业科学研究所进行优良品种选育鉴定，具有以下品质特点：巴山银杏投产树每平方米树冠投影面积，平均产核量 0.83kg，粒大饱满，整齐度高，单核重 2.7g，每千克种核 370 粒。外形美观，骨质中种皮色白、光洁。种实出核率≥28%，出仁率≥

78%。种仁口感好，味甘甜，有糯性。连续3年实际产量的变动幅度小于30%。2004年，经申报通江县“巴山银杏”、“空山核桃”两个品牌双双获得国家无公害农产品称号。

通江县现有投产银杏400hm^2，仅占总银杏面积的11.66%。预计2006年后，全县银杏投产总面积将达到1200hm^2，占总面积的34.97%。2005年全县银杏总产量303.2t，产值303.2万元。2006年后在单价不变，投产面积达到总面积34.97%的情况下，总产量将达910t，产值910万元。到2010年，全县银杏低产林实现全面嫁接改良并投产后，产量预计将突破到2600t，产值达到2600万元。

10.6.2　江苏东台市银杏发展情况

银杏是东台市市树，该市从20世纪80年代中期开始大量发展银杏，于1991年在全国第1个实现百万株银杏县（市），东台市人大做出决定将银杏确定为市树。目前全市共定植1000多万株，其中嫁接银杏400万株，已有280万株结果，160万株投产，2005年白果产量达到700t，且年产量以20%的速度递增。经过多年发展，东台市银杏生产形成了一定规模，是全国银杏新产区之一，经江苏省农林厅认定无公害农产品银杏生产基地1400hm^2。注册了“碧凯”、“东银”和“永丰林”等3个白果商标。银杏叶资源丰富，年产干青叶1000t。

东台现有千亩以上集中连片的银杏园5块，最早建园的是弶港镇银杏果林场，面积80hm^2，已有1/2投产，2006年产白果40t，增产潜力大。东台通海大河梁垛河南堤上总长13km的银杏带，宛如绿色巨龙，集丰产性和观赏性为一体，蔚为壮观。东台市最大的新建银杏园位于黄海之滨的市林场，面积达到540hm^2。东台新街、许河、弶港、三仓、新曹为5个银杏重点镇，年产量均在60t以上。

10.6.3　江苏姜堰市银杏发展情况

姜堰市地处苏中三泰地区，素有“银杏之乡”的美誉。银杏一直是当地的重要经济树种，有“摇钱树”之称，深受老百姓喜爱，在当地被广泛种植。到2003年底，据不完全统计，姜堰定植银杏树250万株以上，已进入挂果期的银杏树约为75万株，年平均产白果量在1500 t左右。同时每年都有一定数量的银杏开始进入挂果期，因此其产量呈不断上升趋势。

10.6.4　福建南平市银杏发展情况

南平市种植银杏已有一定的历史和经验，主要是群众在房前屋后自发种植，由于银杏木材珍贵，是家具和雕刻的上等材料，20世纪70～80年代受到一定破坏，目前全市共保存老银杏树1299株，2001年银杏果产量112.5t，2002年124.9t，2003年90.9t。这些老银杏树多分布在水沟边、路边、山脚下、房前屋后，基本是散生木、孤立木和风水树。南平市的银杏王生长于建瓯市迪口镇西坑村池丹自然村，胸径达2m多，2001年单株收银杏青果2500kg，产值达1万多元。上杭县华桂村2株千年古银杏，其中一株雌树高达31m，胸围10.5m，冠幅40m×40m，1986年收种实735kg。

20世纪80年代末至90年代中期，国际白果市场求大于供，银杏果价格一度飚升，刺激了全国各地纷纷把银杏作为振兴地方经济的支柱产业来抓，使银杏业迅猛发展。受江苏、广西等银杏主产区的影响，南平市许多农户看到了经营银杏的效益，除了对现有老银杏树加强管理外，还自发从银杏主产区引种栽培，并开始在山地进行银杏成片开发造林，如顺昌县郑坊乡坊上村、埔上综合林场和延平区南山镇后溪村、武夷山星村镇等地都开展了一定规模的成片银杏造林。1996年，建瓯市委、市政府通过对银杏主产区江苏、山东等的考察论证，决定大力发展银杏产业。市委市政府制订了《关于大力发展银杏产业的意见》，出台了《关于发展银杏生产的优惠政策》，成立了银杏生产指挥部、银杏协会，加强了领导，采取宣传发动、典型示范、资金扶持、技术培训等一系列措施，引导、推广银杏开发，取得了一定成效，目前建瓯市共种植银杏278hm^2，面积居全市之首。浦城等县（市）也先后组织技术人员到各地参观学习，推动银杏发展。至1999年，全市银杏基地发展至378hm^2。

为了加快发展步伐，形成银杏生产规模效益，1999 年南平市人大牵头，带领延平区、建瓯市及市、区有关单位领导赴湖北恩施自治州学习考察银杏资源开发，通过认真总结恩施发展银杏的成功经验和做法，深入分析南平市开发利用银杏资源的有利条件，提出了大力发展银杏的意见，发动农民在四旁地和山地种植银杏，把银杏发展与南平市产业结构调整、山地资源开发、农村奔小康有机结合起来，市政府制定下发了《南平市大力发展银杏产业的规划方案》，规划到 2005 年全市银杏种植面积达到 2 万 hm^2，林业部门加强技术指导和培训，制定优惠政策对银杏给予资金扶持，农户栽植银杏嫁接苗每株补助 3 元，市、县 2 级林业局各 115 元。1999 ~ 2000 年南平市林业局组织培训林农 130 余人，2000 ~ 2002 年南平市林业局本级共补助银杏苗木资金 75.1 万元。至 2004 年，全市共种植银杏 974hm^2，主要以果用林为主，叶用林（叶材兼用）仅 7hm^2。其中山地成片造林 337hm^2，四旁种植 630hm^2。大面积种植集中在 2000 ~ 2002 年，全市共种植银杏 61.4 万株，建设示范片 17 片，共 93hm^2。

同时银杏种苗培育、叶茶初加工和银杏科研也开始起步。为了保证银杏苗木供应本地化、品种良种化，建瓯市建设银杏苗圃 1.73hm^2。1998 ~ 1999 年建瓯市茶叶站开展了以乌龙茶工艺的银杏叶茶研究，在高血压患者中服用，取得满意疗效，该成果获 2000 年度南平市科技进步三等奖。2000 年建瓯市徐墩镇下碓村陈德华创办了福建省首家银杏叶加工企业——富健牌银杏叶茶保健品有限公司，生产银杏袋泡茶系列产品。建瓯市林业局从 1997 年起组织实施《银杏优良品种的引种及配套丰产栽培技术》项目，从江苏、山东、广西等地引种大梅核、家佛指、大佛手、小佛手、大马铃等品种，基本掌握了银杏丰产栽培技术，初步选出了适应建瓯栽培的银杏品种。除大马铃外，其他品种表现出在建瓯的成熟期比原产地早 10 ~ 15d，有利于市场竞争。项目获南平市 2002 年度科技进步三等奖。2003 年起建瓯市林业局与福建农林大学合作，共同承担实施省科技厅“十五”重点科技项目《银杏产业化》，开展叶用、果叶兼用、叶材两用林基地建设和银杏果叶的深度加工开发。

第11章 银杏文化

银杏文化是银杏的沧桑历史、树种特征与精神寓意相结合、相交融而产生的特定的文化现象，是一笔巨大的精神财富，它包罗万象，源远流长。

银杏文化是传承文明的精神财富。作为冰川时期的孑遗植物，银杏原生态的存在，本身就具有一种宝贵的精神价值。银杏以其伟岸挺拔的气质，雍容华贵的姿态，坚韧不拔的自强精神、质朴无华的务实精神、友邦善邻的和合精神、多予少取的奉献精神，在人们的心灵深处留下烙印。古往今来，无数文人墨客为之动容，留下了精彩的诗词华章。

银杏文化是构建和谐社会的合理要素。银杏文化对构建社会主义和谐社会具有独特的优势。从其起源、演化来看，它折射出的坚韧不拔、克服困难的精神是任何其他树种不能比拟的。银杏展示给我们的，不仅是其本身的宝贵品质，更代表着中华民族的品格和精神，它在中国人民心目中具有不可替代的崇高位置。此外，民主法治、公平正义、诚信友爱、充满活力、安定有序、人与自然和谐相处等诸多构建和谐社会的要素，都能在银杏文化中找到并提炼出积极的对应点。

近年来，随着银杏产业的迅速发展，银杏的价值不断提升，有关银杏的文学创作、影视制品、书画摄影作品、戏剧歌曲也不断涌现，一些专家学者也对银杏文化现象进行了深入的研究。有识之士呼吁，应以“推选银杏为国树”为契机，加大银杏文化发掘、弘扬的力度，增强人们的国树意识，加快银杏文化研究进程。

深入研究银杏文化，有以下几个方面的作用：一是传承优秀传统文化。银杏历经冰川浩劫而不移其志，仍固守神州大地，与中国优秀传统文化有着太多的契合，已经成为中华民族精神的象征。在国人心中，银杏是一种生命的图腾。二是推动银杏产业发展。银杏是我国特有的珍贵树种，被当作“宝树”，也被广大农民亲切地称为“摇钱树”。我国的银杏资源约占世界总量的70%～80%，银杏种核产量占世界总产量的90%以上。开发银杏产业已经成为我国发展高效林业、促进农民增收及出口创汇的重要途径。三是增强国人素质、提升民族精神。中华银杏，国之瑰宝，银杏精神，国人骄傲。在全球经济一体化的今天，要增强综合国力，就必须开掘和发展中华文化，提高国人素质。银杏是民族文化的重要载体，深入研究银杏文化，弘扬银杏所体现出的中华民族的品格和精神，能够激发亿万炎黄子孙的民族自豪感，增强向心力和凝聚力。

11.1 银杏与中国传统文化的契合

银杏所体现的精神与中国传统文化有很强的契合性，与儒、道、墨、释诸家思想体系的联系广泛而深刻。从苏北和鲁南出土的汉画像石刻中可以看出，银杏所寓意的文化内涵和艺术思想，反映出的追求健康、长寿、生殖崇拜之道，与古代儒、道学说的精魂一脉相承。

11.1.1 银杏与儒家

以孔孟为代表的儒家思想，强调“仁”的实行要以“礼”为规范，提倡德治和教化，重视人们良好的德行，倡导忠孝、正直和完整的人格。这些思想形成儒家以中庸为核心的思想文化体系，并营造了影响人类文化数千年的东方文化圈。银杏文化也多方面体现出儒家中庸之温、良、恭、俭、让的精神。儒家教育人们万一国家混乱无道时，不能放弃平生志节。正如银杏之亘古孑遗，逾亿万年而秉性不改，固守莽莽神州。儒家文化中的道德观与银杏千百年来体现的绿色、健康、奉献等美德相互融合。在一些著作中，银杏树常被看作儒家的象征。据说孔子很喜欢在银杏树下阅读和教授弟子，后人将他教诲弟子的地方称为“杏坛”，至今在山东曲阜孔庙诗礼堂前还生长着宋代所植雌雄银杏树各一株以示纪念。孔子的女婿公冶长在山东安丘的读书处，至今仍生长着一雄一雌两株参天银杏，传为孔子看望女婿时带去树苗，公冶长亲手所植。古代儒家学说倡导取物有节，合理利用资源。《大戴礼记》记载孔子说：“方长不折则恕也，恕当仁也”。这种对待树木的惜生、不随意杀生的“时禁”与儒家主要道德理念孝、恕、仁紧密联系，意味着对自然的态度与对人的态度不可分离。可见，作为长期占据中国封建社会主导思想地位的儒家学说，无论从精神上，还是从行为上，都对古银杏资源的保护及其文化的传承起到了至关重要的作用。

11.1.2 银杏与道家

道家崇尚自然，主张清静无为，是中国最为重要和最有影响力的哲学思想之一。道家认为“道生万物，德育万物，生生不息”，人们应效法“天道”，去除私欲，淡泊宁静，达到人与自然、社会和人心灵自然和谐，由人心灵冲突融合而推及社会冲突融合再到自然的冲突融合，从而进至三者自然和合一体的境界。道家的自爱精神、自然精神、阴柔精神、博大精神是中华民族的人文精神的重要内涵。银杏树亘古孑遗，随遇而安，寿与山齐，令道家推崇敬仰，视为祥瑞之物。

银杏所体现的顽强精神，对道教影响颇多。道教信仰追求长生成仙，强调形体健康与道德修养的双重意义，向往与银杏树一样形神兼具，与日月永恒。崂山太清宫生长着两株高大繁茂的银杏树，相传是宋朝开国皇帝赵匡胤为太清宫道士刘若拙敕建道场、重修太清宫时所植，距今已有1000多年历史。通常情况下，银杏雌雄配植，而这两株银杏却都是雄树，据说与道士出家修行、不要妻室的礼制有关。道教代表人物多研习医药学说，在养生、炼丹、疗疾等方面与银杏颇多契合。唐代大医学家孙思邈归纳和继承了唐以前的临床经验和医学理论，比较全面地总结了自己的养生经验，对银杏食疗有所记述。道家养生食谱中多有银杏药膳，美名远扬的“白果炖鸡”即为道家美味“青城四绝”之一。

11.1.3 银杏与墨家

墨家学说代表了平民的利益，喊出了平民的心声，体现着人本、博爱、平等、民主的思想。在河南省鲁山县文殊寺内，有5株汉代古银杏树，其中最大的一株树干中心有道约6m长的裂缝。传说修建庙宇时，需伐此树做匾额，众人见其硕果累累，不忍伐树，只好问计于墨子。墨子说：“用其板又不伐具树，可找鲁班”。鲁班来后亮出绝技，从树干正中锯掉一块木板，使古银杏免遭灭顶之灾。树上裂缝即为鲁班锯板时留下的痕迹。奇妙的传说如历史活化石一样，成为银杏与墨子、鲁班关联的例证。墨家将其学说的目的归结为利人，而且是利天下大多数的人，这与银杏全身是宝，兼容并包，无私奉献于人类的精神极其相似。墨家提出的“兴天下之利，除天下之害”、“自强不息”、“赴汤蹈火”的人格精神与银杏所体现出的济世利人精神同为近代思想家和革命者所推崇。

11.1.4 银杏与佛教

在浩如烟海的佛教文化中，孕育着具有佛教象征意义和灵性的东西。佛教与花木有缘，把银杏尊为“圣果”、“圣树”，借银杏崇高圣洁的神秘色彩扩大佛教的影响力。因为佛祖坐在毕钵罗树下成道的缘故，所有的毕钵罗树都叫做菩提树，被佛门弟子在寺庙中广为种植，视为“佛门圣树”。而菩提树是热带亚热带的常绿植物，在温带和北方寒冷地区很难生长，所以中国古代的高僧慧眼独具，选用银杏等树种代替菩提树。银杏树体高大雄伟，最宜衬托寺院宝殿的壮观，其叶素雅洁净，有不受风尘干扰的宗教寓意。此外，银杏木质软硬适中，纹理细密，佛家用其雕刻千手观音，栩栩如生，尤其佛像指甲微薄如真，故银杏又名“佛指甲”。湖北大洪山、四川峨眉山等佛教圣地享誉海内外，山中银杏遮天蔽日，巍峨高耸，挺立在寺庙中或其附近，无声地证明着佛教与银杏的渊源。

佛教在银杏的传播中起到了重要作用，也为银杏的保护作出了积极的贡献。佛教理念认为万物皆有灵光，主张普渡众生，这有助于维护大自然的生态平衡。清康熙19年战乱，浙江天目山包括银杏在内的林木遭受战火，贪利之徒欲趁机砍伐，玉琳国师出面力加阻止。当代科学家、中国科学院院士阳含熙题诗云：“几经劫灰与洪荒，世稀珍禾此山藏。多谢山僧勤扶持，世界园林大增光”。

11.1.5　银杏与民俗

银杏在人们的心目中代表长寿、吉祥，于是我国许多地方以银杏命名。以湖北省为例，恩施自治州有白果区，麻城市和鹤峰县有白果镇，利川市、宣恩县有白果乡和白果树村，咸丰县有白果坝子，巴东县有金果坪乡，谷城县、保康县有白果树村，十堰市有大白果树沟村和白果树村，兴山县有白果园村，竹溪县有白果坪村和银杏寺村，房县有白果坪村等。其他诸如江苏、山东、安徽、四川、甘肃等省同样不乏此类地名村名，全国以银杏（白果）命名的区镇村约有上千个。

人们不仅以白果作为地名，也以“平仲”用于人名，有的还将“平仲”与象征公平、水平的“准”字相关联。春秋时齐国大夫晏婴，字平仲，夷维（今山东高密）人，历仕齐灵公、齐庄公、齐景公三世为卿，有《晏子春秋》传世。宋代政治家寇准，字平仲；明代工部主事范准，亦字平仲。银杏素有滋补健身、延年益寿的功效，被人们当作食疗佳品，且因其高洁雅致，备受文人雅士珍爱，争相寄赠咏颂，表现世俗风情。北宋文坛上的两位文豪欧阳修和梅尧臣是亲密的诗友，曾有赠鸭脚咏银杏的诗篇传世。在一些银杏产区，有把银杏树作为女儿嫁妆的习俗。此外，我们在一些古银杏树旁还可看到，经常有人到树下烧香焚纸、祈福求安，或把写有心愿的红布条拴系于古银杏的枝干，以求庇护。民间还把银杏作为吉祥物，孩子结婚时缝在被子中几枚红枣和白果，祝福新人早生贵子、白头到老。

11.2　银杏文化艺术节与银杏美学

11.2.1　银杏文化节

20世纪80年代中期以来，“文化搭台，经济唱戏”的各种节庆活动在全国各地悄然兴起，形成了独具特色的“节会经济”、“节会文化”。一些银杏产区打“银杏牌”，唱“经济戏”，相继举办了异彩纷呈的银杏文化艺术节，通过评选“银杏仙子”、举行诗文大赛和摄影大赛、赶科技大集等人们喜闻乐见的形式，把银杏文化与产业经济有机结合，成为“银杏之乡”的特色文化。

我国不少地区在银杏成熟季节或借势“山会”，举办内容丰富的银杏文化艺术节和科技文化节，以银杏为媒，宣传地方经济和地方文化，联谊海内外宾朋，推动经济的发展和社会的进步。

1991年以来，江苏省泰兴市连年举办银杏科技节，给传统节庆赋予了科技交流合作的新内涵，通过邀请人们来泰兴采摘银杏，到银杏林观光，洽谈银杏贸易，品尝银杏食品，提高了泰兴银杏的知名度。2004年泰兴银杏节期间，中央电视台《乡村大世界》栏目组走进泰兴，他们以泰兴银杏和提琴命名，请演员嘉宾组成泰兴银杏队和凤灵乐器队，以银杏为内容展开对垒游戏，其中穿插精心拍摄的外景专题片。主持人引领观众认识绰约多姿的“银杏仙子”，欣赏银杏盆景，品尝银杏大餐，走进壮观的银杏森林，体验收获金秋的农家乐，参观银杏交易市场，聆听用银杏木制作的提琴奏出的优美乐曲。节目场面恢弘，富有浓郁的乡土气息。

江苏邳州是我国银杏主产区之一，特别是农业结构战略性调整后，邳州银杏产业优势突出，为农业增效、农民增收作出了巨大贡献。2004 年 9 月 16 日，中国（邳州）国际银杏节开幕式暨国家级银杏博览园启动仪式在邳州举行。全国人大常委会原副委员长姜春云向大会发来贺信，全国政协原副主席王文元出席银杏节并为银杏博览园启动剪彩。国家标准化管理委员会、中国林学会经济林分会、国家林业局经济发展研究中心、江苏省政府、中国科学院的领导同志，和全国 21 个省（自治区、直辖市）银杏产业界的专家学者，以及来自美国、德国、法国、日本、澳大利亚、韩国、加拿大、俄罗斯等 16 个国家和地区的驻华官员共 500 余人参加了银杏节。

山东省郯城县多次举办中国（郯城）国际银杏节，诚邀海内外经贸人士、专家学者前来交流合作，共同推动郯城银杏产业的健康发展。2005 年 9 月第三届中国（郯城）国际银杏节暨第十四次全国银杏学术研讨会期间，中国经济林协会会长、全国政协常委刘广运，山东省人大常委会原副主任李晔，山东省林业局副局长石效贵，全国银杏研究会会长、扬州大学教授陈鹏及来自 11 个国家和地区的专家、学者、客商参加了盛会。与会人员围绕银杏进行经贸洽谈、学术交流，并参观学习。郯城县“一节一会”的成功举办，延伸了银杏文化的内涵，是郯城县进一步整合银杏文化资源，打造特色品牌，提升郯城形象和品位的重要举措。

北京大觉寺以丰富的历史文物与和谐的生态环境远近闻名，寺院旁边 4 株古老的银杏树伴随大觉寺的晨钟暮鼓枝繁叶茂。每到秋季，金黄的银杏树与郁郁葱葱的森林掩映成趣，与千年古刹共享灵光，让游人流连忘返。2005 年 10 月 9 日，北京“天心树语——西山银杏节”在大觉寺盛装登场。这次银杏节的主题为“关注亲情，关爱老人，共筑和谐社会”，因此，除传统的银杏科普展、摄影比赛、赏银杏盆景、品银杏茶、尝银杏果等活动外，还在银杏树下增添了小型音乐会和“天心树语话银杏”等体现亲情、感悟尊老爱老的一系列内容，使游客不仅可以观赏银杏、听琴品茗，还可感受银杏文化的悠久历史与丰富内涵。

山东莒县浮来山又名“福来山”，以天官赐福于此山而著称，山中定林寺古银杏更是驰名中外。依托浮来山和“天下银杏第一树”举办的福寿文化节，吸引了众多的游客。金秋的浮来山风含情、水含笑，千年银杏树华冠如盖，笑迎五湖四海的宾朋。福寿文化活动主打福寿文化品牌，除传统的文艺演出、经贸洽谈活动外，还增加了金婚老人喜庆、福寿艺术品展、福满金秋游园活动和年画发源地潍坊杨家埠大型福寿年画展等内容，既符合当地的生态环境和文化背景，又迎合了人们祈福益寿的心态，有着极其旺盛的生命力。

11.2.2 银杏美学

美学在自然界和社会生活中的体现无处不在，银杏就是美的化身，美的使者，美的体现；银杏与美学有着直接的、天然的、千丝万缕的关联。

银杏树雄伟挺拔，雍容华贵，秀外慧中，兼具形象美、气质美、艺术美等诸多方面，有着重要的美学价值。对银杏美的感悟、塑造和加工，升华了人们对银杏的情感，使人们产生了心灵的震撼或愉悦。集众美于一身的中华银杏赢得了古今中外文人雅士和普通民众的由衷赞誉，从而进一步推动和丰富了银杏美学研究。

11.2.2.1 银杏的形象美

银杏的形象美包括银杏的树形美、叶形美、叶色美、种核美和树根美等。银杏为落叶乔木，有的可高达数十米，干围数人合抱。银杏雄株巍峨耸立，气势雄伟，宛如山丘；雌株雍容典雅，极具华贵之气；兼有一树成林、夫妻树、九子抱母、五世同堂等自然景观，具有极高的观赏价值。古今皆把银杏作为庭院、行道、园林绿化的重要树种，在我国许多名山大川、名观古刹，甚至皇家园林中都有银杏栽植，保存下来的银杏挺立于这些建筑物内外或遗址上，仍然栉风沐雨，笑迎朝阳，夜伴星月。

银杏的树形美美在树冠、树干、树乳。银杏树体高大，伟岸挺拔。郭沫若赞誉其树冠为“巍峨的云冠”、“清凉的华盖”，其树干“是多么的嶙峋而又洒脱呀，恐怕自有佛法以来再也不曾产生过像你这样的高僧”。民国年间曾有人赞颂四川省青城山天师洞古银杏的树形为“状如虬怒”、“姿如凤舞”。还有一些古银杏树形奇特，巧夺天工。陕西省周至县宗圣观古银杏树干中空，可容数人围坐，枝叶却依然郁郁葱葱。青城山天师洞古银杏在主干上长出很多奇形怪状的树乳，或像人形，或似禽兽，或类虫豸，妙趣横生，令人叹为观止。

银杏叶片一般为扇形，状如鸭脚，叶缘线条轻快流畅，从叶柄顶端辐射出去的叶脉如折扇的骨架，一片片树叶犹如一把把打开的折扇。清风徐来，树叶翩翩起舞，宛若古树老人在摇动万千折扇。银杏叶缘波状线的流畅感与叶脉的辐射状都是美学上的优美线条，银杏叶将这两种线条自然组合，因此给人带来的空间容量感，大大超过叶片本身，令人浮想联翩。

银杏叶在不同气候和水土条件下，还会通过改变叶形适应生态环境，展现给人们不同的叶形美。在生长条件极差的情况下，扇形叶片两端卷起完全粘合在一起，呈圆锥状，极像一个漏斗的样子。

银杏树叶的颜色随季节变化而变化，成为一幅变化着的美丽画卷。春天，银杏树叶初长，玲珑剔透，满树鸭脚杂陈，惹人爱怜。夏天，银杏树一片葱绿，生机盎然，又像打开把把折扇，清风徐来，给人以凉爽之感。金秋时节，银杏叶色黄灿，累累硕果点缀其间，银杏树如一位位披金挂甲的大将军，如一株株金树，迎风而立，颇有气派。秋风过后，银杏树叶如金蝶翩翩飞舞，在阳光的照射下，熠熠发光，十分壮观。落地后的银杏叶宛如金色的地毯，把大地装扮得分外妖娆。

陆游诗句“鸭脚叶黄乌桕丹，草烟小店风雨寒”，写的就是金黄的银杏树叶与红色的乌桕叶相互掩映，构成的一幅美丽风情画。

银杏种实形体圆润，种核亮白如银，因其品种不同而形态各异，有的似佛指甲，有的形如马铃，有的如龙眼，与中国传统文化圆满洁雅的内心追求相契合。银杏种仁晶莹透明，味道鲜美爽口，色香味形俱佳。湖北《荆州府志》记载诗人张无尽描述银杏的叙事诗“鸭脚半熟色犹青，沙囊驰寄江陵城。城中朱门翰林宅，清风六月吹帘笙。玉纤雪腕白相照，烂银壳破玻璃明。”宋代诗人杨万里也写有赞颂银杏美味的诗篇流传于世，诗中写道“深灰浅火略相遭，小苦微甘韵最高”。

古银杏接近地表的树根往往伸出土壤，裸露在地面，苍劲，粗壮，虬曲，如巨龙盘绕，似神鸟飞羽，像巨鳌出足，给人以奇异的美感。山东郯城大神树露出地面的侧根长达 18m，像九条巨龙伏卧树下。重庆酉阳有一株古银杏，在离古树大约 3m 远的地方，一条粗长的树根从泥土中伸出来，径直越过了小溪的对岸，然后又钻到泥土中去，成为一座天然“独木桥”。山西省垣曲县新城镇刘张村有一株“云根银杏”，此树根盘周长 25.7m，整树露根达 3m 多高，悬空而生，根盘下 5 条侧根伸向四方，像巨龙腾空，托起绿意盎然的古树，龙形树根的下面又长出一层层云状须根，仿佛乱云翻滚，气势非凡。如此种种，不一而足，令人叹为观止，流连忘返。

11.2.2.2 银杏的气质美

银杏的气质美包括其刚正的风骨、不屈的性格、恢弘的气度、包容的胸襟、凛然的气势等，是建立在银杏的形象美基础上的美学内容。

古银杏树干通直，刚正坚强，高洁傲岸，泰然耸立，威武神圣，神秘莫测，给人以生机勃勃、坚不可摧、超然物外的精神感召和启迪，有幸成为寺庙道观的守护神和历史的见证。有的古银杏扎根悬崖峭壁，更显其巍然气势。作为曾经盛极一时的繁茂树种，银杏历经冰川浩劫而遗存，它长寿又助人长寿，它坦荡超然，极具古君子之高风亮节。

亘古孑遗的银杏作为“东方圣者”，其本身就是一本“圣经”、“佛经”。郭沫若曾经深情地吟唱银杏：“我特别的喜欢你，但也不是因为你是中国的特产，我才特别的喜欢，是因为你美，你真，你善”。可以说，银杏的气质美是这一珍稀树种给予人类的最大财富。

11.2.2.3 银杏的艺术美

银杏的艺术美包括银杏的盆景美、雕刻美、景观美等内容，是自然美和人工美相结合的产物。银杏生命力顽强，是盆景造型的理想选材。有些银杏树古朴怪异，挖来即是上等桩景；而有的银杏树经过园艺师的精雕细琢，通过矮化、修剪、蟠扎、施肥、浇水等措施，可以把大自然中的银杏雄姿浓缩于花盆之中，创造出格调高雅、独具韵致的盆景艺术精品。银杏盆景凝聚着中华民族的文化特色，被称为“有生命的雕塑”，深受世人喜爱。通过枝干形状的设计与制作，银杏盆景可以表达丰富的情感：有的给人以雄壮感，有的给人以灵秀感，有的给人以坚实圆润感，有的给人以潇洒超脱感。一些较高档次的银杏盆景，还有强烈的旋律感和韵律美。国家邮电部于1981年发行的一套“盆景邮票”中，就选用了一盆名为“活峰破云”的银杏盆景作为邮票图案。该盆景取材于古银杏树上形成的树乳，侧立于盆中，下部粗如碗口，上部渐细且自然封顶，犹如钟乳石笋。其上有虬劲盘旋的枝条，缭绕于树身前后，一簇簇一层层的碧绿叶片犹如漂浮的云彩；树身则如冲破云层的山峰，意境隽永，令人称奇。

银杏木材坚实细密，不翘不裂，兼有特殊的药香味，是雕刻的上好材料，其木雕工艺品历经数百年完好如新，素受人们喜爱。银杏木雕，可以较好地反映作者的意愿，体现一种比较特殊的美学追求，给观者以感官上的愉悦和心灵上的撞击。浙江省东阳县的木雕艺人们常常选用银杏木为原材料，雕梁画栋，制作古董玩器、桌椅家具，其工艺之精湛名扬中外。民国名人张静江虽为商人之后，却以政名传世。建于1898年的张静江故居位于浙江湖州南浔镇，故居内陈列有明代著名书法家董其昌手书的《酒德颂》板屏六块，全用银杏木镌刻，为珍贵文物。1988年江苏省苏州市盘门城楼底层曾陈列一幅“伍员筑城图”大型落地屏刻，屏刻高2.82m，宽4.4m，除底座外，均由银杏木板拼合刻制而成，为稀世珍宝。在河南省开封大相国寺有一尊千手观音巨像，这尊四面站像高约7m，每一只手的姿势都不同，相传是清乾隆年间用一株古银杏树的木材雕刻而成，是国内罕见的巨型千手观音木雕。2006年4月，中国（无锡）吴文化节期间，无锡市博物馆展出了长4.2m、宽0.8m的银杏木雕《故宫》，作品以小见大，故宫全貌尽收眼底，精美绝伦。

人们常把银杏与雪松、南洋杉、金钱松誉为世界四大园林树木，园艺学家也把树中银杏与花中牡丹、草中兰合称“园林三宝”。银杏在城市建设总体布局中能起到限制空间、障景以及形成空间序列和视觉序列的作用，被广泛用作行道树和园林用树，成为城市街区和公园内一道道美丽的景观。我国银杏的栽培始于园林，如今耸立于各地古刹和皇家园林中的参天古银杏即是例证。这些或孤植或列植或成林的银杏树与美仑美奂的古老建筑、园林艺术相得益彰，尽显华夏文化之精华与神州建筑园林之异彩，是我国传统美学与古老建筑、园林艺术的完美结合。上海科学技术出版社2004年出版的《中国北方园林树木》一书，编录适合我国北方园林树种577种，把银杏作为首先介绍的树种，特别列举了以园林观赏为主的优良品种，有叶籽银杏、垂枝银杏、黄叶银杏、裂叶银杏、斑叶银杏、松针银杏、帚冠银杏、花叶银杏、垂裂叶银杏等。银杏除在一些刹观、园林有大量分布外，北京市平安大道、上海市嘉定区、山西省太原市、四川省成都市、辽宁省丹东市、江苏省南京市、山东省青岛市和潍坊市等大中城市均有成行或连片栽植。银杏树与城市的雕塑、绿地、假山、高楼等相映成趣，强化了城市的美观雅致和人文魅力。

11.3 银杏文学艺术

银杏以其雍容华贵的姿态、纯洁无瑕的品质、顶风傲雪的个性吸引着历代文人雅士的目光，他们争相挥毫泼墨，热情讴歌古老而神奇的银杏。于是吟咏银杏的诗词，赞颂银杏的散文，优美动人的银杏典故传说，有关银杏的书法、画卷等文学艺术珍品大量涌现，在我国文化艺术的长廊中熠熠生辉。

11.3.1　银杏文学

11.3.1.1　诗词歌赋

历代文人墨客以银杏为题材，咏物状志，感悟人生，留下了许多佳作精品，诗词歌赋不胜枚举。仅就银杏诗词歌赋来说，据不完全统计，达200余首。从形式上看，古代文学作品中的吟咏银杏之作有诗与赋之别；从内容上看，则又有状形和咏神之异。目前，已知初唐诗人沈佺期是我国最早用诗歌咏颂银杏的诗人。《全唐诗》收有他的《夜宿七盘岭》一诗："独游千里外，高卧七盘西。晓月临窗近，天河入户低。芳春平仲绿，清夜子规啼。浮客空留听，褒城闻曙鸡"。诗人以异乡的平仲入诗，是欲以银杏的高洁寄托自己的清白。

唐代伟大的诗人、画家王维，晚年曾隐居陕西蓝田辋川，这里山青水秀，原是初唐诗人宋之问的别墅。天宝三载后，王维因在政治上不得意，便买下此处，修葺改造成草堂精舍，作为隐居之所。王维很喜欢这个地方，曾作画《辋川图》，与友人裴迪赋诗唱和，为辋川二十景各写了一首诗，共得四十篇结成《辋川集》，其中《辋川集·文杏馆》更是千百年来脍炙人口的名篇。现在辋川有一株高20m、胸径近2m的古银杏，相传为王维手植。"文杏"，有人说是指银杏，也有辞书考证，"文杏"系杏树的一个异种（《中国果树志·银杏卷》）；但由于辋川尚存王维手植银杏的缘故，所以多数后人把《文杏馆》当作吟咏银杏的诗作。

宋代是历史上银杏发展的鼎盛时期。北宋文坛巨擘欧阳修，为后世留下许多优秀诗作，其中在《鸭脚》中他写道："鸭脚生江南，名实未相浮。绛囊因入贡，银杏贵中州"。在《答梅宛陵圣俞见赠》一诗中有句："鹅毛赠千里，所重以其人。鸭脚虽百个，得之诚可珍"。前一首介绍银杏的由来和珍贵。后一首是因为千里之外能得到友人梅尧臣赠送的银杏，他颇感珍贵，便赋诗抒发相互的情谊。梅尧臣收到欧阳修的诗，则依其韵作《酬永叔谢予银杏》诗："去年我何有，鸭脚远赠人。人将比鹅毛，贵多不贵珍"。

河南光山县净居寺有一株银杏树，传为唐朝道岸、定易二僧合栽，北宋大文学家苏东坡曾在此树下读书，与银杏结下不解之缘，他在银杏盛果时欣然命笔："四壁峰山，满目清秀如画；一树擎天，圈圈点点文章"。诗人视银杏树为擎天柱，喻累累银杏果实为奇妙文章，表达了对银杏树的敬慕之情。现在该银杏树干需两人合围，树高20m，已成为当地的一大景观。

明代诗人吴宽在收到朋友赠送的银杏后，写诗答谢。诗云："错落朱提数百枚，洞庭秋色满盘堆。霜余乱摘连柑子，雪里同煨有芋魁。不用盛囊书后写，料非钻核意尤猜。却愁佳惠终难继，乞与山中几树栽"。

北京西山大觉寺有两株古银杏，树冠硕大，荫布满院。清代乾隆皇帝到此巡视时，曾题诗描述古树雄姿。诗云："古柯不计数人围，叶茂枝孙绿荫肥。世外沧桑阅如幻，开山大定记依稀"。

河北省遵化县禅林寺内生长着13株古老的银杏树。树下碑文记载，此处先有禅林，后有长城。而在没有禅林时，银杏就早已存在了。清代遵化州进士史朴睹物思情，赋诗道："五峰高峙瑞去深，秦寺云昌历宋金。代出名僧存梵塔，名殊常寺号禅林。岩称虎啸驯何迹，石出鸡鸣叩有音。古柏高枝银杏实，几千年物到而今"。作者通过描写和尚们世代与银杏为伍，逝者已成为塔林，柏树只余高枝，而银杏还青春常驻、种实累累来衬托银杏的寿命之长，实是高明之笔。

南宋著名女词人李清照的词作《瑞鹧鸪·双银杏》，是中国古典银杏诗词中的精品。词曰："风韵雍容未甚都，尊前柑橘可为奴。谁怜流落江湖上，玉骨冰肌未肯枯。谁教并蒂连枝摘，醉后明皇倚太真。居士擘开真有意，要吟风味两家新"。作者托物言志，是对银杏和爱情的赞歌，读来感人至深。

现当代也有一些作家、诗人写下了颂赞银杏的优秀诗词，并得以流传。1977年12月，茅盾先生回故乡浙江省桐乡市乌镇访问，得知乌镇古银杏在"文革"之后仍大难不毁，欣喜地挥毫写下《西江月》词，其中称："唐代银杏宛在，昭明书室依稀。往昔风流嗟式微，历史经验记取"。词中唐代银杏、昭明太子读书室，皆茅盾先生故乡乌镇的古迹。唐代银杏在茅盾故居不远处，茎干粗壮，直插云天，冠盖浓密，荫蔽四周，当地人称之为“乌将军”。

山东省莒县浮来山定林寺是《文心雕龙》作者刘勰校经、写作之处，寺内古银杏历尽沧桑3000多年，以其雄健伟岸和历史悠久吸引了无数墨客骚人，这株古银杏可能是历代以来被吟咏最多的银杏树。清顺治甲午年（1654年），莒州太守陈全国在银杏树下立碑志铭，诗曰：“大树龙盘会鲁侯，烟云如盖笼浮丘。形分瓣瓣莲花座，质比层层螺髻头。史载皇王已廿代，人径仙释几多流。看来今古皆成幻，独子长生伴客游”。清代康熙年间鸿儒、诸城名士李澄中曾作《定林寺银杏》：“嘉树何年植？空王此旧台。秋声连莒子，山色漫浮来。枝偃蛟龙蛰，凤鸣雷雨开。鲁公盟会处，事往有余哀”。诗作追溯古银杏栽植的历史和它见证的重大历史事件，描摹银杏树的奇伟壮观，古朴苍劲，寄寓“人事有代谢，往来成古今”的感慨。现代作家王希坚也曾作《浮丘留字》二首，咏赞浮来山定林寺古银杏：“矗立浮来银杏王，人寰百代历沧桑，鲁侯莒子今安在？树更葱茏花更香”。“山林幽静脱俗尘，义理穷究识见真。面壁校经甘寂寞，文章千载有知音”。凭树吊古，阐发佛意，寻觅知音，颇能发人深思。

1986年1月，诗人苗得雨在访问了山东“银杏之乡”郯城后，写下了《唱给银杏之乡——写在郯城》，称颂沂河两岸的奇丽风光，对老百姓通过栽植银杏致富表达了“其欣喜之情何如”的欢快心境。

国外吟咏银杏的诗作，最有名的当属德国著名诗人歌德的《二裂叶银杏》：“生着这种叶子的树木，从东方移进我的庭园；它给你一个秘密启示，耐人寻味，令识者振奋。它是一个有生命的物体。在自己体内一分为二？还是两个生命合在一起，被我们看成了一体？……”。据说歌德曾寄给玛莉安·魏尔玛一片银杏叶，并于1815年9月15日在法兰克福的Gerbermuhle城堡向她和她的朋友朗诵了该诗的初稿。1815年9月23日，他最后一次见到玛莉安·魏尔玛，带她观赏了那株银杏树。歌德将此诗写下并粘上两枚树叶，于1815年9月27日寄给了玛莉安·魏尔玛。诗人对银杏神奇的二裂扇形叶表现出极大的兴趣，并力求从哲学上求得解释。

我国文人歌咏银杏的辞赋，最早的有西汉司马相如的《上林赋》，后来有晋左思的《吴都赋》等。司马相如（公元前179～前118年），西汉辞赋大家。《上林赋》写银杏“长千仞，大连抱。夸条直畅，实叶峻茂”，描摹银杏树的古老粗壮，肯定银杏的木材价值。据《史记》记载，《上林赋》是司马相如最著名的作品，在写作上充分体现了汉赋夸饰铺张的特点，规模宏大，叙述细腻。通过渲染上林苑游猎之盛及天子对奢侈生活的反省，艺术地展现了汉代盛世景象，表明了作者对游猎活动的微讽和对人民的关心。左思，字太冲，西晋文学家，作品风格高亢雄迈立意鲜明，以《三都赋》（《魏都赋》、《蜀都赋》、《吴都赋》）和《咏史》八首最为著名，《三都赋》名重一时，有“洛阳纸贵”之说。左思在他的《吴都赋》中写道“平仲桾（木迁），松梓古度”，对银杏的挺拔苍劲颇为赞赏。

11.3.1.2 散文、小说

散文除银杏诗词歌赋外，我国众多的文人学者还撰写了大量散文及小说作品赞颂银杏，宣传银杏。1934年9月20日，鲁迅先生的弟弟、生物学家周建人先生在上海《太白》创刊号上，以“克士”的笔名发表了题为《银杏树》的科学小品文，以散文化的笔调全面阐述了银杏的形态、起源、演化、生殖、生态等特性，以及白果的经济价值和银杏树在城市绿化等方面的作用。周先生建议在城市的街道上广泛种植银杏，以作为行道树、绿化树。

现代文豪郭沫若先生终生热爱银杏，20世纪40年代，正当日本帝国主义大举侵华、国难当头之时，他在重庆《新华日报》上发表了激情高扬的《银杏》一文，赞叹银杏风骨盖世，乃“东方的圣者”。郭老把银杏的风貌、银杏的品性、银杏与中国的结缘、银杏与中国文化的联系都抒写得酣畅淋漓，并在全国首次提出银杏应作为中国的国树，意在唤起民族斗志，鼓舞人民群众建树自信、勇敢抗日，对统治当局的不当政策也作了影射和讥刺。这篇文章可以说是郭沫若的散文或散文诗代表作之一，曾被选入中学语文课本，影响极大。文中将银杏与其他植物相比，用充满感情的笔触突出了银杏的端直、刚劲，讴歌了银杏葱茏而又庄重、嶙峋而又洒脱、高雅而又平易的伟大人格和高洁品性，是一曲难得的、可贵的中华民族精神的颂歌！

江苏省昆山市角直是一个具有浓厚水乡风情的古镇，为江南6个著名古镇之一，素有江南“桥都”的美誉，镇上有7株古银杏，最大的一株已有1300年，树干需3人合抱，虽经千年风霜，仍挺拔健壮。著名教育家、文学家叶圣陶先生在角直执教期间写下散文《高高的银杏树》，他对古银杏的评价是“形象高大，意志坚强，气魄宏伟”。叶圣陶先生还写有《三棵老银杏》，借表哥之口描写了当地的三棵银杏树，抒发了对家乡的依恋和赞美之情。

江苏省泰兴市素有“银杏之乡”的美誉，该市通过组织征文，编辑出版了《银杏颂》一书。主编之一鞠章网就是在全国人大十届二次会议上提出“确定银杏树为中国国树”议案的领衔者。该书在辑录了部分关于银杏的古今诗文名篇的同时，选收了该市的诗歌、散文等方面的新作，多方位展示了银杏的风采，讴歌了银杏精神，是该市银杏文化成果的集中展示。人民日报出版社出版的栾德君的散文集《天下第一神树——银杏》一书，知识丰富，包罗巨细。作者引用了与银杏有关的大量诗词铭文，行文生动有趣，引人入胜。

现代作家滕固在《小说月报》、《创造季刊》等刊物上发表了不少小说、诗歌及艺术论著。1922年他写成爱情中篇小说《银杏之果》，1925年由上海群众图书出版公司出版，后被收入《中国现代名家名作文库》。当代青年作家、记者张文佳创作的小说《银杏》获首届武警文艺奖三等奖。韩国作家金河仁新近创作、出版的酷辣爱情小说《银杏树下的舞蹈》在读者中引起了较大反响。小说描绘的爱情就像银杏树一样——一旦扎下根去，再也不会挪动，虽然稀有，毕竟存在于世界的一个角落，读来令人颇有感慨。

11.3.1.3　民间传说、民谣谚语

银杏历经沧桑，神奇般地展现着自己独特的风采，有许多美妙动人的传说在民间流传，成为通俗口述文学的重要组成部分。

河南省汝阳县桃源宫有一株古银杏高32m，树龄约2000年，但仍枝繁叶茂，长势喜人。相传隋朝末年，群雄纷争，秦王李世民率兵攻打洛阳，与王世充在龙门展开大战。李世民兵败，王世充追赶到桃源宫，李世民绕着这株银杏树边跑边喊“谁来救我”。此时王世充部将单通挺枪刺来，不料扎入银杏树，大树当即掉下一块巨枝落在单通身上，把他砸得晕头转向，李世民趁机逃脱。后来，成为皇帝的李世民封桃源宫古银杏为“救驾树”。

江苏省太湖西北部马迹山秦履峰南麓，有座建于唐贞观年间的祥符寺，建刹时栽植的一株银杏树龄已有1300年，现在高约27m，胸围6.28m，树干上生有多个树乳，这株古银杏树体中空，从四周看形态各异。相传银杏树上曾有一条巨蟒，它平时从不出来，只在每年中秋节的夜里，从树上下来，静静地绕寺一周后，再爬回树洞，年年如此，从不伤人。地方官吏曾派兵捕捉，却发现洞内空无一物。于是，人们说巨蟒是神虫，乃镇寺之宝。到祥符寺的善男信女都要在银杏树下跪拜一番方肯离去。寺内僧人还说一到银杏丰收之时，巨蟒便摇动树身，使银杏纷纷落下，省却僧人采摘之劳。

民间常借银杏树坚贞的美德，来赞颂勤劳、勇敢的人们。传说浙江天目山下住着一位老人，他有两个女儿，大女儿叫春梅，二女儿叫秋梅。老人临终前，把姐妹俩叫到床前说：“我快要不行了，屋后留下两座山，西山给春梅，东山给秋梅，山上有宝，只要你们去找……”。老人去世后，一大夜里，姐姐梦见一位老翁送给自己一袋东西，打开一看，里面装的是银杏，姐姐高兴地向老翁道谢并收下礼物。妹妹梦见一位老婆婆送给自己一袋金元宝。一觉醒来，姐妹俩身边什么也没有。第二天，姐妹俩扛着锄头，各自上山挖个不停。姐姐牢记老翁的礼物，决心在西山上种植银杏。她除去杂草，刨平土地，种上一株株银杏。妹妹只想怎样挖到老婆婆给的金元宝，轻而易举发财，她不停地挖山，把小树苗都刨掉了。一天天，一年年，西山上的银杏长成了大树，结满了银杏。东山却只有茅草和荆棘。春梅靠自己勤劳的双手，开荒种植银杏，赢得了一位英俊青年的爱慕，幸福终生。而秋梅则妄想山上石头变成金银，最后厮守空山，过着凄凉的生活。

在浙江省临安市，还流传着银杏树救驾的故事。顺溪乡大明山下的白果车站附近，有两株并排生长、枝叶茂盛的千年银杏树。相传元朝末年，朱元璋带领义军在这一带与元兵交战。一次战斗中，朱元璋和自己的兵马失散。他一个人艰难地寻找队伍时，忽然发现一队元兵疾驰而来。朱元璋想上山躲避，却已经来不及了，情急之下，他只好隐蔽在路边两株大银杏树后。这时，大队元兵已来到近前。朱元璋紧紧靠在大树上，暗暗祈祷："大树啊，快帮我逃过此关吧！"说也奇怪，两株银杏树慢慢靠拢，把他夹在中间，严严实实地遮挡起来。元兵飞奔而去，谁也没有发现树后有人。此时，两株大树又慢慢分开，朱元璋谢过大树赶紧离去。他与队伍会合后，向元兵发起反攻，夺取了最后的胜利。后来，人们把这个村叫"白果村"，把大明山朱元璋点过将的地方，叫"点将台"。为报答银杏树救命之恩，朱元璋登上皇位后，曾下诏书说"农桑为衣食之本"，极力提倡百姓植树造林。

山东莒县浮来山银杏树"七搂八拃一媳妇"的故事远近闻名。相传明朝嘉靖年间，一位进京赶考的书生到这株巨大的银杏树下避雨。他见大树浓荫如盖，颇有气势，便对树干的粗细产生了好奇之心，但身上没带尺子，于是就用搂抱的形式来测量树的粗细。书生搂了七搂竟然还没有转到起点，正在他准备搂第八下的时候，突然发现量树的起点竟站着一位少妇。原来少妇回娘家走到此处，也来大树下避雨。由于树太大了，所以两人都没有发现对方。书生有心让少妇让一让，却不好意思开口，但又不想放弃测量。剩下的一段他只好用手去拃。数到第八拃时，正好量到少妇的身边。少妇依然头不抬，眼不睁。往下怎么量呢，书生想不出别的办法，只好叹了口气说："就算它是七搂八拃一媳妇吧"。几百年过去了，银杏树的树围早已超过了"七搂八拃一媳妇"，但是这一趣闻，却世代流传，令人们津津乐道。

在山东郯城流传着白果姑娘治病救人的故事。从郯城西行不远有个白果树村，村里有大片的银杏林，其中两株古老高大的银杏树格外惹人注目。相传明朝时，郯城县北涝沟村出了个监察御史张景华，他为官清正，刚正不阿，深受老百姓的赞誉。有年秋天，其母身染沉疴，咳喘不止，遍求京城名医，却医治无效。张景华只得送母返乡，悉心调养。张家有个使女，叫做白果姑娘，生得聪明伶俐，为人勤劳善良，深得老太太喜欢。返乡之后，老太太茶不思，饭不想，急得全家人愁眉苦脸，心神不安。说也正巧，白果姑娘的母亲来看女儿，顺便捎来自家产的一些白果，好心的白果姑娘一连数天煮给老太太品尝。老太太吃后，顿觉浑身爽快，消除了气喘咳嗽，脸色渐渐红润，身体慢慢恢复如初。老太太病愈，全家人自然欢喜，忙将喜讯报给京中的张御史，张御史喜不自禁，随即修家书一封，并附小诗一首"少小白果一片心，巧用白果医母亲。村姑去我心中忧，堂前不可轻待人"。老太太阅罢儿子的回书，待白果姑娘如亲生女儿，倍加疼爱。光阴荏苒，一晃几年过去，张御史不满祸国奸逆的行径，辞官回归故里，他十分感激白果姑娘，为她在武河岸边置了些田地，并帮其择婿成婚。自此，白果姑娘栽种白果，养儿育女。天长日久，人们便称这里为"白果树"村，成为远近闻名的银杏之乡。

千百年来，"三宝树"的动人传说为庐山增添了几分神秘。据说明神宗朱翊钧被朝中事务搅得头昏脑胀，想找个幽静地方消遣娱乐。他听说庐山风景优美，如同仙境，便带爱妃和贴身大臣来到庐山。在黄龙寺前，神宗看到三株参天大树，即问大臣这是什么树？大臣奏道，"此乃晋朝名僧昙诜亲手所植，其中两株是柳杉，一株是银杏"。一日，神宗心血来潮，传旨要把那三株大树锯倒，留下截面做天然圆桌，宴请朝臣。大臣们紧急调集木匠，分别向三株古树开刀。奇怪的是任凭斧子砍得再快，那三株古树却是砍开了口子又长起来。一连几天，木匠们连块树皮也没有砍掉。有人把此事奏报了神宗，神宗勃然大怒，传旨这批木匠必须在三日内把树砍倒，否则统统杀头。木匠们一听，全都哭了。听到哭声，银杏树说起话来："孩子们，你们真可怜啊！你们都有老婆孩子，就这样吧，你们先把我们的树枝一根根砍断，这样你们就能把我们砍倒了。"一个年龄稍大的木匠壮着胆子问："神树啊，为什么一定要这样砍呢！"三株古树齐声答道："你们看吧，在我们周围不是长着许多小树吗？如果一下子被你们砍倒，不是要压死他们吗？只要能救得我们的子孙，我们纵然一死也心甘情愿啊！"消息传到行宫，神宗大惊，当即收回砍树的圣命，并下了一道禁令：庐山黄龙寺前三株古树乃是宝树，任何人不准砍伐，违者处以极刑。目前，庐山黄龙寺前"三宝树"尚在，树下巨岩上刻着"晋僧昙诜手栽"六个字。

银杏济世救人的奉献精神在银杏产区有口皆碑。传说河南嵩县一羊倌埋下银杏种子，辛勤培育成参天大树，结出丰硕的果实。后来羊倌患上哮喘病，昏迷中隐约看见树上有位美丽的姑娘，信手递给他数粒果实，让其吞服，顿时病愈。此后羊倌年复一年地将果实分给众多病人，治好了成千上万的哮喘病患者，深受人们的崇敬和爱戴。

银杏民谣谚语是我国银杏发展过程中派生出的一种特殊文化现象，是果农长期从事银杏生产的经验总结，也是我国农林科学的宝贵财富。它来自民间，来自实践，活泼有趣，易懂易记，深受果农喜爱。银杏民谣谚语的流传、推广和应用，对于普及银杏生产科学技术，具有一定的指导意义和现实意义。如：

家中富不富，先看白果树。
四旁银杏树，等于大金库。
东赚钱，西赚钱，不如门前白果园。
银杏树，聚宝盆，又长树，又养人。
银杏树，摇钱树，哪里栽，哪里富。
银杏树，农家宝，收益高，投资少。
农家三大宝，白果、栗子、枣。
建个白果园，赛过十亩水浇田。

这样的语句琅琅上口，号召引导人们抓住机遇，广植银杏，具有较强的号召力和鼓动力。再如：

雨扬花，空踏踏，风扬花，压断桠。
花期不见风，白果一树空。
白果下种粮，果粮两不荒。
松柏上高山，银杏栽河川。
银杏怕水淹，防涝最当先。
七月核桃八月梨，九月白果黄了皮。
一斗白果二斗沙，窖到明年也不瞎。
银杏大苗要想活，必须带个大土坨。
银杏栽盐碱，谁栽谁丢脸。
要想银杏长得好，涂白培土勤除草。
银杏遇秋旱，产量减一半。
银杏地不翻耕，十个花芽九个空。
银杏生得乖，无肥不怀胎。
银杏年年收，千万莫忘修。
寒露节前把麦种，秋分节后采银杏。
七月遇旱白果小，八月遇旱糖分少。

这样的语句从科学栽培的角度，告诉人们银杏的生长习性，指导人们提高银杏栽培技术和管理水平，使这一珍贵树种真正成为广大群众的"摇钱树"和"聚宝盆"，具有很强的指导性和适用性。民间还流传着"天天吃银杏，不得哮喘病，银花加白果，喉咙不生火"等赞誉银杏特殊功效的谚语。

11.3.1.4 对联、碑文

对联是我国一种独特的文学艺术形式，它言简意深、平仄协调，是中华民族的文化瑰宝。古往今来，众多艺术家从不同视角，或咏诗成联、或镌刻碑文，歌颂赞扬神奇而高贵的银杏，留下了许多弥足珍贵的墨宝。

宋哲宗元祐七年（1092年），苏东坡游览安徽怀远涂山，看到禹王宫启母殿前摩天耸立的两株银杏，盘根虬枝，老态苍苍，其中北侧一株银杏树干中竟又发出一株生意盎然的楮树，不禁令人称奇。再一打听此树植于何时，道士以古谣作答："先有树，后有山，禹王问树几千年"。又传说此树为大禹娶妻时手植，是与涂山氏女结婚的纪念；一说为禹与诸侯相会于涂山时敕封的神树。其高寿究竟几何？谁也讲不清楚了。于是东坡居士题写了一幅楹联：

山外有山都如画
树中生树不知年

始建于1932年的辽宁省丹东市锦江山公园锦江亭，2002年重建后，成为一处具有浓郁民族特色的标志性建筑。锦江亭中一副楹联为：

一江绿水两岸风光三沿宝地四季丹青收眼底
十里长街百年银杏千朵杜鹃万言诗赋蕴毫端

联中巧妙地嵌进丹东的市树银杏和市花杜鹃，可谓独具匠心。亭中还有一副楹联为：

千里春光银杏雨
一城秀色杜鹃风

读后令人顿生爱国爱市爱自然之情。

浮来山定林寺古银杏声名远播，1982年，著名画家王小古游浮来山定林寺，即兴题写楹联：

十围大树三千岁
一部文心万世传

书画家崔自默曾撰联：

银杏初落处
海棠始开时

湖南资兴楹联学会黎先汉曾为周源山寿佛母墓题联：

银杏双株昭母德
翠篁一垅著慈恩

“银杏之乡”山东省郯城县重坊镇建起了高标准的银杏园林景观，其大门左右楹联为：

活化石真佳树惜为孑遗
郯国人世聪慧繁育百品

贵州省黔西县东郊净莲寺周围古树参天，寺前一株银杏树枝叶繁茂，大雄宝殿正门对联为：

翠柏候嘉宾参观东山大雄殿
银杏迎贵客朝仰净莲从佛容

浙江省长兴县是有名的银杏之乡，长兴寿圣寺大殿前楹联为：

银杏盖荫抒怀明志吟诗赋辞深思万物春秋
金泉烹茶逸兴清心学佛参禅静悟人生真谛

江苏省苏州市干将路广场牌坊有一副楹联为：

参天银杏栖乌鹊
夹岸梧桐招凤凰

在银杏产区，还可经常看到一些类似对联的口号和广告语，如：

银杏公孙树
金色活化石

植千秋银杏
秀万古河山

龙盘宝地业兴财盛
凤绕银树物阜民丰

这样的语句，反映了人们对银杏的钟爱，发展银杏事业的豪气和追求。

银杏碑文是研究银杏历史、银杏文化以及银杏与政治、社会、生活环境等方面关系的珍贵资料。浮来山定林寺古银杏树旁立有不少石碑。上书“象山树”三字之碑，传为刘勰所书。1654年（清顺治甲午年），莒州太守陈全国在浮来山定林寺大殿前古银杏树下立碑志铭，碑文是：“浮来山银杏树一株。相传鲁公莒子会盟处。盖至今三千余年。枝叶扶苏，繁荫数亩；自干至枝，并无枯朽，可为奇观”。全国人大常委会原副委员长王丙乾在此题写了“天下银杏第一树”，并被制成碑刻。此处尚有胡绳先生“文心千秋，古木长存”，吴阶平先生“银杏巨树，天下闻名”等名人的题词，均勒石成碑。

河北省遵化县禅林寺是遵化最古老的寺庙之一，寺院周围矗立着13株遮天蔽日的古银杏。寺庙碑文记载：“先有禅林后有边（边，指长城），银杏还在禅林前”。

四川省都江堰市青城山古银杏树旁有一古碑，碑上刻有：“状如虬怒，势如蠖曲，姿如凤舞，气如龙蟠，垂乳欲滴，状若玉笋，苍翠四荫，雅若图卷”。碑文对银杏的形态、气势、风度、价值都作了刻画，颇为形象。东岳泰山有30多株古银杏树，其中最大的一株位于佛爷寺殿台前，树高38m。清朝光绪12年残碑记载：“岱之北有谷山寺，即所谓佛峪寺也。……尤足异者，有银杏3株簇生，每大二十余围，诚旷世所罕见，闻而慕之”。山东省威海市大孤山镇万户村银杏树已有千年历史，树高26.6m，胸径2.17m。这株千年古银杏树东侧树立着一座石碑，其正面赫然刻着原中央军委副主席、国防部长迟浩田题写的“沧海桑田千年树，人杰地灵万户村”14个大字。

11.3.2 银杏艺术

11.3.2.1 绘画、书法

银杏以其伟岸雍容的身姿与丰厚的文化底蕴、鲜明的精神象征，博得了众多书画家的赞叹。他们以银杏为题，泼墨挥毫，留下了许多宝贵的艺术珍品。早在晋朝，著名画家顾恺之就绘制了传世名画《洛神赋图》巨幅绢本着色画卷，以银杏为主调进行取景构图反映皇家园林，画中绘有大小银杏树200余株，与三国时著名文学家曹植的名作《洛神赋》相得益彰。魏末西晋时期玄学的代表人物嵇康、阮籍、山涛、王戎、向秀、刘伶、阮咸等风流名士，因不满暴政，逍遥山林，谈玄醉酒，世称“竹林七贤”。1960年4月考古工作者在南京地区西善桥宫山北麓发掘的六朝墓室中出土了《竹林七贤与荣启期》砖印壁画。图中人物比例匀称，准确生动，人物之间以银杏、垂柳、松、竹相隔，八人均席地而坐，但各以一种最能体现本人个性的姿态出现。据宋代《宣和画谱》载，内臣乐士宣和，字得臣，祥符人，擅画花鸟，作有《银杏白头翁图》。曲阜孔庙诗礼堂是供奉孔子圣迹的所在，门外有两株参天银杏树将军般护卫左右。山东省美术家协会常务副主席兼秘书长孔维克是孔子第78代孙，2005年当选为世界孔子后裔联谊会副会长。他雅好丹青，卓然名家，其作品屡屡在全国及国际性重要展览活动中获奖。银杏树下写圣迹是他绘画创作的主题，其代表作《杏坛讲学》（三联画）的主画面背景就是古老的银杏树。著名画家谢稚柳于1982年到西安参观游览，其间前往周至县东南的唐宗圣观探访。唐宗圣观遗址原称楼观，传说为老子著《道德经》之处，素有“仙都”“洞天之冠”的美誉。唐高祖李渊为抬高门第，尊老子（姓李名耳）为其远祖，改楼观为宗圣观，并命欧阳询撰书《大唐宗圣观记》。宗圣观作为皇家祖庙鼎盛至极，李白、苏轼、米芾等都游历此地并有题诗。谢稚柳探访唐宗圣观时，中华传统文化刚刚从“文革”劫难中复苏过来。而在十多年前，曾遭大火焚烧仅余两段树干的一株树龄约1600年的古银杏此时也重现新绿，发出嫩芽。谢稚柳遂作《唐宗圣观遗址银杏图》，并题写长篇题跋。作品构图新颖，造型生动质朴，片片新绿映衬出勃勃生机。此作不但是谢老晚年山水画的典型，更反映了他敏锐的历史眼光，使画面呈现出不朽的人文价值。

南京市浦口区求雨山文化园林散之陈列馆藏有林散之捐赠的书画精品210件。其中《古银杏行》描写的是南京市汤泉镇惠济寺内的3株相传为南朝梁代昭明太子手植的古银杏树，全文521字，是馆藏作品中字数最多的一幅。天师洞古银杏声名远扬，著名书法家谢无量有书法作品《天师洞银杏》传世。著名考古学家王冶秋先生是我国文物事业的主要开拓者和奠基人之一，他的夫人高履芳长期担任文物出版社社长，他们夫妇与许多著名文人学者结下了深厚的友谊，收藏了大量的书画名作，其中有一幅郭沫若先生赠送的有关银杏的书法作品：“银杏叶转瞬已翻黄矣，时辰的浪涛在不知不觉冲荡。秋霖连日，意思郁郁。”郭老书法作品甚多，但写银杏的极少，此书弥足珍贵。

11.3.2.2 摄影、邮票

银杏的树形树叶皆美，既美在形态，也美在色彩，吸引无数摄影爱好者纷纷把镜头对准了银杏，拍摄下一幅幅壮美瑰丽的图片。新华社著名记者穆青一生留下了大量的新闻作品，也留下了不少摄影作品。他拍摄的银杏树古朴苍劲，让人观后精神振奋，豪气顿生。新华社记者陈学思摄影作品《银杏王》，刊发于2002年2月18日《人民日报》（海外版）。该“银杏王”位于广东省南雄市油山镇黄地村的中元山中，树龄已有2000年，树高20m，约6人才能合抱，被当地作为重点文物保护。天目山以其得天独厚的地理环境，成为野生银杏的幸存地，吸引人们来这里探胜寻幽。《环境》杂志 1983 年第 7 期刊有关荣光、曾骏拍摄的“活化石”银杏树等有关天目山自然保护区的照片。天目山古银杏照片还分别刊登在 1983 年 11 月出版的《临安县地名志》、1985 年 12 月出版的《钱塘江图片集》和 1987 年第 8 期《浙江画报》等报刊上。为让更多的人了解天目山，了解中华银杏，2004 年秋，浙江省临安市摄影家协会精心组织了“天目银杏”摄影大奖赛，对促进银杏文化发展起到了积极的作用。广西壮族自治区灵川县海洋乡被誉为“银杏之乡”，秋季到来，灵川大片银杏树林及飘落在地的金黄落叶构成一幅幅令人惊叹的美景，吸引众多摄影家前来创作。为更好地利用这一宝贵资源，桂林市摄影家协会已将海洋乡确定为创作基地，并与灵川县政府联合举办了“桂林海洋金秋银杏”摄影比赛，重金搜求银杏摄影佳作，收到了宣传银杏产业、弘扬银杏文化的“双赢”效果。

银杏以其姿容华贵与蕴涵丰富多次被选印为素有“国家名片”之称的邮票。1981 年国家邮电部发行了第一套“中国盆景邮票”，其中名为“活峰破云”的银杏盆景收入其中。2004 年 10 月，国家邮政总局以郯城大神树、银杏干果、银杏挂果、银杏盆景为图案，首次发行关于银杏题材的成套邮票。为进一步唤起民众对珍稀濒危植物的保护意识，国家邮政局于 2006 年发行“孑遗植物”特种邮票一套，共 4 枚。此套邮票收入了银杏、水松、珙桐、鹅掌楸 4 种孑遗植物，由中国科学院昆明植物研究所高级工程师、中国植物学会植物画协会主席曾孝濂设计，远景为各个物种的独株或群株画面，近景则特写该物种的枝叶、裸子或花卉，突出各自特点，远虚近实，相得益彰。银杏邮票图案由银杏树、银杏叶、银杏果 3 部分组成，蕴含着银杏浑身是宝，果、叶、材俱佳的丰富内涵，有较高的收藏价值。2006 年植树节当天，邮政部门在天目山所在地——浙江省临安市举行了首发式，邮票设计者曾孝濂先生现场为集邮爱好者在首日封上签名；中国林学会银杏分会副会长林协研究员应邀出席首发式。山东郯城、江苏泰兴、河南西峡等地为此也举行了丰富多彩的首发纪念活动。

11.3.2.3　歌曲、戏剧

银杏丰富的文化内涵，日益影响到国人的思想观念、审美情趣及社会生活的诸多方面。江苏省“文化工作先进市”泰兴市创作了大量吟咏银杏的音乐作品，其中《银杏之歌》，以其优美的旋律，引起人们的共鸣。歌曲《打银杏》获中央人民广播电台全国广播新歌征歌比赛“特别奖”，入选第二届中国艺术节，获国家文化部颁发的群星奖、江浙闽三省群众歌曲创作大赛一等奖。由原总政歌剧团副团长、女高音歌唱家、国家一级演员程桂兰领唱的《银杏颂》，在江苏人民广播电台作为“每周一歌”播出后，深得人们喜爱。江苏省音乐家张斌与孙德林合作谱写的古筝曲《银杏曲》，参加了由中国音乐家协会主办的中国古筝艺术第三、四、五次交流会并获奖。

银杏高耸入云，挺拔俊秀，超然平易，自然成为戏剧创作的素材。河南优秀戏曲节目《银杏情》连续演出近百场次，深受群众喜爱，被国家新闻出版总署列入全国迎接党的十六大重点音像电子出版选题目录；编剧王国毅获 2000 年中国戏剧文学创新奖。1977 年，江苏省梆子剧团创作的现代戏《银杏坡》参加全省专业文艺团体创作节目汇演，受到好评。2005 年，上海市艺术家协会与上海市群众艺术馆报送的沪剧小戏《银杏树下》，在中国滨州博兴（国际）小戏艺术节中获得一致赞誉。山东省高密市文化工作者魏修良、施立记等创作的歌舞小品《千里姻缘银杏牵》，被选为庆祝建国 50 周年大型演出节目。

11.3.2.4　广播、影视艺术

浙江省富阳市广播电台录制的广播专题《陈根喜和他的古银杏树》，在中国国际广播电台向海内外听众播出，引起世人关注。山东人民广播电台曾播诵《祖国，假如你是一棵银杏》的配乐散文。作者笔触所及，由银杏而国树，由国树而民族的象征，反复咏颂，可谓爱国主义的一曲新唱。2001 年 10 月，辽宁省丹东人民广播电台制作播出的配乐科普广播作品《来自远古的长寿树——银杏》，介绍了丹东的银杏树和有关银杏的历史科学知识，语音优美，文采飞扬，播出后，深受欢迎。

银杏影视作品以其直观性强、寓意深刻而大受群众欢迎。根据当代著名作家张弦以女性命运为题材的小说《银杏树》改编的电影《银杏树之恋》，以其曲折动人的情节赢得了众多观众的注目。张弦编剧、曾在全国各大电视台热播的30集电视连续剧《银杏飘落》如一曲爱情哀歌，将特殊年代对青春的摧残刻画得淋漓尽致，作品让人在为之哀惋的同时，深切感受到那一代人追寻理想、百折不挠的精神世界。该剧播映后，反响强烈，被称为“一个震撼心灵的爱情故事，一部潸然泪下的苦难史诗”。银杏仙子的传说在江苏省泰兴等地流传甚广，由南京电影制片厂、长春电视台和泰兴市人民政府联合摄制、中国唱片总公司上海公司录像部公开发行的神话电视剧《银杏仙子》，向人们讲述了银杏仙子为民除害、造福人类的动人故事。2002年法国电视台《自然》节目组伊莎贝尔一行4人在中国、日本拍摄了《毁灭不了的银杏树》专题电视片。该片被译成多种语言，在欧美一些国家播映。韩国影视制作人姜帝圭被誉为“改写了韩国电影史”的人，他从韩国中央大学电影专业毕业后，开始边写剧本、边熟悉导演工作。1995年，姜帝圭拍出了自己的第一部电影《银杏床》，1998年正式上映，创下韩国当年最高票房纪录，引起了社会轰动。电视科普片《探索银杏杀菌之谜》在第九届全国农业电影电视“神农奖”评选活动中，从29个省（自治区、直辖市）159个单位选送的683部各类影视作品中脱颖而出，荣获金奖。“神农奖”是经中共中央宣传部批准，由国家农业部和国家广播电影电视总局联合主办，综合反映我国农业、农村、农民题材的影视类国家级政府奖。

11.3.3 银杏与国树评选

评选国树，对于丰富人们的精神文化生活，激发各族人民的爱国热情，振奋民族精神，增强民族自豪感具有重要作用。据不完全统计，世界上已有120多个国家确定了国树，而拥有“世界园林之母”盛誉和悠久历史灿烂文化的中国，长期以来却没有选定国树。国树，是国家之推崇，民族之骄傲。国树的华贵形象和浓厚的精神蕴涵，体现着一个民族的高尚情操和可贵品质。评选国树，对于宣传森林知识，繁荣森林文化，提高全民生态意识，丰富人们的精神文化生活，具有重要作用。确定国树，有利于寄托民族的思想情感，振奋民族精神，增强炎黄子孙的民族自豪感和民族凝聚力，促进社会主义精神文明建设。近年来，社会各界对“尽快确立银杏为国树”的呼声日益高涨，已引起国家和有关部门的高度重视。有识之士呼吁：中国不能没有国树，中国国树非银杏莫属！

中华银杏，国树风范。它亘古孑遗，历经第4纪冰川的毁灭性浩劫仍幸存于我国，屡遭磨难，历尽沧桑，不离不弃，钟情莽莽神州，并繁衍复兴，再度走向世界，成为举世闻名的“活化石”，植物界的“大熊猫”。它坚韧不拔，昂扬向上，生生不息，是“历史的精华，永恒的标志”，成为“解读大自然奥秘的里程碑”，阐释中华民族精神的有力见证。银杏树高大挺拔，傲立苍穹，象征着中华民族的铮铮铁骨和宁折不弯的英雄气概。其硕果累累、惠及万世的无私情怀又象征着中华民族友邻万邦的君子之风。郭沫若先生于1942年5月在重庆《新华日报》上发表散文，把银杏的风骨和品质描写得淋漓尽致，盛赞银杏为“东方的圣者，中国人文的有生命的纪念塔”，疾呼“你是真应该称为中国的国树的呀”。

中华银杏伟岸挺拔，华贵典雅，具有苍劲之美、沧桑之叹、传神之韵。在任何恶劣条件下，它都能欣然受之，不卑不亢。不管风吹雨淋，火烧雷击，依然故我。似胡杨，生而不死，死而不倒，倒而不朽，却比胡杨更雄壮；似青松，姿而不妖，翠而不媚，苍而不朽，却比青松更挺拔；似水杉，耸而不弯，美而不艳，密而不攀，却比水杉更坚强。因此，银杏素为先民所敬仰，栽植于庙宇、道观、名人庭院等地，视其为图腾而崇拜，更有后人以轩辕黄帝的复姓“公孙”之美名称之，千年流芳。1945年，日本广岛原子弹爆炸后，最早从废墟中吐露新芽，恢复生机的就是银杏。

中华银杏质朴无华，无私奉献，以扎实、厚重、内凝的性格彰显着务实进取的精神。银杏，饱经风雨沧桑，淳厚古朴，本色天然，从不炫耀张扬，根扎大地，心系故土。银杏，不择土壤，不论环境，只一抔黄土，一滴晨露，即可安身立命，展蓬勃生机，就会长成参天大树，为人们遮荫蔽凉，奉献累累硕果。浙江天目山“五世同堂”的古银杏，生长在悬崖峭壁上，一代又一代繁衍，铁骨铮铮，昂首云天，精神永在，每年都吸引数万名朝拜者前来瞻仰。因此，有外国人称中国植物区系为银杏植物区系，其科学意义不言而喻。记载中国植物的巨著——《中国植物志》，全书共 80 卷，每卷封面上都印有银杏，可谓匠心独具，精美绝伦。

20 世纪中叶，南京林业大学马大浦、陈植、叶培忠等专家，曾利用多种方式呼吁尽快确定我国的国树。此后，关于国树评选的呼声从未间断，国树候选树种的标准也几经修定。20 世纪 90 年代以来，不少全国人大代表和政协委员在全国“两会”期间，踊跃提交关于国树评选的议案和提案，要求尽快结束我国没有国树的历史。为推选银杏为国树，中国林学会经济林分会银杏研究会付出了艰辛的努力，为此成立了推举银杏为国树专业工作委员会。自 1991 年首次全国银杏学术研讨会开始，几乎每次研讨会都建议确立银杏为国树。全国各地的银杏研究会会员，也一直为国树事业做着不懈的努力。1994 年，中国银杏研究会会员、安徽省全国人大代表刘汉杰联络 30 多位全国人大代表推荐银杏为国树的议案被列为全国人大八届二次会议第 455 号议案，全国人大批转国家林业部处理，林业部以文件形式答复称此建议是“目前见到的最完整、最具体的推荐国树方案”。在 2000 年全国人大九届三次会议上，全国人大代表郭大孝再次提出“推荐银杏为国树”的议案。在 2002 年全国人大九届五次会议上，郭大孝代表又一次提出“关于把银杏树定为国树的建议”。来自江苏的十届全国人大代表鞠章网从 2003 年开始，坚持不懈地在全国人大会议上提交关于确定银杏为中国国树的议案。他领衔的“确定银杏树为中国国树”的 1287 号议案，有 112 名代表联合签名，成为 2004 年全国人大十届二次会议代表联名最多的议案。2005 年全国人大十届三次会议上，鞠章网等代表再次提出“关于将银杏树定为国树的建议”和“关于将确定中国国树作为本届人大工作内容的建议”。国家林业局于 2005 年 6 月 9 日对两项建议分别给予答复，称代表们“提出的有关国树评选的议案和建议,对推动我国国树评选工作发挥了重要作用”。

2005 年，受国务院委托，国家林业局安排中国林学会进行了国树评选初选。这次国树评选标准有四：一是属中国特有或原生中国，在我国具有较广泛的分布，在世界上有较大影响；二是外观漂亮，深受国民喜爱；三是具有丰富的文化内涵，反映某种民族精神；四是物种明确，不引起混淆。从 2005 年 7 月下旬开始，中国林学会联合搜狐网，共同举办网上推选国树活动。2005 年 9 月 22 日，中国林学会公布全民对银杏、水杉、珙桐、杜仲、国槐、侧柏、樟树 7 个国树候选树种的投票结果：活动共收到信函与网络投票 179 万张，其中银杏得票 177 万张，占总票数的 98. 91%，其他树种共得票 19 575 张，占 1. 09%，有近 99% 的公众主张选择银杏为中国国树。中国林学会已将投票结果上报，并提出“将银杏树定为国树”的建议。由此可见，银杏不仅扎根于中华民族的沃土，更深深扎根于华夏儿女的心中，成为中华民族品格和精神的象征，在国树评选中具有十分突出的优势。

银杏以其饱经沧桑的悠久历史、泽被万世的奉献精神、浑身是宝的综合价值和充分代表中华民族的“民魂”象征，赢得了广大国民的喜爱和支持，银杏戴上国树的桂冠指日可待！

附录1　银杏主要中文版专著及译著目录

（依出版日期先后为序）

1.［日］仁木繁编．银杏叶健康法．台北：台湾正义出版社，1988.

2. 徐江森著．银杏趣谈．成都：四川科学技术出版社，1988.

3. 梁立兴编著．中国银杏．济南：山东科学技术出版社，1988.

4. 何凤仁著．银杏的栽培．南京：江苏科学技术出版社，1988.

5. 张清洁主笔．郯县银杏志．北京：海潮出版社，1989.

6. 中国银杏协会筹委会，湖北省安陆县银杏协会合编．全国首届银杏首届学术研讨会论文集．武汉：湖北科学技术出版社，1992.

7. 张洁编著．银杏栽培技术．北京：金盾出版社，1992.

8. 陈章久．银杏早果丰产新技术．天津：天津教育出版社，1992.

9. 江苏省泰兴市政协文史资料委员会编．泰兴大白果．北京：农业出版社，1993.

10. 侯九寰，皇甫桂月，张永瑞编著．银杏栽培．北京：科学技术文献出版社，1993.

11. 杨胜学，史继孔，樊卫国等．银杏栽培．贵阳：贵州民族出版社，1993.

12.［日］仁木繁编．银杏的威力．台北：台湾青春出版社 1993.

13. 邢世岩编著．银杏丰产栽培．济南：济南出版社，1993.

14. 李健，许振方编著．银杏栽培技术问答．成都：成都科学技术大学出版社，1993.

15. 郭善基主编．中国果树志·银杏卷．北京：中国林业出版社，1993.

16. 梁立兴编著．中国当代银杏大全．北京：北京农业大学出版社，1993.

17. 许慕农，胡大维主编．银杏栽培及产品加工技术．北京：中国林业出版社，1993.

18. 中国林学会经济林分会银杏研究会，安陆市银杏协会，泰兴市银杏协会合编．全国第二次银杏学术研讨会论文集．武汉：湖北科学技术出版社，1994.

19. 董云岚，魏玉君主编．银杏栽培与加工．郑州：河南科学技术出版社，1995.

20. 中国林学会经济林分会银杏研究会，山东省郯城县林业局合编全国第三次银杏学术研讨会论文集．武汉：湖北科学技术出版社，1995.

21. 杨澄，张景群编著．银杏速生丰产栽培．西安：世界图书出版公司西安公司，1995.

22. 周维书，黄振安，郑爱云编著．银杏叶及其制剂．北京：化学工业出版社，1995.

23. 张格权编著．银杏病虫害防治．成都：成都科技大学出版社，1995.

24. 韩宁林，张云跃编著．银杏生产百事问．北京：中国农业出版社，1996.

25. 生活医学出版部主编．银杏叶．台北：台湾生活医学书房出版社，1996.

26. 李兆龙，胡季强，卢耀明编著．银杏叶的开发利用．上海：上海科学技术文献出版社，1996.

27. 中国林学会经济林分会银杏研究会，河南省新县林业局合编．全国第四次银杏研讨会论文集．北京：中国林业出版社，1996.

28.［日］佐藤康成著．李淑云译．银杏栽培加工与销售．北京：中国农业出版社，1996.

29. 郭善基，钱炳炎，李健等编写．银杏优良品种及其丰产优质栽培技术．北京：中国林业出版社，1996.

30. 薛克成，胡世平，肖斌编著．银杏栽培．合肥：安徽科学技术出版社，1997.

31. 中国林学会经济林分会银杏研究会，广东省南雄市农业委员会合编．全国第五次银杏学研讨会论文集．广州：广东科学技术出版社，1997.

32. 韩宁林编．银杏．北京：经济管理出版社，1997.

33. 邢世岩著．叶用核用银杏丰产栽培．北京：中国林业出版社，1997.

34. 侯九寰，徐华勤主编．银杏生产实用技术．北京：中国科学技术出版社，1998.

35. 中国林学会经济林分会银杏研究分会，湖北省随州市林业局合编．全国第六次银杏学术研讨会论文集．湖北：随州市林业局，1998.

36. 苏淑钗，冷平生. 银杏三高栽培技术. 北京：中国农业大学出版社，1998.

37. 门秀元编著. 银杏优质丰产栽培技术问答. 济南：山东科学技术出版社，1998.

38. 苏淑钗，冷平生编著. 银杏三高栽培技术. 北京：中国农业大学出版社，1998.

39. 丁之恩主编. 银杏良种丰产、病虫防治、加工利用. 北京：中国林业出版社，1999.

40. 江苏邳州市银杏研究所编著. 银杏高产栽培与综合利用技术. 南京：江苏科学技术出版社，1999.

41. 文泽富，黄昀，李容等编著. 银杏栽培新技术. 重庆：重庆出版社，1999.

42. 欧黎虹主编. 银杏与生命. 武汉：湖北科学技术出版社，1999.

43. 中国林学会经济林分会银杏研究会，广西壮族自治区桂林地区行政公署合编. 全国第七次银杏学术研讨会论文集. 北京：中国林业出版社，1999.

44. 韩宁林编著. 银杏果用林栽培. 北京：科学普及出版社，1999.

45. 韩宁林编著. 银杏叶用林栽培. 北京：科学普及出版社，1999.

46. 郭成源. 银杏栽培与初加工技术. 济南：山东科学技术出版社，1999.

47. 金代钧，李峰编著. 银杏（白果）栽培技术. 南宁：广西科学技术出版社，1999.

48. 曹福亮主编. 银杏培育机理及综合开发利用. 北京：中国林业出版社，2000.

49. 刘燕君，陈章久，谢笔钧编著. 银杏栽培与加工技术. 武汉：湖北科学技术出版社，2000.

50. 李群编著. 银杏栽培技术 200 问. 上海：上海科学普及出版社，2000.

51. 中国林学会经济林分会银杏研究会，湖北省巴东县人民政府合编. 全国第八次银杏学术研讨会论文集. 武汉：湖北科学技术出版社，2000.

52. 董步生主编. 银杏栽培与发展研究. 南京：东南大学出版社，2000.

53. 湖北省老区建设促进会编. 银杏的魅力. 武汉：湖北科学技术出版社，2000.

54. 朱奕庆主编. 银杏研究与应用. 贵阳：贵州科学技术出版社，2000.

55. 中国林学会经济林分会银杏研究会，江苏邳州市人民政府编. 银杏产业的机遇与挑战. 南京：东南大学出版社，2001.

56. 李群，徐优良，张喜武等编著. 银杏栽培新法. 南京：江苏科学技术出版社，2000.

57. 宛志沪，蔡其武. 银杏. 北京：中国中医药出版社，2001.

58. 辛铁君编著. 银杏矮化速生种植技术. 北京：金盾出版社，2001.

59. 王良信，沈清凤. 银杏的食疗和保健. 北京：科学技术文献出版社，2001.

60. 何丙辉. 银杏构件生物学理论与应用. 北京：中国林业出版社，2001.

61. 中国林学会经济林分会银杏研究会，浙江省长兴县人民政府组编. 银杏产业提升和可持续发展. 北京：中国农业科学技术出版社，2002.

62. 曹福亮著. 中国银杏. 南京：江苏科学技术出版社，2002.

63. 中国林学会经济林分会银杏研究会. 银杏品种资源. 武汉：湖北科学技术出版社，2003.

64. 康志雄主编. 浙江效益农业丛书·银杏. 北京：中国农业科学技术出版社，2003.

65. 曹福亮编著. 银杏. 北京：中国林业出版社，2007.

66. Fuliang（Sam）Cao，Ecological Basis for Ginkgo Agroforestry Systems. Beijing：China Forestry Publishing House，2007.

67. 曹福亮. 银杏资源培育与高效利用. 北京：科学技术文献出版社，2007.

附录2　全国银杏古树的分布明细(附表1～附表21)

附表1　河北省部分银杏古树

生长地点	性别	树高(m)	胸径(m)	备注
内丘县南赛乡寺沟村	雌	25.0	3.02	
元氏县前仙乡牛家庄普济寺遗址	雌	28.3	1.72	
平山县天桂山青龙观	雌	30.0	1.05	
易县大龙华乡大龙华村小学	雄	26.0	1.21	2株中最大者
涞水县罗鼓台乡清泉寺村	雌	22.0	1.37	
丰南县宋家宫乡闲家营村		15.0	1.59	
抚宁县石门寨乡前水营村	雌	12.5	2.32	
抚宁县上庄沱乡淡水营村	雌	26.0	2.29	
迁安县蔡园乡马官营村	雌	22.6	2.70	
遵化市侯家寨乡禅林寺村	雄	26.4	1.42	8株最大者
遵化市侯家寨乡禅林寺	雌	18.7	1.30	
三河县埝头乡大掠马村	雌	30.0	2.94	
香河县香城屯乡香城屯村	雌	23.5	1.26	
香河县香城屯乡香城屯村	雄	18.0	1.03	

附表2　山东省部分银杏古树

生长地点	性别	树高(m)	胸径(m)	备注
莒县浮来山定林寺内	雌	26.4	4.09	
莒县东莞镇沈刘庄	雄	31.5	1.51	刘勰手植
莒县洛河乡北汶村小学内	雌	24.0	1.63	
临沂市第三中学	雌	20.3	2.07	
临沂市白沙铺乡诸葛城	雌	19.1	3.31	
临沂市涑河乡庙上村	雌	19.5	2.60	
郯城县新村乡官竹寺(广福菴)	雄	37.6	2.45	北方最大的雄树
郯城县新村乡观珠寺遗址	雌	36.0	2.36	
郯城县房庄乡南刘村	雄	17.5	1.85	
苍山县文峰山下庙遗址 西	雄	30.0	3.20	季文子卒年所植
苍山县文峰山下庙遗址 东	雌	30.0	1.50	
安丘市庵山镇青云寺	雌	33.7	1.82	
安丘市庵山镇公治长书院	雄	29.0	1.53	
安丘市庵山镇公治长书院	雌	29.0	1.85	

（续）

生　长　地　点	性　别	树高(m)	胸径（m）	备　注
五莲县高泽乡西楼村	雌		1.85	
五莲县高泽乡西楼村	雌	20.0	1.54	
滕州市羊庄镇镇政府	雌	23.0	1.00	
曲阜市孔庙承经门诗礼堂院内	雄	15.5	1.30	五株合生
日照市东港区西湖乡大花崖村	雌	27.0	2.15	母系银杏
日照市虎山乡小村	雌	25.5	2.10	
临朐县沂山东镇东镇庙内	雌	20.0	1.28	抱子银杏
新泰市岙阴乡奖军堂亮峪古庙前	雌	18.0	1.45	灯笼银杏
泗水县安山寺林场	雄	28.6	2.52	夫妻银杏
沂源县鲁村镇安平庄棲真观	雌	22.0	2.29	母子银杏
沂源县织女洞三清殿前	雌	24.5	1.02	叶籽银杏
沂源县鲁村镇仙公山	雌	28.5	2.30	
沂源县燕崖乡西白峪村	雌	19.0	1.80	
沂源县燕崖乡辉村		18.0	1.10	
沂源县中庄乡中村	雌	25.5	2.20	
沂源县中庄乡中村油坊院		20.0	1.20	
沂源县中庄乡盖冶村学校	雄	18.0	1.60	
沂源县中庄乡盖冶村学校	雌	15.0	1.50	
沂源县东里镇沂河南唐顶山		22.5	1.70	
沂源县城西荆山普安禅寺		26.0	1.69	
沂源县东里镇九顶莲花山林场		25.0	1.90	
沂源县国营荆山园艺场		20.0	1.80	
沂南县青驼镇兴隆寺	雌	22.0	1.78	战工会古银杏
乳山县新村乡红石崖观珠寺遗址	雌	36.0	2.36	
乳山县大孤山乡南刘宅	雄	17.5	1.85	
荣城县中庄乡中村	雌	28.5	2.29	
嘉祥县王堌乡郭庄村清神观遗址	雌	27.0	2.07	
泰山市泰山佛爷寺	雌	20.3	2.04	
海阳市发城镇上都村	雌	25.0	2.22	
海阳市岛石店镇大庄村		25.0	1.13	
海阳市小纪镇西野口村		18.0	1.00	
济宁市长沟乡白果树村	雌	33.2	2.03	
长清县五峰山	雌	17.0	2.10	
青岛市崂山上清宫	雌	28.0	2.16	
蒙阴县桃墟乡麻店子	雌	32.0	2.30	
沂水县沂河林场上岩寺	雌	23.0	3.32	

（续）

生　长　地　点	性　别	树高(m)	胸径(m)	备　注
诸葛市林家村	雌	21.5	2.52	
诸城市寿塔乡乡政府	雌	25.6	2.39	
费县薛庄乡城阳寺	雌	20.6	2.52	
枣庄市涧头镇侯孟乡侯孟村	雌	17.0	2.14	
枣庄市坊上乡银杏公园	雌	24.0	1.78	三株中最大者
枣庄市台儿庄区涧头乡土山村	雌	22.0	1.79	
淄博市博山区夏家庄镇后裕村	雌	27.0	1.60	
淄博市博山区夏家庄镇后裕村	雄	28.0	1.40	
淄博市博山区李家乡韩庄观音寺		27.0	1.40	

附表3　山西省部分银杏古树

生　长　地　点	性　别	树高(m)	胸径(m)	备　注
太原市晋祠王群祠堂前南	雄	21.5	2.05	
太原市晋祠王群祠堂前北	雌	19.5	1.34	
晋城市泽州县南村镇冶底村东岳庙		25.4	3.05	
晋城市铺头乡青莲寺	雄	21.7	1.48	
晋城市铺头乡青莲寺	雌	14.5	1.00	
晋城市城区南街办事处		26.8	1.00	
翼城县南染镇下涧峡村	雄	28.0	1.44	
芮城县大王乡南山村玉皇庙	雌	39.8	1.70	
曲沃县下裴庄乡南林交村北门		23.8	2.72	
高平市三甲乡三甲南村学校		27.4	1.28	
高平市陈镇浩庄石方庙后	雄	23.0	1.00	
临汾市金殿镇桑湾村	雄	22.8	1.45	
垣曲县新城镇刘张村	雄	3.8	1.38	
洪洞县城关镇南官庄村		22.0	1.05	

附表4　河南省部分银杏古树

生　长　地　点	性　别	树高(m)	胸径(m)	备　注
济源市王屋山紫薇宫	雌	35.5	2.90	
信阳县李家寨乡白果庙前	雌	27.0	2.71	
鲁山县四棵树乡庵窟沱寺村文殊菴内	雌	30.0	2.25	5株中最大者
泌阳县象河乡盈福寺遗址	雌	31.0	2.86	
确山县秀乐山北泉寺	雌	18.2	2.39	4株中最大者

（续）

生　长　地　点	性　别	树高(m)	胸径（m）	备　注
长葛县大墙周乡兴国寺遗址	雌	25.0	1.11	
禹县凤翅山灵泉寺遗址	雌	26.0	1.63	
光山县大苏山净居寺	雌	24.0	2.15	
鹿邑县老庄乡孙营村	雌	24.9	2.00	
镇平县杏花山菩提寺	雌	24.6	1.01	
宜阳县城西灵山寺	雌	26.0	1.37	
叶县辛店乡毛仁寺		18.5	1.69	
罗山县涩港乡连献计献策寺前		36.0	2.01	
罗山县铁铺乡何家冲村		41.5	1.45	红军长征纪念树
正阳县大株乡观音寺		23.5	1.45	
汲县炮头乡罗圈村		20.1	1.72	
洛宁县故县乡乡政府		26.8	1.60	
遂平县嵖岈山乡杨店村		20.0	2.23	
方城市独树乡小顶山万泰宫		29.0	1.85	
永城市芒砀山凤凰城遗址	雌	21.0	2.32	张飞拴马树
永城市洪仪河乡朋庄村清泉寺	雌	23.5	2.24	
桐柏县固县乡刘扒村	雌	27.0	2.20	
桐柏县固县乡固县村		25.0	1.77	
桐柏县回龙乡黄楝岗村		25.0	1.87	
商城县黄柏山法眼寺旧址（西）	雄	31.5	2.33	
商城县黄柏山法眼寺旧址（中）	雄	40.0	2.36	
商城县黄柏山法眼寺旧址（东）	雌	25.0	1.18	
商水县邓城乡许村		18.0	1.69	
商丘市平台乡沈楼村南		30.0	2.07	
登封市会善寺		17.0	1.37	
登封市少林寺	雄	24.0	1.78	寺内7株中大者
登封市法王寺	雄	29.6	1.67	4株中大者
西峡县石界河乡通渠村白果树庄		30.4	2.19	
西峡县二郎坪乡栗坪村	雌	35.0	1.97	及邻村共60多株
西峡县丁河乡大岭沟		17.2	2.18	
西峡县蛇尾乡白果树		25.0	2.17	
西峡县太平镇回龙寺		24.0	2.15	
西峡县太平镇阴沟村	雌	27.0	1.78	
西峡县寨根乡街后		25.0	1.48	
西峡县军马河乡茅坪		18.0	1.29	
西峡县陈阳乡高家庄		19.0	1.16	

(续)

生长地点	性别	树高(m)	胸径(m)	备注
西峡县丹水乡潭沟寺湾		24.0	1.20	两株中最大者
西峡县园艺场		17.0	1.01	
西峡县黑烟镇林场		25.0	2.17	
新县沙窝乡关帝庙遗址		17.5	1.00	
新县浒湾乡白果树村		18.5	1.32	
新县郭家河乡郭家河村		18.0	1.03	
新县郭家河乡杨树湾村		20.5	1.08	
新县泗店乡邹河村		19.5	1.00	
新县周河乡西河村	雌	1.90	1.20	
新县周河乡西河村	雌	1.40	1.46	
新县卡房乡古店村	雄	18.0	1.02	
新县卡房乡古店村三畈组	雌	15.0	1.23	
南召县留山镇丹霞寺		21.0	1.18	2株中最大者,七星银杏
南召县桥端乡百鼓村		20.5	1.08	3株中最大者
南召县桥端乡九崖村		21.0	1.18	
南召县桥端乡水晶河村坡底场		25.0	1.33	3株中最大者
卢氏县瑶沟乡庙上村学校院内		23.0	1.11	
卢氏县瑶沟乡耿家店村纸槽		23.0	1.00	
卢氏县徐家源乡石炭河村		23.0	1.00	
卢氏县官道口乡东汉村		17.0	1.00	
嵩县白河乡下寺前队		28.5	1.18	
嵩县白河乡下寺前队		27.6	1.06	
嵩县白河乡下寺前队		24.0	1.35	
嵩县白河乡下寺前队		26.5	1.00	
嵩县白河乡下寺前队		24.7	1.20	
嵩县白河乡下寺前队		29.0	1.00	
嵩县白河乡下寺前队		24.1	1.31	
嵩县白河乡下寺前队		26.6	1.24	
嵩县白河乡下寺前队		26.4	1.19	
嵩县白河乡下寺前队		25.5	1.42	
嵩县白河乡下寺前队		22.5	1.46	
嵩县白河乡下寺前队		23.5	1.41	
嵩县白河乡下寺前队		26.5	1.72	
嵩县白河乡下寺前队		27.5	1.08	
嵩县白河乡下寺队		26.4	1.20	
嵩县白河乡下寺队		27.4	1.06	

（续）

生　长　地　点	性　别	树高(m)	胸径(m)	备　注
嵩县白河乡下寺队		25.4	1.21	
嵩县白河乡下寺队		25.4	1.22	
嵩县白河乡下寺后队		20.7	1.10	
嵩县白河乡下寺后队		28.7	1.18	
嵩县白河乡下寺后队		29.0	1.26	
嵩县白河乡下寺白果坪村		24.3	187	
嵩县白河乡下寺白果坪村		20.5	1.01	雌雄同株
嵩县白河乡下寺白果坪村		30.1	1.24	
嵩县白河乡上寺崔家门前		24.2	1.20	
嵩县白河乡上寺村		17.5	1.21	
嵩县白河乡上寺村		18.5	1.16	
嵩县白河乡上寺村		19.1	1.04	
嵩县白河乡上寺村		29.7	1.03	
嵩县白河乡上寺村		28.4	1.00	
嵩县白河乡上寺村		24.7	1.30	
嵩县白河乡上寺村		26.7	1.10	
嵩县白河乡上寺村		29.0	1.26	
嵩县白河乡上寺村		15.8	1.23	
嵩县白河乡下坪里		24.8	1.11	
嵩县白河乡下坪里		26.4	1.24	
嵩县车村丁宝石上庙庄		22.7	1.00	
嵩县车村丁宝石上庙庄		28.8	1.01	
嵩县车村丁宝石上庙庄		24.5	1.08	
嵩县车村丁宝石上庙庄		20.5	1.02	
嵩县车村丁宝石上庙庄		21.5	1.22	
嵩县车村丁宝石上庙庄		18.5	1.78	
嵩县车村丁宝石上庙庄		20.5	1.17	
禹县鸠山乡长老庵		20.0	1.08	
虞城县东关镇罗庄县农场		19.0	1.23	
辉县白云寺前		29.7	1.07	
沈丘县新安集乡张庄		15.0	1.34	
襄城县山头店乾明寺内		19.0	1.19	
渑池县回龙庙		12.0	1.38	
栾川县潭头乡甘露寺		16.0	1.01	
汝阳县城关马兰村西小学		15.0	1.43	
汝阳县城东桃源宫	雌	32.0	1.32	救驾树
内乡县赤眉镇朱陈村		18.2	2.51	

附表5　安徽省部分银杏古树

生　长　地　点	性　别	树高(m)	胸径(m)	备　注
金寨县斑竹园镇李山村	雌	15.0	1.03	
金寨县斑竹园镇下湾	雌	20.0	1.16	
金寨县南畈乡雷公庙	雌	22.0	1.10	
金寨县南畈乡白果树湾	雌	16.0	1.80	
金寨县关庙乡青龙寺村	雌	26.0	1.32	
金寨县关庙乡麦元村	雄	26.0	1.27	
金寨县关庙乡仙桃村	雌	25.0	1.10	
金寨县关庙乡银山村竹园	雄	32.0	2.19	
金寨县沙河乡楼房村	雌	24.0	1.23	
金寨县沙河乡罗坪村	雌	27.0	1.48	
金寨县沙河乡罗坪村	雌	20.0	1.31	
金寨县沙河乡碾湾村	雌	21.0	1.15	
金寨县长岭乡长春村	雌	22.0	1.10	
金寨县西庄乡长元村	雌	20.0	1.15	
金寨县前畈乡罗家湾	雌	30.0	1.25	
金寨县后畈乡后畈村	雌	30.0	1.60	
金寨县沙江乡马河村	雌	12.0	1.95	
金寨县四河乡佛山村	雌	23.0	1.40	
金寨县花石乡竺山村	雌	17.0	1.60	
金寨县西河乡横河村	雌	20.0	1.30	
金寨县龚店乡郭店村	雌	37.0	2.00	
宿州市夹沟镇镇头寺	雌	12.0	1.38	
宿州市夹沟镇二郎寺	雄	26.0	1.50	
宿州市老海寺林场	雌	28.0	1.30	
宿州市老海寺林场	雄	25.0	1.40	
宿州市褚兰镇石板村	雌	25.0	1.80	
宿州市曹村镇闵祠村闵祠		13.0	1.00	
滁州市南樵区大王乡大王村	雌	20.0	1.10	
滁州市珠龙镇白云庵	雌	30.0	1.60	
滁州市色织厂	雌	20.0	1.10	
滁州市四中校园	雌	20.0	1.00	
明光市涧溪镇鲁峰村白果树	雄	20.0	1.20	
来安县杨郢乡宝山村石固山	雌	25.0	2.32	穆桂英率部在树下操练过
来安县大余郢乡马郢	雌	25.0	1.70	
来安县施官镇常郢村	雌	15.0	1.30	
来安县龙山镇张储朝阳	雌	15.0	1.09	

（续）

生　长　地　点	性　别	树高(m)	胸径（m）	备　注
来安县龙山镇张储朝阳	雄	20.0	1.30	
来安县相官镇大雅寺遗址	雌	22.0	1.30	
来安县大曲镇周庄胡碾	雄	27.0	2.00	
来安县广大乡三城伏湾	雌	28.0	1.10	
来安县广大乡三城小学	雄	22.0	1.30	
来安县广大乡三城蔬菜队	雄	27.0	1.30	
来安县广大乡河口村	雌	25.0	1.30	
复兴林场大安作业区	雄	254.0	1.86	
全椒县百坡乡冯竹园村		1.00	2.07	
临泉县城关镇古城子		18.0	2.07	
蒙城县移树乡白果村	雌	23.0	2.38	
蒙城县立仓镇		27.5		
寿县城关孔庙		30.0	1.00	
寿县极恩寺(县博物馆)		21.0	1.90	
利辛县马桥镇屋后		13.0	1.18	
淮北市相山寺	雌	30.0	1.11	
濉溪县岳集乡曹楼村西小学内	雌	32.0	1.92	
潜山县水吼五庙乡程冲村		45.0	2.10	
怀远县涂山纯阳道院		17.0	2.10	
青阳县九华山九华街文萃轩	雌	35.0	1.48	雌雄各1
肖县皇藏峪瑞云寺		21.0	1.70	
岳西县魏岭乡杨河村		24.0	1.36	
石台县六都乡龙田村		16.0		
祁门县渚口村前街		31.0	1.42	
旌德县孙林乡管家村口	雌	35.0	2.04	
黄山桃花峰海拔850m林内		20.0	1.06	
黄山桃花峰海拔850m林内		17.0	0.95	
黄山市徽州区潜口乡唐模村		21.5	2.51	
黄山市徽州区唐里乡外蟠溪村	雄	25.0	1.01	
黄山市徽州区呈村降乡伏岭头	雌	23.0	1.69	
宁国市山门乡方村	雌	22.0	1.08	
宁国市桥头乡七都汪村	雄	19.0	1.04	

附表6　江苏省部分银杏古树

生长地点	性别	树高(m)	胸径(m)	备注
南京市浦口区汤泉镇惠济寺	雌	20.2	2.37	
南京市浦口区汤泉镇惠济寺	雌	22.0	2.36	
南京市浦口区汤泉镇惠济寺	雌	24.7	2.35	
南京市栖霞区江南水泥厂宿舍旁	雌	25.0	2.23	
南京市栖霞区红旗新村	雌	30.0		市古树名木368号
南京市大厂区长芦中学校园内		22.0	1.24	
南京市建邺区朝天宫内		17.0	1.22	
扬州市仙鹤寺		20.0	1.15	阿拉伯人普哈丁葬地
扬州市西方寺		20.0	1.16	
泰兴市孔桥镇晓村5组		30.0	1.44	雄雌同株
泰兴市元竹乡丁前村7组	雄	15.0	2.10	
泰兴市城西金沙岸村皂角组	雄	22.8	1.21	市级文物保护
泰兴市长生乡北张7组	雌	14.0	2.20	
泰兴市长生乡小周庄钢厂内	雌	24.0	2.10	
泰兴市长生乡北张1组	雌	17.0	1.00	
泰兴市长生乡北张12组	雌	25.0	1.57	
泰兴市春庄乡胡庄村3组	雌	30.0	1.60	
泰兴市张桥镇辛埭1组	雌	17.5	1.11	
泰兴市溪桥镇诸葛学校西	雄	26.0	1.00	
泰兴市老叶乡芦荡村6组	雄	25.0	1.51	
泰兴市泰兴公园金沙岸村	雄	22.8	3.13	
泰州市泰州中学校园	雌	14.2	2.05	
泰州市都天庙	雌	18.5	1.24	
姜堰市南大街	雌	30.0		
新沂市纪集镇房场村		21.0	1.37	
无锡市惠锡公园祥符寺	雄	27.0	1.98	
无锡市马山镇桃坞村		26.0	2.10	
宜兴市周铁镇寂照庵		30.0	1.40	
如皋市搬经	雄	28.0	2.73	
如皋市高明镇大杨庄村	雄	27.0	2.54	
如皋市九华镇赵家园	雄	30.0	2.22	
吴县市直角乡文物保管所	雄	18.0	1.43	另两株为雌
吴县市东山北望	雄	25.0	2.28	
吴县市东山吴巷村	雄	20.5	1.64	
吴县市东山实验小学	雌	15.0	1.08	
吴县市东山白沙村	雌	17.0	1.44	

（续）

生　长　地　点	性　别	树高(m)	胸径（m）	备　注
吴县市东山丰家弄荷园	雄	18.0	1.36	
吴县市东山杨湾北街	雌	17.0	1.29	
吴县市东山杨湾华侨公墓	雌	21.0	1.24	
吴县市东山杨湾北街	雌	17.0	1.29	
吴县市东山摆渡口	雄	13.0	1.09	
吴县市东山东山翁巷凝德堂	雌	18.0	1.00	
邳州市港上镇曹楼村	雌	17.0	3.56	
邳州市港上镇港西村	雌	23.0	2.40	
邳州市港上镇港西村	雌	22.5	2.37	
邳州市港上镇港西村	雌	21.5	2.30	
邳州市港上镇港西村	雌	23.0	2.30	
邳州市港上镇港西村	雄	20.3	2.15	
邳州市港上镇港西村	雌	20.1	2.08	
邳州市四户镇白马寺	雌	19.6	1.22	
邳州市铁富镇后于村	雌	16.0	1.88	
邳州市铁富镇后于村	雄	20.0	1.85	
邳州市铁富镇后于村	雌	16.3	2.25	
邳州市铁富镇后于村	雌	16.0	2.36	
邳州市铁富镇后于村	雌	19.5	2.81	
邳州市铁富镇宋庄村	雄	19.6	2.80	
邳州市铁富镇骆家村	雌	22.0	2.50	
邳州市铁富镇骆家村	雌	23.0	2.35	
邳州市铁富镇黄庙	雌	19.0	1.59	
连云港市云台崇善寺	雌	30.0	2.05	祇林银杏
连云港市云台崇善寺	雌	18.0	1.03	
连云港市花果山老君堂遗址	雌	21.6	1.74	怀中抱女
连云港市悟正菴自然保护区		23.0	1.43	
连云港市悟正菴自然保护区		24.0	1.60	
连云港市云山乡白果树村		25.0		五干连体
吴江市庙港镇曙光村4组	雌	10.0	1.27	
吴江市庙港镇红心村7组	雌	15.0	1.59	
吴江市庙港镇七一村2组	雄	13.0	1.27	
吴江市八都镇双板村	雌	32.0	1.27	
吴江市震泽镇东方红加工厂	雄	23.0	1.60	
吴江市横榻庙前3队	雄	43.5	1.70	
南通市医学院	雌	18.0	1.05	

（续）

生　长　地　点	性　别	树高(m)	胸径(m)	备　注
南通市文化馆	雌	16.0	1.20	
南通市十二中学	雌	21.0	1.65	
南通市卫生学校	雌	16.0	1.20	
南通市原晶体管厂	雌	18.0	1.80	
南通市五金机械厂	雌	22.0	1.00	

附表7　浙江省部分银杏古树

生　长　地　点	性　别	树高(m)	胸径(m)	备　注
杭州市西湖区五云山真际寺前		21.0	2.26	
杭州市西湖灵峰寺揽月楼旁		20.8	1.60	
杭州市上城区大学路		24.0	1.38	
富阳市受降镇大树下	雄	21.8	2.29	雌雄同株
富阳市渔山乡勤建村		20.0	1.24	
富阳市常绿镇北坞村	雄	24.0	1.34	
富阳市洞桥乡陈林村	雄	16.0	1.93	
富阳市南新乡东叙村	雄	19.0	1.75	
建德市杨村桥镇程头村	雌	27.5	1.83	
建德市大慈岩		13.6	1.14	
桐庐县毕浦镇舒家村洪武山		30.0	3.20	
桐庐县毕浦镇舒家村		10.0	1.50	
桐庐县歌舞村蒲家		30.0	2.40	
桐庐县印渚镇西华村		16.0	1.37	
桐庐县合村乡陈村		28.0	1.60	
淳安县汪宅乡东汉村		23.0	1.32	
淳安县汪宅乡塘坞山		25.0	1.35	
淳安县文昌镇浪岭村	雄	33.0	2.22	
淳安县富文镇宋家坞		35.0	0.96	
淳安县夏中乡珠塔村	雄	25.0	1.51	
淳安县夏中乡先锋村		19.0	1.00	
淳安县秋源乡三丰村		24.0	1.06	
淳安县齐坑乡齐坑村		21.0	1.80	
淳安县朱峰乡百罗村	雄	29.0	2.64	
淳安县郭村乡庄源村花果蓭		33.0	2.70	两株中最大者
淳安县叶家乡上棚里灵岩庵遗址		17.0	2.70	隋末汪华第八子汪俊手植
淳安县妙石乡河村		25.0	1.23	

（续）

生　长　地　点	性　别	树高(m)	胸径（m）	备　注
淳安县中桐乡富坡村		29.0	1.08	
淳安县中桐乡尹山庵		29.0	1.01	
淳安县沈畈乡白峰坪村		24.0	1.38	
淳安县龙川乡鲁村		25.0	1.19	
淳安县安阳张乡铜川村		27.0	1.28	
淳安县上梧乡黄家源村		30.0	1.44	
淳安县里商乡里商村		28.0	1.03	
淳安县里商乡叶家村		30.0	1.26	
淳安县金峰乡长岭村		20.0	1.88	
淳安县白马乡上乳洞山		25.0	1.48	
淳安县白马乡里湖村		22.0	1.17	
淳安县白马乡里湖村		19.0	1.01	
淳安县白马乡石柱口		29.0	1.06	
淳安县白马乡白马村	雌	18.0	1.00	
淳安县白马乡屏畈村	雄	24.0	1.14	
淳安县白马乡界牌村	雌	19.0	1.35	
淳安县白马乡官川			2.00	
杭州市余杭区太平乡下余村			2.00	
杭州市肖山区大桥镇河上村		14.0	1.18	
临安市马啸乡路口村	雌	12.0	1.08	
临安市马啸乡路口村	雌	14.0	1.34	
临安市颉口镇株柳村	雌	12.0	1.02	
临安市石瑞乡潘村	雌	33.5	2.42	
临安市石瑞乡蒲村	雌	20.0	3.00	
临安市清凉峰镇白果村	雄	30.0	3.00	
临安市清凉峰镇乾山村白果庄		28.0	1.00	
临安市绍鲁乡绍鲁村		16.0	2.30	
临安市横路乡山寨村塞里		25.0	1.20	
临安市藻溪镇凌家村		15.0	1.20	
临安市凌口乡桥北村		10.0	1.30	
临安市白牛乡龙寺村		25.0	1.60	
临安市杨岭镇素云村		22.0	1.86	
临安市鱼跳乡外川村		24.0	2.00	
临安市黄岭乡东川村		30.0	1.63	
临安市西天目山开山老殿下“五世同堂”		23.5	1.12	保护区内共224株,此株最大
临安市西天目山三里亭至五里亭林内	雄	26.0	1.10	“子孙满堂”

(续)

生　长　地　点	性　别	树高(m)	胸径(m)	备　注
嘉兴市秀城区石佛寺		28.0	1.84	
嘉兴市秀城区石佛寺		27.0	1.80	
嘉兴市秀城区能仁寺(小蓬莱公园)		25.0	2.05	
嘉兴市秀城区普光寺		38.0	1.24	
嘉兴市秀城区普光寺		35.0	1.14	
嘉兴市秀洲区油车港镇棲真寺		16.0	1.18	
嘉兴市净相寺		13.5	1.40	
嘉兴市秀洲区新塍镇圣阳村		30.0	1.40	
嘉兴市虹阳镇东阳村		17.0	1.68	
嘉兴市秀洲区王江泾东南寺遗址		21.0	1.68	
嘉善市西塘镇烧香港	雌	13.0	1.25	钱江晚报 1996.12.15
嘉善市西塘镇烧香港		20.0	1.30	
嘉善市西塘镇烧香港		25.0	1.88	
平湖市园林管理所		22.0	1.76	
平湖市乍浦镇镇政府		16.0	1.73	
平湖市当胡镇白马村		19.0	1.21	
平湖市当胡镇庄基村		17.0	1.24	
海宁市火炬村		27.0	1.23	
海宁市棱秀村		30.0	1.14	
海盐县南北湖云岫	雌	25.0	1.13	
桐乡市乌镇原康慈医院内	雄	21.0	1.69	
桐乡市濮院镇桐乡三中		25.0	1.43	
桐乡市濮院镇桐乡三中		30.0	1.73	
衢州市柯城区七里乡上村	雄	38.0	1.35	
临海市桃渚镇		27.0	1.60	
临海市桃渚镇		27.0	1.40	
临海市桃渚镇芙蓉村		23.0	1.00	
临海市车口乡杏中村		18.0	1.02	
临海市车口乡杏中村		17.0	1.03	
临海市下安乡格溪村		15.0	1.08	
临海市下安乡格溪村麻车园		15.0	1.00	
临海市岭根乡分水岭村张岙		30.0	1.05	
台州市黄岩区白马镇洋坑村		30.5	1.62	
三门县横渡镇铁强村		22.0	2.40	
仙居县安岭乡表门村		28.0	1.12	
宁波市鄞州区章水镇茅镬村	雄	40.1	1.31	

（续）

生　长　地　点	性　别	树高(m)	胸径（m）	备　注
奉化市雪窦寺	雄	28.5	1.60	
奉化市雪窦寺	雌	27.0	1.39	
宁海县城关西门		30.0	4.60	杭州日报 2000.7.19
诸暨市五泄镇洋塘村	雌	24.0	2.50	
诸暨市乐山乡磊祝村石岭头	雌	24.0	1.45	
诸暨市水带乡潘宅村	雌	18.5	1.17	
诸暨市栎江镇魏家坞	雌		1.70	
诸暨市湄池镇长兰坑坞	雄		1.50	
诸暨市青山乡坎头村	雌		2.20	
诸暨市青山乡陈村	雌		1.30	
诸暨市青山乡大庆坞	雌		1.00	
诸暨市永宁乡阳春村	雌		2.00	
诸暨市梅岭乡绛霞村	雌		1.10	
诸暨市云石乡下溪塔村	雄		1.00	
诸暨市冠山乡里上村	雌		1.20	
诸暨市视北乡宜仁村	雌		1.50	
诸暨市王家井会义桥	雄		1.50	
诸暨市东溪镇外宣村		22.0	2.68	
诸暨市街亭镇联村后郭家	雌	23.0	2.07	
舟山市普陀区普陀山法雨寺	雌	31.0	1.42	
舟山市普陀区普陀山普济寺		10.0	2.50	
新昌县大佛寺		30.0	1.31	
文成县柱山乡平溪	雌	20.0	1.27	
文成县柱山乡平溪	雄	40.0	1.72	
金华市雅塘街西华寺后	雄	22.0	1.85	
金华市金东区傅村镇向阳村			1.00	
金华市金东区塘雅镇下河村			1.10	
金华市金东区潘村乡潘村			1.50	
金华市金东区低田乡中寿村			1.17	
金华市金东区厚大乡西北村			1.10	
金华市汤溪镇原大乡峰边村	雌	25.0	1.53	
武义县宣武乡水口山	雌	30.0	2.56	
武义县宣武乡水口山	雄	34.0	1.48	
义乌市大陈镇红峰村	雌	23.0	1.96	
义乌市大陈镇红峰村寺堂东	雌	25.0	1.78	
盘安县玉山镇林宅村	雌	22.0	1.92	

（续）

生 长 地 点	性 别	树高(m)	胸径(m)	备 注
长兴县水口镇寿圣寺	雌	25.0	1.08	
长兴县水口镇寿圣寺	雄	25.0	1.01	
长兴县和平镇石泉村白果庙	雄	35.0	2.00	
长兴县和平镇周吴山石家坞	雄	16.0	1.05	
长兴县煤山镇火车站回岭庵	雌	27.0	1.53	
长兴县煤山镇西川村	雄		2.00	
长兴县小浦镇八都岕许家村		19.0	1.08	
长兴县小浦镇八都岕杨林涧		22.0	1.26	
长兴县小浦镇缸窑三松庙		29.0	1.58	
长兴县小浦镇建丰村屋基场		36.0	1.40	
长兴县小浦镇马园里路边东		17.0	1. 05	
长兴县小浦镇马园里路边西		36.0	1.43	
长兴县小浦镇罗界戏台庙边		29.0	1.08	
长兴县小浦镇下庄头宅边		29.0	1.24	
长兴县小浦镇下庄头宅边		29.0	1.15	
长兴县小浦镇庄头缠岭下村		28.0	1.16	
长兴县小浦镇许家村		19.0	1.08	
长兴县雉城镇钮钿湾关帝庙		18.0	1.34	
长兴县雉城镇长兴中学		13.0	1.00	
长兴县新槐乡抛渎岗大路桥		32.0	1.44	
长兴县白岘乡茅山村	雌	36.0	1.53	
湖州市菱湖区青山乡泉兴村	雄	17.0	1.05	
湖州市古集镇大钱普安桥	雌	17.5	1.53	
安吉县永和乡文岱村		30.0	1.60	
德清县筏头镇后坞村		40.0	1.85	浙江日报 1999.4.14
德清县莫干山天池寺遗址		32.0	2.08	
开化县龙山底金星村		37.0	2.18	
瑞安潮基乡贾岙村		25.0	2.20	温州市林业志
永嘉县潘坑乡岩村	雌	30.0	树干只剩一半	温州市林业志
文成县桂山乡平溪村	雌	30.0	1.67	温州市林业志
文成县桂山乡平溪村	雌	21.0	1.27	温州市林业志
泰顺县里光乡堀垟坑		25.0	1.30	温州市林业志
乐清县淡溪镇埭头村	雌	23.0	1.29	乐清古树奇观,2001

附表 8　江西省部分银杏古树

生　长　地　点	性　别	树高(m)	胸径(m)	备　注
九江市彭泽县梅花鹿自然保护区		25.0	1.16	
九江市庐山区莲花乡刘家垅宝积庵		20.5	3.02	
九江市洪上屋		27.6		
九江市黄公池			2.20	
庐山黄龙寺		29.0	1.85	晋僧昙铣手植
南昌市湾里区梅岭太平村	雌	28.0	2.62	
井岗山市井岗山宾馆		20.0	3.00	
井岗山市河西垅井岗村		35.0	2.42	
婺源县段莘乡西安村	雄	34.0	2.34	
婺源县段莘乡庆源村溪边	雌	28.0	2.09	
万安县棉津乡西坑村高岭	雌	28.6	2.23	共38株,无雄树
崇仁县船平			2.00	
安福县武功山三天门		20.0	2.32	
安福县武功山三天门		12.0	2.29	
安福县陈山垅下		23.0	2.00	
临川县龙溪镇雷李村	雌	20.0		
德安县林泉乡清塘村	雄		1.94	
德安县么西乡闵山顶	雌		1.94	
宜黄县洪山乡楼荫寺遗址		24.0	1.66	
宜黄县洪山乡楼荫寺遗址		24.0	1.85	
宜黄县神岗乡坑溪村丰家山		30.0	2.86	
上饶县王福山周家		30.0	1.20	
泰和县浪川乡企家山		29.0	1.40	
广昌市苦竹镇文上村丁家屋背		26.5	1.14	
宜丰县车上乡直源村	雌	40.0	2.00	
遂川县巾石乡			2.67	
永修县云居山真如寺		30.0	2.23	18株中最大者。唐道膺禅师手植
宜春市南庙		26.0	2.00	
星子县白竺寺			2.00	
万载县仙源乡仙源村简家坪	雌	35.0	3.60	
铜鼓县永宁镇小水村陶家岭		25.0	1.10	
永新县才丰乡南华山		42.0	2.42	相传为文天祥手植
石城县高田镇圹下村白坑		17.0	2.60	

附表9 福建省部分银杏古树

生长地点	性别	树高(m)	胸径(m)	备注
武夷山市吴屯乡瑞严寺	雌		2.07	
武夷山市茶劳山垦殖场	雌	30.0	2.01	
武夷山市星村		25.0	1.50	
武夷山市吴屯乡白花岩村	雌	25.0	1.80	
武夷山市吴屯乡岭根村	雌	22.0	1.14	
武夷山市吴屯乡麻山历村	雌	25.0	1.32	
武夷山市岚谷乡黎口村	雌	11.0	1.65	
卫闽县童阳际村	雌		2.07	
泰宁县大田乡	雌	35.0		
上杭县华家乡凹背村	雌	31.0	3.00	
顺昌县大干乡宝山上湖村		19.0	1.80	30多株中最大者
沙县高桥乡桂岩村	雌	26.0	1.10	18株中最大者
尤溪县联合乡东边村	雌	20.0	1.20	
尤溪县中仙乡龙门场	雌		2.01	
宁化湖村上坪山庙下纸厂	雌	20.0	1.75	
宁化湖村上坪山庙下纸厂	雌	30.0	1.43	
宁化水茜下傅村	雄	25.0	1.01	
宁化水茜下傅村	雌	26.0	1.05	
宁化水茜下傅村	雌	24.0	1.02	
宁化水茜下傅村	雌	27.0	1.03	
宁化水茜下傅村	雌	28.0	1.20	
宁化水茜下傅村	雌	28.0	1.20	
宁化河龙黄家山	雌	20.0	1.55	
宁化安远伍坊	雌	30.0	1.46	
宁化安远伍坊	雌	30.0	1.08	
漳平市双洋镇坑源村上	雌	24.0	1.41	
漳平市双洋镇坑源村上	雌	10.0	1.12	
漳平市双洋镇坑源村上	雌	19.0	1.05	
漳平市双洋镇坑源村上	雌	20.0	1.02	
漳平市双洋镇坑源村上	雌	15.0	1.01	
漳平市双洋镇坑源村古顶坑	雌	24.0	1.62	
漳平市双洋镇坑源村古顶坑	雄	25.0	1.02	
漳平市双洋镇坑源村长科	雌	30.0	1.43	
漳平市双洋镇坑源村下村	雌	28.0	1.74	
漳平市永福镇大坂村乌	雌	21.0	1.60	
漳平市永福镇李庄村	雌	212.0	1.08	

(续)

生 长 地 点	性 别	树高(m)	胸径(m)	备 注
漳平市新桥镇易坑村	雌	24.0	1.27	
漳平市新桥镇易坑村	雄	24.0	1.07	
漳平市赤水镇大坑村	雌	14.0	1.08	
浦城县九牧乡渭潭村	雌	35.8	3.56	

附表10 湖北省部分银杏古树

生 长 地 点	性 别	树高(m)	胸径(m)	备 注
武汉市汉阳区凤凰巷11号	雌	30.0	1.37	
武汉市江夏区金口镇205部队驻地	雄	19.8	1.94	
武汉市江夏区金口镇205部队驻地	雄	19.5	1.53	
武汉市江夏区金口镇205部队驻地	雌	19.7	1.15	
恩施市屯堡乡龙溪河村		32.5	2.07	
恩施市芭蕉乡		40.0	4.00	
宣恩县和平乡毛坝塘村	雌	30.0	5.25	为九子抱母,干基内径
宣恩县和平乡毛坝塘村	雄	35.0	1.47	
咸丰县白果坝乡联升村3组		41.0	1.73	
咸丰县水杉坪乡白果树村		41.0	2.05	
鹤峰县走马镇走马坪小学		38.0	2.05	将军树
鹤峰县下洞乡中坪村3组		27.0	1.27	
鹤峰县九洞乡山羊村1组		28.0	1.91	
鹤峰县九洞乡山羊村1组		29.5	1.74	
巴东县清太坪镇桥河村7组	雌	35.0	3.10	
巴东县清太坪镇十里街1组		28.0	2.61	
巴东县清太坪镇竹园坪村2组		30.0	2.90	
巴东县清太坪镇竹园坪村5组		31.0	2.50	
巴东县清太坪镇竹园坪村7组		28.0	2.40	
巴东县清太坪镇白沙坪村3组		26.0	2.50	
巴东县杨柳池镇蛇口山村7组白果树冲		25.0	2.35	
巴东县野三关镇支井河村7组上坪		33.0	2.42	
巴东县野三关镇三溪村3组		30.0	2.73	
巴东县平阳坝镇		36.0	4.41	
巴东县税家乡下坪村3组		22.0	2.73	
利川市老屋基			3.10	
安陆市王义贞镇钱冲村2组陈家湾南		24.7	1.62	
安陆市王义贞镇钱冲村2组	雌	18.4	1.43	

(续)

生 长 地 点	性 别	树高(m)	胸径(m)	备 注
安陆市王义贞镇钱冲村3组寨洼面	雌	23.6	1.52	
安陆市王义贞镇钱冲村3组寨洼上	雌	28.0	1.48	
安陆市王义贞镇钱冲村3组寨洼西	雌	15.3	1.46	
安陆市王义贞镇钱冲村3组潭家潭后	雌	15.6	1.46	
安陆市王义贞镇钱冲村3组寨洼东	雌	23.4	1.58	
安陆市王义贞镇钱冲村3组寨洼东	雌	17.6	1.44	
安陆市王义贞镇钱冲村4组彭家湾南	雌	34.7	1.75	
安陆市王义贞镇钱冲村4组彭家湾山腰	雌	14.8	1.51	
安陆市王义贞镇钱冲村5组积水巷北	雌	17.3	1.42	
安陆市王义贞镇钱冲村5组净土湾前	雌	37.4	1.49	雌雄同株
安陆市王义贞镇钱冲村5组柳树湾		23.5	1.43	
安陆市王义贞镇钱冲村5组关帝庙前	雌	18.3	1.48	
安陆市王义贞镇钱冲村5组陈家湾	雌	41.3	1.98	
安陆市王义贞镇仁和村3组何家湾路边	雌	35.0	1.45	
安陆市王义贞镇仁和村4组杨家洼北	雌	32.4	1.52	
安陆市王义贞镇仁和村4组雷湾南	雌	28.2	1.43	
安陆市王义贞镇仁和村4组敖家湾山顶	雌	16.7	1.53	
安陆市王义贞镇仁和村4组雷湾南	雌	32.5	1.50	
安陆市王义贞镇仁和村4组张家湾边	雌	14.2	1.48	
安陆市王义贞镇仁和村4组雷家湾边	雌	15.3	1.42	
安陆市王义贞镇仁和村4组周家湾边	雌	25.4	1.46	
安陆市王义贞镇仁和村5组陈家湾沟边	雌	14.2	1.47	
安陆市王义贞镇仁和村5组陈家湾山边	雌	16.3	1.64	
安陆市王义贞镇仁和村5组白果树湾	雌	26.3	1.45	
安陆市王义贞镇仁和村5组白果树湾	雌	13.7	1.42	
安陆市王义贞镇仁和村6组周家大湾	雌	27.1	1.44	
安陆市王义贞镇仁和村6组周家大湾山边	雌	34.5	1.56	
安陆市王义贞镇仁和村6组牛头湾中	雌	23.8	1.41	
安陆市王义贞镇仁和村6组周家大湾北	雌	28.3	1.49	
安陆市王义贞镇仁和村6组周家大湾边	雌	17.2	1.53	
安陆市王义贞镇仁和村6组周家大湾前	雌	21.4	1.46	
安陆市王义贞镇仁和村6组陈家湾山边	雌	14.1	1.57	
安陆市王义贞镇仁和村6组周家大湾南	雌	32.4	1.50	
安陆市王义贞镇仁和村7组周家祠堂边	雌	37.8	2.42	
安陆市王义贞镇仁和村7组周家祠堂北	雌	16.5	1.53	
安陆市王义贞镇仁和村7组周家祠堂下	雌	36.4	1.88	
安陆市王义贞镇仁和村8组卢家湾边	雌	28.0	1.48	
安陆市王义贞镇三冲村3组丁家冲白果湾	雌	11.4	1.52	
安陆市王义贞镇三冲村5组彭家湾	雌	40.5	1.89	

（续）

生 长 地 点	性 别	树高(m)	胸径(m)	备 注
安陆市王义贞镇三冲村5组庙湾南堰圹边	雌	31.5	1.92	
安陆市王义贞镇三冲村5组庙湾前	雌	28.5	1.58	
安陆市王义贞镇三冲村5组庙湾前	雌	32.3	1.54	
安陆市王义贞镇三冲村5组周家冲山腰	雌	28.4	1.60	
安陆市王义贞镇观音村2组何家湾边	雌	23.4	1.49	
安陆市王义贞镇观音村2组青檀树湾南	雌	28.5	1.54	
安陆市王义贞镇观音村3组白果树湾山腰	雌	41.2	1.75	
安陆市王义贞镇观音村4组彭家湾北坡	雌	35.0	1.45	
安陆市孛畈镇柳林村3组喻家洼山腰	雌	25.4	1.51	
安陆市孛畈镇柳林村4组小陈冲山腰	雌	27.4	1.52	
安陆市孛畈镇柳林村4组陈家冲山腰	雌	17.0	1.47	
安陆市孛畈镇柳林村4组陈家冲山坡	雌	22.4	1.48	
安陆市孛畈镇月岭村3组三里岗	雌	29.0	1.56	
安陆市孛畈镇月岭村4组罗家冲半山腰	雌	32.8	1.52	
安陆市李畈镇月岭村5组杨家冲山脚	雌	32.0	1.74	
安陆市李畈镇侯冲村2组大路边	雌	26.0	1.59	
安陆市雷公镇万福村2组何家湾前	雄	35.0	1.63	
安陆市烟店镇碧山村1组白兆山坡	雌	16.8	1.59	李白手植
郧西县上津乡白果树湾		29.6	1.67	
随州市曾都区长岗镇洪山寺	雄	28.0	2.80	
随州市曾都区英店镇三界桥	雄	15.0	1.80	
随州市曾都区洛阳镇中坪村	雌	15.0	1.30	
随州市曾都区洛阳镇中坪村	雌	17.0	2.40	
随州市曾都区洛阳镇中坪村	雌	16.0	2.10	
随州市曾都区洛阳镇中坪村	雌	22.0	1.90	
随州市曾都区洛阳镇中坪村	雌	18.0	1.10	
随州市曾都区洛阳镇中坪村	雌	16.0	1.80	
随州市曾都区洛阳镇中坪村	雌	16.0	2.50	
随州市曾都区洛阳镇中坪村	雌	13.0	1.30	
随州市曾都区洛阳镇中坪村	雌	12.0	1.05	
随州市曾都区洛阳镇东坪村	雌	14.0	1.15	
随州市曾都区洛阳镇胡家河村	雌	15.0	2.40	
随州市曾都区洛阳镇胡家河村江边	雌	12.0	1.08	
随州市曾都区洛阳镇胡家河村江边	雌	11.0	1.50	
随州市曾都区洛阳镇青林村	雌	13.0	1.30	
随州市曾都区洛阳镇青林村	雌	13.0	1.62	
随州市曾都区洛阳镇青林村	雌	12.0	1.20	
随州市曾都区洛阳镇青林村	雌	14.0	1.15	
竹山县三合乡杏树沟村		27.0	3.00	

(续)

生长地点	性别	树高(m)	胸径(m)	备注
南漳县赵店镇茅坪村		30.0	3.37	
通山县高湖镇芭蕉湾龙庄村		32.0	1.81	
通山县洪港乡大山矿			1.81	
当阳市玉泉祖师殿	雌	30.0	1.75	
大悟县丰店镇		15.0	1.24	
大悟县坞铺乡张墩	雌	17.0	1.59	
阳新县七峰乡项家山		29.3	1.40	
浠水县绿杨乡白果树		27.0	1.70	
宜城县沤乐杨棚朝阳寺		33.0	1.81	
襄阳市赵河村	雌	21.0	2.18	
保康县店垭观音埫蹇水寺		30.0	1.76	

附表11 湖南省部分银杏古树

生长地点	性别	树高(m)	胸径(m)	备注
石门县南坪乡			1.91	
石门县洛甫寺		35.0	2.86	
桑植县刘家坪乡谷家坪村		30.0	3.00	
桑植县东安乡高山何家村		18.0	1.91	
洞口县大屋乡		52.0	1.75	
洞口县溪乡宝瑶村		52.0	3.20	
新宁县军田乡龙口村		20.0	1.18	
新宁县军田乡龙口村		20.0	1.13	
新宁县军田乡龙口村		20.0	1.11	
张家界国家森林公园锣鼓塔		49.5	1.83	
张家界市永定区源古坪白杨坪张家坪组		38.0	1.84	
沅陵县杜家坪乡木王村	雌	27.0	3.13	
东安县南镇向马王村罗化山菴遗址	雌	21.0	3.30	
衡山县南岳福严寺		15.0	1.54	
祁阳市白果市乡辰光村		30.0	2.58	
桂阳县荷叶乡高山何家村		18.0	1.91	
湘乡白果村状元坪		20.0		
湘潭市韶山特区银田镇		21.0	1.29	
双峰县九峰山森林公园		28.0	1.82	共3株,1雌,2雄
株洲市石峰区荷花乡梨子铺	雌	22.0	2.18	

附表 12 四川省部分银杏古树

生长地点	性别	树高(m)	胸径(m)	备注
成都市百花潭公园		25.3	3.20	1980 年由百花乡胜利村移来
成都市龙泉山白岩寺遗址		40.0	1.20	
成都市龙泉驿区兴隆长松山	雌		4.10	
成都市武侯区机投镇白果庙			3.09	
都江堰市青城山天师洞	雄	21.0	2.90	东汉道教始祖张道陵手植
都江堰市青城山祖师殿		40.0	1.40	两株中最大者
都江堰市都江堰二王庙		18.0	1.08	
都江堰市都江堰离堆公园		11.0	1.53	张松手植
都江堰市聚源镇导江村	雄	28.5	1.25	
都江堰市玉堂镇龙凤村	雌		2.42	两株中最大者
都江堰市玉堂镇大坪村	雌		1.08	6 株中最大者
都江堰市龙池镇南岳村贾家坪	雌		1.75	
都江堰市金凤乡银杏村白果岗			1.16	
都江堰市虹口乡棕花村古仙洞		40.0	1.00	
崇州市元通镇		29.0	3.00	
崇州市怀远镇			2.10	
崇州市万家镇			1.56	8 株中最大者
崇州市三郎镇成村大明寺			1.30	5 株中最大者
崇州市大划乡白果村	雄	31.0	3.04	
崇州市大观镇雪山寺				
崇州市两河乡河坪村	雌	27.0	1.12	共 10 株
崇州市灌口镇灵岩村		28.0	1.36	
崇州市灌口镇瑞莲街	雄	24.0	1.27	
崇州市灌口镇白果巷幼儿园	雌	22.0	1.18	
彭州市中兴镇两河村中垦观			2.18	
彭州市街子镇唐求广场	雌		2.06	5 株中最大者
彭州市街子镇古寺	雌	24.0	1.03	共 10 余株
彭州市楠杨镇熙林村	雌		3.20	
彭州市白鹿乡			1.22	
邛崃县高何镇			2.00	
邛崃县高何镇			3.00	
邛崃县高何镇岩板常	雌		2.60	
邛崃县高何镇机横溪村			2.10	
汶川县水磨镇黄龙寺		22.0	1.00	
汶川县水磨镇连山坡		24.0	1.07	共 6 株
汶川县漩口镇		28.0	1.04	共 10 株

(续)

生长地点	性别	树高(m)	胸径(m)	备注
汶川县两河乡麻岩村		19.0	1.21	共10株
汶川县两河乡红梅村	雌		1.33	共5株
汶川县常乐寺	雄	27.0	1.81	
汶川县常乐寺	雌	24.8	2.33	
万源县丝罗镇白果坎村	雌	50.0	3.00	
旺苍县麻英乡友爱村	雌	28.9	2.00	
简阳市丹景山佛兴寺遗址	雌	25.0	2.20	
金堂县云顶石城古慈云寺	雄		1.41	
金堂县云顶石城古慈云寺	雌		1.16	
江油市天马镇法华村	雌	18.0	1.00	
江油市青城镇飞龙村	雌	40.0	3.20	指根基直径
江油市太白公园			2.23	指根基直径
什邡市湔低镇龙居寺	雌	30.0	2.86	
郫县两路口镇云丰村9组	雌	25.0	1.00	
郫县唐昌镇第二人民医院	雌	24.0	1.03	
名山县蒙山顶天盖寺		30.0	1.00	
大邑县白岩寺	雌	30.0	4.10	
泸定县冷碛镇镇政府	雌	30.0	3.98	三国时代诸葛亮手植
德阳市白马乡罗真观	雌	36.0	3.13	
通江县	雌	24.3	3.04	
通江县	雌	25.2	2.96	
通江县	雌	23.5	3.12	

附表13 重庆市部分银杏古树

生长地点	性别	树高(m)	胸径(m)	备注
南川市金山镇	雌	25.0	1.00	
南川市金佛山茅草坪		26.0	3.69	重庆日报
南川市河坝乡毛坡村		13.0	1.35	基径
南川市河坝乡白鹿坪		25.0	2.75	
南川市青龙乡		28.0	2.60	
巫溪县塘坊乡学堂村	雌		1.66	
巫溪县塘坊乡学堂村	雄		1.15	
巫溪县凤凰乡杜家湾村	雌		1.15	
巫山县当阳镇安坪		38.0	2.15	
奉节县吐祥乡龙泉村		30.0		

（续）

生　长　地　点	性　别	树高(m)	胸径（m）	备　注
彭水县桑柘乡峰柏村		34.0	3.66	
染平县蟠龙山古洞(东)	雌	38.0	1.33	
染平县蟠龙山古洞(西)	雌	35.0	1.23	
秀山县中溪乡下坝村		34.0	4.46	

附表 14　贵州省部分银杏古树

生　长　地　点	性　别	树高(m)	胸径（m）	备　注
贵阳市花溪区青岩乡新楼村	雄		5.41	贵州林业 2001 年 1 期
贵阳市乌当区百宜乡罗广村			2.60	
贵定县瓮城老寨	雄	24.0	2.70	白秀树
福泉市黄丝镇邦乐村李家湾	雄	40.1	4.70	
惠水县摆金镇冗张村	雌	32.7	4.45	
瓮安县草圹镇拉乡村	雌		2.68	
印江县凤仪村		19.0	3.50	
龙里县洗马			3.37	
毕节县中屯街背后(小寨)			3.00	
德江县平原区高席	雄	41.0	2.90	
织舍县雨那区多吉乡	雌	30.0	2.37	
盘县乐民镇蔡家营村	雌	30.0	3.40	
盘县乐民镇蔡家营村	雌	18.0	2.40	根有裸露
盘县乐民镇蔡家营村	雌	18.0	2.05	
盘县乐民镇蔡家营村	雌	17.5	2.80	
盘县乐民镇蔡家营村	雌	20.0	2.50	
盘县乐民镇乐民村	雌	22.0	2.58	
盘县乐民镇乐民村	雌	18.0	2.80	主梢已断
盘县乐民镇乐民村	雌	22.0	2.80	主梢已断
盘县乐民镇乐民村	雌	17.0	3.05	
盘县石桥镇妥乐村	雌	15.0	1.45	生于岩隙间
盘县石桥镇妥乐村	雌	16.0	1.13	生于岩隙间
盘县石桥镇妥乐村	雌	16.0	1.02	
盘县石桥镇妥乐村	雌	19.0	1.09	
盘县石桥镇妥乐村	雌	28.0	1.15	
盘县石桥镇妥乐村溪谷边	雌	26.0	1.00	
盘县石桥镇妥乐村	雌	14.0	2.48	
盘县石桥镇妥乐村	雌	14.0	1.50	

（续）

生长地点	性别	树高(m)	胸径(m)	备注
盘县石桥镇妥乐村	雌	26.0	1.25	
正安县土坪镇群江村	雌	20.0	1.03	
正安县流渡镇同心村	雌	2.0	1.55	
正安县谢坝乡红光村	雄	28.0	1.50	
正安县谢坝乡红光村	雌	32.0	2.98	
正安县谢坝乡红光村沟边	雌	27.0	1.90	
止安县谢坝乡前东村	雄	18.0	1.55	
正安县格林镇木平富村	雌	26.0	2.50	
正安县斑竹乡汪洋村	雄	31.0	1.83	
正安县斑竹乡汪洋村	雌	20.0	2.40	
正安县中观镇凉风村庄	雌	19.0	1.46	
正安县中观镇凉风村庄	雌	17.0	1.47	
正安县河渡乡何家寨	雌	32.0	1.07	
正安县河渡乡何家寨	雌	20.0	1.00	
正安县河渡乡长岗岭	雌	15.0	1.00	
正安县河渡乡山王洞	雌	15.0	1.06	
正安县市坪乡韩家湾	雄	25.0	1.64	
正安县市坪乡茶林村	雄	30.0	1.02	
务川县牛塘乡川五庙	雌	25.0	1.00	
务川县红丝乡十二盘	雄	25.0	2.61	
务川县鹿坪乡木梁村白果园		10.0	2.22	
务川县镇南泰坪乡陈家山灵观庙	雄	25.0	2.53	
锦屏县河口			3.30	
都匀市摆忙	雌	40.0	4.00	
都匀市竹豪园	雌	28.0	2.50	
都匀市栗木寨	雌	30.0	2.80	
道真县清溪乡堰圹湾村	雌	35.0	2.80	
习水县何村乡何彬村庙湾组	雄	22.5	2.06	
麻江县高枧		30.0	2.50	
麻江县高枧	雌	25.0	4.70	濒死木
麻江县谷顶召	雌	32.0	3.50	濒死木
麻江县谷顶召	雌	23.0	2.30	
天柱县渡马乡江东寨	雄	30.0	3.23	
天柱县邦寨乡奎大村小组	雌	20.0	2.13	

附表 15 陕西省部分银杏古树

生长地点	性别	树高(m)	胸径(m)	备注
长安县王庄乡天子峪口百塔寺		22.0	3.31	尉迟敬德拴马树
长安县祥裕乡观音堂村小学		29.0	2.30	圣光老祖手植
周至县楼观台宗圣宫遗址	雄	24.0	4.77	
城固县老庄镇徐家河村	雌	16.8	1.75	扁鹊手植
白河县构扒乡平岩村	雌	50.0	2.29	
宁强县高寨子乡韩家坝村	雌	38.2	2.20	
宁强县庙坝乡白果树村		30.5	2.90	
宁强县庙坝乡白果树村		33.0	2.61	
柞水县石瓮乡东甘沟村	雄	44.0	2.26	
柞水县石瓮乡东甘沟村	雌	43.0	2.60	叶籽银杏
略阳县青泥河乡琵琶寺	雌	28.0	2.29	李白手植
麟游县九成宫旧址城隍庙		25.0	1.00	
麟游县九成宫旧址城隍庙		23.0	2.03	
岚皋县支河乡易坪村	雌	37.0	3.86	
旬阳县许家庄	雌	28.0	2.48	
户县龙光乡焦西村云际寺内		26.0	1.97	
宝鸡市磻溪镇磻溪宫遗址		25.0	1.88	丘处机手植
甘泉县高哨乡白鹿寺遗址		23.0	2.00	
兰田县辋川乡白家坪		26.0	1.72	王维手植
镇安县庙沟乡龙凤村		29.0	1.85	

附表 16 甘肃省部分银杏古树

生长地点	性别	树高(m)	胸径(m)	备注
康县大堡镇大成村水洞寺(水洞砭)		30.0	2.42	
康县王坝乡朱家庄瞿凉寺	雌	33.0	2.74	张飞手植。八棱银杏
康县王坝乡辛家庄	雄	23.0	1.88	
康县岸门口乡张家沟村		24.0	1.00	
康县贾安乡贾安村	雌	32.0	2.38	
康县大坪乡草滩村	雄	26.5	1.02	
康县白杨乡刘家梁村	雌	18.0	1.37	
康县云台乡高家庄	雄	32.0	1.55	
两当县云坪乡	雌	21.2	1.37	
两当县云坪乡	雄	20.5	1.33	
徽县嘉陵镇田家河村		50.0	2.10	
徽县嘉陵镇田家河村		40.0	1.75	

(续)

生长地点	性别	树高(m)	胸径(m)	备注
徽县嘉陵镇田家河村		40.0	1.11	双干大者
徽县嘉陵镇赵庄村		30.0	1.88	
徽县银杏乡老深沟村庄边		20.0	1.69	
徽县银杏乡银杏村	雌	30.0	4.30	
天水市小陇山严坪林区(徽县鱼儿崖村)		40.0	6.50	待核实
文县范坝李家山		20.0	1.50	
文县刘家坪七信沟		25.0	1.80	
文县肖家乡木家坝村小学路边	雌	37.0	1.46	

附表17 广西区部分银杏古树

生长地点	性别	树高(m)	胸径(m)	备注
灵川县海洋乡水头村	雌	25.0	1.80	
灵川县海洋乡水头村	雌	20.0	1.10	
灵川县海洋乡九连村	雌	31.0	1.70	
灵川县海洋乡大庙圹村	雄	28.0	1.20	
兴安县白石乡水源头村	雌	30.0		七干同株
兴安县白石乡鳌头村			1.60	
兴安县漠川乡才金村苦竹圹	雌	21.0	1.12	
兴安县漠川乡长洲村	雌	15.5	1.20	
阳朔县城内	雄	21.5	1.20	
阳朔县金宝乡大桥村	雌	25.5	1.06	
资源县车田	雌	27.0	1.65	
恭城县三江乡新寨村	雌	30.0	3.20	广西最大的一株银杏

附表18 广东省部分银杏古树

生长地点	性别	树高(m)	胸径(m)	备注
南雄市油山镇黄地梓杉坳	雌		2.80	
连山县高山乡看牛坪		25.0	2.00	6株中最大者
翁源县新江乡民治东安楼郭屋	雌		1.69	

附表19 北京市部分银杏古树

生长地点	性别	树高(m)	胸径(m)	备注
门头沟区潭柘寺比庐殿前"帝王树"	雄	30.0	2.90	
门头沟区潭柘寺比庐殿前"配王树"	雄	26.0	2.60	
门头沟区西峰寺	雌	32.0	2.32	

（续）

生　长　地　点	性　别	树高(m)	胸径 (m)	备　注
门头沟区妙峰山镇	雌	25.0	2.04	
门头沟区妙峰山镇	雌	20.0	1.40	
门头沟区妙峰山镇	雌	20.0	1.92	
门头沟区龙泉镇城子村崇化寺		17.0	1.32	
门头沟区龙泉镇城子村崇化寺		18.0	1.34	
十三陵林场沟崖风景区上庙前		20.0	1.78	
十三陵林场沟崖风景区大盘道上		30.0	2.30	
昌平区南口镇居庸关四桥子村	雌	25.0	2.50	
昌平区南口镇羊台子沟佛岩寺遗址	雄	18.0	1.06	
昌平区南口镇和平寺正殿西侧	雄	16.6	1.37	
昌平区长陵镇献陵村东侧	雌	15.0	2.42	
昌平区长陵镇献陵村西侧	雌	13.0	1.18	
昌平区长陵镇献陵村西侧	雌	14.0	1.39	
怀柔区红螺寺院内西侧	雄	25.0	1.20	
怀柔区怀北镇政府院内		24.0	2.02	
怀柔区怀北镇大水峪村		22.0	1.03	
怀柔区黄花城乡鹞子峪西沟		20.0	1.52	
房山区河北镇政府院内		38.5	1.90	
房山区周口店北庙		28.0	1.40	
通州区觅 2 店乡东寺庄		10.0	1.07	
顺义区牛栏山镇大觉寺遗址	雌	15.0	1.86	
顺义区牛栏山镇大觉寺遗址	雌	13.0	1.74	
石景山区越秀庵		30.0		
密云区巨各庄镇久远庄村塘子小学	雄	25.0	2.30	
海淀区北安河乡大觉寺		30.0	2.50	
海淀区北安河乡金仙庵		19.0	1.48	
海淀区北安河乡金仙庵			1.09	
海淀区北安河乡西埠头村娘娘庙		16.0	1.23	
海淀区北安河乡西埠头村娘娘庙		12.0	1.07	
海淀区香山卧佛寺				
门头沟区大悲寺大雄宝殿前	雌			
门头沟区大悲寺大雄宝殿前	雄			

附表20　上海市部分银杏古树

生　长　地　点	性　别	树高(m)	胸径(m)	备　注
上海市天山新村杜家宅	雌	22.6	1.81	
交通大学农学院斗姆阁四面厅前	雄	23.6	1.20	
嘉定区高亭镇光明村八石庵旧址	雄	24.5	2.07	
嘉定区安亭中学		20.0	1.21	
南汇区城厢福泉寺	雌		1.90	
松汇区第一中学		30.5		

附表21　云南省部分银杏古树

生　长　地　点	性　别	树高(m)	胸径(m)	备　注
楚雄紫溪山	雌	15	1.13	
腾冲县界头乡白果村	雌	29	2.2	
腾冲县界头乡白果村	雌	26	1.9	

参考文献

安徽省徽州行政公署・徽州林学会编著. 徽州古树. 北京：中国林业出版社，1986.

敖自华，王璋，许时婴. 银杏的综合开发利用. 食品工业，2000，3：38－39.

白满英. 银杏叶与银杏系列保健食品. 粮油食品科技，1993，(3)：22－23.

包宏，杨小虎，曹福亮. 银杏花粉化学成分初步研究. 南京林业大学学报，1999，23(4)：56－58.

毕春侠，郭军战，杨培华. 银杏品种过氧化物同工酶酶谱分析. 陕西林业科技，1998，4：1－3.

曹帮华，蔡春菊. 银杏种子生理研究进展. 山东农业科学，2001，1：40－42.

曹帮华，马海慧，梅林. 银杏种仁黄酮与内酯含量变化初探. 山东农业科学，2003，(1)：16－19.

曹福亮，桂仁意. 银杏主要栽培品种遗传多样性分析. 南京林业大学学报(自然科学版)，2005，29(6)：1-6.

曹福亮，金继良，汪贵斌等. 截干萌芽在银杏叶用园培育中的应用机理. 南京林业大学学报，1999，23(5)：60-63.

曹福亮. 银杏培育机理及综合开发利用. 北京：中国林业出版社，2000.

曹福亮. 中国银杏. 南京：江苏科学技术出版社，2002.

柴发熹，雒克勤，张传岭等. 徽县银杏资源及开发利用. 甘肃林业，1990，4：19－20.

陈长勋，金若敏，李仪奎等. 银杏叶提取物改善小鼠记忆作用的研究. 中国中药杂志，1991，16(11)：681－683.

陈法志，杨守坤，陈宝林. 银杏叶用品种的初步筛选研究. 湖北林业科技，2002，119：11－13.

陈华圣，顾维戎，陈钢等. 银杏外种皮多糖对小鼠T淋巴细胞的作用. 江苏临床医学杂志，1997，1(5)：321－325.

陈可泳等. 银杏染色体的 Gimesa C 带技术. 植物学集刊，1983.

陈鹏，何凤仁，褚生华等. 银杏品种选优及其结构调整. 全国第八次银杏学术研讨会论文集. 武汉：湖北科技出版社，2000.

陈鹏，何凤仁，韦军等. 银杏早果丰产的理论基础及其栽培技术. 果树科学，1996，13(4)：255－256.

陈鹏，何凤仁，韦军等. 银杏种实丰产单株选优研究. 园艺学报，1997，24(2)：205－207.

陈鹏主编. 银杏产业的机遇与挑战. 南京：东南大学出版社，2001.

陈启基，汪晓，陈伽. 台州地区银杏品种类型调查与选优. 见：中国银杏研究会. 全国第二次银杏学术研讨会论文集. 武汉：湖北科技出版社，1994.

陈士林，朱照静. 具有开发前景的药用植物活性成分：银杏酮、青蒿素、鬼臼毒素、芦丁、绞股蓝皂苷. 资源开发与市场，1994，10(2)：68－70.

陈世骧，谢蕴贞. 中国经济昆虫志・第一册鞘翅目・天牛科. 北京：科学出版社，1959.

陈晓云，刘燕君. 湖北省银杏资源及其分布. 见：中国银杏研究会. 全国首界银杏学术研讨会论文集. 武汉：湖北科技出版社，1992.

陈学森，邓秀新，章文才等. 中国银杏品种资源染色体数目及核型研究初报. 华中农业大学学报，1996，15(6)：590－593.

陈学森，张艳敏，李健等. 叶用银杏资源评价及选优的研究. 园艺学报，1997，24(3)：215－219.

陈颖. 银杏组织及细胞培养. 南京林业大学博士论文，2004.

成俊卿，杨家驹，刘鹏. 中国木材志. 北京：中国林业出版社，1992.

褚生华，李群，朱卫红等. 银杏雌雄株配置比例的探讨. 见：中国银杏研究会. 全国第八次银杏学术研讨会论文集. 武汉：湖北科技出版社，2000.

党魏. 银杏加工开心果新技术. 中国果菜. 2002，(2)：25.

邓胜徽，杨小菊，周志炎. 辽宁铁法盆地早白垩世银杏胚珠器官的发现及其意义. 科学通报，2004，49(13)：1334－1336.

邓荫伟. 广西银杏品种资源及优良品种和单株. 见：中国银杏研究会. 全国第十次银杏学术研讨会论文集. 北京：中国农业科学技术出版社，2002.

丁建国. 吸附剂吸附——解吸法提取银杏苦内酯. 中国野生植物资源，1995，(1)：30.

丁之恩主编. 银杏. 北京：中国林业出版社，1999.

董步生主编. 银杏栽培与发展研究. 南京：东南大学出版社，2002.

杜香莉，郭军战，肖慧贞. 我国银杏药用化学成分及加工利用的最新研究. 西北林学院学报，1997，12(2)：100－104.

范民生. 银杏超小卷蛾生物学特性的观察. 江苏林业科技，1990，17(4)：35－37.

方吉贝. 几种银杏害虫的防治. 安徽林业，1997，(5)：16.

方中达，袁贤熔，李传道等. 银杏茎腐病的防治试验. 植病学报，1956，2(1)：43－54.

费本华，高慧，丁佐龙. 银杏木材的密度和化学性质. 东北林业大学学报，2000，28(4)：47－49.

费本华，江泽慧，阮锡根. 银杏木材微纤丝角及其与密度相关模型的建立. 木材工业, 2000, 14(3): 13-15.
费本华, 江泽慧. 我国经济林用材树种的材性和培育. 世界林业研究, 2000, 13(3): 49-52.
费本华, 阮锡根. 北京地区银杏木材密度及其变异研究. 北京林业大学学报, 2000, 22(3): 14-17.
费本华, 阮锡根. 北京地区银杏木材密度及其变异研究. 林业科学研究, 2001, 14(2): 176-180.
费本华. 发展银杏用材林前景广阔. 中国林业, 2001, 2(B): 42.
费本华. 分形理论在木材科学与工艺学中的应用. 木材工业, 1999, 13(4): 28-29.
费本华. 木材干缩的分形分析. 林业科学, 2002, 38(1): 136-140.
费本华. 气候变化与树木年轮结构关系研究进展. 世界林业研究, 1998, 11(6): 48-51.
冯晓萍, 查忠勇, 王橇三. 银杏叶黄酮提取工艺研究. 四川化工与腐蚀控制, 2002, 5(2): 13-16.
高锦明, 王蓝. 银杏叶中有效成分的研究. 西北林学院学报, 1995, 10(4): 94-100.
宫霞, 李全阳, 陈小娥. 银杏叶提取物控制樱桃加工中维生素C损失的效应研究. 食品与发酵工业, 2001, 27(6): 82-83.
宫霞, 孙淑斌. 银杏叶提取物控制草莓加工中Vc损失的效应研究. 食品科技, 2000, (2): 27-28.
宫玉臣, 张永瑞, 李太成等. 银杏基因资源的收集和基因库建立的研究. 见: 中国银杏研究会. 全国第七次银杏学术研讨会论文集. 北京: 中国林业出版社, 1999.
龚跃新, 强静, 梁宪扬. 银杏外种皮与银杏叶中黄酮含量比较. 中草药, 1991, 22(8): 376-378.
谷颐, 赵丽辉, 谷安根. 子叶节区理论与木材结构的演化. 植物研究, 1999, 19 (2): 136-143.
顾维戎, 孙云, 程鹏等. 银杏外种皮对心血管的药理作用. 南京医学院学报, 1989, 9(2): 129-131.
顾维戎. 银杏外种皮的抗疲劳和抗衰老作用. 江苏中医, 1989, 10 (8): 32-33.
顾展鹏, 钱永祥, 孙建芳等. 黄刺蛾对银杏的危害和防治. 江苏林业科技, 2000, 27(4): 48-49.
关传友. 安徽古银杏资源的调查. 中国园林, 2000, (3): 72-73.
关传友. 安徽省银杏品种资源的初步研究. 见: 中国银杏研究会. 全国第六次银杏学术研讨会论文集, 1998.
广西银杏白蚁防治组. 银杏白蚁危害及防治技术. 经济林研究, 1992, 10(1): 80-82.
郭善基, 李健. 沂源县织女洞的叶籽银杏. 山东林业科技, 1984, 2: 24-25.
郭善基. 中国果树志·银杏卷. 北京: 中国林业出版社, 1993.
郭衍全, 李炯, 陈尚华等. 南雄银杏种群的商榷. 见: 中国银杏研究会. 全国第五次银杏学术研讨会论文集. 广州: 广东科技出版社, 1997.
韩维亚, 黄智辉, 王建灵. 河南省嵩县银杏资源开发初探. 见: 中国银杏研究会. 全国第二次银杏学术研讨会论文集. 武汉: 湖北科技出版社, 1994.
韩维亚, 黄智耀. 河南嵩县银杏良种选育及四个优良单株简介. 见: 中国银杏研究会. 全国第五次银杏学术研讨会论文集. 广州: 广东科技出版社, 1997.
何凤仁. 银杏的栽培. 南京: 江苏科学技术出版社, 1989.
何曼莉. 银杏大蚕蛾生物学特性及其防治. 植物保护, 1999, 25(5): 32-35.
何业华. 用过氧化氢酶活性鉴别银杏雌雄的研究. 浙江林业科技, 1985, 4(4): 17-19.
河北省林学会编著. 河北古树. 石家庄: 河北科学技术出版社, 1998.
河南古树志编写组. 河南古树志. 郑州: 河南科学技术出版社, 1988.
花保祯, 周尧. 中国木蠹蛾志(鳞翅目, 木蠹蛾科). 西安: 天则出版社, 1990.
皐甫桂月. 郯城银杏资源及发展前景. 见: 中国银杏研究会. 全国首界银杏学术研讨会论文集. 武汉: 湖北科技出版社, 1992.
黄华安. 京山银杏资源调查与品种选优小结. 见: 中国银杏研究会. 全国第三次银杏学术研讨会论文集. 武汉: 湖北科技出版社, 1995.
黄佳聪, 岳元彦, 刘建成. 保山地区银杏栽培品种早实性初报. 云南林业科技, 2002, 98(1): 51-55.
黄家德. 桂北银杏害虫种类调查. 广西植保, 1994, (4): 18-21.
黄家德. 银杏上日本龟蜡蚧研究初报. 广西植保, 1993, (2): 33-36.
黄鹏, 凌晓明, 杨恒延等. 核用银杏品种选育的标准、程序及主要优良品种. 河南林业科技, 2000, 20(3): 28-31.
黄智耀, 韩维亚, 汪秋耕等. 银杏雄株调查与选优. 见: 中国银杏研究会. 全国第四次银杏学术研讨会论文集. 北京: 中国林业出版社, 1996.
黄智耀, 王孝锋, 韩维亚等. 嵩县发现雌雄同株古银杏. 河南林业科技, 1997, 17(1): 21
吉成均, 杨雄, 李正理. 银杏雌配子体形成及颈卵器发育的细胞学研究. 北京大学学报(自然科学版), 1999, 35(4): 496-502.
江德安, 徐东生. 银杏不同品种光合作用的研究. 湖北农业科学, 2006, 45(1): 96-99.
江德安, 刘永生, 李国元等. 银杏超小卷蛾的发生规律及综合防治研究. 林业科技通讯, 1996, (11): 26-28.
江如蓝, 王英强. 广东佛手与圆子银杏品种种仁有机营养成分分析. 中国生态农业学报, 2002, 10(3): 30-32.
江泽慧, 费本华, 阮锡根. 木材密度曲线的分形分析. 林业科学, 2000, 36(6): 100-103.

江泽慧. 世界重要树种木材科学特性. 北京：科学出版社，2000.
姜国芳，谢宗波，乐长高. 银杏叶黄酮类化合物的研究进展. 时珍国医国药，2004，15(4)：306－308.
揭二龙. 江西发展银杏生产前景思考. 见：中国银杏研究会. 全国第三次银杏学术研讨会论文集. 武汉：湖北科技出版社，1995.
今野敏雄. イチヨウの话-そのこ-品种のこと. ゲソ-ン. エ-ジ，1991，2：24－28.
金巧秀，许丽丽，夏叶玲等. 银杏甲素对免疫功能的影响及其颉颃过敏介质的作用. 中药药理与临床，1995，11(3)：33－35.
鞠章网，陆进富. 银杏颂. 北京：中国文史出版社，2004.
康锦豫. 外销银杏罐头生产技术. 食品科学，1992，(12)：28－30.
李桂祥，戴自荣，李栋. 中国白蚁与防治方法. 北京：科学出版社，1989.
李景山，苗青，陈灏等. 南阳市银杏资源调查和优树选择. 河南林业科技，2001，21(3)：20－21.
李俊义. 银杏叶资源开发与应用研究概况. 中药材，1994，17(3)：44－46.
李梅，陆敏仪. 近年来银杏叶及其制剂分析测定研究概况. 中药材，2001，24(5)：371－376.
李寿兴，彭少达，黄可勤. 灵川兴安白果调查. 广西农业科学，1983，3：24－28.
李新平. 银杏超小卷蛾的生物学特性及防治技术研究. 湖南林业科技，1994，21(4)：31－33.
李星学，周志炎，蔡重阳等. 中国地质时期植物群. 广州：广东科技出版社，1995.
李亦凡，曹福亮. 不同处理对银杏雄株扦插生根的影响. 南京林业大学学报(自然科学版)，2004，28(2)：77－79.
李兆龙，虞杏英. 银杏叶提取物在化妆品中的应用. 今日科技，1994，(6)：6－7.
李兆龙. 从银杏叶中提取黄酮类化合物方法. 中草药，1992，14(6)：5－6.
李正理，林金星. 银杏钟乳枝的木材解剖学. 见：中国银杏研究会. 全国首界银杏学术研讨会论文集. 武汉：湖北科技出版社，1992.
李正理. 银杏的雌雄同株. 植物学报，1957，6(3)：189－192.
李正理. 最近十年(1949～1959)关于银杏的形态解剖学及细胞学上的研究. 植物学报，1959，8(4)：262－270.
李志明主编. 江西古树. 南昌：江西人民出版社，1988.
李志勤，沈泉，杨卫贞. 长兴银杏品种资源调查与选优. 见：中国银杏研究会. 全国第九次银杏学术研讨会论文集. 南京：东南大学出版社，2001.
李滋林主编. 山东古树奇观. 济南：山东科学技术出版社，1998.
梁红，潘伟明，冯颖竹等. 广东顺德银杏的初步研究. 见：中国银杏研究会. 全国第十次银杏学术研讨会论文集. 北京：中国农业科学技术出版社，2002.
梁立兴，郭大孝. 我国银杏产业发展前景预测及战略调控. 林业科技开发，1999，3：6－8.
梁立兴，李虹，李少能等. 我国银杏叶产品开发的现状和前景. 林业科技通讯，1999，(10)：5－9.
梁立兴. 银杏叶保健饮料的初步研制. 经济林研究，1995，13(2)：52.
梁立兴. 中国银杏. 济南：山东科学技术出版社，1988.
梁立兴. 中国当代银杏大全. 北京：北京农业大学出版社，1993.
廖亮. 银杏叶总黄酮提取方法研究. 食品科学，1994，(8)：33－35.
林睦就，张云跃. 我国银杏遗传变异研究之二：种仁营养成分和无机元素含量的变异. 林业科学，2002，38(2)：157－161.
林庆梅，邓永智，李权龙. 银杏产品中有效成分的 HPLC 测定. 厦门大学学报(自然科学版)，2001，40(4)：1004－1006.
林协. 关于银杏产业开发的思考. 林业科技开发，1999，(2)：5－6.
林协. 天目山银杏种群起源分析. 林业科学，2004，40(2)：28－31.
林协. 银杏产业开发现状与市场前景展望. 林业科技开发，2003，(4)：13－15.
林协. 银杏的起源与分布. 生物学通报，1965，(3)：32－33.
林协. 银杏资源开发及对策. 植物杂志，1996，(3)：4－6.
林协. 关于银杏产业开发的思考. 林业科技开发，1999，(2)：5－6.
林协. 银杏叶开发利用概况与建议. 浙江林业科技，1994，(1)：47－50.
林协. 浙江果用银杏资源概况及利用意见. 见：中国银杏研究会. 全国第二次银杏学术研讨会论文集. 武汉：湖北科技出版社，1994.
林协. 皱皮银杏. 浙江林业科技，1984，3：26
刘德军，佘远国，汪鹏等. 叶用银杏品种产量性状选择研究. 经济林研究，2002，20(1)：30－31.
刘开林. 关于银杏美学理论的探讨. 见：全国第十二次银杏学术研讨会论文集. 北京：中国农业出版社，2004.
刘清泉著. 山西古稀树木. 太原：山西科学教育出版社，1989.
刘叔倩，马小军，郑俊华. 银杏不同变异类型的 RAPD 指纹研究. 中国中药杂志，2001，26(12)：822－825.
刘叔倩，郑俊华，王弘等. 不同气候区银杏叶中黄酮和萜内酯含量的变化. 中草药，2000，31(6)：424－426.
刘卫东，李遐. 从国内外银杏产品开发情况论临沂市银杏产品开发. 山东林业科技，2001，增刊：188－189.

刘燕君．湖北省安陆市银杏品种资源调查及良种选择初报．见：中国银杏研究会．全国首界银杏学术研讨会论文集．武汉：湖北科技出版社，1992．

刘友樵，白九维．中国经济昆虫志．第十一册鳞翅目卷蛾科(一)．北京：科学出版社，1977．

刘友樵．动物学集刊第九集：危害林木种实的小卷蛾二新种(鳞翅目卷蛾科)．北京：科学出版社，1992．

刘峥．超声波提取银杏叶中总黄酮．桂林工学院学报，2001，3(21)：276－278．

刘重芳，吴志荣，方青汉．银杏叶总黄酮提取工艺探讨．中草药，1992，14(7)：8－9．

楼风昌，王国艳，郭寅龙．银杏外种皮化学成分研究．中国药科大学学报，1998，29(4)：316－319．

卢学栋．银杏叶浸提液防治舞毒蛾室内试验初报．河北果树，1993，(3)：34．

孟永庆．银杏苗期的病虫害防治．林业科技通讯，2000，(7)：39．

倪金成，侯九寰．银杏雌雄同株调查．见：中国银杏研究会．全国第五次银杏学术研讨会论文集．广州：广东科技出版社，1997．

倪学文，杨志坚，吴谋成．银杏外种皮中银杏酚酸的分离和抑菌试验．天然产物研究与开发，2001，13(6)：30－32．

潘洪平．银杏叶制剂药理作用和临床应用研究进展．中国中药杂志，2005，30(2)：93－96．

潘竟先，虎翼，宪斌等．银杏外种皮的双黄酮成分．植物资源与环境，1995，4(2)：17－21．

潘仕明主编．甘肃古树奇观．兰州：甘肃省林业厅，1999．

庞素秋，王国权，乔传卓．4种工艺提取银杏叶片黄酮的实验比较．1997，3(9)：2－5．

彭怀远．银杏古诗名句鉴赏．全国第十一次银杏学术研讨会论文集．成都：四川都江堰林业局，2003．

彭曰三．叶籽银杏．甘肃林业科技，1995，1：58－60．

戚向阳，陈维军，谢笔钧．银杏叶萜内酯含量的动态变化的研究．中成药，2003，(6)：46－49．

钱炳炎，赵洪亮，王克栋等．银杏果叶兼用新品种——亚甜、宇香．见：中国银杏研究会．全国第五次银杏学术研讨会论文集．广州：广东科技出版社，1997．

钱大玮，张绍君．不同树龄银杏叶在不同季节中总黄酮和总内酯的含量变化．中草药，2002，33(11)：1025－1027．

钱骅，赵伯涛．银杏内酯研究概况．中国野生植物资源，1995，(1)：7－12．

秦秋生，秦明理，陈爱军等．灵川县银杏品种资源初报．见：中国银杏研究会．全国第七次银杏学术研讨会论文集．北京：中国林业出版社，1999．

曲泽洲主编．中国果树栽培学．北京：农业出版社，1988．

任钦良，孙宣军，赵土清等．浙江诸暨银杏资源调查与选优．见：中国银杏研究会．全国第二次银杏学术研讨会论文集．武汉：湖北科技出版社，1994．

阮锡根，尹思慈，孙成志．应用X射线-(002)射线弧法-测定木材纤维次生壁的微纤丝角．林业科学，1982，18(1)：64－70．

陕西省果树研究所编．果树资源调查手册．北京：农业出版社，1964．

陕西省林业厅编．陕西树木奇观．西安：陕西师范大学出版社，2001．

盛苏，屈国保．银杏外种皮的化学成分和用途．中国野生植物资源，1995，(1)：17－18．

石启田．银杏外种皮研究及开发利用前景．林业科技开发，2002，16(3)：23　25．

石启田．银杏叶的研究及其开发利用综述．江苏林业科技，2001，28(2)：49－51．

史继孔，樊卫国，文晓鹏等．银杏雌花芽形态分化的研究．园艺学报，1998，25(1)：33－36．

史继孔，王发渝．银杏树龄、性别、繁殖、采叶期对叶片中黄酮、内酯含量的影响．经济林研究，1998，16(2)：34－35．

史继孔，杨胜学，樊卫国．贵州银杏种质资源调查研究初报．见：中国银杏研究会．全国第五次银杏学术研讨会论文集．广州：广东科技出版社，1997．

史继孔，杨胜学，樊卫国等．贵州银杏的品质及营养成分的研究．北京：中国林业出版社，1996．

史继孔，张万萍，樊卫国等．银杏雌花芽分化过程中内源激素含量的变化．园艺学报，1999，26(3)：194－195．

史继孔．贵州盘县特区银杏品种资源．贵州农业科学，1988，1：41－44．

斯行健，李星学等．中国植物化石．第二册．中国中生代植物．北京：科学出版社，1963．

斯行健．陕北中生代延长层植物群．中国古生物志．新甲种第5号．北京：科学出版社，1956．

宋超．银杏系列产品的生产工艺及质量标准．林业科技开发，1992，(2)：33－35．

宋朝枢，张清华．银杏地理生态型划分与品种评定方法的探讨．全国首届银杏学术研讨会论文集．武汉：湖北科学技术出版社，1992．

宋根萍，许爱华，陈华圣等．银杏外种皮多糖的成分分析．中药材，1997，20(9)：461－464．

苏金东，冯建灿．银杏品种类群的模糊聚类划分．生物数学学报，1999，14(2)：202－206．

苏金乐，吴成才，夏宗应等．河南省银杏资源及优良品种类型的研究．见：中国银杏研究会．全国第四次银杏学术研讨会论文集．北京：中国林业出版社，1996．

孙成志，尹思慈．十种国产针叶树材管胞次生壁纤丝角度的测定．林业科学，1980，16(4)：302－303．

孙明高．银杏半同胞家系苗期根皮过氧化物同工酶试验分析初报．山东林业科技，2001，1：8－9．

孙树兴．银杏优良品系晶前1号的选育及应用．北方园艺，

1998，114：35－35.
孙天恩，李根保，罗望生．银杏细胞核 DNA 含量的分析．见：全国第八次银杏学术研讨会论文集．武汉：湖北科学技术出版社．2000.
孙天恩，李根保．银杏发根克隆及其培养技术研究进展．中草药，1998，29(增刊)：25－27.
谭晓风，胡芳名，张启发．银杏主栽品种的分子鉴别．中南林学院学报，1998，18(3)：3－10.
谭忠良．防治白蚁危害银杏有新法．广西林业，1991，(6)：16.
唐辉，梁惠凌，韦霄等．银杏良种桂 G86-1 与海洋皇的主要性状比较．广西科学院学报，2006，22(2)：78-81.
唐世蓉，周爱玲，赵友谊．银杏叶中银杏内酯 B 及白果内酯的分离．植物资源与环境，1992，1(1)：58－59.
田季雨，刘澎涛，李斌．银杏叶提取物化学成分及药理活性研究进展．国外医学中医中药分册，2004，26(3)：142－145.
田砚亭，张秀海．银杏性别分化阶段的早期鉴定及其激素调控．河北林果研究．1998，13(3)：119-203.
汪贵斌，曹福亮，褚生华等．银杏叶用优良单株生长特性研究．林业科技开发，1998，5：18-20.
汪兴平，覃太友，莫开菊．银杏茶加工技术研究．湖北民族学院学报(自然科学版)，2001，19(1)：17－19.
王安友，任梨．银杏叶营养元素季节性变化的研究．林业科学研究，1996，9(2)：133－137.
王朝闻．美学概论．北京：人民出版社，1981.
王成章，沈兆邦，陈祥．银杏叶聚戊烯醇化学研究．林产化学与工业，1992，12 (4)：279－286.
王成章，沈兆邦，谭卫红等．银杏叶聚戊烯醇的化学、纯化和药效研究．天然产物研究与开发，2001，13(2)：43－45.
王春霖，郭芳，黄海龙．银杏叶提取物(EGb)药理作用研究进展．河北医药，2005，27(4)：286－287.
王伏雄，陈祖铿．银杏胚胎发育的研究——兼论银杏目的亲缘关系．植物学报，1983，25 (3)：199－207.
王伏雄等．银杏幼胚离体培养的研究——椰子乳汁对幼胚生长的影响．植物学报，1965，13(3)：224－238.
王伏雄等．银杏幼胚离体培养的研究——蜂王浆对幼胚生长的影响．植物学报，1963，11(3)：217－224.
王红，张卫明．银杏中黄酮类化合物的质量研究．中国野生植物资源，1995，(1)：13－16.
王建，王九龄，辛学兵．银杏种子生长特性及其生理变化的研究．应用生态学报，2000，11(4)：507－512.
王建，杨毅敏．生长调节剂处理对银杏结实的处理．武汉植物学研究，2001，19(1)：52－56
王杰，王连荣，祝树德等．氢化白果酸对果树病原菌的抑制效果．江苏农业研究，2000，21(4)：48－50.
王杰，余碧玉，刘向龙等．银杏外种皮化学成分的分离和鉴定．中草药，1995，26(6)：290.
王杰，祝树德，余碧钰等．银杏外种皮提取物对菜青虫抑制生长与拒食活性的研究．扬州大学学报，2002，23(1)：72－75.
王连荣，吴桂发，吴桂全．银杏外种皮提液防治苹果炭疽病的效应．中国果树，1995，(4)：30－31.
王琳，廖华荣．聚酰胺柱层析法测定银杏叶保健制品中黄酮研究．职业卫生病伤，1994，9(3)：168.
王廷本．银杏和银杏的经济价值．中国木材，1998，6：45－46.
王晓梅，宋文芹，刘松等．利用 AFLP 技术筛选与银杏性别相关的分子标记．南开大学学报，2001，34(1)：5-9.
王晓梅，宋文芹，刘松等．与银杏性别相关的 RAPD 标记．南开大学学报，2001，34(3)：116-117.
王忠仁，林协．浅谈银杏文化的先秦遗风．见：全国第十次银杏学术研讨会论文集．北京：中国农业科学技术出版社，2002.
王宗德，揭二龙．江西银杏叶黄酮含量及其变化规律研究．江西林业科技，1998，(6)：1－2.
韦平．银杏大蚕蛾的生活习性及其防治．昆虫知识，1989，26(6)：347.
韦霄．银杏优良单株繁殖体系的建立与技术要点．广西植物，2000，20(3)：256－258.
文衍集．全天然银杏叶汁工艺研究．食品工业，1994，(6)：32－33.
吴秉宜．银杏早实丰产和外种皮综合利用技术的新突破．林业科技通讯，1993，(2)：封二，19.
吴坚，汪明亮．银杏叶中萜内酯的研究进展．天然药物，1999，17(6)：356－358.
吴舜卿，叶美娜，厉宝贤．鄂西香溪群——晚三叠世及早、中侏罗世植物化石．中国科学院南京地质古生物研究所集刊，1980，14：63－131.
吴元立．银杏药用物质的开发利用现状及其发展设想．亚热带植物通讯，1998，27(2)：52－55.
夏宝池，赵云琴，沈百炎．中国园林植物保护．南京：江苏科学技术出版社，1992.
向应海，鲁新成，向碧霞．贵州省务川县鹿坪乡和牛塘乡古森林残存群落中的银杏．贵州科学，1998，16(4)：241－252.
向应海，向碧霞，赵明水等．浙江西天目山天然林及银杏种群考察报告．贵州科学，2000，18(1－2)：77－92.
向准，张著林，向应海．重庆市南川金佛山银杏天然资源考察报告．贵州科学，2001，19(2)：37－52.
项先志．孝感市银杏资源调查．湖北农业科学，1985，12：21－23.
肖培根，杨世林，宛志沪等．银杏．北京：中国中医药出版社，2001.
谢岱．银杏及银杏叶微量元素分析．微量元素与健康研究．1999，16(4)：27－28.
谢人明，汤臣康，马树德等．银杏叶注射液对动物脑循环作用的研究. 中草药, 1986, 11(8): 23-25.
邢世岩, 皇甫桂月, 侯九寰. 银杏核用品种评选的理论与技术. 见: 全国第四次银杏学术研讨会论文集. 北京: 中国林业出版社, 1996.
邢世岩, 皇甫桂月, 侯九寰等. 银杏优良品种种子的营养成分分析. 果树科学, 1997, 14(1): 39-41.
邢世岩, 皇甫桂月, 李建华等. 银杏核用品种选育评述——兼论选育的程序及标准. 在: 全国第六次银杏学术研讨会论文集. 中国银杏研究会, 1998: 110-119.
邢世岩, 李登开, 时鑫. 美国银杏的研究现状. 世界林业研究, 1994, 4: 54-60.
邢世岩, 李可贵, 有祥亮等. 银杏核用品种筛选和快繁技术的研究. 林业科技开发, 1997, 42(4): 18-20.
邢世岩, 李廷涛, 倪国祥等. 银杏叶数量性状遗传分析. 林业科学, 2000, 36(4): 250-255.
邢世岩, 孙霞, 李可贵等. 银杏叶生长发育规律的研究. 林业科学, 1997, 33(3): 267-273.
邢世岩, 田常杰, 王聪帮等. 国内外银杏核用栽培及利用现状. 世界林业研究, 1998, 11(2): 32-37.
邢世岩, 吴德军, 邢黎峰等. 银杏叶药物成分数量遗传分析及多性状选择. 遗传学报, 2002, 29(10): 928-935.
邢世岩, 吴德军, 有祥亮等. 叶用银杏种源、性别及无性系的因子和聚类分析. 中南林学院学报, 2000, 20(2): 26-32.
邢世岩, 吴德军. 银杏三个观叶品种的主要性状. 林业科技开发, 2001, 15(4): 37-38.
邢世岩, 有祥亮, 李可贵等. 银杏雄株开花生物学特性的研究. 林业科学, 1998, 34(3): 51-58.
邢世岩, 张思清, 张有鹏等. 银杏种实数量遗传分析及多性状选择. 园艺学报, 2001, 28(3): 223-229.
邢世岩. 银杏花粉黄酮含量测试分析报告. 山东林业科技, 1998, (3): 22-23.
邢世岩. 几种银杏稀有观赏品种的主要性状研究. 林业科技通讯, 2001, 375(8): 11-12.
邢世岩. 泰山银杏种实类型及优良单株调查. 林业科技通讯, 1994, 293(10): 27-28.
邢世岩. 叶用核用银杏丰产栽培. 北京: 中国林业出版社, 1997.
邢世岩. 银杏丰产栽培. 济南: 济南出版社, 1993.
熊忠武. 恩施州银杏优良品种简介. 见: 中国银杏研究会. 全国第八次银杏学术研讨会 论文集. 武汉: 湖北科技出版社, 2000.
徐立春, 顾维戎, 孙云等. 银杏外种皮提取物对真菌抑制效应的初步研究. 中成药, 1988, (9): 33.
徐立春, 童鲲, 程鹏等. 银杏外种皮提取物对致病性真菌生长抑制的研究. 微生物学通报, 1991, 18(4): 225-227.
许爱华, 陈华圣, 褚澄等. 银杏外种皮多糖对人癌细胞株的抑制作用及与阿霉素的协同效应. 中国新药杂志, 2000, 9(11): 753-757.
许爱华, 陈华圣, 王玲等. 银杏外种皮多糖对不同状态小鼠血清 SOD 和 MDA 形成的影响. 中国中药杂志, 1998, 23(12): 746-749.
许爱华, 陈华圣, 夏叶玲等. 银杏外种皮多糖对荷瘤小鼠免疫功能的影响. 中药新药与临床药理, 1996, 7(3): 22-25.
许爱华, 褚云飞, 陈华圣等. 银杏外种皮多糖对胃癌的临床及超显微结构的研究. 中国新药杂志, 2002, 11(9): 24-26.
许爱华, 贾筱琴, 陈华圣等. 银杏外种皮多糖抑制小鼠肝癌及诱导肝癌细胞凋亡的研究. 中药新药与临床药理, 2001, 12(5): 340-343.
许爱华, 王玲, 李永华等. 银杏外种皮多糖延缓荷瘤小鼠衰老的实验研究. 辽宁中医杂志, 1997, 24(9): 429-431.
许爱华. 银杏外种皮多糖的抗炎作用. 扬州医学院学报, 1991, 3 (1): 4-6.
薛福连. 银杏产品的加工利用. 农村经济与科技, 2005, 16(7): 41-41.
杨关秀. 古植物学. 北京: 地质出版社, 1994.
杨克迪, 陈钧, 欧阳臻. 银杏叶中聚异戊烯醇化合物的分光光度法测定. 分析测试学报, 2003, 22(2): 69-71.
杨柳, 欧阳绍湘. 银杏叶黄酮含量变化规律及其干燥方式的研究. 林产化学与工业, 1999, 19(2): 31-34.
杨培华, 郭俊荣, 谢斌等. 陕西银杏种质资源调查及优良单株选择. 见: 中国银杏研究会. 全国第五次银杏学术研讨会论文集. 广州: 广东科技出版社, 1997.
杨瑞菊. 银杏叶在饮料工业上的应用. 食品工业科技, 1994, (12): 41-42.
杨贤河. 银杏类新属——楔拜拉枝 *Sphenobaierocladus* n. gen. (*Sphenobaieraceae* n. fam.) 及其亲缘关系. 中国地质科学院成都地质矿产研究所所刊, 1986, 7: 49-58.
杨小菊. 黑龙江东部鸡西盆地早白垩世穆棱组植物化石新材料. 古生物学报, 2003, 42 (4): 554-571.
仰榴青, 吴向阳, 吴静波. 银杏外种皮的化学成分和药理活性研究进展. 中国中药杂志, 2004, 29(2): 111-115.
姚鹏, 方广锠, 范桥, 袁坚. 中国思想宝库. 北京: 中国广播电视出版社, 1990.
姚渭溪. 银杏叶活性成分的提取工艺、测定及进展. 中草药, 1995, 26(3): 157.
叶静渊主编. 中国农学遗产选集——落叶果树(上编). 北京: 中国农业出版社, 2002.
叶秀莲. 银杏外种皮有效成分的分离和提取. 江苏农学院学报, 1987, (2): 39-42.

尤万，邓正双等．银杏大蚕蛾的生物学特性及其防治．湖北林业科技，1999，(1)：26.
游松，姚新生，崔承彬等．银杏叶中金松双黄酮的核磁共振谱分析．沈阳药学院学报，1991，8(2)：124－128.
游松，姚新生．银杏叶中黄酮苷的研究．沈阳药学院学报，1989，6(4)：284－285.
余碧钰，刘向农，祝树德等．银杏外种皮综合利用的研究．江苏农业研究，1999，20(4)：1－4.
余碧钰，张雨梅．银杏外种皮中氨基酸、微量元素的分析．江苏农学院学报，1997，18(3)：46－48.
余佳红，袁伯俊，柳正良．银杏叶活性成分的提取制取制备及测定的研究进展．中国新药杂志，2000，9(4)：221－224.
袁觉，李群，肖国林等．浅谈银杏木材的利用与发展．林业科技，1995，15(4)：35－37.
袁嗣令主编．中国乔、灌木病害．北京：科学出版社，1997.
曾长秋．中国传统文化．长沙：中南大学出版社．2004.
曾勉，左大勋，钱大复等．太湖洞庭山果树．上海：上海科学技术出版社，1960.
曾勉．浙江诸暨之银杏．园艺，1935，1(5)：157－165.
曾新萍，黄志明，黄维南等．银杏综合开发利用(综述)．亚热带植物通讯，2000，29(3)：58－63.
张鞍灵，高锦明．沙棘和银杏黄酮对沙棘油的抗氧化研究．中国油脂，1999，24(6)：42－44.
张迪清，何照范．银杏叶黄酮醇苷和萜内酯变化规律研究．西南农业大学学报，1998，20(6)：631－634.
张枫，肖平．保健银杏叶桃果汁的研制．食品工业科技，1994，(3)：34－35.
张福华，赖便谋，李波等．棉铃虫对银杏苗木的危害及防治措施．林业科技，1998，23(3)：30－31.
张格权．银杏上茶黄蓟马的发生与危害．昆虫知识，1989，6(6)：347.
张国忠，李忠硕．银杏超小卷蛾 *Pammene* sp. 的初步研究．南京林产工业学院学报，1981，(4)：83－89.
张鹤鸣，王宁生．银杏萜内酯的化学性质及合成．广州中医药大学学报，2000，17(3)：266－270.
张洪泉，许丽丽，金巧秀等．银杏外种皮水溶性成分的抗过敏作用．中国中药杂志，1990，15(8)：48－51.
张莉．银杏饮料的研制．食品科学，1994，(8)：27－30.
张劻新．中国主要果树图说．上海：上海科学技术出版社，1960.
张清吉．邳县银杏志．北京：海潮出版社，1989.
张顺泰，王炳云．银杏管胞分子的变异性和相关性．山东农业大学学报，1990，21(4)：31－35.
张松铁，曾尧俞，谢文斌．湖南银杏的分布与生产概况．见：中国银杏研究会．全国首界银杏学术研讨会论文集．武汉：湖北科技出版社，1992.
张万萍，何珺，史继孔．银杏雌雄花芽分化期内源多胺的变化．浙江林学院学报，2002，19(4)：391－394.
张万萍，史继孔，樊卫国等．银杏雄花芽的形态分化．园艺学报，2001，28(3)：255－258.
张卫明，吴国荣．银杏种仁保健功能的研究．南京师大学报(自然科学版)，1998，21(3)：72－75.
张卫明．论银杏叶保健饮品的质量控制．中国野生植物资源，1995，(1)：39－41.
张希贤，陈章久，高汉明等．银杏新品种——红安皇．见：中国银杏研究会．全国第三次银杏学术研讨会论文集．武汉：湖北科技出版社，1995.
张昕．银杏文化丛谈．首届全国银杏学术研讨会论文集．武汉：湖北科学技术出版社，1992.
张永瑞，宫玉臣．郯城银杏良种筛选与推广．见：中国银杏研究会．全国第三次银杏学术研讨会论文集．武汉：湖北科技出版社，1995.
张跃林，任广国，王云．广德县银杏资源现状及开发利用初探．中国林副特产，1997，42(3)：53－54.
张云跃，林睦就．银杏叶中化学成分的遗传变异．林业科学，2002，38(4)：72－77.
张云跃，马常耕，林睦就等．我国银杏遗传变异研究之一——种核性状的群体间和群内变异．林业科学，2001，37(4)：35－40.
赵伯涛，王玉成．银杏系列饮品的加工技术及质量控制．中国野生植物资源，1995，(1)：31－34.
赵仁东．银杏文化学．北京：中国文联出版社，2006.
赵思东，吕芳德，朱日光等．银杏种质资源及优株选择研究初报．经济林研究，1998，16(1)：19－21.
赵肃清，蔡燕飞，文永新等．银杏外种皮提取液对农作物病原菌抑制效应研究．农业环境保护，2001，20(5)：368－370.
赵肃清，李锋，孙明远．银杏外种皮研究进展．武汉植物研究，2000，18(6)：515－518.
赵永艳，曹福亮．银杏花粉特性的初步研究．江苏林业科技，1997，24(3)：6－9.
赵有为．银杏．生物学通报，1957，9：6－9.
赵中杰，刘建国．银杏和银杏叶中氨基酸的含量测定．北京中医学院学报，1991，14(4)：41－42.
赵宗方，宋亭华．银杏外种皮提取液对果树病原菌的抑制效应．江苏农业科学，1991，(1)：52.
浙江省林业厅《浙江古树名木》编写组．浙江古树名木．杭州：浙江科学技术出版社，2001.
郑挺杨，洪康新．金华银杏品种资源调查选育初报．见：中国银杏研究会．全国第四次银杏学术研讨会论文集．北京：中国林业出版社，1996.
郑万均主编．中国树木志(1)．北京：中国林业出版社，1983.
中国科学院北京植物研究所，南京地质古生物研究所，《中国新生代植物》编写组．中国植物化石．第三册．中国新生代植物．北京：科学出版社，1978.

中国科学院动物研究所. 中国蛾类图鉴Ⅰ. 北京：科学出版社，1981.

中国林业科学研究院木材工业研究所主编. 中国主要树种的木材物理力学性质. 北京：中国林业出版社，1982.

中国林业科学研究院主编. 中国森林昆虫. 北京：中国林业出版社，1983.

中国银杏研究会. 全国第八次银杏学术研讨会论文集. 武汉：湖北科技出版社，2000.

中国银杏研究会. 全国第二次银杏学术研讨会论文集. 武汉：湖北科技出版社，1994.

中国银杏研究会. 全国第九次银杏学术研讨会论文集. 南京：东南大学出版社，2001.

中国银杏研究会. 全国第七次银杏学术研讨会论文集. 北京：中国林业出版社，1999.

中国银杏研究会. 全国第三次银杏学术研讨会论文集. 武汉：湖北科技出版社，1995.

中国银杏研究会. 全国第十次银杏学术研讨会论文集. 北京：中国农业科学技术出版社，2002.

中国银杏研究会. 全国第四次银杏学术研讨会论文集. 北京：中国林业出版社，1996.

中国银杏研究会. 全国第五次银杏学术研讨会论文集. 广州：广东科技出版社，1997.

中国银杏研究会. 全国首界银杏学术研讨会论文集. 武汉：湖北科技出版社，1992.

周成刚，李健，乔鲁芹等. 茶黄蓟马在银杏上的发生与危害. 山东林业科技，1994，(4)：33 -34.

周海平，李新平，唐辉铭. 桂林地区银杏主要病虫害及防治. 森林病虫通迅，1996，(11)：26 -28.

周良才，张碧玉，吕贵祝等. 闽北古银杏优株初选. 见：中国银杏研究会. 全国第二次银杏学术研讨会论文集. 武汉：湖北科技出版社，1994.

周良才，周辉，张碧玉. 多胚银杏丰产优株观察. 见：中国银杏研究会. 全国第七次银杏学术研讨会论文集. 北京：中国林业出版社，1999.

周亚林. 特大粒银杏优良品种——神农1号. 见：中国银杏研究会. 全国第六次银杏学术研讨会论文集，1998.

周崟，姜笑梅. 中国裸子植物材的木材解剖学及超微构造. 北京：中国林业出版社，1994.

周志炎，章伯乐. 河南义马中侏罗世两种银杏目的雌性生殖器官. 科学通报，1988，33 (3)：216 -217.

周志炎. 中生代银杏类植物系统发育、分类和演化趋向. 云南植物研究，2003，25 (4)：377 -396.

周志炎. 中生代银杏目植物的系统发育和进化趋向. 见：戎嘉余等主编. 理论古生物学文集. 南京：南京大学出版社，1990.

周志炎. 银杏型胚珠器官的异时发育起源. 古生物学报，1994，33 (2)：131 -139.

周志炎. 中生代银杏类植物的系统发育、分类和进化趋向. 云南植物研究，2003，25 (4)：377 -396.

朱弘复，陈一心. 中国经济昆虫志. 第三册鳞翅目夜蛾科(一). 北京：科学出版社，1964.

朱弘复，王林瑶，方承莱. 蛾类幼虫图册(一). 北京：科学出版社，1979.

朱弘复，王林瑶. 中国动物志昆虫纲. 第五卷. 蚕蛾科. 大蚕蛾科. 网蛾科. 北京：科学出版社，1996.

朱弘复等编. 蛾类图册. 北京：科学出版社，1980.

朱克恭，石峰云. 银杏叶枯病病原菌形态及分类. 南京林业大学学报，1991，15(1)：36 -39.

朱奕庆主编. 银杏研究与应用. 贵阳：贵州科技出版社，2000.

朱益川，赵世远. 四川银杏型划分及优良单株选择. 四川林业科技，1999，20(2)：75 -80.

庄向平，虞杏英，杨更生等. 银杏叶中总黄酮含量的测定和提取方法. 中草药，1992，23 (3)：122 -124.

左大勋，汪嘉熙，张宇和著. 江苏果树综论. 上海：上海科学技术出版社，1964.

A. S. 福斯特，E. M. 小吉福德著，李正理等译. 微管植物形态比较学. 北京：科学出版社，1983.

Aoyama M, Sugiyama T, Doi S *et al.* Removal of hexavalent chromiumfrom dilute aqueous solution by coniferous leaves. Holzforschung, 1999,53(4):365 -368.

Aoyama M, Tsuda M, Cho N. -S. *et al.* Adsorption of trivalent chromium from dilute solution by conifer leaves. Wood Science and Technology, 2000,34:55 -63.

Archangelsky S A, Cueneo R. *Polyspermophyllum*, a new Permian gymnosperm from Argentina, with consideration about the Dicranophyllales. Rev. Palaeobot. Palynol. , 1990, 63: 117 -135.

Archangelsky S A. Fossil Ginkgoales from the Tico flora, Santa Cruz Province, Argentina. Bull. Br. Mus (Nat. Hist.), Geology, 1965,10: 121 -137.

B Imperiali, JW Zimmerman. Synthesis of doliehols via asymmetric hydrogenation of plant polyprenols. Tetrahedron Lett, 1989,29(42):5343 -5345.

Barale G. *Eretmoglossa*, nouveux genre de Ginkgophytes dans les calcaires lithographiques du Crétacé inférieur de la Sierra du Montsech (Espagne). Ilerda, 1981,42:51 -61.

Beck C B. Gymnosperm phylogeny—a commentary on the views of S. V. Meyen. Bot. Rev. , 1985,51: 273 -294.

BM Housen. The sensitizing capacity of ginkgolic acids in guinea pigs. Am J Contact Dermat, 1998,9(3):146 -149.

Braun C F W. Beiträge zur Urgeschischte der Pflanzen. In: Münster GG, Beiträge zur Petrefactenkunde, Vol. 6. Bayreuth: F C Birmer, 1843. 1 -25.

Brongniart A. Sur la classification et la distribution des végétaux fossiles en général, et sur ceux des terrains de sédiment supérieur en particulier. Mem. Mus. Nat . Hist. Nat. (Paris), 1822,8: 203 -348.

Chase M W, Soltis D E, Olmstead R G, *et al.* Phylogenetics of seed plants: an analysis of nucleotide sequences from the plastid gene *rbc*L. Ann. MO. Bot. Gard. , 1993, 80: 528 – 580.

Crane P R, Manchester S R, Dilcher D L. A preliminary survey of fossil leaves and well – preserved reproductive structures from the Sentinel Butte formation (Paleocene) near Almont, North Dakota. Fieldiana (Geol.), N. S. , 1990, 20: 1 – 63.

Crane P R. Major clades and relationships in the "higher" gymnosperms. In: Beck C B, Origin and evolution of gymnosperms. New York: Columbia Univ Press, 1988, 218 – 272.

Crane P R. Phylogenetic analyses of seed plants and the origin of angiosperms. Ann. MO. Bot. Gard. , 1985, 72: 716 – 793.

Critchfield W B. Shoot growth and heterophylly in *Ginkgo biloba*. Bot. Gaz. , 1970, 131: 150 – 162.

Dobruskina I A. Stratigraphic position of Triassic plant – bearing beds of Eurasia. Trudy Geol In – ta AN SSSR, 1980, 346: 1 – 163.

Donoghue M J. Progress and prospects in reconstructing plant phylogeny. Ann. MO. Bot. Gard. , 1994, 81: 405 – 418.

Doyle J A, Donoghue M J, Zimmer E A. Integration of morphology and ribosomal RNA data on the origin of angiosperms. Ann. MO. Bot. Gard. , 1994, 81: 419 – 450.

Doyle J A, Donoghue M J. Seed plant phylogeny and the origin of angiosperms: an experimental cladistic approach. Bot. Rev. , 1986, 52: 321 – 431.

Doyle J A, Donoghue M J. The importance of fossils in elucidating seed phylogeny and macroevolution. Rev. Palaeobot. Palynol. , 1987, 50: 63 – 95.

Duan S Y, Chen Y. The discovery of two new species of *Eretmophyllum* (Ginkgoales) in China. Cathaya, 1991, 3: 135 – 142.

E Koch, H Jaggy. Evidence for immunotoxic effects of crude Ginkgo biloba L. leaves extracts using the popliteal lymph node assay in the mouse. Int J immunopharmacal, 2000, 22: 229 – 233.

Favvre Duchartre M. Contribution a ' le ' tude de Reproduction Chez le *Ginkgo biloba*. Bot Cytol Biol Veg. 1956, 17: 1 – 218.

Florin R. Die fossilien Ginkgophyten von Franz – Joseph – Land nebst Erörterungen ueber vermeintliche Cordaitales mesozoischen alten, I. Spezieller Teil. Palaeontogr. , B, Palaeophytol, 1936, 81: 71 – 73.

Florin R. The morphology of *Trichopitys heteromorpha* Saporta, a seed plant of Palaeozoic age, and the evolution of female flowers in the Ginkgoinae. Acta Horti. Bergiani, 1949, 15 (5): 79 – 109.

Friis L M. Palaeobotany. Progr. Bot. , 1989, 51: 262 – 277.

H Huh, J Singh, EJ Staba. Ontogenic Aspects of Ginkgo Polyprenols. J. of Medicinal Plant Research, 1993, 59 (4): 379 – 384.

H Itokawa, N Totsuka, K Nakahara. Antitumor principles from Ginkgo biloba L. Chem Pharm Bull, 1987, 35(7): 3016 – 3019.

H Jaggy, E Koch. Chemistry and biology of alkylphenols from Ginkgo biloba L. Pharmazie, 1997, 52(10): 735 – 739.

Halle T G. Palaeozoic plants from Shansi. Palaeontol. Sin. Ser. A, 1927, 2 (1): 1 – 317.

Hara N. Morphology and anatomy of vegetative organs in *Ginkgo biloba*. In: Hori T, et al. *Ginkgo biloba* — A global treasure from biology to medicine. Tokyo: Springer Verlag, 1997, 3 – 15.

Harris T M, Millington W, Miller J. The Yorkshire Jurassic flora, IV. London: Br. Mus. (Nat. Hist.) Publ. , 1974, 1 – 150.

Hasebe M. Molecular phylogeny of *Ginkgo biloba*: close relation between *Ginkgo biloba* and cycads. In: Hori T, et al, *Ginkgo biloba* – A global treasure from biology to medicine. Tokyo: Springer Verlag, 1997, 173 – 181.

He Shan – An, Gu Yin, Pang Zi – Jie. Resources and prospects of *Ginkgo biloba* in China. In: Hori T, et al, *Ginkgo biloba* – A global treasure from biology to medicine. Tokyo: Springer Verlag. 1997, 373 – 383.

Heer O. Die Miocene flora und fauna Spitzbergens. K. Sven. Vet. Akad. Handl. , 1870, 8 (7): 1 – 98.

Hluštik A. The nature of *Podozamites obtusus* Velenovsky. Sbor Nar Muz Praha, Ser. B, 1977, 30 (4 – 5): 173 – 186.

Holmes W B K. *Ginkgo biloba*, the last of an illustrious line – the fossil record of the Ginkgoales, with special reference to Gondwana occurrences. Intn. Dendrol. Soc. Year Book, 1995. 38 – 43.

Hori T, Miyamura S. Contribution to the knowledge of fertilization of gymnosperms with flagellated sperm cells: *Ginkgo biloba* and *Cycas revoluta*. In: Hori T, *et al.* , *Ginkgo biloba* – A Global Treasure from Biology to Medicine. Tokyo: Springer Verlag, 1997, 67 – 84.

Jain R K, Delevoryas T A. Middle Triassic flora from the Cacheuta Formation, Minas de Petroleo, Argentina. Paleontol. , 1967, 10: 557 – 589.

Ji Suk L, Yen Sun C, Fun Jung P. Phospholipase CI inhibitory principles from the sarctastos of Ginkgo biloba. J Nat Prod, 1998, 61: 867 – 870.

Jiang Zehui, Fei Benhua. The fractal analysis of wood density curve. IAWS annual workshop. Reading University, England 2000.

Jongmans W J, Dijkstra S J. Fossilium catalogus, Part 2, Vol. 79 - 83, Gymnospermae, I - IV. Gravenhage: Uitgeverij Dr Junk, 1971 - 1973:1 - 558.

Joyeux M, Lobstein A, Anton R, Mortier F. Comparative antilipoperoxidant, antinecrotic and scavenging properties of terpenes and biflavones from Ginkgo and some flavonoids. Planta Med. , 1995,61:126 - 129.

JP Lepoittevin, C Benezra, Y Asakawa. Allgic contact dermatitis to Ginkgo biloba L. : relaotinship with urushiol. Arch Dermatal Res, 1989,281(4):227 - 231.

K Ibata. Long-chain betulaprenol-type polyprenols from the leaves of Ginkgo biloba. Biochcm. J. , 1983,213(2):305 - 310.

K lsan, O Masamitsu, CV Paulo. Antitumor agents from the cashew (Anacardium occidentale) apple juice. J Agric Food Chem, 1993,41:1012 - 1016.

Kenrick P, Friis E M. Palaeobotany of land plants. Progr. Bot. , 1995,56: 372 - 395.

Kirchner M, van Konijnenburg - van Cittert JHA. *Schmeissneria microstachys* (Presl, 1833) Kirchner et van Konijnenburg - Van Cittert, sp. nov. , plants with ginkgoalean affinities of Germany. Rev. Palaeobot. Palynol. , 1994, 83: 199 - 215.

Kirchner M. Untersuchungen an einigen Gymnospermen der fränkischen Rhät - Lias - Grenzsichten. Palacontogr. , B, Palaeophytol, 1992,224: 17 - 61.

Kiritchkova A I, Samylina V A. On the peculiarities of leaves of some Mesozoic Ginkgoales and Czekanowskiales. Bot. Zh. , 1979,64: 1529 - 1538 (in Russian).

Kovar - Eder J, Givulescu L, Hably L, *et al.* Floristic changes in the areas surrounding the paratethys during Neogene time. In: Boulter MC, Fisher H C, Cenozoic plants and climate of the Arctic. Berlin: Springer Verlag, 1994, 347 - 369.

Krassilov V A. Mesozoic flora from the Bureja River Basin (Ginkgoales and Czekanowskiales). Moscow: Nauka, 1972,1 - 152 (in Russian).

Kräusel R. Die Ginkgophyten der Trias von Lunz in Nieder Österreich und von Neuewelt bei Basel. Palaeontogr, Abt. B, Palaeophytol, 1943,87: 59 - 93.

Kräusel R. *Furcifolium longifolium* (Seward) n. comb. , eine Ginkgophyte aus dem Solenhofener Jura. Senkenbergiana, 1943,26: 426 - 433.

Kvaček J, Falcon - Lang H J, Daskova J. A new Late Cretasceous ginkgoalean reproductive structure *Nehvizdyella* gen nov. from the Czech Repiblic and its whole plant reconstruction. Amer J Bot, 2005,92 (12): 1958 - 1969.

Lee C L. Fertilization in *Ginkgo biloba*. *Bot Gaz*, 1955,117: 79 - 100.

Lee C L. Sex chromosomes in *Ginkgo biloba*. Amer. Jour. Bot. 1954,41:545 - 549.

Li Dahui, Yang Xiong, Cui Xu, Cui Keming, Li Zhengli. Early Development of Pollen Chamber in *Ginkgo biloba* Ovule. Acta Botanica Scinica(植物学报), 2002,44(7):757 - 763.

Li Dahui, Yang Xiong, Cui Keming *et al.* Morphological Changes in Nucellar Cells Death(PCD) During Pollen Camber Formation in *Ginkgo biloba*. Acta Botanica Scinica(植物学报), 2003, 45(1) :53 - 63.

Li Zhengli, Li Jinxing. Wood anatomy of the stalactte-like branches of ginkgo. IAWA Bull. , 1991,12(3):251 - 255.

McKinney M L. Ecological causation of heterochrony: a test and implications for evolutionary theory. Paleobiol. , 1986,12 (3): 282 - 289.

Meyen S V. Basic features of gymnosperm systematics and phylogeney as evidenced by the fossil records. Bot. Rev. , 1984,50:1 - 111.

Meyen S V. Fundamentals of palaeobotany. London & New York: Chapman & Hall, 1987:1 - 432.

N Masato. Synthesis of 6-[(8Z, 11Z)-8, 11, 14-pentadecatrienyl] salicylic acid derivatives and their inhition properties toward tyrosinase or uronidase. Chem Society of Japan, 1995,(12):986 - 990.

Potonie R. Über einige Pflaneznreste aus dem Jura Persiens. Arbeit Inst Paläobot Peterogr Brennsteine, 1933, 3: 247 - 250.

Prynada V D. Fossil flora of the Corvunchansk formation, Lower Tunguska River Basin. Moscow: Nauka, 1970,1 - 80 (in Russian).

Rothwell G W, Holt B. Fossils and phenology in the evolution of *Ginkgo biloba*. In: Hori T, *et al.* *Ginkgo biloba* - A global treasure from biology to medicine. Tokyo: Springer Verlag, 1997,223 - 230.

Ruhul H Kuddus, Nayema N Kuddus, Igor Dvorchik. DNA polymorphism in the living fossil Ginkgo biloba from the Eastern United States. Genome, 2002, 45: 8-12.

Samylina V A. *Grenana* - a new genus of seed ferns from the Jurassic deposits of Middle Asia. Bot Zh, 1990,75 (6): 846 - 650 (in Russian).

Samylina V A. On the final stages of the history of the genus *Ginkgo* L. in Eurasia. Bot. Zh. , 1967,52: 303 - 316 (in Russian).

Santamour F S. Shan-an H, McArdle A J. Checklist of cultivated Ginkgo. J · Arboriculture, 1983,9(3):88 - 92.

Schenk A. Die fossile Flora der Grenzschichten des Keupers und Lias Frankens. Wiesbaden: Kreidal Verlag, 1967, 1 - 128.

Seward A C. Fossil plants, IV. Cambridge: Cambridge Univ.

Press, 1919,1 -543 .

Seward A C. Jurassic plants from Chinese Dzungaria, collected by Prof. Obrutschew. Mem. Com. Geol. N. S. , 1911, 75, St. -Petersbourg. .

Stanislavsky F A. The new genus *Toretzia* from the Upper Triassic of the Donetz Basin and its relation to the genera of the order Ginkgoales. Paleontol. Zh. , 1973,(1): 88 -96 (in Russian).

Stewart W N, Rothwell G W. Paleobotany and the evolution of plants. 2nd edition. Cambridge: Cambridge Univ. Press, 1993,1 -521.

Sticher O. Quality of Ginkgo preparations. Planta Med. , 1993, 59:2 -11.

Sun G. *Ginkgo coriacea* Florin from Lower Cretaceous of Huolinhe, Northeastern Nei Monggol, China. Palaeontogr. , B, 1993,230: 159 -168.

T Chojnacki, G Dallaner. The biological role of doliehol. Biochem J, 1988,251(1):1 -9.

TA Van Beek. Chemical analysis of Ginkgo biloba leaves and extract. J Chromatogr, 2002,967:21 -26.

Takhtajan A L, Vakhrameev V A, Radtschenko G P. Gymnosperms and angiosperms. In: Orlov A, Osnovy paleontologii,15. Moscow: Gosgeoltekhizdat, 1963,1 -743 (in Russian) .

Taylor T N, Taylor E L. The biology and evolution of fossil plants. New Jersey: Printice Hall, 1993,1 -982.

Teris A. van Beek (ed.). *GINKGO BILOBA*. Netherlands: Harwood Academic Publishers,2000.

Thomas H H. On some new and rare Jurassic plants from Yorkshire: *Eretmophyllum*, a new type of ginkgolaean leaf. Proc Cambr Philos Soc, 1913,17: 256 -262.

Tralau H. Evolutionary trends in the genus *Ginkgo*. Lethaia, 1968,1: 63 -101.

Tralau H. The phytogeographic evolution of the genus *Ginkgo* L. Bot. Notis. , 1967,120: 409 -422.

Uemura K. Cenozoic history of *Ginkgo* in East Asia. In: Hori T, *et al.* , *Ginkgo biloba* - A global treasure from biology to medicine. Tokyo: Springer Verlag, 1997,207 -221.

Wang Y D,Guignard G, Thevenard F, Dilcher D L, Barale G, Mosbrugger V, Yang X J, Mei S W. Cuticular anatomy of *Shenobaiera huangii* (Ginkgoales) from the Lower Jurassic of Hubei China. Amer J Bot, 2005,92 (4): 709 -721.

Watson J, Lydon S J, Harrison N A. Consideration of the genus *Ginkgoites* Seward and a redescription of two species from the Cretaceous of Germany. Cret. Res. , 1999,20: 719 - 734.

Wolf J A. An overview of the origins of modern vegetation and flora of the northern Rocky Mountains. Ann. MO. Bot. Gard. , 1987,74: 785 -803.

Y Tanaka, K Ibata, M Mizono. Polyprenyl composition or compounds and processforthe productionthereof. US Patent: 5077046,1991.

Yabe H, Oishi S. Mesozoic plants from Manchuria. Sci. Rep. Tohoku. Imp. Univ. , 2nd. Ser. (Geol.) 1933,195 - 219.

Yang X J. Ginkgoites myrioneurus sp. nov. and associated shoots from the Lower Cretaceous of the jixi Basin, Heilongjiang, China. Cret Res, 2003,25: 739 -748.

Yokoyama M. Jurassic plants from Kaga, Hida and Echizen. J. Coll. Sci. Imp. Univ. Tokyo, 1889,3: 1 -66.

Zhao L M, Ohana T, Kimura T. A fossil population of *Ginkgo* leaves from the Xingyuang Formation, Inner Mongolia. Trans. Proc. Soc. Japan, N. S. , 1993,169: 73 -96.

Zheng S L, Zhou Zhiyan. A new Mesozoic *Ginkgo* from western Liaoning, China and its evolutionary significance. Rev. Palaeobot. Palynol. , 2004,131: 91 -103.

Zhou Z, Zhang B, Wang Y *et al.* A new *Karkenia* (Ginkgoales) from the Jurassic Yima formation, Henan, China and its megaspore membrane ultrastructure. Rev. Palaeobot. Palynol. , 2002,120: 91 -105.

Zhou Z, Zheng S. The missing link of Ginkgo evolution. Nature, 2003,423: 821 -822.

Zhou Zhiyan, Zhang Bole. A Middle Jurassic *Ginkgo* with ovule-bearing organs from Henan, China. Palaeontogr. , B, 1989,221: 113 -133.

Zhou Zhiyan, Zhang Bole. *Baiera hallei* Sze and associated ovule -bearing organs from the Middle Jurassic of Henan, China. Palaeontogr, B, 1992,224:151 -169.

Zhou Zhiyan, Zhang Bole. Two new ginkgoalean female reproductive organs from the Middle Jurassic of Henan Province. Chin. Sci. Bull. , 1988,33 (14): 1201 -1203.

Zhou Zhiyan. Mesozoic ginkgoalean megafossils: a systematic review. In: Hori T *et al.* *Ginkgo biloba* - A global treasure from biology to medicine. Tokyo: Springer Verlag, 1997, 183 -206.

Zhou Zhiyan. Phylogeny and evolutionary trends of Mesozoic ginkgoaleans - a preliminary assessment. Rev. Palaeobot. Palynol. , 1991,68: 203 -216.

Lemoigne Y. La flore au cours des temps gologiques, I. Geobios. Spec. Mem. , 1988,10:1 -384.

银杏品种、优系或优株中名索引

银杏品种、优系或优株汉语拼音索引

W

X

Y

Z

洞庭皇

苏农佛手

鸭屁股

家佛指

藤九郎

新宇

郯306号

郯艳

华口大白果

港西2号

铁马1号

亚甜

宇香

郯城300

郯城231

郯城202

郯九

马铃5号

庆1

郑111号

老和尚头

团峰

郯新

新村16号

小圆子

延安

马铃9号

正安5号

桂林6号

桂林8号，采自江苏邳州

黄金丸

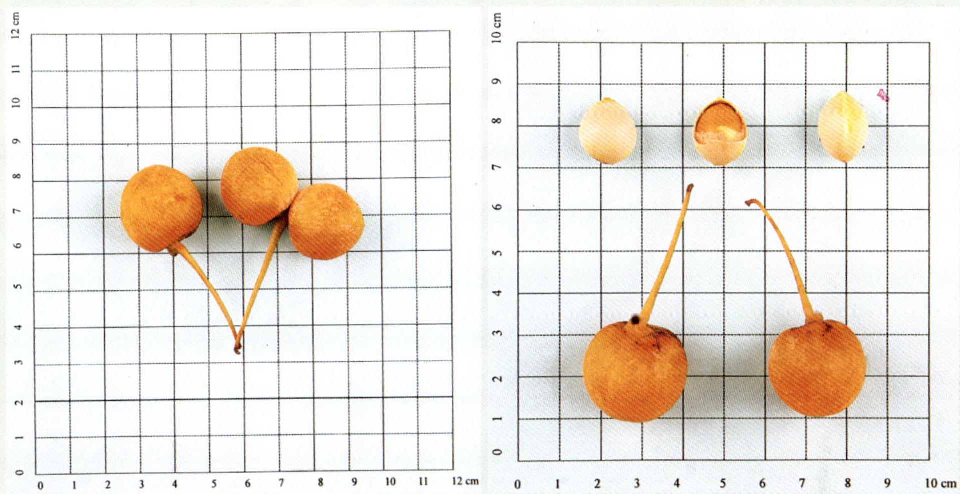

岭南

郑107号

郑新

桂林9号

金兵卫

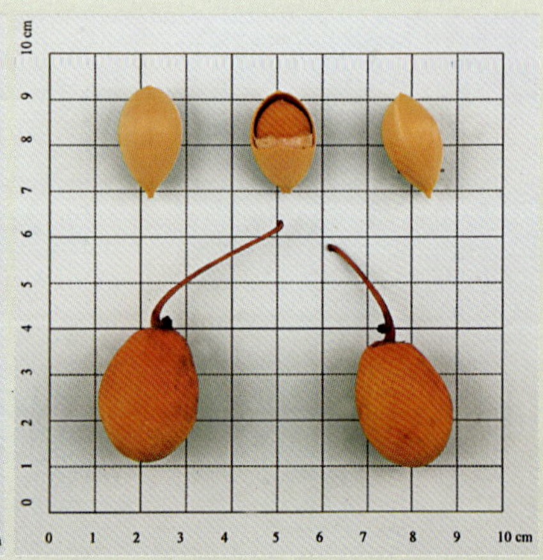

海洋皇

无柄银杏幼果化石（左）；无柄银杏成熟果化石（右）

无柄银杏叶片化石

我国科学家发现的距今约一亿至两亿年(即侏罗纪至早白垩纪)的一些银杏化石

平行状树皮（上左），树瘤（上右），深裂状树皮（下左），鳞片状树皮（下右）

银杏树乳

银杏芽

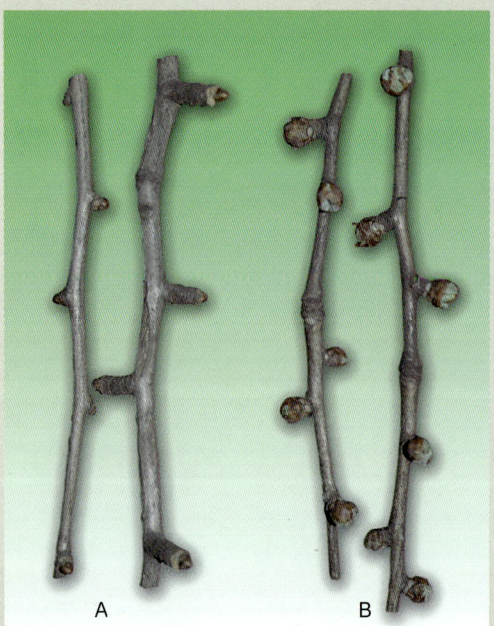

银杏枝条（A为雌树枝条，B为雄树枝条）

银杏雄树枝条（从左至右依次是1年生短枝、5年生短枝、15年生短枝和35年生短枝）

银杏叶

上图：雄花；下图：雌花

雌花“性水”

叶籽银杏（邢世岩 曹福亮／摄）

单果

双果

郭沫若故居“妈妈树”果实累累

水平分枝树冠

组培苗田间培育

在日本发现游动精子的银杏树（耿兴敏／摄）

山东省沂源县叶籽银杏树

江苏泰州中学古银杏

浙江天目山“五代同堂”银杏

江苏邳州双姊妹树

甘肃省陇南市徽县水阳乡沙嘴村古银杏（储剑平／摄）

北京潭柘寺帝王树

云南腾冲千年银杏
姐妹树

陕西汉中古银杏

河南鲁山文殊寺
古银杏

贵州福泉大银杏

浙江诸暨古银杏群落

河南省嵩山古银杏群（李治民／摄）

贵州盘县银杏群落（李彦福／摄）

贵州务川银杏群落（邓天吉／摄）

广西桂林市海洋乡银杏林

山东郯城银杏林

江苏泰兴古银杏林

江苏邳州银杏林

江苏东台沿海银杏果用园

新疆伊犁银杏引种试验林（张建江／摄）

江苏泰兴银杏与桑树复合经营

江苏泰兴银杏与小麦复合经营

四川都江堰银杏盆景

国画《银杏颂》

山东黄河大堤银杏林

福建长汀荒山荒地上银杏果用园基地

福建长汀困难地银杏果用林基地

江苏邳州十万亩银杏园

广西桂林海洋乡银杏景观林（刘宗宝／摄）

广西桂林海洋乡银杏景观

江苏扬州银杏大道

浙江天目山美景（吴家胜／摄）

南京市北京西路银杏大道

北京前门之夜

广西桂林海洋乡银杏景观（文绍军／摄）

荷兰莱顿植物园内的银杏树

东京大学银杏景观

广西桂林海洋乡银杏景观（姚佩鹏／摄）

广西桂林海洋乡银杏景观（曹福亮／摄）